创新型人才培养教材

神经·模糊·预测控制及其MATLAB实现

（第5版）

李国勇　续欣莹　成慧翔　等编著

電子工業出版社
Publishing House of Electronics Industry
北京·BEIJING

内容简介

本书系统地论述了神经网络控制、模糊逻辑控制和模型预测控制的基本概念、工作原理、控制算法，以及相应的 MATLAB 语言、MATLAB 工具箱函数和 Simulink 实现方法。本书取材先进实用，讲解深入浅出，各章均有相应的例题，并提供了大量用 MATLAB/Simulink 实现的仿真实例，便于读者掌握和巩固所学知识。

本书可作为高等院校人工智能、自动控制、电气工程、计算机、电子科学、通信、测控、仪器仪表、交通、机械、化工、冶金、航空航天等相关专业的教材，也可作为从事智能控制与智能系统研究、设计和应用的科学技术人员的参考用书。

本书还有配套的教学课件，可登录电子工业出版社的华信教育资源网 www.hxedu.com.cn 免费下载。

图书在版编目（CIP）数据

神经·模糊·预测控制及其 MATLAB 实现 / 李国勇等编著. -- 5 版. -- 北京 : 电子工业出版社, 2025. 1.
(创新型人才培养教材). -- ISBN 978-7-121-48894-8

Ⅰ. TB535

中国国家版本馆 CIP 数据核字第 2024M89D97 号

责任编辑：牛平月
印　　刷：三河市双峰印刷装订有限公司
装　　订：三河市双峰印刷装订有限公司
出版发行：电子工业出版社
　　　　　北京市海淀区万寿路 173 信箱　邮编　100036
开　　本：787×1092　1/16　印张：21.25　字数：612 千字
版　　次：2005 年 5 月第 1 版
　　　　　2025 年 1 月第 5 版
印　　次：2025 年 1 月第 1 次印刷
定　　价：78.00 元

凡所购买电子工业出版社图书有缺损问题，请向购买书店调换。若书店售缺，请与本社发行部联系，联系及邮购电话：（010）88254888，88258888。

质量投诉请发邮件至 zlts@phei.com.cn，盗版侵权举报请发邮件至 dbqq@phei.com.cn。

本书咨询联系方式：niupy@phei.com.cn。

前　　言

智能控制是自动控制发展的高级阶段，是人工智能、控制论、系统论、信息论、仿生学、神经生理学、进化计算和计算机等多种学科的高度综合与集成，是一门新兴的边缘交叉学科。智能控制理论不仅是高等学校控制及其他电类专业的一门核心课程，而且在机械、化工等非电类工程专业的课程设置中也占有重要地位。特别是近年来，由于人工智能技术在各行各业的广泛渗透，其控制理论已逐渐成为高等学校许多学科共同的专业基础，且占有越来越重要的地位。

中国共产党第二十次全国代表大会报告指出："教育是国之大计、党之大计。"本书以"新工科"学生的能力培养为导向，密切结合应用型高等院校人才培养目标和最新规范，尽可能将理论与实践相结合，突出对学生能力的培养。本书自 2005 年 5 月出版以来，得到广大读者的关心和支持，先后多次重印，被国内多所大学选做教材。这次修订在保持前四版系统、实用、易读的特点和基本框架的基础上，按知识点增加了教学视频。另外，第五版以易用够用为原则，将部分内容压缩到二维码中，读者可自行扫码查看，符合立体化教材建设的思路。此外，充分考虑了新形势下智能控制类课程教学和适用于不同层次院校的选学需要，体现了宽口径专业教育思想，反映了先进的技术水平，强调了教学实践的重要性，有利于学生自主学习和动手实践能力的培养，适应卓越工程师人才培养的要求。同时本书也满足了多学科交叉背景学生的教学需求，符合学校推进高等教育国家级一流本科课程"双万计划"建设和实现特色化发展的需要。

本书就是本着把当前国际控制界最为流行的面向工程与科学计算的高级语言 MATLAB 与神经网络、模糊逻辑和预测控制相结合的宗旨编写的。书中主要从三个方面阐述了利用 MATLAB 对神经网络、模糊逻辑和预测控制系统的计算机仿真方法。其中第 1 种方法为采用 MATLAB 语言根据具体的控制算法编程进行仿真；第 2 种方法为利用 MATLAB 提供的神经网络、模糊逻辑和预测控制工具箱函数或图形用户界面直接进行仿真；第 3 种方法为根据 Simulink 动态仿真环境进行仿真。比较以上三种方法，第 2 种方法最为简单，不需要了解算法的本质，就可以直接应用功能丰富的函数来实现自己的目的；第 3 种方法最为直观，可以在运行仿真时观察仿真结果；第 1 种方法最为复杂，需要根据不同的控制算法进行具体编程，但这种方法也最为灵活，使用者可以根据自己所提出的新算法任意编程，主要用于对某种新控制算法的仿真和应用。当然第 1 种方法使用其他计算机语言也可根据控制算法进行具体编程，但比较而言，以利用 MATLAB 编程最为简单，因为 MATLAB 具有强大的矩阵运算和图形处理功能。第 2 种和第 3 种方法较适合于初学者，主要用于对某种成熟控制算法的仿真和应用。由于第 2 种和第 3 种方法编程简单，给使用者节省了大量的编程时间，使使用者能够把更多的精力投入到网络设计而不是具体程序实现上。

本书共包含 9 章和 1 个附录。其中第 1 章由续欣莹编写；第 2 章由李荣编写；第 3 章由成慧翔编写；第 4 章由张志红编写；第 5 章由李瑞金编写；第 6 章由崔亚峰编写；第 7 章由邹娇娟编写；第 8 章由张强编写；第 9 章由李国勇编写；附录由杨丽娟编写。全书由李国勇统稿。此外，感谢责任编辑牛平月女士为本书的出版所付出的辛勤工作。

本书可作为高等院校自动化、电气工程及其自动化、电子科学与技术、计算机科学与技术、测控技术与仪器类等专业研究生和高年级本科生的教材，也可作为从事智能控制与智能系统研究、设计和应用的科学技术人员的参考用书。鉴于本书的通用性和实用性较强，故也可作为相关专业的教学、研究、设计人员和工程技术人员的参考用书。

本书配套的教学课件，可登录电子工业出版社的华信教育资源网 www.hxedu.com.cn，免费下载。

由于作者水平有限，书中仍难免有遗漏与不当之处，恳请有关专家、同行和广大读者批评指正。

作者

2024 年 3 月

目　　录

第一篇　神经网络控制及其 MATLAB 实现

第三篇 模型预测控制及其 MATLAB 实现

第一篇　神经网络控制及其 MATLAB 实现

第 1 章　神经网络理论

第 1 讲

人脑是一部不寻常的智能机，它能以惊人的高速度解释感觉器官传来的含糊不清的信息；它能觉察到喧闹房间内的窃窃私语，能识别出光线暗淡的胡同中的一张面孔，更能通过不断的学习而产生伟大的创造力。古今中外，许许多多科学家为了揭开大脑机能的奥秘，从不同的角度进行着长期不懈的努力和探索，逐渐形成了一个多学科交叉的前沿技术领域——神经网络（Neural Network）。

人工神经系统的研究可以追溯到 1800 年 Frued 的精神分析学时期，他已经做了一些初步工作。1913 年，人工神经系统的第一个实践是由 Russell 描述的水力装置。1943 年，美国心理学家 Warren S. McCulloch 与数学家 Walter H. Pitts 合作，用逻辑的数学工具研究客观事件在形式神经网络中的描述，从此开创了对神经网络的理论研究。他们在分析、总结神经元基本特性的基础上，首先提出神经元的数学模型，简称 MP 模型。从脑科学研究来看，MP 模型不愧为第一个用数理语言描述脑的信息处理过程的模型。后来 MP 模型经过数学家的精心整理和抽象，最终发展成一种有限自动机理论，再一次展现了 MP 模型的价值，此模型沿用至今，直接影响着神经网络领域研究的进展。1949 年，心理学家 D. O. Hebb 提出关于神经网络学习机理的"突触修正假设"，即突触联系效率可变的假设，现在多数学习机仍遵循 Hebb 学习规则。1957 年，Frank Rosenblatt 首次提出并设计制作了著名的感知机（Perceptron），神经网络研究第一次从理论研究转入过程实现阶段，掀起了研究人工神经网络的高潮。虽然，从 20 世纪 60、70 年代，MIT 电子研究实验室的 Marvin Minsky 和 Seymour Dapret 就开始对感知机做深入的评判，并于 1969 年出版了 *Perceptron* 一书，对 Frank Rosenblatt 的感知机的抽象版本做了详细的数学分析，认为感知机基本上是一个不值得研究的领域，曾一度使神经网络的研究陷入低谷。但是，从 1982 年美国物理学家 Hopfield 提出 Hopfield 神经网络，以及 1986 年 D. E. Rumelhart 和 J. L. McClelland 提出一种利用误差反向传播训练算法的 BP（Back Propagation）神经网络开始，在世界范围内掀起了神经网络的研究热潮。今天，随着科学技术的迅猛发展，神经网络正以极大的魅力吸引着世界上众多专家、学者为之奋斗。难怪有关国际权威人士评论指出，目前对神经网络的研究其重要意义不亚于第二次世界大战时对原子弹的研究。

人工神经网络特有的非线性适应性信息处理能力，克服了传统人工智能方法对于直觉，如模式识别、语音识别、非结构化信息处理方面的缺陷，使之在神经专家系统、模式识别、智能控制、组合优化、预测等领域得到成功应用。人工神经网络与其他传统方法相结合，将推动人工智能和信息处理技术不断发展。近年来，人工神经网络正向模拟人类认知的道路上更加深入发展，与模糊系统、遗传算法、进化机制等结合，形成计算智能，成为人工智能的一个重要方向，将在实际应用中得到发展。

使用神经网络的主要优点是能够自适应样本数据，当数据中有噪声、形变和非线性时，它也能够正常地工作，很容易继承现有的领域知识，使用灵活，能够处理来自多个资源和决策系统的数据；提供简单工具进行自动特征选取，产生有用的数据表示，可作为专家系统的前端（预处理器）。此外，神经网络还能提供十分快的优化过程，尤其以硬件直接实现网络时，可以加速联机应用程序的运行速度。当然，过分夸大神经网络的应用能力也是不恰当的，毕竟它不是无所不能的。这就需要在实际工作中具体问题具体分析，合理选择。

基于神经网络的控制称为神经网络控制（NNC），简称神经控制（Neural Control，NC）。这一新词是在国际自动控制联合会杂志 *Automatica* 1994 年 No.11 首次使用的，最早源于 1992 年 H. Tolle 和 E. Ersu 的专著 *Neural Control*。基于神经网络的智能模拟用于控制，是实现智能控制的一种重要形式，近年来获得了迅速发展。本章介绍神经网络的基本概念、基本结构和学习算法等。

第 2 讲

1.1　神经网络的基本概念

1.1.1　生物神经元的结构与功能特点

神经生理学和神经解剖学证明了人的思维是由人脑完成的。神经元是组成人脑的最基本单元，它能够接收并处理信息，人脑大约由 10^{11}～10^{12} 个神经元组成，其中每个神经元约与 10^4～10^5 个神经元通过突触连接，因此，人脑是一个复杂的信息并行加工处理巨系统。探索脑组织的结构、工作原理及信息处理的机制，是整个人类面临的一项挑战，也是整个自然科学的前沿领域。

1. 生物神经元的结构

生物神经元，也称为神经细胞，是构成神经系统的基本单元。生物神经元主要由细胞体、树突和轴突构成，其基本结构如图 1-1 所示。

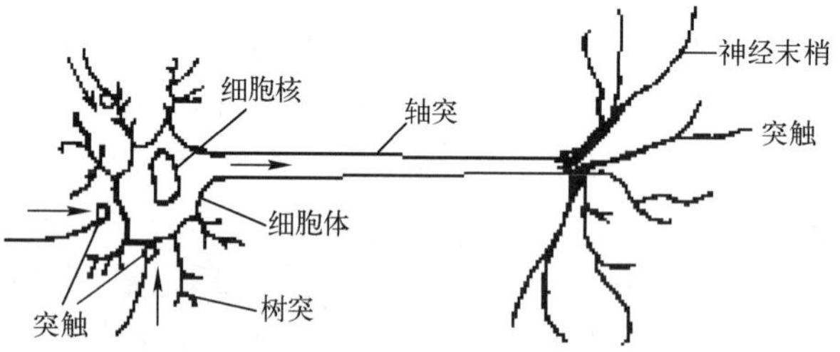

图 1-1　生物神经元结构

1）细胞体

细胞体由细胞核、细胞质与细胞膜等组成。一般直径为 5～100μm，大小不等。细胞体是生物神经元的主体，它是生物神经元的新陈代谢中心，同时还负责接收并处理从其他神经元传递过来的信息。细胞体的内部是细胞核，外部是细胞膜，细胞膜外是许多外延的纤维，细胞膜内外有电位差，称为膜电位，膜外为正，膜内为负。

2）轴突

轴突是由细胞体向外伸出的所有纤维中最长的一条分支。每个生物神经元只有一个轴突，长度最大可达 1m 以上，其作用相当于生物神经元的输出电缆，它通过尾部分出的许多神经末梢以及梢端的突触向其他生物神经元输出神经冲动。

轴突终端的突触，是生物神经元之间的连接接口，每一个生物神经元有 10^4～10^5 个突触。一个生物神经元通过其轴突的神经末梢，经突触与另一生物神经元的树突连接，以实现信息的传递。

3）树突

树突是由细胞体向外伸出的除轴突外的其他纤维分支，长度一般均较短，但分支很多。它相当于神经元的输入端，用于接收从四面八方传来的神经冲动。

2. 生物神经元的功能特点

从生物控制论的观点来看，作为控制和信息处理基本单元的生物神经元，具有以下功能特点。

1）时空整合功能

生物神经元对于不同时间通过同一突触传入的信息，具有时间整合功能；对于同一时间通过不同突触传入的信息，具有空间整合功能。两种功能相互结合，使生物神经元具有时空整合的输入信息处理功能。

2）动态极化性

在每一种生物神经元中，信息都是以预知的确定方向流动的，即从生物神经元的接收信息部分（细胞体、树突）传到轴突的起始部分，再传到轴突终端的突触，最后再传给另一生物神经元。尽管不同的生物神经元在形状及功能上都有明显的不同，但大多数生物神经元都是按这一方向进行信息流动的。

3）兴奋与抑制状态

生物神经元具有两种常规工作状态，即兴奋状态与抑制状态。所谓兴奋状态是指生物神经元对输入信息整合后使细胞膜电位升高，且超过了动作电位的阈值，此时产生神经冲动并由轴突输出。抑制状态是指对输入信息整合后，细胞膜电位值下降到低于动作电位的阈值，从而导致无神经冲动输出。

4）结构的可塑性

由于突触传递信息的特性是可变的，也就是它随着神经冲动传递方式的变化，传递作用强弱不同，形成了生物神经元之间连接的柔性，这种特性又称为生物神经元结构的可塑性。

5）脉冲与电位信号的转换

突触界面具有脉冲与电位信号的转换功能。沿轴突传递的电脉冲是等幅的、离散的脉冲信号，而细胞膜电位变化为连续的电位信号，这两种信号是在突触接口进行变换的。

6）突触时延和不应期

突触对信息的传递具有时延和不应期，在相邻的两次输入之间需要一定的时间间隔，在此期间，无激励，不传递信息。

7）学习、遗忘和疲劳

由于生物神经元结构的可塑性，突触的传递作用有增强、减弱和饱和三种情况。所以，神经细胞也具有相应的学习、遗忘和疲劳效应（饱和效应）。

第 3 讲

1.1.2　人工神经元模型

生物神经元经抽象化后，可得到如图 1-2 所示的一种人工神经元模型，它有三个基本要素。

1. 连接权

连接权对应于生物神经元的突触，各个神经元之间的连接强度由连接权的权值表示，权值为正表示激活，为负表示抑制。

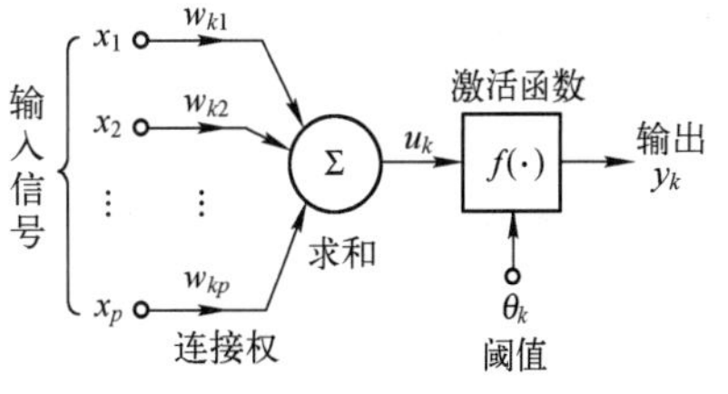

图 1-2　人工神经元模型

2．求和单元

用于求取各输入信号的加权和（线性组合）。

3．激活函数

激活函数起非线性映射作用，并将人工神经元输出幅度限制在一定范围内，一般限制在(0,1)或(−1,1)之间。激活函数也称为传输函数。

此外，还有一个阈值θ_k（或偏值 $b_k=-\theta_k$）。

图 1-2 中的作用可分别以数学式表达出来，即

$$u_k=\sum_{j=1}^{p}w_{kj}x_j,\ y_k=f(u_k-\theta_k)$$

式中，$x_1,x_2,\cdots,x_p$ 为输入信号，它相当于生物神经元的树突，为人工神经元的输入信息；$w_{k1},w_{k2},\cdots,w_{kp}$ 为神经元 k 的权值；u_k 为线性组合结果；θ_k 为阈值；$f(\cdot)$ 为激活函数；y_k 为神经元 k 的输出，它相当于生物神经元的轴突，为人工神经元的输出信息。

在人工神经网络中，为了简化起见，通常将图 1-2 所示的基本神经元模型表示成图 1-3（a）或（b）所示的简化形式。

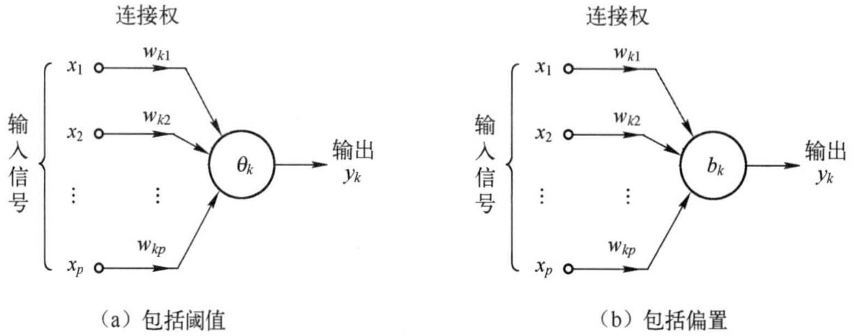

图 1-3　神经元模型的简化形式

图 1-3（a）和（b）中的输入与输出之间的关系，可分别采用以下数学表达式进行描述。

$$y_k=f\left(\sum_{j=1}^{p}w_{kj}x_j-\theta_k\right)\qquad 和 \qquad y_k=f\left(\sum_{j=1}^{p}w_{kj}x_j+b_k\right)$$

激活函数 $f(\cdot)$ 一般采用以下几种形式。

1）阶跃函数

函数表达式为

$$y=f(x)=\begin{cases}1 & (x\geqslant 0)\\ -1 & (x<0)\end{cases}$$

2）分段线性函数

函数表达式为

$$y=f(x)=\begin{cases}1 & (x\geqslant 1)\\ \frac{1}{2}(1+x) & (-1<x<1)\\ -1 & (x\leqslant -1)\end{cases}$$

3）Sigmoid 型函数

最常用的 Sigmoid 型函数为

$$f(x)=\frac{1}{1+\exp(-ax)}$$

式中，参数 a 可控制其斜率。

Sigmoid 型函数也简称 S 型函数，上式表示的是一种非对称 S 型函数。

另一种常用的 Sigmoid 型函数为双曲正切对称 S 型函数，即

$$f(x)=\tanh\left(\frac{1}{2}x\right)=\frac{1-\exp(-x)}{1+\exp(-x)}$$

这类函数具有平滑和渐近性，并保持单调性。

1.1.3　神经网络的结构

人工神经网络（Artificial Neural Networks，ANN）是由大量人工神经元经广泛互连而组成的，它可用来模拟脑神经系统的结构和功能。人工神经网络可以看成以人工神经元为节点，用有向加权弧连接起来的有向图。在此有向图中，人工神经元（以下在不易引起混淆的情况下，人工神经元简称神经元）就是对生物神经元的模拟，而有向加权弧则是对轴突—突触—树突对的模拟。有向弧的权值表示相互连接的两个人工神经元间相互作用的强弱。

人工神经网络是生物神经网络的一种模拟和近似。它主要从两个方面进行模拟。一种是从生理结构和实现机理方面进行模拟，涉及生物学、生理学、心理学、物理及化学等许多基础科学。由于生物神经网络的结构和机理相当复杂，现在距离完全认识它们还相差甚远。另外一种是从功能上加以模拟，即尽量使得人工神经网络具有生物神经网络的某些功能特性，如学习、识别、控制等功能。本书仅讨论后者。从功能上来看，人工神经网络（以下简称神经网络或 NN）根据连接方式主要分为两类。

1．前馈型网络

前馈神经网络是整个神经网络体系中最常见的一种网络，其网络中各个神经元接收前一级的输入，并输出到下一级，网络中没有反馈，如图 1-4 所示。节点分为两类，即输入单元和计算单元，每一计算单元可有任意个输入，但只有一个输出（它可耦合到任意多个其他节点作为输入）。通常前馈网络可分为不同的层，第 i 层的输入只与第 i–1 层输出相连，输入和输出节点与外界相连，而其他中间层称为隐含层，它们是一种强有力的学习系统，其结构简单而易于编程。从系统的观点看，前馈神经网络是一静态非线性映射，通过简单非线性处理的复合映射可获得复杂的非线性处理能力。但从计算的观点看，前馈神经网络并非是一种强有力的计算系统，不具有丰富的动力学行为。大部分前馈神经网络是学习网络，并不注意系统的动力学行为，它们的分类能力和模式识别能力一般强于其他类型的神经网络。

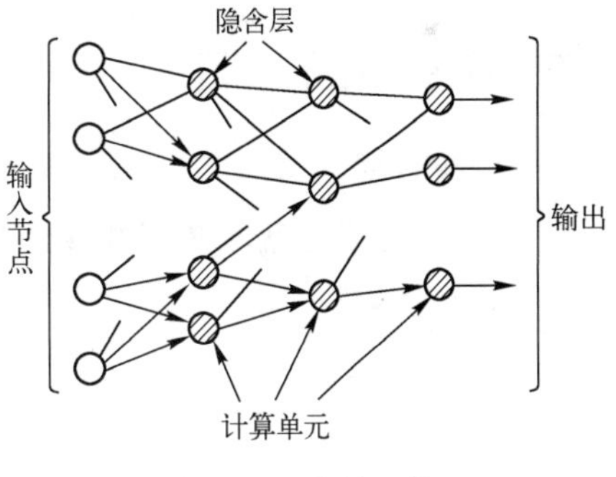

图 1-4　前馈网络

2．反馈型网络

反馈神经网络又称为递归网络或回归网络。在反馈神经网络（Feedback NN）中，输入

信号决定反馈系统的初始状态，然后系统经过一系列状态转移后，逐渐收敛于平衡状态。这样的平衡状态就是反馈网络经计算后输出的结果，由此可见，稳定性是反馈网络中最重要的问题之一。如果能找到网络的 Lyapunov 函数，则能保证网络从任意的初始状态都能收敛到局部最小点。反馈神经网络中所有节点都是计算单元，同时也可接收输入，并向外界输出，可画成一个无向图，如图 1-5（a）所示，其中每个连接弧都是双向的，也可画成如图 1-5（b）所示的形式。若总单元数为 n，则每一个节点有 n–1 个输入和一个输出。

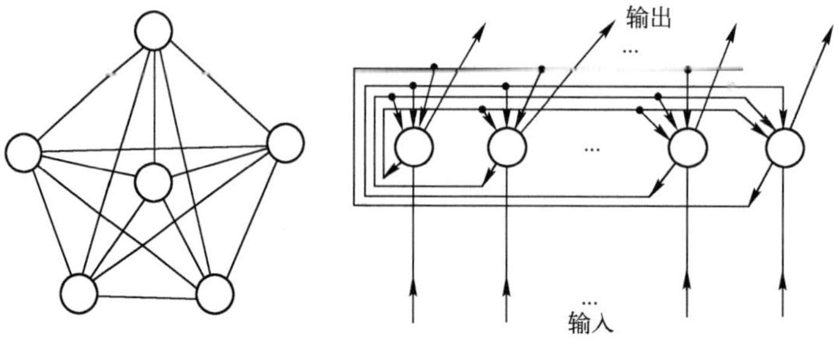

（a）　　（b）

图 1-5　单层全连接反馈网络

1.1.4　神经网络的工作方式

神经网络的工作过程主要分为两个阶段：第一阶段是学习期，此时各计算单元状态不变，各连接权上的权值可通过学习来修改；第二阶段是工作期，此时各连接权固定，计算单元变化，以达到某种稳定状态。

从作用效果看，前馈网络主要是函数映射，可用于模式识别和函数逼近。反馈网络按对能量函数的极小点的利用来分类有两种：第一类是能量函数的所有极小点都起作用，这一类主要用作各种联想存储器；第二类只利用全局极小点，它主要用于求解最优化问题。

第 4 讲

1.1.5　神经网络的学习

1．学习方式

通过向环境学习获取知识并改进自身性能是神经网络的一个重要特点。在一般情况下，性能的改善是按某种预定的度量调节自身参数（如权值）随时间逐步达到的，学习方式（按环境所供信息的多少分）有以下三种。

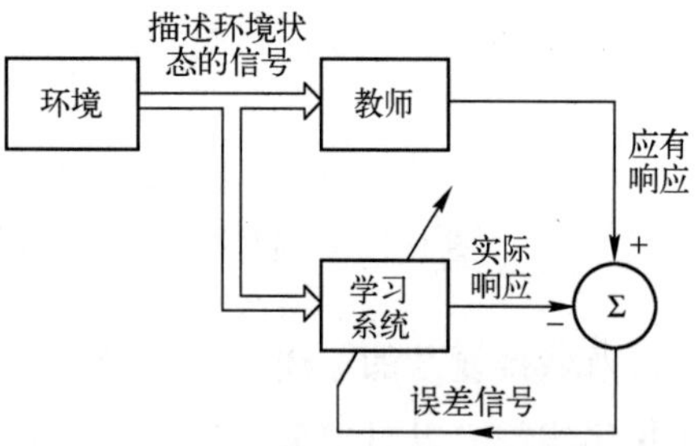

图 1-6　有监督学习框图

1）有监督学习（有监督学习）

有监督学习方式需要外界存在一个“教师”，它可对一组给定输入提供应有的输出结果（正确答案），这组已知的输入/输出数据称为训练样本集。学习系统可根据已知输出与实际输出之间的差值（误差信号）来调节系统参数，如图 1-6 所示。在有监督学习当中，学习规则由一组描述网络行为的训练集给出：

$$\{\boldsymbol{x}^{(1)},\boldsymbol{t}^{(1)}\},\{\boldsymbol{x}^{(2)},\boldsymbol{t}^{(2)}\},\cdots,\{\boldsymbol{x}^{p},\boldsymbol{t}^{p}\},\cdots,\{\boldsymbol{x}^{N},\boldsymbol{t}^{N}\}$$

式中，$\boldsymbol{x}^p$ 为网络的第 p 个输入数据向量；$\boldsymbol{t}^p$ 为对应 $\boldsymbol{x}^p$ 的目标输出向量；N 为训练集中的样本数。

当输入作用到网络时，网络的实际输出与目标输出相比较，然后学习规则调整网络的权值和阈值，从而使网络的实际输出越来越接近于目标输出。

2）无监督学习（无监督学习）

无监督学习不存在外部教师，学习系统完全按照环境所提供数据的某些统计规律来调节自身参数或结构（这是一种自组织过程），以表示外部输入的某种固有特性（如聚类，或某种统计上的分布特征），如图 1-7 所示。在无监督学习中，仅仅根据网络的输入调整网络的权值和阈值，没有目标输出。乍一看，这种学习似乎并不可行：不知道网络的目的是什么，还能够训练网络吗？实际上，大多数这种类型的算法都是要完成某种聚类操作，学会将输入模式分为有限的几种类型。这种功能特别适合于诸如向量量化等应用问题。

3）强化学习（或再励学习）

强化学习介于上述两种学习之间，外部环境对系统输出结果只给出评价（奖或罚）而不是给出正确答案，学习系统通过强化那些受奖励的动作来改善自身性能，如图 1-8 所示。强化学习与有监督学习类似，只是它不像有监督学习一样为每一个输入提供相应的目标输出，而是仅仅给出一个级别。这个级别（或评分）是对网络在某些输入序列上的性能测度。当前强化学习要比有监督学习少见。强化学习最为适合控制系统应用领域。

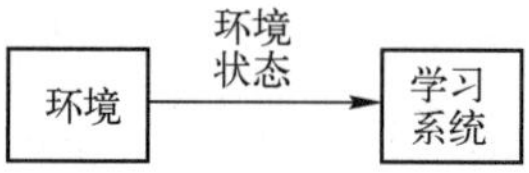

图 1-7　无监督学习框图

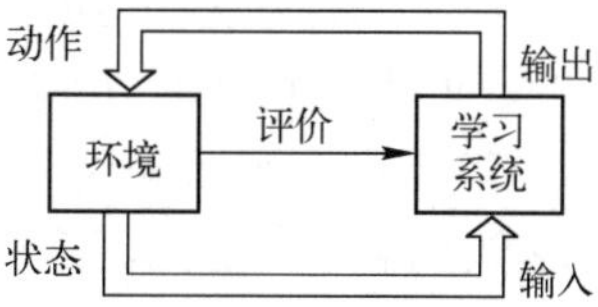

图 1-8　强化学习框图

2．学习算法

1）δ 学习规则（误差纠正规则）

若 $y_i(k)$为输入 $\boldsymbol{x}(k)$时神经元 i 在 k 时刻的实际输出，$t_i(k)$表示相应的期望输出，则误差信号可写为

$$e_i(k)= t_i(k)-y_i(k)$$

误差纠正学习的最终目的是使某一基于 $e_i(k)$的目标函数达最小，以使网络中每一输出单元的实际输出在某种统计意义上最逼近期望输出。一旦选定了目标函数形式，误差纠正学习就成为一个典型的最优化问题。最常用的目标函数是均方误差判据，定义为

$$J = E\left\{\frac{1}{2}\sum_{i=1}^{L}(t_i - y_i)^2\right\}$$

式中，E 是统计期望算子；L 为网络输出数。

上式的前提是被学习过程是宽而平稳的，具体方法可用最陡梯度下降法。直接用 J 作为目标函数时，需要知道整个过程的统计特性。为解决这一困难，用 J 在时刻 k 的瞬时值 $J(k)$ 代替 J，即

$$J(k) = \frac{1}{2}\sum_{i=1}^{L}(t_i - y_i)^2 = \frac{1}{2}\sum_{i=1}^{L}e_i^2(k)$$

问题变为求 $J(k)$对权值 w_{ij} 的极小值，根据最陡梯度下降法可得：

$$\Delta w_{ij}(k)=\eta\cdot\delta_i(k)\cdot x_j(k)=\eta\cdot e_i(k)\cdot f'(\boldsymbol{W}_i\boldsymbol{x})\cdot x_j(k)$$

式中，η为学习速率或步长（$0<\eta\leqslant 1$）；$f(\cdot)$为激活函数。这就是通常说的误差纠正学习规则（或称为δ 规则），用于控制每次误差修正值。它是基于使输出方差最小的思想而建立的。

2）Hebb 学习规则

神经心理学家 Hebb 提出的学习规则可归结为“当某一突触（连接）两端的神经元的激活同步（同为激活或同为抑制）时，该连接的强度应增加，反之则应减弱”，用数学方式可描述为

$$\Delta w_{ij}(k)=F(y_i(k),x_j(k))$$

式中，$y_i(k)$，$x_j(k)$分别为 w_{ij} 两端神经元的状态，其中最常用的一种情况为

$$\Delta w_{ij}(k)=\eta\cdot y_i(k)\cdot x_j(k)$$

式中，η为学习速率。

由于 $w_{ij}(k)$与 $y_i(k)$、$x_j(k)$的相关成比例，故有时称之为相关学习规则。上式定义的 Hebb 规则实际上是一种无监督学习规则，它不需要关于目标输出的任何相关信息。

原始的 Hebb 学习规则对权值矩阵的取值未做任何限制，因而学习后权值可取任意值。为了克服这一弊病，在 Hebb 学习规则的基础上增加一个衰减项，即

$$\Delta w_{ij}(k)=\eta\cdot y_i(k)\cdot x_j(k)-d_r * w_{ij}(k)$$

衰减项的加入能够增加网络学习的“记忆”功能，并且能够有效地对权值的取值加以限制。衰减系数 d_r 的取值为[0,1]。当取 0 时，就变成原始的 Hebb 学习规则。

另外，Hebb 学习规则还可以采用有监督学习，对于有监督学习的 Hebb 学习规则而言，是将目标输出代替实际输出。由此，算法被告知的就是网络应该做什么，而不是网络当前正在做什么，可描述为

$$\Delta w_{ij}(k)=\eta\cdot t_i(k)\cdot x_j(k)$$

3）竞争（Competitive）学习规则

顾名思义，在竞争学习时网络各输出单元互相竞争，最后达到只有一个最强者激活。最常见的一种情况是输出神经元之间有侧向抑制性连接，如图 1-9 所示。这样众多输出单元中如有某一单元较强，则它将获胜并抑制其他单元，最后只有比较强者处于激活状态。最常用的竞争学习规则有以下三种。

Kohonen 规则：$\Delta w_{ij}(k)=\begin{cases}\eta(x_j-w_{ij}), & \text{若神经元 } j \text{ 竞争获胜}\\ 0, & \text{若神经元 } j \text{ 竞争失败}\end{cases}$

Instar 规则：$\Delta w_{ij}(k)=\begin{cases}\eta y_i(x_j-w_{ij}), & \text{若神经元 } j \text{ 竞争获胜}\\ 0, & \text{若神经元 } j \text{ 竞争失败}\end{cases}$

Outstar 规则：$\Delta w_{ij}(k)=\begin{cases}\eta(y_i-w_{ij})/x_j, & \text{若神经元 } j \text{ 竞争获胜}\\ 0, & \text{若神经元 } j \text{ 竞争失败}\end{cases}$

3. 学习与自适应

当学习系统所处环境平稳时（统计特征不随时间变化），从理论上说通过监督学习可以学到环境的统计特征，这些统计特征可被学习系统（神经网络）作为经验记住。如果环境是非平稳的（统计特征随时间变化），通常的监督学习没有能力跟踪这种变化，为解决此问题需要网络有一定的自适应能力，此时对每一个不同输入都作为一个新的例子对待，其工作过程如图 1-10 所示。此时模型（如 NN）被当作一个预测器，基于前一时刻输出 $x(k-1)$和模型在 $k-1$

时刻的参数，它估计出 k 时刻的输出 $\hat{x}(k)$， $\hat{x}(k)$ 与实际值 $x(k)$（作为应有的正确答案）比较，其差值 $e(k)$称为“新息”，如新息 $e(k)=0$，则不修正模型参数，否则应修正模型参数以便跟踪环境的变化。

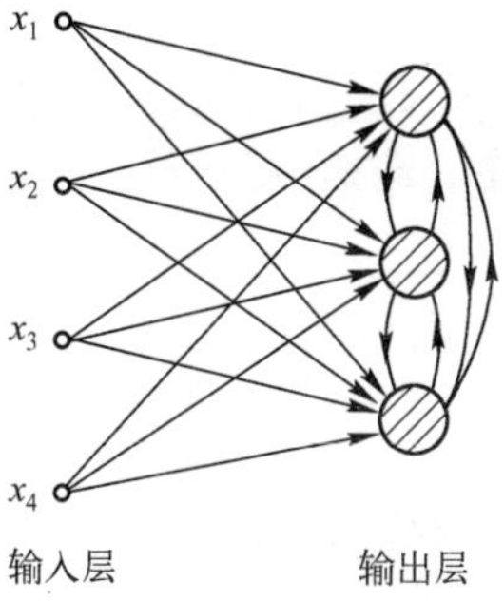

图 1-9　竞争学习网络

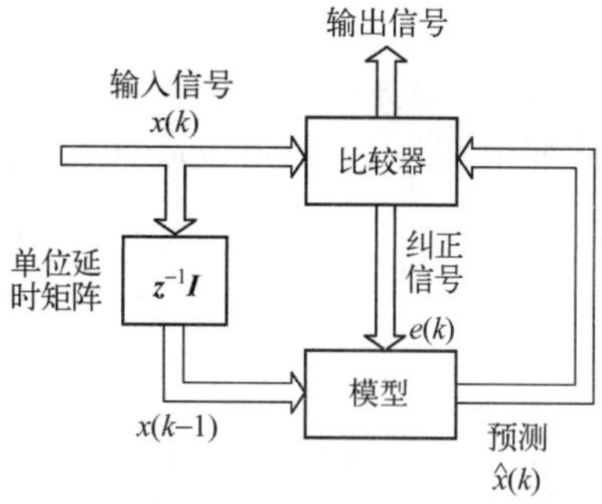

图 1-10　自适应学习框图

1.1.6　神经网络的分类

神经网络根据不同的情况，可按以下几方面进行分类。

（1）按功能分：连续型与离散型、确定型与随机型、静态与动态神经网络。

（2）按连接方式分：前馈（或称前向）型与反馈型神经网络。

（3）按逼近特性分：全局逼近型与局部逼近型神经网络。

（4）按学习方式分：有监督学习、无监督学习和强化学习神经网络。

1.2　典型神经网络的模型

自 1957 年 F. Rosenblatt 在第一届人工智能会议上展示他构造的第一个人工神经网络模型以来，据统计到目前为止已有上百种神经网络问世。根据 HCC 公司及 IEEE 的调查统计，有十多种神经网络比较著名。以下按照神经网络的拓扑结构与学习算法相结合的方法，将神经网络的类型分为前馈网络、竞争网络、反馈网络和随机网络四大类，并按类介绍 MP 模型、感知机神经网络、自适应线性神经网络（Adaline）、BP 神经网络、径向基神经网络、自组织竞争神经网络、自组织特征映射神经网络（SOM）、反传神经网络（CPN）、自适应共振理论（ART）神经网络、学习向量量化（LVQ）神经网络、Elman 神经网络、Hopfield 神经网络和 Boltzmann 神经网络的特点、拓扑结构、工作原理和学习机理，以揭示神经网络所具有的功能和特征。运用这些神经网络模型可实现函数逼近、数据聚类、模式分类、优化计算等功能。因此，神经网络被广泛应用于人工智能、自动控制、机器人、统计学等领域的信息处理中。

第 5 讲

1.2.1　MP 模型

MP 模型最初是由美国心理学家 McCulloch 和数学家 Pitts 在 1943 年共同提出的，它是由固定的结构和权组成的，它的权分为兴奋性突触权和抑制性突触权两类，如抑制性突触权被激活，则神经元被抑制，输出为零。兴奋性突触权能否激活，则要看它的累加值是否大于一个阈值，大于该阈值神经元即兴奋。

早期提出的 MP 模型结构如图 1-11（a）所示，其中图 1-11（a）有以下关系式

$$E=\sum_{j=1}^{n} x_{ej}, I=\sum_{k=1}^{n} x_{ik}$$

式中，$x_{ej}(j=1,2,\cdots,n)$为兴奋性突触的输入；$x_{ik}(k=1,2,\cdots,n)$为抑制性突触的输入。在图 1-11（a）中，模型的权值均为 1，它可以用来完成一些逻辑性关系，其输入输出关系为

$$y=\begin{cases}1 & (I=0,\ E\geqslant\theta)\\ 0 & (I=0,\ E<\theta)\\ 0 & (I>0)\end{cases}$$

如果兴奋与抑制突触用权±1 表示，而总的作用用加权的办法实现，兴奋为 1，抑制为 −1，则 MP 模型可表示成如图 1-11（b）所示的形式，则有

$$y=\begin{cases}1 & \left(\sum_{j=1}^{n} x_{ej}-\sum_{k=1}^{n} x_{ik}\geqslant\theta\right)\\ 0 & \left(\sum_{j=1}^{n} x_{ej}-\sum_{k=1}^{n} x_{ik}<\theta\right)\end{cases}$$

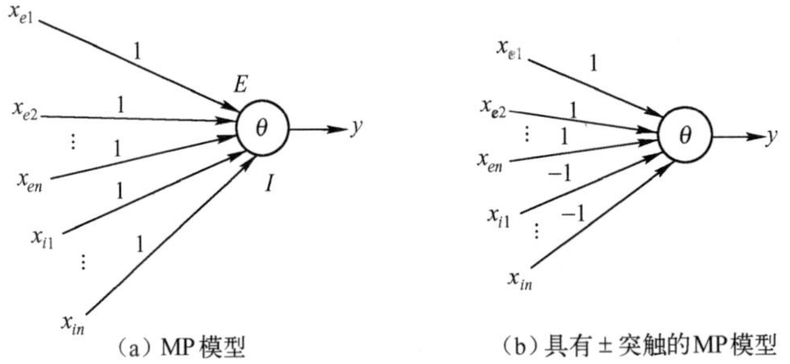

图 1-11　MP 模型中单个神经元示意图

图 1-12（a）、（b）、（c）、（d）和（e）利用 MP 模型分别实现了或、与、非以及一些逻辑关系式。

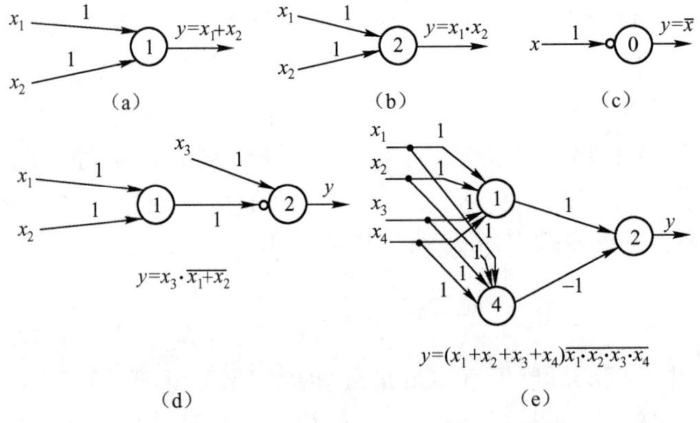

图 1-12　用 MP 模型实现的布尔逻辑

MP 模型的权值、输入和输出都是二值变量，这同由逻辑门组成的逻辑关系式的实现区别不大，又由于它的权值无法调节，因而现在很少有人单独使用。但它是人工神经元模型的基础，也是神经网络理论的基础。

第 6 讲

1.2.2 感知机

1. 感知机的网络结构

1957 年美国心理学家 Frank Rosenblatt 及其合作者为了研究大脑的存储、学习和认知过程而提出了一类神经网络模型，并称其为感知机（Perceptron）。感知机较 MP 模型又进一步，它的输入可以是非离散量，它的权不仅是非离散量，而且可以通过调整学习而得到。感知机可以对输入的样本矢量进行模式分类，而且多层的感知机，在某些样本点上可以对函数进行逼近。但感知机是一个由线性阈值单元组成的网络，在结构和算法上都成为其他前馈网络的基础。尤其它对隐单元的选取比其他非线性阈值单元组成的网络更容易分析，而对感知机的讨论，可以为其他网络的分析提供依据。由于感知机的权值可以通过学习调整而得到，因此它被认为是最早提出的一种神经网络模型。图 1-13 为感知机的两种结构。

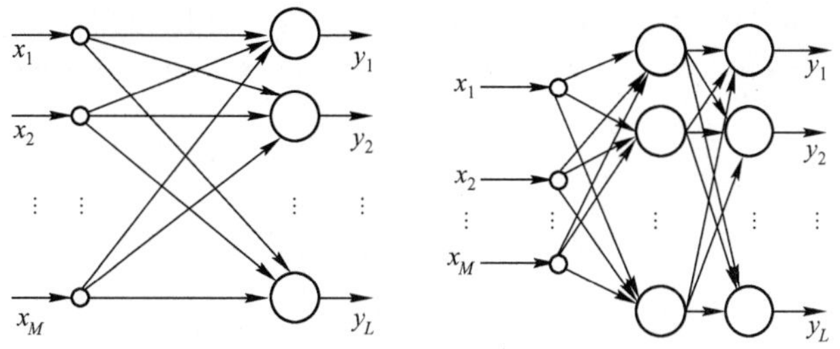

(a) 简单感知机　　(b) 两层感知机

图 1-13　感知机的结构

在这种模型中，输入模式 $\boldsymbol{x}=[x_1,x_2,\cdots,x_M]^{\mathrm{T}}$ 通过各输入端点分配给下一层的各节点，下一层可以是中间层（或称为隐含层），也可以是输出层，隐含层可以是一层也可以是多层，最后通过输出层节点得到输出模式 $\boldsymbol{y}=[y_1,y_2,\cdots,y_L]^{\mathrm{T}}$。在这类前馈网络中没有层内连接，也没有隔层的前馈连接，每一节点只能前馈连接到其下一层的所有节点。然而，对于含有隐含层的多层感知机，当时没有可行的训练方法，所以初期研究的感知机为一层感知机或称为简单感知机，通常就把它称为感知机。虽然简单感知机有其局限性，但人们对它进行了深入的研究，有关它的理论仍是研究其他网络模型的基础。

如果在输入层和输出层单元之间加入一层或多层处理单元，即可构成多层感知机，因而多层感知机由输入层、隐含层、输出层组成。隐含层的作用相当于特征检测器，提取输入模式中包含的有效特征信息，使输出单元所处理的模式是线性可分的。但需注意，多层感知机模型只允许一层连接权值可调，这是因为无法设计出一个有效的多层感知机学习算法。图 1-14 是一个两层感

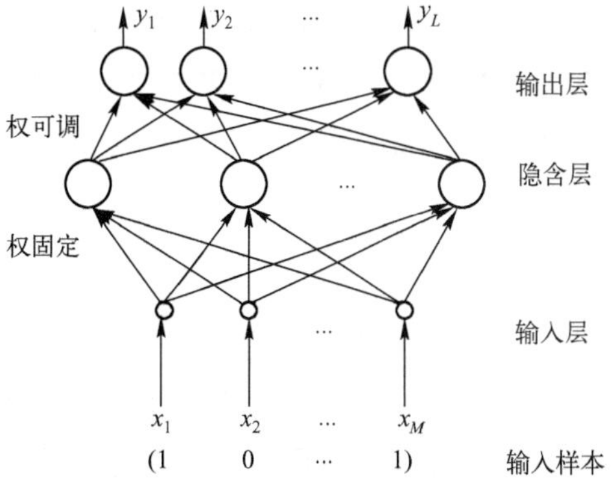

图 1-14　两层感知机的结构

知机结构（包括输入层、一个隐含层和一个输出层），有两层连接权，其中输入层和隐含层单元间的连接权值是随机设定的固定值，不可调节；隐含层与输出层单元间的连接权值是可调的。

值得注意的是，在神经网络中，由于输入层仅仅起输入信号的等值传输作用，而不对信号进行运算，故在定义多少层神经网络时，一般不把输入层计算在内，如上所述。也就是说，一般把隐含层称为神经网络的第一层，输出层称为神经网络的第二层（假如只有一个隐含层）。如果有两个隐含层，则第一个隐含层称为神经网络的第一层，第二个隐含层称为神经网络的第二层，而输出层称为神经网络的第三层。如果有多个隐含层，则以此类推。在 MATLAB 神经网络工具箱中的定义也类同。

具有 M 个输入、L 个输出的单层感知机如图 1-13（a）所示，由一组权值 $w_{ij}(i=1,2,\cdots,L;\ j=1,2,\cdots,M)$与 L 个神经元组成。根据结构图，输出层的第 i 个神经元的输入总和和输出分别为

$$\mathrm{net}_i=\sum_{j=1}^{M}w_{ij}x_j,\quad y_i=f(\mathrm{net}_i-\theta_i)\qquad (i=1,2,\cdots,L)\tag{1-1}$$

式中，θ_i为输出层神经元 i 的阈值；M 为输入层的节点数，即输入的个数；$f(\cdot)$为激活函数。

感知机中的激活函数使用了阶跃限幅函数，因此感知机能够将输入向量分为两个区域，即

$$f(x)=\begin{cases}1, & x\geqslant 0\\ 0, & x<0\end{cases}$$

2．感知机学习

感知机的学习是典型的有监督学习，可以通过样本训练达到学习的目的。训练的条件有两个：训练集和训练规则。感知机的训练集就是由若干个输入/输出模式对构成的一个集合，所谓输入/输出模式对是指一个输入模式及其期望输出模式所组成的向量对。它包括二进制值输入模式及其期望输出模式，每个输出对应一个分类。F. Rosenblatt 业已证明，如果两类模式是线性可分的（指存在一个超平面将它们分开），则算法一定收敛。

设有 N 个训练样本，在感知机训练期间，不断用训练集中的每个模式对训练网络。当给定某一个样本 p 的输入/输出模式对时，感知机输出单元会产生一个实际输出向量，用期望输出与实际的输出之差来修正网络连接权值。权值的修正采用简单的误差学习规则（即δ规则），它是一个有教师的学习过程，其基本思想是利用某个神经单元的期望输出与实际输出之间的差来调整该神经单元与上一层中相应神经单元的连接权值，最终减小这种偏差。也就是说，神经单元之间连接权的变化正比于输出单元期望输出与实际的输出之差。

简单感知机输出层的任意神经元 i 的连接权值 w_{ij} 和阈值θ_i修正公式为

$$\Delta w_{ij}=\eta(t_i^p-y_i^p)\cdot x_j^p=\eta e_i^p\cdot x_j^p\qquad (i=1,2,\cdots,L;\ j=1,2,\cdots,M)\tag{1-2}$$

$$\Delta\theta_i=\eta(t_i^p-y_i^p)\cdot 1=\eta e_i^p\qquad (i=1,2,\cdots,L)\tag{1-3}$$

式中，t_i^p 为在样本 p 作用下的第 i 个神经元的期望输出；y_i^p 为在样本 p 作用下的第 i 个神经元的实际输出；η为学习速率（$0<\eta\leqslant 1$），用于控制权值调整速度。学习速率η较大时，学习过程加速，网络收敛较快。但是η太大时，学习过程变得不稳定，且误差会加大。因此学习

速率的取值很关键。

感知机的学习规则属误差修正规则，该法已被证明，经过若干次迭代计算后，可以收敛到正确的目标向量。由上可知，该算法无须求导数，因此比较简单，又具有收敛速度快和精度高的优点。

期望输出与实际输出之差为

$$e_i^p = t_i^p - y_i^p(k) = \begin{cases} 1 & (t_i^p = 1, y_i^p(k) = 0) \\ 0 & (t_i^p = y_i^p(k)) \\ -1 & (t_i^p = 0, y_i^p(k) = 1) \end{cases} \tag{1-4}$$

由此可见，权值变化量与两个量有关：输入状态 x_j 和输出误差 e_i。当且仅当输出单元 i 有输出误差且相连输入状态 x_j 为1时，修正权值或增加一个量或减少一个量。

感知机的学习过程又称为最小方差学习过程。根据权向量分布，可以构造一个多维权空间，其中，每个权对应一个轴，另一个轴表示学习过程中的误差度量。对每个权向量都会有一定输出误差，由权空间某点的“高度”表示。学习过程中所有这些点形成的一个空间表面，称为误差表面。线性输出单元的感知机，其误差表面成一碗形，其水平截线为椭圆，垂直截线为抛物线。显然，该碗形表面只有一个极小点，沿误差表面按梯度下降法就能达到该点，这涉及感知机学习的收敛性，下面还要详细讨论。

3. 感知机的线性可分性

感知机可以对线性可分性输入模式进行分类，例如，两维输入 x_1 和 x_2，其分界线为 $n-1$ 维（2−1=1）直线，则 $w_1x_1+w_2x_2-\theta=0$。

根据式（1-1）可知，当且仅当 $w_1x_1+w_2x_2 \geqslant \theta$ 时，$y=1$，此时把输入模式划分为“1”类，用“•”代表输出为 1 的输入模式，即目标输出为 1 的两个输入向量用黑心圆圈“•”表示；当且仅当 $w_1x_1+w_2x_2<\theta$ 时，$y=0$，此时把输入模式划分为“0”类，用“o”代表输出为 0 的输入模式，即目标输出为 0 的两个输入向量用空心圆圈“o”表示，其对应的线性分割如图 1-15 所示。感知机对与、或、非问题均可以线性分割。感知机模式只能对线性输入模式进行分类，这是它的主要功能局限。

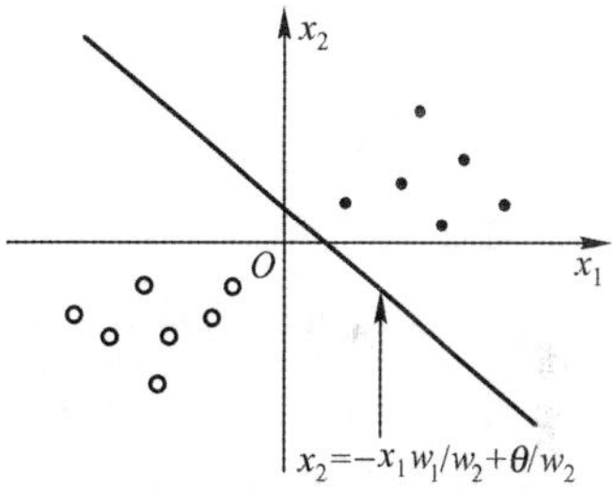

图 1-15　线性分割图

例 1-1　利用简单感知机对“与”“或”和“异或”问题进行分类。

解：逻辑“与（AND）”“或（OR）”和“异或（XOR）”的真值表如表 1-1 所示。

表 1-1　真值表

x_1	x_2	y		
		AND	OR	XOR
0	0	0	0	0
0	1	0	1	1
1	0	0	1	1
1	1	1	1	0

对于逻辑“与”和逻辑“或”可将输入模式按照其输出分成两类：输出为 0 的属于“0”

类，用“o”代表；输出为 1 的属于“1”类，用“•”代表，如图 1-16（a）、（b）所示。输入模式可以用一条决策直线划分为两类，即逻辑“与”和逻辑“或”是线性可分的。所以简单感知机可以解决逻辑“与”和逻辑“或”的问题。

对于逻辑“异或”，现仍然将输入模式按照其输出分成两类，即这四个输入模式分布在二维空间中，如图 1-16（c）所示。显然无法用一条决策直线把这四个输入模式分成两类，即逻辑“异或”是线性不可分的。所以简单感知机无法解决逻辑“异或”问题。

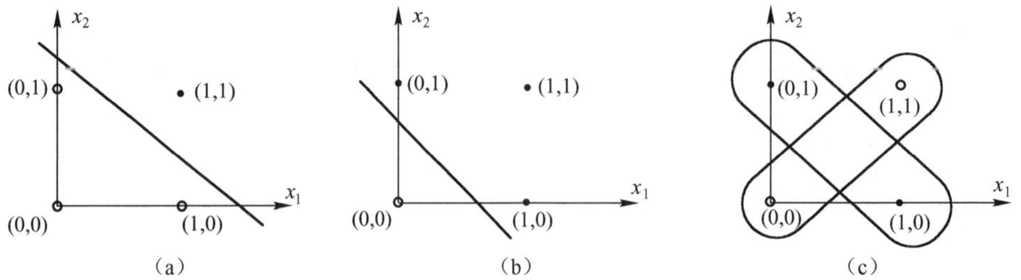

图 1-16　AND，OR 和 XOR 输入模式的空间分布

感知机为解决逻辑异或问题，可以设计一个多层的网络，即含有输入层、隐含层和输出层的结构。

可以证明，只要隐含层单元数足够多，用多层感知机可实现任何模型分类。但是，隐单元的状态不受外界直接控制，这给多层网络的学习带来极大困难。

4．感知机收敛性定理

定理 1.1　如果样本输入函数是线性可分的，那么感知机学习算法经过有限次迭代后可收敛到正确的权值或权向量。

定理 1.2　假定隐含层单元可以根据需要自由设置，那么用双隐含层感知机可以实现任意的二值逻辑函数。

5．感知机学习算法的计算步骤

（1）初始化：置所有的加权系数为最小的随机数。

（2）提供训练集：给出顺序赋值的输入向量 $\boldsymbol{x}^{(1)},\boldsymbol{x}^{(2)},\cdots,\boldsymbol{x}^{N}$ 和期望的输出向量 $\boldsymbol{t}^{(1)},\boldsymbol{t}^{(2)},\cdots,\boldsymbol{t}^{N}$。

（3）计算实际输出：按式（1-1）计算输出层各神经元的输出。

（4）按式（1-4）计算期望值与实际输出的误差。

（5）按式（1-2）和式（1-3）调整输出层的加权系数 w_{ij} 和阈值 θ_i。

（6）返回计算（3）步，直到误差满足要求为止。

例 1-2　建立一个感知机，使其能够完成“与”的功能。

解： 为了完成“与”函数，建立一个两输入、单输出的感知机。根据真值表 1-1 可知，与门可提供四组 2 输入的训练样本，且每组训练样本都有 1 个与之对应的目标输出。将这四组训练样本和对应的目标输出分别组成 1 个 2×4 维的矩阵和 1 个 1×4 维的向量后，可知该感知机训练集的输入矩阵 $\boldsymbol{X}=\begin{pmatrix}0\,0\,1\,1\\0\,1\,0\,1\end{pmatrix}$，目标向量 $\boldsymbol{T}$=[0　0　0　1]。根据感知机学习算法的计算步骤，利用 MATLAB 语言编写的程序如下。

```
%ex1_2.m
%感知机的第一阶段——学习期（训练加权系数Wij）
err_goal=0.001;lr=0.9; max_epoch=10000;     %给定期望误差最小值、学习速率和训练的最大次数
X=[0 0 1 1;0 1 0 1];T=[0 0 0 1];            %提供四组训练集（2输入1输出）
%初始化Wij（M-输入节点j的数量, L-输出节点i的数量, N-为训练集对数量）
[M,N]=size(X);[L,N]=size(T);Wij=rand(L,M);y=0;b=rand(L);
for epoch=1:max_epoch
    %计算各神经元输出
    NETi=Wij*X;
    for j=1:N
      for i=1:L
        if (NETi(i,j)>=b(i)) y(i,j)=1;else y(i,j)=0;end
      end
    end
    %计算误差函数
    E=(T-y);EE=0;
    for j=1:N;EE=EE+abs(E(j));end
    if (EE<err_goal) break;end
    Wij=Wij+lr*E*X'; b=b+sqrt(EE);          %调整输出层加权系数和输出层神经元的阈值
end
epoch,Wij,b                                 %显示计算次数、加权系数和阈值
%感知机的第二阶段——工作期（根据训练好的Wij和给定的输入计算输出）
X1=X;                                       %给定输入
%计算各神经元输出
NETi=Wij*X1; [M,N]=size(X1);
for j=1:N
  for i=1:L
    if (NETi(i,j)>=b(i)) y(i,j)=1;else y(i,j)=0;end
  end
end
y                                           %显示网络的输出
```

结果显示：

```
Wij =
     2.6462     2.3252
b =
     4.6169
y =
     0     0     0     1
```

第 7 讲

1.2.3 自适应线性神经网络

线性神经网络是一种简单的神经元网络，它可以由一个或多个线性神经元构成。1962 年由美国斯坦福大学教授 Berhard Widrow 提出的自适应线性元件网络（Adaptive Linear Element，Adaline）是线性神经网络最早的典型代表，它是一个由输入层和输出层构成的单层前馈型网络。它与感知机的不同之处在于其每个神经元的传输函数为线性函数，因此自适应

线性神经网络的输出可以取任意值，而感知机的输出只能是 1 或 0。线性神经网络采用由 Berhard Widrow 和 Marcian Hoff 共同提出的一种新的学习规则，也称为 Widrow-Hoff 学习规则，或者 LMS（Least Mean Square）算法来调整网络的权值和阈值。自适应线性神经网络的学习算法比感知机的学习算法的收敛速度和精度都有较大的提高。自适应线性神经网络主要用于函数逼近、信号预测、系统辨识、模式识别和控制等领域。

1. 自适应线性神经网络结构

自适应线性神经网络结构和感知机的相同，不同之处在于其每个神经元的传输函数为线性函数。对于具有 M 个输入、L 个输出的线性神经网络，输出层的第 i 个神经元的输入总和与输出分别为

$$\text{net}_i = \sum_{j=1}^{M} w_{ij} x_j, \quad y_i = f(\text{net}_i - \theta_i) \qquad (i=1,2,\cdots,L) \tag{1-5}$$

式中，θ_i 为输出层神经元 i 的阈值；M 为输入层的节点数，即输入的个数；$f(\cdot)$为激活函数，即线性函数的传输函数。

2. 自适应线性神经网络的学习

自适应线性神经网络的学习也是典型的有监督学习，采用 Widrow-Hoff 学习规则，即 LMS 学习规则。在训练期间，不断用训练集中的每个“模式对”训练网络。当给定某一训练模式时，输出单元会产生一个实际输出向量，用期望输出与实际的输出之差来修正网络连接权值。

在训练网络的学习阶段，设有 N 个训练样本，先假定用其中的某一个样本 p 的输入/输出模式对$\{\boldsymbol{x}^p\}$和$\{\boldsymbol{t}^p\}$对网络进行训练，输出层的第 i 个神经元在样本 p 作用下的输入为

$$\text{net}_i^p = \sum_{j=1}^{M} w_{ij} x_j^p \qquad (i=1,2,\cdots,L)$$

式中，M 为输入层的节点数，即输入的个数。

输出层第 i 个神经元的输出为

$$y_i^p = f(\text{net}_i^p - \theta_i) \qquad (i=1,2,\cdots,L)$$

式中，θ_i 为输出层神经元 i 的阈值；$f(\cdot)$为线性激活函数。它将网络的输入原封不动地输出，因此有

$$y_i^p = \text{net}_i^p - \theta_i = \sum_{j=1}^{M} w_{ij} x_j^p - \theta_i \qquad (i=1,2,\cdots,L) \tag{1-6}$$

若每一样本 p 的输入模式对的二次型误差函数为

$$J_p = \frac{1}{2}\sum_{i=1}^{L}(t_i^p - y_i^p)^2 = \frac{1}{2}\sum_{i=1}^{L} e_i^2 \tag{1-7}$$

则系统所有 N 个训练样本的总误差函数为

$$J = \sum_{p=1}^{N} J_p = \frac{1}{2}\sum_{p=1}^{N}\sum_{i=1}^{L}(t_i^p - y_i^p)^2 = \frac{1}{2}\sum_{p=1}^{N}\sum_{i=1}^{L} e_i^2 \tag{1-8}$$

式中，N 为模式样本对数；L 为网络输出节点数；t_i^p 为在样本 p 作用下的第 i 个神经元的期望输出；y_i^p 为在样本 p 作用下的第 i 个神经元的实际输出。

自适应线性神经网络加权系数修正采用 Widrow-Hoff 学习规则，又称为最小均方误差算法（LMS）。它的实质是利用梯度最速下降法，是权值沿误差函数的负梯度方向改变。Widrow-Hoff 学习规则的权值变化量正比于网络的输出误差及网络的输入矢量。根据梯度法，可得输出层的任意神经元 i 的加权系数修正公式为

$$\Delta w_{ij} = -\eta \frac{\partial J_p}{\partial w_{ij}} \qquad (i=1,2,\cdots,L;\ j=1,2,\cdots,M)$$

式中，学习速率 $\eta = \dfrac{\alpha}{\left\|\boldsymbol{x}^p\right\|_2^2}$，$\alpha$ 为常值，当 $0<\alpha<2$ 时，可使算法收敛。η 随着输入样本 $\boldsymbol{x}^p$ 自适应地调整。

因为

$$\frac{\partial J_p}{\partial w_{ij}} = \frac{\partial J_p}{\partial \mathrm{net}_i^p} \cdot \frac{\partial \mathrm{net}_i^p}{\partial w_{ij}} = \frac{\partial J_p}{\partial \mathrm{net}_i^p} \cdot \frac{\partial}{\partial w_{ij}}\left(\sum_{j=1}^{M} w_{ij} x_j^p\right) = \frac{\partial J_p}{\partial \mathrm{net}_i^p} \cdot x_j^p$$

定义 $\delta_i^p = -\dfrac{\partial J_p}{\partial \mathrm{net}_i^p} = -\dfrac{\partial J_p}{\partial y_i^p} \cdot \dfrac{\partial y_i^p}{\partial \mathrm{net}_i^p} = (t_i^p - y_i^p) \cdot f'(\mathrm{net}_i^p - \theta_i) = e_i \cdot f'(\mathrm{net}_i^p - \theta_i)$

则

$$\Delta w_{ij} = \eta \cdot \delta_i^p \cdot x_j^p$$

由于激活函数 $f(\cdot)$ 为线性函数，故可令 $f'(\mathrm{net}_i^p - \theta_i) = 1$。

所以

$$\frac{\partial J_p}{\partial w_{ij}} = -e_i \cdot x_j^p$$

输出层的任意神经元 i 的加权系数修正公式为

$$\Delta w_{ij} = \eta \cdot (t_i^p - y_i^p) \cdot x_j^p = \eta \cdot e_i \cdot x_j^p \tag{1-9}$$

同理，阈值 θ_i 的修正公式为

$$\Delta \theta_i = \eta (t_i - y_i) = \eta e_i \tag{1-10}$$

以上两式构成了最小均方误差算法（LMS）或 Widrow-Hoff 学习算法，它实际上也是 δ 学习规则的一种特例。

3．自适应线性神经网络学习算法的计算步骤

（1）初始化：置所有的加权系数为最小的随机数。

（2）提供训练集：给出顺序赋值的输入向量 $\boldsymbol{x}^{(1)},\boldsymbol{x}^{(2)},\cdots,\boldsymbol{x}^N$ 和期望的输出向量 $\boldsymbol{t}^{(1)},\boldsymbol{t}^{(2)},\cdots,\boldsymbol{t}^N$。

（3）计算实际输出：按式（1-5）和式（1-6）计算输出层各神经元的输出。

（4）按式（1-7）或式（1-8）计算期望值与实际输出的误差。

（5）按式（1-9）和式（1-10）调整输出层的加权系数 w_{ij} 和阈值 θ_i。

（6）返回计算（3）步，直到误差满足要求为止。

第 8 讲

1.2.4 BP 神经网络

1986 年 D. E. Rumelhart 和 J. L. McClelland 提出了一种利用误差反向传播训练算法的神经网络，简称 BP（Back Propagation）网络，是一种有隐含层的多层前馈网络，系统地解决了多层网络中隐含单元连接权的学习问题。

如果网络的输入节点数为 M、输出节点数为 L，则此神经网络可看成从 M 维欧氏空间到 L 维欧氏空间的映射。这种映射是高度非线性的。其主要用于以下几方面。

（1）模式识别与分类：用于语言、文字、图像的识别，医学特征的分类和诊断等。

（2）函数逼近：用于非线性控制系统的建模、机器人的轨迹控制及其他工业控制等。

（3）数据压缩：编码压缩和恢复，图像数据的压缩和存储，以及图像特征的抽取等。

1．BP 算法原理

BP 学习算法的基本原理是梯度最速下降法，它的中心思想是调整权值使网络总误差最小，也就是采用梯度搜索技术，以期使网络的实际输出值与期望输出值的误差均方值为最小。网络学习过程是一种误差边向后传播边修正权系数的过程。

多层网络运用 BP 学习算法时，实际上包含了正向和反向传播两个阶段。在正向传播过程中，输入信息从输入层经隐含层逐层处理，并传向输出层，每一层神经元的状态只影响下一层神经元的状态。如果在输出层不能得到期望输出，则转入反向传播，将误差信号沿原来的连接通道返回，通过修改各层神经元的权值，使误差信号最小。

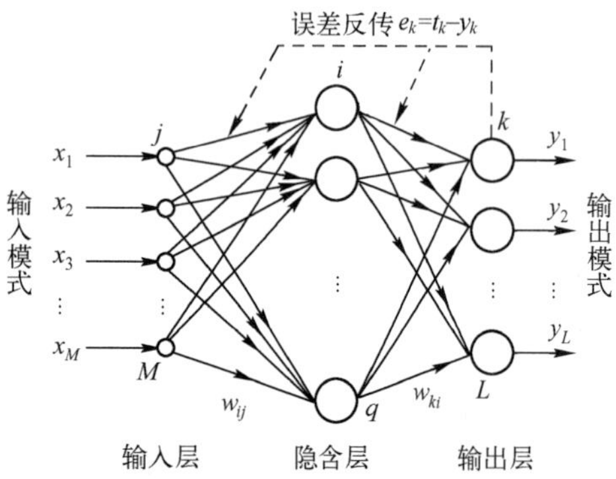

图 1-17　BP 网络的结构图

将一层节点的输出传送到另一层时，通过调整连接权系数 w_{ij} 来达到增强或削弱这些输出的作用。除输入层的节点外，隐含层和输出层节点的净输入是前一层节点输出的加权和。每个节点的激活程度由它的输入信号、激活函数和节点的偏值（或阈值）来决定。但对于输入层，输入模式送到输入层节点上，这一层节点的输出即等于其输入。

注意，这种网络没有反馈存在，实际运行仍是单向的，所以不能将其看成一非线性动力学系统，而只是一种非线性映射关系。具有隐含层 BP 网络的结构如图 1-17 所示，图中设有 M 个输入节点，L 个输出节点，网络的隐含层共有 q 个神经元。其中，$x_1,x_2,\cdots,x_M$ 为网络的实际输入，$y_1,y_2,\cdots,y_L$ 为网络的实际输出，$t_k(k=1,2,\cdots,L)$为网络的目标输出，$e_k(k=1,2,\cdots,L)$为网络的输出误差。

BP 网络结构与多层感知机结构相比，二者是类似的，但差异也是显著的。首先，多层感知机结构中只有一层权值可调，其他各层权值是固定的、不可学习的；BP 网络的每一层连接权值都可通过学习来调节。其次，感知机结构中的处理单元采用了阶跃限幅函数，其单元输出为二进制数的 0 或 1；而 BP 网络的基本处理单元（输入层除外）为非线性的输入/输出关系，一般选用 S 型函数，其单元输出可为 0～1 之间的任意值。

2．BP 网络的前馈计算

在训练网络的学习阶段，设有 N 个训练样本，先假定用其中的某一个样本 p 的输入/输出模式对$\{\boldsymbol{x}^p\}$和$\{\boldsymbol{t}^p\}$对网络进行训练，隐含层的第 i 个神经元在样本 p 作用下的输入为

$$\mathrm{net}_i^p=\sum_{j=1}^{M}w_{ij}o_j^p=\sum_{j=1}^{M}w_{ij}x_j^p\quad(i=1,2,\cdots,q)\tag{1-11}$$

式中，x_j^p 和 o_j^p 分别为输入节点 j 在样本 p 作用时的输入和输出，对输入节点而言两者相

当；w_{ij} 为输入层神经元 j 与隐含层神经元 i 之间的连接权值；M 为输入层的节点数，即输入的个数。

隐含层第 i 个神经元的输出为

$$o_i^p = g(\mathrm{net}_i^p - \theta_i) \qquad (i=1,2,\cdots,q) \tag{1-12}$$

式中，$g(\cdot)$为隐含层的激活函数；θ_i为隐含层神经元 i 的阈值。

对于 Sigmoid 型激活函数，

$$g(x) = \frac{1}{1+\exp[-(x+\theta_1)/\theta_0]}$$

式中，参数θ_1 表示偏值，正的θ_1 使激活函数水平向左移动。θ_0 的作用是调节 Sigmoid 函数形状的，较小的θ_0 使 Sigmoid 函数逼近一个阶跃限幅函数，而较大的θ_0 将使 Sigmoid 函数变得较为平坦，如图 1-18 所示。

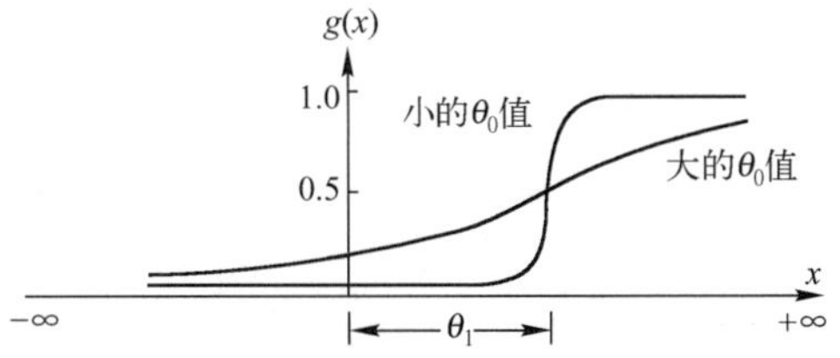

图 1-18　具有偏值和形状调节的 Sigmoid 函数

隐含层激活函数 $g(\mathrm{net}_i^p - \theta_i)$的微分函数为

$$g'(\mathrm{net}_i^p - \theta_i) = g(\mathrm{net}_i^p - \theta_i)[1 - g(\mathrm{net}_i^p - \theta_i)] = o_i^p(1 - o_i^p) \quad (i=1,2,\cdots,q) \tag{1-13}$$

隐含层第 i 个神经元的输出 o_i^p 将通过权系数向前传播到输出层第 k 个神经元作为它的输入之一，而输出层第 k 个神经元的总输入为

$$\mathrm{net}_k^p = \sum_{i=1}^{q} w_{ki} o_i^p \qquad (k=1,2,\cdots,L) \tag{1-14}$$

式中，w_{ki} 为隐含层神经元 i 与输出层神经元 k 之间的连接权值；q 为隐含层的节点数。

输出层的第 k 个神经元的实际输出为

$$o_k^p = g(\mathrm{net}_k^p - \theta_k) \qquad (k=1,2,\cdots,L) \tag{1-15}$$

式中，$g(\cdot)$为输出层的激活函数；θ_k 为输出层神经元 k 的阈值。

输出层激活函数 $g(\mathrm{net}_k^p - \theta_k)$的微分函数为

$$g'(\mathrm{net}_k^p - \theta_k) = g(\mathrm{net}_k^p - \theta_k)[1 - g(\mathrm{net}_k^p - \theta_k)] = o_k^p(1 - o_k^p) \quad (k=1,2,\cdots,L) \tag{1-16}$$

若其输出与给定模式对的期望输出 t_k^p 不一致，则将其误差信号从输出端反向传播回来，并在传播过程中对加权系数不断修正，直到在输出层神经元上得到所需要的期望输出值 t_k^p 为止。对样本 p 完成网络权系数的调整后，再送入另一样本模式对进行类似学习，直到完成 N 个样本的训练学习为止。

3．BP 网络权系数的调整规则

对于每一样本 p 的输入模式对的二次型误差函数为

$$J_p = \frac{1}{2}\sum_{k=1}^{L}(t_k^p - o_k^p)^2 \tag{1-17}$$

则系统对所有 N 个训练样本的总误差函数为

$$J = \sum_{p=1}^{N} J_p = \frac{1}{2}\sum_{p=1}^{N}\sum_{k=1}^{L}(t_k^p - o_k^p)^2 \tag{1-18}$$

式中，N 为模式样本对数；L 为网络输出节点数。

一般来说，基于 J_p 还是基于 J 来完成加权系数空间的梯度搜索会获得不同的结果。在 Rumelhart 等人的学习加权的规则中，学习过程按使误差函数 J_p 减小最快的方向调整加权系数直到获得满意的加权系数集为止。这里加权系数的修正是顺序操作的，网络对各模式对一个一个地顺序输入并不断进行学习，类似于生物神经网络的处理过程，但不是真正的梯度搜索过程。系统最小误差的真实梯度搜索方法是基于式（1-18）的最小化方法。

1）输出层权系数的调整

权系数应按 J_p 函数梯度变化的反方向调整，使网络逐渐收敛。根据梯度法，可得输出层每个神经元权系数的修正公式为

$$\Delta w_{ki} = -\eta\frac{\partial J_p}{\partial w_{ki}} = -\eta\frac{\partial J_p}{\partial \mathrm{net}_k^p}\cdot\frac{\partial \mathrm{net}_k^p}{\partial w_{ki}} = -\eta\frac{\partial J_p}{\partial \mathrm{net}_k^p}\cdot\frac{\partial}{\partial w_{ki}}\left(\sum_{i=1}^{q} w_{ki} o_i^p\right) = -\eta\frac{\partial J_p}{\partial \mathrm{net}_k^p}\cdot o_i^p$$

式中，η为学习速率，$\eta>0$。

定义 $$\delta_k^p = -\frac{\partial J_p}{\partial \mathrm{net}_k^p} = -\frac{\partial J_p}{\partial o_k^p}\cdot\frac{\partial o_k^p}{\partial \mathrm{net}_k^p} = (t_k^p - o_k^p)\cdot g'(\mathrm{net}_k^p - \theta_k) = (t_k^p - o_k^p)o_k^p(1 - o_k^p) \tag{1-19}$$

因此输出层的任意神经元 k 的加权系数修正公式为

$$\Delta w_{ki} = \eta\delta_k^p o_i^p = \eta o_k^p(1 - o_k^p)(t_k^p - o_k^p)o_i^p \tag{1-20}$$

式中，o_k^p 为输出节点 k 在样本 p 作用时的输出；o_i^p 为隐含节点 i 在样本 p 作用时的输出；t_k^p 为在样本 p 输入/输出对作用时输出节点 k 的目标值。

2）隐含层权系数的调整

根据梯度法，可得隐含层每个神经元权系数的修正公式为

$$\Delta w_{ij} = -\eta\frac{\partial J_p}{\partial w_{ij}} = -\eta\frac{\partial J_p}{\partial \mathrm{net}_i^p}\cdot\frac{\partial \mathrm{net}_i^p}{\partial w_{ij}} = -\eta\frac{\partial J_p}{\partial \mathrm{net}_i^p}\cdot\frac{\partial}{\partial w_{ij}}\left(\sum_{j=1}^{M} w_{ij} o_j^p\right) = -\eta\frac{\partial J_p}{\partial \mathrm{net}_i^p}\cdot o_j^p$$

式中，η为学习速率，$\eta>0$。

定义 $$\delta_i^p = -\frac{\partial J_p}{\partial \mathrm{net}_i^p} = -\frac{\partial J_p}{\partial o_i^p}\cdot\frac{\partial o_i^p}{\partial \mathrm{net}_i^p} = -\frac{\partial J_p}{\partial o_i^p}\cdot g'(\mathrm{net}_i^p - \theta_i) = -\frac{\partial J_p}{\partial o_i^p}\cdot o_i^p(1 - o_i^p)$$

由于隐含层一个单元输出的改变会影响与该单元相连接的所有输出单元的输入，即

$$\begin{aligned}-\frac{\partial J_p}{\partial o_i^p} &= -\sum_{k=1}^{L}\frac{\partial J_p}{\partial \mathrm{net}_k^p}\cdot\frac{\partial \mathrm{net}_k^p}{\partial o_i^p} = -\sum_{k=1}^{L}\frac{\partial J_p}{\partial \mathrm{net}_k^p}\cdot\frac{\partial}{\partial o_i^p}\left(\sum_{i=1}^{q} w_{ki} o_i^p\right)\\ &= \sum_{k=1}^{L}\left(-\frac{\partial J_p}{\partial \mathrm{net}_k^p}\right)\cdot w_{ki} = \sum_{k=1}^{L}\delta_k^p\cdot w_{ki}\end{aligned}$$

则
$$\delta_i^p = \left(\sum_{k=1}^{L} \delta_k^p \cdot w_{ki}\right) o_i^p (1 - o_i^p) \tag{1-21}$$

因此隐含层的任意神经元 i 的加权系数修正公式为

$$\Delta w_{ij} = \eta \delta_i^p o_j^p = \eta \left(\sum_{k=1}^{L} \delta_k^p \cdot w_{ki}\right) o_i^p (1 - o_i^p) o_j^p \tag{1-22}$$

式中，o_i^p 为隐含节点 i 在样本 p 作用时的输出；o_j^p 为输入节点 j 在样本 p 作用时的输出，即输入节点 j 的输入（因对输入节点两者相当）。

输出层的任意神经元 k 在样本 p 作用时的加权系数增量公式为

$$w_{ki}(k+1) = w_{ki}(k) + \eta \delta_k^p o_i^p \tag{1-23}$$

隐含层的任意神经元 i 在样本 p 作用时的加权系数增量公式为

$$w_{ij}(k+1) = w_{ij}(k) + \eta \delta_i^p o_j^p \tag{1-24}$$

由式（1-23）和式（1-24）可知，对于给定的某一个样本 p，根据误差要求调整网络的加权系数使其满足要求；对于给定的另一个样本，再根据误差要求调整网络的加权系数使其满足要求，直到所有样本作用下的误差都满足要求为止。这种计算过程称为在线学习过程。

如果学习过程按使误差函数 J 减小最快的方向调整加权系数，采用类似的推导过程可得输出层和隐含层的任意神经元 k 和 i 在所有样本作用时的加权系数增量公式为

$$w_{ki}(k+1) = w_{ki}(k) + \eta \sum_{p=1}^{N} \delta_k^p o_i^p \tag{1-25}$$

$$w_{ij}(k+1) = w_{ij}(k) + \eta \sum_{p=1}^{N} \delta_i^p o_j^p \tag{1-26}$$

式中，δ_k^p 和 δ_i^p 的计算方法同上，即

$$\delta_k^p = o_k^p (1 - o_k^p)(t_k^p - o_k^p) \tag{1-27}$$

$$\delta_i^p = o_i^p (1 - o_i^p) \left(\sum_{k=1}^{L} \delta_k^p \cdot w_{ki}\right) \tag{1-28}$$

根据式（1-25）和式（1-26）所得加权系数的修正是在所有样本输入后，计算完总的误差后进行的，这种计算过程称为离线学习过程。离线学习可保证其总误差 J 向减小的方向变化，在样本多的时候，它比在线学习的收敛速度快。

因此，BP 网络的学习可采用两种方式，即在线学习和离线学习。在线学习是对训练集内每个模式对逐一更新网络权值的一种学习方式，其特点是学习过程中需要较少的存储单元，但有时会增加网络的整体输出误差，以上推导即为在线学习过程。因此，使用在线学习时一般使学习因子足够小，以保证用训练集内每个模式训练一次后，权值的总体变化充分接近于最快速下降。所谓离线学习也称为批处理学习，是指用训练集内所有模式依次训练网络，累加各权值修正量并统一修正网络权值的一种学习方式，它能使权值变化沿最快速下降方向进行。其缺点是学习过程中需要较多的存储单元，好处是学习速度较快。具

体实际应用中，当训练模式很多时，可以将整个训练模式分成若干组，采用分组批处理学习方式。

4．BP 网络学习算法的计算步骤

（1）初始化：置所有的加权系数为最小的随机数。

（2）提供训练集：给出顺序赋值的输入向量 $\boldsymbol{x}^{(1)},\boldsymbol{x}^{(2)},\cdots,\boldsymbol{x}^{N}$ 和期望的输出向量 $\boldsymbol{t}^{(1)},\boldsymbol{t}^{(2)},\cdots,\boldsymbol{t}^{N}$。

（3）计算实际输出：按式（1-11）～式（1-16）计算隐含层、输出层各神经元的输出。

（4）按式（1-17）或式（1-18）计算期望值与实际输出的误差。

（5）按式（1-23）或式（1-25）调整输出层的加权系数 w_{ki}。

（6）按式（1-24）或式（1-26）调整隐含层的加权系数 w_{ij}。

（7）返回计算（3）步，直到误差满足要求为止。

5．使用 BP 算法时应注意的几个问题

（1）学习速率 η 的选择非常重要。在学习初始阶段，η 选得大些可使学习速度加快，但当逼近最佳点时，η 必须相当小，否则加权系数将产生反复振荡而不能收敛。采用变学习速率方案，令学习速率 η 随着学习的进展而逐步减小，可收到较好的效果。引入惯性系数 a 的办法，也可使收敛速度加快，a 的取值可选在 0.9 左右。

（2）采用 S 型激活函数时，由于输出层各神经元的理想输出值只能接近于 1 或 0，而不能达到 1 或 0，这样在设置各训练样本的期望输出分量 t_k^p 时，不能设置为 1 或 0，以设置为 0.9 或 0.1 较为适宜。

（3）由图 1-18 可知，S 型非线性激活函数 $g(x)$ 随着 $|x|$ 的增大梯度下降，即 $|g'(x)|$ 减小并趋于 0，不利于权值的调整，因此希望 $|x|$ 工作在较小的区域，故应考虑网络的输入。若实际问题中网络的输入量较大，需做归一化处理，网络的输出量也要进行相应的处理。对于具体问题，需经调试而定，且需经验知识的积累。

（4）学习开始时如何设置加权系数 w_{ij} 和 w_{ki} 的初值非常重要。如将所有初值设置为相等值，则由式（1-22）可知，所有隐含层加权系数的调整量相同，从而使这些加权系数总相等。因此，各加权系数的初值以设置为随机数为宜。

（5）BP 网络的另一个问题是学习过程中系统可能陷入某些局部最小值，或某些静态点，或在这些点之间振荡。在这种情况下，不管进行多少次迭代，系统都存在很大误差。因此，在学习过程中，应尽量避免落入某些局部最小值点上，引入惯性项有可能使网络避免落入某一局部最小值。

6．BP 网络的特点

BP 网络总括起来，具有以下主要优点：

（1）只要有足够多的隐含层和隐节点，BP 网络可以逼近任意的非线性映射关系；

（2）BP 网络的学习算法属于全局逼近的方法，因而它具有较好的泛化能力。

BP 网络的主要缺点是：

（1）收敛速度慢；

（2）局部极值；

（3）难以确定隐含层和隐节点的个数。

从原理上，只要有足够多的隐含层和隐节点，即可实现复杂的映射关系，但是如何根据

特定的问题来具体确定网络的结构尚无很好的方法，仍需要凭借经验和试凑。

BP 网络能够实现输入/输出的非线性映射关系，但它并不依赖于模型。其输入与输出之间的关联信息分散地存储于连接权中。由于连接权的个数很多，个别神经元的损坏只对输入/输出关系有较小的影响，因此 BP 网络显示了较好的容错性。

7．BP 网络学习算法的改进

BP 网络由于其很好的逼近非线性映射的能力，因而可应用于信息处理、图像识别、模型辨识、系统控制等多个方面。对于控制方面的应用，BP 网络很好的逼近特性和泛化的能力是一个优点。收敛速度慢却是 BP 网络一个很大的缺点，这一点难以满足具有适应功能的实时控制的要求，影响了该网络在许多方面的实际应用。为此，很多人对 BP 网络的学习算法进行了广泛的研究，提出了许多改进的算法。下面介绍典型的几种算法。

1）引入惯性项

有时为了使收敛速度快些，可在加权系数修正公式中增加一个惯性项，使加权系数变化更平稳些。

输出层的任意神经元 k 在样本 p 作用时的加权系数增量公式为

$$w_{ki}(k+1)=w_{ki}(k)+\eta\delta_k^p o_i^p+\alpha[w_{ki}(k)-w_{ki}(k-1)] \tag{1-29}$$

隐含层的任意神经元 i 在样本 p 作用时的加权系数增量公式为

$$w_{ij}(k+1)=w_{ij}(k)+\eta\delta_i^p o_j^p+\alpha[w_{ij}(k)-w_{ij}(k-1)] \tag{1-30}$$

式中，α为惯性系数，$0<\alpha<1$。

2）引入动量项

标准 BP 算法实质上是一种简单的最速下降静态寻优算法，在修正 $\boldsymbol{w}(k)$时，只是按 k 时刻的负梯度方式进行修正，而没有考虑以前积累的经验，即以前时刻的梯度方向，从而常常使学习过程发生振荡，收敛缓慢。为此，有人提出了如下的改进算法，即

$$\boldsymbol{w}(k+1)=\boldsymbol{w}(k)+\eta[(1-\alpha)\boldsymbol{D}(k)+\alpha\boldsymbol{D}(k-1)] \tag{1-31}$$

式中，$\boldsymbol{w}(k)$既可表示单个的连接权系数，也可表示连接权向量（其元素为连接权系数）；$\boldsymbol{D}(k)=-\partial\boldsymbol{J}/\partial\boldsymbol{w}(k)$为 k 时刻的负梯度；$\boldsymbol{D}(k-1)$是 $k-1$ 时刻的负梯度；η为学习速率，$\eta>0$；α为动量项因子，$0\leqslant\alpha<1$。

该算法所加入的动量项实质上相当于阻尼项，它减小了学习过程的振荡趋势，改善了收敛性，这是目前应用比较广泛的一种改进算法。

3）变尺度法

标准 BP 学习算法采用的是一阶梯度法，因而收敛较慢。若采用二阶梯度法，则可以大大改善收敛性。二阶梯度法的算法为

$$\boldsymbol{w}(k+1)=\boldsymbol{w}(k)-\eta[\Delta^2\boldsymbol{J}(k)]^{-1}\Delta\boldsymbol{J}(k)$$

式中，$\Delta\boldsymbol{J}(k)=\dfrac{\partial\boldsymbol{J}}{\partial\boldsymbol{w}(k)},\Delta^2\boldsymbol{J}(k)=\dfrac{\partial^2\boldsymbol{J}}{\partial\boldsymbol{w}^2(k)},0<\eta\leqslant1$。

虽然二阶梯度法具有比较好的收敛性，但是需要计算 $\boldsymbol{J}$ 对 $\boldsymbol{w}$ 的二阶导数，这个计算量是很大的。所以，一般不直接采用二阶梯度法，而常常采用变尺度法或共轭梯度法，它们具有二阶梯度法收敛较快的优点，而又无须直接计算二阶梯度。下面具体给出变尺度法的算法，即

$$\boldsymbol{w}(k+1)=\boldsymbol{w}(k)+\eta\boldsymbol{H}(k)\boldsymbol{D}(k)$$

$$\boldsymbol{H}(k)=\boldsymbol{H}(k-1)-\frac{\Delta\boldsymbol{w}(k)\Delta\boldsymbol{w}^{\mathrm{T}}(k)}{\Delta\boldsymbol{w}^{\mathrm{T}}(k)\Delta\boldsymbol{D}(k)}-\frac{\boldsymbol{H}(k-1)\Delta\boldsymbol{D}(k)\Delta\boldsymbol{D}^{\mathrm{T}}(k)\boldsymbol{H}(k-1)}{\Delta\boldsymbol{D}^{\mathrm{T}}(k)\boldsymbol{H}(k-1)\Delta\boldsymbol{D}(k)}$$

$$\Delta\boldsymbol{w}(k)=\boldsymbol{w}(k)-\boldsymbol{w}(k-1)$$

$$\Delta\boldsymbol{D}(k)=\boldsymbol{D}(k)-\boldsymbol{D}(k-1)$$

4）变步长法

一阶梯度法寻优收敛较慢的一个重要原因是η（学习速率）不好选择。η选得太小，收敛太慢；选得太大，则有可能修正过头，导致振荡甚至发散。为了解决这个问题提出了如下的变步长算法，即

$$\boldsymbol{w}(k+1)=\boldsymbol{w}(k)+\eta(k)\boldsymbol{D}(k)$$

$$\eta(k)=2^{\lambda}\eta(k-1)$$

$$\lambda=\mathrm{sgn}[\boldsymbol{D}(k)\boldsymbol{D}(k-1)]$$

以上公式说明，当连续两次迭代其梯度方向相同时，表明下降速度太慢，这时可使步长加倍；当连续两次迭代其梯度方向相反时，表明下降速度过快，这时可使步长减半。需要引入动量项时，上述算法可修正为

$$\boldsymbol{w}(k+1)=\boldsymbol{w}(k)+\eta(k)[(1-\eta)\boldsymbol{D}(k)+\eta\boldsymbol{D}(k-1)]$$

$$\eta(k)=2^{\lambda}\eta(k-1)$$

$$\lambda=\mathrm{sgn}[\boldsymbol{D}(k)\boldsymbol{D}(k-1)]$$

在使用该算法时，由于步长在迭代过程中自适应进行调整，因此对于不同的连接权系数实际采用了不同的学习速率，也就是说误差代价函数 $\boldsymbol{J}$ 在超曲面上在不同的方向按照各自比较合理的步长向极小点逼近。

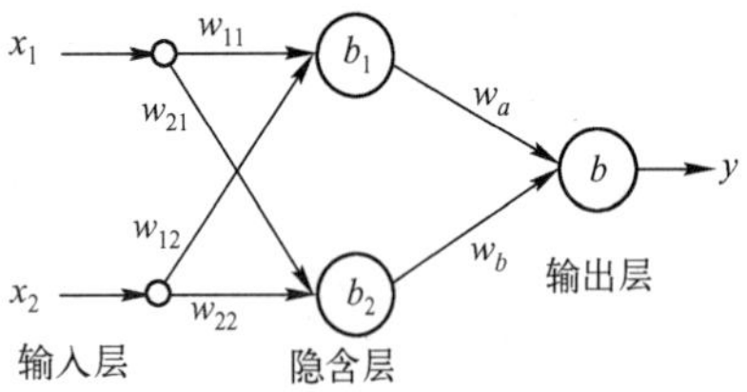

图 1-19　简单 BP 网络

例 1-3　一个具有两个输入单元、两个隐含单元和一个输出单元的两层 BP 神经网络，如图 1-19 所示。设学习样本为 N=4，写出 BP 网络学习算法批处理（离线学习）的计算步骤。假设样本集的输入为 $\boldsymbol{X}=\{\boldsymbol{x}^{(1)},\boldsymbol{x}^{(2)},\boldsymbol{x}^{(3)},\boldsymbol{x}^{(4)}\}$，目标为 $\boldsymbol{T}=\{t^{(1)},t^{(2)},t^{(3)},t^{(4)}\}$。其中 $\boldsymbol{x}^p=[x_1^p;\ x_2^p]$ $(p=1,2,3,4)$。

解：（1）置所有的加权系数及偏值的初始值为最小的随机数，即

隐含层的加权系数及偏值的初始值：$w_{11}(0),w_{12}(0),w_{21}(0),w_{22}(0),b_1(0),b_2(0)$

输出层的加权系数及偏值的初始值：$w_a(0),w_b(0),b(0)$

（2）根据式（1-12）和式（1-16）分别计算样本集中所有样本的隐含层和输出层各节点的输出值，即

隐含层第 1 个神经元的输出：$o_1^p=g(w_{11}\cdot x_1^p+w_{12}\cdot x_2^p+b_1)$　　$(p=1,2,3,4)$

隐含层第 2 个神经元的输出：$o_2^p=g(w_{21}\cdot x_1^p+w_{22}\cdot x_2^p+b_2)$　　$(p=1,2,3,4)$

输出层神经元的输出：$y^p=g(w_a\cdot o_1^p+w_b\cdot o_2^p+b)$　　$(p=1,2,3,4)$

（3）根据式（1-21）和式（1-22）及目标值分别计算在所有样本作用下的各层误差，即

输出层的误差：$\delta^p=y^p(1-y^p)(t^p-y^p)$　　$(p=1,2,3,4)$

隐含层第 1 个神经元的误差：$\delta_1^p=\delta^p\cdot w_a\cdot o_1^p(1-o_1^p)$　　$(p=1,2,3,4)$

隐含层第 2 个神经元的误差：$\delta_2^p = \delta^p \cdot w_b \cdot o_2^p(1-o_2^p)$　　　$(p=1,2,3,4)$

（4）根据式（1-25）和式（1-26）调整各层的加权系数及偏值，即

输出层的加权系数及偏值修正公式为

$$w_a(k+1) = w_a(k) + \eta \sum_{p=1}^{4} \delta^p o_1^p ,\quad w_b(k+1) = w_b(k) + \eta \sum_{p=1}^{4} \delta^p o_2^p$$

$$b(k+1) = b(k) + \eta \sum_{p=1}^{4} \delta^p$$

隐含层的加权系数及偏值修正公式为

$$w_{11}(k+1) = w_{11}(k) + \eta \sum_{p=1}^{4} \delta_1^p x_1^p ,\quad w_{12}(k+1) = w_{12}(k) + \eta \sum_{p=1}^{4} \delta_1^p x_2^p$$

$$w_{21}(k+1) = w_{21}(k) + \eta \sum_{p=1}^{4} \delta_2^p x_1^p ,\quad w_{22}(k+1) = w_{22}(k) + \eta \sum_{p=1}^{4} \delta_2^p x_2^p$$

$$b_1(k+1) = b_1(k) + \eta \sum_{p=1}^{4} \delta_1^p ,\quad b_2(k+1) = b_2(k) + \eta \sum_{p=1}^{4} \delta_2^p$$

（5）计算输出误差，即

$$J = \frac{1}{2}[(t^{(1)} - y^{(1)})^2 + (t^{(2)} - y^{(2)})^2 + (t^{(3)} - y^{(3)})^2 + (t^{(4)} - y^{(4)})^2]$$

存在一个$\varepsilon>0$，使 $J<\varepsilon$，否则返回（2）重新计算，直到误差满足要求为止。

例 1-4　利用一个引入惯性项的 3 输入 2 输出的两层 BP 神经网络训练一个输入为$[1\ -1\ 1]^T$，希望的输出为$[1\ 1]^T$的神经网络系统。激活函数取

$$g(x) = \frac{2}{1+\exp(-x)} - 1$$

解：根据 BP 网络学习算法的计算步骤，用 MATLAB 语言编写的在线学习程序如下。

```
%ex1_4.m
%两层BP算法的第一阶段——学习期（训练加权系数Wki，Wij）
%初始化
lr=0.05;err_goal=0.001;                %lr为学习速率；err_goal为期望误差最小值
max_epoch=10000;a=0.9;                 %训练的最大次数，a为惯性系数
Oi=0;Ok=0;                             %置隐含层和输出层各神经元输出初值为零
%提供一组训练集和目标值（3输入2输出）
X=[1;-1;1];T=[1;1];
%初始化Wki,Wij（M-输入节点j的数量，q-隐含层节点i的数量，L-输出节点k的数量）
[M,N]=size(X);q=8;[L,N]=size(T);       %N为训练集对数量
Wij=rand(q,M);Wki=rand(L,q);Wij0=zeros(size(Wij));Wki0=zeros(size(Wki));
for epoch=1:max_epoch
    %计算隐含层各神经元输出
    NETi=Wij*X;
    for j=1:N
      for i=1:q
        Oi(i,j)=2/(1+exp(-NETi(i,j)))-1;
```

```
        end
      end
      %计算输出层各神经元输出
      NETk=Wki*Oi;
      for i=1:N
        for k=1:L
          Ok(k,i)=2/(1+exp(-NETk(k,i)))-1;
        end
      end
      %计算误差函数
      E=((T-Ok)'*(T-Ok))/2;if (E<err_goal) break;end
      %调整输出层加权系数
      deltak=Ok.*(1-Ok).*(T-Ok);W=Wki;Wki=Wki+lr*deltak*Oi'+a*(Wki-Wki0);Wki0=W;
      %调整隐含层加权系数
      deltai=Oi.*(1-Oi).*(deltak'*Wki)';W=Wij;Wij=Wij+lr*deltai*X'+a*(Wij-Wij0);Wij0=W;
end
epoch                                          %显示计算次数
%BP算法的第二阶段——工作期（根据训练好的Wki、Wij和给定的输入计算输出）
X1=X;                                          %给定输入
%计算隐含层各神经元输出
NETi=Wij*X1;
for j=1:N
  for i=1:q
    Oi(i,j)=2/(1+exp(-NETi(i,j)))-1;
  end
end
%计算输出层各神经元输出
NETk=Wki*Oi;
for i=1:N
  for k=1:L
    Ok(k,i)=2/(1+exp(-NETk(k,i)))-1;
  end
end
Ok                                             %显示网络输出层的输出
```

结果显示：

```
epoch =
      3
Ok =
    0.9955
    0.9969
```

由此可见，对于例 1-4，当惯性系数为 0.9 时，引入惯性项的 BP 网络经过 3 次训练就可训练成功。读者可以验证，当惯性系数为 0（即采用不带惯性项的基本 BP 网络）时，网络需要训练上千次才能训练成功。

1.2.5　径向基神经网络

第 9 讲

1985 年，Powell 提出了多变量插值的径向基函数（Radial Basis Function，RBF）方法。1988 年，Broomhead 和 Lowe 首先将 RBF 应用于神经网络设计，从而构成了 RBF 神经网络。RBF 神经网络（简称 RBF 网络）是一种局部逼近的神经网络。众所周知，BP 网络用于函数逼近时，调节权值采用的是负梯度下降法，这种调节权值方法有局限性，即存在着收敛速度慢和局部极小等缺点。RBF 网络无论在逼近能力、分类能力和学习速度等方面均优于 BP 网络。RBF 网络比 BP 网络需要更多的神经元，但是能够按时间片来训练网络。RBF 网络是一种局部逼近网络，已证明它能以任意精度逼近任一连续函数。当有很多的训练向量时，RBF 网络很有效果。

RBF 网络的结构与多层前向网络类似，它是具有单隐层的一种两层前向网络。输入层由信号源节点组成。隐含层的单元数视所描述问题的需要而定。输出层对输入的作用做出响应。从输入空间到隐含层空间的变换是非线性的，而从隐含层空间到输出层空间的变换是线性的。隐单元的变换函数是 RBF，它是一种局部分布的对中心点径向对称衰减的非负非线性函数。

构成 RBF 网络的基本思想是：用 RBF 作为隐单元的“基”构成隐含层空间，这样就可将输入矢量直接（即不通过权连接）映射到隐空间。当 RBF 的中心点确定以后，这种映射关系也就确定了。而隐含层空间到输出空间的映射是线性的，即网络的输出是隐单元输出的线性加权和。此处的权即为网络可调参数。由此可见，从总体上看，网络由输入到输出的映射是非线性的，而网络输出对可调参数而言却又是线性的。这样，网络的权就可由线性方程组直接解出或用 LMS 方法计算，从而大大加快了学习速度并避免了局部极小问题。

1. 径向基函数网络模型

RBF 网络由两层组成，其结构如图 1-20 所示。输入层节点只是传递输入信号到隐含层，隐含层节点（也称为 RBF 节点）由像高斯函数那样的辐射状作用函数构成，而输出层节点通常是简单的线性函数。

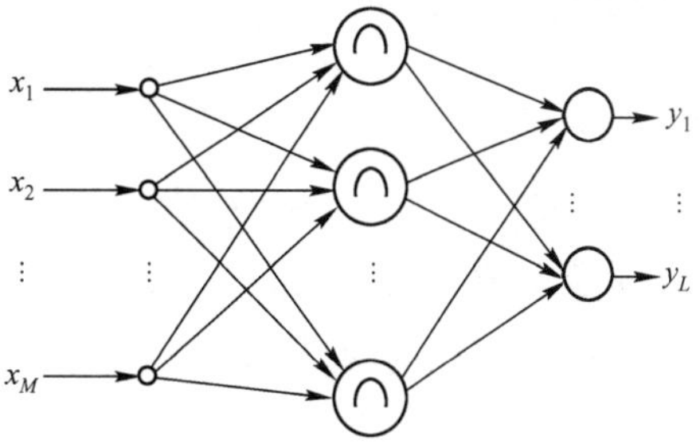

图 1-20　RBF 网络的结构

隐含层节点中的作用函数（核函数）对输入信号将在局部产生响应，也就是说，当输入信号靠近该函数的中央范围时，隐含层节点将产生较大的输出。由此可看出这种网络具有局部逼近能力，所以径向基函数网络也称为局部感知场网络。

2. 网络输出

设网络输入 $\boldsymbol{x}$ 为 M 维向量，输出 $\boldsymbol{y}$ 为 L 维向量，输入/输出样本对长度为 N。

RBF 网络的输入层到隐含层实现 $\boldsymbol{x} \to u_i(\boldsymbol{x})$的非线性映射，径向基网络隐含层节点的作用函数一般取下列几种形式，即

$$u_i(\boldsymbol{x}) = \exp[-(\boldsymbol{x}^{\mathrm{T}}\boldsymbol{x} / \delta_i^2)]$$

$$u_i(\boldsymbol{x}) = \frac{1}{(\delta_i^2 + \boldsymbol{x}^{\mathrm{T}}\boldsymbol{x})^a}, a > 0$$

$$u_i(\boldsymbol{x}) = (\delta_i^2 + \boldsymbol{x}^{\mathrm{T}}\boldsymbol{x})^{\beta}, a < \beta < 1$$

上面这些函数都是径向对称的，虽然有各种各样的激活函数，但最常用的是高斯激活函数，如 RBF 网络隐含层第 i 个节点的输出可由下式表示，即

$$u_i(\boldsymbol{x}) = \exp\left[-\frac{(\boldsymbol{x}-\boldsymbol{c}_i)^{\mathrm{T}}(\boldsymbol{x}-\boldsymbol{c}_i)}{2\sigma_i^2}\right] \qquad (i=1,2,\cdots,q) \tag{1-32}$$

式中，u_i 是第 i 个隐节点的输出；σ_i 是第 i 个隐节点的标准化常数；q 是隐含层节点数，$\boldsymbol{x}=[x_1,x_2,\cdots,x_M]^{\mathrm{T}}$ 是输入样本；$\boldsymbol{c}_i$ 是第 i 个隐节点高斯函数的中心向量，此向量是一个与输入样本 $\boldsymbol{x}$ 的维数相同的列向量，即 $\boldsymbol{c}_i=[c_{i1},c_{i2},\cdots,c_{iM}]^{\mathrm{T}}$。

由式（1-32）可知，节点的输出范围在 0 和 1 之间，且输入样本越靠近节点的中心，输出值越大。当 $\boldsymbol{x}=\boldsymbol{c}_i$ 时，$u_i=1$。

采用高斯函数，具备如下优点。

（1）表示形式简单，即使对于多变量输入也不增加太多的复杂性。

（2）径向对称。

（3）光滑性好，任意阶导数存在。

（4）由于该基函数表示简单且解析性好，因而便于进行理论分析。

考虑到提高网络精度和减少隐含层节点数，也可以将网络激活函数改成多变量正态密度函数，即

$$u_i(\boldsymbol{x}) = \exp\left[-\frac{1}{2}(\boldsymbol{x}-\boldsymbol{c}_i)K(\boldsymbol{x}-\boldsymbol{c}_i)^{\mathrm{T}}\right] \tag{1-33}$$

式中，$K = E[(\boldsymbol{x}-\boldsymbol{c}_i)^{\mathrm{T}}(\boldsymbol{x}-\boldsymbol{c}_i)]^{-1}$ 是输入协方差阵的逆。

注意，这时式（1-33）已不再是径向对称。

RBF 网络的隐含层到输出层实现 $u_i(\boldsymbol{x})\rightarrow y_k$ 的线性映射，即

$$y_k = \sum_{i=1}^{q} w_{ki}u_i - \theta_k \qquad (k=1,2,\cdots,L) \tag{1-34}$$

式中，u_i 为隐含层第 i 个节点的输出；y_k 为输出层第 k 个节点的输出；w_{ki} 为隐含层到输出层的加权系数；θ_k 为隐含层的阈值；q 为隐含层节点数。

3．RBF 网络的学习过程

设有 N 个训练样本，则系统对所有 N 个训练样本的总误差函数为

$$J = \sum_{p=1}^{N} J_p = \frac{1}{2}\sum_{p=1}^{N}\sum_{k=1}^{L}(t_k^p - y_k^p)^2 = \frac{1}{2}\sum_{p=1}^{N}\sum_{k=1}^{L}e_k^2 \tag{1-35}$$

式中，N 为模式样本对数；L 为网络输出节点数；t_k^p 表示在样本 p 作用下的第 k 个神经元的期望输出；y_k^p 表示在样本 p 作用下的第 k 个神经元的实际输出。

RBF 网络的学习过程分为两个阶段。第一阶段是无监督学习。它是根据所有的输入样本决定隐含层各节点的高斯核函数的中心向量 $\boldsymbol{c}_i$ 和标准化常数 σ_i。第二阶段是有监督学习。在决定好隐含层的参数后，根据样本，利用最小二乘原则，求出隐含层和输出层的权值 w_{ki}。有时在完成第二阶段的学习后，再根据样本信号，同时校正隐含层和输出层的参数，以进一步

提高网络的精度。下面具体介绍一下这两个阶段。

1）无监督学习阶段

无监督学习也称为非教师学习，是对所有样本的输入进行聚类，求得各隐含层节点的 RBF 的中心向量 $\boldsymbol{c}_i$。这里介绍使用 k–均值聚类算法调整中心向量。k–均值聚类算法将训练样本集中的输入向量分为若干族，在每个数据族内找出一个径向基函数中心向量，使得该族内各样本向量距该族中心的距离最小。算法步骤如下。

（1）给定各隐节点的初始中心向量 $\boldsymbol{c}_i(0)$ $(i=1,2,\cdots,q)$、学习速率 $\beta(0)$（$0<\beta(0)<1$）和判定停止计算的阈值 ε。

（2）计算距离（欧氏距离）并求出最小距离的节点。

$$\begin{cases} d_i(k) = \|\boldsymbol{x}(k) - \boldsymbol{c}_i(k-1)\| \ ,1 \leqslant i \leqslant q \\ d_{\min}(k) = \min d_i(k) = d_r(k) \end{cases} \tag{1-36}$$

式中，k 为样本序号；r 为中心向量 $\boldsymbol{c}_i(k-1)$ 与输入样本 $\boldsymbol{x}(k)$ 距离最近的隐节点序号。

（3）调整中心。

$$\begin{cases} \boldsymbol{c}_i(k) = \boldsymbol{c}_i(k-1), 1 \leqslant i \leqslant q, i \neq r \\ \boldsymbol{c}_r(k) = \boldsymbol{c}_r(k-1) + \beta(k)[\boldsymbol{x}(k) - \boldsymbol{c}_r(k-1)] \end{cases} \tag{1-37}$$

式中，$\beta(k)$为学习速率。$\beta(k)=\beta(k-1)/(1+\text{int}(k/q))^{1/2}$；$\text{int}(\cdot)$表示对$(\cdot)$进行取整运算。可见，每经过 q 个样本之后，调小一次学习速率，逐渐减至零。

（4）判定聚类质量。

对于全部样本 $k(k=1,2,\cdots,N)$反复进行以上（2）、（3）步，直至满足以下条件，则聚类结束。

$$J_e = \sum_{i=1}^{q} \|\boldsymbol{x}(k) - \boldsymbol{c}_i(k)\|^2 \leqslant \varepsilon \tag{1-38}$$

2）有监督学习阶段

有监督学习也称为有教师学习。当 $\boldsymbol{c}_i$ 确定以后，训练由隐含层至输出层之间的权值。由上可知，它是一个线性方程组，则求权值就成为线性优化问题。因此，问题有唯一确定的解，不存在 BP 网络中所遇到的局部极小值问题，肯定能获得全局最小点。类似于线性网络，RBF 网络的隐含层至输出层之间的连接权值 $w_{ki}(k=1,2,\cdots,L;\ i=1,2,\cdots,q)$学习算法为

$$w_{ki}(k+1) = w_{ki}(k) + \eta(t_k - y_k)u_i(\boldsymbol{x}) / \boldsymbol{u}^{\mathrm{T}}\boldsymbol{u} \tag{1-39}$$

式中，$\boldsymbol{u} = \left[u_1(\boldsymbol{x}), u_2(\boldsymbol{x}), \cdots, u_q(\boldsymbol{x})\right]^{\mathrm{T}}$；$u_i(\boldsymbol{x})$为高斯函数；$\eta$ 为学习速率。

可以证明当 $0<\eta<2$ 时可保证该迭代学习算法的收敛性，而实际上通常只取 $0<\eta<1$。t_k 和 y_k 分别表示第 k 个输出分量的期望值和实际值。由于向量 $\boldsymbol{u}$ 中只有少量几个元素为 1，其余均为零，因此在一次数据训练中只有少量的连接权需要调整。正是由于这个特点，才使得 RBF 神经网络具有比较快的学习速度。另外，由于当 $\boldsymbol{x}$ 远离 $\boldsymbol{c}_i$ 时，$u_i(\boldsymbol{x})$非常小，因此可作为 0 对待。因此，实际上只有当 $u_i(\boldsymbol{x})$大于某一数值（如 0.05）时才对相应的权值 w_{ki} 进行修改。经这样处理后，RBF 神经网络也同样具备局部逼近网络学习收敛快的优点。

4．RBF 网络有关的几个问题

（1）从理论上而言，RBF 网络和 BP 网络一样可近似任何的连续非线性函数。两者的主

要不同点是在非线性映射上采用了不同的作用函数。BP 网络中的隐含层节点使用的是 Sigmoid 函数，其函数值在输入空间中无限大的范围内为非零值，即它的作用函数是全局的；而 RBF 网络中的隐含层节点使用的是高斯函数，即它的作用函数是局部的。

（2）已证明 RBF 网络具有唯一最佳逼近的特性，且无局部极小。

（3）求 RBF 网络隐节点的中心向量 $\boldsymbol{c}_i$ 和标准化常数 σ_i 是一个困难的问题。

（4）径向基函数，即径向对称函数有多种。对于同一组样本，如何选择合适的径向基函数，如何确定隐节点数，以使网络学习达到要求的精度，目前还无解决办法。当前，用计算机选择、设计、再检验是一种通用的手段。

（5）RBF 网络用于非线性系统辨识与控制，虽具有唯一最佳逼近的特性，以及无局部极小的优点，但隐节点的中心难求，这是该网络难以广泛应用的原因。

（6）与 BP 网络收敛速度慢的缺点相反，RBF 网络学习速度很快，适于在线实时控制。这是因为 RBF 网络把一个难题分解成了两个较易解决的问题。首先，通过若干个隐节点，用聚类方式覆盖全部样本模式；然后，修改输出层的权值，以获得最小映射误差。这两步都比较直观。

（7）图 1-21 是径向基函数神经元传输函数 radbas( )的示意图，从图中可以注意到 RBF 网络的输入同前面介绍的神经网络的表达式有所不同。其网络输入为权值向量 $\boldsymbol{W}$ 与输入向量 $\boldsymbol{x}$ 之间的向量距离乘以阈值 $\boldsymbol{b}$，即 d=radbas(dist($\boldsymbol{W}$, $\boldsymbol{x}$)$\boldsymbol{b}$)。由图 1-21（c）可知，径向基函数的输入为 0 时，输出为极大值 1。由图 1-21（b）可知，径向基函数的输出随权值向量 $\boldsymbol{W}$ 和输入向量 $\boldsymbol{x}$ 之间的距离减小而增大，因此可以直观地想象：当输入向量 $\boldsymbol{x}$ 同权值向量 $\boldsymbol{W}$ 完全相同时，径向基函数的输出为 1，这时，径向基函数扮演了信号检测器的角色。阈值 $\boldsymbol{b}$ 可调节 RBF 神经元的敏感程度。例如，如果一个神经元的阈值为 0.1，那么，当向量距离为 8.326(0.8326/$\boldsymbol{b}$)时，神经元的输出为 0.5。

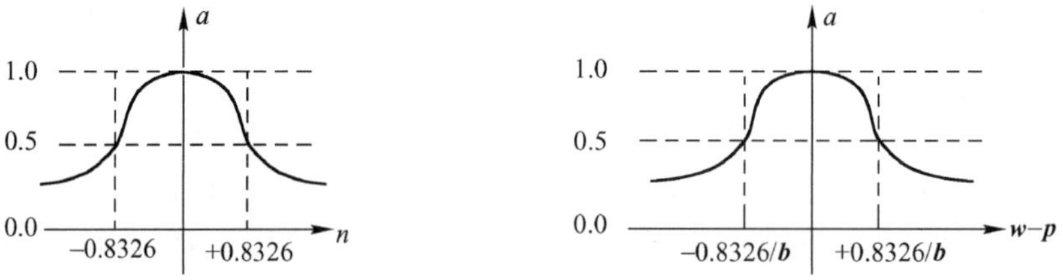

（a）a=radbas(n)　　　　（b）a=radbas(dist($\boldsymbol{w}$,$\boldsymbol{p}$)$\boldsymbol{b}$)

图 1-21　传输函数 radbas( )的示意图

例 1-5　单输入单输出，隐含层有三个节点的高斯 RBF 网络，如图 1-22 所示，已知三个隐含节点的中心 $c_1=-1, c_2=0, c_3=2.5$；标准化参数 $\sigma_i^2=1(i=1,2,3)$。三个非线性作用函数（高斯 RBF）如图 1-23 所示，隐含层至输出层的权系数 $\boldsymbol{w}=[1.1,-1,0.5]^{\mathrm{T}}$。

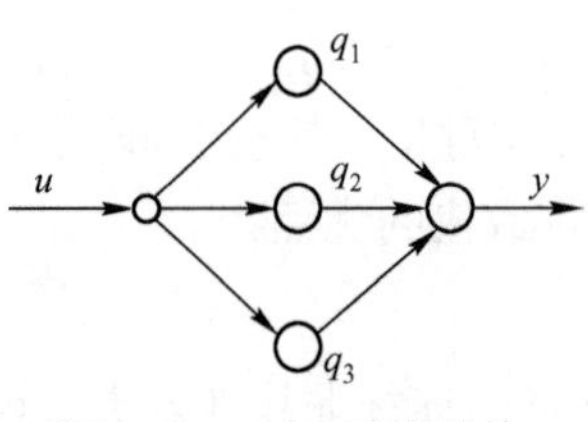

图 1-22　RBF 网络结构

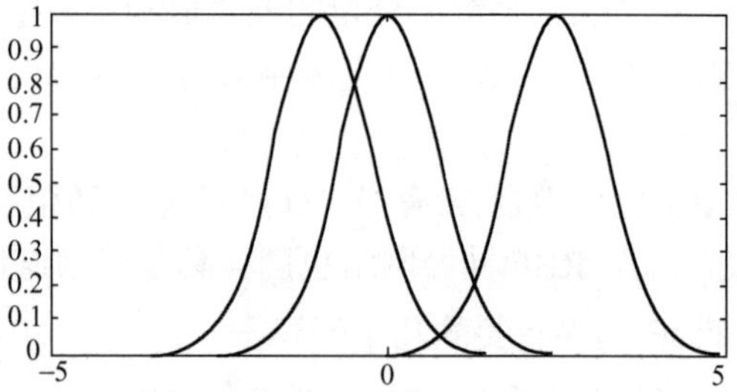

图 1-23　三个高斯 RBF

解：（1）在上述条件下，设网络输入 $x=-5:0.5:4.5$，如图 1-24（a）所示。由式（1-32）和式（1-34）可得到网络的输出 t，如图 1-24（b）所示，即得到样本对 x^p/t^p ($p=1\sim20$)。

（2）由样本对 x^p/t^p，设隐含节点中心已知，训练网络权系数 $\boldsymbol{w}=[w_1,w_2,w_3]^{\mathrm{T}}$。取初始权值 $\boldsymbol{w}(0)$，采用式（1-39）训练网络，次数 $p\geqslant5$，网络输出与期望输出相等，即样本 $y^p=t^p$，如图 1-24（c）所示。对于目标函数式（1-35），当次数 $p\geqslant5$ 时，$J(p)=0$，如图 1-24（e）所示。

（3）设隐含层节点中心未知，采用 k–均值与 LMS 算法，由式（1-36）～式（1-39）训练网络，由于隐含层节点中心很难搜索到所设值，因此网络输出与样本输出有相当的误差，$y^p\neq t^p$，如图 1-24（d）所示。当训练次数 p 增加时，目标函数为非零常值，如图 1-24（f）所示。

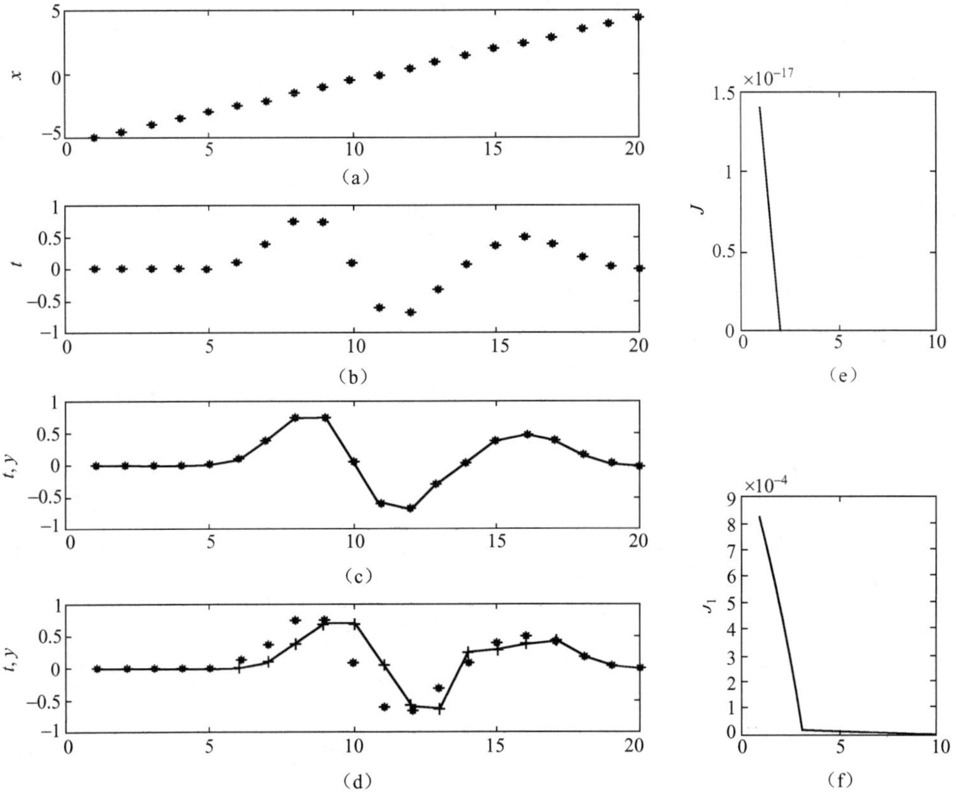

图 1-24　高斯 RBF 网络学习实例

1.2.6　竞争学习神经网络

第 10 讲

竞争学习是一种典型无监督学习策略，它通过神经元在同一层次上相互竞争来实现。竞争胜利的神经元会调整与其相连的权重，这一过程模仿了人类如何根据以往的经验来自动适应不断变化且不可预测的环境。在无监督学习中，只向网络提供一些学习样本，而不提供理想的输出。网络根据输入样本进行自组织，并将其划分到相应的模式类中。因为没有监督信号，所以这类网络通常利用竞争的原则进行自组织。学习时只需给定一个输入模式集作为训练集，网络自行组织训练模式，并将其分成不同类型。

与 BP 学习相比，这种学习能力进一步拓宽了神经网络在模式识别、分类方面的应用。竞争学习网络的核心——竞争层是许多神经网络模型的重要组成部分，例如自组织竞争神经网络、Kohonen 提出的自组织特征映射网络（SOM）、Hecht-Nielson 提出的反传神经网络（CPN）、Grossberg 与 Carpenter 提出的自适应共振理论（ART）网络模型等均包含竞争层。以下将分别详细讲述这些竞争网络结构的基本思想和学习规则。

1. 自组织竞争神经网络

自组织竞争神经网络的形成受生物神经系统的启发，之所以称为自组织竞争神经网络，是因为它一般是由输入层和竞争层构成的单层网络。自组织竞争神经网络能够识别成组的相似向量，常用于进行模式分类。

1）自组织竞争神经网络的形成

在生物神经系统中，存在一种“侧抑制”的现象，即一个神经细胞兴奋后，通过它的分支会对周围其他神经细胞产生抑制。这种侧抑制式神经细胞之间出现竞争，虽然开始阶段各个神经细胞都处于程度不同的兴奋状态，由于侧抑制的作用，各细胞之间相互竞争的最终结果是：兴奋作用最强的神经细胞所产生的抑制作用战胜了它周围所有其他细胞的抑制作用而“赢”了，其周围的其他神经细胞则全“输”了。

自组织竞争神经网络正是基于上述生物结构和现象形成的。它是一种以无教师示教的方式进行网络训练的。具有自组织功能的神经网络，网络通过自身训练，自动对输入模式进行分类。在网络结构上，自组织竞争神经网络一般是由输入层和竞争层构成的单层网络。网络没有隐含层，两层之间各神经元实现双向连接，有时竞争层各神经元之间还存在横向连接。在学习算法上，它模拟生物神经系统依靠神经元之间的兴奋、协调与抑制、竞争的作用来进行信息处理的动力学原理，指导网络的学习与工作。

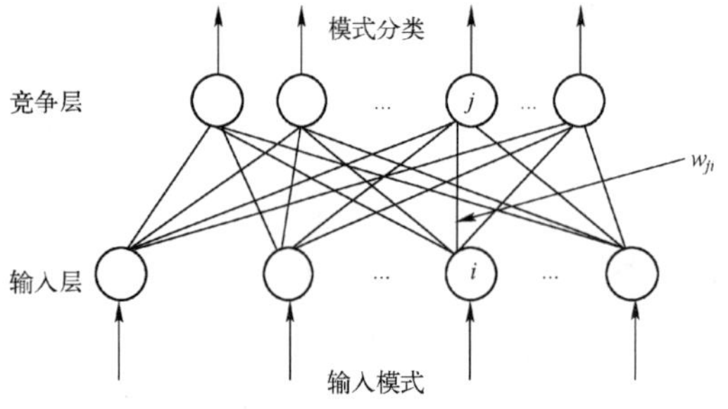

图 1-25　单层自组织竞争神经网络

2）自组织竞争神经网络的结构

自组织竞争神经网络由输入层和竞争层组成，输入层由接收输入模式的处理单元构成；竞争层的竞争单元争相响应输入模式，胜者表示输入模式的所属类别。输入层单元到竞争层单元的连接为全互连方式，连接权是可调节的。对于给定的一个输入模式，只调节获胜单元的连接权。图 1-25 所示为一个单层自组织竞争神经网络。

3）竞争学习机理

在自组织竞争神经网络中，每个竞争单元和输入层单元都有一个连接权，其取值在 0 与 1 之间。为了简化网络，假设任意一个给定竞争单元的权值和总是为1，即

$$\sum_j w_{ji} \approx 1 \tag{1-40}$$

网络学习时，初始权值一般满足上式的一组小的随机数；输入模式是二进制的 0/1 向量。图 1-26 所示为竞争层的一个处理单元。

竞争单元的处理分为两步，首先计算每个单元输入的加权和，然后在竞争中产生输出。对于第 j 个竞争单元，其输出总和为

$$S_j = \sum_i w_{ji} x_i \tag{1-41}$$

当竞争层所有单元的输入总和计算完毕，便开始竞争。根据“胜者为王，败者为寇”的道理，竞争层中具有最高输入总和的单元被确定为胜者，其输出状态为 1，其他各单元状态为 0，即

$$x_j^c = \begin{cases} 1, & S_j > \max(S_k, k \neq j, k = 1,2,\cdots,n) \\ 0, & \text{其他条件下} \end{cases} \tag{1-42}$$

式中，x_j^c 为竞争层第 j 个单元输出状态。当 $S_j = S_k(k \neq j)$ 时，通常取位于 j 左边的处理单元状态为 1。

对于某一输入模式，当竞争胜者单元被确定后，更新权值，也只有获胜单元的权值被增加一个量，使得再次遇到该输入模式时，该单元有更大的输入总和。权值更新规则表示为

$$\Delta w_{ji} = \eta \left(\frac{x_i}{m} - w_{ji} \right) \tag{1-43}$$

式中，η 为学习因子，$0<\eta<1$，反映权值更新速率，一般取值为 0.01～0.3；m 为输入层状态为 1 的单元个数；各单元初始权值选其和为 1 的一组随机数。

竞争学习的基本思想：竞争获胜单元的权值修正，当获胜单元的输入状态为 1 时，相应权值增加；当相连输入单元状态为 0 时，相应权值减小。学习过程中，权值越来越接近于相应的输入状态，这个变化可由如图 1-27 所示例子来反映。图中，第一、第五、第六个输入单元权值不断增大，其他权值不断减小。如果相同的输入模式立刻再次送给网络，那么上一次权值修正的结果将使获胜单元输入总和稍微变大。另外，类似于当前输入的输入模式，也将使相应获胜单元产生较大的输入总和。因此，当用相同或类似模式重复学习时，原已获胜单元有可能再次获胜。

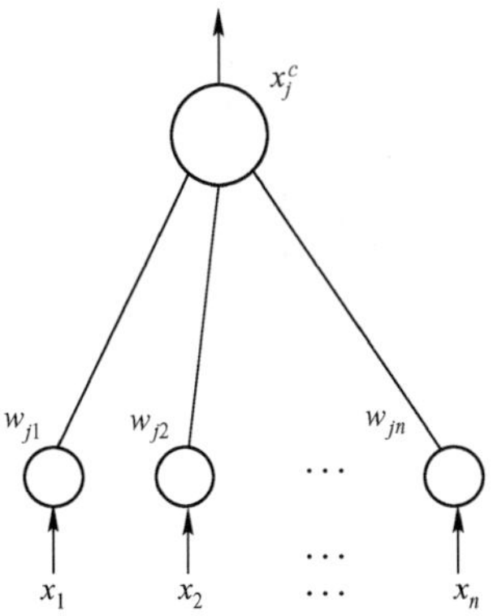

图 1-26　竞争层处理单元

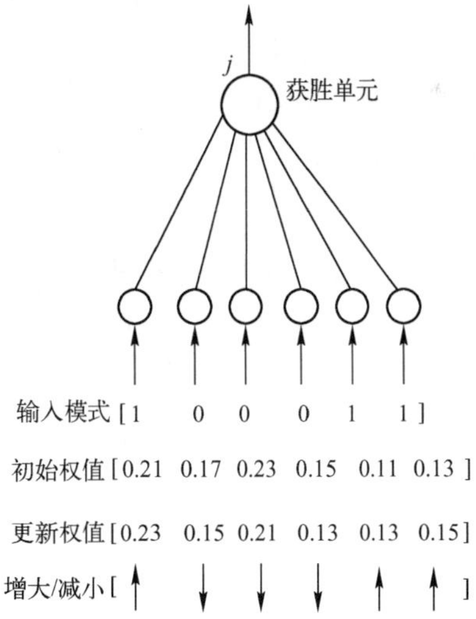

图 1-27　竞争学习中修正权值

按照权值修正算式（1-43），获胜单元的一些权值减小一个量，另一些则增大一个量，其结果是获胜单元的权值之和仍然满足为 1 的约束。将式（1-43）中的权值修正量对所有输入信号求和，结果为 0。

$$\sum_i \Delta w_{ji} = \eta\left(\frac{1}{m}\sum_i x_i - \sum_i w_{ji}\right) = \eta(1-1) = 0$$

2．自组织特征映射网络（SOM）

自组织特征映射网络（Self-Organizing feature Map，SOM）是由芬兰赫尔辛基大学神经网络专家 Kohonen 教授在 1981 年提出的。他认为一个神经网络接受外界输入模式时，将会分为不同的区域，各区域对输入模式具有不同的响应特征，同时这一过程是自动完成的。各神经元的连接权值具有一定的分布。最邻近的神经元互相刺激，而较远一些的神经元则具有较弱的刺激作用。这种网络模拟大脑神经系统自组织特征映射的功能，是一种竞争式学习网络，在学习中能无监督地进行自组织学习。自组织特征映射神经网络根据输入向量在输入空间的分布情况对它们进行分类。与自组织竞争网络不同的是，在自组织特征映射网络中，邻近的神经元能够识别输入空间中邻近的部分。这样，自组织特征映射网络不但能够像自组织竞争网络一样学习输入的分布情况，而且可以学习进行训练输入向量的拓扑结构。总之，自组织特征映射网络是一种无监督的聚类方法，与传统的模式聚类方法相比，它所形成的聚类中心能映射到一个曲面或平面上，而保持拓扑结构不变。自组织特征映射网络应用广泛，可用于语音识别、图像压缩、机器人控制、优化问题等。

1）自组织特征映射网络的结构

自组织特征映射网络（SOM）的基本网络结构也是由输入层和竞争层组成的。与自组织竞争学习网络不同之处是，自组织特征映射网络的竞争层按二维网络阵列方式组织，而且权值更新的策略也不同。如图 1-28（a）所示，输入层神经元数为 n，竞争层由 $M=m^2$ 个神经元组成，且构成一个二维平面阵列。输入层与竞争层之间实行全互连接，有时竞争层各神经元之间还实行侧抑制连接。网络中有两种连接权，一种是神经元对外部输入反应的连接权值，另一种是神经元之间的连接权值，它的大小控制着神经元之间的交互作用的大小。对于给定的输入模式，训练过程不仅要调节竞争获胜单元的各连接权值，而且还要调节获胜单元的邻域单元权值。假设竞争获胜单元位于(x_c,y_c)处，则该获胜单元的领域单元定义为包括在下述矩形框内的所有单元。其中，d 表示由中心点(x_c,y_c)到邻域单元位置(x,y)的距离。图 1-28（b）中标注了 d 为 1,2,3 时获胜单元的邻域单元。

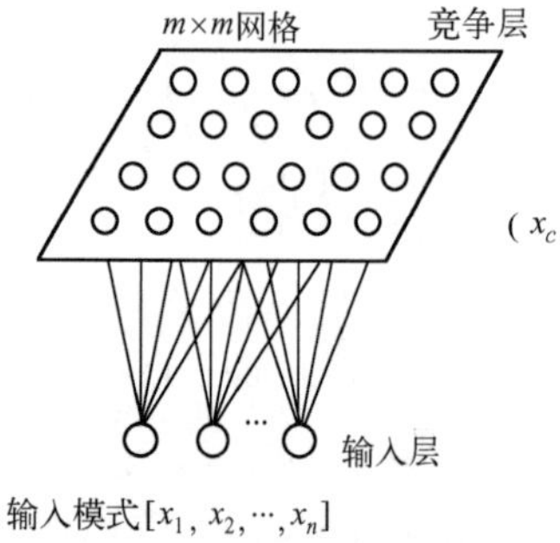

（a）SOM基本结构

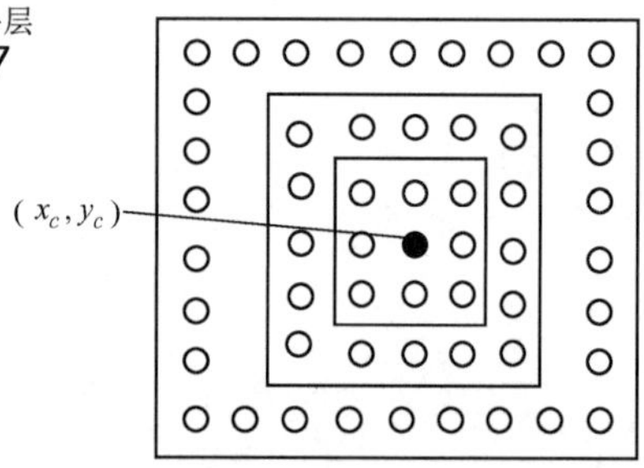

（b）获胜单元的邻域单元

图 1-28　SOM 结构

2）自组织特征映射网络的学习机理

自组织特征映射算法是一种无教师示教的聚类方法，它能将任意输入模式在输出层映射成一维或二维离散图形，并保持其拓扑结构不变。即在无教师示教的情况下，通过对输入模式的自组织学习，在竞争层将分类结果表示出来。此外，网络通过对输入模式的反复学习，可以使连接权矢量空间分布密度与输入模式的概率分布趋于一致，即连接权矢量空间分布能反映输入模式的统计特征。

自组织映射网络的竞争学习过程包括三个关键点：第一，对于给定输入模式，确定竞争层获胜单元；第二，按照学习规则修正获胜单元及其邻域单元的连接权值；第三，逐渐减小邻域及学习过程中权值的变化量。竞争获胜单元及其邻域单元权值更新规则可表达为

$$w_{ji}(k+1)=w_{ji}(k)+\Delta w_{ji} \tag{1-44}$$

且

$$\Delta w_{ji}=\begin{cases}\eta_c(x_i-w_{ji}), & \text{获胜单元}\\ \eta_N(x_i-w_{ji}), & \text{获胜邻域单元}\end{cases}$$

式中，η_c,η_N 分别为获胜单元及其邻域单元的权值学习因子，取值在(0,1)区间，且$\eta_c>\eta_N$；x_i,w_{ji} 为竞争获胜单元的输入及连接权。

特别要强调的是，在学习过程中，权值学习因子η_c及竞争层获胜单元的邻域 N_c 是逐渐减小的。学习因子η_N的初值一般取得比较大，随着学习过程的迭代η_N值逐渐减小，常用的一个调整策略表达式为

$$\eta_N=\eta_{N_0}\left(1-\frac{t}{T}\right) \tag{1-45}$$

式中，η_{N_0}为η_N初始值，通常在 0.2～0.5 之间取值；t 为迭代次数；T 为整个迭代设定次数。

邻域的宽度也随着学习过程的迭代而减小，因此，由竞争获胜单元到邻域单元的距离 d 相应减小。假设 d 的初值记 d_0，一般取值为 1/2 或 1/3 竞争层宽度，d 的减小策略可表达为

$$d=d_0\left(1-\frac{t}{T}\right) \tag{1-46}$$

自组织映射网络的学习使竞争获胜单元的邻域单元受到激励，邻域之外较远的单元受到抑制。

3. 反传神经网络（CPN）

反传神经网络的结构如图 1-29 所示。从形式上看，CPN 也是一个多层前向网络，可用于实现模式映射，这一点与 BP 网络相似，但是在工作机理方面，二者有明显的差异。CPN 除输入层外，还有两个功能层：第一层为竞争层，其权值学习采用竞争学习策略；第二层为功能输出层，又称为 Grossberg 层，它根据竞争层获胜单元的输出，产生一输出模式，采用有监督学习策略（如δ学习规则，Grossberg 学习算法）修正权值，以获得期望输出。之所以这种网络称为反传神经网络，是当它用作联想记忆时是由网络的组织得来的。如图 1-29（b）所示，假设输入模式由向量 $\boldsymbol{X}$ 和向量 $\boldsymbol{Y}$ 组成，即（$\boldsymbol{X},\boldsymbol{Y}$）；期望输出模式仍为（$\boldsymbol{X},\boldsymbol{Y}$）；网络实际输出模式为（$\boldsymbol{X}',\boldsymbol{Y}'$）；当用作联想记忆时，如给定输入为（$\boldsymbol{X}$,*），则网络能回忆出（$\boldsymbol{X},\boldsymbol{Y}$）；相反，若给定输入为（*,$\boldsymbol{Y}$），则能回忆出（$\boldsymbol{X},\boldsymbol{Y}$）。

图 1-30 所示为一个 CPN 对于给定的输入模式的一次训练。给定输入模式，竞争层单元竞争响应，只有一个单元获胜，输出状态为 1，其余为 0。如图 1-30（a）、（b）所示，竞争获胜单元激活输出层产生一个输出模式。如图 1-30（c）所示，竞争层、输出层的权值采用

不同学习策略调节。

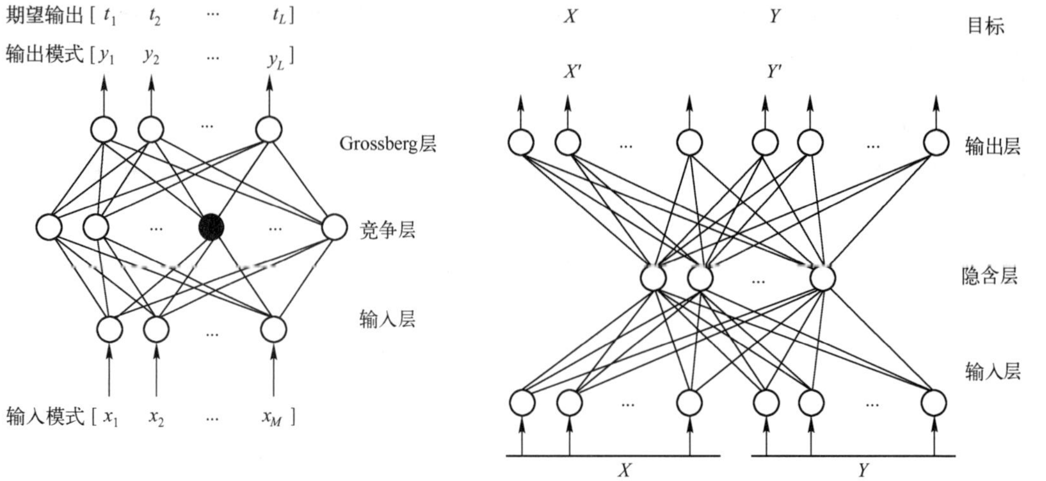

（a）　　　　（b）

图 1-29　CPN 结构

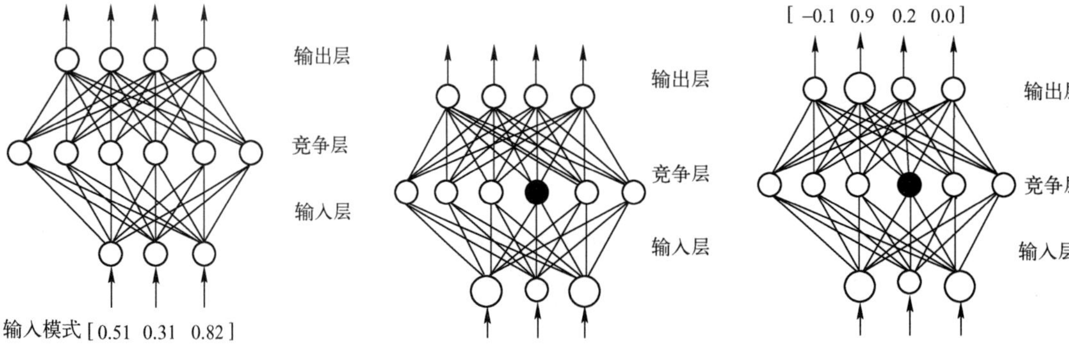

（a）给定输入模式　　（b）竞争获胜单元　　（c）输出模式

图 1-30　CPN 的训练

4. 自适应共振理论（ART）

自适应共振理论（Adaptive Resonance Theory，ART）是由美国学者 S. Grossberg 和 G. Carpenter 在 20 世纪 80 年代提出的，它的最初模型为 ART-1，只能用于二进制输入，后来有了可适用于连续信号输入的 ART-2，然后又发展了 ART-3。ART-3 是在 ART-2 的基础上发展起来的。它兼容了前两代的功能，同时把两层网络扩大为任意多层。ART-3 是当前最复杂的神经网络之一。以下仅重点介绍 ART-1。

对于 BP 网络，如果学习所用的模式是已知的，且是固定的，那么网络经过反复学习可以记住这些固定模式。一旦出现新的模式，网络的学习往往会修改甚至删除已学习的结果，从而网络只记得最新的模式。

ART 网络是一种向量模式的识别器，它根据存储的模式对输入向量进行分类，其简化的结果如图 1-31 所示。当存储的模式中有模式和输入模式相匹配时，代表该存储模式的参数就被调整以更接近输入模式。反之，如果在存储模式中，没有发现和输入模式相匹配的模式时，则输入模式作为新的模式被存储到网络中，其他的存储模式保持不变。如图 1-31

所示，ART 网络由比较和识别两层神经元组成，增益控制 1、2 和复置用来控制网络的学习和分类。

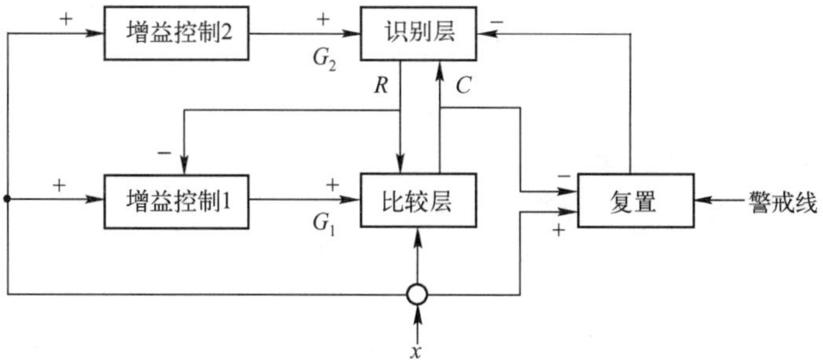

图 1-31　ART 网络的简化结构

ART 网络的工作过程如下。当没有输入时，$\boldsymbol{x}$ 的所有成分为 0，使得增益矩阵 2 的信号均为 0，因此也使得识别层的输出全为 0。当加入输入向量 $\boldsymbol{x}$ 时，因为 $\boldsymbol{x}$ 必含有不为 0 的元素，因此增益控制 1 和 2 的信号均为 1，从而使比较层的输出向量 $\boldsymbol{C}$ 和输入向量 $\boldsymbol{x}$ 完全相同。接着识别层寻找和 $\boldsymbol{C}$ 最匹配的神经元 j，并使其输出为 1，即 r_j=1，其他神经元输出均为 0。然后由 r_j=1 决定比较层中对应的存储模式 $\boldsymbol{T}_j=\{t_{j1},t_{j2},\cdots,t_{jm}\}$ 作为向量 $\boldsymbol{P}$。由于 r_j=1，增益控制 1 的信号被强制为 0，这时比较层的输出就是由比较 $\boldsymbol{x}$ 和 $\boldsymbol{P}$ 产生的结果。如果由上而下的反馈信号和输入模式不匹配（$\boldsymbol{P}$ 和 $\boldsymbol{x}$ 对应的成分不同）时，$\boldsymbol{C}$ 的相应成分就变为 0。因此若 $\boldsymbol{C}$ 的成分中 0 多，而 $\boldsymbol{x}$ 的成分中 1 多时，表明由上而下的反馈模式 $\boldsymbol{P}$ 不是所寻找的模式，此时产生复置信号，使识别层被激活的神经元复原，即使其输出为 0。

如果没有产生复置信号，则表明由上而下的反馈模式和输入模式匹配。反之，则必须搜索其他存储模式，看是否和输入模式相匹配，这一过程反复进行，直到找到一个相匹配的存储模式。如果在所有的存储模式中都没有找到相匹配的模式时，输入模式作为新的模式存储到网络中。

自适应共振理论（ART）网络具有不同的版本。图 1-32 为 ART-1 版本，用于处理二元输入。新的版本，如 ART-2，能够处理连续值输入。

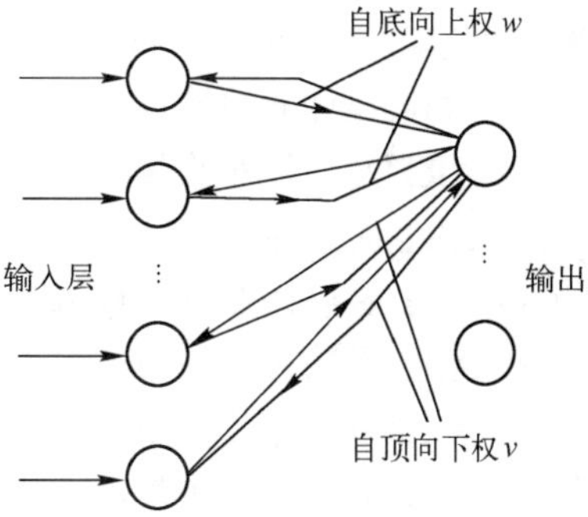

图 1-32　ART-1 网络

从图 1-32 可见，一个 ART-1 网络含有两层，一个输入层和一个输出层。这两层完全互连，该连接沿着正向（自底向上）和反馈（自顶向下）两个方向进行。自底向上连接至一个输出神经元 i 的权矢量 $\boldsymbol{w}_i$ 形成它所表示的类的一个样本。全部权矢量 $\boldsymbol{w}_i$ 构成网络的长期存储器，用于选择优胜的神经元，该神经元的权矢量 $\boldsymbol{w}_i$ 最相似于当前输入模式。自顶向下从一个输出神经元 i 连接的权矢量 $\boldsymbol{v}_i$ 用于警戒测试，即检验某个输入模式是否足够靠近已存储的样本。警戒矢量 $\boldsymbol{v}_i$ 构成网络的短期存储器。$\boldsymbol{v}_i$ 和 $\boldsymbol{w}_i$ 是相关的，$\boldsymbol{w}_i$ 是 $\boldsymbol{v}_i$ 的一个格化副本，即

$$\boldsymbol{w}_i = \frac{\boldsymbol{v}_i}{\varepsilon + \sum v_{ji}} \qquad (1\text{-}47)$$

在式（1-47）中，ε为一小的常数，v_{ji} 为 $\boldsymbol{v}_i$ 的第 j 个分量（即从输出神经元 i 到输入神经

元 j 连接的权值）。

当 ART-1 网络在工作时，其训练是连续进行的，且包括下列步骤。

（1）对于所有输出神经元，预置样本矢量 $\boldsymbol{w}_i$ 及警戒矢量 $\boldsymbol{v}_i$ 的初值，设定每个 $\boldsymbol{v}_i$ 的所有分量为 1，并根据式（1-47）计算 $\boldsymbol{w}_i$。如果一个输出神经元的全部警戒权值均置 1，则称为独立神经元，因为它不被指定表示任何模式类型。

（2）给出一个新的输入模式 $\boldsymbol{x}$。

（3）使所有的输出神经元能够参加激发竞争。

（4）从竞争神经元中找到获胜的输出神经元，即这个神经元的 $\boldsymbol{x}\boldsymbol{w}_i$ 值为最大；在开始训练时或不存在更好的输出神经元时，优胜神经元可能是一个独立神经元。

（5）检查该输入模式 $\boldsymbol{x}$ 是否与获胜神经元的警戒矢量 $\boldsymbol{v}_i$ 足够相似。相似性是由 $\boldsymbol{x}$ 的微分式 r 检测的，即

$$r = \frac{\boldsymbol{x}\boldsymbol{v}_i}{\sum x_i} \tag{1-48}$$

如果 r 值小于警戒阈值 $\rho\ (0<\rho<1)$，那么可以认为 $\boldsymbol{x}$ 与 $\boldsymbol{v}_i$ 是足够相似的。

（6）如果 $r \geqslant \rho$，即存在共振，则转向第（7）步；否则，使获胜神经元暂时无力进一步竞争，并转向第（4）步。重复这一过程直至不存在更多的有能力的神经元为止。

（7）调整最新获胜神经元的警戒矢量 $\boldsymbol{v}_i$，对它逻辑加上 $\boldsymbol{x}$，删去 $\boldsymbol{v}_i$ 内而不出现在 $\boldsymbol{x}$ 内的位。根据式（1-48），用新的 $\boldsymbol{v}_i$ 计算自底向上样本矢量 $\boldsymbol{w}_i$，激活该获胜神经元。

（8）转向第（2）步。

上述训练步骤如果能够做到，同样次序的训练模式被重复地送至此网络，那么其长期和短期存储器保持不变，即该网络是稳定的。假定存在足够多的输出神经元来表示所有不同的类，那么新的模式总是能够被“学会”。因为如果它不与原来存储的样本很好匹配的话（即该网络是塑性的），新模式可被指定给独立输出神经元。

总的来说，ART 的特点如下：

（1）ART 是一种非监督的、向量聚类的竞争学习算法；

（2）ART 对“弹性-稳定性”问题提供了一种解决办法；

（3）ART 是以认知学和行为学为基础的模型；

（4）ART 在输入层与输出层使用大量反馈连接；

（5）ART 可用非线性微分方程组描述；

（6）ART 能工作于实数模式或二值模式输入。

5．竞争学习网络的特征

竞争学习网络的主要特征表现在竞争层，它采用无监督学习策略，每个竞争单元都相当于一个特征分类器。模式分类是这种网络的重要功能。在竞争学习方案中，网络通过极小化簇内模式距离及极大化不同簇间的距离实现模式分类。注意，这里所说模式距离是指海明距离，如模式 010 与 101 的海明距离为 3。通常，竞争学习网络的分簇响应结果与初始权值的设置以及输入模式的组织有一定的关系。可以设想，用一组输入模式来训练网络，网络将输入模式按其海明距离自然分成三类，如图 1-33 所示，假如竞争层的初始权值都是相同的，那么竞争分簇的结果是：首先训练的模式属于类1，由竞争单元 1 表示；随后训练的模式如果不属于类 1，它就使竞争单元 2 表示类 2；当然，剩下的不属于前两类的模式使单元 3 获胜，为类 3。假如不

改变初始权值分布，只改变模式训练的次序，或者不改变上述训练次序，只改变初始权值分布，这两种情况都可能使竞争层单元对分簇响应不一样。对第一种情况，竞争单元 1 获胜，表示类 1；此时竞争单元 1 获胜，可能代表的是类 2 或类 3。有时，如果输入模式组织得不好，那么分类学习可能不稳定。会出现对同一输入模式，先由某一单元响应，以后又由另一单元响应，训练过程中就这样跳来跳去。因此，在竞争学习网络训练时要注意这一关系。

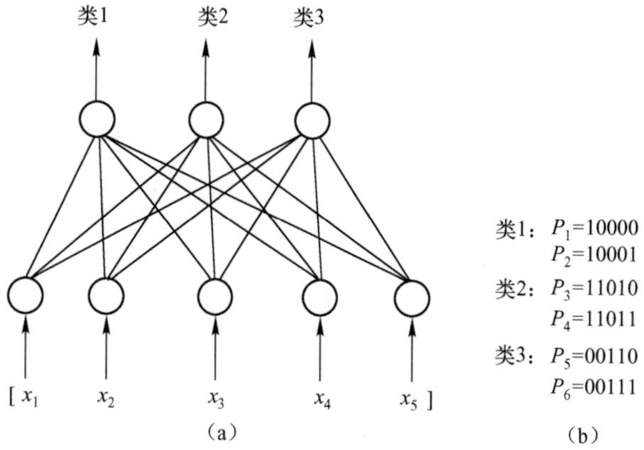

图 1-33　竞争学习聚类分析

竞争学习网络所实现的模式分类情况与典型的 BP 网络分类有所不同。BP 网络分类学习必须知道要将给定模式分成几类；而竞争网络能将给定的模式分成几类预先是不知道的，只有在学习以后才能知道，这种分类能力在许多场合是很有用的。从模式映射能力来看，像 CPN 这样的竞争网络，由于其竞争层仅有一个输出为 1 的获胜单元，所以不能得到某些映射所要求的复杂内部表示；BP 网络能够在最小均方意义上实现输入/输出映射的最优逼近。

竞争学习网络存在一些性能局限。首先，只用部分输入模式训练网络，当用一个明显不同的新的输入模式进行分类时，网络的分类能力可能降低。这是因为竞争学习采用非推理方式调节权值。另外，竞争学习对模式变换不冗余，其分类不是大小和旋转不变的，因为竞争学习网络没有从结构上支持大小和旋转不变的模式分类。

例 1-6　给定一个竞争网络，如图 1-34（a）所示，要求通过训练将输入模式集划分为两大类。设输入模式记为

$$(101)=\boldsymbol{P}_1;\ (100)=\boldsymbol{P}_2;\ (010)=\boldsymbol{P}_3;\ (011)=\boldsymbol{P}_4$$

解：竞争网络是如何将输入模式分成不同类呢？下面先分析一下训练集内四个模式的相似性。观察每两个模式之间的海明距离——两个二进制输入模式不同状态的个数，得到以下关系矩阵。

$$\boldsymbol{P}=(p_{ij})=\begin{pmatrix}0&1&3&2\\1&0&2&3\\3&2&0&1\\2&3&1&0\end{pmatrix}$$

所谓两个模式彼此相似，是指海明距离小于某个常量。

这里，模式 $\boldsymbol{P}_1$、$\boldsymbol{P}_2$ 彼此相似，$\boldsymbol{P}_3$、$\boldsymbol{P}_4$ 彼此相似；前两个模式 $\boldsymbol{P}_1$、$\boldsymbol{P}_2$ 与后两个模式 $\boldsymbol{P}_3$、$\boldsymbol{P}_4$ 的海明距离较大。因此，输入模式自然分成两类。该网络训练完后得到如下两类：

A 类：$\boldsymbol{P}_1=(101), \boldsymbol{P}_2=(100)$　　B 类：$\boldsymbol{P}_3=(010), \boldsymbol{P}_4=(011)$

每一类包含两个输入模式，同一类模式海明距离为 1，不同类模式的海明距离为 2 或 3。网络的分类原则来源于输入模式的固有特征。用不同的初始权值反复进行训练，网络便能自组织学习，完成正确的模式分组。

图 1-34（b）表示训练完成后的权向量及训练集内输入模式的空间分布。所有 3 输入二

进制向量位于三维立方体的各顶点，竞争层单元 1 的权向量最接近于 A 类的两个模式；竞争单元 2 的权向量最接近于 B 类的两个模式。若输入模式为 A 类模式，则单元 1 竞争获胜；同样，当输入为 B 类的两个模式时，单元 2 竞争获胜。图中，权向量相对比较短，这是由单元权值之和必须为 1 约束的结果。

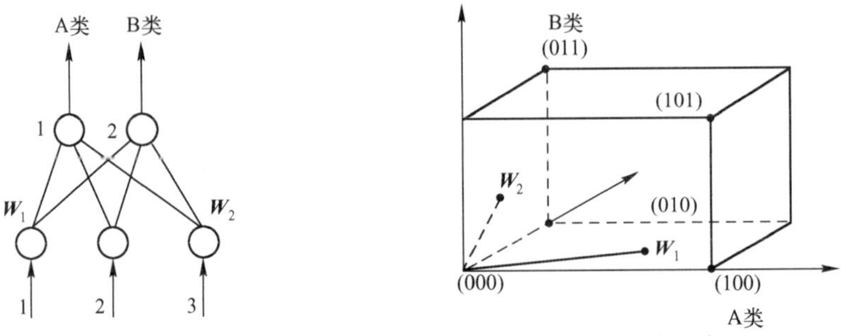

图 1-34　竞争分类

1.2.7　学习向量量化神经网络

学习向量量化（LVQ）神经网络是一种由输入层、竞争层（又称为隐含层）和线性输出层组成的混合网络。LVQ 神经网络的学习结合了竞争学习和有监督的学习来形成分类。学习规则为

$$\Delta w_{ij}(k)=\begin{cases}\eta(x_j-w_{ij}), & \text{若神经元 } j \text{竞争获胜}\\ 0, & \text{若神经元 } j \text{竞争失败}\end{cases} \tag{1-49}$$

在 LVQ 神经网络中，第一层的每个神经元都指定给某个类。常常几个神经元被指定给同一个类，每类再被指定给第二层的一个神经元。第一层的神经元的个数与第二层的神经元个数至少相同，并且通常要大一些。和竞争网络一样，LVQ 神经网络的第一层的每个神经元学习原型向量，可以对输入空间的区域分类。然而，通常不是通过计算内积的方法来得到输入和权值向量中最接近者，而是通过直接计算距离的方法来模拟 LVQ 网络。直接计算距离的一个优点是向量不必先格式化，当向量规格化了，无论是采用计算内积的方法还是直接计算距离，网络的响应将是相同的。

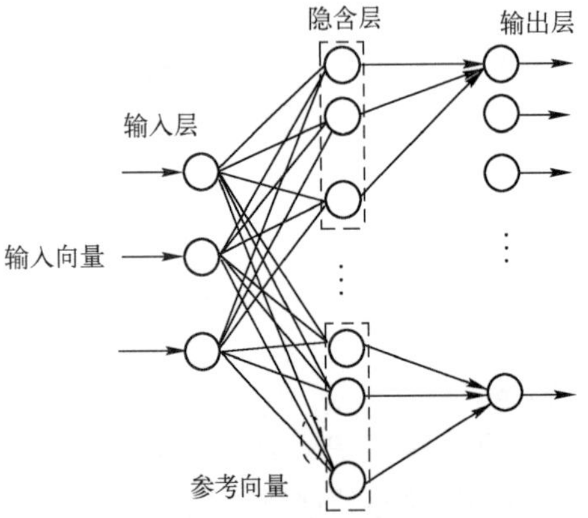

图 1-35　学习向量量化（LVQ）神经网络

LVQ 神经网络与竞争网络的特性几乎相同（至少对规格化向量）。然而，对于竞争网络，有非零输出的神经元表示输入向量属于哪个类。而对于 LVQ 神经网络，竞争获胜的神经元表示的是一个子类而非一个类。一个类可能由几个不同的神经元（子类）组成。

图 1-35 给出一个学习向量量化神经网络，它是由输入层、竞争层（又称为隐含层）和输出层组成的。该网络在输入层和竞争层间为完全连接，而在竞争层与输出层间为部分连接，每个输出神经元与竞争神经元的不同组相连接。竞争层和输出层间的连接权值固定为 1。输入层和竞争层间的连接权值建立参考向量的分量（对每个竞争神经元指定一个参考向量）。在网络的训练过程中，这些权值被修改。竞

争神经元（又称为隐含神经元）和输出神经元都具有二进制输出值。当某个输入模式被送至网络时，与参考向量最接近的输入模式的竞争神经元因获得激发而获胜，因而允许该获胜神经元产生一个“1”。其他竞争神经元都被迫产生“0”。与获胜神经元相关连的输出神经元也发出“1”，而其他输出神经元均发出“0”。产生“1”的输出神经元给出输入模式的类，每个输出神经元被表示为不同的类。

最简单的 LVQ 神经网络训练步骤如下。

（1）预置参考向量的初始权值。

（2）提供给网络一个训练输入模式。

（3）计算输入模式与每个参考向量间的 Euclidean 距离。

（4）更新最接近输入模式的参考向量（即获胜竞争神经元的参考向量）的权值。如果获胜神经元与输入模式具有一样的类，并连接至输出神经元的缓冲器，那么参考向量应更接近输入模式。否则，参考向量就离开输入模式。

（5）返回（2），以某个新的训练输入模式重复本过程，直至全部训练模式被正确地分类或者满足某个终止准则为止。

第 11 讲

1.2.8　Elman 神经网络

Elman 神经网络包含一个双曲正切 S 型隐含层和一个线性输出层。S 型隐含层接收网络输入和自身的反馈。线性输出层从 S 型隐含层得到输入。Elman 神经网络是反馈网络中最有代表性的例子。Elman 神经网络也有多层结构，如图 1-36 所示。在 Elman 神经网络中，除了普通的隐含层外，还有一个特别的隐含层，有时称为上下文层或状态层。该层从普通隐含层接收反馈信号，上下文层内的神经元输出被前向传输至隐含层。Elman 神经网络的这种组合结构特点使得其能在有限的时间内以任意精度逼近任意函数。这一点需要通过给递归层设置足够的神经元来实现。当需要逼近的函数的复杂性增加时，需要的递归层神经元数目也要增加。由于 Elman 神经网络是 S 型/线性（Sigmoid/Linear）网络，它能够表达含有有限个不连续点的函数。又因为反馈连接的存在，所以 Elman 神经网络被训练后不仅能够识别和产生空间模式，还能够识别和产生时间模式。

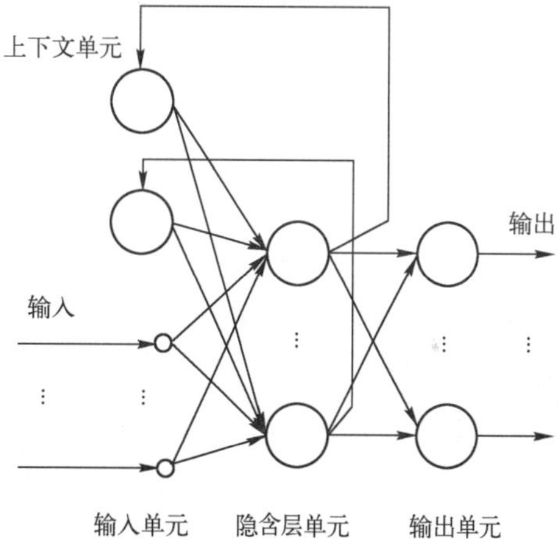

图 1-36　Elman 神经网络

对于多输入多输出网络，设上下文层的输出为 $\boldsymbol{y}_c(k)$，隐含层的输入和输出分别为 $\boldsymbol{x}_0(k)$和 $\boldsymbol{o}(k)$，网络在外部输入时间序列 $\boldsymbol{x}(k)$作用下的网络输出序列为 $\boldsymbol{y}(k)$，则有

$$\begin{aligned}\boldsymbol{x}_0(k+1)&=\boldsymbol{W}_1\boldsymbol{y}_c(k+1)+\boldsymbol{W}\boldsymbol{x}(k)+\boldsymbol{\theta}_1\\ \boldsymbol{y}_c(k)&=\boldsymbol{o}(k-1)=f(\boldsymbol{x}_0(k-1))\\ \boldsymbol{y}(k)&=\boldsymbol{W}_2\boldsymbol{o}(k)+\boldsymbol{\theta}_2\end{aligned}\tag{1-50}$$

式中，$\boldsymbol{W}_1$ 为输入层与隐含层间的连接权值；$\boldsymbol{W}_2$ 为隐含层与输出层间的连接权值；$f(\cdot)$为 S 型

激活函数。

当 Elman 神经网络的上下文层存在增益为α的自反馈连接时，称为改进型 Elman 神经网络。此时网络能模拟更高阶的动态系统，其上下文层的输出 $\boldsymbol{y}_c(k)$变为

$$\boldsymbol{y}_c(k)=\boldsymbol{o}(k-1)+\alpha\boldsymbol{y}_c(k-1) \tag{1-51}$$

如果 Elman 神经网络只有正向连接是适用的，而反馈连接被预定为恒值，那么这些网络可视为普通的前馈网络。而且，Elman 神经网络可以用 BP 算法进行训练；否则，可采用遗传算法。

第 12 讲

1.2.9 Hopfield 神经网络

Hopfield 神经网络是 1982 年由美国物理学家 Hopfield 首先提出来的。前面讨论的 BP 前向神经网络的特点是网络中没有反馈连接，不考虑输出与输入间在时间上的滞后影响，其输出与输入间仅是一种映射关系。而 Hopfield 网络则不同，它采用反馈连接，考虑输出与输入间在时间上的传输延迟，所表示的是一个动态过程，需要用差分方程或微分方程来描述，因而 Hopfield 网络是一种由非线性元件构成的反馈系统，其稳定状态的分析比 BP 网络要复杂得多。此外，在网络的学习训练，即加权系数的调整方面也不同。BP 前向网络采用的是一种有监督的误差均方修正方法，学习计算过程较长，收敛速度较慢，Hopfield 网络则是采用有监督的 Hebb 规则（用输入模式作为目标模式）来设计连接权。在一般情况下，Hopfield 网络计算的收敛速度很快，该网络主要用于联想记忆和优化计算。

在 Hopfield 网络中，每一个神经元都和所有其他神经元相连接，所以又称为全互连网络。研究表明，当连接加权系数矩阵无自连接并具有对称性质，即

$$w_{ii}=0\ ,w_{ij}=w_{ji}\qquad (i\neq j)\quad (i,j=1,2,\cdots,n)$$

时，算法是收敛的。

根据网络的输出是离散量或是连续量，Hopfield 网络分为离散型和连续型两种。下面分别对它们进行讨论。

1．离散型 Hopfield 网络

1）网络的结构和工作方式

离散型 Hopfield 网络的结构如图 1-37 所示。

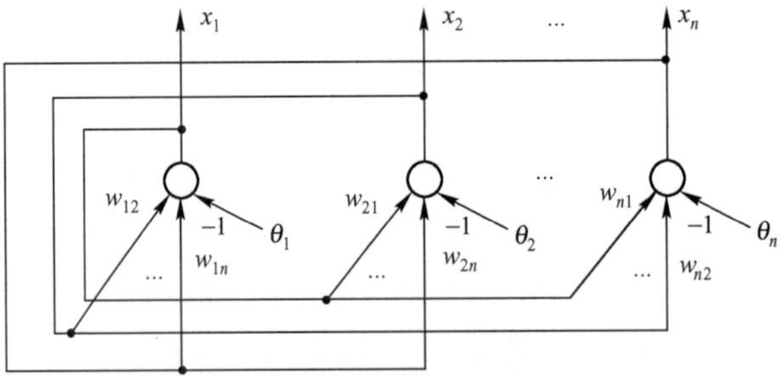

图 1-37　离散型 Hopfield 网络的结构

可以看出，Hopfield 网络是一个单层网络，共有 n 个神经元节点，每个节点输出均连接到其他神经元的输入，同时所有其他神经元的输出均连到该神经元的输入。每一个神经元节

点的工作方式仍同以前一样，即

$$\begin{cases} s_i(k)=\sum_{j=1}^{n} w_{ij}x_j(k)-\theta_i \\ x_i(k+1)=f(s_i(k)) \end{cases} \tag{1-52}$$

式中，$w_{ii}=0$；θ_i 为阈值；$f(\cdot)$ 为变换函数。对于离散型 Hopfield 网络，$f(\cdot)$ 通常取为二值函数，即

$$f(s)=\begin{cases} 1, & s\geqslant 0 \\ -1, & s<0 \end{cases} \quad 或 \quad f(s)=\begin{cases} 1, & s\geqslant 0 \\ 0, & s<0 \end{cases} \tag{1-53}$$

整个网络有如下两种工作方式。

（1）异步方式或串行工作方式

在某一时刻只有一个神经元按照式（1-52）改变状态，而其余神经元的输出保持不变，这一变化的神经元可以按照随机方式或预定的顺序来选择。例如，若达到的神经元为第 i 个，则有

$$\begin{cases} x_i(k+1)=f\left(\sum_{j=1}^{n} w_{ij}x_j(k)-\theta_i\right) \\ x_j(k+1)=x_j(k), \quad (j\neq i) \end{cases} \tag{1-54}$$

其调整次序可以随机选定，也可按规定的次序进行。

（2）同步方式或并行工作方式

在某一时刻有 $n_1(0<n_1\leqslant n)$ 个神经元按照式（1-52）改变状态，而其余神经元的输出保持不变。变化的这一组神经元可以按照随机方式或预定的顺序来选择。当 $n_1=n$ 时，称为全并行方式，此时所有神经元都按照式（1-52）改变状态，即

$$x_i(k+1)=f\left(\sum_{j=1}^{n} w_{ij}x_j(k)-\theta_i\right), \ (i=1,2,\cdots,n) \tag{1-55}$$

上述同步计算方式也可写成如下的矩阵形式：

$$\boldsymbol{x}(k+1)=\boldsymbol{f}(\boldsymbol{W}\boldsymbol{x}(k)-\boldsymbol{\theta})$$

式中，$\boldsymbol{x}(k)=[x_1(k),x_2(k),\cdots,x_n(k)]^{\mathrm{T}}$ 和 $\boldsymbol{\theta}=[\theta_1,\theta_2,\cdots,\theta_n]^{\mathrm{T}}$ 为向量；$\boldsymbol{W}$ 是由 w_{ij} 所组成的 $n\times n$ 矩阵；$\boldsymbol{f}(s)$ 为向量函数，它表示 $\boldsymbol{f}(s)=[f(s_1),f(s_2),\cdots,f(s_n)]^{\mathrm{T}}$。

该网络是动态的反馈网络，其输入是网络的状态初值：

$$\boldsymbol{x}(0)=[x_1(0),x_2(0),\cdots,x_n(0)]^{\mathrm{T}}$$

输出是网络的稳定状态 $\lim_{k\to\infty}\boldsymbol{x}(k)$。

2）稳定性和吸引子

从上述工作中可以看出，离散型 Hopfield 网络实质上是一个离散的非线性动力学系统。如果系统是稳定的，则 Hopfield 网络可以从任意初态收敛到一个稳定状态；若系统是不稳定的，由于网络节点输出只有 1 和−1（或 1 和 0）两种状态，因而系统不可能出现无限发散，只可能出现限幅的自持振荡或极限环。

在 Hopfield 网络的拓扑结构及权值矩阵均一定的情况下，网络的稳定状态将与其初始状态有关。也就是说，Hopfield 网络是一种能储存若干个预先设置的稳定状态的网络。若将稳

态视为一个记忆样本，那么初态朝稳态的收敛过程便是寻找记忆样本的过程。初态可认为是给定样本的部分信息，网络改变的过程可认为是从部分信息找到全部信息，从而实现了联想记忆的功能。

若将稳态与某种优化计算的目标函数相对应，并作为目标函数的极小点，那么初态朝稳态的收敛过程便是优化计算过程。该优化计算是在网络演变过程中自动完成的。

（1）稳定性

若网络的状态 $\boldsymbol{x}$ 满足 $\boldsymbol{x}=f(\boldsymbol{W}\boldsymbol{x}-\boldsymbol{\theta})$，则称 $\boldsymbol{x}$ 为网络的稳定点或吸引子。

定理 1.3　对于离散型 Hopfield 网络，若按异步方式调整状态，且连接权矩阵 $\boldsymbol{W}$ 为对称阵，即 $w_{ij}=w_{ji}$，则对于任意初态，网络都最终收敛到一个吸引子。

证明：定义网络的能量函数为

$$E(k)=-\frac{1}{2}\sum_{i=1}^{n}\sum_{j=1}^{n}w_{ij}x_j(k)x_i(k)+\sum_{i=1}^{n}\theta_i x_i(k)=-\frac{1}{2}\boldsymbol{x}^{\mathrm{T}}(k)\boldsymbol{W}\boldsymbol{x}(k)+\boldsymbol{x}^{\mathrm{T}}(k)\boldsymbol{\theta}$$

由于神经元节点的状态只能取 1 和−1（或 1 和 0）两种状态，因此上述定义的能量函数 $E(k)$ 是有界的。令 $\Delta E(k)=E(k+1)-E(k),\Delta\boldsymbol{x}(k)=\boldsymbol{x}(k+1)-\boldsymbol{x}(k)$，则

$$\begin{aligned}\Delta E(k)&=E(k+1)-E(k)\\&=-\frac{1}{2}[\boldsymbol{x}(k)+\Delta\boldsymbol{x}(k)]^{\mathrm{T}}\boldsymbol{W}[\boldsymbol{x}(k)+\Delta\boldsymbol{x}(k)]+[\boldsymbol{x}(k)+\Delta\boldsymbol{x}(k)]^{\mathrm{T}}\boldsymbol{\theta}-\left[-\frac{1}{2}\boldsymbol{x}^{\mathrm{T}}(k)\boldsymbol{W}\boldsymbol{x}(k)+\boldsymbol{x}^{\mathrm{T}}(k)\boldsymbol{\theta}\right]\\&=-\Delta\boldsymbol{x}^{\mathrm{T}}(k)\boldsymbol{W}\boldsymbol{x}(k)-\frac{1}{2}\Delta\boldsymbol{x}^{\mathrm{T}}(k)\boldsymbol{W}\Delta\boldsymbol{x}(k)+\Delta\boldsymbol{x}^{\mathrm{T}}(k)\boldsymbol{\theta}\\&=-\Delta\boldsymbol{x}^{\mathrm{T}}(k)[\boldsymbol{W}\boldsymbol{x}(k)-\boldsymbol{\theta}]-\frac{1}{2}\Delta\boldsymbol{x}^{\mathrm{T}}(k)\boldsymbol{W}\Delta\boldsymbol{x}(k)\end{aligned}$$

由于假定异步工作方式，因此可设第 k 时刻只有第 i 个神经元调整状态，即将 $\Delta\boldsymbol{x}(k)=[0\ \ \cdots\ \ 0\ \ \Delta x_i(k)\ \ 0\ \ \cdots\ \ 0]^{\mathrm{T}}$ 代入上式，则有

$$\Delta E(k)=-\Delta x_i(k)\left[\sum_{j=1}^{n}w_{ij}x_j(k)-\theta_i\right]-\frac{1}{2}\Delta x_i^2 w_{ii}$$

令 $s_i(k)=\sum_{j=1}^{n}w_{ij}x_j(k)-\theta_i$

则 $$\Delta E(k)=-\Delta x_i(k)\left[s_i(k)+\frac{1}{2}\Delta x_i(k)w_{ii}\right]=-\Delta x_i(k)s_i(k)\qquad(w_{ii}=0)$$

设神经元节点取 1 和−1 两种状态，则

$$x_i(k+1)=f[s_i(k)]=\begin{cases}1\ , & s_i(k)\geqslant 0\\-1\ , & s_i(k)<0\end{cases}$$

下面考虑 $\Delta x_i(k)$ 可能出现的各种情况：

① $x_i(k)=-1,x_i(k+1)=f[s_i(k)]=1$ 时，有 $\Delta x_i(k)=2,s_i(k)\geqslant 0$，则

$$\Delta E(k)\leqslant 0$$

② $x_i(k)=1,x_i(k+1)=f[s_i(k)]=-1$ 时，有 $\Delta x_i(k)=-2,s_i(k)<0$，则

$$\Delta E(k)<0$$

③ $x_i(k+1)=x_i(k)$ 时，有 $\Delta x_i(k)=0$，则

$$\Delta E(k)=0$$

可见，在任何情况下均有 $\Delta E(k)\leqslant 0$，由于 $E(k)$ 有下界，所以 $E(k)$ 将收敛到一常数。下面需考察 $E(k)$ 收敛到常数时是否对应于网络的吸引子。根据上述分析，当 $\Delta E(k)=0$ 时，相应于以下两种情况之一。

① $x_i(k+1)=x_i(k)=1$ 或 $x_i(k+1)=x_i(k)=-1$

② $x_i(k)=-1, x_i(k+1)=1, s_i(k)=0$

对于情况①，表明 x_i 已进入稳定状态；对于情况②，网络继续演变时 $x_i=1$ 也将不会再变化，因为若 x_i 由 1 再变回−1，则有 $\Delta E<0$，它与 $E(k)$ 已收敛到常数相矛盾。所以网络最终将收敛到吸引子。

上述分析中假设 $w_{ii}=0$。实际上不难看出，当 $w_{ii}>0$ 时，上述结论仍成立，而且收敛过程将更快。

上面证明时假设神经元节点取 1 和−1 两种状态。不难验证 x 取 1 和 0 两种状态时，上述结论也成立。

定理 1.4　对于离散型 Hopfield 网络，若按同步方式调整状态，且连接权矩阵 $\boldsymbol{W}$ 为非负定对称阵，则对于任意初态，网络都最终收敛到一个吸引子。

证明：前已求得

$$\Delta E(k)=E(k+1)-E(k)=-\Delta\boldsymbol{x}^{\mathrm{T}}(k)[\boldsymbol{W}\boldsymbol{x}(k)-\theta]-\frac{1}{2}\Delta\boldsymbol{x}^{\mathrm{T}}(k)\boldsymbol{W}\Delta\boldsymbol{x}(k)$$

$$=-\Delta\boldsymbol{x}^{\mathrm{T}}(k)\boldsymbol{s}(k)-\frac{1}{2}\Delta\boldsymbol{x}^{\mathrm{T}}(k)\boldsymbol{W}\Delta\boldsymbol{x}(k)=\sum_{i=1}^{n}\Delta x_i(k)s_i(k)-\frac{1}{2}\Delta\boldsymbol{x}^{\mathrm{T}}(k)\boldsymbol{W}\Delta\boldsymbol{x}(k)$$

前已证得，对于所有的 i，有 $-\Delta x_i(k)s_i(k)\leqslant 0$，因此只要 $\boldsymbol{W}$ 为非负定阵，即有 $\Delta E(k)\leqslant 0$，也即 $E(k)$ 最终将收敛到一个常数值，并按照如上面同样的分析可说明网络最终将收敛到吸引子。

可见对于同步方式，它对连接权矩阵 $\boldsymbol{W}$ 的要求更高了，若不满足 $\boldsymbol{W}$ 为非负定对称阵的要求，则网络可能出现自持振荡或极限环。

由于异步工作方式比同步工作方式有更好的稳定性能，因此实现时较多采用异步工作方式。异步工作方式的主要缺点是失去了神经网络并行处理的优点。

（2）吸引子的性质

定理 1.5　若 $\boldsymbol{x}$ 是网络的一个吸引子，且对于所有的 i，$\theta_i=0,\sum_{j=1}^{n}w_{ij}x_i\neq 0$，则$-\boldsymbol{x}$ 也一定是该网络的吸引子。

证明：由于 $\boldsymbol{x}$ 是吸引子，即 $\boldsymbol{x}=f[\boldsymbol{W}\boldsymbol{x}]$，从而有 $f[\boldsymbol{W}(-\boldsymbol{x})]=f[-\boldsymbol{W}\boldsymbol{x}]=-f[\boldsymbol{W}\boldsymbol{x}]=-\boldsymbol{x}$，即$-\boldsymbol{x}$ 也是网络的吸引子。

定理 1.6　若 $\boldsymbol{x}^{(a)}$ 是网络的吸引子，则海明距离 $d_H(\boldsymbol{x}^{(a)},\boldsymbol{x}^{(b)})=1$ 的 $\boldsymbol{x}^{(b)}$ 一定不是该网络的吸引子。海明距离定义为两个向量中不相同的元素的个数。

证明：不失一般性，设 $x_1^{(a)}\neq x_1^{(b)}, x_i^{(a)}=x_i^{(b)}(i=2,3,\cdots,n)$。因为 $w_{11}=0$，所以有

$$x_1^{(a)}=f\left[\sum_{j=2}^{n}w_{1j}x_j^{(a)}-\theta_1\right]=f\left[\sum_{j=2}^{n}w_{1j}x_j^{(b)}-\theta_1\right]\neq x_1^{(b)}$$

所以 $\boldsymbol{x}^{(b)}$ 一定不是该网络的吸引子。

推论：若 $\boldsymbol{x}^{(a)}$ 是网络的吸引子，且对于所有的 i，有 $\theta_i = 0, \sum_{j=1}^{n} w_{ij} x_i \neq 0$，则 $d_H(\boldsymbol{x}^{(a)}, \boldsymbol{x}^{(b)}) = n-1$ 的 $\boldsymbol{x}^{(b)}$ 一定不是该网络的吸引子。

证明：若 $d_H(\boldsymbol{x}^{(a)}, \boldsymbol{x}^{(b)}) = n-1$，则 $d_H(-\boldsymbol{x}^{(a)}, \boldsymbol{x}^{(b)}) = 1$。根据定理 1.5，$\boldsymbol{x}^{(a)}$ 是网络的吸引子，$-\boldsymbol{x}^{(a)}$ 也是网络的吸引子。根据定理 1.6，$\boldsymbol{x}^{(b)}$ 一定不是吸引子。

（3）吸引域

为了能实现联想记忆，对于每一个吸引子应该有一定的吸引范围，这个吸引范围便称为吸引域。下面给出较严格的定义。

① 若 $\boldsymbol{x}^{(a)}$ 是吸引子，对于异步方式，若存在一个调整次序可以从 $\boldsymbol{x}$ 演变到 $\boldsymbol{x}^{(a)}$，则称 x 弱吸引到 $\boldsymbol{x}^{(a)}$；若对于任意调整次序都可以从 $\boldsymbol{x}$ 演变到 $\boldsymbol{x}^{(a)}$，则称 $\boldsymbol{x}$ 强吸引到 $\boldsymbol{x}^{(a)}$。

② 对所有 $\boldsymbol{x} \in R(\boldsymbol{x}^{(a)})$ 均有 $\boldsymbol{x}$ 弱（强）吸引到 $\boldsymbol{x}^{(a)}$，则称 $R(\boldsymbol{x}^{(a)})$ 为 $\boldsymbol{x}^{(a)}$ 的弱（强）吸引域。

对于同步方式，由于无调整次序问题，所以相应的吸引域也无强弱之分。

对于异步方式，对同一个状态，若采用不同的调整次序，则有可能弱吸引到不同的吸引子。

3）连接权的设计

Hopfield 网络的权值不被训练，也不需要再学习。它的权值矩阵是事前利用 Lyapunov 函数的设计思想采用 Hebb 规则计算出来的。在这种网络中，不断更新的不是权值，而是网络中各神经元的状态，网络演变到稳定时各神经元的状态便是问题的解。为了保证 Hopfield 网络在异步方式工作时能稳定收敛，连接权矩阵 $\boldsymbol{W}$ 应是对称的。若要保证同步方式收敛，则要求 $\boldsymbol{W}$ 为非负定阵，这个要求比较高。因而设计一般只保证异步方式收敛。另外一个要求是对于给定的样本必须是网络的吸引子，而且要有一定的吸引域，这样才能正确实现联想记忆功能。

设给定 m 个样本 $\boldsymbol{x}^{(k)}(k=1,2,\cdots,m)$，为了实现上述功能，通常采用有监督的 Hebb 规则（用输入模式作为目标模式）来设计连接权。连接权可按以下两种情况进行计算。

（1）当网络节点状态为 1 和–1 两种状态，即 $\boldsymbol{x} \in \{-1,1\}^n$ 时，相应的连接权为

$$w_{ij} = \begin{cases} \sum_{k=1}^{m} x_i^{(k)} x_j^{(k)} & (i \neq j) \\ 0 & (i = j) \end{cases} \tag{1-56}$$

写成矩阵形式则为

$$\boldsymbol{W} = [\boldsymbol{x}^{(1)}, \boldsymbol{x}^{(2)}, \cdots, \boldsymbol{x}^{(m)}] \begin{pmatrix} \boldsymbol{x}^{(1)\mathrm{T}} \\ \boldsymbol{x}^{(2)\mathrm{T}} \\ \vdots \\ \boldsymbol{x}^{(m)\mathrm{T}} \end{pmatrix} - m\boldsymbol{I}$$

$$= \sum_{k=1}^{m} \boldsymbol{x}^{(k)} \boldsymbol{x}^{(k)\mathrm{T}} - m\boldsymbol{I} = \sum_{k=1}^{m} (\boldsymbol{x}^{(k)} \boldsymbol{x}^{(k)\mathrm{T}} - \boldsymbol{I}) \tag{1-57}$$

式中，$\boldsymbol{I}$ 为单位矩阵。

证明：当输入为单个模式 $\boldsymbol{x}$ 时，若网络是稳定的，则稳定时输出 $\mathrm{sgn}(\boldsymbol{Wx})$ 应该也是 $\boldsymbol{x}$，即

应有

$$\boldsymbol{x}=\mathrm{sgn}(\boldsymbol{W}\boldsymbol{x})$$

或

$$x_i=\mathrm{sgn}\left(\sum_{j=1}^{n}w_{ij}x_j\right)$$

根据上式，考虑到符号函数的性质，可知 x_i 与 $\sum_{j=1}^{n}w_{ij}x_j$ 同符号，因此有

$$x_i\sum_{j=1}^{n}w_{ij}x_j>0$$

而为了满足上式，权值可按有监督的 Hebb 规则（用输入模式作为目标模式）来设置，即

$$w_{ij}=\eta x_i x_j$$

这是因为，此时满足

$$x_i\sum_{j=1}^{n}w_{ij}x_j=x_i\sum_{j=1}^{n}\eta x_i x_j^2=\eta x_i^2\sum_{j=1}^{n}x_j^2=\eta x_i^2 n>0$$

当输入为 m 个样本 $\boldsymbol{x}^{(k)}(k=1,2,\cdots,m)$ 时，权值可根据以上直接推广为由下式来设置：

$$w_{ij}=\eta\sum_{k=1}^{m}x_i^{(k)}x_j^{(k)}$$

若取 $w_{ii}=0,\eta=1$，则上式可写为

$$w_{ij}=\sum_{\substack{k=i\\ i\neq j}}^{m}x_i^{(k)}x_j^{(k)}$$

证毕。

（2）当网络节点状态为 1 和 0 两种状态，即 $\boldsymbol{x}\in\{0,1\}^n$ 时，相应的连接权为

$$w_{ij}=\begin{cases}\sum_{k=1}^{m}(2x_i^{(k)}-1)(2x_j^{(k)}-1) & (i\neq j)\\ 0 & (i=j)\end{cases}\tag{1-58}$$

写成矩阵形式则为

$$\boldsymbol{W}=\sum_{k=1}^{m}(2\boldsymbol{x}^{(k)}-\boldsymbol{b})(2\boldsymbol{x}^{(k)}-\boldsymbol{b})^{\mathrm{T}}-m\boldsymbol{I}\tag{1-59}$$

式中，$\boldsymbol{b}=[1\quad 1\quad \cdots\quad 1]^{\mathrm{T}}$。

显然，上面所设计的连接权矩阵满足对称性的要求。

（3）下面进一步分析所给样本是否为网络的吸引子，这一点是十分重要的。下面以 $\boldsymbol{x}\in\{-1,1\}^n$ 的情况为例进行分析。

若 m 个样本 $\boldsymbol{x}^{(k)}(k=1,2,\cdots,m)$ 是两两正交的，即

$$\begin{cases}\boldsymbol{x}^{(i)\mathrm{T}}\boldsymbol{x}^{(j)}=0 & (i\neq j)\\ \boldsymbol{x}^{(i)\mathrm{T}}\boldsymbol{x}^{(i)}=n & \end{cases}$$

则有

$$\begin{aligned}\boldsymbol{W}\boldsymbol{x}^{(k)} &= \left(\sum_{i=1}^{m}\boldsymbol{x}^{(i)}\boldsymbol{x}^{(i)\mathrm{T}} - m\boldsymbol{I})\right)\boldsymbol{x}^{(k)} = \sum_{i=1}^{m}\boldsymbol{x}^{(i)}\boldsymbol{x}^{(i)\mathrm{T}}\boldsymbol{x}^{(k)} - m\boldsymbol{x}^{(k)} \\ &= n\boldsymbol{x}^{(k)} - m\boldsymbol{x}^{(k)} = (n-m)\boldsymbol{x}^{(k)}\end{aligned}$$

可见，只要满足$n-m>0$，便有

$$f[\boldsymbol{W}\boldsymbol{x}^{(k)}] = f[(n-m)\boldsymbol{x}^{(k)}] = \boldsymbol{x}^{(k)}$$

也即$\boldsymbol{x}^{(k)}$是网络的吸引子。

若 m 个样本 $\boldsymbol{x}^{(k)}(k=1,2,\cdots,m)$ 不是两两正交的，且设向量之间的内积为：$\boldsymbol{x}^{(i)\mathrm{T}}\boldsymbol{x}^{(j)} = \beta_{ij}$，显然$\beta_{ii} = n,(i=1,2,\cdots,m)$。则有

$$\boldsymbol{W}\boldsymbol{x}^{(k)} = \sum_{i=1}^{m}\boldsymbol{x}^{(i)}\boldsymbol{x}^{(i)\mathrm{T}}\boldsymbol{x}^{(k)} - m\boldsymbol{x}^{(k)} = (n-m)\boldsymbol{x}^{(k)} + \sum_{\substack{i=1\\ i\neq k}}^{m}\boldsymbol{x}^{(i)}\beta_{ik}$$

取其中第j个元素

$$\boldsymbol{W}\boldsymbol{x}_j^{(k)} = (n-m)\boldsymbol{x}_j^{(k)} + \sum_{\substack{i=1\\ i\neq k}}^{m}\boldsymbol{x}_j^{(i)}\beta_{ik}$$

若能使得对于所有的j有

$$n-m > \left|\sum_{\substack{i=1\\ i\neq k}}^{m}x_j^{(i)}\beta_{ik}\right|$$

则$\boldsymbol{x}^{(k)}$是网络的吸引子。上式右端可进一步化为

$$\left|\sum_{\substack{i=1\\ i\neq k}}^{m}x_j^{(i)}\beta_{ik}\right| \leqslant \sum_{\substack{i=1\\ i\neq k}}^{m}|\beta_{ik}| \leqslant (m-1)\beta_m$$

其中，$\beta_m \triangleq |\beta_{ik}|_{\max}$。进而若能使得$n-m>(m-1)\beta_m$，即

$$m < \frac{n+\beta_m}{1+\beta_m}$$

则可以保证所有的样本均为网络吸引子。

m个样本满足：

$$\alpha n \leqslant d_H(\boldsymbol{x}^{(i)},\boldsymbol{x}^{(j)}) \leqslant (1-\alpha)n$$

其中，$i,j=1,2,\cdots,m;i\neq j;0<\alpha<0.5$，则有

$$|\beta_{ij}| \leqslant n-2\alpha n = \beta_m$$

从而得出m个样本均为网络吸引子的条件为

$$m < \frac{2n(1-\alpha)}{1+n(1-2\alpha)}$$

注意，上式仅为充分条件。当不满足上述条件时，需要具体检验才能确定。

4）记忆容量

所谓记忆容量是指在网络结构参数一定的条件下，要保证联想功能的正确实现，网络所能存储的最大的样本数。也就是说，给定网络节点数 n，样本数 m 最大可为多少，这些样本向量不仅本身应为网络的吸引子，而且应有一定的吸引域，这样才能实现联想记忆的功能。

记忆容量不仅与节点数 n 有关，它还与连接权的设计有关，适当地设计连接权可以提高网络的记忆容量。记忆容量还与样本本身的性质有关，对于用 Hebb 规则设计连接权的网络，如果输入样本是正交的，则可以获得最大的记忆容量。实际问题的样本不可能都是正交的，所以在研究记忆容量时通常都假设样本向量是随机的。

记忆容量还与要求的吸引域大小有关，要求的吸引域越大，记忆容量便越小。一个样本向量 $\boldsymbol{x}^{(k)}$ 的吸引域可以看成以该向量为中心的球体。在该球体中的向量 $\boldsymbol{x}^{(s)}$ 满足：

$$d_H(\boldsymbol{x}^{(s)},\boldsymbol{x}^{(k)}) \leqslant \alpha n \qquad (0 \leqslant \alpha \leqslant 0.5)$$

式中，α 为吸引半径。

对于给定的网络，严格分析并确定其记忆容量并不是一件很容易的事情。Hopfield 曾提出了一个数量范围，即 $m \leqslant 0.15n$。按照样本为随机分布的假设所做的理论分析表明，当 $n \to \infty$ 时，其记忆容量为

$$m < \frac{(1-2\alpha)^2 n}{2\ln n}$$

其中，α 为要求的吸引半径。

上面提到，当样本为两两正交时，可以有最大的记忆容量。对于一般的记忆样本，可以通过改进连接权的设计来提高记忆容量。下面介绍其中的一种方法。

设给定 m 个样本向量 $\boldsymbol{x}^{(k)}(k=1,2,\cdots,m)$，首先组成如下的 $n\times(m-1)$ 阶矩阵：

$$\boldsymbol{A}=[\boldsymbol{x}^{(1)}-\boldsymbol{x}^{(m)},\boldsymbol{x}^{(2)}-\boldsymbol{x}^{(m)},\cdots,\boldsymbol{x}^{(m-1)}-\boldsymbol{x}^{(m)}]$$

对 $\boldsymbol{A}$ 进行奇异值分解：

$$\boldsymbol{A}=\boldsymbol{U\Sigma V}^{\mathrm{T}}$$

其中

$$\boldsymbol{\Sigma}=\begin{pmatrix}\boldsymbol{S} & 0\\ 0 & 0\end{pmatrix},\boldsymbol{S}=\mathrm{diag}(\sigma_1,\sigma_2,\cdots,\sigma_r)$$

式中，$\boldsymbol{U}$ 是 $n\times n$ 正交阵；$\boldsymbol{V}$ 是 $(m-1)\times(m-1)$ 正交阵；$\boldsymbol{U}$ 可表示成

$$\boldsymbol{U}=[\boldsymbol{u}_1,\boldsymbol{u}_2,\cdots,\boldsymbol{u}_r,\boldsymbol{u}_{r+1},\cdots,\boldsymbol{u}_n]$$

则 $\boldsymbol{u}_1,\boldsymbol{u}_2,\cdots,\boldsymbol{u}_r$ 是对应于非零奇异值 $\sigma_1,\sigma_2,\cdots,\sigma_r$ 的左奇异向量，且组成了 $\boldsymbol{A}$ 的值域空间的正交基；$\boldsymbol{u}_{r+1},\cdots,\boldsymbol{u}_n$ 是 $\boldsymbol{A}$ 的值域的正交补空间的正交基。

按如下方法组成连接权矩阵 $\boldsymbol{W}$ 和阈值向量 $\boldsymbol{\theta}$。

$$\boldsymbol{W}=\sum_{k=1}^{r}\boldsymbol{u}_k\boldsymbol{u}_k^{\mathrm{T}}$$

$$\boldsymbol{\theta}=\boldsymbol{W}\boldsymbol{x}^{(m)}-\boldsymbol{x}^{(m)}$$

显然，按上述方法求得的连接权矩阵是对称的。因而可以保证异步工作方式的稳定性，下面进一步证明给定的样本向量 $\boldsymbol{x}^{(k)}(k=1,2,\cdots,m)$ 都是吸引子。

由于 $\boldsymbol{u}_1,\boldsymbol{u}_2,\cdots,\boldsymbol{u}_r$ 是 $\boldsymbol{A}$ 的值域空间的正交集，所以 $\boldsymbol{A}$ 中的任一向量 $\boldsymbol{x}^{(k)}-\boldsymbol{x}^{(m)}(k=1,$

$2,\cdots,m-1)$ 均可表示为 $\boldsymbol{u}_1,\boldsymbol{u}_2,\cdots,\boldsymbol{u}_r$ 的线性组合，即

$$\boldsymbol{x}^{(k)}-\boldsymbol{x}^{(m)}=\sum_{i=1}^{r}\alpha_i\boldsymbol{u}_i$$

由于 $\boldsymbol{U}$ 为正交阵，所以 $\boldsymbol{u}_1,\boldsymbol{u}_2,\cdots,\boldsymbol{u}_r$ 为互相正交的单位向量，从而对任一向量 $\boldsymbol{u}_i(i=1,2,\cdots,r)$ 有

$$\boldsymbol{W}\boldsymbol{u}_i=\sum_{k=1}^{r}\boldsymbol{u}_k\boldsymbol{u}_k^{\mathrm{T}}\boldsymbol{u}_i=\boldsymbol{u}_i$$

进而有

$$\boldsymbol{W}(\boldsymbol{x}^{(k)}-\boldsymbol{x}^{(m)})=\boldsymbol{W}\sum_{i=1}^{r}\alpha_i\boldsymbol{u}_i=\sum_{i=1}^{r}\alpha_i(\boldsymbol{W}\boldsymbol{u}_i)=\sum_{i=1}^{r}\alpha_i\boldsymbol{u}_i=\boldsymbol{x}^{(k)}-\boldsymbol{x}^{(m)}$$

对于任一样本向量 $\boldsymbol{x}^{(k)}(k=1,2,\cdots,m-1)$，有

$$\boldsymbol{W}\boldsymbol{x}^{(k)}-\boldsymbol{\theta}=\boldsymbol{W}\boldsymbol{x}^{(k)}-\boldsymbol{W}\boldsymbol{x}^{(m)}+\boldsymbol{x}^{(m)}=\boldsymbol{W}(\boldsymbol{x}^{(k)}-\boldsymbol{x}^{(m)})+\boldsymbol{x}^{(m)}=\boldsymbol{x}^{(k)}$$

从而有

$$f(\boldsymbol{W}\boldsymbol{x}^{(k)}-\boldsymbol{\theta})=f(\boldsymbol{x}^{(k)})=\boldsymbol{x}^{(k)}$$

对于第 m 个样本 $\boldsymbol{x}^{(m)}$，有

$$\boldsymbol{W}\boldsymbol{x}^{(m)}-\boldsymbol{\theta}=\boldsymbol{W}\boldsymbol{x}^{(m)}-\boldsymbol{W}\boldsymbol{x}^{(m)}+\boldsymbol{x}^{(m)}=\boldsymbol{x}^{(m)}$$

从而有

$$f(\boldsymbol{W}\boldsymbol{x}^{(m)}-\boldsymbol{\theta})=f(\boldsymbol{x}^{(m)})=\boldsymbol{x}^{(m)}$$

以上推证过程说明，按照这种方法设计的连接权矩阵，可以使得所有的样本 $\boldsymbol{x}^{(k)}(k=1,2,\cdots,m)$ 均为网络的吸引子。而不要求它们两两正交，也就是说，按此设计提高了网络的记忆容量。

例 1-7 对如图 1-37 所示的离散型 Hopfield 网络进行设计。其中网络节点数为 n=4，θ_i=0(i=1,2,3,4)，样本数为 m=2，两个样本为

$$\boldsymbol{x}^{(1)}=\begin{pmatrix}1\\1\\1\\1\end{pmatrix},\boldsymbol{x}^{(2)}=\begin{pmatrix}-1\\-1\\-1\\-1\end{pmatrix}$$

解：首先根据 Hebb 规则式（1-57）求得连接权矩阵为

$$\boldsymbol{W}=\boldsymbol{x}^{(1)}\boldsymbol{x}^{(1)\mathrm{T}}+\boldsymbol{x}^{(2)}\boldsymbol{x}^{(2)\mathrm{T}}-2\boldsymbol{I}=\begin{pmatrix}0&2&2&2\\2&0&2&2\\2&2&0&2\\2&2&2&0\end{pmatrix}$$

这里，$d_H(\boldsymbol{x}^{(1)},\boldsymbol{x}^{(2)})=4$，相等于 $\alpha=0$，显然它不满足上面给出的充分条件。$\boldsymbol{x}^{(1)}$ 和 $\boldsymbol{x}^{(2)}$ 是否是网络的吸引子需具体加以检验。

$$f(\boldsymbol{W}\boldsymbol{x}^{(1)})=f\begin{pmatrix}6\\6\\6\\6\end{pmatrix}=\begin{pmatrix}1\\1\\1\\1\end{pmatrix}=\boldsymbol{x}^{(1)},f(\boldsymbol{W}\boldsymbol{x}^{(2)})=f\begin{pmatrix}-6\\-6\\-6\\-6\end{pmatrix}=\begin{pmatrix}-1\\-1\\-1\\-1\end{pmatrix}=\boldsymbol{x}^{(2)}$$

可见，两个样本 $\boldsymbol{x}^{(1)}$ 和 $\boldsymbol{x}^{(2)}$ 均为网络的吸引子。事实上，由于 $\boldsymbol{x}^{(2)}=-\boldsymbol{x}^{(1)}$，因此只要其中一个是吸引子，那么另一个也必为吸引子。

下面再考查这两个吸引子是否具有一定的吸引能力，即是否具备联想记忆的功能。

（1）设 $\boldsymbol{x}(0)=\boldsymbol{x}^{(3)}=\begin{bmatrix}-1 & 1 & 1 & 1\end{bmatrix}^{\mathrm{T}}$，显然它比较接近 $\boldsymbol{x}^{(1)}$。下面用异步方式按 1,2,3,4 的调整次序来演变网络：

$$x_1(1)=f\left(\sum_{j=1}^{n}w_{1j}x_j(0)\right)=f(6)=1$$

$$x_2(1)=x_2(0)=1 \qquad x_3(1)=x_3(0)=1 \qquad x_4(1)=x_4(0)=1$$

即 $\boldsymbol{x}(1)=\begin{bmatrix}1 & 1 & 1 & 1\end{bmatrix}^{\mathrm{T}}=\boldsymbol{x}^{(1)}$。可见，只需异步方式调整一步即可收敛到 $\boldsymbol{x}^{(1)}$。

（2）设 $\boldsymbol{x}(0)=\boldsymbol{x}^{(4)}=\begin{bmatrix}1 & -1 & -1 & -1\end{bmatrix}^{\mathrm{T}}$，显然它比较接近 $\boldsymbol{x}^{(2)}$。下面用异步方式按 1,2,3,4 的调整次序来演变网络：

$$x_1(1)=f\left(\sum_{j=1}^{n}w_{1j}x_j(0)\right)=f(-6)=-1$$

$$x_2(1)=x_2(0)=-1 \qquad x_3(1)=x_3(0)=-1 \qquad x_4(1)=x_4(0)=-1$$

即 $\boldsymbol{x}(1)=\begin{bmatrix}-1 & -1 & -1 & -1\end{bmatrix}^{\mathrm{T}}=\boldsymbol{x}^{(2)}$。可见，只需异步方式调整一步即可收敛到 $\boldsymbol{x}^{(2)}$。

（3）设 $\boldsymbol{x}(0)=\boldsymbol{x}^{(5)}=\begin{bmatrix}1 & 1 & -1 & -1\end{bmatrix}^{\mathrm{T}}$，这时它与 $\boldsymbol{x}^{(1)}$ 和 $\boldsymbol{x}^{(2)}$ 的海明距离均为 2。若按 1,2,3,4 的调整次序调整网络可得：

$$x_1(1)=f\left(\sum_{j=1}^{n}w_{1j}x_j(0)\right)=f(-2)=-1$$

$$x_i(1)=x_i(0) \qquad (i=2,3,4)$$

即 $\boldsymbol{x}(1)=\begin{bmatrix}-1 & 1 & -1 & -1\end{bmatrix}^{\mathrm{T}}$。

$$x_2(2)=f\left(\sum_{j=1}^{n}w_{2j}x_j(1)\right)=f(-6)=-1$$

$$x_i(2)=x_i(1) \qquad (i=1,3,4)$$

即 $\boldsymbol{x}(2)=\begin{bmatrix}-1 & -1 & -1 & -1\end{bmatrix}^{\mathrm{T}}=\boldsymbol{x}^{(2)}$。可见此时 $\boldsymbol{x}^{(5)}$ 收敛到了 $\boldsymbol{x}^{(2)}$。

若按 3,4,1,2 的调整次序调整网络可得：

$$x_3(1)=f\left(\sum_{j=1}^{n}w_{3j}x_j(0)\right)=f(2)=1$$

$$x_i(1)=x_i(0) \qquad (i=1,2,4)$$

即 $\boldsymbol{x}(1)=\begin{bmatrix}1 & 1 & 1 & -1\end{bmatrix}^{\mathrm{T}}$。

$$x_4(2)=f\left(\sum_{j=1}^{n}w_{4j}x_j(1)\right)=f(6)=1$$

$$x_i(2)=x_i(1) \qquad (i=1,2,3)$$

即 $\boldsymbol{x}(2)=\begin{bmatrix}1 & 1 & 1 & 1\end{bmatrix}^{\mathrm{T}}=\boldsymbol{x}^{(1)}$。可见此时 $\boldsymbol{x}^{(5)}$ 收敛到了 $\boldsymbol{x}^{(1)}$。

从上面具体计算可以看出，对于不同的调整次序，$\boldsymbol{x}^{(5)}$ 既可弱收敛到 $\boldsymbol{x}^{(1)}$，也可弱收敛到 $\boldsymbol{x}^{(2)}$。

下面对该例应用同步方式进行计算，仍取 $\boldsymbol{x}(0)$为 $\boldsymbol{x}^{(3)}$，$\boldsymbol{x}^{(4)}$ 和 $\boldsymbol{x}^{(5)}$ 三种情况。

（1）设 $\boldsymbol{x}(0)=\boldsymbol{x}^{(3)}=\begin{bmatrix}-1 & 1 & 1 & 1\end{bmatrix}^{\mathrm{T}}$，则

$$\boldsymbol{x}(1)=f[\boldsymbol{W}\boldsymbol{x}(0)]=f(\boldsymbol{W}\boldsymbol{x}^{(3)})=f\begin{pmatrix}6\\2\\2\\2\end{pmatrix}=\begin{pmatrix}1\\1\\1\\1\end{pmatrix},\quad \boldsymbol{x}(2)=f[\boldsymbol{W}\boldsymbol{x}(1)]=f\begin{pmatrix}6\\6\\6\\6\end{pmatrix}=\begin{pmatrix}1\\1\\1\\1\end{pmatrix}$$

可见此时 $\boldsymbol{x}^{(3)}$ 收敛到了 $\boldsymbol{x}^{(1)}$。

（2）设 $\boldsymbol{x}(0)=\boldsymbol{x}^{(4)}=\begin{bmatrix}1 & -1 & -1 & -1\end{bmatrix}^{\mathrm{T}}$，则

$$\boldsymbol{x}(1)=f[\boldsymbol{W}\boldsymbol{x}(0)]=f\begin{pmatrix}-6\\-2\\-2\\-2\end{pmatrix}=\begin{pmatrix}-1\\-1\\-1\\-1\end{pmatrix},\quad \boldsymbol{x}(2)=f[\boldsymbol{W}\boldsymbol{x}(1)]=f\begin{pmatrix}-6\\-6\\-6\\-6\end{pmatrix}=\begin{pmatrix}-1\\-1\\-1\\-1\end{pmatrix}$$

可见此时 $\boldsymbol{x}^{(4)}$ 收敛到了 $\boldsymbol{x}^{(2)}$。

（3）设 $\boldsymbol{x}(0)=\boldsymbol{x}^{(5)}=\begin{bmatrix}1 & 1 & -1 & -1\end{bmatrix}^{\mathrm{T}}$，则

$$\boldsymbol{x}(1)=f[\boldsymbol{W}\boldsymbol{x}(0)]=f\begin{pmatrix}-2\\-2\\2\\2\end{pmatrix}=\begin{pmatrix}-1\\-1\\1\\1\end{pmatrix},\quad \boldsymbol{x}(2)=f[\boldsymbol{W}\boldsymbol{x}(1)]=f\begin{pmatrix}2\\2\\-2\\-2\end{pmatrix}=\begin{pmatrix}1\\1\\-1\\-1\end{pmatrix}=\boldsymbol{x}(0)$$

可见，它将在两个状态间跳跃，产生极限环为 2 的自持振荡。若根据前面的稳定性分析，由于此时连接权矩阵 $\boldsymbol{W}$ 不是非负定阵，所以出现了振荡。

因为网络有四个节点，所以有 $2^4=16$ 个状态（阈值取 0），其中只有以上两个状态 $\boldsymbol{x}^{(1)}$ 和 $\boldsymbol{x}^{(2)}$ 是稳定的，因为它们满足式（1-57），其余状态都会收敛到与之邻近的稳定状态上，所以说这种网络具有一定的纠错能力。

例 1-8 对如图 1-37 所示的离散型 Hopfield 网络进行设计。其中网络节点数为 $n=4$，$\theta_i=0(i=1,2,3,4)$，样本数为 $m=2$，两个样本为

$$\boldsymbol{x}^{(1)}=\begin{pmatrix}1\\0\\1\\0\end{pmatrix},\quad \boldsymbol{x}^{(2)}=\begin{pmatrix}0\\1\\0\\1\end{pmatrix}$$

解： 首先根据 Hebb 规则式（1-58）求得连接权矩阵元素 w_{ij} 为

$$w_{12}=(2x_1^{(1)}-1)(2x_2^{(1)}-1)+(2x_1^{(2)}-1)(2x_2^{(2)}-1)=(1)\times(-1)+(-1)\times(1)=-2=w_{21}$$

$$w_{13}=(2x_1^{(1)}-1)(2x_3^{(1)}-1)+(2x_1^{(2)}-1)(2x_3^{(2)}-1)=(1)\times(1)+(-1)\times(-1)=2=w_{31}$$

$$w_{14}=(2x_1^{(1)}-1)(2x_4^{(1)}-1)+(2x_1^{(2)}-1)(2x_4^{(2)}-1)=(1)\times(-1)+(-1)\times(1)=-2=w_{41}$$

$$w_{23} = (2x_2^{(1)} - 1)(2x_3^{(1)} - 1) + (2x_2^{(2)} - 1)(2x_3^{(2)} - 1) = (-1)\times(1) + (-1)\times(1) = -2 = w_{32}$$

$$w_{24} = (2x_2^{(1)} - 1)(2x_4^{(1)} - 1) + (2x_2^{(2)} - 1)(2x_4^{(2)} - 1) = (-1)\times(-1) + (1)\times(1) = 2 = w_{42}$$

$$w_{34} = (2x_3^{(1)} - 1)(2x_4^{(1)} - 1) + (2x_3^{(2)} - 1)(2x_4^{(2)} - 1) = (1)\times(-1) + (-1)\times(1) = -2 = w_{43}$$

则网络的连接权矩阵为

$$\boldsymbol{W} = \begin{pmatrix} 0 & -2 & 2 & -2 \\ -2 & 0 & -2 & 2 \\ 2 & -2 & 0 & -2 \\ -2 & 2 & -2 & 0 \end{pmatrix}$$

同理可以证明，在网络的 2^4=16 个状态（阈值取 0）中，只有以上两个状态 $\boldsymbol{x}^{(1)}$ 和 $\boldsymbol{x}^{(2)}$ 是稳定的，因为它们满足式（1-58），其余状态都会收敛到与之邻近的稳定状态上。

2．连续型 Hopfield 网络

1）网络的结构和工作方式

连续型神经网络的各神经元是并行（同步）工作的。它也是单层的反馈网络，其结构仍如图 1-37 所示，对于每一个神经元节点，其工作方式为

$$\begin{cases} s_i = \sum_{j=1}^{n} w_{ij} x_j - \theta_j \\ \dfrac{\mathrm{d}y_i}{\mathrm{d}t} = -\dfrac{1}{\tau} y_i + s_i \\ x_i = f(y_i) \end{cases} \tag{1-60}$$

这里，同样假定 $w_{ij}=w_{ji}$，它与离散型 Hopfield 网络相比，这里多了中间一个式子，该式是一阶微分方程，相当于一阶惯性环节。s_i 是该环节的输入，y_i 是该环节的输出。对于离散型 Hopfield 网络，中间的式子也可看成 $y_i = s_i$。它们之间的另一个差别是第三个式子一般不再是二值函数，而一般取 S 型函数，即当 $x_i \in (-1,1)$ 时，取

$$x_i = f(y_i) = \frac{1 - \mathrm{e}^{-\mu y_i}}{1 + \mathrm{e}^{-\mu y_i}}$$

当 $x_i \in (0,1)$ 时，取

$$x_i = f(y_i) = \frac{1}{1 + \mathrm{e}^{-\mu y_i}}$$

它们都是连续的单调上升的函数，如图 1-38 所示。

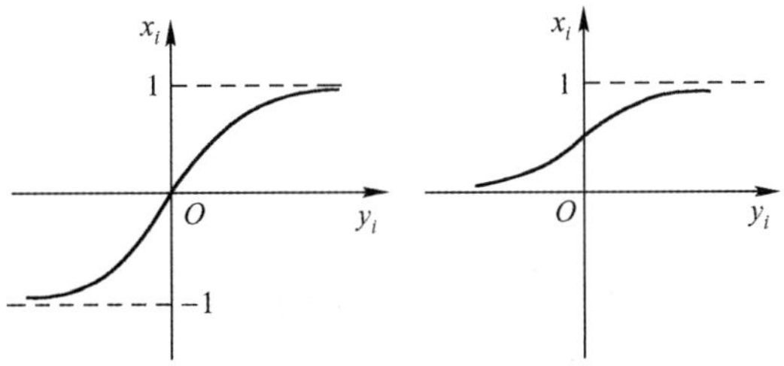

图 1-38　变换函数连续型 Hopfield 网络

Hopfield 利用模拟电路设计了一个连续型 Hopfield 网络的电路模型。图 1-39 所示为其中由运算放大器电路实现的一个节点的模型。

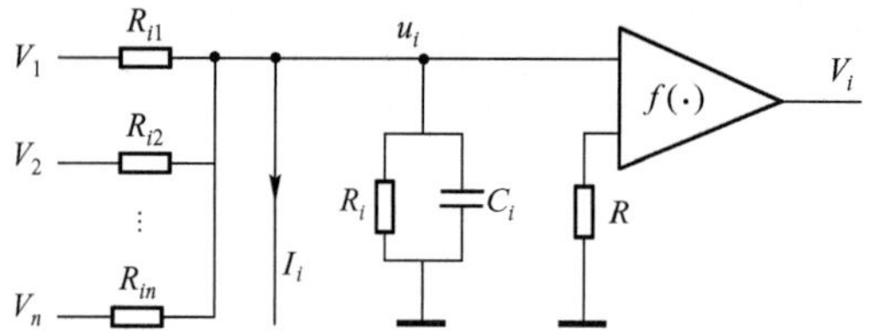

图 1-39　连续型 Hopfield 网络的电路模型

根据图 1-39 可以列出如下的电路方程：

$$\begin{cases} C_i \dfrac{\mathrm{d}u_i}{\mathrm{d}t} + \dfrac{u_i}{R_i} + I_i = \displaystyle\sum_{j=1}^{n} \dfrac{V_j - u_i}{R_{ij}} \\ V_i = f(u_i) \end{cases}$$

经整理得

$$\begin{cases} \dfrac{\mathrm{d}u_i}{\mathrm{d}t} = -\dfrac{1}{R_i' C_i} u_i + \displaystyle\sum_{j=1}^{n} \dfrac{1}{R_{ij} C_i} V_j - \dfrac{I_i}{C_i} \\ V_i = f(u_i) \end{cases}$$

其中，$\dfrac{1}{R_i'} = \dfrac{1}{R_i} + \displaystyle\sum_{j=1}^{n} \dfrac{1}{R_{ij}}$

若令 $x_i = V_i$，$y_i = u_i$，$\tau = R_i' C_i$，$w_{ij} = \dfrac{1}{R_{ij} C_i}$，$\theta_i = \dfrac{I_i}{C_i}$

则上式化为

$$\begin{cases} \dfrac{\mathrm{d}y_i}{\mathrm{d}t} = -\dfrac{1}{\tau} y_i + \displaystyle\sum_{j=1}^{n} w_{ij} x_j - \theta_i \\ x_i = f(y_i) \end{cases} \tag{1-61}$$

式中，$f(\cdot)$为常用 Sigmoid 函数，即

$$x_i = f(y_i) = \frac{1}{2}\left[1 + \tanh\left(\frac{y_i}{y_0}\right)\right]$$

可以看出，连续型 Hopfield 网络实质上是一个连续的非线性动力学系统，它可用一组非线性微分方程来描述。当给定初始状态 $x_i(0)(i = 1,2,\cdots,n)$，通过求解非线性微分方程组可求得网络状态的运动轨迹。若系统是稳定的，则它最终可收敛到一个稳定状态。若用图 1-40 所示的硬件来实现，则这个求解非线性微分方程的过程将由该电路自动完成，其求解速度是非常快的。

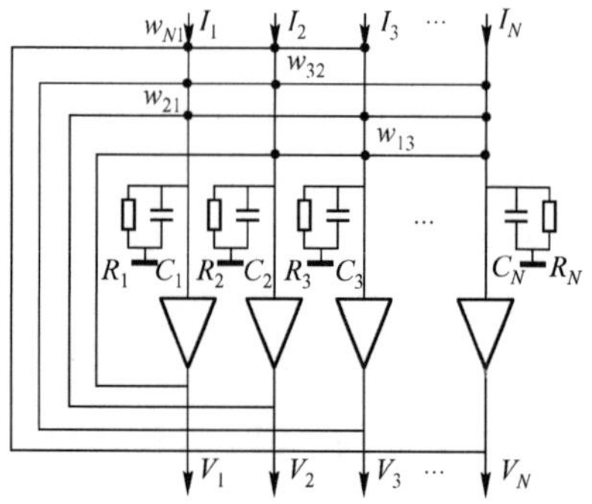

图 1-40　用运算放大器构造的连续型 Hopfield 网络

2）稳定性

定义连续型 Hopfield 网络能量函数为

$$\begin{aligned} E &= -\frac{1}{2}\sum_{i=1}^{n}\sum_{j=1}^{n} w_{ij} x_i x_j + \sum_{i=1}^{n} x_i \theta_i + \sum_{i=1}^{n} \frac{1}{\tau_i} \int_0^{x_i} f^{-1}(\eta)\,\mathrm{d}\eta \\ &= -\frac{1}{2}\boldsymbol{x}^{\mathrm{T}}\boldsymbol{W}\boldsymbol{x} + \boldsymbol{x}^{\mathrm{T}}\boldsymbol{\theta} + \sum_{i=1}^{n} \frac{1}{\tau_i} \int_0^{x_i} f^{-1}(\eta)\,\mathrm{d}\eta \end{aligned} \tag{1-62}$$

该能量函数的表达式与离散型 Hopfield 网络的定义是完全相同的。对于离散型 Hopfield 网络，由于 $f(\cdot)$ 是二值函数，所以第三项的积分项为零。由于 $x_i \in (-1,1)$ 或 $x_i \in (0,1)$，因此上述定义的能量函数 E 是有界的，只需证明 $\mathrm{d}E/\mathrm{d}t \leqslant 0$，即可说明系统是稳定的，因

$$\frac{\mathrm{d}E}{\mathrm{d}t} = \sum_{i=1}^{n} \frac{\partial E}{\partial x_i} \frac{\mathrm{d}x_i}{\mathrm{d}t}$$

根据式（1-62）所述 E 的表达式可以求得

$$\frac{\partial E}{\partial x_i} = -\sum_{j=1}^{n} w_{ij} x_j + \theta_i + \frac{1}{\tau_i} f^{-1}(x_i) = -\sum_{j=1}^{n} w_{ij} x_j + \theta_i + \frac{1}{\tau_i} y_i = -\frac{\mathrm{d}y_i}{\mathrm{d}t} \tag{1-63}$$

代入上式得

$$\frac{\mathrm{d}E}{\mathrm{d}t} = \sum_{i=1}^{n}\left(-\frac{\mathrm{d}y_i}{\mathrm{d}t}\frac{\mathrm{d}x_i}{\mathrm{d}t}\right) = -\sum_{i=1}^{n}\left(\frac{\mathrm{d}y_i}{\mathrm{d}x_i}\frac{\mathrm{d}x_i}{\mathrm{d}t}\frac{\mathrm{d}x_i}{\mathrm{d}t}\right) = -\sum_{i=1}^{n}\left(\frac{\mathrm{d}y_i}{\mathrm{d}x_i}\left(\frac{\mathrm{d}x_i}{\mathrm{d}t}\right)^2\right)$$

前面已假设 $x_i = f(y_i)$ 是单调上升函数，如图 1-38 所示。显然它的反函数 $y_i = f^{-1}(x_i)$ 为单调上升函数，即有 $\mathrm{d}y_i/\mathrm{d}x_i > 0$。同时 $(\mathrm{d}y_i/\mathrm{d}t)^2 \geqslant 0$，因而有

$$\frac{\mathrm{d}E}{\mathrm{d}t} \leqslant 0 \qquad \text{（所有 } x_i \text{ 均为常数时才取等号）} \tag{1-64}$$

根据李雅普诺夫稳定性理论，该网络系统一定是渐近稳定的，即随着时间的演变，网络状态总是朝 E 减小的方向运动，一直到 E 取得极小值，这时所有的 x_i 变为常数，也即网络收敛到稳定状态。

在应用连续型 Hopfield 网络解决实际问题时，如果能将某个待研究解决的问题，化为一个计算能量函数，且使这个能量函数的最小值正好对应于一定约束条件下问题的解答时，则此问题就可以用连续型 Hopfield 网络来求解了。连续型 Hopfield 网络主要用来进行优化计算。因此，如何设计连接权系数及其他参数需根据具体问题来加以确定。下面以连续型 Hopfleld 神经网络应用于 TSP（Travelling Salesman Problem，旅行推销员问题）为例加以说明。TSP 问题是人工智能中的一个难题。

例 1-9　推销员要到 n 个城市去推销产品，要求推销员每个城市都要去到，且只能去一次，如何规划路线才能使所走的路程最短。利用连续型 Hopfield 网络来进行优化计算。

解：这是一个典型的组合优化问题。下面要解决的问题是如何恰当地描述该问题，使其适合于用 Hopfield 网络来求解。正是由于 Hopfield 成功地求解了 TSP 问题，才使得人们对神经网络再次引起了广泛的兴趣。

设使用 n^2 个神经元节点组成如下的方阵排列（以 n=5 为例），如表 1-2 所示。

表 1-2　神经元节点方阵排列

	1	2	3	4	5
A	0	1	0	0	0
B	0	0	0	1	0
C	1	0	0	0	0
D	0	0	0	0	1
E	0	0	1	0	0

每个神经元采用如下的 S 型变换函数：

$$x_{\alpha i}=\frac{1}{1+\mathrm{e}^{-\mu s_{\alpha i}}}$$

其中，$\alpha\in\{A,B,C,D,E\},i\in\{1,2,3,4,5\}$。这里取较大的$\mu$，以使 S 型函数比较陡峭，从而稳态时 $x_{\alpha i}$ 能够趋于 1 或趋于 0。

在表 1-2 所列的方阵中，A、B、C、D、E 表示城市名称，1、2、3、4、5 表示路径顺序。为了保证每个城市只去一次，方阵每行只能有一个元素为 1，其余为 0。为了在某一时刻只能经过一个城市，方阵中每列也只能有一个元素为1，其余为 0。为使每个城市必须经过一次，方阵中 1 的个数总和必须为 n。对于所给方阵，其相应的路径顺序为：$C\to A\to E\to B\to D$，所走路程的总距离为：

$$d=d_{CA}+d_{AE}+d_{EB}+d_{BD}=\frac{\rho_1}{2}\sum_{\alpha}\sum_{\beta\neq\alpha}\sum_{i}d_{\alpha\beta}x_{\alpha i}x_{\beta,i+1}+\frac{\rho_1}{2}\sum_{\alpha}\sum_{\beta\neq\alpha}\sum_{i}d_{\alpha\beta}x_{\alpha i}x_{\beta,i-1}$$

其中，$d_{\alpha\beta}$ 表示城市α到城市β的距离；$x_{\alpha i}$ 表示矩阵中的第α行第 i 列的元素，其值为 1 时表示第 i 步访问城市α，为 0 时表示第 i 步不访问城市α；$\sum_{\alpha}x_{\alpha i}=1$表示对于所有的 i 每个城市必须访问一次；$\sum_{i}x_{\alpha i}=1$表示对于所有的α每个城市只能访问一次。

根据路径最短的要求及上述约束条件可以写出总的能量函数为

$$E=\frac{\rho_1}{2}\sum_{\alpha}\sum_{\beta\neq\alpha}\sum_{i}(d_{\alpha\beta}x_{\alpha i}x_{\beta,i+1}+d_{\alpha\beta}x_{\alpha i}x_{\beta,i-1})+\frac{\rho_2}{2}\sum_{i}\sum_{\alpha}\sum_{\beta\neq\alpha}x_{\alpha i}x_{\beta i}+$$

$$\frac{\rho_3}{2}\sum_{\alpha}\sum_{i}\sum_{j\neq i}x_{\alpha i}x_{\alpha j}+\frac{\rho_4}{2}\left(\sum_{\alpha}\sum_{i}x_{\alpha i}-n\right)^2+\sum_{\alpha}\sum_{i}\frac{1}{\tau_{\alpha i}}\int_0^{x_{\alpha i}}f^{-1}(\eta)\,\mathrm{d}\eta$$

其中，第一项反映了路径的总长度，如当$\alpha=C,\beta=A,i=1$，且神经网络状态如上面方阵排列时，有$d_{\alpha\beta}x_{\alpha i}x_{\beta,i+1}=d_{CA}x_{C1}x_{A2}$，注意此处若当 i+1>n 时，用 1 代 i+1；第二项反映了“方阵的每一列只能有一个元素为 1”的要求，即每一列只能有一个元素为 1 时 E 最小；第三项反映了“方阵的每一行只能有一个元素为 1”的要求，即每一行只能有一个元素为 1 时 E 最小；第四项反映了“方阵中 1 的个数总和为 n”的要求，即方阵中 1 的个数总和为 n 时 E 最小；第五项是 Hopfield 网络本身的要求；$\rho_1,\rho_2,\rho_3,\rho_4$ 是各项的加权系数。

由上式可以求得

$$\frac{\partial E}{\partial x_{\alpha i}}=\rho_1\sum_{\beta\neq\alpha}d_{\alpha\beta}(x_{\beta,i+1}+x_{\beta,i-1})+\rho_2\sum_{\beta\neq\alpha}x_{\beta i}+\rho_3\sum_{j\neq i}x_{\alpha j}+\rho_4(\sum_{\alpha}\sum_{i}x_{\alpha i}-n)+\frac{1}{\tau_{\alpha i}}f^{-1}(x_{\alpha i})$$

根据前面关于稳定性的分析式（1-63），应有如下关系成立：

$$\frac{\mathrm{d}y_{\alpha i}}{\mathrm{d}t}=-\frac{\partial E}{\partial x_{\alpha i}}$$

代入上式可得网络的动态方程为

$$\frac{\mathrm{d}y_{\alpha i}}{\mathrm{d}t}=-\frac{1}{\tau_{\alpha i}}y_{\alpha i}-\rho_1\sum_{\beta\neq\alpha}d_{\alpha\beta}(x_{\beta,i+1}+x_{\beta,i-1})-\rho_2\sum_{\beta\neq\alpha}x_{\beta i}-\rho_3\sum_{j\neq i}x_{\alpha j}-\rho_4\left(\sum_{\alpha}\sum_{i}x_{\alpha i}-n\right)$$

令

$$\begin{cases} w_{\alpha i,\beta j} = -\rho_1 d_{\alpha\beta}(\delta_{j,i+1} + \delta_{j,i-1}) - \rho_2 \delta_{ij}(1-\delta_{\alpha\beta}) - \rho_3 \delta_{\alpha\beta}(1-\delta_{ij}) - \rho_4 \\ \theta_i = -\rho_4 n \end{cases}$$

其中，$\delta_{\alpha\beta},\delta_{ij}$ 是离散 δ 函数，即

$$\delta_{ij} = \begin{cases} 1 & (i = j) \\ 0 & (i \neq j) \end{cases}$$

从而可将以上问题表示成以下连续型 Hopfield 网络形式：

$$\begin{cases} \dfrac{\mathrm{d}y_{\alpha i}}{\mathrm{d}t} = -\dfrac{1}{\tau_{\alpha i}} y_{\alpha i} + \sum\limits_{\beta}\sum\limits_{j} w_{\alpha i,\beta j} x_{\beta j} - \theta_i \\ x_{\alpha i} = f(y_{\alpha i}) = \dfrac{1}{2}\left[1 + \tanh\left(\dfrac{y_{\alpha i}}{y_0}\right)\right] \end{cases}$$

选择适当的参数值 $\rho_1,\rho_2,\rho_3,\rho_4$ 和初值 y_0，按上式迭代直到收敛，其稳态解即为所要求的解。或根据以上方程构成连续型 Hopfield 网络，并适当地给定 $x_{\alpha i}(0)$（若无先验知识，可随机给定），运行该神经网络，其稳态解即为所要求的解。

例 1-10　聚类问题。

对于 N 个模式（可看作 N 维空间中的 N 个点）要聚成 K 类，使各类本身内的点最近。一般地说，可能的划分方法数为 $K^N/K!$。若用穷举法，工作量是指数型的。划分的准则最常用的是平方误差。用 N 维向量表示各模式：$\{\boldsymbol{r}_i:\ i=1,2,\cdots,N\}$，最优划分应使 $X^2 = \sum\limits_{i=1}^{n}(r_i^{(P)} - R_p)$ 最小，R_p 为 p 类的中心，即 $R_p = \sum\limits_{i=1}^{N_p} r_i^{(P)}$（$p=1,2,\cdots,K$；$N_p$ 为第 p 类中的点数）。如对于一个 N=10，K=3 的聚类问题，可表示成如表 1-3 所示的分布形式。

表 1-3　聚类分布情况

	1	2	3	4	5	6	7	8	9	10
C1	1	1	0	0	0	1	0	0	1	0
C2	0	0	0	1	1	0	0	0	0	0
C3	0	0	1	0	0	0	1	1	0	1

解：容易看出第 1、2、6、9 四个点属于 C1 类，第 4、5 两个点属于 C2 类，第 3、7、8、10 四个点属于 C3 类。能量函数可写为

$$E = \frac{a}{2}\sum_{i=1}^{N}\sum_{p=1}^{K}\sum_{q\neq p}^{K} v_{pi}v_{qi} + \frac{b}{2}\sum_{i=1}^{N}\left(\sum_{p=1}^{K} v_{pi} - 1\right)^2 + \frac{c}{2}\sum_{p=1}^{K}\sum_{i=1}^{N} R_{pi}v_{pi}^2$$

式中，$p,q(p,q=1,2,\cdots,K)$为聚类号。第一项约束为每列（表示每个点）只能有一个 1；第二项约束为每列必须有一个 1。这两个约束表示每个点必须属于一类且只属于一类。第三项是使类内总距离最小。这里

$$R_{pi} = (x_i - x_p)^2 + (y_i - y_p)^2$$

式中，x_i,y_i 是各点坐标（以二维为例，N=2）。x_p,y_p 是类中心的坐标，即

$$x_p = \sum_{i=1}^{N} x_i v_{pi} \Big/ \sum_{i=1}^{N} v_{pi},\quad y_p = \sum_{i=1}^{N} y_i v_{pi} \Big/ \sum_{i=1}^{N} v_{pi}$$

1.2.10 Boltzmann 神经网络

第 13 讲

Boltzmann 机是一种随机神经网络，也是一种反馈型神经网络，它在很多方面与离散型 Hopfield 网络类似。Boltzmann 机可用于模式分类、预测、组合优化及规划等方面。

1. 网络的结构和工作方式

在结构上，Boltzmann 机是单层的反馈网络，形式上与离散型 Hopfield 网络一样，具有对称的连接权系数，即 $w_{ij}=w_{ji}$ 且 $w_{ii}=0$。但功能上，Boltzmann 机可以看成多层网络，其中一部分节点是输入节点，一部分是输出节点，还有一部分是隐节点。隐节点不与外界发生联系，它主要用来实现输入与输出之间的高阶联系。

Boltzmann 机是一个随机神经网络，这是与 Hopfield 网络的最大区别。图 1-41 所示为其中一个神经元节点的示意图。

它的工作方式为

$$\begin{cases} s_i = \sum\limits_{i=1}^{n} w_{ij}x_j - \theta_i \\ p_i = \dfrac{1}{1+\mathrm{e}^{-s_i/T}} \end{cases} \tag{1-65}$$

式中，p_i 是 $x_i=1$ 的概率。显然 $x_i=0$ (或 $x_i=-1$)的概率为

$$1-p_i = \frac{\mathrm{e}^{-s_i/T}}{1+\mathrm{e}^{-s_i/T}} \tag{1-66}$$

显然, p_i 是 S 型函数。T 越大，曲线越平坦；T 越小，曲线越陡峭。参数 T 通常称为“温区”，图 1-42 所示为 S 型曲线随参数 T 变化的情况。当 $T\to 0$ 时，S 型函数便趋于二值函数，随机神经网络便退化为确定性网络，即与 Hopfield 网络具有同样的工作方式。

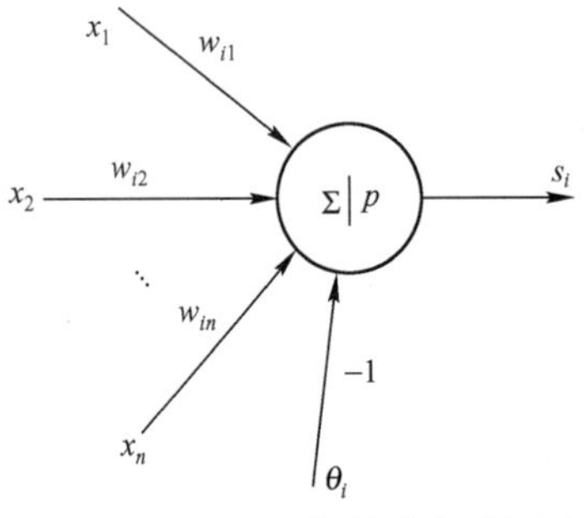

图 1-41 Boltzmann 机的单个神经元

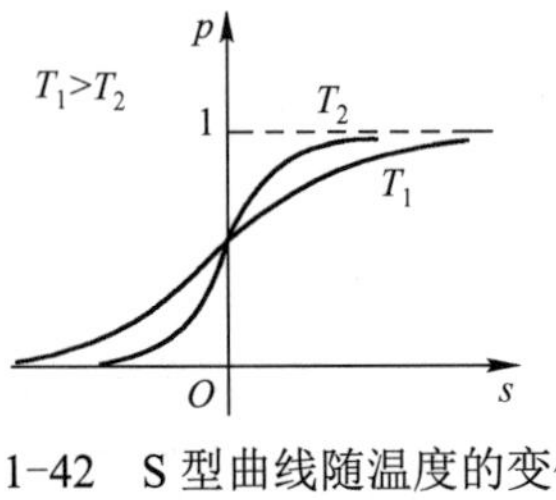

图 1-42 S 型曲线随温度的变化

与 Hopfield 网络一样，对 Boltzmann 机也定义网络的能量函数为

$$E = -\frac{1}{2}\sum_{i=1}^{n}\sum_{j=1}^{n} w_{ij}x_i x_j + \sum_{i=1}^{n} x_i\theta_i = -\frac{1}{2}\boldsymbol{x}^{\mathrm{T}}\boldsymbol{W}\boldsymbol{x} + \boldsymbol{x}^{\mathrm{T}}\boldsymbol{\theta} \tag{1-67}$$

Boltzmann 机也有两种类型的工作方式：同步方式和异步方式。下面只考虑异步工作。

若考虑第 i 个神经元的状态发生变化，根据前面讨论 Hopfield 网络时所做的推导，有

$$\Delta E_i = -\Delta x_i\left(\sum_{j=1}^{n} w_{ij}x_j - \theta_i\right) = -\Delta x_i s_i \tag{1-68}$$

这时 $x_i = 1$ 的概率为

$$p_i = \frac{1}{1+\mathrm{e}^{-s_i/T}} \tag{1-69}$$

若 $s_i > 0$，则 $p_i > 0.5$，即有较大的概率取 $x_i = 1$。若原来 $x_i = 1$，则 $\Delta x_i = 0, \Delta E_i = 0$；若原来 $x_i = 0$，则 $\Delta x_i > 0$，而此时 $s_i > 0$，所以 $\Delta E_i < 0$。

如若 $s_i < 0$，则有较大的概率取 $x_i = 0$。若原来 $x_i = 0$，则 $\Delta E_i = 0$；若原来 $x_i = 1$，则 $\Delta x_i < 0$，而此时 $s_i < 0$，所以这时 $\Delta E_i < 0$。

不管以上何种情况，随着系统状态的演变，从概率的意义上，系统的能量总是朝小的方向变化，所以系统最后总能稳定到能量的极小点附近。由于这是随机网络，在能量的极小点附近，系统也会停止在某一个固定的状态。

由于神经元状态按概率取值，因此以上分析只是从概率意义上说网络的能量总的趋势是朝减小的方向演变，但在有些神经元状态下可能按小概率取值，从而使能量增加，在有些情况下这对跳出局部极值是有好处的。这也是 Boltzmann 网络和 Hopfield 网络另一个不同之处。

为了有效地演化到网络能量函数的全局极小点，通常采用模拟退火的方法。即开始采用较高的温度 T，此时各状态出现概率的差异不大，比较容易跳出局部极小点进入全局极小点附近，然后再逐渐减小温度 T，各状态出现概率的差别逐渐拉大，从而一方面可较准确地运动到能量的极小点，同时阻止它跳出该最小点。

根据前面的结果，当 x_i 由 1 变为 0 时，$\Delta x_i = -1$。

则

$$\Delta E_i = E\big|_{x_i=0} - E\big|_{x_i=1} = \sum_{j=1}^{n} w_{ij} x_j - \theta_i = s_i \tag{1-70}$$

设 $x_i = 1$（其他状态不变）的概率为 p_1，相应的能量函数为 E_1，$x_i = 0$（其他状态不变）的概率为 p_0，相应的能量函数为 E_0，则有

$$p_1 = \frac{1}{1+\mathrm{e}^{-s_i/T}} = \frac{1}{1+\mathrm{e}^{-\Delta E_i/T}} \tag{1-71}$$

$$p_0 = 1 - p_1 = \frac{\mathrm{e}^{-\Delta E_i/T}}{1+\mathrm{e}^{-\Delta E_i/T}} \tag{1-72}$$

显然有

$$\frac{p_0}{p_1} = \mathrm{e}^{-\Delta E_i/T} = \mathrm{e}^{-(E_0-E_1)T} = \frac{\mathrm{e}^{-E_0/T}}{\mathrm{e}^{-E_1/T}} \tag{1-73}$$

推而广之，容易得到，对于网络中任意两个状态 α 和 β 出现的概率与它们的能量 E_α 和 E_β 之间也满足：

$$\frac{p_\alpha}{p_\beta} = \mathrm{e}^{-(E_\alpha-E_\beta)T} = \frac{\mathrm{e}^{-E_\alpha/T}}{\mathrm{e}^{-E_\beta/T}} \tag{1-74}$$

这正好是 Boltzmann 分布。也就是该网络称为 Boltzmann 机的由来。

从以上结果可以看出，Boltzmann 机处于某一状态的概率主要取决于在此状态下的能量，能量越低，概率越大；同时，此概率还取决于温度参数 T，T 越大，不同状态出现概率

的差异便越小，较容易跳出能量的局部极小点；T 越小时情形正好相反，这也就是采取模拟退火方法寻求全局最优的原因所在。

Boltzmann 机的实际运行也分为两个阶段：第一阶段是学习和训练阶段，即根据学习样本对网络进行训练，将知识分布式地存储于网络的连接权中；第二阶段是工作阶段，即根据输入运行网络得到合适的输出，这一步实质上是按照某种机制将知识提取出来。

2．网络的学习和训练

网络学习的目的是通过给出一组学习样本，经学习后得到 Boltzmann 机各种神经元之间的连接权 w_{ij}。

设 Boltzmann 机共有 n 个节点，其中 m 个是输入和输出节点，其余 $r=n-m$ 个是隐节点。设 $\boldsymbol{x}_\alpha$表示 m 维输入和输出节点向量，$\boldsymbol{y}_\beta$表示 r 维隐节点向量，$\boldsymbol{x}_\alpha\wedge\boldsymbol{y}_\beta$表示整个网络的状态向量。同时设 $p^+(\boldsymbol{x}_\alpha)$表示学习样本出现的概率，即输入/输出节点约束为 $\boldsymbol{x}_\alpha$时的概率。$\boldsymbol{x}_\alpha$最多可为 2^m 个，所以 $p^+(\boldsymbol{x}_\alpha)$也为 2^m 个。对于学习样本数少于 2^m 个时，可取其余未给定样本的概率为 0。设 $p^+(\boldsymbol{x}_\alpha)$均为已知，且有

$$\sum_{\alpha=1}^{2^m} p^+(\boldsymbol{x}_\alpha)=1 \tag{1-75}$$

设 $p^-(\boldsymbol{x}_\alpha)$表示系统无约束时出现 $\boldsymbol{x}_\alpha$的概率，对网络进行学习的目的便是调整连接权，以使得 $p^-(\boldsymbol{x}_\alpha)$尽可能与 $p^+(\boldsymbol{x}_\alpha)$相一致。定义

$$G=\sum_{\alpha=1}^{2^m} p^+(\boldsymbol{x}_\alpha)\ln\left(\frac{p^+(\boldsymbol{x}_\alpha)}{p^-(\boldsymbol{x}_\alpha)}\right) \tag{1-76}$$

为使 $p^-(\boldsymbol{x}_\alpha)$与 $p^+(\boldsymbol{x}_\alpha)$相一致地度量，$G$ 是一个非负量，仅当 $p^+(\boldsymbol{x}_\alpha)=p^-(\boldsymbol{x}_\alpha)$时才有 $G=0$。因此下面的问题变为寻求连接权系数，以使 G 取极小值。根据式（1-76）可以求得

$$\frac{\partial G}{\partial w_{ij}}=-\sum_{\alpha=1}^{2^m}\frac{p^+(\boldsymbol{x}_\alpha)}{p^-(\boldsymbol{x}_\alpha)}\frac{\partial p^-(\boldsymbol{x}_\alpha)}{\partial w_{ij}} \tag{1-77}$$

根据上述假定有

$$p^-(\boldsymbol{x}_\alpha)=-\sum_{\beta=1}^{2^r} p^-(\boldsymbol{x}_\alpha\wedge\boldsymbol{y}_\beta)=\frac{\sum\limits_{\beta=1}^{2^r}\mathrm{e}^{-E_{\alpha\beta}/T}}{\sum\limits_{\lambda=1}^{2^m}\sum\limits_{\mu=1}^{2^r}\mathrm{e}^{-E_{\lambda\mu}/T}} \tag{1-78}$$

式中，$E_{\alpha\beta}$表示网络状态为 $\boldsymbol{x}_\alpha\wedge\boldsymbol{y}_\beta$时的能量；$E_{\lambda\mu}$表示网络状态为 $\boldsymbol{x}_\lambda\wedge\boldsymbol{y}_\mu$的能量，即（设神经元阈值$\theta_i$=0）

$$E_{\alpha\beta}=-\frac{1}{2}\sum_{i=1}^{n}\sum_{j=1}^{n}w_{ij}x_i^{\alpha\beta}x_j^{\alpha\beta} \tag{1-79}$$

$$E_{\lambda\mu}=-\frac{1}{2}\sum_{i=1}^{n}\sum_{j=1}^{n}w_{ij}x_i^{\lambda\mu}x_j^{\lambda\mu} \tag{1-80}$$

式中，$x_i^{\alpha\beta}$表示 n 维状态向量 $\boldsymbol{x}_\alpha\wedge\boldsymbol{y}_\beta$的第 i 个分量；$x_i^{\lambda\mu}$表示 n 维状态向量 $\boldsymbol{x}_\lambda\wedge\boldsymbol{y}_\mu$的第 i 个分量，进而求得

$$\begin{aligned}\frac{\partial p^-(\boldsymbol{x}_\alpha)}{\partial w_{ij}} &= \left[-\frac{1}{T}\sum_{\beta=1}^{2^r}\mathrm{e}^{-E_{\alpha\beta}/T}(-x_i^{\alpha\beta}x_j^{\alpha\beta})\sum_{\lambda=1}^{2^m}\sum_{\mu=1}^{2^r}\mathrm{e}^{-E_{\lambda\mu}/T} + \right.\\ &\left.\frac{1}{T}\sum_{\lambda=1}^{2^m}\sum_{\mu=1}^{2^r}\mathrm{e}^{-E_{\lambda\mu}/T}(-x_i^{\lambda\mu}x_j^{\lambda\mu})\sum_{\beta=1}^{2^r}\mathrm{e}^{-E_{\alpha\beta}/T}\right]\Bigg/\left(\sum_{\lambda=1}^{2^m}\sum_{\mu=1}^{2^r}\mathrm{e}^{-E_{\lambda\mu}/T}\right)^2 \\ &= \frac{1}{T}\left[\sum_{\beta=1}^{2^r}p^-(\boldsymbol{x}_\alpha\wedge\boldsymbol{y}_\beta)x_i^{\alpha\beta}x_j^{\alpha\beta} - p^-(\boldsymbol{x}_\alpha)\sum_{\lambda=1}^{2^m}\sum_{\mu=1}^{2^r}p^-(\boldsymbol{x}_\lambda\wedge\boldsymbol{y}_\mu)x_i^{\lambda\mu}x_j^{\lambda\mu}\right]\end{aligned} \tag{1-81}$$

将式（1-81）代入前面$\partial G/\partial w_{ij}$的表达式中得：

$$\frac{\partial G}{\partial w_{ij}} = -\frac{1}{T}\left[\sum_{\alpha=1}^{2^m}\sum_{\beta=1}^{2^r}\frac{p^+(\boldsymbol{x}_\alpha)}{p^-(\boldsymbol{x}_\alpha)}p^-(\boldsymbol{x}_\alpha\wedge\boldsymbol{y}_\beta)x_i^{\alpha\beta}x_j^{\alpha\beta} - \left(\sum_{\alpha=1}^{2^m}p^+(\boldsymbol{x}_\alpha)\right)\sum_{\lambda=1}^{2^m}\sum_{\mu=1}^{2^r}p^-(\boldsymbol{x}_\lambda\wedge\boldsymbol{y}_\mu)x_i^{\lambda\mu}x_j^{\lambda\mu}\right]$$

由于

$$\begin{aligned}p^+(\boldsymbol{x}_\alpha\wedge\boldsymbol{y}_\beta) &= p^+(\boldsymbol{y}_\beta\mid\boldsymbol{x}_\alpha)p^+(\boldsymbol{x}_\alpha)\\ p^-(\boldsymbol{x}_\alpha\wedge\boldsymbol{y}_\beta) &= p^-(\boldsymbol{y}_\beta\mid\boldsymbol{x}_\alpha)p^-(\boldsymbol{x}_\alpha)\\ p^+(\boldsymbol{y}_\beta\mid\boldsymbol{x}_\alpha) &= p^-(\boldsymbol{y}_\beta\mid\boldsymbol{x}_\alpha)\end{aligned} \tag{1-82}$$

所以

$$\frac{p^+(\boldsymbol{x}_\alpha)}{p^-(\boldsymbol{x}_\alpha)}p^-(\boldsymbol{x}_\alpha\wedge\boldsymbol{y}_\beta) = p^+(\boldsymbol{x}_\alpha\wedge\boldsymbol{y}_\beta) \tag{1-83}$$

又已知$\sum_{\alpha=1}^{2^m}p^+(\boldsymbol{x}_\alpha)=1$，代入前面式子得：

$$\frac{\partial G}{\partial w_{ij}} = -\frac{1}{T}\left[\sum_{\alpha=1}^{2^m}\sum_{\beta=1}^{2^r}\frac{p^+(\boldsymbol{x}_\alpha)}{p^-(\boldsymbol{x}_\alpha)}p^+(\boldsymbol{x}_\alpha\wedge\boldsymbol{y}_\beta)x_i^{\alpha\beta}x_j^{\alpha\beta} - \sum_{\lambda=1}^{2^m}\sum_{\mu=1}^{2^r}p^-(\boldsymbol{x}_\lambda\wedge\boldsymbol{y}_\mu)x_i^{\lambda\mu}x_j^{\lambda\mu}\right] = -\frac{1}{T}(p_{ij}^+ - p_{ij}^-)$$

式中，p_{ij}^+表示网络受到学习样本的约束且系统达到平衡时第 i 和第 j 个神经元同时为 1 的概率；p_{ij}^-表示系统为自由状态且达到平衡时第 i 和第 j 个神经元同时为 1 的概率。

最后归纳出 Boltzmann 机网络的学习步骤如下。

（1）随机设定网络的连接权的初值 $w_{ij}(0)$。

（2）按照已知概率 $p^+(\boldsymbol{x}_\alpha)$，依次给定学习样本，在学习样本的约束下按照模拟退火程序运行网络直至到达平衡状态，统计出各 p_{ij}^+。在无约束条件下按同样的步骤同样的次数运行网络，统计出各 p_{ij}^-。

（3）按以下公式修改 w_{ij}：

$$w_{ij}(k+1) = w_{ij}(k) + \alpha(p_{ij}^+ - p_{ij}^-), \alpha > 0$$

重复以上步骤，直到 $p_{ij}^+ - p_{ij}^-$ 小于一定的容限。

1.2.11　卷积神经网络

近年来，随着大规模训练数据发展和计算机计算能力的不断提升，人工神经网络迎来了蓬勃发展的黄金时期。这一助推因素不仅使得大规模神经网络训练成为可能，也推动了深度学习的崛起，使其在人工智能领域取得了非凡进展，特别是在计算机视觉和自然语言处理等众多领域表现出色。

深度学习（Deep Learning）是机器学习的一种重要方法，而机器学习是实现人工智能的必经路径。深度学习的概念源于对人工神经网络的研究，多层感知器就是一种深度学习结构，通过构建深层神经网络模型，实现对大规模数据的学习和分析，从而提高模型的准确性和效率。深度学习通过组合低层特征形成更加抽象的高层表示属性类别或特征，以发现数据的分布式特征表示。研究深度学习的动机在于建立模拟人脑进行分析学习的神经网络，它模仿人脑的机制来解释数据，例如图像、声音和文本等。深度学习在搜索技术、数据挖掘、机器学习、机器翻译、自然语言处理、多媒体学习、推荐和个性化技术，以及其他相关领域都已取得了丰硕成果。深度学习使机器能够模仿“视听”和“思考”等之前人类才能完成的活动，解决了很多复杂的模式识别难题，使得人工智能相关技术取得了很大进步。

目前典型的深度学习模型有卷积神经网络、循环神经网络、生成对抗网络以及深度信念网络等。卷积神经网络作为应用最广泛的深度学习模型之一，也是深度学习的代表算法之一，其本质是一类含多个隐藏层的多层感知器模型。卷积神经网络是一种具有深度结构的前馈神经网络，这种分布构成了一种层次化的结构，使其在处理视觉信息时能够进行有效的特征提取和分层抽象。在卷积神经网络中，这种层次化的结构被模拟和利用，通过多层卷积和池化操作，卷积神经网络能够逐渐理解和学习输入数据的抽象表示。这种设计使得卷积神经网络在处理图像、语音和其他类型的数据时表现出色，同时用来解决计算机视觉和模式识别问题。相较于传统神经网络，卷积神经网络具有共享权重和局部感知的特性，因而能够减少权值数量，使网络更易优化。此外，通过降低模型复杂度，卷积神经网络也在一定程度上减小了过拟合的风险。本节将重点介绍卷积神经网络的工作原理和基本结构。

1．卷积神经网络的工作原理

卷积神经网络是一类包含卷积计算且具有深度结构的神经网络，与传统神经网络不同的是，卷积神经网络除了输入层、输出层以外，还包括由多个卷积层、池化层和全连接层组成的中间隐含层。这种深度学习网络与浅层学习的传统网络的主要区别，在于强调了模型结构的深度，即它们通常有 5 层、6 层，甚至超过 10 层的中间隐含层。另外这种网络也明确了特征学习的重要性。也就是说，通过逐层特征变换，将样本在原空间的特征表示变换到一个新的特征空间，从而使分类或预测更容易。与人工规则构造特征的方法相比，利用大数据来学习特征，更能够刻画数据丰富的内在信息。

（1）卷积层

卷积层通过在输入数据上应用一系列卷积核（也称为滤波器）并逐步更新权重参数来提取特征，这些卷积核通过对输入数据进行卷积操作生成输出的特征图。这种局部连接和参数共享的方式能够使卷积层非常有效地捕获到数据的空间特征和结构特征，进而实现对图像的高效处理和特征提取。

卷积层的作用在于提取经预处理后的数据特征。卷积核作为卷积层的重要组成部分，本质上是一个特征提取器，对卷积层输入数据的深层特征进行提取。由每一个卷积核生成相应的输出特征图，通过卷积运算，获得多个特征图的值。当我们提到神经网络中的卷积时通常是指由多个并行卷积组成的运算。这是因为具有单个核的卷积只能提取一种类型的特征，尽管它作用在多个空间位置上，我们通常希望网络的每一层能够在多个位置上提取多种类型的特征。卷积是为了通过一个卷积核，把数据变化成特征，便于后面的分离。

在卷积网络的计算中，卷积核的大小通常要远小于输入图像的大小，卷积核矩阵在输入数据矩阵上按照从上往下、从左往右的方向遍历进行卷积运算。所以，卷积通常对应着一个非常稀疏的矩阵，卷积操作是为了更有效地处理大规模输入，提供一种处理大小可变的输入的方法。卷积核的设计直接影响网络对图像特征的提取能力。例如，对于小物体的识别任务，可以使用较小的卷积核来提取局部特征；而面对大物体的识别任务，可以使用较大的卷积核来提取整体特征。

卷积计算过程主要涉及三个部分：输入矩阵 $\boldsymbol{X}$，卷积核 $\boldsymbol{W}$ 和特征矩阵 $\boldsymbol{S}$。这里以二维卷积运算为例，离散二维卷积公式如下所示：

$$\boldsymbol{S}(i,j)=(\boldsymbol{X}*\boldsymbol{W})(i,j)=\sum_{m}\sum_{n}\boldsymbol{X}(i+m,j+n)\boldsymbol{W}(m,n) \tag{1-84}$$

式中，$\boldsymbol{X}$ 是输入矩阵；$\boldsymbol{W}$ 是卷积核，也称为滤波器或权重；$\boldsymbol{S}$ 是卷积后的输出，也称为特征矩阵或特征图；i 和 j 是输出特征图的坐标；m 和 n 是卷积核 $\boldsymbol{W}$ 的尺寸。

假设输入矩阵 $\boldsymbol{X}$ 为 5×5 大小的图像，卷积核 $\boldsymbol{W}$ 为 3×3 大小的矩阵，步长设置为 1，卷积层的计算过程如图 1-43 所示。那么依照式（1-84）特征矩阵 $S(1,2)$位置的参数计算方法如下。

$$(-1\times1)+(0\times0)+(1\times2)+(-1\times5)+(0\times4)+(1\times2)+(-1\times3)+(0\times4)+(1\times5)=0$$

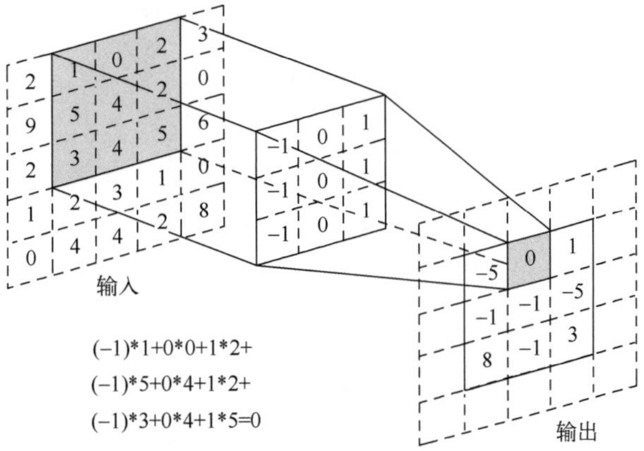

图 1-43　卷积层的计算过程

在卷积运算中，步长是指卷积核在输入数据上移动的像素数，它决定了输出特征图的尺寸和感受野大小。例如，当设置步长为 1 时，卷积核每次移动一个像素进行卷积操作；而当步长为 2 时，卷积核每次跨越两个像素进行卷积操作。步长的选择影响着网络对输入数据的感知范围和特征提取能力。

卷积操作旨在通过卷积核与输入数据的交互，将这些数据转换为特征图，该特征图揭示了输入信号间特征关系。在图像处理中，通过卷积操作，能够获得卷积核与图像中某一块区域的相似度，如果卷积操作后结果值越大，说明图像中的某位置与卷积核越相似，如果卷积操作结果值越小，说明图像中某位置与卷积模板的相似度越小。

（2）池化层

池化层是卷积神经网络中的重要组成部分，其作用是对输入特征图进行降采样，从而减少参数数量、减小计算量，并且增强网络的平移不变性。在池化操作中，一个关键的概念是感受野，它描述了输入层中的一个元素与当前池化层的一个映射区域之间的对应关系。感受野的大小决定了当前层对输入信息的接受范围，感受野越大，当前层接受的信息就越全面。

在卷积神经网络中，池化层也被称作下采样层，是由图像经过池化函数计算后得到的结果，一般位于卷积层的下一层。池化函数使用某一位置的相邻输出的总体统计特征来代替网络在该位置的输出。不管采用什么样的池化函数，当输入矩阵发生轻微平移时，池化操作能够帮助保持输入表示的近似不变（即保持输入特征的稳定性）。平移不变性是指当输入数据经历轻微的平移变化时，经过池化函数处理后的输出在大多数情况下并不会发生改变。这一特性被称为局部平移不变性。在获取图像的卷积特征后，要通过池化采样方法对卷积特征进行降维。此时需要将卷积特征划分为一些不相交区域，用这些区域的最大（或平均）特征来表示降维后的卷积特征，这些降维后的特征更容易进行分类。池化层是指针对特征提取获得的特征矩阵实行降维采样，在减少数据量的同时，保留有用的信息，使得卷积神经网络具有抗畸变和抗干扰的能力。它通过降低特征图的分辨率，来获得“空间不变性”的特征。实际上，池化层起到了二次提取特征的作用，它对其局部接受域内的信号进行池化操作。

事实上，池化过程在数学意义上是一种卷积运算。池化层与卷积层的不同之处在于池化层是固定的，并且池化层的卷积区域也不重叠。

对于池化操作，其本质是对输入特征图的降维处理，从而减小特征图的尺寸和参数数量。

经典的池化运算有两种：平均池化和最大池化。假设卷积层特征矩阵作为池化层输入矩阵 $\boldsymbol{S} \in \boldsymbol{R}^{H \times L}$，池化核大小为 $k \times k$，池化窗口移动步长用 l 表示，那么池化层输出特征矩阵定义为 $\boldsymbol{P} \in \boldsymbol{R}^{H' \times L'}$，其中参数 H' 和 L' 满足如下形式：

$$H' = \left[\frac{H-k}{l}\right] + 1; \quad L' = \left[\frac{L-k}{l}\right] + 1 \tag{1-85}$$

式中，H 和 L 分别为池化层输入数据的高和宽；H' 和 L' 是池化层输出数据的高和宽。

最大池化过程的具体操作是：在特征矩阵的一个局部窗口内选取最大的值作为该窗口的输出。因此，最大池化过程数学表达式可以写成如下形式：

$$\boldsymbol{P}(i,j) = \max_{m=0}^{k-1} \max_{n=0}^{k-1} \boldsymbol{S}(i \times l + m, j \times l + n) \tag{1-86}$$

式中，$i \in [0, H'], j \in [0, L']$；$\boldsymbol{P}(i,j)$ 是池化层输出矩阵第 (i,j) 个元素；max 表示最大值操作。

假设池化层输入矩阵 $\boldsymbol{S}$ 选取 4×4 大小的矩阵，池化核大小为 2×2，最大池化过程计算如图 1-44 所示。以 $\boldsymbol{P}(1,1)$ 计算为例，在矩阵 $\boldsymbol{S}$ 左上角 2×2 窗口区域内，包括 1、3、2、6 四个元素，选出最大值 6 作为输出矩阵元素值，故 $\boldsymbol{P}(1,1) = 6$。

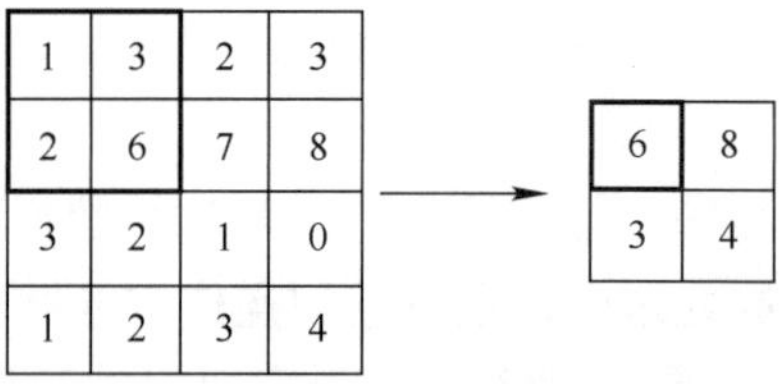

图 1-44　最大池化过程计算

平均池化过程的具体操作是：在输入特征矩阵的一个局部窗口内计算每个元素的平均值作为该窗口的输出。平均池化过程数学表达式可以写成如下形式：

$$\boldsymbol{P}(i,j) = \frac{1}{k^2} \sum_{m=0}^{k-1} \sum_{n=0}^{k-1} \boldsymbol{S}(i \times l + m, j \times l + n) \tag{1-87}$$

式中，$i \in [0, H'], j \in [0, L']$；$\boldsymbol{P}(i, j)$ 是池化层输出矩阵第 (i, j) 个元素；$\sum$表示求和操作。

同样选取 4×4 大小的矩阵作为池化层输入矩阵 $\boldsymbol{S}$，池化核大小为 2×2，平均池化过程如图 1-45 所示。以 $\boldsymbol{P}(1,1)$ 计算为例，在矩阵 $\boldsymbol{S}$ 左上角 2×2 窗口区域内，四个元素 1、3、2、6 的平均值为 3，故 $\boldsymbol{P}(1,1) = 3$。

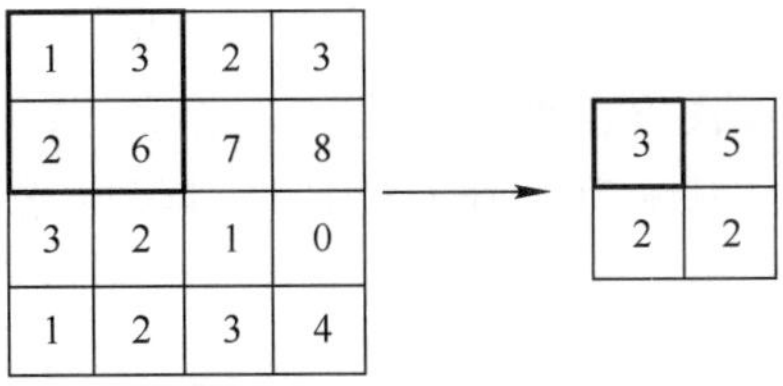

图 1-45　平均池化过程

除了最大池化过程和平均池化过程以外，还有一种随机池化过程。随机池化过程的具体操作是：对特征矩阵中的元素按照其概率值大小随机选择，即特征矩阵中元素值大的被选中的概率也大。

池化层和卷积层不同，池化操作只是在输入数据的每一个相邻的正方形窗口区域中取最大值或平均值，所以输入数据和输出数据的通道数不会发生变化，也不像卷积层那样存在特别多的学习参数。池化层一般需要设置两个超参数，一是池化运算的类型，二是池化窗口大小及步长。从池化的实现方法可以看出，池化操作在保留数据主要特征的同时，能够大幅减少冗余的细节信息，体现了数据处理中的特征尺度不变性，即网络模型应该更加关注是否存在某些特征而不是某些特征存在的具体位置。

在进行池化操作时，池化窗口的大小和步长需要指定参数。池化窗口的大小决定了每次池化操作覆盖的区域大小，而步长则决定了池化窗口在输入特征图上滑动的步幅。通常情况下，池化窗口的大小和步长会根据网络的结构和任务需求进行调整，以实现对特征图的有效降维和信息提取。

（3）全连接层

卷积神经网络的卷积层和池化层后面一般都跟着一个或多个全连接层。全连接层是卷积神经网络的重要组成部分。一般情况下卷积神经网络的输出层就是一个全连接层。全连接层中各层输出由该层输入乘上权重矩阵再加上偏置项，并通过激活函数的响应得到。全连接层位于神经网络的尾端，其作用是对前面逐层变换和映射提取的特征进行回归分类等处理，它将所有的二维矩阵形式信号的特征图按行或按列拼接成一维特征，作为全连接层网络的输入。全连接层每个神经元的输出表达式为：

$$\begin{cases} u(j) = \sum_{i=1}^{m} w(i,j)x(i) + b(j) \\ y(j) = f(u(j)) \end{cases} \quad (j = 1,2,\cdots,n; i = 1,2,\cdots,m) \tag{1-88}$$

式中，$x(i)$是全连接层前一层的神经元的第 i 个输出；$w(i,j)$是前一层网络的第 i 个神经元的输出和全连接层第 j 个神经元之间对应的权重系数；$b(j)$是全连接层第 j 个神经元对应的偏置；$y(j)$是全连接层第 j 个通道的输出；$f(\cdot)$ 是激活函数；n 是全连接层输出特征向量的大小；m 是前一层网络输出特征向量的大小。

最后一层全连接层的输出值将被传递给输出层。为了提升卷积神经网络的性能，全连接层的每个神经元的激活函数一般采用线性修正单元（Rectified Linear Units，ReLU）函数。

ReLU 函数通常采用斜坡函数，其数学表达式为

$$f(x)=\max(0,x) \tag{1-89}$$

ReLU 函数的输入输出关系曲线如图 1-46 所示。ReLU 函数是一种常用的非线性激活函数，它的计算非常简单。即当输入 $x>0$ 时，则输出等于任意输入 x；当输入 $x\leqslant 0$ 时，则输出为 0，所以它的计算速度往往比其他非线性函数要更快，计算代价也小，因此在深度学习中广泛应用。

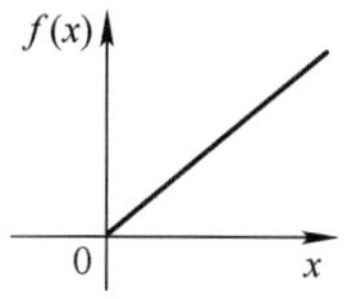

图 1-46 ReLU 函数的输入输出关系曲线

在网络最后部分还有输出层神经网络。输出层通常跟随在全连接层之后，其设置跟具体的任务有关。

当处理分类问题时，输出层的激活函数可以选择 Softmax 函数（归一化指数函数）。通过 Softmax 函数可以得到当前样例属于不同种类的概率分布情况，此时输出层也叫 Softmax 层。Softmax 函数的表达式通常为

$$\mathrm{Softmax}(x_1,x_2,\cdots,x_n)=\frac{1}{\sum_{i=1}^{n}\exp x_i}(\exp x_i)_{n\times 1} \tag{1-90}$$

Softmax 函数是传统的线性逻辑回归的拓展形式，一般用于解决多分类问题，它能将一个含任意实数的 k 维向量压缩到另一个 k 维实向量中，使得每一个元素的范围都在(0,1)之间，并且所有元素的和为 1。一般的逻辑回归方法是将训练样本分为两类，然而 Softmax 函数回归方法不只可以解决两类样本的分类问题，而且可以解决对样本的多类分类问题。

2. 卷积神经网络的基本结构

目前常见的卷积神经网络有 LeNet-5、AlexNet、VGGNet 和 GoogLeNet 等四种。LeNet-5 是由 Yann LeCun 等人于 1998 年提出的早期卷积神经网络，主要用于手写数字识别，具有卷积层和池化层的基本组件。AlexNet 是在 2012 年由 Alex Krizhevsky 等人提出的深度卷积神经网络，通过更深层次的架构和大规模数据训练，在 ImageNet 比赛中取得了巨大成功，标志着深度学习的崛起。VGGNet 是由牛津大学的 Visual Geometry Group 团队于 2014 年基于 AlexNet 提出的卷积网络模型，以简单而有效的网络结构著称，通过堆叠多个 3×3 的卷积层和池化层构成深度网络，在 ImageNet 比赛中取得了显著成绩，为深度学习领域提供了重要的参考。GoogLeNet 由 Google 团队在 2014 年提出，以 Inception 模块为特色，具有高效的特征提取和参数优化能力，是对网络深度和宽度进行创新性思考的产物。

这四种网络结构代表了卷积神经网络在不同时期的重要进展和技术演进，推动了深度学习在计算机视觉和模式识别领域的快速发展。欲详细了解这四种常见的卷积神经网络结构请扫右侧二维码。

1.2.11

1.3 神经网络的训练

1. 神经网络的特点

第 14 讲

根据前面介绍的几种典型神经网络可知，神经网络可应用于许多方面，它主要有以下一些特点。

（1）具有自适应功能

它主要是根据所提供的数据，通过学习和训练，找出和输出之间的内在联系，从而求得问题的解答，而不是依靠对问题的先验知识和规则，因而它具有很好的适应性。

（2）具有泛化功能

它能处理那些未经训练过的数据。而获得相应于这些数据的合适的解答。同样，它也能够处理那些有噪声或不完全的数据，从而显示了很好的容错能力。对于许多实际问题来说，泛化能力是非常有用的，因为现实世界所获得的数据常常受到一定的污染或残缺不全。

（3）非线性映射功能

现实的问题常常是非常复杂的，各个因数之间互相影响，呈现出复杂的非线性关系，神经元网络为处理这些问题提供了有用的工具。

（4）高度并行处理

神经网络的处理是高度并行的，因此用硬件实现的神经网络的处理速度可远远高于通常计算机的处理速度。与常规的计算机程序相比较，神经网络主要基于所测量的数据对系统进行建模、估计和逼近，它可应用于如分类、预测及模式识别等众多方面。例如，函数映射是功能建模的一个典型例子。

传统的计算机程序也可完成类似的任务，在某些方面它们可以互相替代。然而更主要的是它们各有所长。传统的计算机程序比较适合于那些需要高精度的数值计算或者需要符号处理的那些任务。例如，财务管理和计算比较适合于采用计算机程序，而不适合于采用神经网络。对于那些几乎没有规则，数据不完全或者多约束优化问题，则适合于用神经网络。例如，用神经网络来控制一个工业过程，对于这种情况很难定义规则，历史数据很多而且充满噪声，准确的计算是毫无必要的。

某些情况下应用神经网络会存在严重的缺点。当所给数据不充分或不存在可学习的映射关系时，神经网络可能找不到满意的解。其次，有时很难估价神经网络给出的结果。神经网络中的连接权系数是千万次数据训练后的结果，对它的意义很难给出明显的解释，它对输出结果的影响也是非常复杂的。神经网络的训练是很慢的，而且有时需要付出很高的代价，这一方面是由于需要收集、分析和处理大量的训练数据，同时还需要相当的经验来选择合适的参数。

神经网络在实际应用时的执行时间也是需要加以检验的。执行时间取决于连接权的个数，它大体与网络节点数的平方成正比。因此网络节点的稍许增加便可能引起执行时间的很大增长。对于有些应用问题尤其是控制，太长的执行时间则可能阻碍它的实际应用。这种情况下必须采用专用的硬件。

总之，应根据实际问题的特点来确定是采用神经网络还是常规的计算机程序。这两者可以结合起来使用。例如，神经网络可用作一个大的应用程序中的一个组成部分，其作用类似于可调用的一个函数，应用程序将一组数据传给神经网络，神经网络将结果返回给应用程序。

2．神经网络的训练步骤

下面讨论训练神经网络的具体步骤和几个实际问题。

（1）产生数据样本集

为了成功地开发出神经网络，产生数据样本集是第一步，也是十分重要和关键的一步。这里包括原始数据的收集、数据分析、变量选择以及数据的预处理，只有经过这些步骤后，才能对神经网络进行有效的学习和训练。

首先要在大量的原始测量数据中确定出最主要的输入模式。例如，若两个输入具有很强的相关性，则只需取其中一个作为输入，这就需要对原始数据进行统计分析，检验它们之间的相关性。又如，工业过程可能记录了大量的压力、温度和流量数据，这时就需要对它们进行相关分析，找出其中一两个最主要的量作为输入。

在确定了最重要的输入量后，需进行尺度变换和预处理。尺度变换常常将它们变换到[−1,1]或[0,1]的范围。在进行尺度变换前必须先检查是否存在异常点（或称野点），这些点必须剔除。通过对数据的预处理分析还可以检验其是否存在周期性、固定变化趋势或其他关系。对数据的预处理就是要使得经变换后的数据对于神经网络更容易学习和训练。例如，在过程控制中，采用温度的增量或导数比用温度值本身更能说明问题，也更容易找出变量之间的实质联系。在进行数据预处理时主要用到信号处理或特征抽取技术，如计算数据的和、差、倒数、乘幂、求根、对数、平均、滑动平均以及傅里叶变换等。神经网络本身也可以作为数据预处理的工具，为另一个神经网络准备数据。

对于一个复杂问题应该选择多少数据，这也是一个很关键的问题。系统的输入/输出关系就包含在这些数据样本中。一般来说，取的数据越多，学习和训练的结果便越能正确反映输入/输出关系。但是，选太多的数据将增加收集、分析数据以及网络训练所付出的代价。当然，选太少的数据则可能得不到正确的结果。事实上数据的多少取决于许多因素，如网络的大小、网络测试的需要以及输入/输出的分布等。其中，网络大小最关键。通常较大的网络需要较多的训练数据。一个经验规则是：训练模式应是连接权总数的 5～10 倍。

在神经网络训练完成后，需要有另外的测试数据来对网络加以检验，测试数据应是独立的数据集合。最简单的方法是：将收集到的可用数据随机地分成两部分，譬如说其中三分之二用于网络的训练，另外三分之一用于将来的测试，随机选取的目的是尽量减小这两部分数据的相关性。

影响数据大小的另一个因素是输入模式和输出结果的分布，对数据预先加以分类可以减少所需的数据量。相反，数据稀薄不匀甚至互相覆盖则势必要增加数据量。

（2）确定网络的类型和结构

在训练神经网络之前，首先要确定所选用的网络类型。神经网络的类型很多，需根据问题的性质和任务的要求来合适地选择网络类型。一般是从已有的网络类型中选用一种比较简单而又能满足要求的网络，若新设计一个网络类型来满足问题的要求往往比较困难。

在网络的类型确定后，剩下的问题是选择网络的结构和参数。以 BP 网络为例，需选择网络的层数、每层的节点数、初始权值、阈值、学习算法、数值修改频度、节点变换函数及参数、学习速率及动量项因子等参数。这里有些项的选择有一些指导原则，但更多的是靠经验和试凑。

对于具体问题，若确定了输入和输出变量后，网络输入层和输出层的节点个数也便随之确定了。对于隐含层的层数可首先考虑只选择一个隐含层。剩下的问题是如何选择隐含层的节点数。其选择原则是：在能正确反映输入/输出关系的基础上，尽量选取较少的隐含层节点数，而使网络尽量简单。具体选择可有如下两种方法。

① 先设置较少的节点，对网络进行训练，并测试网络的逼近误差（后面还将介绍训练和测试的具体方法），然后逐渐增加节点数，直到测试的误差不再有明显的减小为止。

② 先设置较多的节点，在对网络进行训练时，采用如下的误差代价函数：

$$J_f = \frac{1}{2}\sum_{p=1}^{P}\sum_{i=1}^{N_Q}(t_{pi} - x_{pi})^2 + \varepsilon\sum_{q=1}^{Q}\sum_{i=1}^{N_Q}\sum_{j=1}^{N_{Q-1}}|w_{ij}^{(q)}| = J + \varepsilon\sum_{q,i,j}|w_{ij}^{(q)}|$$

式中，J 仍与以前的定义相同，它表示输出误差的平方和。引入第二项的作用相当于引入一个“遗忘”项，其目的是使训练后的连接权系数尽量小。可以求得这时 J_f 对 w_{ij} 的梯度为

$$\frac{\partial J_f}{\partial w_{ij}^{(q)}} = \frac{\partial J}{\partial w_{ij}^{(q)}} + \varepsilon\,\mathrm{sgn}(w_{ij}^{(q)}) \tag{1-91}$$

利用该梯度可以求得相应的学习算法。利用该学习算法，在训练过程中只有那些确实必要的连接权才予以保留，而那些不很必要的连接权将逐渐衰减为零。最后可去掉那些影响不大的连接权和相应的节点，从而得到一个适当规模的网络结构。

若采用上述任一方法选择得到的隐含层节点数太多。这时可考虑采用两个隐含层。为了达到相同的映射关系，采用两个隐含层的节点总数常常比只用一个隐含层时少。

在只包含一个隐含层的前向网络中，隐含层神经元节点数 q 和输入层神经元节点数 M 之间一般具有以下近似关系：

$$q=2M+1$$

（3）训练和测试

最后一步是对网络进行训练和测试，在训练过程中对训练样本数据需要反复地使用。对所有样本数据正向运行一次并反传修改连接权一次称为一次训练（或一次学习），这样的训练需要反复地进行下去直至获得合适的映射结果。通常训练一个网络需要成百上千次。

特别应该注意的一点是，并非训练的次数越多，越能得到正确的输入/输出的映射关系。训练网络的目的在于找出蕴含在样本数据中的输入和输出之间的本质联系，从而对于未经训练的输入也能给出合适的输出，即具备泛化功能。由于所收集的数据都是包含噪声的，训练的次数过多，网络将包含噪声的数据都记录了下来，在极端情况下，训练后的网络可以实现相当于查表的功能。但是，对于新的输入数据却不能给出合适的输出，即并不具备很好的泛化功能。网络的性能主要用它的泛化能力来衡量，它并不是用对训练数据的拟合程度来衡量的，而是要用一组独立的数据来加以测试和检验。在用测试数据检验时，保持连接权系数不改变，只用该数据作为网络的输入，正向运行该网络，检验输出的均方误差。实际操作时应该训练和测试交替进行，即每训练一次，同时用测试数据测试一遍，画出均方误差随训练次数的变化曲线，如图 1-47 所示。

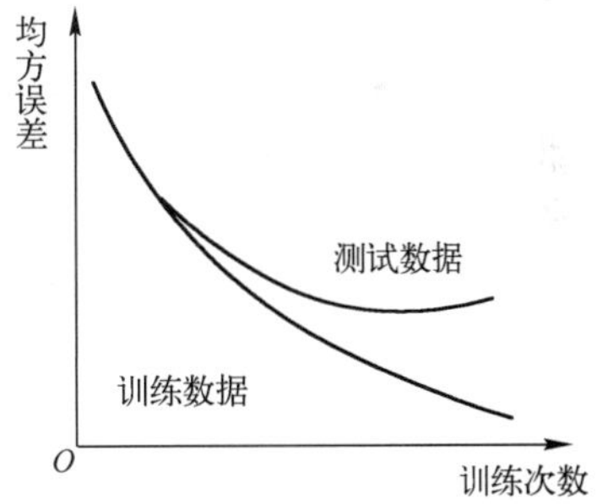

图 1-47　均方误差曲线

从误差曲线可以看出，在用测试数据检验时，均方误差开始逐渐减小，当训练次数再增加时，测试检验误差反而增加。误差曲线上极小点所对应的即为恰当的训练次数，若再训练即为“过度训练”了。

对于网络隐含层节点数的选择如果采用试验法，也必须将训练与测试相结合，最终也用测试误差来衡量网络的性能。均方误差与隐含层节点数也有与图 1-47 相类似的关系，因此也不是节点数越多越好。

网络的节点数对网络的泛化能力有很大影响，节点数太多，它倾向于记住所有的训练数

据，包括噪声的影响，反而降低了泛化能力；而节点数太少，它不能拟合样本数据，因而也谈不上有较好的泛化能力。选择节点数的原则是：选择尽量少的节点数以实现尽量好的泛化能力。

在用试验法选择其他参数时，也必须最终检验测试数据的误差。例如，初始权值的选择，一般可用随机法产生。为避免局部极值问题，可选取多组初始权值，最后选用最好的一种，这里也是靠检验测试数据误差来进行比较的。

小　　结

本章首先详细介绍了神经网络的基本概念，包括生物神经元的结构与功能特点、人工神经元模型、神经网络的结构、神经网络的工作方式、神经网络的学习方法和神经网络的分类。然后重点介绍了十几种常用神经网络的拓扑结构、工作方式和学习算法及其利用 MATLAB 实现的方法。

思考练习题

1．生物神经元由哪几部分构成？每一部分的作用是什么？它有哪些特征？
2．何谓人工神经元？它有哪些连接方式？
3．什么是人工神经网络？它有哪些特征？
4．有监督学习与无监督学习的区别是什么？请分析说明。
5．BP 网络的结构是什么？其网络中各处理单元间是如何连接的？学习过程如何？
6．什么是网络的稳定性？Hopfield 网络模型分为哪两类？两者的区别是什么？
7．深度学习区别于传统神经网络的浅层学习，主要的不同是什么？

第 2 章　MATLAB 神经网络和深度学习工具箱

利用神经网络能解决许多用传统方法无法解决的问题。神经网络在很多领域中都有应用，可实现各种复杂的功能。这些领域包括商业及经济估算、自动检测和监视、计算机视觉、语音处理、机器人及自动控制、优化问题、航空航天、银行金融业、工业生产等。神经网络是一门发展很快的学科。其应用领域也会随着其发展有更大的拓宽。本章将介绍 MATLAB 神经网络和深度学习工具箱的应用。MATLAB 神经网络和深度学习工具箱提供了丰富的演示实例，用 MATLAB 语言构造了典型神经网络的激活函数，编写了各种网络设计与训练的函数。网络设计者可以根据自己的需要调用工具箱中有关神经网络的设计训练函数，使自己能够从烦琐的编程中解脱出来。

注：本章内容中 MATLAB 代码及软件界面描述较多，为方便读者查阅，避免混淆，本章外文均与 MATLAB 代码及软件界面中一致。

2.1　MATLAB 神经网络工具箱函数

MATLAB 神经网络工具箱提供了许多进行神经网络设计和分析的工具函数。这些函数的 MATLAB 实现，使得设计者对所选定网络进行计算的过程，转变为对函数的调用和参数的选择。这给用户带来了极大的方便，即使不了解算法的本质，也可以直接应用功能丰富的函数来实现自己的目的。有关这些工具函数的使用可以通过 help 命令得到。本章将对这些函数的功能、调用格式及使用方法做详细的介绍。

随着 MATLAB 软件版本的提高，其对应的神经网络工具箱的内容越来越丰富。它包括了很多现有的神经网络的新成果，涉及的网络模型有感知机、线性神经网络、BP 神经网络、径向基神经网络、自组织神经网络、学习向量量化神经网络、Elman 神经网络、Hopfield 神经网络、自适应滤波和控制系统神经网络等。

神经网络工具箱提供了很多经典的学习算法，能够快速实现对实际问题的建模求解。由于其编程简单，给使用者节省了大量的编程时间，使其能够把更多的精力投入到网络设计而不是具体程序实现上。

第 15 讲

2.1.1　神经网络工具箱中的通用函数

MATLAB 神经网络工具箱中提供的函数主要分为两大部分。一部分函数是通用的，这些函数几乎可以用于所有类型的神经网络，如神经网络的初始化函数 init( )、训练函数 train( )和仿真函数 sim( )等；另一部分函数则是特别针对某一种类型的神经网络的，如对感知机进行建立的函数 simup( )等。表 2-1 列出了神经网络通用函数的名称和基本功能。

1．初始化神经网络函数 init( )

利用初始化神经网络函数 init( )可以对一个已存在的神经网络进行初始化修正。该网络的权值和偏值是按照网络初始化函数来进行修正的。其调用格式为

net=init(NET)

式中，NET为初始化前的网络；net为初始化后的网络。

表2-1　神经网络通用函数的名称和基本功能

函数的名称	基本功能
init( )	初始化一个神经网络
initlay( )	层-层结构神经网络的初始化函数
initwb( )	神经网络某一层的权值和偏值初始化函数
initzero( )	将权值设置为零的初始化函数
train( )	神经网络训练函数
adapt( )	神经网络自适应训练函数
sim( )	神经网络仿真函数
dotprod( )	权值点积函数
normprod( )	规范权值点积函数
netsum( )	输入求和函数
netprod( )	网络输入的积函数
concur( )	结构一致函数

2．神经网络某一层的初始化函数initlay( )

初始化函数initlay( )特别适用于层—层结构神经网络的初始化。该网络的权值和偏值是按照网络初始化函数来进行修正的。其调用格式为

net=initlay(NET)

式中，NET为初始化前的网络；net为初始化后的网络。

3．神经网络某一层的权值和偏值初始化函数initwb( )

利用初始化函数initwb( )可以对一个已存在的神经网络NET某一层i的权值和偏值进行初始化修正。该网络每层的权值和偏值是按照设定的每层的初始化函数来进行修正的。其调用格式为

net=initwb(NET,i)

式中，NET为初始化前的网络；i为第i层；net为第i层的权值和偏值修正后的网络。

4．神经网络训练函数train( )

利用train( )函数可以训练一个神经网络。网络训练函数是一种通用的学习函数，训练函数重复地把一组输入向量应用到一个网络上，每次都更新网络，直到达到了某种准则。停止准则可能是最大的学习步数、最小的误差梯度或误差目标等。调用格式为

[net,tr,Y,E,Xf,Af]=train(NET,X,T,Xi,Ai)

式中，NET为要训练的网络；X为网络输入；T表示网络的目标输出，默认值为0；Xi表示初始输入延时，默认值为0；Ai表示初始的层延时，默认值为0；net为训练后的网络；tr为训练步数和性能；Y为网络的输出；E表示网络误差；Xf表示最终输入延时；Af表示最终的层延时。可选参数Xi，Ai，Xf和Af只适用于存在输入延时和层延时的网络。

调用train( )函数对网络进行训练之前，需要首先设定实际的训练函数，如trainlm或traingdx等，然后train( )函数调用相应的算法对网络进行训练。也就是说，train( )函数只是调

用设定的或默认的训练函数对网络进行训练。

5．网络自适应训练函数 adapt( )

另一种通用的训练函数是自适应函数 adapt( )。自适应函数在每一个输入时间阶段更新网络时仿真网络，并在进行下一个输入的仿真前完成。其调用格式为

[net,Y,E,Xf,Af,tr]= adapt(NET,X,T,Xi,Ai)

式中，NET 为要训练的网络；X 为网络的输入；T 表示网络的目标输出，默认值为 0；Xi 表示初始输入延时，默认值为 0；Ai 表示初始的层延时，默认值为 0；net 为训练后的网络；Y 表示网络的输出；E 为网络的误差；Xf 表示最终输入延时；Af 表示最终的层延时；tr 为训练步数和性能。可选参数 Xi，Ai，Xf 和 Af 同样只适用于存在输入延时和层延时的网络。另外，参数 T 是可选的，并且仅适用于必须指明网络目标的场合。

6．网络仿真函数 sim( )

神经网络一旦训练完成，网络的权值和偏值就被确定了，就可以使用它来解决实际问题了。利用 sim( ) 函数可以仿真一个神经网络的性能。其调用格式为

[Y,Xf,Af,E,perf]=sim(net,X,Xi,Ai,T) 或 [Y,Xf,Af,E,perf]=sim(net,{Q Ts},Xi,Ai)

式中，net 为要仿真的网络；X 为网络的输入；Xi 表示初始输入延时，默认值为 0；Ai 表示初始的层延时，默认值为 0；T 为网络的目标输出，默认值为 0；Y 表示网络的输出；Xf 表示最终输入延时；Af 表示最终的层延时；E 表示网络的误差；perf 表示网络性能。参数 Xi，Ai，Xf 和 Af 是可选的，只适用于存在输入延时和层延时的网络。

调用格式 sim(net,{Q Ts},Xi,Ai)常用于一些没有输入信号的反馈神经网络，如 Hopfield 网络等。其中，Q 表示批量；Ts 为仿真时间。

7．权值点积函数 dotprod( )

网络输入向量与权值的点积可得到加权输入。函数 dotprod ( )的调用格式为

Z=dotprod (W,X)

式中，W 为 S×R 维的权值矩阵；X 为 Q 组 R 维的输入向量；Z 为 Q 组 S 维的 W 与 X 的点积。

8．网络输入的和函数 netsum( )

网络输入的和函数是通过某一层的加权输入和偏值相加作为该层的输入的。调用格式为

Z=netprod(Z1,Z2,…)

式中，Zi 为 S×Q 维矩阵。

9．网络输入的积函数 netprod( )

网络输入的积函数是通过某一层的加权输入和偏值相乘作为该层的输入的。调用格式为

Z=netprod(Z1,Z2,…)

式中，Zi 为 S×Q 维矩阵。

10．结构一致函数 concur( )

函数 concur( )的作用在于使得本来不一致的权值向量和偏值向量的结构一致，以便于进行相加或相乘运算。其调用格式为

Z=concur(b,q)

式中，b 为 N×1 维的权值向量；q 为要达到一致化所需要的长度；Z 为一个已经一致化了的矩阵。

例 2-1　利用 netsum( )函数和 netprod( )函数，对两个加权输入向量 Z1 和 Z2 进行相加和相乘。

解： MATLAB 的程序如下。

```
%ex2_1.m
Z1=[1 2 4;3 4 1];Z2=[-1 2 2;-5 -6 1];        %提供两个加权输入向量
b=[0;-1];q=3;                                %权值向量和一致化所需要的长度
Z=concur(b,q)                                %计算一致化了的矩阵
X1=netsum(Z1,Z2),X2=netprod(Z1,Z2)           %计算向量的和与积
```

结果显示：

Z =	X1 =	X2 =
0　0　0	0　4　6	−1　4　8
−1　−1　−1	−2　−2　2	−15　−24　1

第 16 讲

2.1.2　感知机 MATLAB 函数

MATLAB 神经网络工具箱中提供了大量与感知机相关的函数。在 MATLAB 工作空间的命令行输入“help percept”，便可得到与感知机（Perceptron）相关的函数，进一步利用 help 命令又能得到相关函数的详细介绍。表 2-2 列出了感知机的重要函数和基本功能。

表 2-2　感知机的重要函数和基本功能

重要函数	基 本 功 能
mae( )	平均绝对误差性能函数
hardlim( )	硬限幅传输函数
hardlims( )	对称硬限幅传输函数
plotpv( )	在坐标图上绘出样本点
plotpc( )	在已绘制的图上加分类线
initp( )	对感知机进行初始化
trainp( )	训练感知机的权值和偏值
trainpn( )	训练标准化感知机的权值和偏值
simup( )	对感知机进行仿真
learnp( )	感知机的学习函数
learnpn( )	标准化感知机的学习函数
newp( )	生成一个感知机

1．平均绝对误差性能函数 mae( )

感知机的学习规则为调整网络的权值和偏值，使网络的平均绝对误差和最小。平均绝对误差性能函数的调用格式为

perf=mae(E,w,pp)

式中，E 为误差矩阵或向量（E=T−Y）；T 表示网络的目标向量；Y 表示网络的输出向量；w 为所有权值和偏值向量，可省略；pp 为性能参数，可省略；perf 表示平均绝对误差和。

2．硬限幅传输函数 hardlim( )

硬限幅传输函数 hardlim( )通过计算网络的输入得到该层的输出。如果网络的输入达到门限，则硬限幅传输函数的输出为 1，否则为 0。这表明神经元可用来做出判断或分类。其调用格式为

a=hardlim(N) 或 a=hardlim(Z,b) 或 a=hardlim(P)

函数 hardlim(N)在给定网络的输入向量矩阵 N 时，返回该层的输出向量矩阵 a。当 N 中的元素大于等于零时，返回的值为 1，否则为 0。函数 hardlim(Z,b)用于向量为成批处理且偏差存在的情况下，此时的偏差 b 和加权输入矩阵 Z 是分开传输的。偏差向量 b 加到 Z 中的每个向量中形成网络输入矩阵。返回的元素 a 是 1 还是 0，取决于网络输入矩阵中的元素是大于等于 0 还是小于 0。函数 hardlim(P)包含传输函数的特性名并返回问题中的特性。下面的特性可从任何传输函数中获得：

（1）delta——与传输函数相关的 delta 函数；

（2）init——传输函数的标准初始化函数；

（3）name——传输函数的全称；

（4）output——包含有传输函数最小、最大值的二元向量。

例如，利用以下 MATLAB 命令可得图 2-1 所示的硬限幅传输函数曲线。

>>N=-5:0.1:5;a=hardlim(N);plot(N,a)

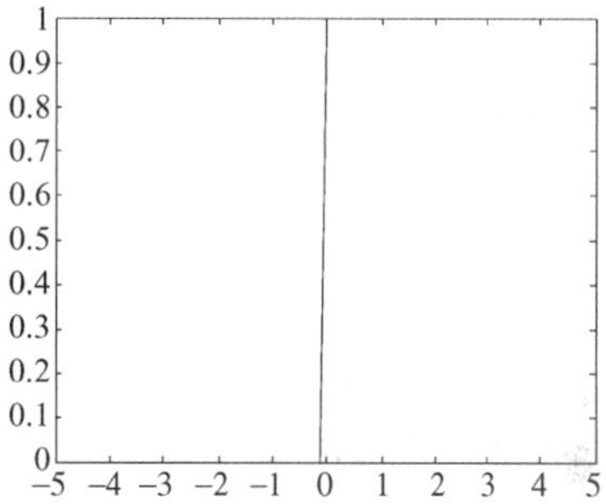

图 2-1　硬限幅传输函数曲线

3．对称硬限幅传输函数 hardlims( )

对称硬限幅传输函数 hardlims( )可通过计算网络的输入得到该层的输出。如果网络的输入达到门限，则对称硬限幅传输函数的输出为 1，否则为−1。例如，利用以下命令：

>>w=eye(3);b=−0.5*ones(3,1);X=[1 0;0 1;1 1];a=hardlims(w*X,b)

结果显示：

```
a =
     1    -1
    -1     1
     1     1
```

例 2-2　利用 hardlim( )函数建立一个感知机，使其能够完成“或”的功能。

解：为了完成“或”函数，建立一个两输入、单输出的单层感知机。根据表 1-1 中“或”函数的真值表，可得训练集的输入矩阵为 $\boldsymbol{X}=\begin{bmatrix}0 & 0 & 1 & 1\\ 0 & 1 & 0 & 1\end{bmatrix}$，目标向量为 $\boldsymbol{T}$=[0 1 1 1]。

根据感知机学习算法的计算步骤，利用 MATLAB 的神经网络工具箱的有关函数编写的程序 ex2_2.m 如下。

```
%ex2_2.m
%感知机的第一阶段——学习期（训练加权系数Wij）
err_goal=0.001; max_epoch=500;              %给定期望误差最小值和训练最大次数
X=[0 0 1 1;0 1 0 1];T=[0 1 1 1];             %提供四组2输入1输出的训练集和目标值
%初始化Wij（M为输入节点j的数量，L为输出节点i的数量，N为训练集对数量）
[M,N]=size(X);[L,N]=size(T);
```

```
Wij=rand(L,M);b1=zeros(L,1);              %随机给定输出层的权值和偏值
for epoch=1:max_epoch
    y=hardlim(Wij*X,b1);                  %计算网络输出层的各神经元输出
    E=T-y;                                %计算网络平均绝对误差和
    SSE=mae(E);                           %计算网络权值修正后的绝对误差
    if (SSE<err_goal) break;end
    Wij=Wij+E*X'; b1=b1+E;                %调整输出层加权系数和偏值
end
epoch, Wij                                %显示计算次数和加权系数
%感知机的第二阶段    工作期（根据训练好的Wij和给定的输入计算输出）
X1=X;                                     %给定输入
y=hardlim(Wij*X1,b1)                      %计算网络输出层的各神经元输出
```

结果显示：

epoch =	Wij =	y =
3	1.5028 1.7095	0 1 1 1

4．绘制样本点的函数 plotpv( )

利用 plotpv( )函数可在坐标图中绘出已知给出的样本点及其类别，不同的类别使用了不同的符号。其调用格式为

plotpv(X,T)

式中，X 定义了 n 个 2 或 3 维的样本，是一个 2×n 维或 3×n 维的矩阵；T 表示各样本点的类别，是一个 n 维的向量。如果 T 只含一元向量，则目标 0 的输入向量画为“o”，目标 1 的输入向量画为“+”；如果 T 含二元向量，则输入向量对应如下：[0 0]用“o”；[0 1]用“+”；[1 0]用“*”；[1 1]用“×”。

例如，利用以下 MATLAB 命令

```
>>X=[0 0 1 1;0 1 0 1];T=[0 1 1 1];plotpv(X,T)
```

可得如图 2-2 所示的样本分类图，plotpv( )函数对样本不同的类别使用了不同的符号。

5．在存在的图上画感知机的分类线函数 plotpc( )

硬特性神经元将输入空间用一条直线（如果神经元有两个输入）或用一个平面（如果神经元有三个输入）或用一个超平面（如果神经元有三个以上输入）分成两个区域。plotpc(w,b)对含权矩阵 w 和偏差向量 b 的硬特性神经元的两个或三个输入画一个分类线。这一函数返回分类线的句柄以便以后调用。plotpc(w,b,h)包含从前的一次调用中返回的句柄，在画新分类线之前，应删除旧线。

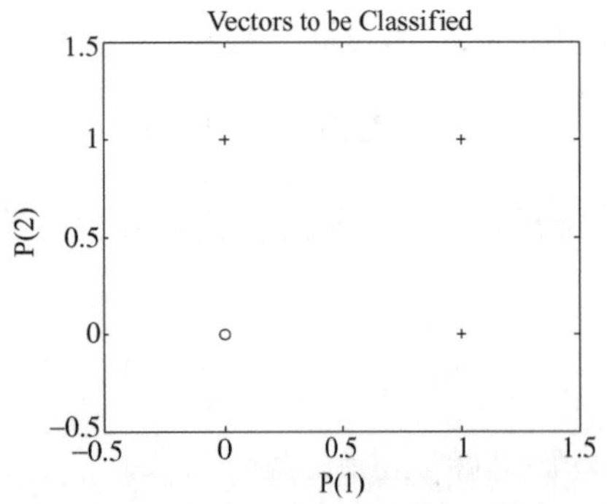

图 2-2　样本的分类图

6．感知机的初始化函数 initp( )

利用 initp( )函数可建立一个单层（一个输入层和一个输出层）感知机。其调用格式为

[W,b]=initp(R,S) 或 [W,b]=initp(X,T)

式中，R 为网络的输入数；S 为输出神经元数；W 为

网络的初始权值；b 为网络的初始偏值。另外，R 和 S 可以用对应的输入向量矩阵 X 和目标向量 T 来代替，此时网络的输入数和输出神经元数根据 X 和 T 中的行数来设置。

例 2-3　利用 initp( )函数初始化一个感知机，并用初始化后的网络对输入样本进行分类。

解： MATLAB 程序 ex2_3.m 为

```
%ex2_3.m
X=[0 0 1 1;0 1 0 1];T=[0 1 1 1];
[W,b]=initp(X,T);
plotpv(X,T);plotpc(W,b)
```

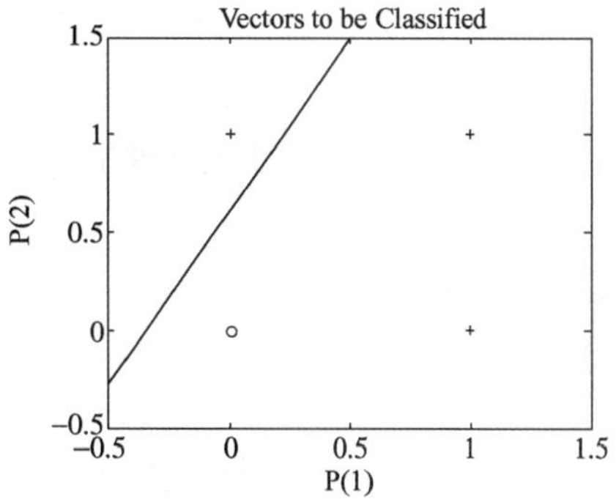

图 2-3　输入样本加网络初始分类线图

利用以上 MATLAB 程序，可得如图 2-3 所示的输入样本加网络初始分类线图。由图 2-3 可见，使用 plotpc( )函数可以在已绘制的样本分类图上加上感知机分类线，但经过初始化后的网络对输入样本还不能正确进行分类。

7．用感知机准则训练感知机的函数 trainp( )

经过初始化建立的感知机，还必须经过训练才能够实际应用，通过训练可决定网络的权值和偏值。对于感知机，其训练过程为：对于给定的输入向量，计算网络的实际输出，并与相应的目标向量进行比较，得到误差δ（delta），然后根据相应的学习规则调整权值和偏值。重新计算网络在新的权值和偏值作用下的输出，重复上述的权值和偏值的调整过程，直到网络的输出与期望的目标向量相等或训练次数达到预定的最大次数时才停止训练，之所以要设定最大训练次数，是因为对于有些问题，使用感知机时是不能解决的，这正是感知机的缺点。训练感知机 trainp( )函数的调用格式为

[W,B,epochs,errors]= trainp(w,b,X,T,tp)

式中，w 为网络的初始权值；b 为网络的初始偏值；X 为网络的输入向量矩阵；T 表示网络的目标向量；tp=[disp_freq max_epoch]是训练控制参数，其作用是设定如何进行训练，其中 disp_freq 或 tp(1)是更新显示的迭代次数，默认值为 1；max_epoch 或 tp(2) 是训练的最大迭代次数，默认值为 100，如果给出了 tp，则任何参数的遗漏或 NaN 值都会使参数设定到默认值；W 为网络训练后的权值；B 为网络训练后的偏值；epochs 表示训练步数；errors 表示误差。

例 2-4　利用 trainp( )函数训练一个感知机，并用训练后的网络对输入样本进行分类。

解： MATLAB 程序 ex2_4.m 为

```
%ex2_4.m
X=[0 0 1 1;0 1 0 1];T=[0 1 1 1];
[W,b]=initp(X,T); tp=[1 20];
[W,b,epochs,errors]=trainp(W,b,X,T,tp);
plotpv(X,T);plotpc(W,b)
```

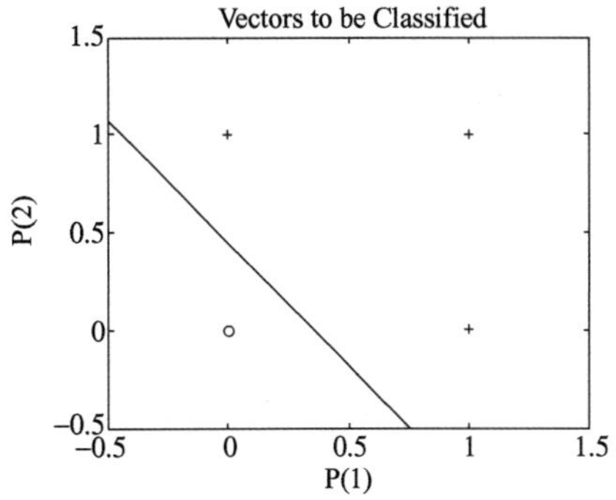

图 2-4　样本及分类线

利用以上程序，可得如图 2-4 所示的样本及分类线。由图 2-4 可知，经过训练后的网络，已能对输入样本进行正确分类。

用标准化感知机准则训练感知机函数 trainpn( )的用法与函数 trainp( )相同，即使输入向量的长度不同，使用标准化感知机准则也使得学习过程收敛很快。

8．感知机的仿真函数 simup( )

神经网络一旦训练完成，网络的权值和偏值就被确定了，就可以使用它来解决实际问题了。感知机由一系列硬特性神经元组成，运行速度很快，对简单的分类很有用，利用 simup( )函数可以测试一个感知机的性能。其调用格式为

Y=simup(X,w,b)

式中，X 为网络的输入向量矩阵；w 为网络的权值；b 为网络的偏值；Y 表示网络的输出向量。

例 2-5 利用 trainp( )函数训练一个感知机，使其能够完成“或”的功能。

解： MATLAB 程序 ex2_5.m 为

```
%ex2_5.m
X=[0 0 1 1;0 1 0 1];T=[0 1 1 1];          %提供四组2输入1输出的训练集和目标值
plotpv(X,T);                               %绘制输入样本的分类
[W,b]=initp(X,T);                          %初始化感知机
figure;plotpv(X,T);plotpc(W,b);            %绘制输入样本加网络初始分类线
%训练网络,同时绘制输入样本加网络训练后的分类线
figure;[W,b,epochs,errors]=trainp(W,b,X,T,-1);
figure;ploterr(errors);                    %绘制误差曲线
X1=X; y=simup(X1,W,b)                      %仿真网络，并给出输出值
```

执行以上程序可得如下结果及图 2-5 至图 2-8。

```
y =
    0    1    1    1
```

由以上结果和图 2-7 可知，训练后的网络已具有“或”的功能，且可对输入样本进行正确的分类。

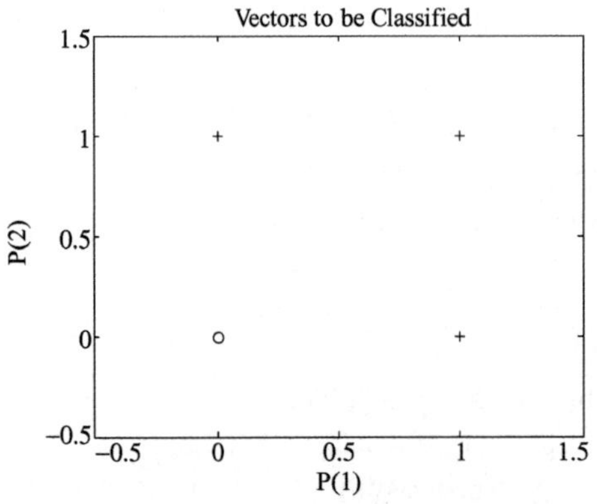

图 2-5 输入样本的分类

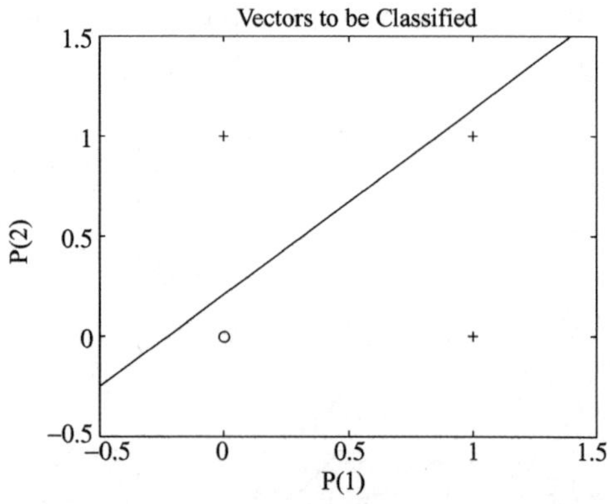

图 2-6 输入样本加网络初始分类线

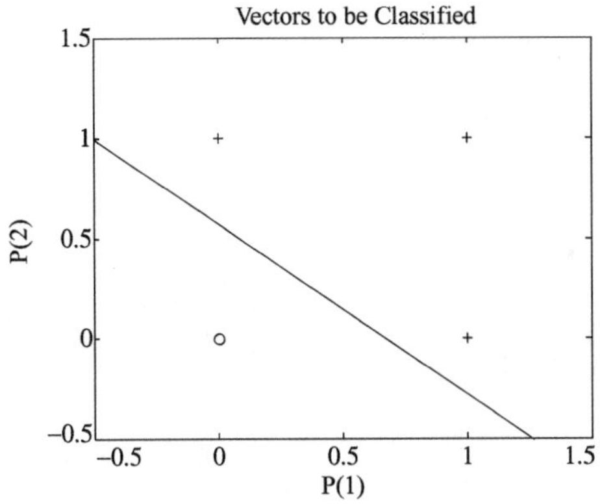

图 2-7　输入样本加网络训练后的分类线

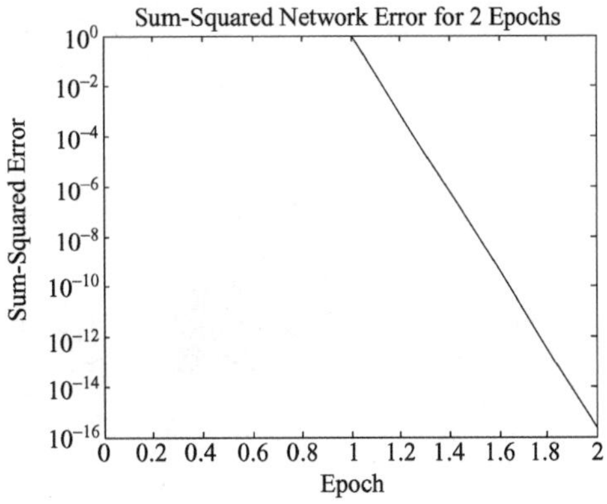

图 2-8　误差曲线

例 2-6　利用 trainp( )函数训练一个感知机，使其能够对三个输入进行分类。

解： 根据神经网络工具箱函数编写的程序 ex2_6.m 为

```
%ex2_6.m
X=[-1 1 -1 1 -1 1 -1 1;-1 -1 1 1 -1 -1 1 1;-1 -1 -1 -1 1 1 1 1];
T=[0 1 0 0 1 1 0 1];                    %提供八组3输入1输出的训练集和目标值
plotpv(X,T);                            %绘制输入样本的分类
[W,b]=initp(X,T);                       %初始化感知机
figure;plotpv(X,T);plotpc(W,b);         %绘制输入样本加网络初始分类线
%训练网络,同时绘制输入样本加网络训练后的分类线
figure;[W,b,epochs,errors]=trainp(W,b,X,T,-1);
figure;ploterr(errors);                 %绘制误差曲线
X1=X;                                   %给定输入
y=simup(X1,W,b)                         %仿真网络，并给出输出值
```

执行以上程序可得如下结果及图 2-9 至图 2-12。

y =

　0　1　0　0　1　1　0　1

由以上结果和图 2-11 可知，训练后的网络已可对输入样本进行正确的分类。

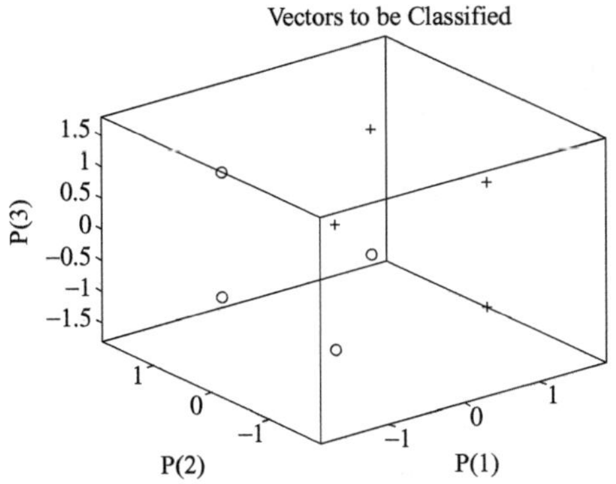

图 2-9　输入样本的分类

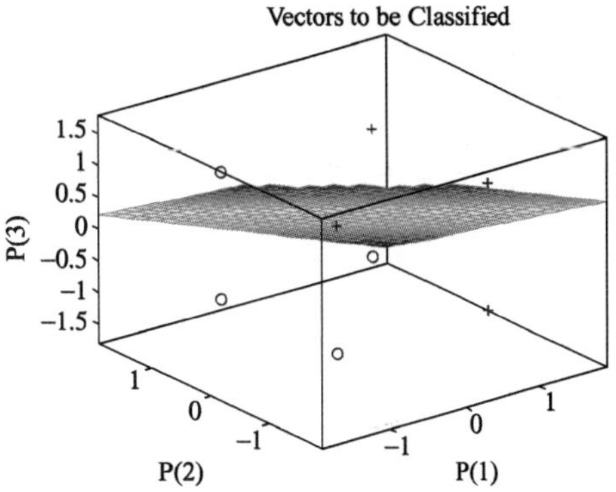

图 2-10　输入样本加网络初始分类线

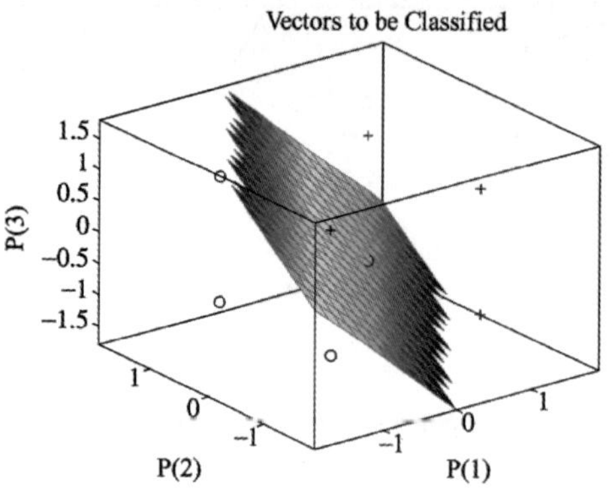

图 2-11　输入样本加网络训练后的分类线

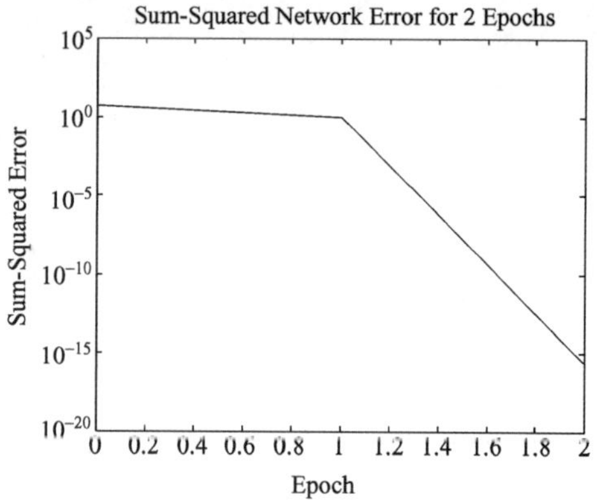

图 2-12　误差曲线

例 2-7　利用 trainp( )函数训练一个感知机，使其能够将输入分为 4 类。

解： 根据神经网络工具箱函数编写的程序 ex2_7.m 为

```
%ex2_7.m
X=[0.1 0.7 0.8 0.8 1 0.3 0 -0.3 -0.5 -1.5;1.2 1.8 1.6 0.6 0.8 0.5 0.2 0.8 -1.5 -1.3];
T=[1 1 1 0 0 1 1 1 0 0;0 0 0 0 0 1 1 1 1 1];       %提供训练集和目标值
[W,b]=initp(X,T);                                   %初始化网络
%训练网络，同时绘制输入样本加网络训练后的分类线
[W,b,epochs,errors]=trainp(W,b,X,T,-1);
figure;ploterr(errors);                             %绘制误差曲线
X1=X;y=simup(X1,W,b)                                %仿真网络，并给出输出值
```

执行以上程序可得如下结果及图 2-13 和图 2-14。

```
y =
    1   1   1   0   0   1   1   1   0   0
    0   0   0   0   0   1   1   1   1   1
```

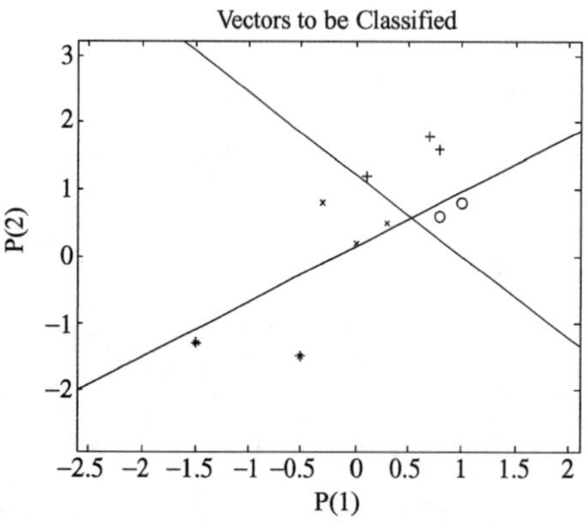

图 2-13　输入样本加网络训练后的分类线

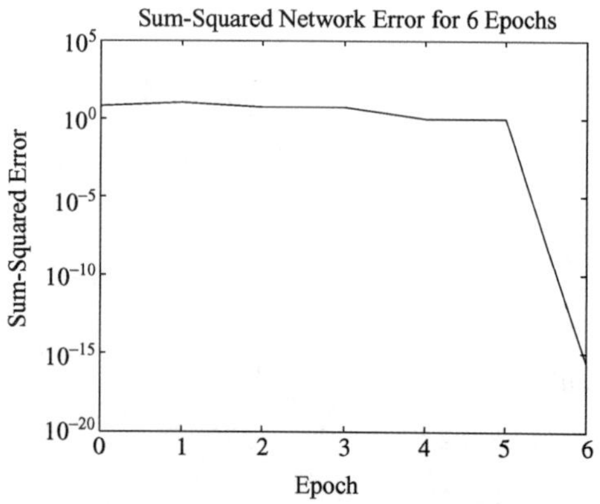

图 2-14　误差曲线

由以上结果和图 2-13 可知，训练后的网络已可对输入样本进行正确的分类。

9. 感知机学习函数 learnp( )

感知机学习规则为调整网络的权值和偏值，使网络平均绝对误差性能最小，以便对网络

的输入向量进行正确的分类。感知机的学习规则只能训练单层网络。该函数调用格式为

[dW, db]=learnp(X,E)

式中，X 为输入向量矩阵；E 为误差向量（E=T−Y）；T 表示网络的目标向量；Y 表示网络的输出向量；dW 为权值变化阵；db 为偏值变化阵。

例 2-8　利用 learnp( )函数训练一个感知机，使其能够完成“或”的功能。

解：根据神经网络工具箱函数编写的程序 ex2_8.m 为

```
%ex2_8.m
err_goal=0.001;max_epoch=1000;              %设置期望误差最小值和训练的最大次数
X=[0 0 1 1;0 1 0 1];T=[0 1 1 1];
[W,b]=initp(X,T);
for epoch=1:max_epoch
    y=simup(X,W,b);
    E=T-y;SSE=mae(E);                        %计算网络权值修正后的平均绝对误差和
    if (SSE<err_goal) break;end
    [dW,db]=learnp(X,E);                     %调整输出层加权系数和偏值
    W=W+dW;b=b+db;
end
epoch,W,y                                    %显示计算次数，加权系数及网络输出
```

结果显示：

epoch = 5	W = 1.3626　1.7590	y = 0　1　1　1

10．标准化感知机学习函数 learnpn( )

感知机学习规则在调整网络的权值和偏值时可利用

$$\Delta w = X(T - Y)^T = XE^T$$

可以看出，输入向量 X 越大，权值的变化Δw 就越大。当存在奇异样本（该样本向量同其他所有的样本向量比较起来，特别大或特别小）时，利用以上规则训练时间大为加长。因为其他样本需花很多时间才能同奇异样本所对应的权值变化相匹配。为了消除学习训练时间对奇异样本的敏感性，提出了一种改进的感知机学习规则，称为标准化感知机学习规则。标准化感知机学习规则试图使奇异样本和其他样本对权值变化值的影响均衡，可通过下式实现，即

$$\Delta w = \frac{X}{\|X\|}(T - Y)^T = \frac{X}{\|X\|}E^T$$

标准化感知机的学习函数为 learnpn( )。其调用格式为

[dW, db]=learnpn(X,E)

式中，X 为输入向量矩阵；E 为误差向量（E=T−Y）；T 表示网络的目标向量；Y 表示网络的输出向量；dW 为权值变化阵；db 为偏值变化阵。

相应于标准化感知机学习规则的训练函数为 trainpn( )。其调用格式为

[W,B,epochs,errors]= trainpn(w,b,X,T,tp)

例 2-9　利用 trainpn( )函数训练一个感知机，观察奇异输入样本对训练结果的影响。

解：根据神经网络工具箱函数编写的程序 ex2_9.m 为

```
%ex2_9.m
X=[-0.5 -0.5 0.3 -0.1 -80;-0.5 0.5 -0.5 1 100];    %提供训练集
T=[1 1 0 0 1];                                     %提供目标值
[W,b]=initp(X,T);                                  %初始化网络
%训练网络，同时绘制输入样本加网络训练后的分类线
[W,b,epochs,errors]=trainpn(W,b,X,T,-1);
figure;ploterr(errors);                            %绘制误差曲线
X1=X;                                              %给定输入
y=simup(X1,W,b)                                    %仿真网络，并给出输出值
```

执行以上程序可得如下结果及图 2-15 和图 2-16。

```
y =
  1  1  0  0  1
```

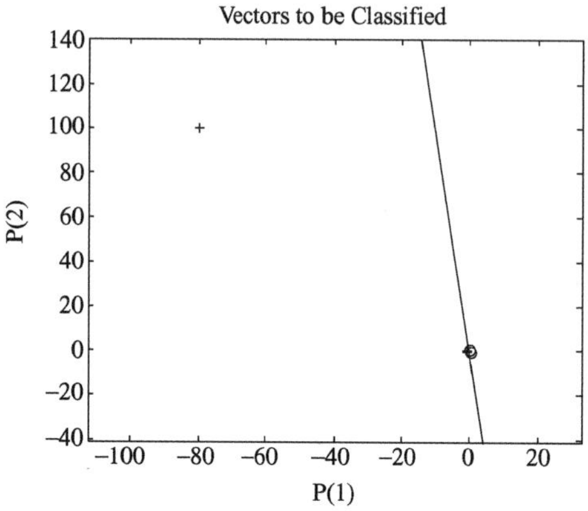

图 2-15 输入样本加网络训练后的分类线

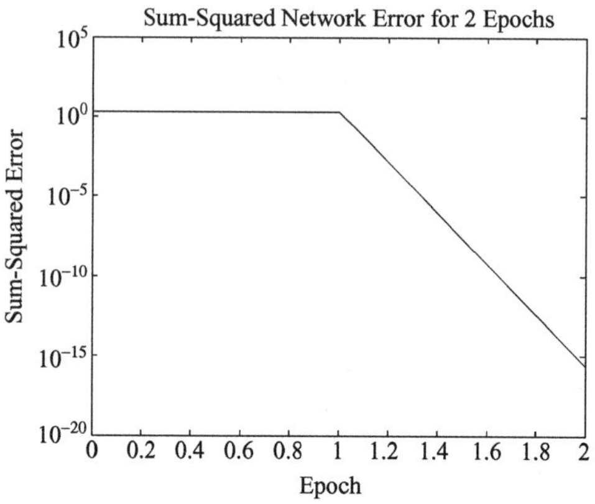

图 2-16 误差曲线

由图 2-16 可见，利用函数 trainpn( )，网络训练只需要 2 步，如果利用函数 trainp( )，网络训练需要经过 60 多步。

例 2-10 利用 trainpn( )函数训练一个感知机，对“异或”问题进行分类。

解： 单层感知机不能解决像逻辑“异或”一类线性不可分的输入向量的分类问题，解决这一问题的方案是设计一个两层的网络，即含有输入层、隐含层和输出层的结构。根据表 1-1 中“异或”函数的真值表，可得训练集的输入矩阵为 $X=\begin{bmatrix}0 & 0 & 1 & 1\\ 0 & 1 & 0 & 1\end{bmatrix}$，目标向量为 T=[0 1 1 0]。根据神经网络工具箱函数编写的程序 ex2_10.m 为

```
%ex2_10.m
X=[0 0 1 1;0 1 0 1];T=[0 1 1 0];        %提供训练集和目标值
plotpv(X,T);                             %绘制输入样本
S1=15;                                   %设置隐含层的神经元数
[W1,b1]=initp(X,S1);                     %初始化隐含层
[W2,b2]=initp(S1,T);                     %初始化输出层
X1=simup(X,W1,b1);                       %计算隐含层输出值，把它作为输出层的输入
%训练输出层的权值和偏值
figure; [W2,b2,epochs,errors]=trainpn(W2,b2,X1,T,-1);
figure;ploterr(errors);                  %绘制误差曲线
```

```
X1=X;                          %给定输入
y1=simup(X1,W1,b1);            %计算隐含层输出值
y=simup(y1,W2,b2)              %计算输出层输出值
```

执行以上程序可得如下结果及图 2-17 和图 2-18。

```
y =
    0    1    1    0
```

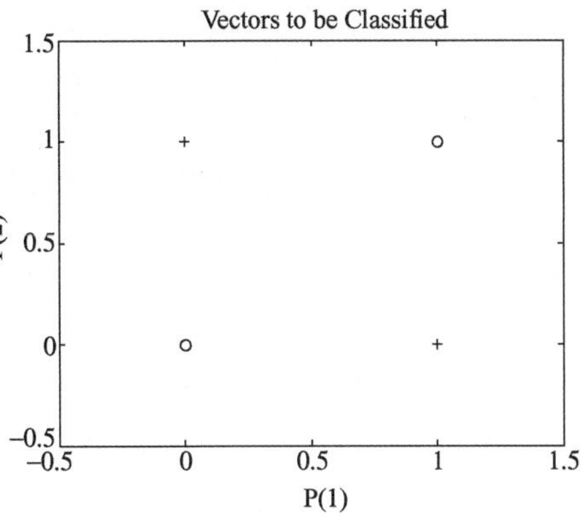

图 2-17　输入样本的分类

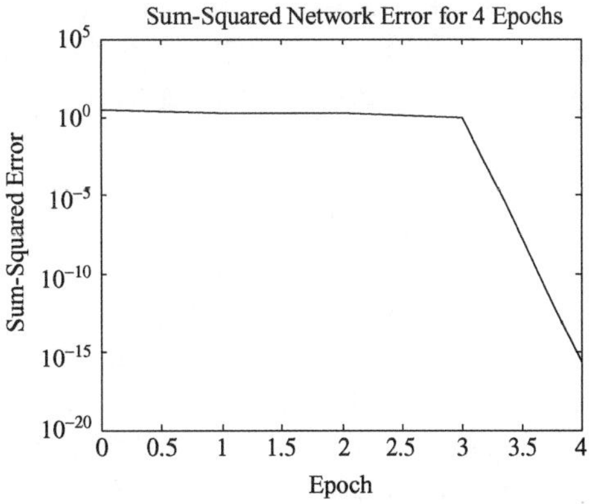

图 2-18　误差曲线

由图 2-18 可见，网络训练只需要 4 步。需要指出的是，由于隐含层的权值和偏值是随机给定的而且不可调整，故隐含层的输出也是随机的。这样网络有可能有解，也有可能无解。如果网络找不到解，则可再次运行网络，以重新初始化输入层到隐含层的权值和偏值。如果采用单层网络，则对于以上问题永远也找不到正确的分类方案。

11. 建立感知机函数 newp( )

利用 newp( )函数可建立一个感知机。其调用格式为

net=newp(Xr,S,Tf,Lf)

式中，Xr 为一个 R×2 矩阵，决定了 R 维输入列向量的最大值和最小值的取值范围，R 为网络的输入数；S 表示神经元的个数；Tf 表示网络的传输函数，默认值为 hardlim；Lf 表示网络的学习函数，默认值为 learnp；net 表示生成的新感知机。

例如，建立一个三输入且样本点取值分别在[−1,1], [0,1]和[−1,0]之间，而网络有两个神经元的感知机，可利用以下命令

>>net=newp([-1 1;0 1;-1 0],2);

使用 plotpc( )函数可以在已绘制的图上加上感知机分类线。让它返回得到分类线的句柄，以便在下一次再绘制分类线时能够将原来的删除，如

>>handle=plotpc(net.iw{1},net.b{1})

式中，net.iw{1}用来计算网络 net 的权值；net.b{1}用来计算网络 net 的偏值。

例 2-11　利用 newp( )和 train( )函数建立并训练一个感知机，使其同样能够完成“或”的功能。

解：根据神经网络工具箱函数编写的程序 ex2_11.m 为

```
%ex2_11.m
X=[0 0 1 1;0 1 0 1];T=[0 1 1 1];     %提供四组2输入1输出的训练集和目标值
```

```
net=newp([-1 1;-1 1],1)              %建立感知机
[net,Y,E]=train(net,X,T);            %训练网络
X1=X;                                %给定输入
y=sim(net,X1)                        %仿真网络，并给出输出值
```

执行以上程序可得如下结果和如图 2-19 所示的训练过程误差曲线。

```
y=
   0   1   1   1
```

例 2-12　利用 train( )函数训练一个感知机，并选择 10 个点对其进行测试。

解： 根据神经网络工具箱函数编写的程序 ex2_12.m 为

```
%ex2_12.m
%建立和训练网络
X=[-0.5,-0.5,0.3,-0.1,0.2,0,0.6,0.8;
-0.5,0.5,-0.5,1,0.5,-0.9,0.8,-0.6]; %训练集
T=[1 1 0 1 1 0 1 0];            %目标值
net=newp([-1 1;-1 1],1);        %建立感知机
net.performFcn='mae';           %平均绝对误差函数
net.trainParam.goal=0.01;       %训练目标误差
net.trainParam.epochs=50;       %训练步数
net.trainParam.show=1;          %计算步长
net.trainParam.mc=0.95;         %动量常数
[net,tr]=train(net,X,T);
%任意选择10个点对网络进行测试
testX=[-0.5 0.3 -0.9 0.4 -0.1 0.2 -0.6 0.8 0.1 0.4; -0.3 -0.8 -0.4 -0.7 0.4 -0.6 0.1 -0.5 -0.5 0.3]
y=sim(net,testX) ; figure;plotpv(testX,y)
plotpc(net.iw{1},net.b{1});
```

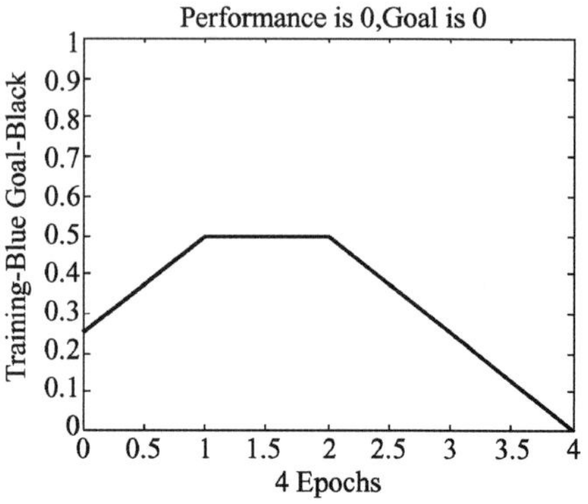

图 2-19　训练过程误差曲线

运行以上命令可得如图 2-20 和图 2-21 所示的训练过程误差曲线和测试结果。由图可见，网络训练只需 5 步，就能够将它们正确分类，说明设计的网络是正确的。

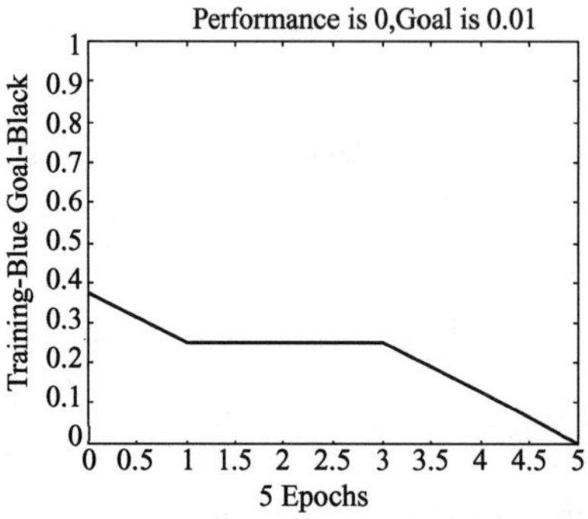

图 2-20　训练过程误差曲线

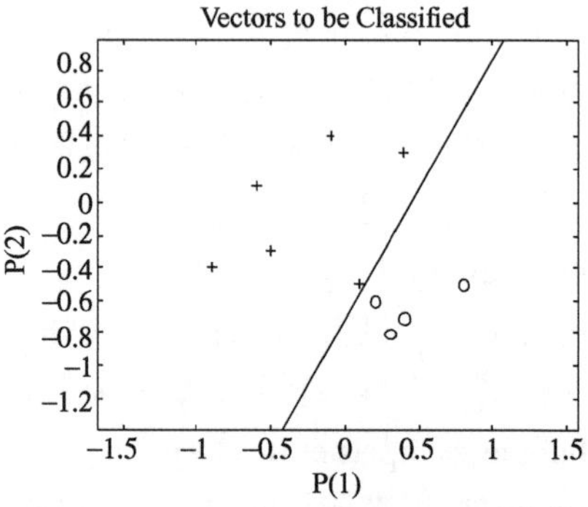

图 2-21　测试结果

2.1.3　线性神经网络 MATLAB 函数

第 17 讲

MATLAB 神经网络工具箱提供了大量与线性神经网络相关的工具箱函数，在 MATLAB 工作空间的命令行输入“help linnet”，便可得到与线性神

经网络相关的函数，进一步利用 help 命令又能得到相关函数的详细介绍。表 2-3 列出了线性神经网络的重要函数和基本功能。

表 2-3　线性神经网络的重要函数和基本功能

重要函数	基 本 功 能
sse( )	误差平方和性能函数
purelin( )	线性传输函数
initlin( )	线性神经网络的初始化函数
solvelin( )	设计一个线性神经网络
simulin( )	对线性神经网络进行仿真
maxlinlr( )	计算线性层的最大学习速率
learnwh( )	Widrow-hoff 的学习函数
trainwh( )	对线性神经网络进行离线训练
adaptwh( )	对线性神经网络进行在线自适应训练
newlind( )	设计一个线性层
newlin( )	新建一个线性层

1. 误差平方和性能函数 sse( )

线性网络学习规则为调整网络的权值和偏值，使网络误差平方和最小。误差平方和性能函数的调用格式为

perf=sse(E,w,pp)

式中，E 为误差矩阵或向量（E=T−Y）；T 表示网络的目标向量；Y 表示网络的输出向量；w 为所有权值和偏值向量（可忽略）；pp 为性能参数（可忽略）；perf 为误差平方和。

2. 线性传输函数 purelin( )

神经元最简单的传输函数是简单地从神经元输入到输出的线性传输函数，输出仅仅被神经元所附加的偏差所修正。线性传输函数常用于由 Widrow-Hoff 或 BP 准则来训练的神经网络中，该函数的调用格式为

a=purelin(N)　或　a=purelin(Z,b)　或　a=purelin(P)

式中，函数 purelin(N)返回网络输入向量 N 的输出矩阵 a，在一般情况下，输出矩阵 a 可直接用网络输入向量 N 代替，即输出 a 等于输入 N；函数 purelin(Z,b)用于向量是成批处理且偏差存在的情况下，此时的偏差向量 b 和加权输入矩阵 Z 是分开传输的，偏差向量 b 加到 Z 中的每个向量中形成网络输入矩阵，最后被返回；函数 purelin(P)包含传输函数的特性名并返回问题中的特性。如下的特性可从任何传输函数中获得：

（1）delta——与传输函数相关的 delta 函数；

（2）init——传输函数的标准初始化函数；

（3）name——传输函数的全称；

（4）output——包含传输函数最小、最大值的二元向量。

例如，利用以下命令可得如图 2-22 所示的线性传输函数。

```
>>n=-5:0.1:5;b=0;a=purelin(n,b);plot(n,a)
```

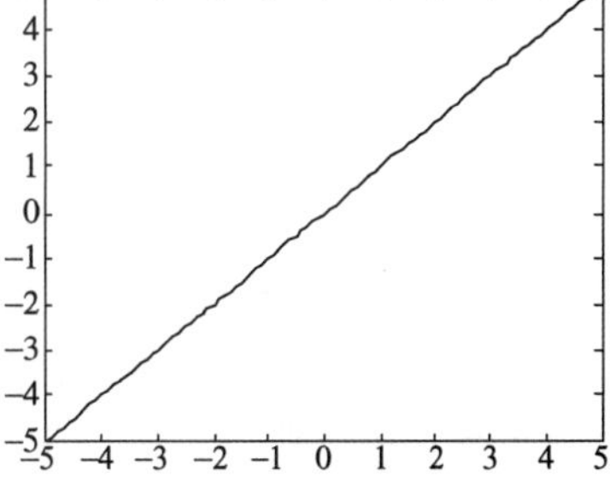

图 2-22　线性传输函数

3. 线性神经网络的初始化函数 initlin( )

利用 initlin( )函数可建立一个单层（一个输入层和一个

输出层）线性神经网络。其调用格式为

[W,b]=initlin(R,S) 或 [W,b]=initlin(X,T)

式中，R 为网络的输入数；S 为输出神经元数；W 为网络的初始权值；b 为网络的初始偏值。另外，R 和 S 可以用对应的输入向量矩阵 X 和目标向量 T 来代替，此时网络的输入数和输出神经元数根据 X 和 T 中的行数来设置。例如：

>>X=[0 0 1 1;0 1 0 1];T=[0 1 1 1]; [W,b]=initlin(X,T);

结果显示：

W =	b =
0.9003 −0.5377	0.2137

4．设计一个线性神经网络函数 solvelin( )

同大多数其他神经网络不同的是，只要已知线性神经网络的输入向量和目标向量，就可以直接对其进行设计。使用函数 solvelin( )设计的线性神经网络可以不经过训练，直接找出网络的权值和偏值，使网络的误差平方和最小。该函数的调用格式为

[W,b]=solvelin(X,T)

式中，X 为 R×Q 维的 Q 组输入向量；T 为 S×Q 维的 Q 组目标分类向量；W 为网络的初始权值；b 为网络的初始偏值。

5．线性神经网络的仿真函数 simulin( )

利用函数 solvelin( )建立的线性神经网络的权值和偏值就已经根据网络的输入向量和目标向量训练好了。simulin( )函数可以测试一个线性神经网络的性能。其调用格式为

Y=simulin(X,w,b)

式中，X 为网络的输入向量矩阵；w 为网络的权值；b 为网络的偏值；Y 表示网络的输出向量。

例 2-13 利用 solvelin( )函数建立一个线性网络，并对其进行测试。

解：MATLAB 程序 ex2_13.m 为

```
%ex2_13.m
X=[1 2 3];T=[2.0 4.1 5.9];                %给定训练集和目标值
[W,b]=solvelin(X,T); y=simulin(X,W,b)
```

执行结果为

```
y=
     2.0500     4.0000     5.9500
```

6．计算线性层的最大学习速率函数 maxlinlr( )

函数 maxlinlr( ) 用于计算用 Widrow-Hoff 准则训练的线性网络的最大稳定学习速率。其调用格式为

lr=maxlinlr(X) 或 lr=maxlinlr(X,b)

式中，X 为输入向量；lr 为学习速率。网络不具有偏值时可采用前式，具有偏值 b 时可采用后式。一般地，学习速率越大，网络训练所需时间越少。但如果太高，则学习就不稳定了。

例如，利用以下命令可计算出用 Widrow-Hoff 准则训练的在所给输入下，线性神经网络所用的学习率上限。

>>X=[1 2 −4 7;0.1 3 10 6]; lr=maxlinlr(X)

结果显示

```
lr =
    0.0069
```

7．线性神经网络学习函数 learnwh( )

该函数为 Widrow-Hoff 学习规则，也称为 delta 准则或最小方差准则学习函数。Widrow-Hoff 学习规则只能训练单层的线性神经网络，但这并不影响单层线性神经网络的应用，因为每一个多层线性神经网络都可以设计出一个性能完全相当的单层线性神经网络。当利用函数 solvelin( )设计的线性神经网络不能调整网络的权值和偏值使网络误差平方和性能最小时，可以应用函数 learnwh( )和函数 trainwh( )来调整网络的权值和偏值。函数 learnwh( )的调用格式为

[dW, db]=learnwh(X,E,lr)

式中，X 为输入向量矩阵；E 为误差向量（E=T−Y）；T 表示网络的目标向量；Y 表示网络的输出向量；dW 为权值变化阵；db 为偏值变化阵；lr 为学习速率（0<lr≤1），用于控制每次误差修正值。学习速率 lr 较大时，学习过程加速，网络收敛较快；但是 lr 太大时，学习过程变得不稳定，且误差会加大。因此，学习速率的取值很关键，可利用函数 maxlinlr( )求出合适的学习速率 lr。

8．线性神经网络的训练函数 trainwh( )

函数 trainwh( )可利用 Widrow-Hoff 学习规则对线性层的权值进行训练，利用输入向量计算该层的输出向量，然后根据产生的误差向量调整该层的权值和偏差。其调用格式为

[W,B,epochs,errors]= trainwh(w,b,X,T,tp)

式中，w 和 W 分别为网络训练前后的权值；b 和 B 分别为网络训练前后的偏值；X 为网络的输入向量矩阵；T 表示网络的目标向量；tp=[disp_freq　max_epoch　err_goal　lr]是训练控制参数，包括更新显示的迭代次数 disp_freq（默认值为 25）、训练的最大迭代次数 max_epoch（默认值为 100）、目标误差平方和 err_goal（默认值为 0.02）和学习速率 lr（用函数 maxlinlr( )找默认值）；epochs 表示训练步数；errors 表示训练后的网络误差。

9．线性神经网络自适应训练函数 adaptwh( )

函数 adaptwh( )可以利用 Widrow-Hoff 学习规则对线性层的权值进行自适应调节，在每一步迭代过程中，修改自适应线性网络层的权值、偏差和输出向量，从而学习并适应环境的变化。其调用格式为

[Y,E,W,B]= adaptwh(w,b,X,T,lr)

式中，w 和 W 分别为网络自适应训练前后的权值；b 和 B 分别为网络自适应训练前后的偏值；X 为网络的输入向量矩阵；T 表示网络的目标向量；lr 为学习速率；Y 表示网络的输出向量矩阵；E 为网络的误差。

10．设计一个线性层函数 newlind( )

利用函数 newlind( )设计出的线性网络已经训练好，可直接使用，该函数的调用格式为

net=newlind(X,T)

式中，X 为 R×Q 维的 Q 组输入向量；T 为 S×Q 维的 Q 组目标分类向量；net 为生成的新线性神经网络。

例 2-14　利用 newlind( )函数建立一个线性网络，并对其进行测试。

解：MATLAB 程序 ex2_14.m 为

```
%ex2_14.m
X=[1 2 3];T=[2.0 4.1 5.9];                    %给定训练集和目标值
net=newlind(X,T); y=sim(net,X)
```

执行结果：

```
y=
   2.0500      4.0000      5.9500
```

11．新建一个线性层函数 newlin( )

利用函数 newlin( )设计的线性网络还需训练。该函数的调用格式为

net=newlin(Xr,S,Id,lr)

式中，Xr 为一个 R×2 矩阵，决定 R 维输入列向量的最大值和最小值的取值范围；R 为网络的输入数；S 为输出向量的个数；Id 为输出延时向量，默认值为 0；lr 为学习速率，默认值为 0.01；net 为生成的线性神经网络。

例如，建立一个线性网络，可利用以下命令：

>>X=[1 2 3];S=1;net=newlin(minmax(X),S);

例 2-15　利用线性网络进行系统辨识。

解：MATLAB 程序 ex2_15.m 为

```
%ex2_15.m
%定义输入信号
Time=0:0.025:5;X=sin(sin(Time.*Time*10));
%定义系统变换函数y=kx+b，并绘制系统输入X与输出T曲线
T=2*X+0.8; figure;plot(Time,X ,Time,T,'--');
%将信号T延时0～2个时间步长得到网络的输入X1
Q=length(T); X1=zeros(3,Q);X1(1,1:Q)=T(1,1:Q);
X1(2,2:Q)=T(1,1:(Q-1));X1(3,3:Q)=T(1,1:(Q-2));
[w,b]=solvelin(X1,T);                       %设计网络
y=simulin(X1,w,b);                          %仿真网络
%绘制网络预测输出y与系统输出T及其误差
figure;plot(Time,y, '+',Time,T,'-' ,Time,T-y,'x');
```

其执行结果如图 2-23 和图 2-24 所示。

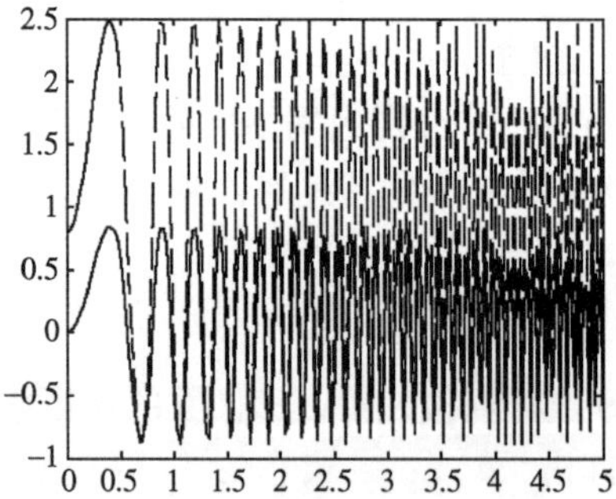

图 2-23　系统输入/输出曲线

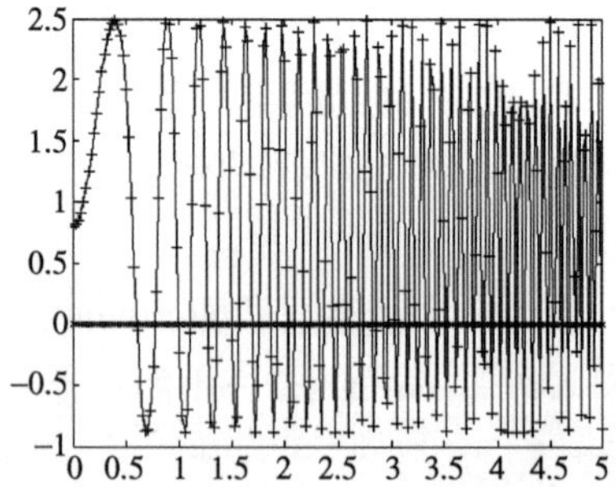

图 2-24　网络预测输出与系统输出和误差

例 2-16　利用线性网络进行自适应预测。

解：方法一，MATLAB 程序 ex2_16_1.m 为

```
%ex2_16_1.m
%生成一个信号作为预测信号
Time=0:0.025:5;T=sin(Time*4*pi);Q=length(T);
%将信号T延时1～5个时间步长得到网络的输入X
X=zeros(5,Q);X(1,2:Q)=T(1,1:(Q-1));X(2,3:Q)=T(1,1:(Q-2));
X(3,4:Q)=T(1,1:(Q-3));X(4,5:Q)=T(1,1:(Q-4));X(5,6:Q)=T(1,1:(Q-5));
figure;plot(Time,T);                    %绘制信号T的曲线
[W,b]=initlin(X,T);                     %初始化一个线性层
lr=0.1;                                 %学习速率
[y,E,W,b]= adaptwh(W,b,X,T,lr);         %仿真网络
figure;plot(Time,y,Time,T,'o');         %绘制网络预测输出及其目标值
```

其执行结果如图 2-25 和图 2-26 所示。

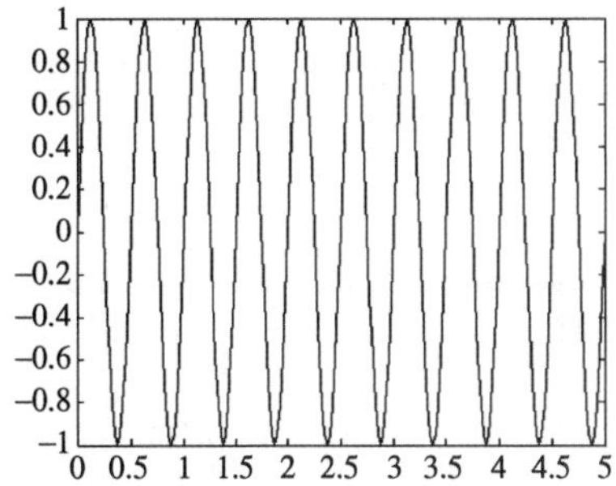

图 2-25　网络待预测的目标信号

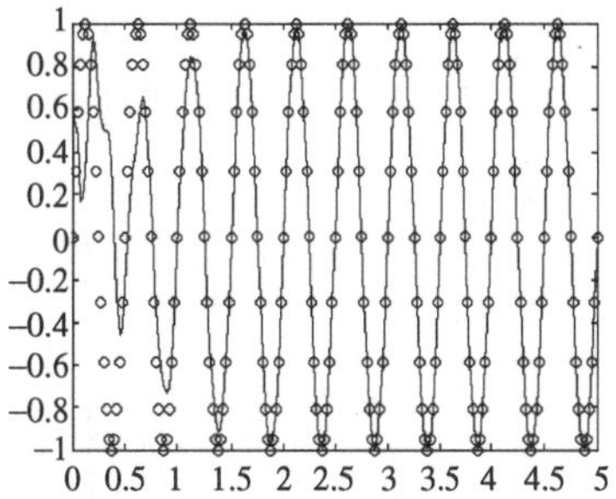

图 2-26　网络预测输出与目标值

方法二，MATLAB 程序 ex2_16_2.m 为

```
%ex2_16_2.m
%生成一个信号作为预测信号
Time=0:0.025:5;T=sin(Time*4*pi);Q=length(T);
%将信号T延时1～5个时间步长得到网络的输入X
X=zeros(5,Q);X(1,2:Q)=T(1,1:(Q-1)); X(2,3:Q)=T(1,1:(Q-2));
X(3,4:Q)=T(1,1:(Q-3));X(4,5:Q)=T(1,1:(Q-4));X(5,6:Q)=T(1,1:(Q-5));
figure;plot(Time,T);                    %绘制信号T的曲线
net=newlind(X,T);                       %设计一个线性层
y=sim(net,X);                           %仿真网络
figure;plot(Time,y, Time,T-y,'o');      %绘制网络预测输出及其误差
```

其执行结果如图 2-27 和图 2-28 所示。

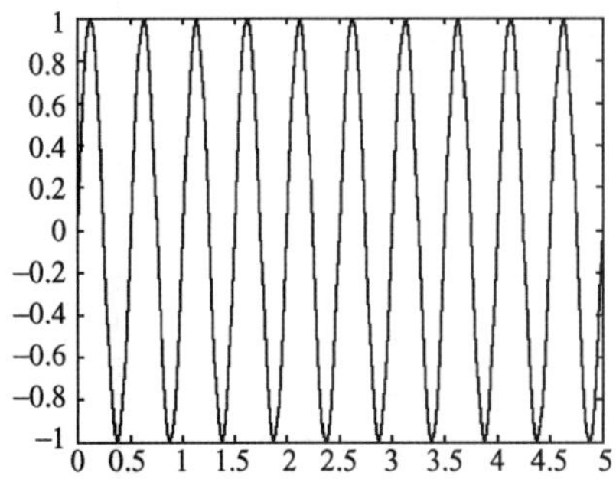

图 2-27　网络待预测的目标信号

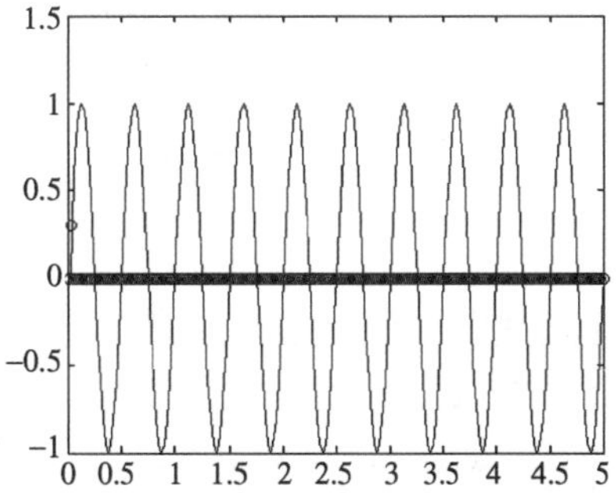

图 2-28　网络预测输出与误差

例 2-17　利用线性网络预测一个时变信号序列。

解： MATLAB 程序 ex2_17.m 为

```
%ex2_17.m
%分别定义两段时间，对应信号的不同频率时段
Time1=0:0.05:4;Time2=4.05:0.024:6;Time=[Time1 Time2];
%获得待预测的目标信号，并绘制网络待预测的目标信号
T=[cos(Time1*4*pi) cos(Time2*8*pi)];plot(Time,T);X=T;
Id=[1 2 3 4 5]; lr=0.1;net=newlin(minmax(X),1,Id,lr);      %新建一个线性层
[nct,c,y]=adapt(nct,X,T);                                  %对网络进行自适应训练
%绘制网络预测输出y、目标信号T及其误差e
figure;plot(Time,y,Time,X,'x',Time,e,'o');
```

其执行结果如图 2-29 和图 2-30 所示。

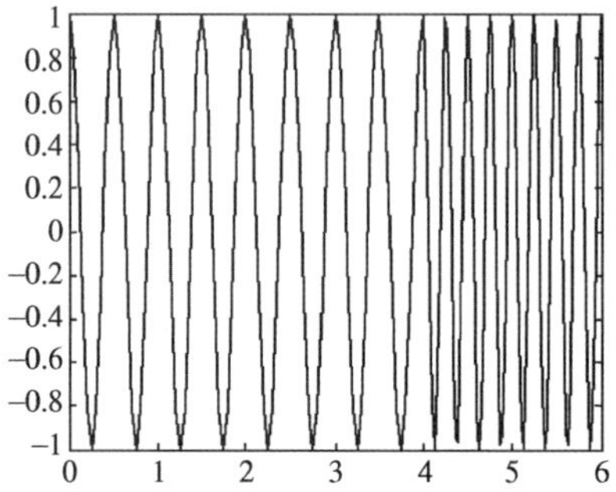

图 2-29　网络待预测的目标信号

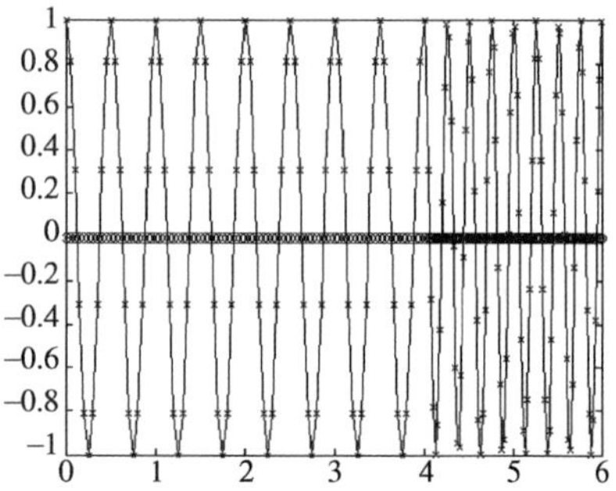

图 2-30　网络预测输出目标信号与误差

2.1.4　BP 神经网络 MATLAB 函数

第 18 讲

MATLAB 神经网络工具箱提供了大量进行 BP 网络分析和设计的工具箱函数，在 MATLAB 工作空间的命令行输入“help backprop”，便可得到与 BP 神经网络相关的函数，进一步利用 help 命令又能得到相关函数的详细介绍。表 2-4 列出了 BP 网络的重要函数和基本功能。

表 2-4　BP 网络的重要函数和基本功能

重要函数	基 本 功 能
mse( )	均方误差性能函数
tansig( )	双曲正切 S 型（Tan-Sigmoid）传输函数
logsig( )	对数 S 型（Log-Sigmoid）传输函数
purelin( )	线性（Purelin）传输函数
dtansig( )	Tansig 神经元的求导函数
dlogsig( )	Logsig 神经元的求导函数
dpurelin( )	Purelin 神经元的求导函数
deltatan( )	Tansig 神经元的 delta 函数
deltalog( )	Logsig 神经元的 delta 函数
deltalin( )	Purelin 神经元的 delta 函数
learnbp( )	BP 学习规则函数
learnbpm( )	含动量规则的快速 BP 学习规则函数

续表

重要函数	基本功能
learnlm( )	Levenberg-Marguardt 学习规则函数
initff( )	对 BP 神经网络进行初始化
trainbp( )	利用 BP 算法训练前向网络
trainbpx( )	利用快速 BP 算法训练前向网络
trainlm( )	利用 Levenberg-Marguardt 规则训练前向网络
simuff( )	BP 神经网络进行仿真
newff( )	生成一个前馈 BP 网络
newcf( )	生成一个前向级联 BP 网络
newfftd( )	生成一个前馈输入延时 BP 网络
nwlog( )	对 Logsig 神经元产生 Nguyen-Midrow 随机数
sumsqr( )	计算误差平方和
errsurf( )	计算误差曲面
plotes( )	绘制误差曲面图
plotep( )	在误差曲面图上绘制权值和偏值的位置
ploterr( )	绘制误差平方和对训练次数的曲线
barerr( )	绘制误差的直方图

1. 均方误差性能函数 mse( )

BP 神经网络学习规则为调整网络的权值和偏值，使网络的均方误差和性能最小。均方误差性能函数的调用格式为

perf=mse(E,w,pp)

式中，E 为误差矩阵或向量（E=T−Y）；T 表示网络的目标向量；Y 表示网络的输出向量；w 为所有权值和偏值向量，可省略；pp 为性能参数，可省略；perf 表示平均绝对误差和。

2. 双曲正切 S 型（Sigmoid）传输函数 tansig( )

双曲正切 Sigmoid 函数把神经元的输入范围从（−∞,+∞）映射到（−1,+1），是可导函数，适用于 BP 训练的神经元。该函数的调用格式为

a=tansig(N) 或 a=tansig(Z,b) 或 a=tansig (P)

式中，函数 tansig(N)返回网络输入向量 N 的输出矩阵 a；函数 tansig(Z,b)用于向量是成批处理且偏差存在的情况下，此时的偏差 b 和加权输入矩阵 Z 是分开传输的，偏差向量 b 加到 Z 中的每个向量中形成网络输入矩阵，最后被返回；函数 tansig(P)包含传输函数的特性名并返回问题中的特性。如下的特性可从任何传输函数中获得：

（1）delta——与传输函数相关的 delta 函数；

（2）init——传输函数的标准初始化函数；

（3）name——传输函数的全称；

（4）output——包含有传输函数最小、最大值的二元向量。

例如，利用以下命令可得如图 2-31 所示的双曲正切曲线。

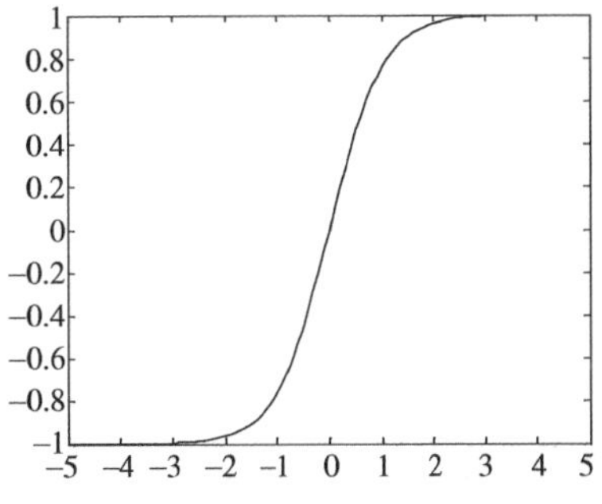

图 2-31　双曲正切曲线

```
>>n=-5:0.1:5;b=0;a=tansig(n,b);plot(n,a)
```

函数 purelin( )和 logsig( )的用法同上。

如果 BP 网络的最后一层是 Sigmoid 型神经元，那么整个网络的输出就被限制在一个较小的范围内；如果 BP 网络的最后一层是 Purelin 型线性神经元，那么整个网络的输出可以取任意值。

3．正切 S 型（Tansig）神经元的求导函数 dtansig( )

函数 dtansig( )为 Tansig 神经元的求导函数，根据 $Y=1-X^2$ 的函数来计算。其调用格式为

dY_dX =dtansig(X,Y)

式中，X 为网络的输入；Y 为网络的输出；dY_dX 为输出对输入的导数。

Logsig 和 Purelin 神经元的求导函数 dlogsig( )和 dpurelin( )的用法同上，分别根据 Y=X*(1–X) 和 Y=1 的函数来计算。

例如，利用以下 MATLAB 命令：

```
>>X=[0.1 0.8 0.7];Y=tansig(x),dY_dX=dtansig(X,Y)
```

结果显示：

Y=			dY_dX=		
0.0997	0.6640	0.6044	0.9901	0.5591	0.6347

4．正切 S 型（Tansig）神经元的 delta 函数 deltatan( )

反向传播误差算法（BP）是利用误差平方和对网络各层输入的导数来调整其权值和偏值的，从而降低误差平方和。从网络误差向量中可推导出输出层的δ（delta）向量及隐含层的δ（delta）向量。这种δ向量的反向传播正是 BP 算法的由来。该函数的调用格式为

dy=deltatan(y) 或 dy=deltatan(y,e) 或 dy=deltatan(y,d2,w2)

式中，deltatan(y)可计算出这一层输出 y 对本层输出的导数 dy；deltatan(y,e)可计算出 Tansig 输出层的δ（delta）向量，参数 y 和 e 分别为该层的输出向量和误差；deltatan(y,d2,w2)可计算出 Tansig 隐含层的δ（delta）向量，参数 y 为正切 S 型层的输出向量，d2 和 w2 为下一层的δ（delta）向量和连接权值。

Logsig 和 Purelin 神经元的 delta 函数 deltalog( )和 deltalin( )的用法同上。

5．BP 学习规则函数 learnbp( )

BP 神经网络学习规则为调整网络的权值和偏值使网络误差的平方和最小。这是通过在最速下降方向上不断地调整网络的权值和偏值来达到的。计算网络输出层的误差向量导数，然后反馈回网络，直到每个隐含层的误差导数（称为 delta）都达到要求。这可由函数 deltatan( )、deltalin( )和 deltalog( )计算。根据 BP 准则，每一层的权值矩阵 w 利用本层的δ向量和输入向量 x 来更新，其数学表达式为$\Delta w(i,j)=\eta\delta(i)x(j)$。该函数的调用格式为

[dW,dB]=learnbp(X,delta,lr)

式中，X 为本层的输入向量；delta 为误差导数δ向量；lr 为学习速率；dW 为权值修正阵；dB 为偏值修正向量。

6．含动量规则的 BP 学习规则函数 learnbpm( )

为了提高 BP 算法的学习速度并增加算法的可靠性，在 BP 学习算法中引进了动量因子，使权值的变化等于上次权值的变化与这次由 BP 准则引起的变化之和，可将动量加到 BP 学习

中，上一次权值变化的影响可由动量常数来调整。动量法降低了网络对于误差曲面局部细节的敏感性，有效地抑制网络陷于局部极小。而自适应学习率也可以使训练时间大大缩短。当动量常数为 0 时，说明权值的变化仅由梯度决定。当动量常数为 1 时，说明新的权值变化仅等于上次权值变化，而忽略掉梯度项，其数学表达式为$\Delta w(i,j)=D\Delta w(i,j)+(1-D)\eta\delta(i)x(j)$。该函数的调用格式为

[dW,dB]=learnbpm(X,delta,lr,D,dw,db)

式中，X 为本层的输入向量；delta 为误差导数δ向量；lr 为自适应学习速率；D 为动量常数；dw 为上一次权值修正阵；db 为上一次偏值修正向量；dW 为本次权值修正阵；dB 为本次偏值修正向量。

7. Levenberg-Marguardt 学习规则函数 learnlm( )

函数 learnlm( )采用 Levenberg-Marguardt 优化方法，使学习时间更短。其缺点是，对于复杂的问题，该方法需要很大的存储空间。LM 方法更新参数（如权值和偏值）的数学表达式为$\Delta w=(J^TJ+\mu I)^{-1}J_e^T$。随着μ的增大，LM 方法中的 J^TJ 项变得无关紧要，因而学习过程由$\mu^{-1}IJ_e^T$决定，即梯度下降法。该函数的调用格式为

[dW,dB]=learnlm(X,delta)

式中，X 为本层的输入向量；delta 为误差导数δ向量；dW 为权值修正阵；dB 为偏值修正向量。

例 2-18　利用两层 BP 神经网络训练加权系数。假设训练集的输入矩阵为$\begin{bmatrix}1 & 2\\ -1 & 1\\ 1 & 3\end{bmatrix}$，希望的输出矩阵为$\begin{bmatrix}1 & 1\\ 1 & 1\end{bmatrix}$。隐含层的激活函数取 S 型传输函数，输出层的激活函数取线性传输函数。

解： 根据 BP 学习算法的计算步骤，利用 MATLAB 的神经网络工具箱的有关函数编写的程序 ex2_18.m 为

```
%ex2_18.m
%两层BP算法的第一阶段——学习期（训练加权系数Wki,Wij）
%初始化
lr=0.05; err_goal=0.001; max_epoch=10000;
X=[1 2;-1 1;1 3];T=[1 1;1 1];              %提供两组3输入2输出的训练集和目标值
%初始化Wki,Wij（M为输入节点j的数量，q为隐含层节点i的数量，L为输出节点k的数量）
[M,N]=size(X);q=10;[L,N]=size(T);          %N为训练集对数量
Wij=rand(q,M);                             %随机给定输入层与隐含层间的权值
Wki=rand(L,q);                             %随机给定隐含层与输出层间的权值
b1=zeros(q,1);b2=zeros(L,1);               %随机给定隐含层、输出层的偏值
for epoch=1:max_epoch
    Oi=tansig(Wij*X,b1);                   %计算网络隐含层的各神经元输出
    Ok=purelin(Wki*Oi,b2);                 %计算网络输出层的各神经元输出
    E=T-Ok;                                %计算网络误差
    deltak=deltalin(Ok,E);                 %计算输出层的delta
    deltai=deltatan(Oi,deltak,Wki);        %计算隐含层的delta
    %调整输出层加权系数
    [dWki,db2]=lcarnbp(Oi,deltak,lr);Wki=Wki+dWki;b2=b2+db2;
```

```
        %调整隐含层加权系数
        [dWij,db1]=learnbp(X,deltai,lr);Wij=Wij+dWij;b1=b1+db1;
        %计算网络权值修正后的误差平方和
        SSE=sumsqr(T-purelin(Wki*tansig(Wij*X,b1),b2));
        if (SSE<err_goal)   break;end
    end
    epoch;                                  %显示计算次数
    %BP算法的第二阶段工作期（根据训练好的Wki,Wij和给定的输入计算输出）
    X1=X;                                   %给定输入
    Oi=tansig(Wij*X1,b1);                   %计算网络隐含层的各神经元输出
    Ok=purelin(Wki*Oi,b2)                   %计算网络输出层的各神经元输出
```

结果显示：

```
Ok =
    1.0068    0.9971
    0.9758    1.0178
```

8．BP 神经网络初始化函数 initff( )

在设计一个 BP 网络时，只要已知网络输入向量的取值范围、各层的神经元个数及传输函数，就可以利用初始化函数 initff( )对 BP 网络进行初始化。函数 initff( )可最多对三层神经网络进行初始化，即可得到每层的权值和偏值。其调用格式为

[W,B]=initff (Xr,S, 'Tf')

或 [W1,B1,W2,B2]=initff (Xr,S1,'Tf1',S2,'Tf2')

[W1,B1,W2,B2,W3,B3]=initff (Xr,S1,'Tf1', S2,'Tf2', S3,'Tf3')

式中，Xr 为一个 R×2 矩阵，决定 R 维输入列向量的最大值和最小值的取值范围；R 为网络的输入数；S 和 Si 为各层神经元的个数；Tf 和 Tfi 为各层的传输函数；W 和 Wi 为初始化后各层的权值矩阵；B 和 Bi 为初始化后各层的偏值向量。另外，输出层神经元的个数 S 或 Si 可以用对应的目标向量 T 来代替，此时输出神经元数根据 T 中的行数来设置。

例如，设计一个隐含层有 8 个神经元，传输函数为 tansig，输出层有 5 个神经元，传输函数为 purelin 的两层 BP 神经网络可利用以下命令：

```
>>X=[sin(0:100);cos([0:100]*2)];[W1,B1,W2,B2]=initff(minmax(X),8,'tansig',5,'purelin')
```

9．利用 BP 算法训练前向网络函数 trainbp( )

BP 神经网络学习规则为调整网络的权值和偏值使网络误差平方和最小。这是通过在最速下降方向上不断地调整网络的权值和偏值来达到的。该函数的调用格式为

[W,B,te,tr]=trainbp(w,b, 'Tf',X,T,tp)

或 [W1,B1,W2,B2,te,tr]=trainbp(w1,b1,'Tf1',w2,b2,'Tf2',X,T,tp)

[W1,B1,W2,B2, W3,B3,te,tr]=trainbp(w1,b1,'Tf1',w2 ,b2,'Tf2' ,w3,b3,'Tf3',X,T,tp)

式中，w 和 W 及 wi 和 Wi 分别为训练前后的权值矩阵；b 和 B 及 bi 和 Bi 分别为训练前后的偏值向量；te 为实际训练次数；tr 为网络训练平方和的行向量；Tf 和 Tfi 为传输函数；X 为输入向量；T 为目标向量；tp=[disp_freq max_epoch err_goal lr]是训练控制参数，其作用是设定如何进行训练，其中 tp(1)显示间隔次数，默认值为 25；tp(2)显示最大循环次数，默认值为 100；tp(3)为目标误差平方和，默认值为 0.02；tp(4)为学习速率，默认值为 0.01。

10．利用快速 BP 算法训练前向网络函数 trainbpx( )

使用动量因子时，BP 算法可找到更好的解，而自适应学习率也可以使训练时间大大缩短。该函数的调用格式为

[W,B,te,tr]=trainbpx(w,b,'Tf',X,T,tp)

或　[W1,B1,W2,B2,te,tr]=trainbpx(w1,b1,'Tf1',w2,b2,'Tf2',X,T,tp);

[W1,B1,W2,B2, W3,B3,te,tr]=trainbpx(w1,b1,'Tf1',w2 ,b2,'Tf2',w3,b3,'Tf3',X,T,tp)

式中，w 和 W 及 wi 和 Wi 分别为训练前后的权值矩阵；b 和 B 及 bi 和 Bi 分别为训练前后的偏值向量；te 为实际训练次数；tr 为网络训练平方和的行向量；'Tf'和'Tfi'为传输函数；X 为输入向量；T 为目标向量；tp 是训练控制参数，其作用是设定如何进行训练，其中 tp(1)显示间隔次数，默认值为 25；tp(2)显示最大循环次数，默认值为 100；tp(3)为目标误差平方和，默认值为 0.02；tp(4)为学习速率，默认值为 0.01；tp(5)为学习速率增长系数，默认值为 1.05；tp(6)为学习速率减小系数，默认值为 0.7；tp(7)为动量常数，默认值为 0.9；tp(8)为最大误差率，默认值为 1.04。

11．利用 Levenberg-Marguardt 规则训练前向网络函数 trainlm( )

函数 trainbp( )和 trainbpx( )均基于梯度下降的训练算法，而函数 trainlm( )是建立在一种优化方法基础上的训练算法。其调用格式为

[W,B,te,tr]=trainlm(w,b,'Tf',X,T,tp)

或　[W1,B1,W2,B2,te,tr]=trainlm(w1,b1,'Tf1',w2 ,b2,'Tf2', X,T,tp)

[W1,B1,W2,B2, W3,B3,te,tr]=trainlm(w1,b1,'Tf1',w2 ,b2,'Tf2' ,w3,b3,'Tf3',X,T,tp)

式中，w 和 W 及 wi 和 Wi 分别为训练前后的权值矩阵；b 和 B 及 bi 和 Bi 分别为训练前后的偏值向量；te 为实际训练次数；tr 为网络训练平方和的行向量；'Tf'和'Tfi'为传输函数；X 为输入向量；T 为目标向量；tp 是训练控制参数，其作用是设定如何进行训练，其中 tp(1)显示间隔次数，默认值为 25；tp(2)显示最大循环次数，默认值为 100；tp(3)为目标误差平方和，默认值为 0.02；tp(4)为最小梯度，默认值为 0.001；tp(5)为学习速率η的初始值，默认值为 0.001；tp(6)为学习速率η的增加系数，默认值为 10；tp(7)为学习速率η的减小系数，默认值为 0.1；tp(8)为学习速率η的最大值，默认值为 10。

函数 trainlm( )的训练速度最快，但它需要更大的存储空间，trainbpx( ) 的训练速度次之，trainbp( )最慢。

12．BP 神经网络仿真函数 simuff( )

BP 神经网络由一系列网络层组成，每一层都从前一层得到输入数据，simuff( )函数可仿真最多三层前向网络。其调用格式为

y=simuff (X,w,b,'Tf')

或　[y1,y2]=simuff (X,w1,b1,'Tf1',w2,b2,'Tf2')

[y1,y2,y3]=simuff (X,w1,b1,'Tf1',w2,b2,'Tf2',w3,b3,'Tf3')

式中，X 为输入向量；w,wi 为权值矩阵；b,bi 为偏值矩阵；'Tf','Tfi'为传输函数；y,yi 为各层的输出向量矩阵。

例 2-19　利用两层 BP 神经网络完成函数逼近。隐含层的激活函数取 S 型传输函数，输出层的激活函数取线性传输函数。

解：（1）根据神经网络工具箱函数 trainbp( )编写的程序 ex2_19_1.m 为

```
%ex2_19_1.m
X=-1:0.1:1;T=sin(pi*X); plot(X,T,'+');     %提供训练集和目标值
%建立网络，并得权值和偏值
[R,N]=size(X);[S2,N]=size(T);S1=5;
[W1,b1,W2,b2]=initff(X,S1,'tansig',S2,'purelin');
[y1,y21]=simuff(X,W1,b1,'tansig',W2,b2,'purelin');
%利用不含噪声的理想输入数据训练网络
disp_freq=10;              %显示间隔
max_epoch=8000;            %训练时间
err_goal=0.02;             %训练目标误差
lr=0.01;                   %学习速率
tp=[disp_freq  max_epoch  err_goal  lr];
[W1,b1,W2,b2,te,tr]=trainbp(W1,b1,'tansig',W2,b2,'purelin',X,T,tp);
[y1,y22]=simuff(X,W1,b1,'tansig',W2,b2,'purelin'); plot(X,T,'-',X,y21,'--',X,y22,'o')
X1=0.5; y2=simuff(X1,W1,b1,'tansig',W2,b2,'purelin')
```

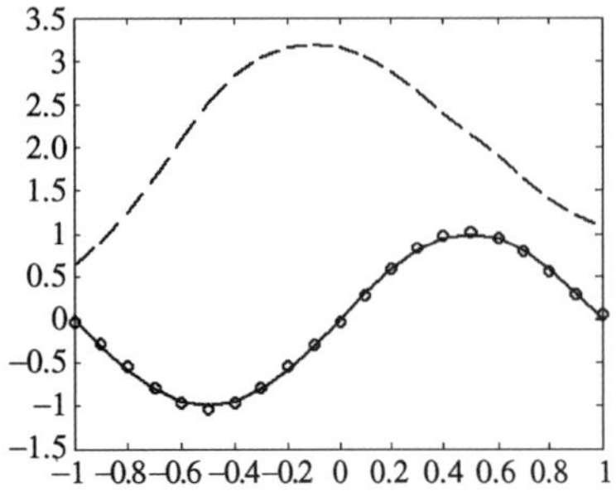

图 2-32　训练前后输出与目标值

利用以上程序可得如图 2-32 所示的训练前后输出与目标值及如下结果，即

y2 =

　　0.9887

（2）根据神经网络工具箱函数 trainbpx( )编写的程序 ex2_19_2.m 为

```
%ex2_19_2.m
X=-1:0.1:1;T=sin(pi*X); plot(X,T,'+');
%建立网络，并得权值和偏值
[R,N]=size(X);[S2,N]=size(T);S1=5;
[W1,b1,W2,b2]=initff(X,S1,'tansig',S2,'purelin');
%利用不含噪声的理想输入数据训练网络，并得权值和偏值
disp_freq=10; max_epoch=8000; err_goal=0.02; lr=0.01;
mc=0.95;                    %动量因子
tp=[disp_freq  max_epoch  err_goal  lr  NaN  NaN  mc];
[W1,b1,W2,b2,te,tr]=trainbpx(W1,b1,'tansig',W2,b2,'purelin',X,T,tp);
X1=0.5;[y1,y2]=simuff(X1,W1,b1,'tansig',W2,b2,'purelin');y2
```

利用以上程序可得如下结果，即

y2 =

　　1.0026

（3）根据神经网络工具箱函数 trainlm( )编写的程序 ex2_19_3.m 为

```
%ex2_19_3.m
X=-1:0.1:1;T=sin(pi*X); plot(X,T,'+');       %提供训练集和目标值
%建立网络，并得权值和偏值
S1=5;[W1,b1,W2,b2]=initff(X,S1,'tansig',T,'purelin');
%利用不含噪声的理想输入数据训练网络，并得权值和偏值
disp_freq=10; max_epoch=8000; err_goal=0.02;
tp=[disp_freq  max_epoch  err_goal];
```

```
[W1,b1,W2,b2,te,tr]=trainlm(W1,b1,'tansig',W2,b2,'purelin',X,T,tp);
X1=0.5;[y1,y2]=simuff(X1,W1,b1,'tansig',W2,b2,'purelin');y2
```

结果显示为

```
y2 =
    0.9987
```

13．建立网络函数 newff( )

利用 newff( )函数可建立一个 BP 神经网络。其调用格式为

net=newff(Xr,[S1 S2 … SN],{TF1 TF2 … TFN},BTF,BLF,PF)

式中，Xr 为一个 R×2 矩阵，决定 R 维输入列向量的最大值和最小值的取值范围；R 为网络的输入数；[S1 S2 … SN]表示网络隐含层和输出层神经元的个数；{TF1 TF2 … TFN}表示网络隐含层和输出层的传输函数，默认为'tansig'；BTF 表示网络的反向训练函数，默认为'trainlm'；BLF 表示网络的反向权值学习函数，默认为'learngdm'；PF 表示性能函数，默认为'mse'；net 为生成的新 BP 神经网络。

函数 newcf( )的调用格式与函数 newff( )的调用格式相同。

例 2-20　利用 newff( )函数建立一个非线性函数的 BP 网络逼近正弦函数。

解： MATLAB 程序 ex2_20.m 为

```
%ex2_20.m
X=[-1:0.05:1];T=sin(pi*X);          %给定训练集和目标值
net=newff(minmax(X),[10 1],{'tansig','purelin'},'trainlm')
w=net.LW{2,1};b=net.b{2};
Y1=sim(net,X);plot(X,T,'-',X,Y1,'--')
```

未经训练的网络输出与目标值（正弦函数）的比较如图 2-33 所示。由于网络的初始权值和偏值是随机选定的，所以未经训练的网络输出效果很差，而且每次运行结果也不一样。

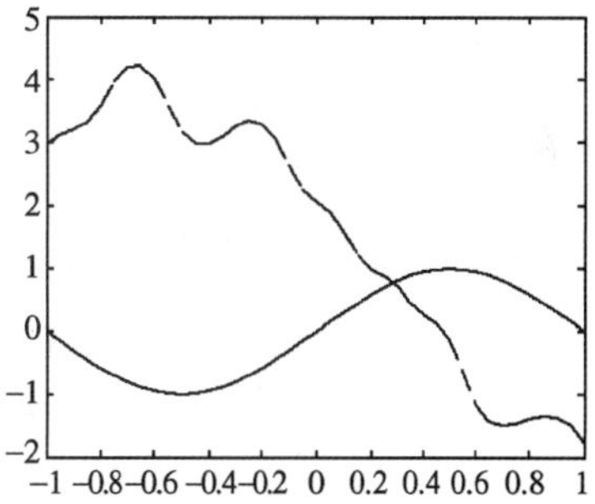

图 2-33　未经训练的网络输出与目标值的比较

14．建立网络函数 newfftd( )

利用 newfftd( )函数可生成一个前馈输入延时 BP 网络。其调用格式为

net=newfftd(Xr,ID,[S1 S2 … SN],{TF1 TF2 … TFN},BTF,BLF,PF)

式中，ID 为延迟输入向量；其他参数定义同函数 newff( )。

例 2-21　利用两层 BP 神经网络训练加权系数。假设训练集的输入矩阵为 $\begin{bmatrix}1 & 2\\ -1 & 1\\ 1 & 3\end{bmatrix}$，希望的输出矩阵为 $\begin{bmatrix}1 & 1\\ 1 & 1\end{bmatrix}$。隐含层的激活函数取 S 型传输函数，输出层的激活函数取线性传输函数。

解： 根据神经网络工具箱函数编写的程序 ex2_21.m 为

```
%ex2_21.m
X=[1 2;-1 1;1 3];T=[1 1;1 1];          %提供两组3输入2输出的训练集和目标值
```

```
net=newfftd(minmax(X),0,[10 2],{'tansig','purelin'},'trainlm');     %建立网络
net=train(net,X,T) ;                          %训练网络
X1=X;Y=sim(net,X1)                            %仿真网络，并给出输出值
```

结果显示为

```
Y =
    1.0000    1.0000
    1.0000    1.0000
```

15．计算误差曲面函数 errsurf( )

利用误差曲面函数可以计算单输入神经元误差的平方和。其调用格式为

Es= errsurf (X, T, W,b,'Tf')

式中，X 为输入向量；T 为目标向量；W 为权值矩阵；b 为偏值向量；'Tf'为传输函数。

16．绘制误差曲面图函数 plotes( )

利用函数 plotes ( )可绘制误差曲面图。其调用格式为

plotes(W,b,Es,v)

式中，W 为权值矩阵；b 为偏值向量；Es 为误差曲面；v 为期望的视角，默认值为[−37.5 30]。

例如，利用以下命令可得如图 2-34 所示的误差曲面图。

```
>>X=[3 2];T=[0.4 0.8];W=-4:0.4:4;b=W;
>>Es=errsurf (X, T, W,b,'logsig');plotes(W,b,Es,[60 30])
```

17．在误差曲面图上绘制权值和偏值的位置函数 plotep ( )

函数 plotep( )在由函数 plotes( )产生的误差性能表面图上画出单输入网络权值 W 与偏差 b 所对应的误差 e 的位置。该函数的调用格式为

h=plotep (W,b,e)

式中，W 为权值矩阵；b 为偏值向量；e 为神经元误差。

例如，利用以下命令可得如图 2-35 所示的权值和偏值在误差曲面图上的位置。

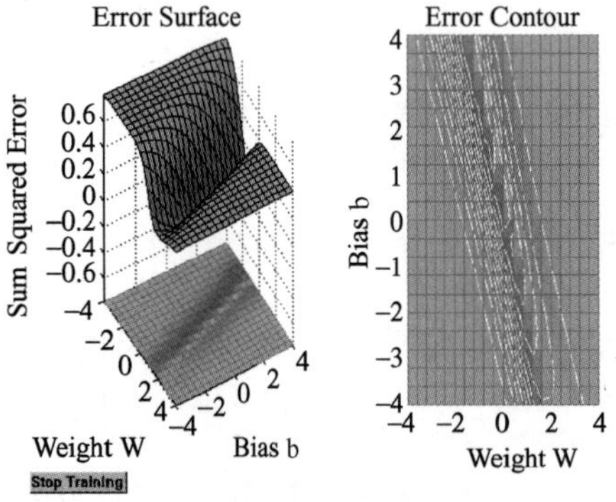

图 2-34　误差曲面图

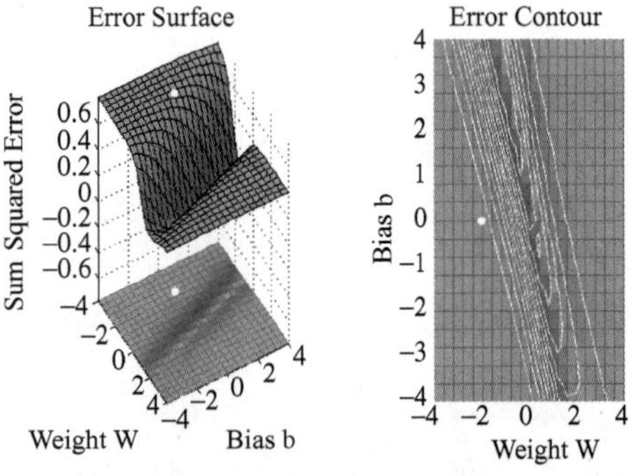

图 2-35　权值和偏值在误差曲面图上的位置

```
>>X=[3 2];T=[0.4 0.8];W=−4:0.4:4;b=W; Es=errsurf (X,T,W,b,'logsig');
>>plotes(W,b,Es,[60 30]),W=-2;b=0; e=sumsqr(T-simuff(X,W,b,'logsig'));plotep(W,b,e)
```

18．绘制误差平方和对训练次数的曲线函数 ploterr( )

函数 ploterr(e)绘制误差 e 的行向量对训练次数的曲线，纵轴为对数形式。总的训练次数

比误差 e 的长度要小 1。误差 e 中的第一个元素是训练前（次数为 0）的初始网络误差。函数 ploterr(e,g)绘制误差 e 的行向量并用水平点线来标志误差 g。

19．绘制误差的直方图函数 barerr( )

函数 barerr(e)可绘制每对输入/目标向量误差 e 平方和的直方图。

例 2-22　设计一个两层 BP 神经网络，并训练它来识别 0,1,2,…,9,A,…,F。这 16 个十六进制数已经被数字成像系统数字化了，其结果是对应每个数字有一个 5×3 的布尔量网络。例如，0 用 $\begin{bmatrix}1&1&1\\1&0&1\\1&0&1\\1&0&1\\1&1&1\end{bmatrix}$ 表示；1 用 $\begin{bmatrix}0&1&0\\0&1&0\\0&1&0\\0&1&0\\0&1&0\end{bmatrix}$ 表示；2 用 $\begin{bmatrix}1&1&1\\0&0&1\\0&1&0\\1&0&0\\1&1&1\end{bmatrix}$ 表示，等等，如图 2-36 所示。

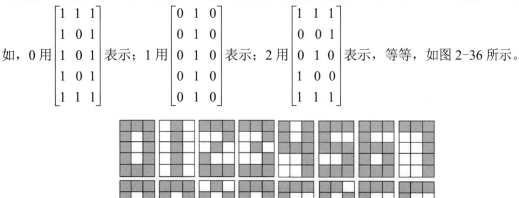

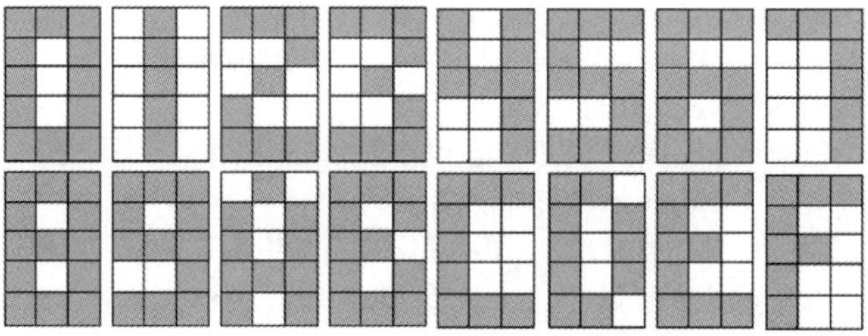

图 2-36　16 个十六进制数对应的 5×3 布尔量网络

解： 将这 16 个含 15 个布尔量网络元素的输入向量定义成一个 15×16 维的输入矩阵 X，X 中每一列的 15 个元素对应一个数字量按列展开的布尔量网络元素。例如，X 中第一列的 15 个元素$[1\ 1\ 1\ 1\ 1\ 1\ 0\ 0\ 0\ 1\ 1\ 1\ 1\ 1\ 1]^T$对应 16 个十六进制数中的 0。目标向量也被定义成一个 4×16 维的目标矩阵 T。其每一列的 4 个元素对应一个数字量，这 16 个数字量用其所对应的十六进制值表示。例如，用$[0\ 0\ 0\ 0]^T$表示 0；用$[0\ 0\ 0\ 1]^T$表示 1；用$[0\ 0\ 1\ 0]^T$表示 2，等等。

为了识别这些以 5×3 布尔量网络表示的十六进制数，所设计的网络需要有 15 个输入，在输出层需要有 4 个神经元来识别它，隐含层（对应 MATLAB 工具箱中的第一层）设计 9 个神经元。激活函数选择 Log-Sigmoid 型传输函数，因为它的输出范围（0～1）正好适合在学习后输出布尔值。由于十六进制数的表示有时会受到噪声的污染，使布尔量网络元素发生变化，故为了能排除噪声的干扰，顺利地识别 16 个十六进制数，必须设计高性能的神经网络。

方法一：根据 initff( )函数编写的 MATLAB 程序为

```
%ex2_22_1.m
%定义用5×3布尔量网络表示的16个十六进制数0,1,2,…,9,A,…,F
X0=[1 1 1;1 0 1;1 0 1;1 0 1;1 1 1];X1=[0 1 0;0 1 0;0 1 0;0 1 0; 0 1 0];
X2=[1 1 1;0 0 1;0 1 0;1 0 0;1 1 1]; X3=[1 1 1;0 0 1;0 1 0;0 0 1;1 1 1];
X4=[1 0 1;1 0 1;1 1 1;0 0 1;0 0 1]; X5=[1 1 1;1 0 0;1 1 1;0 0 1;1 1 1];
X6=[1 1 1;1 0 0;1 1 1;1 0 1;1 1 1]; X7=[1 1 1;0 0 1;0 0 1;0 0 1;0 0 1];
X8=[1 1 1;1 0 1;1 1 1;1 0 1;1 1 1]; X9=[1 1 1;1 0 1;1 1 1;0 0 1;1 1 1];
XA=[0 1 0;1 0 1;1 0 1;1 1 1;1 0 1]; XB=[1 1 1;1 0 1;1 1 0;1 0 1;1 1 1];
XC=[1 1 1;1 0 0;1 0 0;1 0 0;1 1 1]; XD=[1 1 0;1 0 1;1 0 1;1 0 1;1 1 0];
```

```
XE=[1 1 1;1 0 0;1 1 0;1 0 0;1 1 1]; XF=[1 1 1;1 0 0;1 1 0;1 0 0;1 0 0];
%将每个用5×3布尔量网络表示的数按列表示，生成输入矩阵X
X=[X0(:) X1(:) X2(:) X3(:) X4(:) X5(:) X6(:) X7(:) X8(:) X9(:) XA(:) XB(:) XC(:) XD(:) XE(:) XF(:)];
%定义每个十六进制数对应的目标向量，生成目标矩阵T
T0=[0;0;0;0];T1=[0;0;0;1];T2=[0;0;1;0];T3=[0;0;1;1];
T4=[0;1;0;0];T5=[0;1;0;1];T6=[0;1;1;0];T7=[0;1;1;1];
T8=[1;0;0;0];T9=[1;0;0;1];TA=[1;0;1;0];TB=[1;0;1;1];
TC=[1;1;0;0];TD=[1;1;0;1];TE=[1;1;1;0];TF=[1;1;1;1];
T=[T0 T1 T2 T3 T4 T5 T6 T7 T8 T9 TA TB TC TD TE TF];
%建立网络
[R,N1]=size(X);[S2,N1]=size(T);S1=9;
[W1,b1,W2,b2]=initff(X,S1,'logsig',T,'logsig');
[y1,y2]=simuff(X,W1,b1,'logsig',W2,b2,'logsig');
%利用不含噪声的理想输入数据训练网络
disp_freq=20; max_epoch=5000;         %显示间隔与训练时间
err_goal=0.0001; mc=0.95;             %训练目标误差与动量参数
tp=[disp_freq max_epoch err_goal NaN NaN NaN mc];
[W1,b1,W2,b2,te,tr]=trainbpx(W1,b1,'logsig',W2,b2,'logsig',X,T,tp);
[y1,y2]=simuff(X,W1,b1,'logsig',W2,b2,'logsig');
%为使网络对输入有一定的容错能力，再利用不含和含有噪声的输入数据训练网络
max_epoch=500; err_goal=0.6; T1=[T T T T];tp=[disp_freq   max_epoch   err_goal];
for i=1:10
    X1=[X X (X+randn(R,N1)*0.1) (X+randn(R,N1)*0.2)];
    [W1,b1,W2,b2,te,tr]=trainbpx(W1,b1,'logsig',W2,b2,'logsig',X1,T1,tp);
end
[y1,y2]=simuff(X1,W1,b1,'logsig',W2,b2,'logsig');
%为了保证网络总能够正确对理想输入信号进行识别，再次用理想信号进行训练
disp_freq=20; max_epoch=5000;err_goal=0.001; tp=[disp_freq max_epoch err_goal];
[W1,b1,W2,b2,te,tr]=trainbpx(W1,b1,'logsig',W2,b2,'logsig',X,T,tp);
X1=X(:,2:2:16);                       %定义网络输入为十六进制数1,3,5,7,9,B,D,F
y=simuff(X1,W1,b1,'logsig',W2,b2,'logsig')
```

结果显示为

```
y =
    0.0000   0.0000   0.0000   0.0000   0.9999   1.0000   0.9999   1.0000
    0.0002   0.0000   1.0000   1.0000   0.0001   0.0236   1.0000   1.0000
    0.0008   1.0000   0.0000   1.0000   0.0000   1.0000   0.0000   0.9997
    1.0000   0.9995   0.9985   1.0000   1.0000   0.9964   1.0000   1.0000
```

方法二：根据 newff( )函数也可编写出类似的 MATLAB 程序为 ex2_22_2.m（其具体内容扫二维码获取）。

ex2_22_2

执行程序 ex2_22_2.m 后，其结果显示为

```
y4 =
    0.0000    0.0000    0.0004    0.0000    1.0000    1.0000    1.0000    1.0000
    0.0001    0.0011    0.9992    0.9994    0.0004    0.0000    1.0000    0.9999
    0.0010    0.9993    0.0040    1.0000    0.0000    0.9999    0.0000    1.0000
    1.0000    1.0000    1.0000    1.0000    1.0000    0.9997    1.0000    1.0000
```

2.1.5　径向基神经网络 MATLAB 函数

第 19 讲

MATLAB 神经网络工具箱提供了大量与径向基神经网络相关的工具箱函数，在 MATLAB 工作空间的命令行输入“help radbasis”，便可得到与径向基神经网络相关的函数，进一步利用 help 命令又能得到相关函数的详细介绍。表 2-5 列出了径向基神经网络的重要函数和基本功能。

表 2-5　径向基神经网络的重要函数和基本功能

重要函数	基 本 功 能
dist( )	计算向量间的距离函数
radbas( )	径向基传输函数
solverb( )	设计一个径向基神经网络
solverbe( )	设计一个精确径向基神经网络
simurb( )	径向基神经网络仿真函数
newrb( )	新建一个径向基神经网络
newrbe( )	新建一个严格的径向基神经网络
newgrnn( )	新建一个广义回归径向基神经网络
ind2vec( )	将数据索引向量变换成向量组
vec2ind ( )	将向量组变换成数据索引向量
newpnn( )	新建一个概率径向基神经网络

1．计算向量间的距离函数 dist( )

大多数神经元网络的输入可通过表达式 N=w*X+b 来计算。其中，w，b 分别为权向量和偏差向量。但有一些神经元的输入可由函数 dist( )来计算。dist( )函数是一个欧氏（Euclidean）距离权值函数，可对输入进行加权，得到被加权的输入。一般将两个向量 x 和 y 之间的欧氏（Euclidean）距离 *D* 定义为 *D*=sun((x−y).^2).^0.5。函数 dist( )的调用格式为

D=dist(W,X)　或　D=dist(pos)

式中，W 为 S×R 权值矩阵；X 为 R×Q 输入矩阵；D 为 S×Q 的输出距离矩阵，其中含有 W 的权值（行）向量和 X 的输入（列）向量的向量距离。D=disk(pos)函数也可以作为一个阶层的距离函数，用于查找某一层神经网络中的所有神经元之间的欧氏距离，函数也返回一个距离矩阵。例如：

```
>>w=rand(4,3);X=rand(3,1);d=dist(w,X)
```

2．径向基传输函数 radbas( )

径向基函数神经元的传输函数为 radbas( )，RBF 网络的输入与前面介绍的神经网络的表

达式有所不同。其网络输入为权值向量 W 与输入向量 X 之间的向量距离乘以偏值 b，即 d=radbas(dist(W,X)*b)。该函数的调用格式为

a=radbas(N) 或 a=radbas(Z,b) 或 radbas (P)

函数 radbas(N)将径向基传输函数作用于网络输入矩阵 N 的每一个元素，返回网络输入向量 N 的输出矩阵 a；函数 radbas(Z,b)用于向量是成批处理且偏差存在的情况下，此时的偏差 b 和加权输入矩阵 Z 是分开传输的，偏差向量 b 与 Z 中的每个向量进行元素相乘，形成网络输入矩阵，函数 radbas( )作用于网络输入矩阵的每个元素；函数 radbas(P)包含传输函数的特性名并返回问题中的特性。如下的特性可从任何传输函数中获得：

（1）delta——与传输函数相关的 delta 函数；

（2）init——传输函数的标准初始化函数；

（3）name——传输函数的全称；

（4）output——包含有传输函数最小、最大值的二元向量。

例如，利用以下命令可得如图 2-37 所示的径向基传输函数。

```
>>n= -5:0.1:5;a=radbas(n);plot(n,a)
```

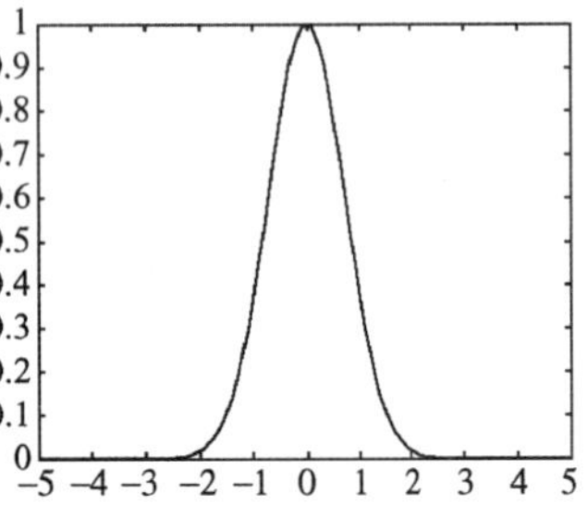

图 2-37　径向基传输函数

3．设计一个径向基网络函数 solverb( )

径向基神经网络是由一个径向基神经元隐含层和一个线性神经元输出层组成的两层神经网络。径向基神经网络不仅能较好地拟合任意不连续的函数，而且能用快速的设计来代替训练。利用函数 solverb( )设计的径向基神经网络，因在建立网络时预先设置了目标参数，故它同时也完成了网络的训练，即可以不经过训练，直接使用。该函数的调用格式为

[W1,b1,W2,b2,nr,dr]=solverb(X,T,dp)

式中，X 为输入向量；T 为目标向量；dp 是设计参数，可以默认，其中 dp(1)显示间隔次数，默认值为 25；dp(2)为最大的神经元数，默认值为 1000；dp(3)为目标误差，默认值为 0.02；dp(4)为径向基层的散布，默认值为 1.0；W1 和 b1 为网络的径向基神经元隐含层的权值和偏值；W2 和 b2 为网络的输出层的权值和偏值；nr 为径向基函数网络中 radbas 层的神经元个数；dr 为设计误差。

4．设计一个精确径向基网络函数 solverbe( )

函数 solverbe( )产生一个与输入向量 X 一样多的隐含层径向基神经网络，因而网络对设计的输入/目标向量集误差为 0。该函数的调用格式为

[W1,b1,W2,b2]=solverbe(X,T,sc)

式中，X 为输入向量；T 为目标向量；sc 是径向基网络函数的宽度，即函数顶点 1～0.5 的距离，默认值为 1；W1 和 b1 为网络的径向基神经元隐含层的权值和偏值；W2 和 b2 为网络的输出层的权值和偏值。

5．径向基网络仿真函数 simurb( )

径向基网络设计和训练好以后便可对网络进行仿真。其调用格式为

y=simurb(X,W1,b1,W2,b2)

式中，X 为输入向量；W1 和 b1 为网络的径向基神经元隐含层的权值和偏值；W2 和 b2 为网

络的输出层的权值和偏值；y 为网络输出。

例 2-23 利用径向基网络完成函数逼近。

解： 根据神经网络函数编写的程序 ex2_23.m 为

```
%ex2_23.m
X=-1:0.1:1;T=sin(pi*X);        %提供训练集和目标值
plot(X,T,'+');
%建立网络
disp_freg=10;                  %显示间隔
max_neuron=100;                %最多的神经元数
err_goal=0.02;                 %目标误差
sc=1;                          %径向基函数的分布常数
dp=[disp_freg max_neuron err_goal sc];
[W1,b1,W2,b2]=solverb(X,T,dp);
X1=0.5;y=simurb(X1,W1,b1,W2,b2)
```

利用以上程序可得如图 2-38 所示的训练后的输出与目标值及结果

y =

    0.9977

本例采用径向基函数网络来完成函数逼近任务，将结果与 BP 网络及改进 BP 算法的前向网络的训练结果进行比较后，发现径向基函数网络所用的时间最短。

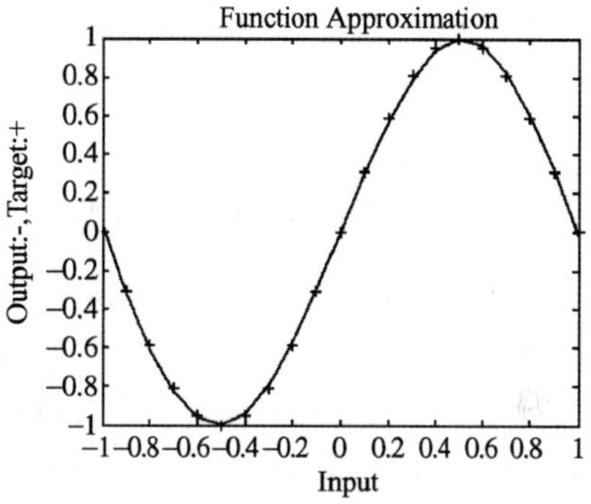

图 2-38 训练后的输出与目标值

6. 新建一个径向基网络函数 newrb( )

利用函数 newrb( )可以新建一个径向基神经网络。其调用格式为

[net,tr]=newrb(X,T,GOAL,SPREAD,MN,DF)

式中，X 为 Q 组输入向量；T 为 Q 组目标向量；GOAL 为均方误差，默认值为 0；SPREAD 为径向基函数的扩展速度，默认值为 1；MN 为神经元的最大数目，默认值为 Q；DF 为两次显示之间所添加的神经元数目，默认值为 25；net 为生成的网络。利用函数 newrb( )新建的径向基神经网络，也可以不经过训练，直接使用。

例 2-24 利用径向基网络实现函数逼近。

解： 根据神经网络函数编写的程序 ex2_24.m 为

```
%ex2_24.m
%给定要逼近的函数样本
X=-1:0.1:1;T=sin(X*pi);
%径向基传输函数及其加权和
n=-3:0.1:3;a1=radbas(n);a2=radbas(n-1.5);a3=radbas(n+2);
a=a1+1*a2+0.5*a3;figure;plot(n,a1,n,a2,n,a3,n,a,'x');
net=newrb(X,T,0.02,1);                 %建立网络
X1=-1:0.01:1;y=sim(net,X1);            %仿真网络
figure;plot(X1,y,X,T,'+');             %绘制网络预测输出及其误差
```

执行结果如图 2-39 和图 2-40 所示。

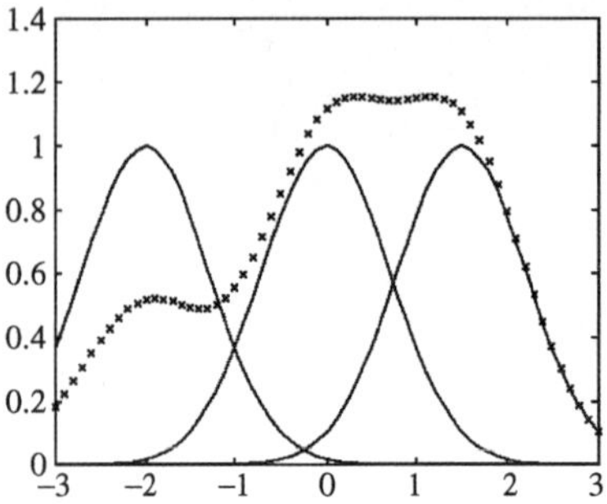

图 2-39 径向基传输函数及其加权和

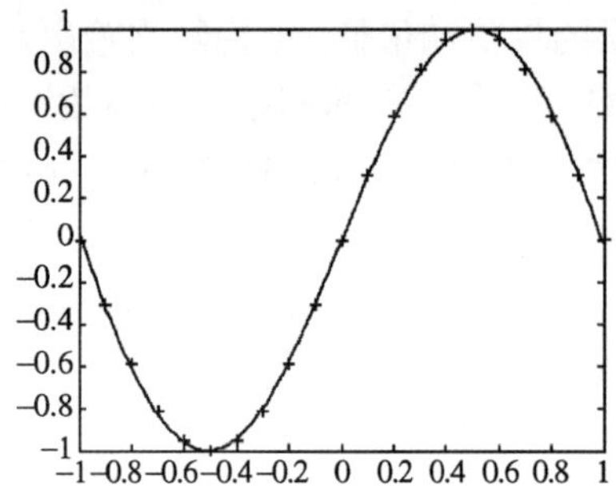

图 2-40 仿真结果及原始样本分布

利用函数 newrb( )建立的径向基网络能够在给定的误差目标范围内找到能解决问题的最小网络，但并不等于径向基网络就可以取代其他前馈网络。这是因为径向基网络很可能需要比 BP 网络多得多的隐含层神经元来完成工作。BP 网络使用 sigmoid( )函数，这样的神经元有很大的输入可见区域。而径向基网络使用的径向基函数，输入空间区域很小。这就导致了在实际需要的输入空间较大时，需要很多的径向基神经元。

7．新建一个严格的径向基网络函数 newrbe( )

利用函数 newrbe( )可以新建一个严格的径向基神经网络。其调用格式为

net=newrbe(X,T,SPREAD)

式中，X 为 Q 组输入向量；T 为 Q 组目标向量；SPREAD 为径向基函数的扩展速度，默认值为 1；net 为生成的网络。利用函数 newrbe( )新建的径向基神经网络，也可以不经过训练，直接使用。

例如，建立一个径向基网络，可利用以下命令：

```
>>X=[1 2 3];T=[2.0 4.1 5.9];net=newrbe(X,T);y=sim(net,X)
```

结果显示为

```
y =
    2.0000    4.1000    5.9000
```

8．新建一个广义回归径向基网络函数 newgrnn( )

广义回归径向基网络 GRNN 是径向基网络的一种变化形式，由于训练速度快，非线性映射能力强，因此经常用于函数逼近，利用函数 newgrnn( )可以新建一个广义回归径向基神经网络。其调用格式为

net=newgrnn(X,T,SPREAD)

式中，X 为 Q 组输入向量；T 为 Q 组目标向量；SPREAD 为径向基函数的扩展速度，默认值为 1；net 为生成的网络。SPREAD 对 GRNN 网络的性能产生重要的影响。从理论上讲，SPREAD 越小，对函数的逼近越精确，但是逼近过程越不平滑；SPREAD 越大，逼近过程越平滑，但是逼近误差会比较大。利用函数 newgrnn( )新建的广义回归径向基神经网络，也可以不经过训练，直接使用。

例如，建立一个广义回归径向基网络，可利用以下命令：

```
>>X=[1 2 3];T=[2.0 4.1 5.9];net= newgrnn(X,T,0.1);y=sim(net,X)
```

结果显示为

```
y =
    2.0000    4.1000    5.9000
```

9．将数据索引向量变换成向量组函数 ind2vec( )

函数 ind2vec( )的调用格式为

vec=ind2vec(ind)

式中，ind 为 n 维数据索引行向量；vec 为 m 行 n 列的稀疏矩阵，每列只有一个 1，矩阵的行数 m 等于向量 ind 中所有分量的最大值，矩阵中的第 i 个列向量，除了由 ind 中第 i 个分量的值指定的位置为 1 外，其余元素为 0。例如：

```
>>ind=[1 3 2 3];vec=ind2vec(ind)
```

结果显示为

```
vec =
     (1,1)        1
     (3,2)        1
     (2,3)        1
     (3,4)        1
```

可以看出，结果应该为一个 3×4 的矩阵。其中，(x,y)是与数据索引行向量中各元素的值和位置相对应的，仅位于 x 行 y 列的元素为 1，其余元素均为 0。

10．将向量组变换成数据索引向量函数 vec2ind( )

函数 vec2ind( )与函数 ind2vec( )互为逆变换。函数 vec2ind( )的调用格式为

ind=vec2ind(vec)

式中，vec 为 m 行 n 列的稀疏矩阵，vec 中的每个列向量，除仅包含一个 1 外，其余元素为 0；ind 为 n 维行向量，向量 ind 中分量的最大值为 m。例如：

```
>>ind=[1 3 2 3];vec=ind2vec(ind);ind=vec2ind(vec)
```

结果显示为

```
ind =
     1   3   2   3
```

11．新建一个概率径向基网络函数 newpnn( )

概率径向基网络 PNN 也是径向基网络的一种变化形式，具有结构简单、训练速度快等特点，应用范围非常广泛，特别适合解决模式分类问题。在模式分类中，它的优势在于可以利用线性学习算法来完成以往非线性算法所做的工作，同时又可以保持非线性算法高精度的特点，利用函数 newpnn( )可以新建一个概率径向基神经网络。其调用格式为

net=newpnn(X,T,SPREAD)

式中，X 为 Q 组输入向量；T 为 Q 组目标向量；SPREAD 为径向基函数的扩展速度，默认值为 1；net 为生成的网络。利用函数 newpnn( )新建的概率径向基神经网络，也可以不经过训练，直接使用。

例如，建立一个概率径向基网络，可利用以下命令：

```
>>X=[1  2  3  4  5  6  7];       %定义一个一维输入向量
>>Tc=[1  2  3  2  2  3  1];      %定义输入向量中这些元素所属的类别
>>plotvec(X,Tc);                 %利用不同颜色绘制输入向量各元素的类别
>>T=ind2vec(Tc);                 %将类别向量转换为 PNN 可以使用的目标向量 T
>>net=newpnn(X,T);               %生成 PNN 网络
```

```
>>Y=sim(net,X)              %根据输入 X 计算 PNN 网络的输出 Y
>>Yc=vec2ind(Y)             %将分类结果转换为易识别的类别向量 Yc
```

结果显示为

Y = (1,1) 1 (2,2) 1 (3,3) 1 (2,4) 1 (2,5) 1 (3,6) 1 (1,7) 1	Yc = 1 2 3 2 2 3 1

第 20 讲

2.1.6 自组织神经网络 MATLAB 函数

自组织神经网络是神经网络领域中最吸引人的话题之一。这种结构的网络能够从输入信息中找出规律及关系，并且根据这些规律来相应地调整均衡网络，使得以后的输出与之相适应。自组织竞争神经网络能够识别成组的相似向量，常用于进行模式分类。自组织特征映射神经网络不但能够像自组织竞争神经网络一样学习输入的分布情况，而且可以学习进行训练神经网络的拓扑结构。在 MATLAB 神经网络工具箱中，自组织网络被分为自组织竞争神经网络和自组织特征映射神经网络两种，在 MATLAB 工作空间的命令行输入“help selforg”，便可得到与自组织网络相关的函数，进一步利用 help 命令又能得到相关函数的详细介绍。表 2-6 列出了自组织神经网络的重要函数和基本功能。

表 2-6 自组织神经网络的重要函数和基本功能

重要函数	基本功能
compet( )	竞争传输函数
nngenc( )	产生一定类别的样本向量
nbdist( )	用向量距离表示的邻域矩阵
nbgrid( )	用栅格距离表示的邻域矩阵
nbman( )	用 Manhattan 距离表示的邻域矩阵
plotsm( )	绘制竞争网络的权值向量
initc( )	初始化竞争神经网络
trainc( )	训练竞争神经网络
simuc( )	仿真竞争神经网络
newc( )	建立一个基本竞争型神经网络
initsm( )	初始化自组织特征映射网络
learnk( )	Kohonen 权值学习规则函数
learnis( )	Instar 权值学习规则函数
learnos( )	Outstar 权值学习规则函数
learnh( )	Hebb 权值学习规则函数
learnhd( )	衰减的 Hebb 权值学习规则函数
learnsom( )	自组织特征映射权值学习规则函数
plotsom( )	绘制自组织特征映射网络的权值向量

续表

重 要 函 数	基 本 功 能
trainsm( )	利用 Kohonen 规则训练自组织特征映射网络
simusm( )	仿真自组织特征映射网络
newsom( )	创建一个自组织特征映射神经网络
dist( )	欧氏距离权值函数
mandist( )	Manhattan 距离权值函数
linkdist( )	Link 距离权值函数
boxdist( )	Box 距离权值函数
midpoint( )	中点权值初始化函数
negdist( )	对输入向量进行加权计算
netsum( )	计算网络输入向量和

1．竞争传输函数 compet( )

函数 compet( )将神经网络输入进行转换，使网络输入最大的神经元输出为 1，而其余的神经元输出为 0。函数 compet( )的调用格式为

Y=compet(X)　或　Y=compet(Z,b)

式中，compet(X)返回的输出向量矩阵 Y，其每一列中仅包含一个 1，位于对应的响应向量在网络输入向量矩阵 X 中有最大值的位置，而其余的元素为 0；compet(Z,b)用于成批处理向量且偏差存在的情况下，偏差向量 b 附加到加权输入矩阵 Z 的每一个向量上，形成网络输入向量矩阵 X，然后利用竞争传输函数将输入向量转换为输出向量矩阵 Y。例如：

```
>>X=[0;0.2;0.6;0.1];y=compet(X),y1=full(y)
```

结果显示为

y = (3,1)　　1	y1 = 0 0 1 0

很明显，输出向量 y 在网络输入向量 X 中的最大元素 0.6 处输出为 1。此处，y 是以稀疏矩阵的形式返回的，这种形式很有效，因为只需存储元素为 1 的位置。用函数 full( )可以查看稀疏矩阵的全部内容，如 y1。

2．产生一定类别的样本向量函数 nngenc( )

函数 nngenc( )的调用格式为

X=nngenc(C,clusters,points,std_dev)

式中，C 指定类中心范围；clusters 指定类别数目；points 指定每一类的样本点的数目；std_dev 指定每一类的样本点的标准差；X 为产生的样本向量。

例如，指定类中心范围为 0～1，类别数目为 5，每一类别有 10 个样本点，每一类样本点的标准差为 0.05。则可利用以下命令得到如图 2-41 所示的

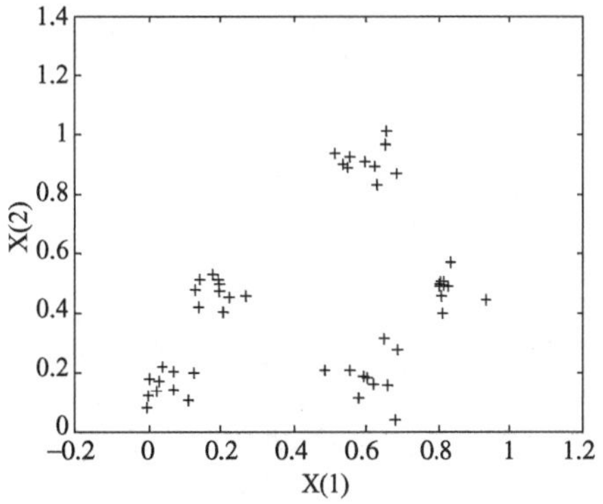

图 2-41　输入样本向量的分布

输入样本向量的分布。

```
>>C=[0 1;0 1];
>>clusters=5;points=10;std_dev=0.05;
>>X=nngenc(C,clusters,points,std_dev);
>>plot(X(1,:),X(2,:),'+r')
```

图 2-41 显示了这些输入样本点的分布情况。这些随机产生的样本向量分成了五类。

3. 用向量距离表示的邻域矩阵函数 nbdist( )

自组织网络中的神经元可以按照任何方式排列，这种排列可以用表示同一层神经元间距离的邻域来描述。该函数的调用格式为

m=nbdist(d) 或 m=nbdist(d1,d2,⋯,d5)

式中，d,d1,d2,⋯,d5 为神经元的个数；m 为网络的邻域。nbdist(d)返回一维排列的 d×d 邻域，表示一维中含有 d 个神经元，其中第 i 行第 j 列的元素表示神经元 i 与神经元 j 之间的距离。nbdist(d1,d2) 返回二维排列的(d1*d2)×(d1*d2)邻域，表示二维中含有 d1* d2 个神经元，其中第 i 行第 j 列的元素表示神经元 i 与神经元 j 之间的距离。nbdist( )函数可用于每层最多有 5 维、最多有 5 层的网络，一般而言，维数越少，收敛越快。例如：

```
>>m=nbdist(2,3)
```

4. 用栅格距离表示的邻域矩阵函数 nbgrid( )

两神经元的栅格距离是指在神经元坐标相减后的向量中，其元素幅值的最大值。该函数的调用格式为

m=nbgrid(d1) 或 m=nbgrid(d1,d2,⋯,d5)

nbgrid( )函数可用于每层最多有 5 维、最多有 5 层的网络，一般而言，维数越少，收敛越快。用法同函数 nbdist( )。

例如，利用以下 MATLAB 命令可产生一个 2×3（6 个神经元）二维排列的邻域

```
>>m=nbgrid (2,3)
```

5. 用 Manhattan 距离表示的邻域矩阵函数 nbman( )

两神经元的 Manhattan 距离是指在神经元坐标相减后的向量中，其元素绝对值之和。该函数的调用格式为

m=nbman(d1) 或 m=nbman(d1,d2,⋯,d5)

6. 绘制竞争网络的权值向量函数 plotsom( )

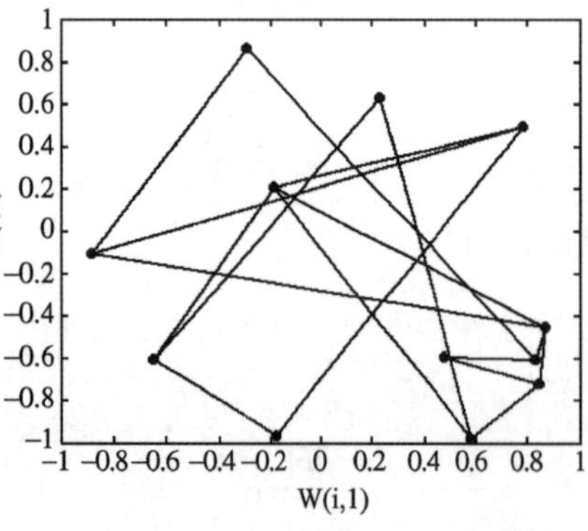

图 2-42 权值图

函数 plotsom(W,M)用于绘制自组织竞争网络的权值图，在每个神经元权向量（行）相应的坐标处画一点，表示相邻神经元权值的点，根据邻阵 M 用实线连接起来，即如果 M(i,j)小于等于 1，则将神经元 i 和 j 用线连接起来。其调用格式为

plotsom(W,M,nd)

例如，对两组输入为 12 个神经元，随机产生权值，可利用以下命令得到如图 2-42 所示的权值图。

```
>>W=rands(12,2); M=nbman(3,4);plotsom(W, M)
```

7. 初始化竞争层函数 initc( )

该函数的调用格式为

w=initc(X,S)

式中，X 为输入向量矩阵，X 的第 i 行中应包含网络输入 i 的所有可能的最小值和最大值，这样权值 w 才能正确地初始化；S 为竞争层神经元数；w 为竞争层的权值。例如，网络有 2 个输入，变化范围分别为[–3,3]和[0,6]，竞争层有 5 个神经元，利用函数 initc( )初始化竞争层权值，可利用以下 MATLAB 命令。

```
>>X=[-3 3;0 6];w=initc(X,5)
```

结果显示为

```
w =
      0     3
      0     3
      0     3
      0     3
      0     3
```

8. 训练竞争层函数 trainc( )

训练竞争层函数 trainc( )对一组输入向量分类，从一组输入向量中随机选取一个向量，然后找出输入最大的神经元，并按 Kohonen 准则修改权值，从而训练竞争层网络。该函数的调用格式为

[W,b]=trainc(w,X,tp)

式中，w 和 W 分别为训练前后的权值矩阵；b 为训练后的偏值向量；X 为输入向量；tp 是训练控制参数，其中 tp(1)为更新显示的样本数，默认值为 25；tp(2)为训练样本的总次数，默认值为 100；tp(3)为学习速率，默认值为 0.01；tp(4)为跟踪性能（从 0 到 1），默认值为 0.999；tp(5)为加权性能（从 0 到 1），默认值为 0.1。

例如，对于一个三维标准化的二元输入向量组，现以每 10 步显示一次，最大训练步数为 500 步，学习速率为 0.1，利用函数 trainc( )训练一个竞争层有三个神经元的竞争网络，可利用以下 MATLAB 命令。

```
>>X=[0.5827 0.6496 -0.7798;0.8127 0.7603 0.6260];
>>w=initc(X,3);w=trainc(w,X,[10 500 0.1])
```

结果显示为

```
w =
    –0.7798      0.6260
     0.5846      0.8112
     0.6310      0.8749
```

输出结果表示，神经元 1 的权向量（权矩阵的第一行）学会了第三个输入向量。神经元 2 的权向量在第一个和第二个输入向量之间，这些向量靠得非常近，所以网络“决定”把它们分为一类，即把它们分给同一个神经元。神经元 3 在这个短期训练过程中，没有靠近任何一个输入向量而赢得权竞争，因而它什么也未学会，变成所谓的“死”神经元。与第一个或第二个输入向量相似的新向量的出现将导致神经元 2 输出一个 1，与第三个输入向量相似的新向量将导致神经元 1 输出 1。

9. 竞争网络仿真函数 simuc( )

一个竞争层包含一层神经元，在任何给定时间，只有网络输入最大的神经元输出为 1，其他的神经元输出为 0。由于竞争层的任何一个输出向量中仅含唯一的非零值，因此该函数返回值是一个稀疏矩阵。该函数的调用格式为

Y=simuc(X,w)

式中，w 为竞争层权值矩阵；X 为输入向量；Y 为网络输出矩阵。

例 2-25　利用函数 trainc( )训练一个输入向量分布在一个二维空间，其变化范围分别为[0 1]和[0 1]，用来区分 5 种模式的竞争神经网络，并对其进行训练和仿真。

解： 根据神经网络函数编写的程序 ex2_25.m 为

```
%ex2_25.m
%产生具有5类样本类别的样本点，并在图中绘制出
C=[0 1;0 1];clusters=5;points=6;std_dev=0.05;
X=nngenc(C,clusters,points,std_dev);
plot(X(1,:),X(2,:),'+r');xlabel('X(1)') ;ylabel('X(2)')
%建立神经元为5的一个自组织竞争神经网络，并求出初始权值
w=initc([0 1;0 1],5);
figure;plot(X(1,:),X(2,:),'+r',w(:,1),w(:,2),'ow');
xlabel('X(1),w(1)') ;ylabel('X(2),w(2)')
%训练神经网络
df=20;                                  %显示间隔
me=500;                                 %训练步数
lr=0.1;                                 %学习速率
tp=[df me lr];w=trainc(w,X,tp);
%对于训练好的网络进行测试
X1=[0;0.2];y=simuc(X1,w)
```

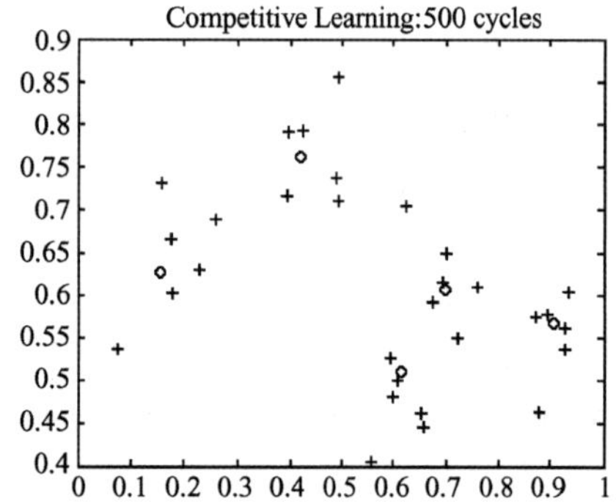

图 2-43　训练后网络权值的分布

利用以上程序可得如图 2-43 所示的训练后网络权值的分布及结果

```
y =
    (3,1)        1
```

从图 2-43 可见，网络经过训练以后，权值得到了调整，调整后的权值分布在各个类的中心位置上。对于需要分类的模式向量[0;0.2]，将其输入到训练好的网络中，网络就可以对其分类。分类结果指出了第(3,1)个神经元发生了响应，它反映了这个输入所属的类别。

10. 建立基本竞争型神经网络函数 newc( )

利用 newc( )函数可建立一个只有一个竞争层的基本竞争型神经网络，其权值函数为 negdist，输入函数为 netsum，传递函数为 compet，初始化函数为 midpoint 或 initcon，训练函数或自适应函数为 trains 和 trainr，学习函数为 learnk 或 learncon。该调用格式为

net=newc(Xr,S,Klr,Clr)

式中，Xr 为一个 R×2 矩阵，决定 R 维输入列向量的最大值和最小值的取值范围；R 为网络的输入数；S 表示神经元的个数；Klr 表示 Kohonen 学习速率，默认值为 0.01；Clr 表示 Conscience 学习速率，默认值为 0.001；net 为生成的基本竞争型神经网络。

例 2-26　利用 newc( )函数建立一个基本竞争型神经网络，训练后对以下向量进行分类。

$$X = \begin{pmatrix} 0.1 & 0.8 & 0.1 & 0.9 \\ 0.2 & 0.9 & 0.1 & 0.8 \end{pmatrix}$$

解：根据神经网络函数编写的程序 ex2_26.m 为

```
%ex2_26.m
X=[0.1 0.8 0.1 0.9;0.2 0.9 0.1 0.8];
net=newc([0 1;0 1],2);net=train(net,X);
y=sim(net,X),yc=vec2ind(y)
```

结果显示

y =	yc =
(1,1)　1 (2,2)　1 (1,3)　1 (2,4)　1	1　2　1　2

可见，网络将输入向量分为两类：一类为比较小的点，如(0.1;0.2)和(0.1;0.1)；另一类为比较大的点，如(0.8;0.9)和(0.9;0.8)。

例 2-27　利用 newc( )函数建立一个输入向量分布在一个二维空间，其变化范围分别为[0 1]和[0 1]，用来区分 5 种模式的基本竞争型神经网络，并对其进行训练和仿真。

解：根据神经网络函数编写的程序 ex2_27.m 为

```
%ex2_27.m
%产生具有5类样本类别的样本点，并在图中绘制出
C=[0 1;0 1];clusters=5;points=10;std_dev=0.05;
X=nngenc(C,clusters,points,std_dev);
plot(X(1,:),X(2,:),'+r');xlabel('X(1)') ;ylabel('X(2)')
%建立神经元为5的一个自组织竞争神经网络，并求出初始权值
net=newc([0 1;0 1],5,0.1);
w=net.iw{1};                    %初始权值
%训练神经网络，并设置最大训练步数为7
net.trainParam.epochs=7;        %最大训练步数
net=init(net);net=train(net,X);
w1=net.iw{1};                   %训练后的权值
plot(X(1,:),X(2,:),'+r');
xlabel('X(1)') ;ylabel('X(2)')
hold on;plot(w1(:,1),w1(:,2),'ob');hold off
%对于训练好的网络进行测试与使用
X1=[0.6;0.8];y=sim(net,X1)
```

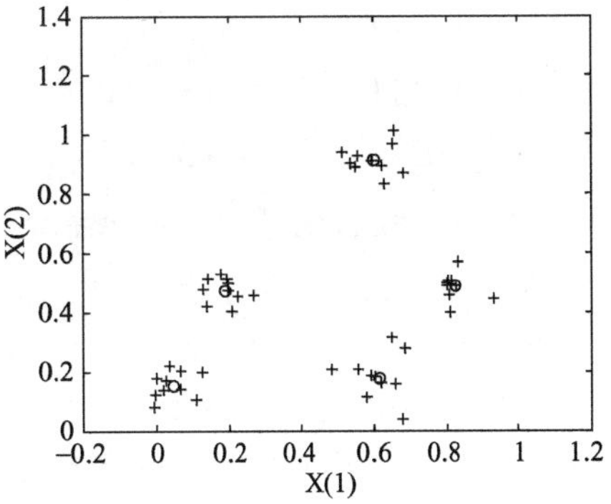

图 2-44　训练后网络权值的分布

利用以上程序可得如图 2-44 所示的训练后网络权值的分布及结果

y =

(4,1)　　1

从图 2-44 可见，网络经过训练以后，权值得到了调整，调整后的权值分布在各个类的中

心位置上。对于需要分类的模式向量[0.6;0.8]，将其输入到训练好的网络中，网络就可以对其分类。分类结果指出了第(4,1)个神经元发生了响应，它反映了这个输入所属的类别。

11．初始化自组织特征映射网络函数 initsm( )

函数 initsm( )用于对自组织特征映射网络的权值进行初始化，因为自组织特征映射网络不需要偏值。该函数的调用格式为

w=initsm(X,S)

式中，X 为输入向量矩阵，X 的第 i 行中应包含网络输入 i 的所有可能的最小值和最大值，这样权值 w 才能正确地初始化；S 为竞争层神经元数；w 为权值。

12．Konohen 权值学习函数 learnk( )

函数 learnk( )根据 Konohen 相关准则计算网络层的权值变化矩阵，其学习通过调整神经元的权值等于当前输入，使神经元存储输入，并用于以后的识别。其数学表达式为$\Delta w(i,j)=\eta(x(j)-w(i,j))$。该函数的调用格式为

[dW,NLS]=learnk(W,X,Z,N,A,T,E,gW,gA,D,LP,LS)

式中，W 为 S×R 维的权值矩阵（或 S×1 维的偏值向量）；X 为 Q 组 R 维的输入向量；Z 为 Q 组 S 维的权值输入向量；N 为 Q 组 S 维的网络输入向量；A 为 Q 组 S 维的输出向量；T 为 Q 组 S 维的目标向量；E 为 Q 组 S 维的误差向量；gW 为 S×R 维的性能参数梯度；gA 为 Q 组 S 维的性能参数的输出梯度；D 为权值的修正量；LP 为学习参数，包括学习速率 LP.lr，默认时学习速率为 0.01；LS 为学习状态，初始值为[ ]； dW 为 S×R 维的权值（或偏值）变化矩阵；NLS 为新的学习状态。

例如，在给定随机输入矩阵 X、输出矩阵 A、权值矩阵 w 和学习速率 LP 后，可根据以下命令计算网络层的权值变化矩阵。

```
>>X=rand(3,2);A=rand(3,2);w=rand(3,3);lp.lr=0.5;
>>dw=learnk(w,X,[],[],A,[],[],[],[],[],lp,[])
```

结果显示

```
dw =
    0.4463      0.4474      0.4207
   –0.1771      0.5722      0.3211
   –0.0387     –0.3100     –0.0416
```

13．Instar 权值学习函数 learnis( )

函数 learnis( )根据 Instar 相关准则计算网络层的权值变化矩阵，其学习用一个正比于神经网络的学习速率来调整权值，学习一个新的向量使之等于当前输入。这样，任何使 Instar 层引起高输出的变化，都会导致网络根据当前的输入向量学习这种变化，最终相同的输入使网络有明显不同的输出。其数学表达式为$\Delta w(i,j)=\eta\, y(i)\,(x(j)-w(i,j))$。该函数的调用格式为

[dW,NLS]=learnis(W,X,Z,N,A,T,E,gW,gA,D,LP,LS)

该函数的用法和各个参数的定义同函数 learnk( )。例如：

```
>>w=eye(3);b=-0.5*ones(3,1);X=[1 0;0 1;1 1];A=hardlim(w*X,b);
>>lp.lr=0.5;dw=learnis(w,X,[],[],A,[],[],[],[],[],lp,[])
```

结果显示

```
dw =
```

```
        0          0    0.5000
        0          0    0.5000
   0.5000     0.5000         0
```

14．Outstar 权值学习函数 learnos( )

函数 learnos( )根据 Outstar 相关准则计算网络层的权值变化矩阵，Outstar 网络层的权值可以看作是与网络层的输入向量一样多的长期存储器。通常，Outstar 层是线性的，允许输入权值按线性层学习输入向量。因此，存储在输入权值中的向量可通过激活该输入而得到。其数学表达式为$\Delta w(i,j)=\eta\,(y(i)-w(i,j))/x(j)$。该函数的调用格式为

[dW,NLS]=learnos(W,X,Z,N,A,T,E,gW,gA,D,LP,LS)

该函数的用法和各个参数的定义同函数 learnk( )。例如：

```
>>X=rand(3,2);A=rand(3,2);w=rand(3,3);lp.lr=0.5;
>>dw=learnos(w,X,[],[],A,[],[],[],[],[],lp,[])
```

结果显示

```
dw =
   -0.0509    0.0496   -0.2044
    0.0706    0.2407    0.1263
    0.1858    0.1844    0.3651
```

15．Hebb 权值学习规则函数 learnh( )

Hebb 在 1943 年首次提出了神经元学习规则。他认为在两个神经元之间连接权值的强度与所连接两个神经元的活化水平成正比。也就是说，如果一个神经元的输入值大，那么其输出值也大，而且输入和神经元之间的权值也相应增大。其原理可表示为$\Delta w(i,j)=\eta * y(i) * x(j)$。由此可看出，第 j 个输入和第 i 个神经元之间权值的变化量与输入 $x(j)$和输出 $y(i)$的乘积成正比。该函数的调用格式为

[dW,NLS]=learnh(W,X,Z,N,A,T,E,gW,gA,D,LP,LS)

该函数的用法和各个参数的定义同函数 learnk( )。例如：

```
>>X=rand(3,2);A=rand(3,2);w=rand(3,3);lp.lr=0.5;
>>dw=learnh(w,X,[],[],A,[],[],[],[],[],lp,[])
```

结果显示

```
dw =
    0.2753    0.2998    0.2730
    0.1407    0.1434    0.1438
    0.2021    0.2289    0.1966
```

16．衰减的 Hebb 权值学习规则函数 learnhd( )

原始的 Hebb 学习规则对权值矩阵的取值未做任何限制，因而学习后权值可取任意值。为了克服这一弊病，在 Hebb 学习规则的基础上增加一个衰减项，即$\Delta w(i,j)=\eta * y(i) * x(j)-\mathrm{dr} * w(i,j)$。衰减项的加入能够增加网络学习的“记忆”功能，能有效地对权值加以限制。衰减系数 dr 的取值应该为[0,1]。当 dr 取为 0 时，就变成原始的 Hebb 学习规则，网络学习不具备“记忆”功能；当 dr 取为 1 时，网络学习结束后权值取值很小，不过网络能“记忆”前几个循环中学习的内容。这种改进算法可利用衰减的 Hebb 权值学习规则函数 learnhd( )来实现。

该函数的调用格式为

[dW,NLS]=learnhd(W,X,Z,N,A,T,E,gW,gA,D,LP,LS)

式中，LP 为学习参数，包括学习速率 LP.lr 和衰减系数 LP.dr，默认时学习速率为 0.01，衰减系数为 0.01。

该函数的用法和其余参数的定义同函数 learnk( )。例如：

```
>>w=eye(3);b=-0.5*ones(3,1);X=[1 0;0 1;1 1];A=hardlim(w*X,b);
>>lp.lr=0.5;lp.dr=0.05;dw=learnhd(w,X,[],[],A,[],[],[],[],[],lp,[])
```

结果显示

```
dw =
    0.4500         0    0.5000
         0    0.4500    0.5000
    0.5000    0.5000    0.9500
```

在 MATLAB 工作空间的命令行输入“help assoclr”，便可得到与 4 种关联学习算法（Hebb 学习规则、Konohen 学习规则、Instar 学习规则和 Outstar 学习规则）相关的函数，进一步利用 help 命令又能得到相关函数的详细介绍。

17．自组织特征映射权值学习函数 learnsom( )

函数 learnsom( )是根据所给出的学习参数 LP 开始的。其正常状态学习速率 LP.order_lr 的默认值为 0.9，正常状态学习步数 LP.order_steps 的默认值为 1000，调整状态学习速率 LP.tune_lr 的默认值为 0.02，调整状态邻域距离 LP.tune_nd 的默认值为 1。在网络处于正常状态和调整状态时，学习速率和邻域尺寸都得到更新。该函数的调用格式为

[dW,NLS]=learnsom(W,X,Z,N,A,T,E,gW,gA,D,LP,LS)

该函数的用法和参数的定义同函数 learnk( )。例如：

```
>>X=rand(2,1);A =rand(4,1);w=rand(4,2); pos=hextop(2,2);D=linkdist(pos);
>>lp.order_lr=0.9; lp.order_steps=1000;          %正常状态学习速率和学习步数
>>lp.tune_lr=0.02; lp.tune_nd=1;                 %调整状态学习速率和邻域距离
>>dW=learnsom(w,X,[],[],A,[],[],[],[],D,lp,[])
```

结果显示

```
dW =
   -0.9046   -0.3596
   -0.3741    0.0777
   -1.1249    0.6372
   -0.4979    0.0382
```

18．绘制自组织特征映射网络的权值向量函数 plotsom( )

函数 plotsom(W,m)可用于绘制自组织特征映射网络的权值图，在每个神经元的权向量（行）相应的坐标处画一点，表示相邻神经元权值的点，根据邻域 m 用实线连接起来。如果 m(i,j)小于或等于 1，则将神经元 i 和 j 用线连接起来。其调用格式为

plotsom(W,m)

式中，W 为权值矩阵；m 为网络邻域。

例如，对两组输入为 12 个神经元，随机产生权值，利用以下命令可得如图 2-45 所示的

权值图。

>>W=rands(12,2); m=nbman(3,4);plotsom(W,m)

19. 利用 Kononen 规则训练自组织特征映射网络函数 trainsm( )

对自组织特征映射网络的权值初始化后，便可应用函数 trainsm( )对网络进行训练，自组织特征映射网络由一层一维或多维的神经元构成。在任何时候，只有网络输入最大的神经元输出为 1，相邻的神经元输出为 0.5，其余所有神经元输出为 0。该函数的调用格式为

W=trainsm (w,m,X,tp)

式中，w 和 W 分别为训练前后的权值矩阵；m 为网络的邻域；X 为输入向量；tp 为训练参数，其作用是设定如何进行训练，其中 tp(1)显示间隔次数，默认值为 25；tp(2)为最大循环次数，默认值为 100；tp(3)为学习速率，默认值为 1。

例如，创建一个具有 100 个元素的输入向量，构造一个排列在 3×3 栅格上由 9 个神经元组成的自组织特征映射网络。可利用以下命令，返回新的权值矩阵如图 2-46 所示。

>>X=rand(2,100);w=initsm(X,9);m=nbman(3,3);

>>W=trainsm(w,m,X,[20,400]);

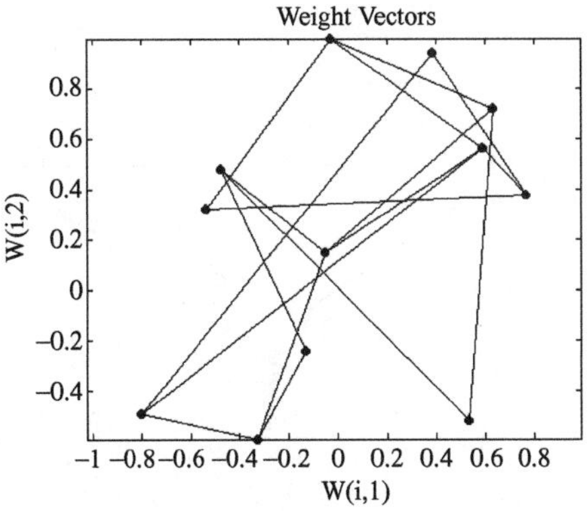

图 2-45　权值图

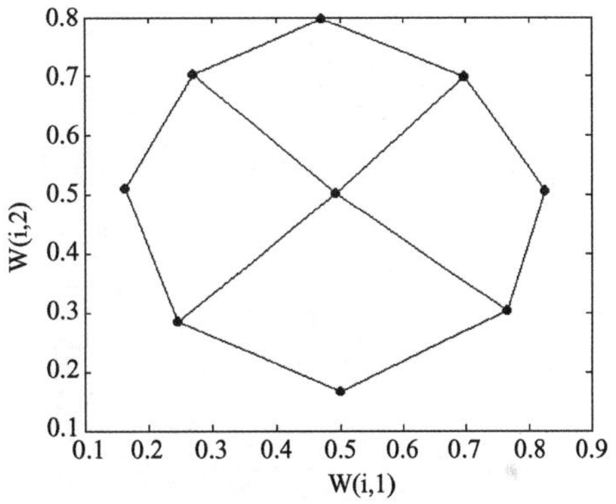

图 2-46　权值矩阵

20. 自组织特征映射网络仿真函数 simusm( )

自组织特征映射网络由分布在一维或多维空间的神经元组成，在任何给定时间，只有网络输入最大的神经元输出为 1，与获胜神经元相邻的神经元输出为 0.5，其余神经元输出为 0。该函数的调用格式为

Y=simusm(X,w,m,n)

式中，w 为竞争层权值矩阵；X 为输入向量；m 为网络的邻域；n 为网络邻元的大小，默认值为 1；Y 为网络输出矩阵。例如：

>>w=initsm([0 2;-5 5],4);m=nbman(1,1);Y=simusm ([2;4],w,m)

结果显示

Y =

(1,1)　　1

例 2-28　建立一个具有 30 个神经元的二维自组织特征映射神经网络对 1000 个二维随机

输入向量分类，并对其进行训练和仿真。

解：根据神经网络函数编写的程序 ex2_28.m 为

```
%ex2_28.m
%随机生成1000个二维向量作为样本，并绘制其分布
X=rands(2,1000);plot(X(1,:),X(2,:),'+r');xlabel('X(1)') ;ylabel('X(2)')
%建立一个5×6结构(30个神经元)的二维自组织映射神经网络，得到初始权值
w=initsm(X,30);m=nbman(5,6);
figure;plotsom(w,m)                          %绘制初始权值的分布图
%训练神经网络，并绘制训练后权值的分布图
df=20; me=100; lr=0.1;                       %显示间隔、训练步数和学习速率
tp=[df me lr];w=trainsm(w,m,X,tp)
%对于训练好的网络进行测试与使用
X1=[0.5;0.3];Y=simusm(X1,w,m)
```

利用以上程序可得如下结果及图 2-47 和图 2-48。

```
y =
    (21,1)        0.5000
    (26,1)        0.5000
    (27,1)        1.0000
    (28,1)        0.5000
```

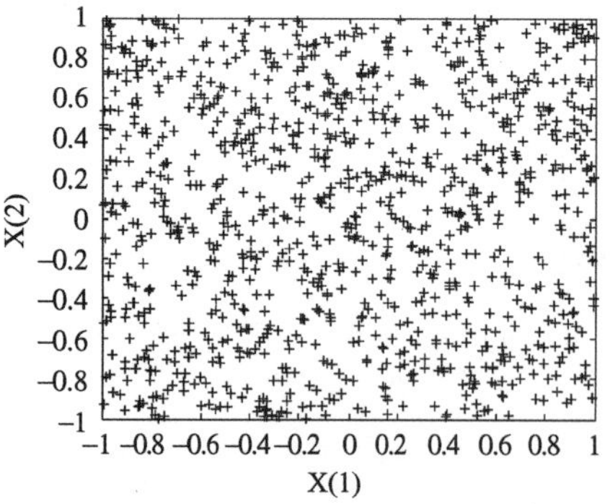

图 2-47　1000 个二维样本向量的分布

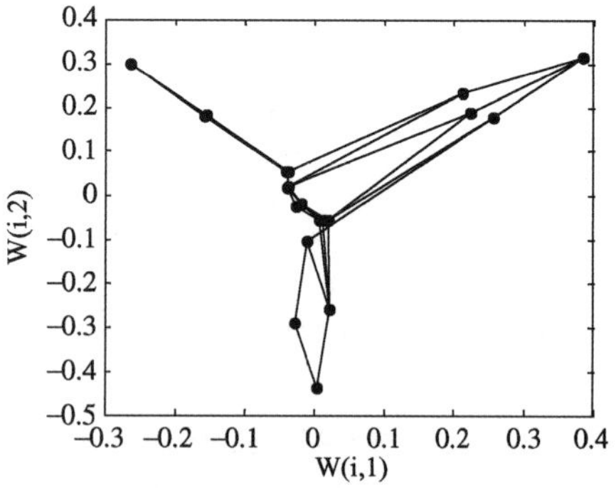

图 2-48　训练后网络权值的分布

21．创建一个自组织特征映射网络函数 newsom( )

利用 newsom( )函数可建立一个自组织特征映射网络。其调用格式为

net=newsom (Xr,[d1,d2,⋯],Tfcn,Dfcn,Olr,Osteps,Tlr,Tns)

式中，Xr 为一个 R×2 矩阵，决定 R 维输入列向量的最大值和最小值的取值范围；R 为网络的输入数；di 为自组织特征映射网络第 i 层的维数，默认值为[5,8]；Tfcn 为结构函数，默认值为'hextop'；Dfcn 为距离函数，默认值为'linkdist'；Olr 为分类阶段学习速率，默认值为 0.9；Osteps 为分类阶段的步长，默认值为 1000；Tlr 为调谐阶段的学习速率，默认值为 0.02；Tns 为调谐阶段的邻域距离，默认值为 1；net 为生成的自组织特征映射神经网络。

利用基本竞争型神经网络进行分类，需要首先设定输入向量的类别总数，再由此确定神经元的个数。但利用自组织特征映射网络进行分类却不需要这样，自组织特征映射网络会自

动将差别很小的点归为一类，差别不大的点激发的神经元位置也是邻近的。

例如，建立一个输入向量分布在一个二维空间，其变化范围分别为[0 2]和[0 1]，网络结构为 3×5 (15 个神经元)的二维自组织特征映射神经网络，可利用命令

>>net=newsom([0 2;0 1],[3 5]);plotsom(net.layers{1}.positions)

执行结果如图 2-49 所示。

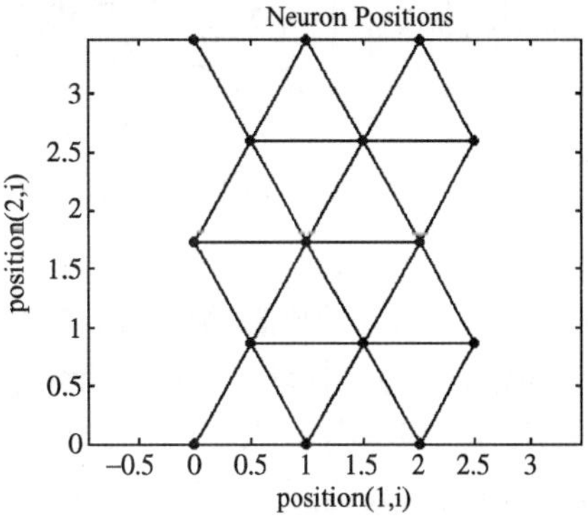

图 2-49　二维自组织特征映射神经网络

例 2-29　利用 newsom( )函数同样建立一个具有 30 个神经元的二维自组织特征映射神经网络来对 1000 个二维随机输入向量分类，并对其进行训练和仿真。

解：根据神经网络函数编写的程序 ex2_29.m 为

```
%ex2_29.m
%随机生成1000个二维向量作为样本，并绘制其分布
X=rands(2,1000);plot(X(1,:),X(2,:),'+r');
xlabel('X(1)'); ylabel('X(2)')
%建立一个5×6结构(30个神经元)的二维自组织特征映射神经网络，得到初始权值
net=newsom([0 1;0 1],[5 6]);
w =net.iw{1,1};                                          %初始权值
plotsom(w,net.layers{1}.distances)                       %绘制初始权值的分布图
%分别对不同的步长训练网络，并绘制权值分布图
for i=10:30:100
    net.trainParam.epochs=i;                             %最大训练步数
    net=train(net,X);
    figure;plotsom(net.iw{1,1},net.layers{1}.distances)  %绘制权值
end
%对于训练好的网络进行测试与使用
X1=[0.5;0.3];y=sim(net,X1)
```

利用以上程序可得如下结果及图 2-50 至图 2-53。

y =

(24,1)　　　1

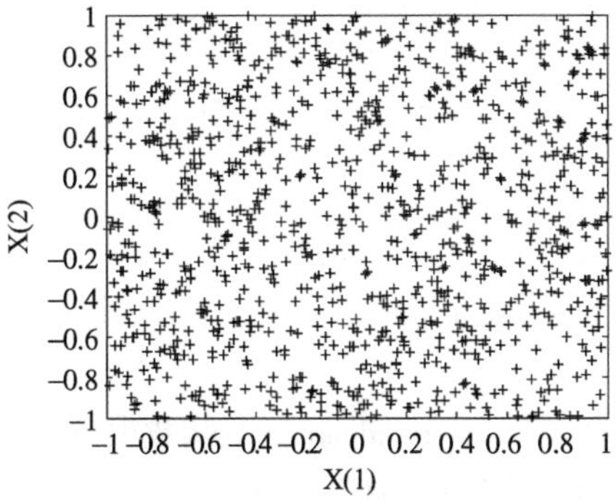

图 2-50　1000 个二维样本向量的分布

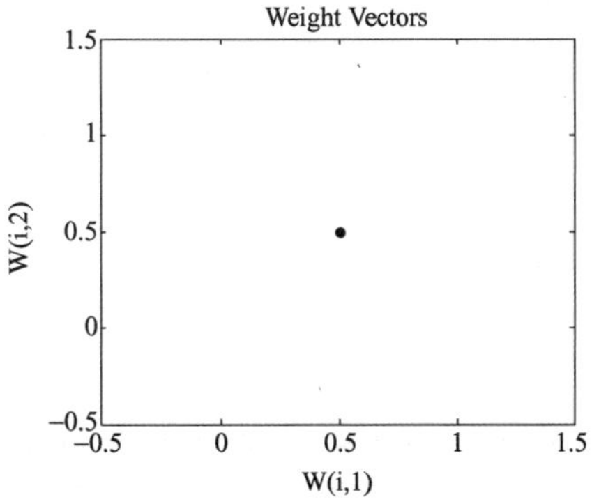

图 2-51　初始权值的分布

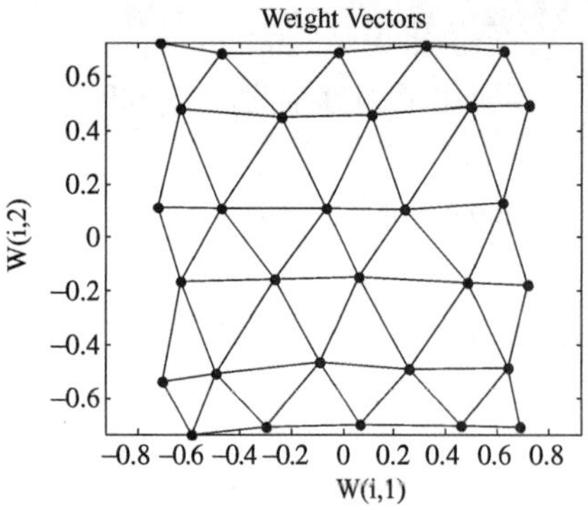

图 2-52　训练 10 步时的权值分布

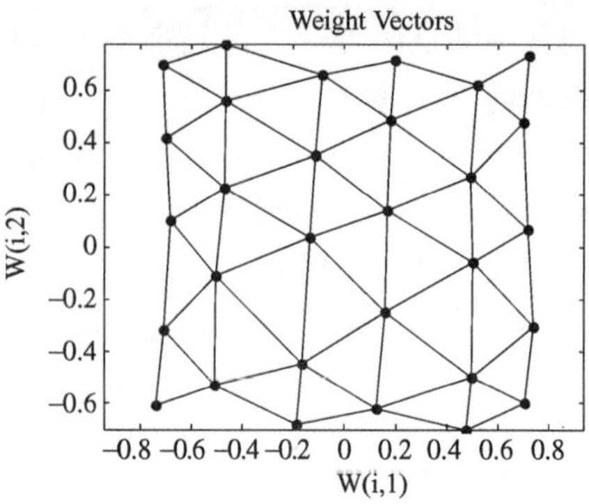

图 2-53　训练 100 步时的权值分布

图 2-50 显示了这些二维随机向量的分布情况；图 2-51 显示了初始权值的分布情况；图 2-52 显示了训练步数为 10 时的权值分布情况；图 2-53 显示了训练步数为 100 时的权值分布情况。由图可知，神经元经过 10 步以后，神经元就已经自组织地分布了，每个神经元就开始能够区分输入空间中的不同区域。随着训练步数的增加，神经元的权值分布更加合理，但当步数达到一定数目以后，这种改变就非常不明显了，如 70 步与 100 步权值分布改变就不明显。

22．欧氏距离权值函数 dist( )

大多数神经元网络的输入可通过表达式 N=w*X+b 来计算。其中，w，b 分别为权向量和偏差向量。但有一些神经元的输入可由函数 dist( )来计算。dist( )函数是一个欧氏（Euclidean）距离权值函数，它对输入进行加权，得到被加权的输入。一般两个向量 x 和 y 之间的欧氏（Euclidean）距离 D 被定义为 D=sum((x−y).^2).^0.5。函数 dist( )的调用格式为

D=dist(W,X) 或 D=dist(pos)

式中，W 为 S×R 权值矩阵；X 为 R×Q 输入矩阵；D 为 S×Q 的输出距离矩阵，其中含有 W 的权值（行）向量和 X 的输入（列）向量的向量距离；D=disk(pos)函数也可以作为一个阶层距离函数，用于查找某一层神经网络中的所有神经元之间的欧氏距离，函数也返回一个距离矩阵。

例如，任意给定输入和权值，利用 dist()函数计算欧氏距离。

```
>>w=[1 2 3];X=[1;2.1;0.9];d=dist(w,X)
```

结果显示

```
d =
    2.1024
```

23．Manhattan 距离权值函数 mandist( )

mandist( )函数是一个 Manhattan 距离权值函数，对输入进行加权，得到被加权的输入。一般两个向量 x 和 y 之间的 Manhattan 距离 d 被定义为 d=sum(abs(x−y))。其调用格式为

d=mandist(w,X) 或 d=mandist(pos)

式中，w 是权值函数；X 为一个输入矩阵；d 为距离矩阵；d=mandisk(pos) 函数也可以作为一个阶层距离函数，用于查找某一层神经网络中的所有神经元之间的 Manhattan 距离，函数也返回一个距离矩阵。

例如，任意给定输入和权值，利用 mandist()函数计算 Manhattan 距离。

```
>>w=rand(4,3);X=rand(3,1);d=mandist(w,X)
```

24．Link 距离权值函数 linkdist( )

linkdist( )函数是一个阶层距离函数，用于查找某一层神经网络中的所有神经元之间的 Link 距离，函数也返回一个距离矩阵。其调用格式为

d=linkdist(Pos)

式中，Pos 为一个阶层矩阵；d 为距离矩阵。

例如，分布在三维空间里的 10 个神经元任意定义一个矩阵，可以利用 linkdisk( )函数查找其距离。

```
>>Pos=rand(3,10);d=linkdist(Pos)
```

25．中点权值初始化函数 midpoint( )

如果竞争层和自组织网络的初始权值选择在输入空间的中间区，则利用该函数初始化权值会更加有效。该函数的调用格式为

w=midpoint(S,Xr)

式中，Xr 为一个 $R\times 2$ 矩阵，决定 R 维输入列向量的最大值和最小值的取值范围；R 为网络的输入数；S 为神经元数；w 为权值。

例如，利用函数 midpoint( )初始化权值的 MATLAB 命令如下。

```
>>Xr=[0 1;-2 2];w=midpoint(3,Xr)
```

26．对输入向量进行加权函数 negdist( )

函数 negdist( )的调用格式为

d=negdist(w,X)

式中，w 是 $S\times R$ 维权值函数；X 为一个 $R\times Q$ 维输入矩阵；d 为 $S\times R$ 维负向量距离矩阵，即 Z=−sqrt(sum(w−X)^2)。例如：

```
>>w=rand(4,3);X=rand(3,1);Z=negdist(w,X)
```

2.1.7　学习向量量化神经网络 MATLAB 函数

第 21 讲

学习向量量化（LVQ）神经网络是在监督状态下对竞争层进行训练的一种学习算法。LVQ 神经网络一般有两层：第一层是竞争层；第二层是将竞争层的分类结果传递到用户定义的目标分类上。竞争层自动学习对输入向量进行分类。但是，竞争层进行的分类只与输入向量之间的距离有关。如果两个输入向量非常近，那么竞争层就很有可能将它们归到一类。LVQ 神经网络还可以通过学习，将输入向量中与目标向量相近的向量分离出来。MATLAB 神经网络工具箱提供了大量与 LVQ 神经网络相关的工具箱函数，在 MATLAB 工作空间的命令行输入“help lvq”，便可得到与 LVQ 神经网络相关的函数，进一步利用 help 命令又能得到相关函数的详细介绍。表 2-7 列出了 LVQ 的重要函数和基本功能。

表 2-7　LVQ 的重要函数和基本功能

重 要 函 数	基 本 功 能
initlvq( )	初始化 LVQ 神经网络
trainlvq( )	训练 LVQ 神经网络

续表

重要函数	基本功能
simulvq( )	仿真LVQ神经网络
newlvq( )	建立一个LVQ神经网络
learnlvq( )	LVQ神经网络学习函数
plotvec( )	用不同的颜色画向量函数

1. LVQ神经网络的初始化函数initlvq( )

利用 initlvq( )函数可建立一个两层（一个竞争层和一个输出层）LVQ 神经网络。其调用格式为

[W1,W2]=initlvq(X,S1,S2) 或 [W1,W2]=initlvq(X,S1,T)

式中，X 为输入向量矩阵，X 的每一行中应包含网络输入的所有可能的最小值和最大值，这样权值才能正确地初始化；S1 为隐含竞争层的神经元数；S2 为线性输出层的神经元数，也可用目标向量 T 来代替，此时输出神经元数 S2 根据 T 中的行数来设置；W1 为网络竞争层的初始权值；W2 为网络输出层的初始权值。另外，T 中的向量反映了类所期望的分布。换句话说，如果期望网络 25%的输入向量出现在 j 类中，则在 T 中 25%的向量除在元素 j 上有一个 1 之外，其余为 0。

2. LVQ神经网络的训练函数trainlvq( )

一个 LVQ 神经网络由一个竞争层和一个线性输出层组成，竞争层的神经元将输入向量分成组，然后由线性输出层组合到期望的类别中。在任何时候，只有一个线性输出神经元具有非零输出 1。这样，如果网络有 5 个输出神经元，则它能把输入向量分成 5 类。训练 LVQ 神经网络函数 trainlvq( )的调用格式为

[W1,W2]= trainlvq(w1,w2,X,T,tp)

式中，w1 和 w2 为网络的初始权值；X 为网络的输入向量矩阵；T 表示网络的目标向量；tp=[disp_freq max_cycle lr]是训练控制参数，包括显示频率（默认值为 25）、最大迭代次数（默认值为 100）和学习速率（默认值为 0.01）；W1 和 W2 为网络训练后的权值。

3. LVQ神经网络的仿真函数simulvq( )

其调用格式为

[y1,y2]=simulvq(X,w1,w2)

式中，X 为网络的输入向量矩阵；w1,w2 分别为网络竞争层和线性输出层的权值；y1,y2 分别为网络竞争层和线性输出层的输出向量。

例 2-30 设计一个学习向量量化网络，根据目标，将输入向量进行模式分类。

解： 一个 LVQ 网络由一个隐含竞争层和一个输出层组成，竞争层的神经元将输入向量分成组，然后由线性输出层组合到期望的类别中。在任何时候，只有一个线性输出神经元具有非零输出 1。根据神经网络函数编写的程序 ex2_30.m 为

```
%ex2_30.m
%指定输入二维向量及其类别并将其转换成网络使用的目标向量，且绘制这些输入向量
X=[-3 -2 -2 0 0 0 0 2 2 3;0 1 -1 2 1 -1 -2 1 -1 0];
C=[1 1 1 2 2 2 2 1 1 1];T=ind2vec(C); plotvec(X,C);
%建立一个学习向量量化网络
S1=4; [W1,W2]=initlvq(X,S1,T)
```

```
figure;plotvec(X,C); hold on; xlabel('X(1),w(1)');ylabel('X(2),w(2)'); hold off;
%训练网络，并绘制权值分布图
disp_freq=20; max_cycle=500; lr=0.05; tp=[disp_freq   max_cycle   lr];
[W1,W2]=trainlvq(W1,W2,X,T,tp);
%对于训练好的网络进行测试与使用
X1=[0.8;0.3];y2=simulvq(X1,W1,W2)
y=vec2ind(y2)
yy=full(y2)                    %y2的全矩阵形式
```

利用以上程序可得图 2-54 和图 2-55 及如下结果。

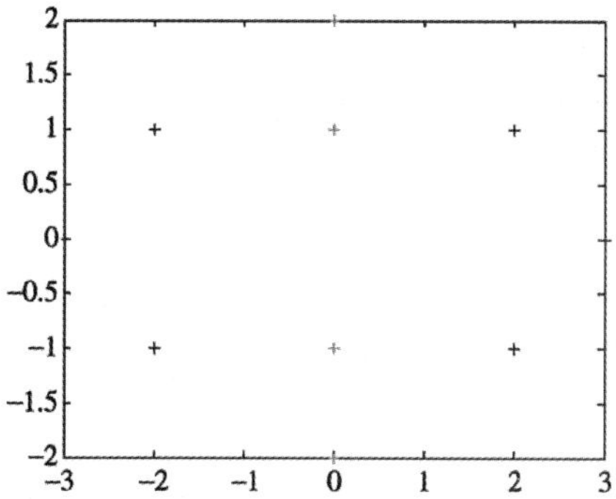

图 2-54　输入向量分布

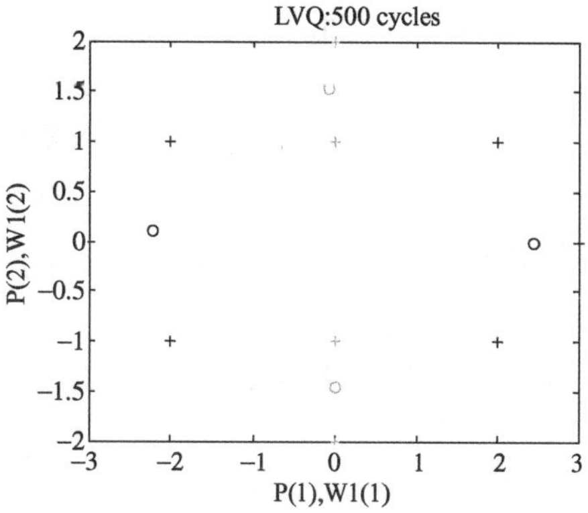

图 2-55　输入向量及训练后的权值分布

y2 =	y =	yy =
(1,1)　　1	1	1 0

结果 y2 是用稀疏矩阵形式（1 行第 1 列的元素为 1）表示的，表明第一个神经元有输出，即输入向量 X1 属于 1 类，与事实相吻合。学习向量量化网络能够对任意输入向量进行分类，不管它们是不是线性可分的。这一点比感知机要优越得多。但需要注意，在竞争层必须要有足够多的神经元，使得每一个类有足够多的竞争神经元。

4．建立一个向量量化神经网络函数 newlvq( )

利用 newlvq( ) 函数可建立一个向量量化（LVQ）神经网络。其调用格式为

net = newlvq(Xr,S1,Pc,Lr, Lf)

式中，Xr 为一个 R×2 矩阵，决定 R 维输入列向量的最大值和最小值的取值范围；R 为网络的输入数；S1 表示隐含层神经元的数目；Pc 表示在第二层的权值中列所属类别的百分比；Lr 表示学习速率，默认值为 0.01；Lf 表示学习函数，默认值为'learnlvq'；net 为生成的 LVQ 神经网络。

例如，建立一个隐含层有 4 个神经元，在第二层的权值中，有 60%的列的第一行值为 1，40%的列的第二行值为 1，即 60%的列属于第一类，40%的列属于第二类，学习速率为 0.1 的向量量化神经网络。

```
>>X=[rand(1,400)*2; rand(1,400)];
>>net=newlvq(minmax(X),4,[0.6 0.4],0.1);w=net.iw{1}
```

结果显示

```
w =
    1.0050    0.5003
    1.0050    0.5003
    1.0050    0.5003
    1.0050    0.5003
```

5．LVQ 神经网络学习函数 learnlvq( )

对 LVQ 网络进行初始化后，即可对其进行学习。LVQ 网络的学习规则是由 Kohonen 学习规则（learnk）发展而来的。在 LVQ 网络中，竞争层的目标向量 T1 可由网络的目标向量 T 和线性层的权值 w1 得到，即 T1=w1'*T。该函数的调用格式为

dw1=learnlvq(w1,X,y1,T1,lr)

式中，w1 为竞争层权值；X 为输入向量矩阵；y1 表示竞争层的输出向量；T1 表示竞争层的目标向量；dw1 为竞争层权值变化矩阵；lr 为学习速率。

6．用不同的颜色画向量函数 plotvec( )

函数 plotvec(X,c,m)包含一个列向量矩阵 X、标记颜色的行向量 c 和一个图形标志 m。X 的每个列向量用图形标志画图。每列向量 X(:,i)的数据颜色为 c(i)。如果 m 默认，则用默认图形标志“+”。例如：

>>x=[0 1;−1 2];c=[1 2];plotvec(x,c)

例 2-31　利用函数 learnlvq( )设计一个学习向量量化网络，根据目标，将输入向量进行模式分类。

解： 根据神经网络函数编写的程序 ex2_31.m 为

```
%ex2_31.m
%指定输入二维向量及其类别并将其转换成网络使用的目标向量，且绘制这些输入向量
X=[-3 -2 -2 0 0 0 0 2 2 3;0 1 -1 2 1 -1 -2 1 -1 0];
C=[1 1 1 2 2 2 2 1 1 1];T=ind2vec(C); plotvec(X,C);
%建立一个学习向量量化网络
net=newlvq(minmax(X),4,[0.6 0.4],0.1)
w=net.iw{1};                                    %初始权值
figure;plotvec(X,C); hold on;
plot(w(1,1),w(1,2),'ow');                       %初始权值分布图
xlabel('X(1),w(1)') ;ylabel('X(2),w(2)');hold off;
%训练网络，并绘制权值分布图
net.trainParam.epochs=150;                      %最大训练步数
net.trainParam.show=Inf;
net=train(net,X,T);
figure;plotvec(X,C);hold on; plotvec(net.iw{1},vec2ind(net.lw{2}),'o')
%对于训练好的网络进行测试与使用
X1=[0.8;0.3];y1=sim(net,X1), y=vec2ind(y1)
```

利用以上程序可得如下结果及图 2-56 和图 2-57 所示的结果。

y1 =	y =
1 0	1

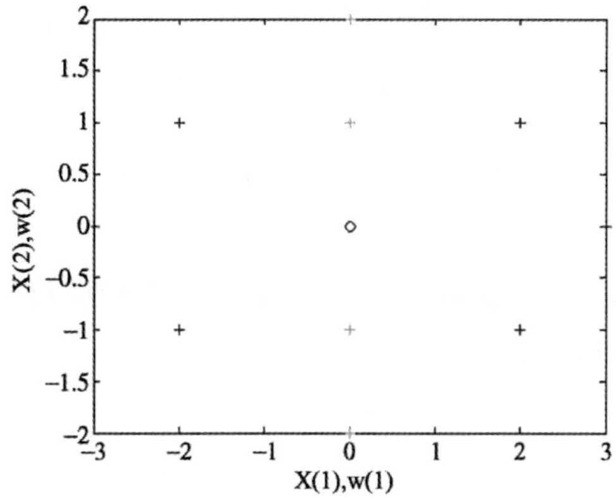

图 2-56　输入向量及初始权值分布

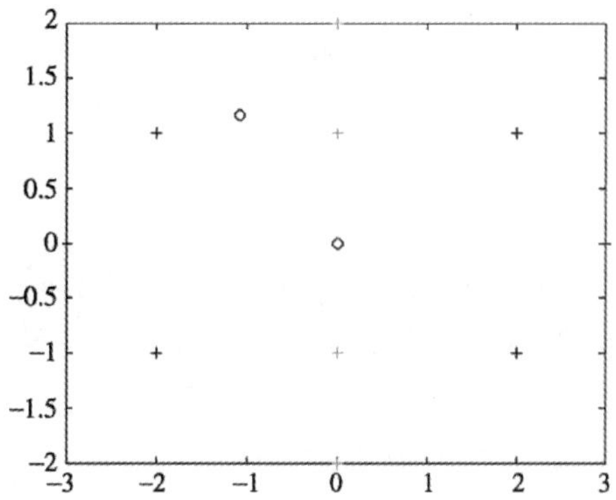

图 2-57　输入向量及训练后的权值分布

结果显示输入向量 X1 属于 1 类，与事实相吻合。

第 22 讲

2.1.8　Elman 神经网络 MATLAB 函数

反馈神经网络又称动态神经网络（Recurrent Network），与前面其他网络的不同在于，反馈网络的输出不仅与当前网络的输入有关，也与网络以前的输出和输入有关。反馈网络以回馈的形式来看有两种：一种是输入有延迟的回馈网络；另一种是输入有延迟而输出有回馈的层回馈网络。反馈网络比较典型的有 Hopfield 网络和 Elman 网络。

Elman 神经网络通常由输入层、隐含层和输出层构成。它存在从隐含层的输出到隐含层输入的反馈。这种反馈连接的结构使其被训练后不仅能够识别和产生空域模式，还能够识别和产生时域模式。MATLAB 神经网络工具箱提供了建立、训练和仿真 Elman 神经网络的有关函数；在 MATLAB 工作空间的命令行输入“help elman”，便可得到与 Elman 神经网络相关的函数，进一步利用 help 命令又能得到相关函数的详细介绍。表 2-8 列出了 Elman 神经网络的重要函数和基本功能。

表 2-8　Elman 神经网络的重要函数和基本功能

重 要 函 数	基 本 功 能
initelm( )	对 Elman 神经网络进行初始化
trainelm( )	训练 Elman 神经网络的权值和偏值
simuelm( )	对 Elman 神经网络进行仿真
newelm( )	生成一个 Elman 神经网络

1．初始化 Elman 神经网络函数 initelm( )

Elman 神经网络是一种回归网络，包含一个 Tansig 隐含层和一个 Purelin 输出层。Tansig 隐含层接收网络输入和自身的反馈；Purelin 输出层从 Tansig 隐含层得到输入。由于 Elman 神经网络是 Sigmoid/Linear 网络，所以能够表达含有限个不连续点的函数。因为它们有一个反馈连接，所以它们也能够用来识别和产生时间模式和空间模式。函数 initelm( )的调用格式为

[W1,b1,W2,b2]=initelm (X,S1,S2) 或 [W1,b1,W2,b2]=initelm (X,S1,T)

式中，X 为一个输入向量矩阵，值得注意的是，X 中的每一行都要包含期望的网络输入最小值和最大值，以便权值和偏值能合理地初始化；S1 为隐含层 Tansig 神经元的数目；S2 为输出层 Purelin 神经元的数目；W1 和 b1 为隐含层的权值和偏值；W2 和 b2 为输出层的权值和偏值。另外，输出层神经元的个数 S2 可以用对应的目标向量 T 来代替，此时输出神经元数根据 T 中的行数来设置。

例如，设计一个隐含层有 3 个神经元，传输函数为 Tansig，输出层有 2 个神经元，传输函数为 Purelin 的两层 Elman 神经网络可利用以下命令。

```
>>X=[sin(0:100);cos([0:100]*2)];[W1,b1,W2,b2]=initelm(X,3,2);
```

2．训练 Elman 神经网络函数 trainelm( )

训练函数 trainelm( )的调用格式为

```
[W1,B1,W2,B2,te,tr]=trainelm(w1,b1,w2 ,b2,X,T,tp)
```

式中，w1,W1 和 b1, B1 分别为训练前后 Tansig 隐含层的权值矩阵和偏值向量；w2,W2 和 b2, B2 分别为训练前后 Purelin 输出层的权值矩阵和偏值向量；te 为实际训练步数；tr 为网络训练平方和的行向量；X 为输入向量；T 为目标向量；tp 是训练控制参数，其作用是设定如何进行训练，其中 tp(1)显示间隔次数，默认值为 5；tp(2)为最大循环次数，默认值为 500；tp(3)为目标误差平方和，默认值为 0.01；tp(4)为学习速率，默认值为 0.001；tp(5)为学习速率增长系数，默认值为 1.05；tp(6)为学习速率减小系数，默认值为 0.7；tp(7)为动量常数，默认值为 0.95；tp(8)为最大误差率，默认值为 1.04。

3．仿真 Elman 神经网络函数 simuelm( )

仿真函数 simuelm( )的调用格式为

```
y=simuelm (X,w1,b1,w2,b2,A1)
```

式中，X 为输入向量；w1,w2 为权值矩阵；b1,b2 为偏值向量；A1 为隐含层的初始输出，可省略；y 为网络输出。

例 2-32　设计一个 Elman 神经网络，用于对输入波形进行振幅检测。

解：根据神经网络函数编写的程序 ex2_32.m 如下。

```
%ex2_32.m
%定义输入信号及目标信号
Time=1:80;X1=sin(1:20);X2=2*sin(1:20);
t1=ones(1,20);t2=2*ones(1,20);X=[X1 X2 X1 X2];T=[t1 t2 t1 t2];
%X=con2seq(P);T=con2seq(t);                    %将矩阵信号转换为序列信号
%绘制输入信号及目标信号曲线
figure;plot(Time,X,'--',Time,T); xlabel('t');ylabel('X,T');
%建立网络，并获得权值和偏值
S1=10;[w1,b1,w2,b2]=initelm(X,S1,T);
%训练网络
df=10; me=5000; tp=[df me];                     %显示间隔，训练步数
figure;[w1,b1,w2,b2]=trainelm(w1,b1,w2,b2,X,T,tp)
%测试网络的性能
y=simuelm(X,w1,b1,w2,b2);
%绘制输出信号及目标信号曲线
figure;plot(Time,y,'--',Time,T); xlabel('t');ylabel('y,T');
```

执行结果可得如图 2-58 和图 2-59 所示的曲线。

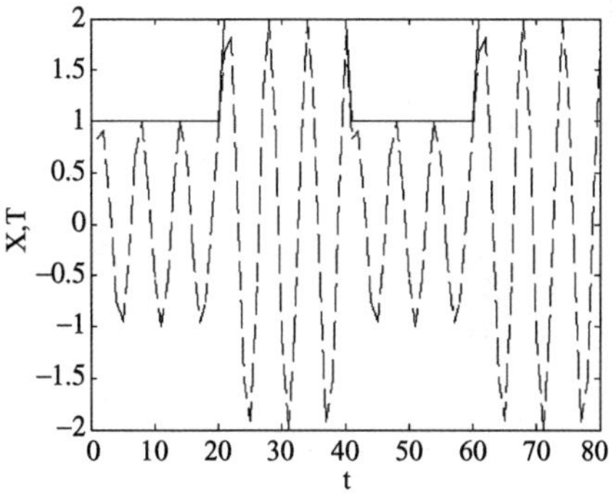

图 2-58　输入信号及目标信号曲线

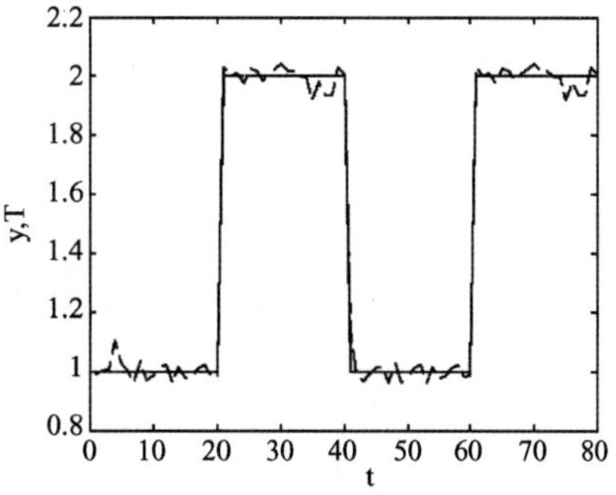

图 2-59　输出信号及目标信号曲线

从图 2-59 所示的曲线可以看出，输出信号在目标信号的两侧有小幅度的振荡，但能跟着输入信号的振幅变化而变化，网络能较好地检测出输入信号的振幅。

4．建立网络函数 newelm( )

利用 newelm( )函数可建立一个 Elman 神经网络，其权值函数采用 dotprod( )，输入函数采用 netsum( )，权值和阈值初始化函数采用 initnw( )，训练函数采用 trains( )，而传递函数和学习函数可指定。其调用格式为

net=newelm(Xr,[S1 S2 ⋯ Sn],{TF1, TF2,⋯, TFn},BTF,BLF,PF)

式中，Xr 为一个 R×2 矩阵，它决定了 R 维输入列向量的最大值和最小值的取值范围，R 为网络的输入数；Si 表示网络的第 i 层神经元数（在 MATLAB 神经网络工具箱中隐含层为第一层，其后依次为第二、三层）；TFi 表示第 i 层的传输函数，默认时为"tansig"；BTF 表示反向传播网络的训练函数，默认时为"traingdx"；BLF 表示网络的反向传播权值或偏值学习函数，默认时为"learngdm"；PF 表示性能分析函数，默认时为"mse"；net 为生成的 Elman 神经网络。

例 2-33　利用 newelm( ) 函数设计一个 Elman 神经网络，对输入波形进行振幅检测。

解：根据神经网络函数编写的程序 ex2_33.m 如下。

```
%ex2_33.m
%定义输入信号及目标信号
Time=1:80;X1=sin(1:20);X2=2*sin(1:20);t1=ones(1,20);t2=2*ones(1,20);
P=[X1 X2 X1 X2];t=[t1 t2 t1 t2];
X=con2seq(P);T=con2seq(t);                        %将矩阵信号转换为序列信号
%绘制输入信号及目标信号曲线
figure;plot(Time,cat(2,X{:}),'--',Time,cat(2,T{:}));
%建立网络，并获得权值和偏值
[R,N]=size(X);[S2,N]=size(T);S1=10;
net=newelm([-2 2],[S1 S2],{'tansig','purelin'},'traingdx');xlabel('t');ylabel('X,T');
%训练网络
net.trainParam.epochs=5000;                        %训练时间
[net,tr]=train(net,X,T);
%测试网络的性能
y=sim(net,X);
%绘制输出信号及目标信号曲线
```

```
figure;plot(Time,cat(2,y{:}),Time,cat(2,T{:}),'--');xlabel('t');ylabel('y,T');
```

执行结果可得如图 2-60 和图 2-61 所示的曲线。

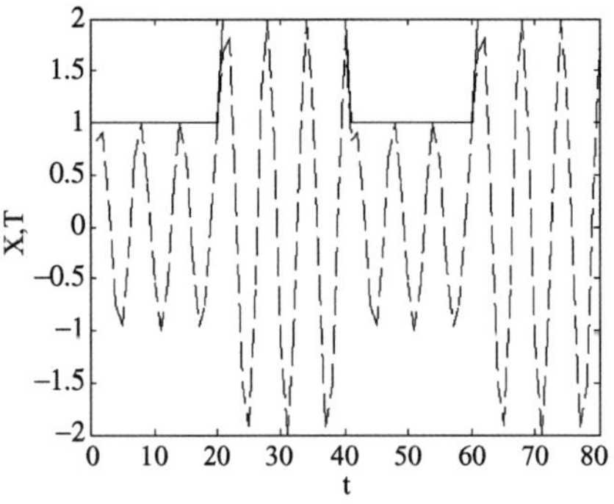

图 2-60　输入信号及目标信号曲线

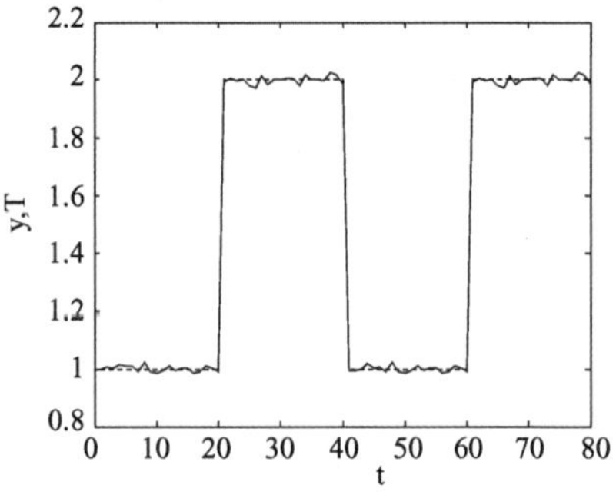

图 2-61　输出信号及目标信号曲线

从图 2-61 所示的曲线可以看出，输出信号在目标信号的两侧也有小幅度的振荡，但与图 2-59 相比，其振幅有所减小。

第 23 讲

2.1.9　Hopfield 神经网络 MATLAB 函数

Hopfield 神经网络常用于存储一个或者多个稳定的目标向量，当向网络提供输入向量时，存储在网络中的接近于输入的目标向量就被唤醒。Hopfield 神经网络设计的目标就是使得网络存储一些特定的平衡点，当给定网络一个初始条件时，网络最后会在这样的点上停下来。由于输出又被反馈到输入，所以一旦网络开始运行，整个网络就是递归的。MATLAB 神经网络工具箱中提供了建立、训练和仿真 Hopfield 神经网络的有关函数。在 MATLAB 工作空间的命令行输入“help hopfield”，便可得到与 Hopfield 神经网络相关的函数，进一步利用 help 命令又能得到相关函数的详细介绍。表 2-9 列出了这些函数的名称和基本功能。

表 2-9　Hopfield 网络的重要函数和基本功能

函　数　名	功　　能
satlin( )	饱和线性传输函数
satlins( )	饱和对称线性传输函数
newhop( )	生成一个 Hopfield 回归网络
solvehop( )	设计一个 Hopfield 回归网络
simuhop( )	仿真一个 Hopfield 回归网络

1．饱和线性传输函数 satlin( )

对饱和线性传输函数，如果输入大于 0 且小于 1，则返回其输入值；如果输入小于 0，则返回 0；如果输入大于 1，则返回 1。因此，satlin 神经元在一定的输入区域内像线性神经元，超出此区域，则像硬特性神经元。该函数的调用格式为

a=satlin(N)　或　a=satlin(Z,b)　或　a=satlin(P)

式中，N 为 Q 组 S 维的网络输入向量。函数 satlin (N)在给定网络的输入向量矩阵 N 时，返回该层的输出向量矩阵 a。当 N 中的元素介于 0～1 之间时，其输出等于输入，在输入值小于 0

时返回 0，大于 1 时返回 1。函数 satlin(Z,b)用于向量是成批处理且偏差存在的情况下，此时的偏差 b 和加权输入矩阵 Z 是分开传输的。偏差向量 b 加到 Z 中的每个向量中形成网络输入矩阵，然后用上述方法转换成输出矩阵。返回的元素 a 是 1 还是 0，取决于网络输入矩阵中的元素。函数 satlin(P)包含传输函数的特性名并返回问题中的特性。如下的特性可从任何传输函数中获得：

（1）delta—与传输函数相关的 delta 函数；

（2）init—传输函数的标准初始化函数；

（3）name—传输函数的全称；

（4）output—包含有传输函数最小、最大值的二元向量。

例如，利用以下命令可得如图 2-62 所示的饱和线性传输函数。

```
>>n=-3:0.1:3;a=satlin(n);plot(n,a)
```

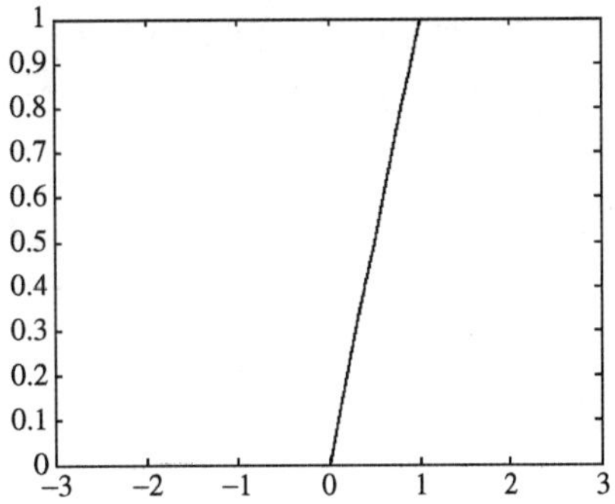

图 2-62　饱和线性传输函数

2．饱和对称线性传输函数 satlins( )

对饱和对称线性传输函数，如果输入大于−1 且小于 1，则返回其输入值；如果输入小于−1，则返回−1；如果输入大于 1，则返回 1。因此，satlins 神经元在一定的输入区域内也像线性神经元，超出此区域，则像硬特性神经元。该函数的调用格式同函数 satlin( )。

3．建立网络函数 newhop( )

Hopfield 神经网络经常被应用于模式的联想记忆中。Hopfield 神经网络仅有一层，其输入用 netsum( )函数，权函数用 dotprod( )函数，传输函数用饱和对称线性 satlins( )函数，层中的神经元有来自它自身的连接权和偏值。该函数的调用格式为

net=newhop(T)

式中，T 为目标向量；net 为生成的神经网络。

例如，利用以下命令可得到一个 Hopfield 网络的每个神经元的权值和偏值。

```
>>T=[1 -1;-1 1];net=newhop(T);W=net.LW{1,1},b=net.b{1,1}
```

结果显示：

```
W =                    | b =
    0.6925   −0.4694   |      0
   −0.4694    0.6925   |      0
```

4．设计网络函数 solvehop( )

Hopfield 神经网络由一系列对称饱和线性神经元组成，神经元的输出通过权矩阵反馈回输入。由任何初始输出向量开始，网络不断修正，直到有一个稳定的输出向量。这些稳定的输出向量被认为是由初始向量调用所唤醒的记忆。设计 Hopfield 网络包括计算对称饱和线性层的权值和偏差，以便目标向量是网络的稳定输出向量。该函数的调用格式为

[w,b]=solvehop(T)

式中，T 为目标向量；w 和 b 为生成的神经网络的权值和偏值。

例如，利用以下命令可得到一个 Hopfield 网络的每个神经元的权值和偏值。

>>T=[1 -1;-1 1]; [w,b]=solvehop(T)

结果显示：

```
W =                          b =
    0.6925   –0.4694             0
   –0.4694    0.6925             0
```

5．网络仿真函数 simuhop( )

Hopfield 神经网络由一层饱和线性神经元组成，神经元的输出通过权矩阵与输入相连。神经元的输出分配给初始状态后，神经元由任何初始输出向量开始，网络不断修正，直到有一个稳定的输出向量，网络可进行任意次的迭代修正。在某些点上，网络达到稳定，新的输出等于以前的输出，最后的输出向量可以看作初始向量的分类。每个 Hopfield 网络都有有限个这样稳定的输出向量。利用 simuhop( )函数可以测试一个 Hopfield 神经网络的性能。该函数的调用格式为

[y,yy]=simuhop(T,w,b,ts)

式中，T 为初始的输出向量；w 和 b 为神经网络的权值和偏值；ts 为迭代次数；y 为输出终值；yy 为在所有仿真点的输出值矩阵。

例如，利用以下命令可用目标向量 T 来测试其是否被存储在网络中，即将目标向量作为输入。

>>T=[1 -1;-1 1]; [w,b]=solvehop(T);y=simuhop(T,w,b)

结果显示：

```
y =
     1    –1
    –1     1
```

所得结果显示，网络的输出正好为目标向量。

例 2-34 设计一个 Hopfield 神经网络，并检验这个网络是否稳定在这些点上。

解：根据神经网络函数编写的程序 ex2_34_1.m 或 ex2_34_2.m 如下。

```
%ex2_34_1.m
T=[-1 -1 1;1 -1 1];                   %给定目标值
net=newhop(T);                        %设计一个 Hopfield 神经网络
[y,Pf,Af]=sim(net,3,[],T)             %检验这个网络是否稳定在这些点上
```

或

```
%ex2_34_2.m
T=[-1 -1 1;1 -1 1];                   %给定目标值
[w,b]=solvehop(T);                    %设计一个 Hopfield 神经网络
y=simuhop(T,w,b)                      %检验这个网络是否稳定在这些点上
```

结果显示：

```
y =
    –1    –1     1
     1    –1     1
```

例 2-35 设计一个具有两个神经元的 Hopfield 网络，每个神经元有一个偏值和一个权值。

解：具有两个神经元的 Hopfield 神经网络刚好与具有两个元素的输入向量相匹配。根据

神经网络函数编写的程序 ex2_35.m 如下。

```
%ex2_35.m
T=[1 -1;-1 1];                    %定义存储在网络中的两个目标平衡点
[w,b]=solvehop(T)                 %建立网络，并得权值和偏值
y=simuhop(T,w,b)                  %使用原始平衡点仿真网络
%使用一个随机点仿真网络，并绘制其达到稳定点的轨迹
a=rands(2,1);y=simuhop(a,w,b,20); plot(T(1,:),T(2,:),'r*');
axis([-1.1 1.1 -1.1 1.1]); xlabel('T(1),a(1)');ylabel('T(2),a(2)');
record=[cell2mat({a}) cell2mat({y})];         %组合一个细胞数组矩阵到一个矩阵中
start=cell2mat({a}); hold on; plot(start(1,1),start(2,1),'bx',record(1,:),record(2,:));
%使用 10 个随机点，对网络仿真 20 步，测试输出结果，并绘制达到稳定点的轨迹
figure;color='rgbmy'; plot(T(1,:),T(2,:),'r*');
axis([-1.1 1.1 -1.1 1.1]); xlabel('T(1),a(1)');ylabel('T(2),a(2)');hold on;
for i=1:10
  a=rands(2,1);[y,yy]=simuhop(a,w,b,20);
  plot(yy(1,1),yy(2,1),'kx',yy(1,:),yy(2,:),color(rem(i,5)+1));drawnow
end;
```

利用以上程序可得以下结果及图 2-63 和图 2-64 所示轨迹。

w =		b =	y =	
0.6925	-0.4694	0	1	-1
-0.4694	0.6925	0	-1	1

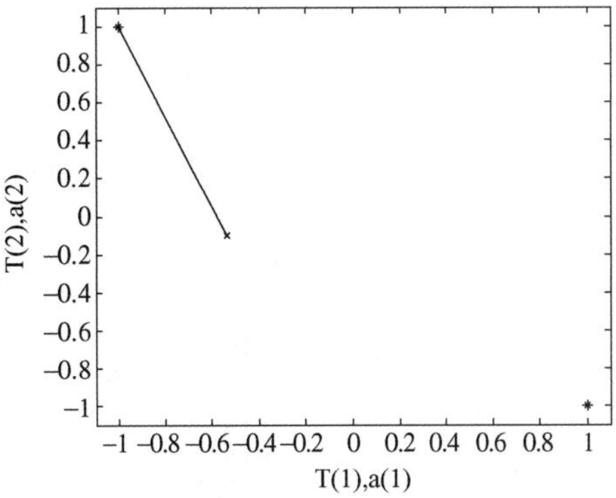

图 2-63　一个随机点趋于稳定点的轨迹

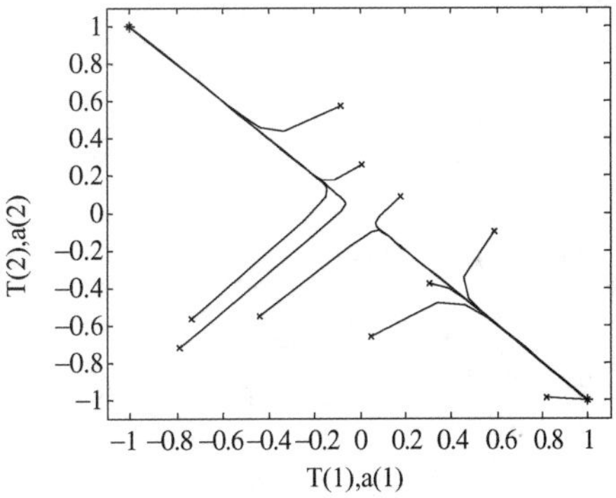

图 2-64　10 个随机点趋于稳定点的轨迹

例 2-36　设计一个具有三个神经元的 Hopfield 网络，每个神经元有一个偏值和一个权值。

解： 具有三个神经元的 Hopfield 神经网络刚好与具有三个元素的输入向量相匹配。根据神经网络函数编写的程序 ex2_36.m 如下。

```
%ex2_36.m
T=[1 1;-1 1;-1 -1];               %定义存储在网络中的三个目标平衡点
[w,b]=solvehop(T)                 %建立网络，并得权值和偏值
y=simuhop(T,w,b)                  %使用原始平衡点仿真网络
%使用一个随机点仿真网络，并绘制其达到稳定点的轨迹
a=rands(3,1);[y,yy]=simuhop(a,w,b,20);
```

```
figure;axis([-1 1 -1 1 -1 1]); set(gca,'box','on'); axis manual;
hold on; plot3(T(1,:),T(2,:),T(3,:),'r*');
hold on; plot3(yy(1,1),yy(2,1),yy(3,1),'bx',yy(1,:),yy(2,:),yy(3,:));
xlabel('T(1),a(1)'); ylabel('T(2),a(2)'); zlabel('T(3),a(3)');view([37.5 30]);
%使用 10 个随机点，对网络仿真 20 步，测试输出结果，并绘制达到稳定点的轨迹
figure;color='rgbmy'; axis([-1 1 -1 1 -1 1]);set(gca,'box','on');
xlabcl('T(1),a(1)'); ylabel('T(2),a(2)');zlabel('T(3),a(3)');view([37.5 30]);
axis manual;hold on;plot3(T(1,:) ,T(2,:),T(3,:),'r*');hold on;
for i=1:10
  a=rands(3,1);[y,yy]=simuhop(a,w,b,20);
  plot3(yy(1,1),yy(2,1),yy(3,1),'kx',yy(1,:),yy(2,:),yy(3,:),color(rem(i,5)+1)); drawnow
end;
```

利用以上程序可得如下结果以及图 2-65 和图 2-66 所示轨迹。

w =			b =	y =	
0.2231	0	0	0.8546	1	1
0	1.1618	0	0	−1	1
0	0	0.2231	−0.8546	−1	−1

根据以上结果可知，网络输出 y 最终到达了稳定点。从图可以看出，对于设计好的网络，其随机输入点最终都到达了较近的稳定点。

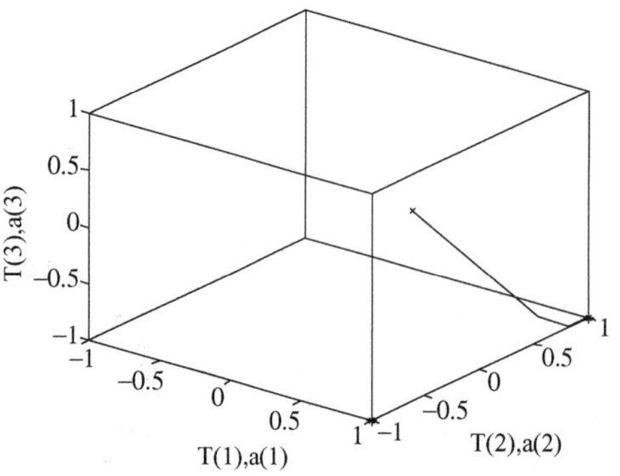

图 2-65　一个随机点趋于稳定点的轨迹

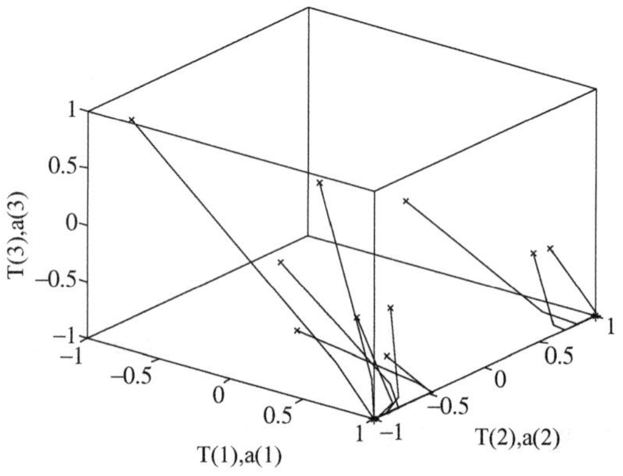

图 2-66　10 个随机点趋于稳定点的轨迹

2.1.10　利用 Demos 演示神经网络的建立

MATLAB 提供了非常强大的帮助功能，如利用其 Demos 功能，可以方便地演示如何利用神经网络工具箱函数创建神经网络。下面通过 Demos 功能，演示如何利用神经网络工具箱创建一个如例 2-36 所示的三神经元 Hopfield 网络。

（1）在 MATLAB 工作空间的命令行输入“demos”，便可打开“Help”命令窗口，如图 2-67 所示。当然在 MATLAB 工作窗口中，利用 Help 菜单下的有关命令也可打开如图 2-67 所示

的“Help”命令窗口。

（2）在“Help”命令窗口左边的 Demos 页面中，利用鼠标的左键选择 Toolboxes¦Neural Network¦Hopfield Networks¦Hopfield three neuron design 节点，则在该窗口的右边出现关于建立一个三神经元 Hopfield 网络的有关内容，如图 2-68 所示。

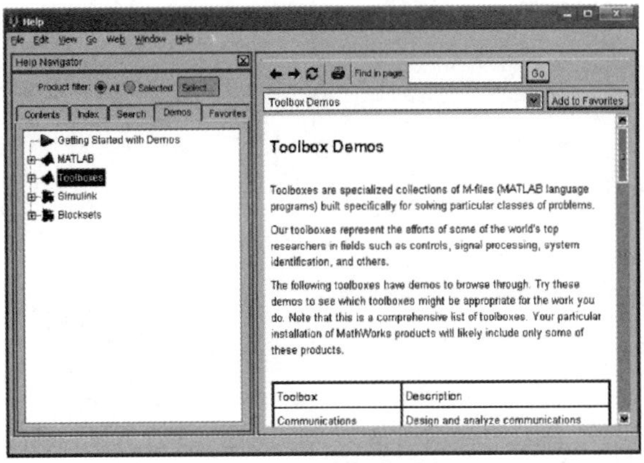

图 2-67 “Help”命令窗口

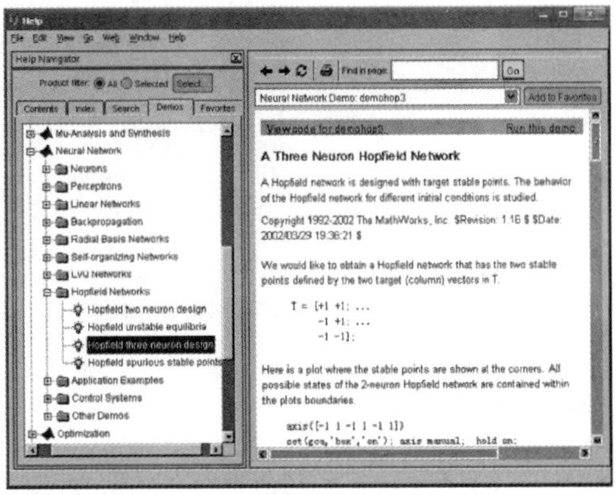

图 2-68　三神经元 Hopfield 网络

（3）单击三神经元 Hopfield 网络窗口右上角的 Run this demo 链接后，便可出现一个三神经元 Hopfield 网络 Demos 的初始界面，如图 2-69 所示。

（4）由三神经元 Hopfield 网络 Demos 的初始界面可以看出，本次演示共有 8 步。

（5）通过初始界面的【Start>>】按钮启动演示后，便可通过每步相应的【Next>>】按钮，在上下窗口分别看到每步的运行结果及其对应的 MATLAB 命令，如图 2-70 所示。

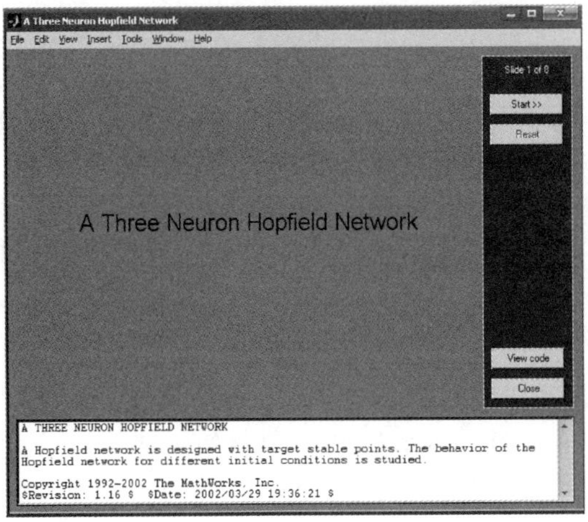

图 2-69　三神经元 Hopfield 网络 Demos 的初始界面

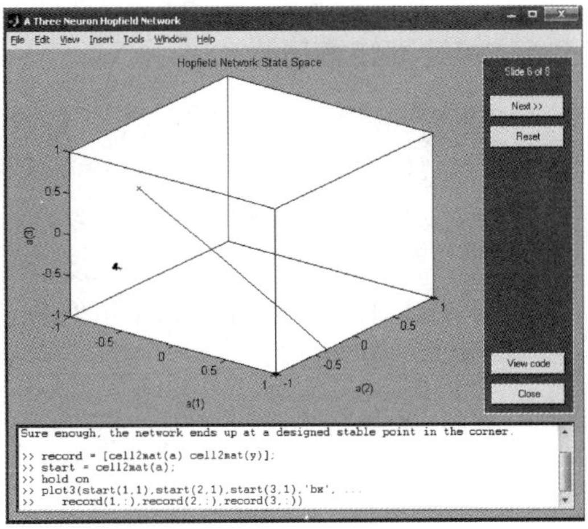

图 2-70　三神经元 Hopfield 网络 Demos 的运行结果

（6）利用三神经元 Hopfield 网络窗口界面的【View code】按钮，可以得到建立三神经元 Hopfield 网络的全部 MATLAB 程序，如图 2-71 所示，其中图中去掉了部分注释。

由以上演示过程可见，它与例 2-36 的运行过程完全一致。

通过 Demos 也可利用以上类似的方法，查看其他函数的使用及其运行结果。

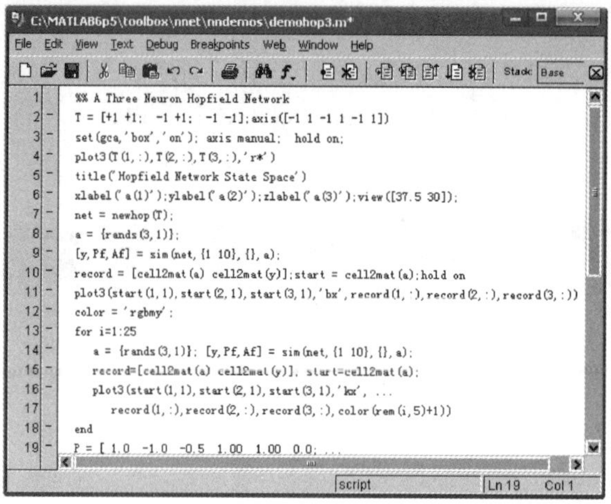

图 2-71 三神经元 Hopfield 网络的 MATLAB 程序

第 24 讲

2.2 MATLAB 神经网络工具箱的图形用户界面

前面介绍了神经网络工具箱中有关构造神经网络系统的函数，这些函数都是直接在MATLAB 命令行窗口执行并显示结果的。为了方便用户，神经网络工具箱提供了一个图形用户界面（GUI）的神经网络编辑器（Network/Data Manager）。为了进一步方便用户，在MATLAB R2007（MATLAB 7.4.0）神经网络工具箱中又增加了一个基于神经网络拟合工具（Neural Network Fitting Tool）的图形用户界面（GUI）。神经网络工具箱中的 GUI 是一种人机交互界面，它引导用户一步一步地建立和训练神经网络，避免了代码的编写过程。

2.2.1 神经网络编辑器

神经网络编辑器可以建立网络、训练网络、仿真网络，将数据导出到 MATLAB 工作空间中、清除数据、从 MATLAB 工作空间中导入数据、变量存盘与读取。

在 MATLAB 命令窗口中，可以用以下两种方法启动神经网络编辑器：

（1）在 MATLAB 的命令窗口中直接输入“nntool”命令；

（2）在 MATLAB 窗口的左下角“Start”菜单中，单击“Toolboxes”→“Neural Network”→“NNTool”选项。

在以上两种启动方式下，神经网络编辑器的图形界面如图 2-72 所示。

从图 2-72 可以看到，在窗口上半部有 7 个显示区域，下半部有 11 个按钮。其中：

Inputs 区域——显示指定的输入向量；

Targets 区域——显示指定的目标向量；

Outputs 区域——显示网络的输出值；

Errors 区域——显示误差；

Networks 区域——显示设置的网络；

Input Delay States 区域——显示设置的输入延时状态；

Layer Delay States 区域——显示设置层的延时状态。

如果对神经网络的图形用户接口不太熟悉，可以单击【Help】按钮。这时将弹出一个新的窗口，此窗口首先介绍了如何使用图形用户接口解决问题的一般步骤，然后给出了关于这些按钮的描述，最后对每个区域各代表什么也进行了介绍。

下面通过一个简单的例子，来说明神经网络编辑器（Network/Data Manager）的使用。

例 2-37　利用神经网络编辑器建立一个感知机，使其能够完成“与”的功能。

解：为了完成“与”函数，建立一个两输入、单输出的感知机。根据表 1-1 中“与”函数的真值表，可得训练集的输入矩阵为 $\boldsymbol{X}=\begin{bmatrix}0 & 0 & 1 & 1\\0 & 1 & 0 & 1\end{bmatrix}$，目标向量为 $\boldsymbol{T}$=[0 0 0 1]。

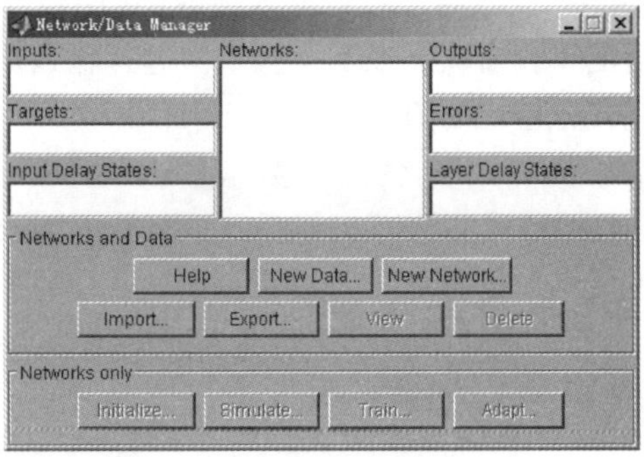

图 2-72　神经网络编辑器的图形界面

（1）启动神经网络编辑器（Network/Data Manager）的图形界面，如图 2-72 所示。

（2）设置输入矩阵 X 和目标向量 T。

在图 2-72 所示的图形界面中单击【New Data】按钮，弹出一个名为“Create New Data”的数据输入窗口。将此窗口中 Name 区域的值设置为 X；Value 区域的值设置为 X 的值[0 0 1 1;0 1 0 1]，并且确保右边单选框中的 Inputs 选项被选中，如图 2-73 所示。在设置好输入矩阵后，单击【Create】按钮，就完成了在图形用户接口中设置输入矩阵的过程。此时，返回到“Network/Data Manager”窗口中，并在其中的 Inputs 区域中将 X 作为输入显示出来。

此时，在“Network/Data Manager”窗口中的 Inputs 区域中，首先选中刚才设置的 X 值，然后单击【View】按钮，得到一个新的窗口，如图 2-74 所示。在这个窗口中显示输入矩阵 X 的值，在此可以对其进行修改。单击【Manager】按钮，便可返回到“Network/Data Manager”窗口中。在“Network/Data Manager”窗口中，利用【Delete】按钮，则会将刚才输入的向量 X 从图形用户接口工作空间中删除。

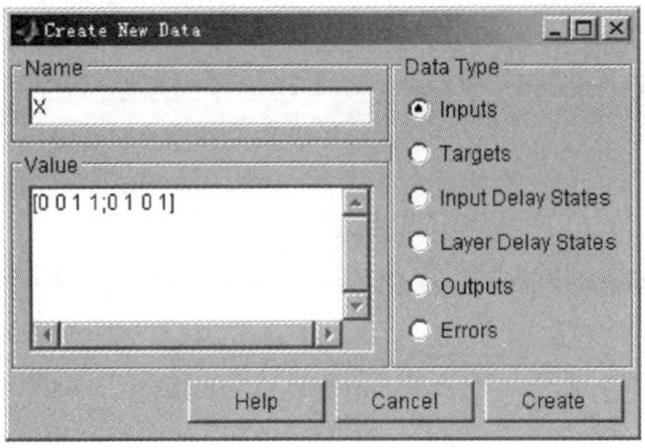

图 2-73　数据输入窗口

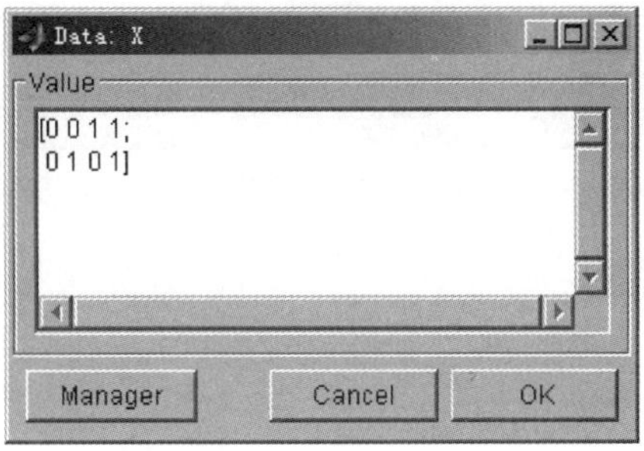

图 2-74　输入矩阵 X 的值

根据同样的步骤设置目标向量 T，但此时要确保“Create New Data”数据输入窗口右边单选框中的 Targets 选项被选中。

（3）建立网络。

在图 2-72 所示的图形界面中单击【New Network】按钮，弹出一个名为“Create New

Network”的网络设计窗口，如图 2-75 所示。在其 Network Name 区域中输入 ANDnet 作为网络名。然后，将网络类型设置为感知机，即在其 Network Type 区域中选择 Perceptron。Input ranges 区域用于设置输入参数的范围，可以直接在其中填写数字，也可单击 Input ranges 右边的下拉箭头，在下拉列表中选择输入矩阵 X，它自动地从输入矩阵 X 中得到两输入参数的变化范围均为[0 1]，即[0 1;0 1]。

另外，神经元个数（Number of neurons）取 1、传输函数（Transfer function）选 HARDLIM 以及学习函数（Learning function）选 LEARNP，如图 2-75 所示。在此窗口中单击【View】按钮，可以看到所建网络结构图，如图 2-76 所示。

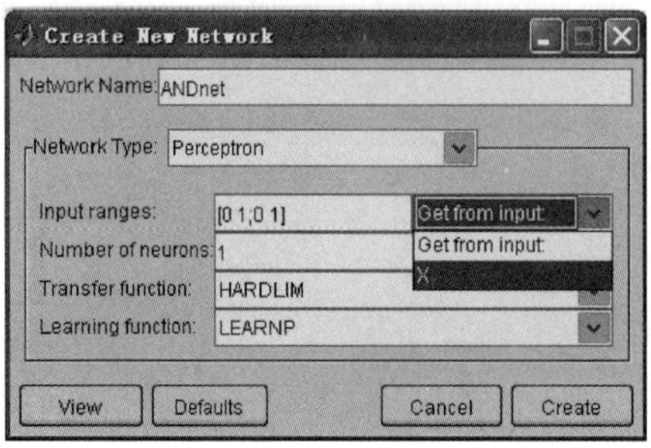

图 2-75　网络设计窗口

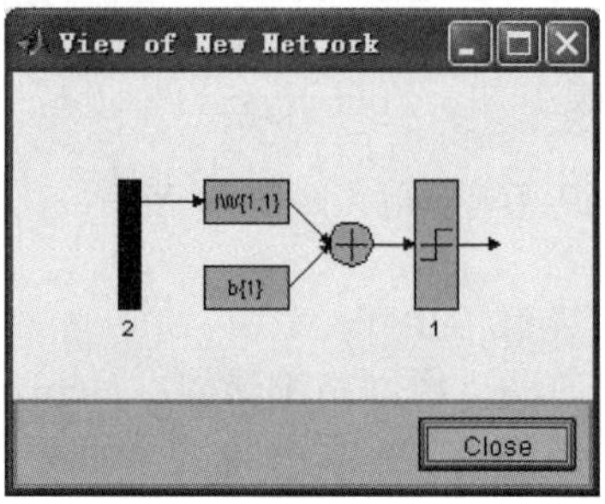

图 2-76　网络结构图

在设置好以上参数后，单击【Create】按钮，就完成了在图形用户接口中建立网络的过程。此时，返回到“Network/Data Manager”窗口中，并在其中的 Networks 区域中将 ANDnet 作为网络名显示出来。此时，如果用鼠标单击 ANDnet 网络名将其选中，则“Network/Data Manager”窗口中最下面的 Networks only 区域中的四个按钮【Initialize】、【Simulate】、【Train】、【Adapt】被激活，如图 2-77 所示。

利用神经网络编辑器除了可以对感知机（Perceptron）进行设计以外，还可对多种神经网络系统进行设计，如图 2-78 所示。但对于含有隐含层的多层网络，如 BP（Back Propagation）网络的参数设置时要注意，在选择框 Properties for 中的 Layer1 指的是第一个隐含层，而不是输入层，Layer2 指的是第二个隐含层或输出层。因在 MATLAB 神经网络工具箱中的第一层是从隐含层开始的，其后依次为第二、三层。

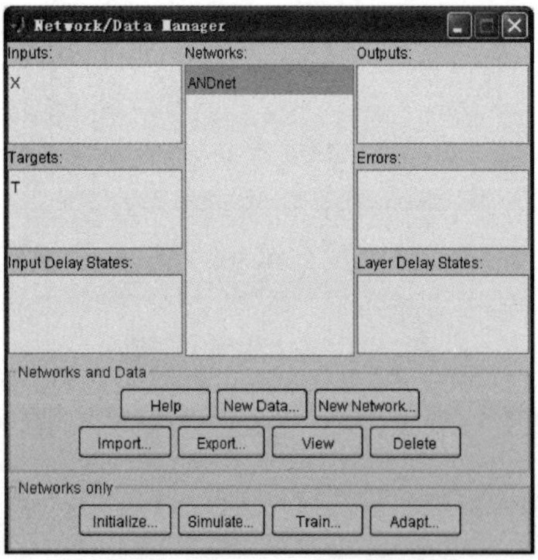

图 2-77　神经网络 ANDnet 编辑器

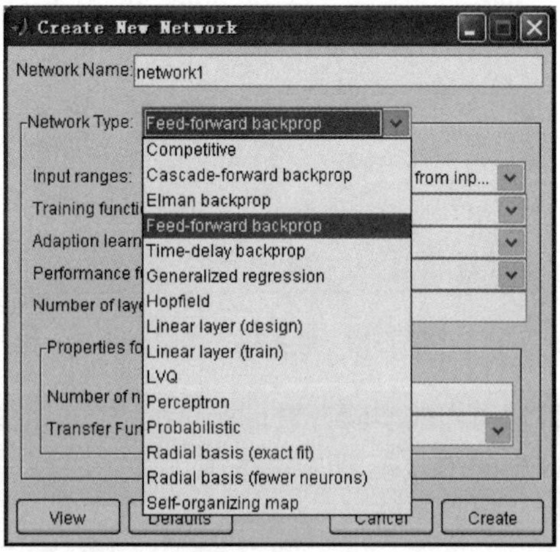

图 2-78　编辑器的 Network Type 窗口

（4）训练网络。

在图 2-77 所示的编辑器图形界面中，在确保 ANDnet 网络名被选中的情况下，单击【Train】按钮，将弹出一个名为“Network：ANDnet”的训练窗口，如图 2-79 所示。

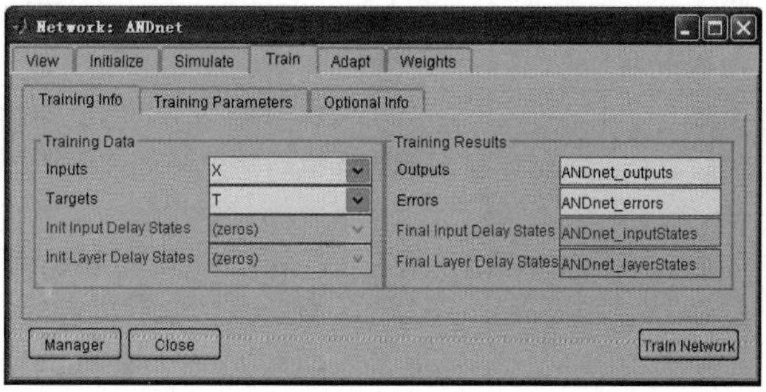

图 2-79　训练窗口

在如图 2-79 所示窗口的【Train】页面的 Training Info 子选项中，将 Inputs 区域选为 X，将 Targets 区域选为 T。Training Parameters 子选项用于设置训练步数、误差目标等参数；Optional Info 子选项用于设置一些其他参数。

另外，单击训练窗口左上角的【View】选项，也可以看到所建网络 ANDnet 的结构图。【Initialize】选项可改变或检查网络的初始值；【Weights】选项可设置网络的权值，等等。

当以上参数设置好后，单击训练窗口右下角的【Train Network】按钮，就开始了网络的训练。训练过程如图 2-80 所示。

从图 2-80 可以看出，网络在 6 个时间步长中就完成了训练，误差变为了 0。这是对感知机而言的，对于其他网络来说，通常是不能将误差变为 0 的，甚至误差范围还比较大。在那种情况下，就不能像在这里一样在线性坐标图上绘出训练过程，而是在对数坐标图上绘出。

（5）仿真网络。

在图 2-77 所示的编辑器图形界面中，在确保 ANDnet 网络名被选中的情况下，单击【Simulate】按钮，或者在如图 2-79 所示的训练窗口中，单击【Simulate】按钮，将弹出一个名为“Network：ANDnet”的仿真窗口，如图 2-81 所示。

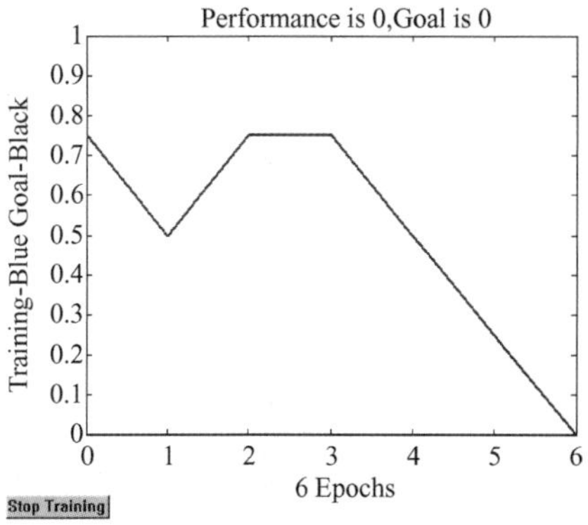

图 2-80　训练过程

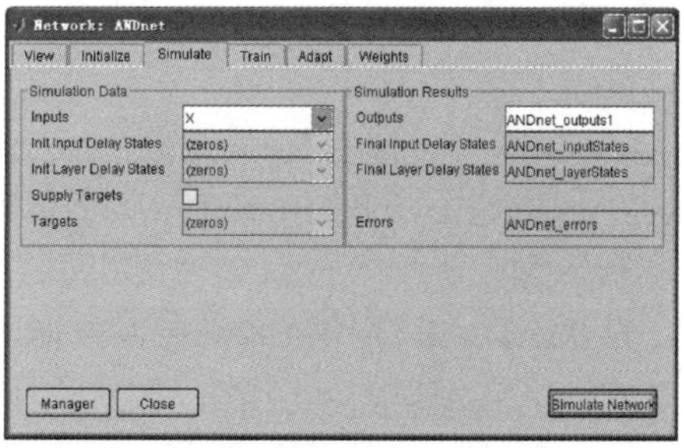

图 2-81　仿真窗口

在如图 2-81 所示的仿真窗口中，将 Inputs 区域选为 X，将 Outputs 栏中的变量名改为 ANDnet_outputs1，以便与训练的输出数据相区分。当以上参数设置好后，单击如图 2-81 所示窗口右下角的【Simulate Network】按钮，就开始了网络的仿真。仿真结束后返回到如图 2-82 所示的“Network/Data Manager”窗口。这时在 Outputs 区域中将增加一个新的变量 ANDnet_outputs1，双击这个变量，将会弹出一个“Data：ANDnet_outputs1”窗口，如图 2-83 所示。

从图 2-83 中可以看出，网络的仿真输出结果等于目标值 T，即网络刚好实现了“与”的功能。

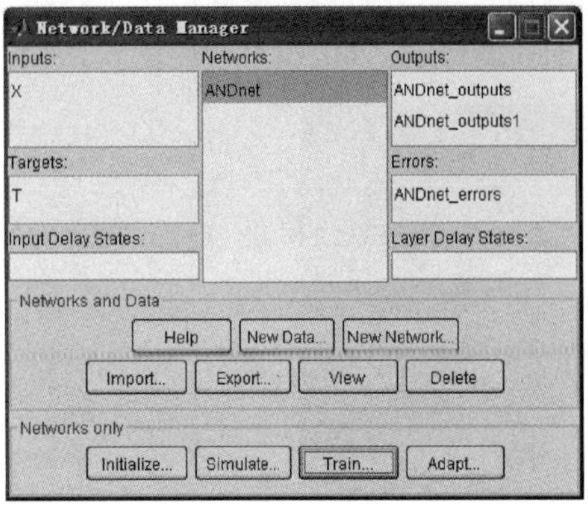

图 2-82 “Network/Data Manager”窗口

（6）将数据导出到 MATLAB 工作空间。

在如图 2-82 所示的编辑器窗口中，单击【Export】按钮，将弹出一个名为“Export or Save from Network/Data Manager”的新窗口，如图 2-84 所示。

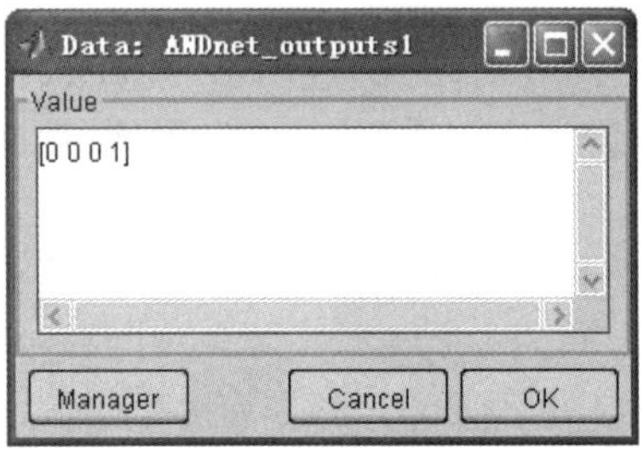

图 2-83 “Data：ANDnet_outputs1”窗口

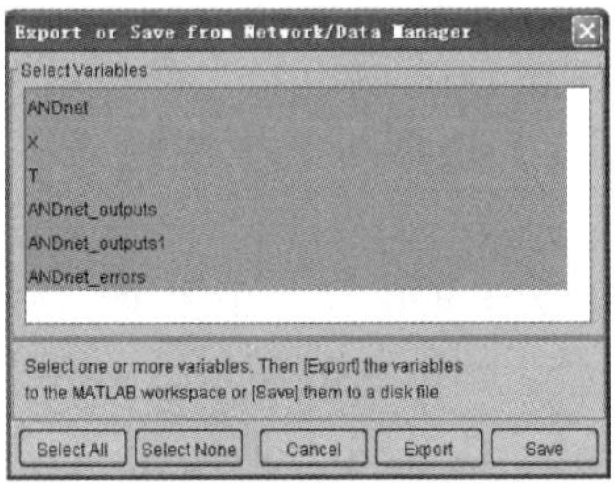

图 2-84 “Export or Save from Network/Data Manager”窗口

在这个窗口中，列出了刚才建立的网络及相关的变量。可以在其中选择需要导出到 MATLAB 工作空间的变量。最后单击【Export】按钮，便可将选中的变量导出到 MATLAB 工作空间。

如果网络 ANDnet 已经被导出到 MATLAB 工作空间中，则可利用以下命令得到该网络的权值矩阵和偏值。

```
>>w=ANDnet.iw{1,1},b=ANDnet.b{1}
```

结果显示：

```
w=
    2    1
b=
   -3
```

另外，利用如图 2-84 所示窗口右下角的【Save】按钮，可将选中的变量以 MAT 文件的形式保存到磁盘中。

（7）从 MATLAB 工作空间中导入数据。

首先在 MATLAB 命令工作空间中利用以下命令定义变量：

```
>>X0=[0;0]; X1=[0;1]; X2=[1;0]; X3=[1;1];
```

然后在如图 2-82 所示的编辑器窗口中，单击【Import】按钮，将弹出一个名为“Import

or Load to Network/Data Manager”的新窗口。在此窗口中设置 Source 项为“Import from MATLAB workspace”；选择 Select a Variable 项中的变量为 X0，并在 Destination 项中设置目标变量名为 X0（注意这两个 X0 处于不同的工作空间中，此处的变量名也可设置为其他，如 Y0）；在 Import As 区域中选择 Inputs，如图 2-85 所示。

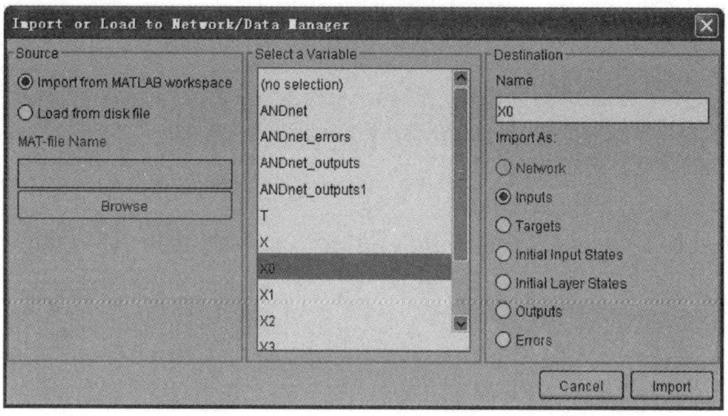

图 2-85 “Import or Load to Network/Data Manager”窗口

当以上参数设置好后，单击如图 2-85 所示窗口右下角的【Import】按钮，就将数据 X0 导入到了图形用户接口工作空间中了。此时，在“Network/Data Manager”窗口的 Inputs 区域中将可看见新导入的数据 X0。变量 X1，X2，X3 的导入同以上 X0 的导入。

网络仿真时，当利用 X0，X1，X2 和 X3 分别作为以上网络 ANDnet 的输入时，该网络的仿真输出分别为 0，0，0 和 1，完全实现了“与”的功能。

另外，利用如图 2-85 所示窗口中 Source 项的“Load from disk file”选项，可从磁盘中调用已有的 MAT 文件到图形用户接口工作空间中。

例 2-38 利用神经网络编辑器设计一个两层 BP 神经网络，并训练它来识别如例 2-22 中所示的 0,1,2,…,9,A,…,F 这 16 个已经被数字成像系统数字化了的十六进制数，其结果是对应每个数字有一个 5×3 的布尔量。

解：（1）同例 2-22，首先将这 16 个含 15 个布尔量网络元素的输入向量定义成一个 15×16 维的输入矩阵 X，其每一列的 15 个元素对应一个数字量按列展开的布尔量网络元素，例如 X 中第一列的 15 个元素组成的列向量$[1\ 1\ 1\ 1\ 1\ 1\ 0\ 0\ 0\ 1\ 1\ 1\ 1\ 1\ 1]^T$表示 0。目标向量也被定义成一个 4×16 维的目标矩阵 T，其每一列的 4 个元素对应一个数字量，这 16 个数字量用其所对应的十六进制值表示。例如用$[0\ 0\ 0\ 0]^T$表示 0；用$[0\ 0\ 0\ 1]^T$表示 1；用$[0\ 0\ 1\ 0]^T$表示 2，等等。生成输入矩阵 X 和目标矩阵 T 的程序如下：

```
%ex2_38.m
%定义用 5×3 布尔量网络表示的 16 个十六进制数 0,1,2,…,9,A,…,F
X0=[1 1 1;1 0 1;1 0 1;1 0 1;1 1 1];X1=[0 1 0;0 1 0;0 1 0;0 1 0; 0 1 0];
X2=[1 1 1;0 0 1;0 1 0;1 0 0;1 1 1]; X3=[1 1 1;0 0 1;0 1 0;0 0 1;1 1 1];
X4=[1 0 1;1 0 1;1 1 1;0 0 1;0 0 1]; X5=[1 1 1;1 0 0;1 1 1;0 0 1;1 1 1];
X6=[1 1 1;1 0 0;1 1 1;1 0 1;1 1 1]; X7=[1 1 1;0 0 1;0 0 1;0 0 1;0 0 1];
X8=[1 1 1;1 0 1;1 1 1;1 0 1;1 1 1]; X9=[1 1 1;1 0 1;1 1 1;0 0 1;1 1 1];
XA=[0 1 0;1 0 1;1 0 1;1 1 1;1 0 1]; XB=[1 1 1;1 0 1;1 1 0;1 0 1;1 1 1];
XC=[1 1 1;1 0 0;1 0 0;1 0 0;1 1 1]; XD=[1 1 0;1 0 1;1 0 1;1 0 1;1 1 0];
XE=[1 1 1;1 0 0;1 1 0;1 0 0;1 1 1]; XF=[1 1 1;1 0 0;1 1 0;1 0 0;1 0 0];
%将每个用 5×3 布尔量网络表示的数按列表示，生成输入矩阵 X
X=[X0(:) X1(:) X2(:) X3(:) X4(:) X5(:) X6(:) X7(:) X8(:) X9(:) XA(:) XB(:) XC(:) XD(:) XE(:) XF(:)];
%定义每个十六进制对应的目标向量，生成目标矩阵 T
```

```
T0=[0;0;0;0];T1=[0;0;0;1];T2=[0;0;1;0];T3=[0;0;1;1];
T4=[0;1;0;0];T5=[0;1;0;1];T6=[0;1;1;0];T7=[0;1;1;1];
T8=[1;0;0;0];T9=[1;0;0;1];TA=[1;0;1;0];TB=[1;0;1;1];
TC=[1;1;0;0];TD=[1;1;0;1];TE=[1;1;1;0];TF=[1;1;1;1];
T=[T0 T1 T2 T3 T4 T5 T6 T7 T8 T9 TA TB TC TD TE TF];
```

（2）启动神经网络编辑器（Network/Data Manager）的图形界面，如图 2-72 所示。

（3）设置输入矩阵 X 和目标矩阵 T。

在图 2-72 所示的编辑器图形界面中单击【Import】按钮，弹出一个名为“Import or Load to Network/Data Manager”的数据输入窗口。将此窗口中左边 Source 区域单选框中的 Inputs from MATLAB workspace 选项选中；中间 Select a Variable 区域的 X 变量被选中；右边 Destination 区域的 Name 框中的变量名设置为 X；并且确保右边 Import As：区域的单选框中的 Inputs 选项被选中，如图 2-86 所示。在设置好输入向量后，单击右下角的【Import】按钮，就完成了在图形用户接口中设置输入矩阵 X 的过程。此时，返回到 Network/Data Manager 窗口中，并在其中的 Inputs 区域中将 X 作为输入显示出来。

在 Network/Data Manager 窗口中的 Inputs 区域中，若首先选中刚才设置的 X 值，然后单击【View】按钮，得到一个新的窗口，如图 2-87 所示。在这个窗口中显示输入矩阵 X 的值，在此可以对其进行修改。单击【Manager】按钮，便可返回到 Network/Data Manager 窗口中。在 Network/Data Manager 窗口中，利用【Delete】按钮，则会将刚才输入的矩阵 X 从图形用户接口工作空间中删除。

根据同样的步骤设置目标矩阵 T，但此时要确保“Import or Load to Network/Data Manager”数据输入窗口右边“Import As：”区域的单选框中的“Targets”选项被选中，见图 2-86。输入后的目标矩阵 T 同样可利用【View】按钮进行显示，如图 2-88 所示。

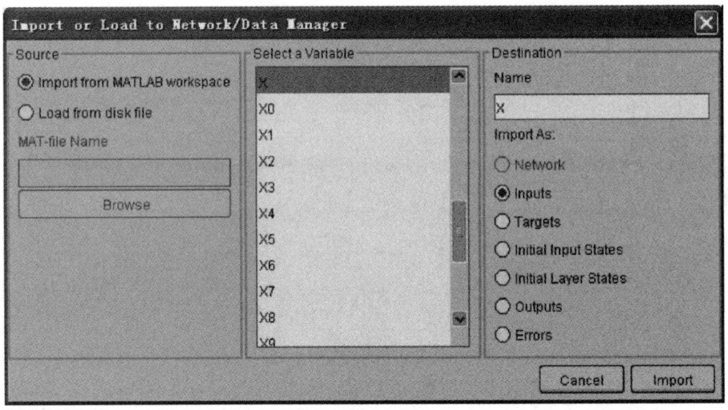

图 2-86　数据输入窗口

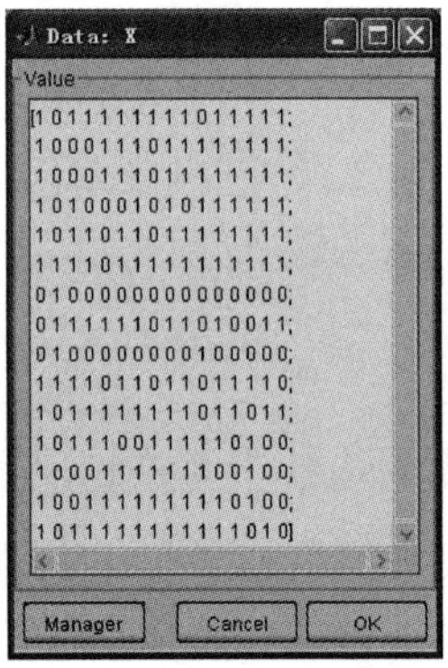

图 2-87　输入矩阵 X

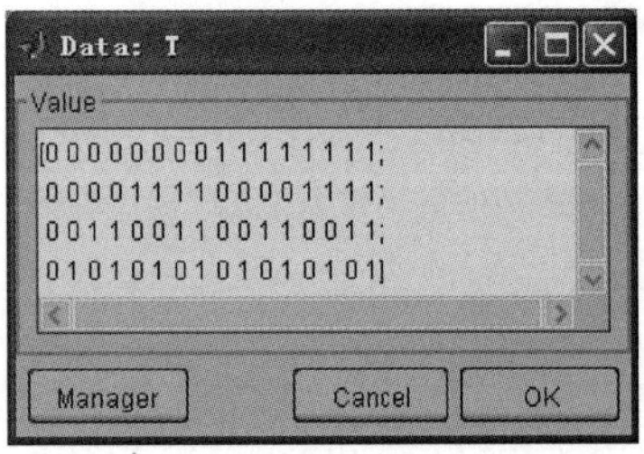

图 2-88　目标向量 T

（4）建立网络。

为了识别这些以 5×3 布尔量网络表示的十六进制数，设计一个两层 BP 神经网络，所设计的网络需要有 15 个输入，在输出层需要有 4 个神经元来识别它，隐含层（对应于 MATLAB 工具箱中的第一层）设计了 9 个神经元。激活函数选择 Log-Sigmoid 型传输函数，因为它的输出范围（0 到 1）正好适合在学习后输出布尔值。

在图 2-72 所示的图形界面中单击【New Network】按钮，弹出一个名为“Create New Network”的网络设计窗口，如图 2-89 所示。在其 Network Name 区域中输入 BPnet 作为网络名。然后，将网络类型（Network Type）设置为 Feed-forward backprop。Input ranges 区域用于设置输入向量的范围，可以直接在其中填写数字，也可单击 Input ranges 右边的下拉箭头，在下拉列表中选择输入矩阵 X，它自动地从输入向量 X 中得到输入数据的变化范围均为[0 1]。

另外，训练函数（Training function）选 TRAINLM；自适应学习函数（Adaption learning function）选 LEARNGDM；性能函数（Performance function）选 MSE；神经网络层数（Number of layers）取 2；隐含层（Layer1）的神经元数（Number of neurons）和传输函数（Transfer Function）分别取 9 和选 LOGSIG；输出层（Layer2）的神经元数（Number of neurons）和传输函数（Transfer Function）分别取 4 和选 LOGSIG，如图 2-89 所示。在此窗口中单击【View】按钮，可以看到所建网络结构图，如图 2-90 所示。

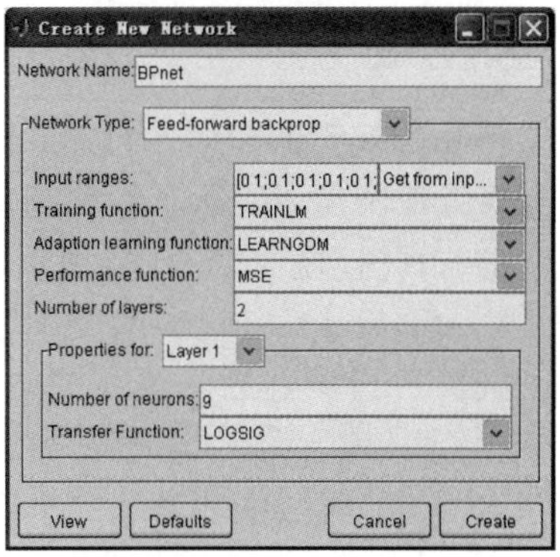

图 2-89　网络设计窗口

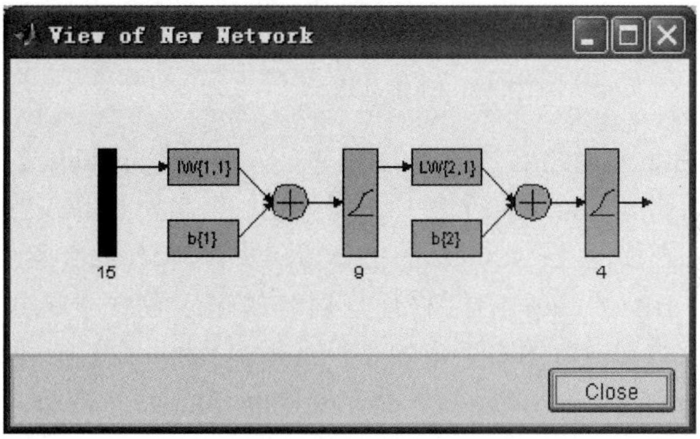

图 2-90　网络结构图

在设置好以上参数后，单击【Create】按钮，就完成了在图形用户接口中建立网络的过程。此时，返回到 Network/Data Manager 窗口中，并在其中的 Networks 区域中将 BPnet 作为网络名显示出来。此时，如果用鼠标单击 BPnet 网络名将其选中，则 Network/Data Manager 窗口中最下面的 Networks only 区域中的四个按钮【Initialize】、【Simulate】、【Train】、【Adapt】被激活，如图 2-91 所示。

（5）训练网络。

在图 2-91 所示的编辑器图形界面中，在确保 BPnet 网络名被选中的情况下，单击【Train】按钮，将弹出一个名为 Network：BPnet 的训练窗口，如图 2-92 所示。

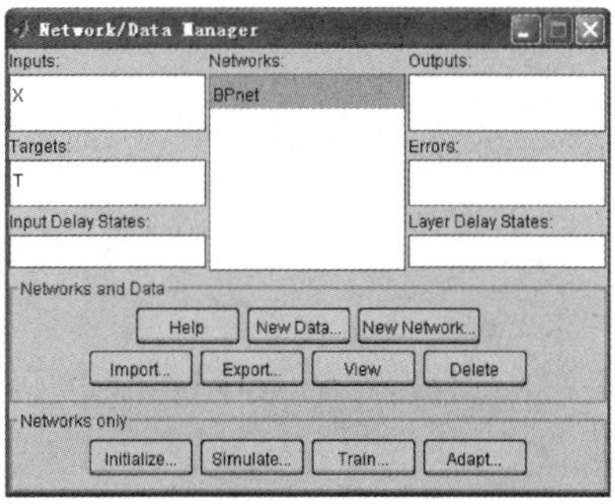

图 2-91　神经网络 BPnet 编辑器

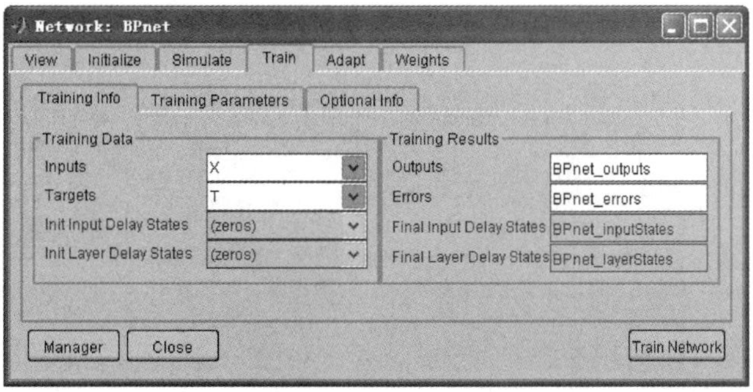

图 2-92　训练窗口

在如图 2-92 所示训练窗口的【Train】页面的 Training Info 子选项中，将 Inputs 区域选为 X，将 Targets 区域选为 T。Training Parameters 子选项用于设置训练步数、误差目标等参数；Optional Info 子选项用于设置一些其他参数。

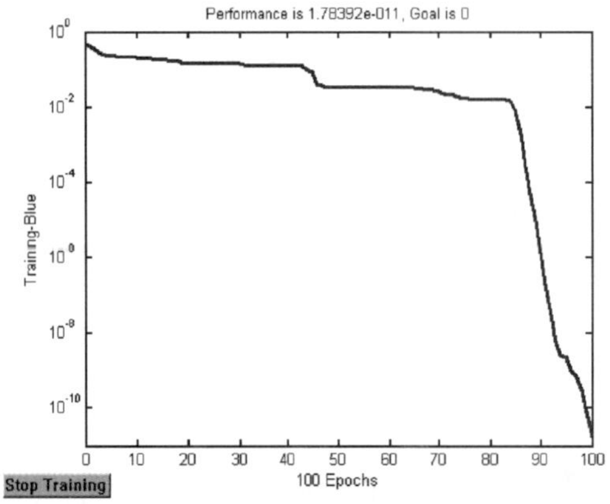

图 2-93　训练过程

另外，单击训练窗口图 2-92 左上角的【View】选项，也可以看到所建网络 BPnet 的结构图。【Initialize】选项可改变或检查网络的初始值；【Weights】选项可设置网络的权值，等等。

当以上参数设置好后，单击图 2-92 所示训练窗口的右下角的【Train Network】按钮，就开始了网络的训练。训练过程如图 2-93 所示。

从图 2-93 可以看出，网络在 100 多个时间步长后就完成了训练，误差满足了要求。

（6）仿真网络。

在图 2-91 所示的编辑器图形界面中，在确保 BPnet 网络名被选中的情况下，单击【Simulate】按钮，或者在图 2-92 所示的训练窗口中，单击【Simulate】按钮，将弹出一个名为 Network：BPnet 的仿真窗口，如图 2-94 所示。

在如图 2-94 所示的仿真窗口中，将 Inputs 区域选为 X，将 Outputs 栏中的变量名改为：BPnet_outputs1，以便与训练的输出数据相区分。当以上参数设置好后，单击图 2-94 所示仿真窗口的右下角的【Simulate Network】按钮，就开始了网络的仿真。仿真结束后返回到如图 2-95 所示的 Network/Data Manager 窗口。这时在 Outputs 区域中将增加一个新的变量 BPnet_outputs1，双击这个变量，将会弹出一个 Data：BPnet_outputs1 窗口，如图 2-96 所示。

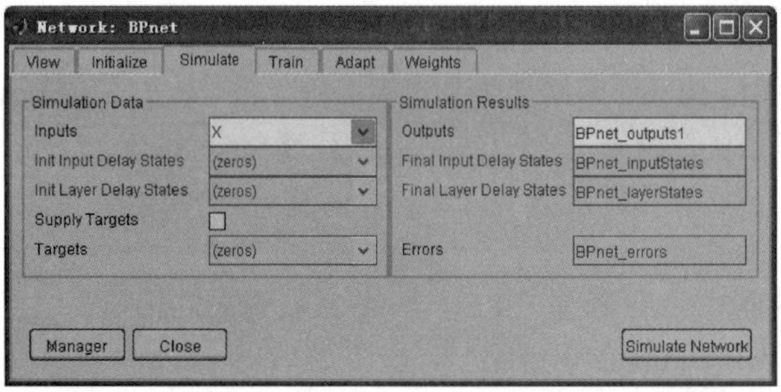

图 2-94　仿真参数设置窗口

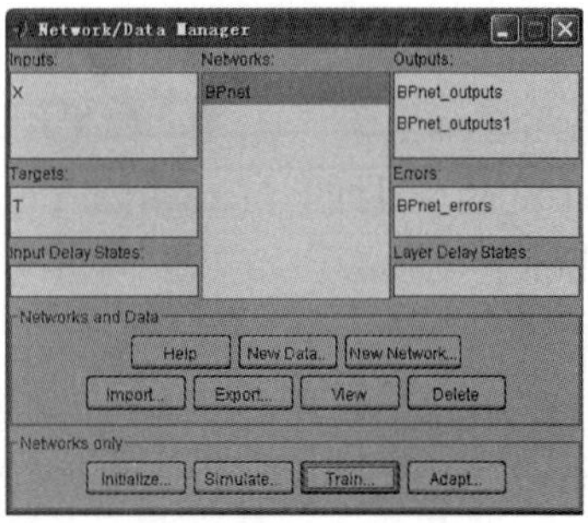

图 2-95　Network/Data Manager 窗口

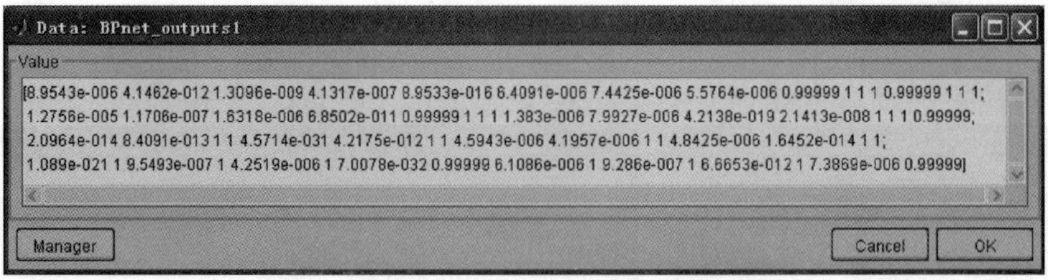

图 2-96　Data: BPnet_outputs1 窗口

从图 2-96 中可以看出，网络的仿真输出结果等于目标值 T。

2.2.2 神经网络拟合工具

神经网络拟合工具（Neural Network Fitting Tool），可以用于函数逼近和数据拟合。其中用来拟合函数的是一个两层前向神经网络，训练用的算法是 trainlm 算法。

在 MATLAB 命令窗口中，可以用以下两种方法启动神经网络拟合工具：

（1）在 MATLAB 命令窗口中直接输入“nftool”命令；

（2）在 MATLAB 窗口的左下角“Start”菜单中，单击“Toolboxs”→“Neural Network”→“NFTool”选项。

在以上两种方式启动下，神经网络拟合工具的图形界面，如图 2-97 所示。

在图 2-97 中，单击【Next】按钮后，会出现导入数据的对话框，如图 2-98 所示。

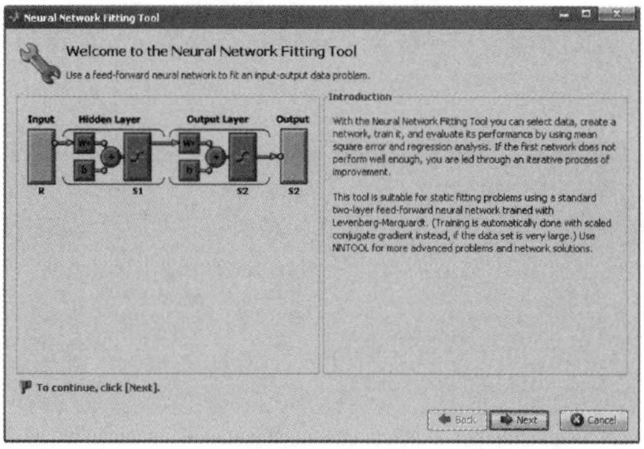

图 2-97 神经网络拟合工具的图形界面

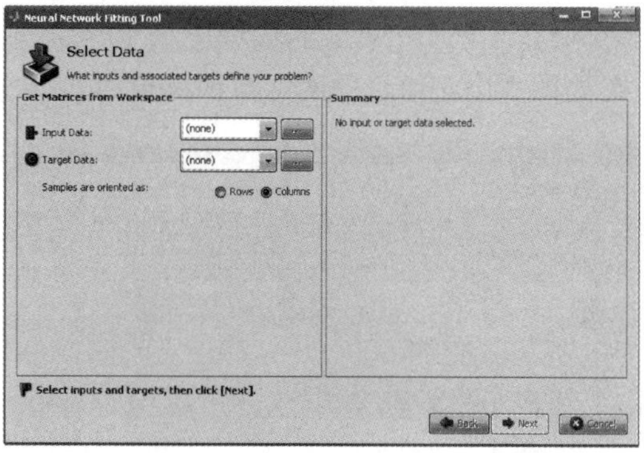

图 2-98 “导入数据”对话框

由“导入数据”对话框图 2-98 可知，从 MATLAB 的 Workspace 窗口导入的数据分为输入数据（Input Data）和目标数据（Target Data）两类。如果导入数据不在[-1,1]之间，自动将其归一化到[-1,1]之间。这些数据可以在 MATLAB 窗口，利用以下命令产生。

```
>>X=0:0.01:2*pi;T=3*sin(X);
```

选定输入数据和目标数据，如 X 和 T，单击【Next】按钮后，可以看到确认数据和测试数据的对话框，如图 2-99 所示。

由图 2-99 可知，整个数据集分为训练集（Training）、确认集（Validation）和测试集（Testing），它们分别占整个数据的 60%、20%和 20%。通过改变确认集和测试集所占的比例，便可重新调整它们与训练集所占整个数据的比例。其中训练集是用来训练神经网络的，目的是让网络对训练样本进行学习。确认集也是用来训练网络的，但是它的目的是在训练过程中，确认网络泛化能力是不是在不断提高。一旦发现经过训练以后，网络的泛化能力没有提高，则停止训练。测试集则和训练无关，只是为了测试已经训练好的网络的性能。选定训练集、确认集和测试集的比例后，单击【Next】按钮后，可以得到用来调整拟合的神经网络结构，如图 2-100 所示。

由于用来拟合函数的是一个两层前向型神经网络。所以输入和输出数据确定后，可以调整的只有隐含层的神经元数目。由图 2-100 可知，隐含层默认的数目为 20，如果在以后的测试过程中，发现拟合效果不好，则可通过调整该窗口隐含层的神经元数目来改变拟合效果。选定隐含层数目后，单击【Next】按钮，可以得到训练神经网络的窗口，如图 2-101 所示。

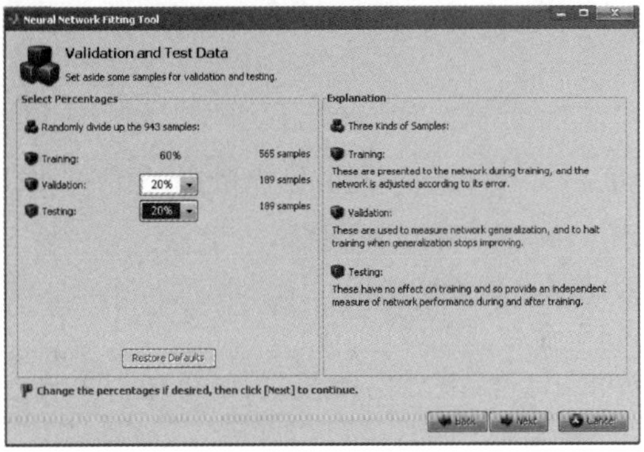

图 2-99 “确认数据和测试数据”对话框

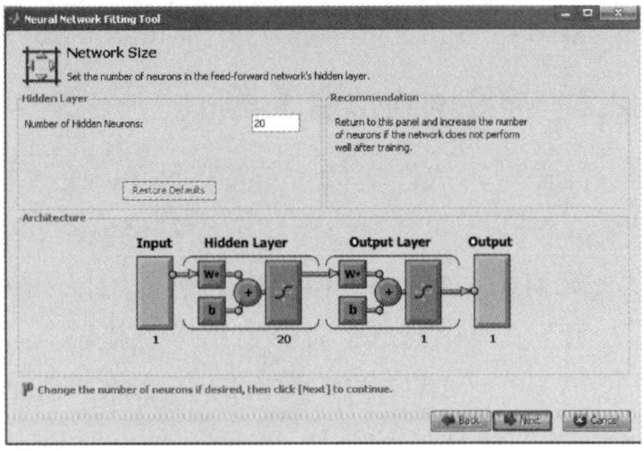

图 2-100 神经网络结构

单击训练神经网络的窗口图 2-101 中的【Train】按钮，便根据输入数据和目标数据开始训练网络，在训练网络的过程中会显示和前向神经网络一样的误差曲线。另外，还会给出一个如图 2-102 所示的网络再训练窗口。

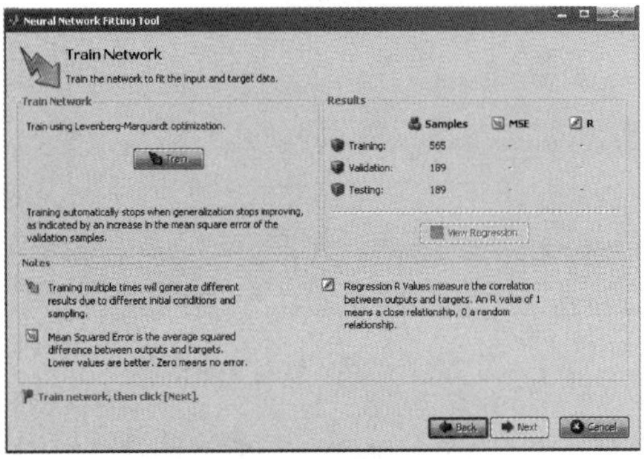

图 2-101 网络训练窗口

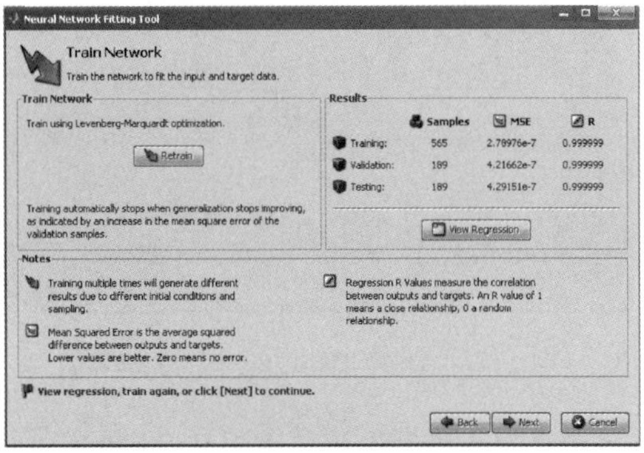

图 2-102 网络再训练窗口

如果网络误差不满足要求，可利用如图 2-102 所示窗口中的【Retrain】按钮，再次训练网络，直到误差满足为止。训练完成后，单击【Next】按钮，会出现一个修正训练的神经网络窗口，如图 2-103 所示。

在如图 2-103 所示的网络修正窗口中，如果认为网络的训练效果不好，可以利用【Train Again】按钮，再次训练网络；如果想调整网络的结构，可以利用【Increase Network Size】按钮，增加网络隐含层的神经元数目；如果认为之前训练网络的数据没有代表性，也可以利用【Import Larger Data Set】按钮，增加训练数据。如果对网络训练的效果满意，单击【Next】按钮，将会出现最后的网络和数据保存窗口，如图 2-104 所示。

在如图 2-104 所示的网络和数据保存的窗口中，利用【Save Results】按钮，可保存网络、输出、误差和输入等与训练有关的数据。将训练好的网络保存后，如果有新的需要拟合的数据，就可通过调用保存的网络直接进行拟合。

例 2-39 利用神经网络拟合工具，训练一神经网络用来拟合正弦曲线。

解： ① 首先在 MATLAB 窗口，利用以下命令来产生一组用来训练网络的输入数据 X 和目标输出数据 T。

```
>>X=0:0.01:2*pi;T=5*sin(X);
```

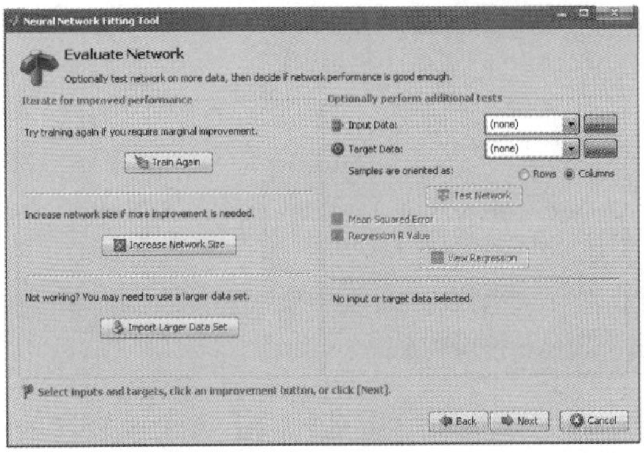

图 2-103 网络修正窗口

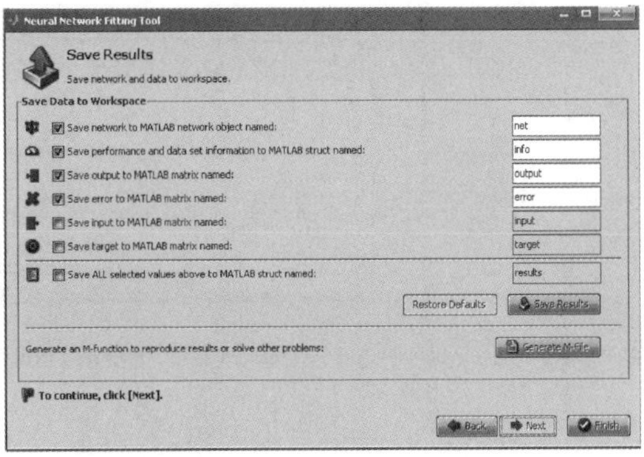

图 2-104 网络和数据保存窗口

② 然后启动神经网络拟合工具（Neural Network Fitting Tool），利用输入数据 X 和目标输出数据 T，根据以上步骤来训练神经网络，并将训练好的网络、输出和误差分别以 net, y 和 error 命名保存到 MATLAB 工作空间。

③ 最后在 MATLAB 窗口，利用以下命令可得到网络的目标输出 T、实际输出 y 和误差 error 曲线，如图 2-105 所示。

```
>>plot(X,T,'or',X,y,'-k',X,error)
```

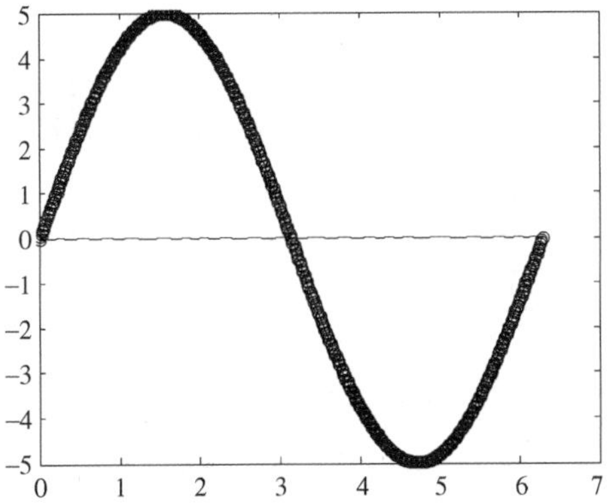

图 2-105 网络的目标输出、实际输出和误差曲线

网络的实际输出 y 也可利用以下 MATLAB 命令得到，它与以上的结果完全相同。

```
>>y=sim(net,X)
```

2.3 基于 Simulink 的神经网络模块

第 25 讲

神经网络工具箱提供了一套可在 Simulink 中建立神经网络的模块，对于在 MATLAB 工作空间中建立的网络，也能够使用函数 gensim( )生成一个相应的 Simulink 网络模块。

2.3.1 模块的设置

在 Simulink 库浏览窗口的 Neural Network Blockset 节点上，通过单击鼠标右键，便可打开如图 2-106 所示的 Neural Network Blockset 模块集窗口。

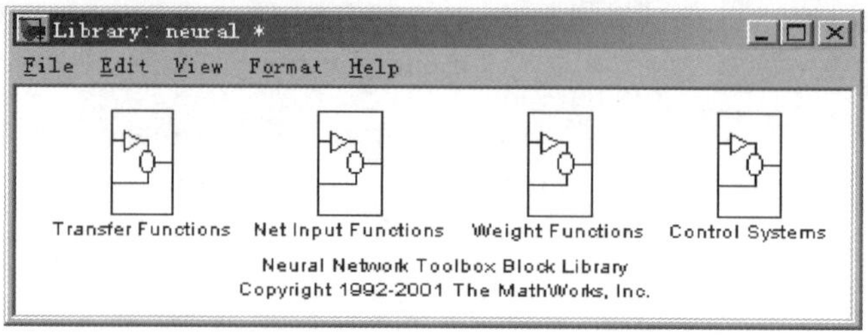

图 2-106　Neural Network Blockset 模块集窗口

在 Neural Network Blockset 模块集中包含了四个模块库，用鼠标双击各个模块库的图标，便可打开相应的模块库。

1．传输函数模块库（Transfer Functions）

双击 Transfer Functions 模块库的图标，便可打开如图 2-107 所示的传输函数模块库窗口。传输函数模块库中的任意一个模块都能够接受一个网络输入向量，并且相应地产生一个输出向量，这个输出向量的组数和输入向量相同。

2．网络输入模块库（Net Input Functions）

双击 Net Input Functions 模块库的图标，便可打开如图 2-108 所示的网络输入模块库窗口。

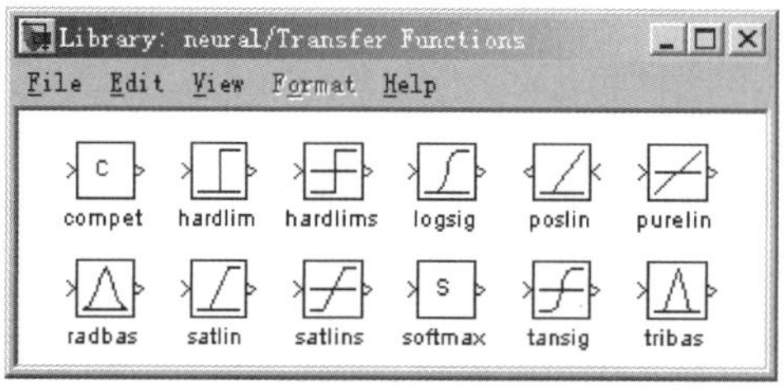

图 2-107　传输函数模块库窗口

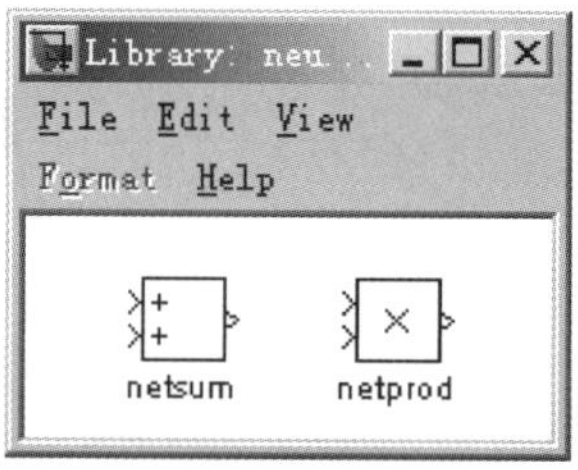

图 2-108　网络输入模块库窗口

网络输入模块库中的每一个模块都能够接受任意数目的加权输入向量、加权的层输出向量，以及偏值向量，并且返回一个网络输入向量。

3．权值模块库（Weight Functions）

双击 Weight Functions 模块库的图标，便可打开如图 2-109 所示的权值模块库窗口。权值模块库中的每个模块都以一个神经元权值向量作为输入，并将其与一个输入向量（或是某一层的输出向量）进行运算，得到神经元的加权输入值。

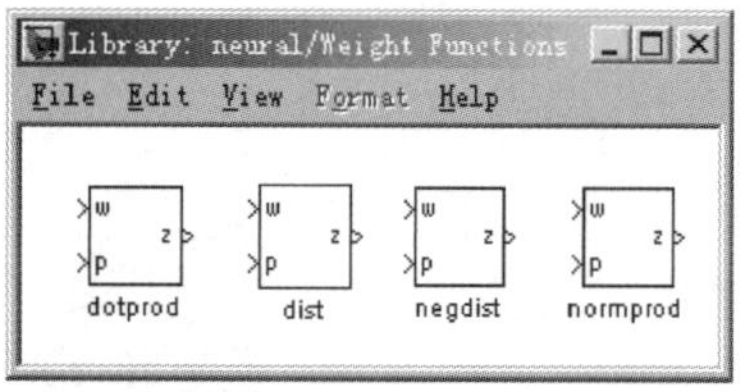

图 2-109　权值模块库窗口

上面的这些模块需要的权值向量必须定义为列向量。这是因为 Simulink 中的信号可以为列向量，但是不能为矩阵或行向量。

4．控制系统模块库（Control Systems）

用鼠标左键双击 Control Systems 模块库的图标，便可打开如图 2-110 所示的控制系统模块库窗口。

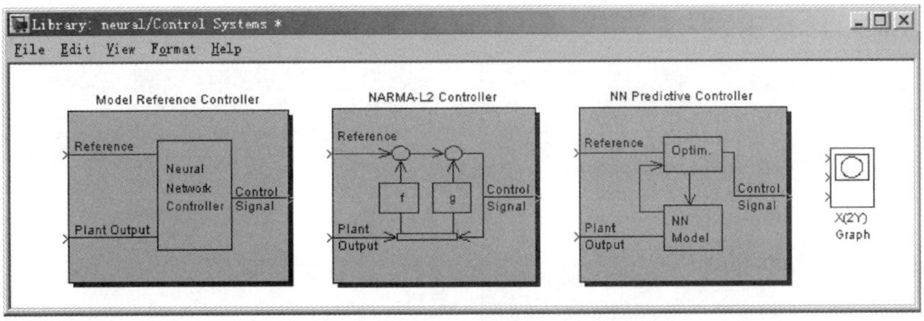

图 2-110　控制系统模块库窗口

神经网络的控制系统模块库中包含三个控制器和一个示波器。关于它们的使用方法将在第 3 章专门介绍。

2.3.2　模块的生成

在 MATLAB 工作空间中，利用函数 gensim( )，能够对一个神经网络生成其模块化描述，从而可在 Simulink 中对其进行仿真。gensim( )函数的调用格式为

gensim(net,st)

式中，第一个参数指定了 MATLAB 工作空间中需要生成模块化描述的网络，第二个参数指定了采样时间，它通常情况下为一正数。如果网络没有与输入权值或层中权值相关的延迟，则指定第二个参数为–1，那么函数 gensim( )将生成一个连续采样的网络。

例 2-40　设计一个线性网络，并生成其模块化描述。定义网络的输入为 X=[1 2 3 4 5]，相应的目标为 T=[1 3 5 7 9]。

解：实现以上任务的 MATLAB 命令如下。

```
>>X=[1 2 3 4 5]; T=[1 3 5 7 9];          %给定网络的输入和相应的目标值
>>net=newlind(X,T);                      %设计一个线性网络
>>y=sim(net,X)                           %利用原始的输入数据测试网络
```

结果显示：

```
y=
  1   3   5   7   9
```

可以看出，网络已经正确地解决了问题。

```
>>gensim(net,-1)                 %生成网络 net 的模块化描述
```

调用函数 gensim( )后，将生成一个新的 Simulink 用户模型窗口。在这个窗口中包含有一个线性网络，这个线性网络连接了一个采样输入和一个示波器，如图 2-111 所示。

图 2-111 中线性网络 net 使用一个神经网络模块（Neural Network）来代替。双击此网络模块，将弹出一个新的窗口，绘出了此网络的结构，如图 2-112 所示。如果这个结构图还不够具体，不能满足要求，还可以进一步在其基础上双击需要了解的部分。此时，将继续弹出新的窗口，在此新窗口中出现了刚才双击部分的更详细的结构，图 2-113 则为 Layer1 模块的详细结构。这样一直下去，直到出现的窗口为属性设置窗口为止。

在如图 2-111 所示的窗口中双击 p{1}模块，打开其属性设置窗口，如图 2-114 所示。该模块实际上是一个标准的常量模块。在窗口中将 Constant value 区域的值改为 2，然后单击【OK】按钮。再回到如图 2-111 所示的窗口中，启动仿真，便可在示波器中观察到网络的输

出信号，如图 2-115 所示。

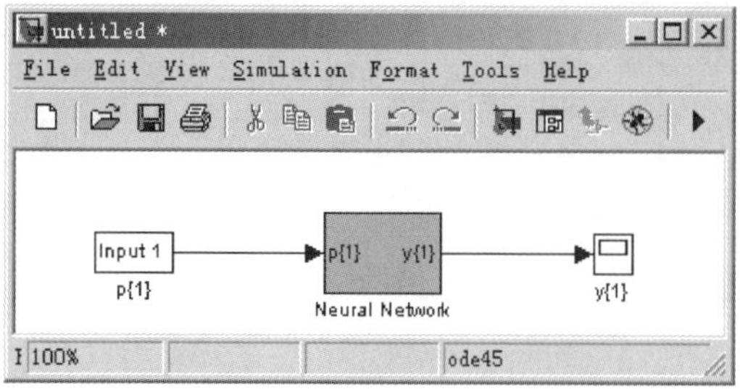

图 2-111　线性网络的仿真图

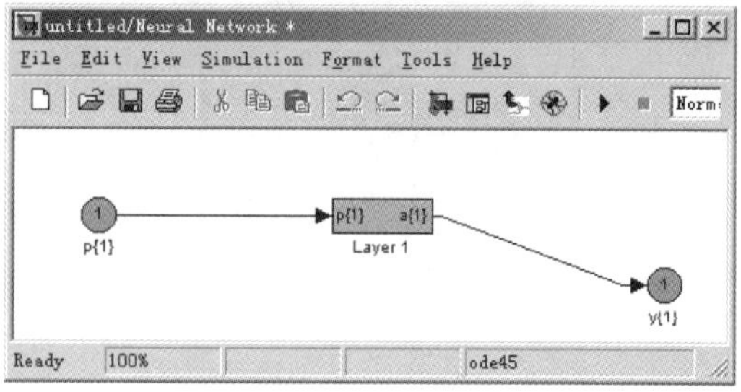

图 2-112　线性网络 net 的结构

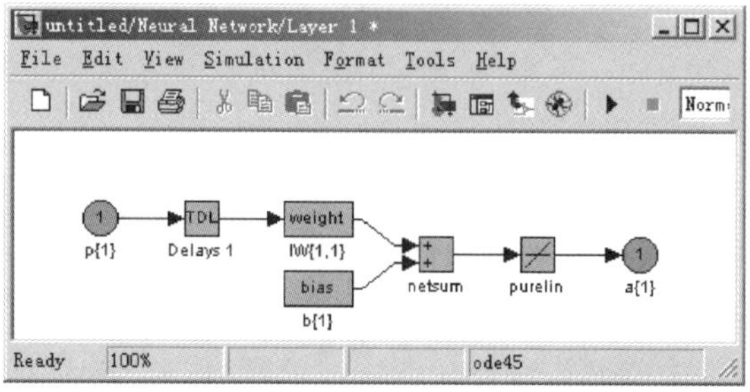

图 2-113　Layer1 模块的详细结构

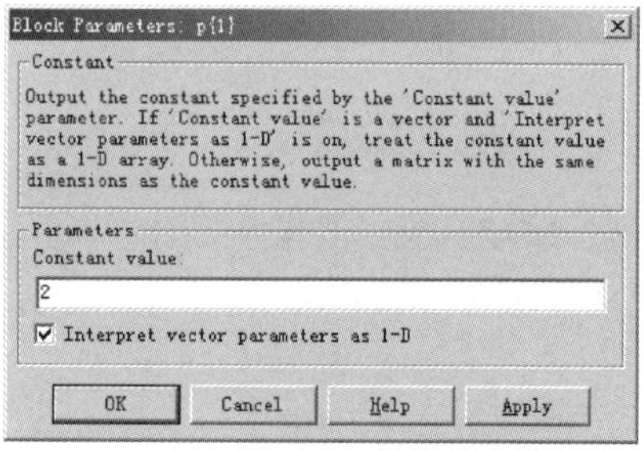

图 2-114　p{1}模块的属性设置窗口

从图 2-115 中可看出，网络的输出信号为 3，这与在 MATLAB 工作空间中使用函数 sim( )得到的结果是一致的。即输入为 2 时，输出为 3。

例 2-41　设计一个感知机，使其能够完成"与"的功能，并生成其模块化描述。

解： 首先根据例 2-37 中的方法设计一个可实现"与"功能的感知机 ANDnet，并确保将其导出到 MATLAB 工作空间。然后在 MATLAB 工作窗口中，利用以下命令生成其模块化描述。

```
>>gensim(ANDnet,-1)                    %生成网络 ANDnet 的模块化描述
```

调用函数 gensim( )后，将生成一个 Simulink 用户模型窗口。在这个窗口中包含有一个感知机模块 Neural Network，这个感知机模块连接了一个标准输入模块和一个示波器，如图 2-116 所示。

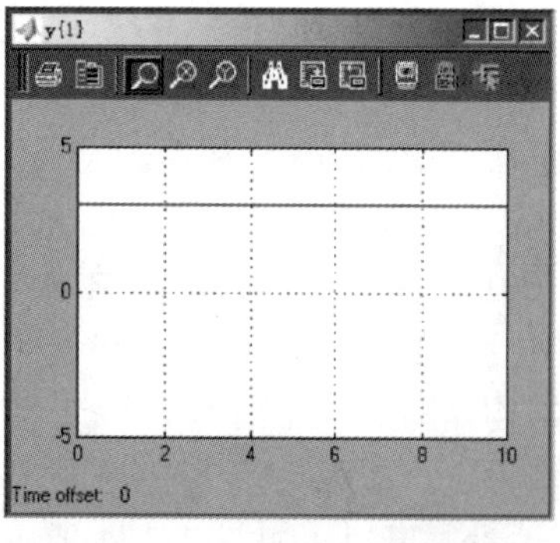

图 2-115　网络的输出信号

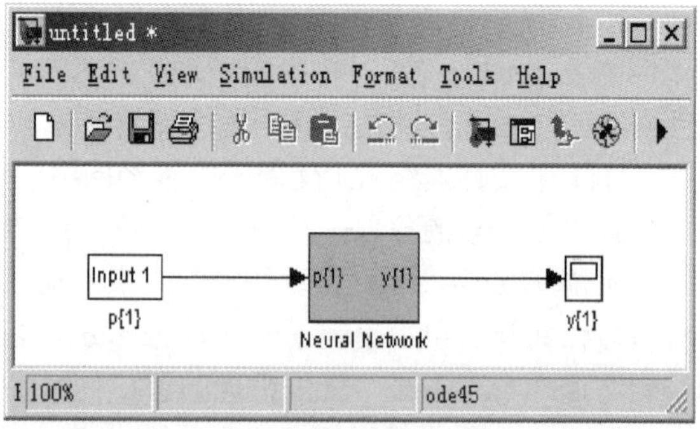

图 2-116　ANDnet 网络的 Simulink 仿真图

图 2-116 中感知机 ANDnet 使用一个神经网络模块来代替。双击此网络模块，将弹出一

个新的窗口，绘出了此网络的结构，如图 2-117 所示。如果这个结构图还不够具体，不能满足要求，还可以进一步在其基础上双击需要了解的部分。此时，将继续弹出新的窗口，在此新窗口中出现了刚才双击部分的更详细的结构，如图 2-118 则为 Layer1 模块的详细结构。这样一直下去，直到出现的窗口为属性设置窗口为止。

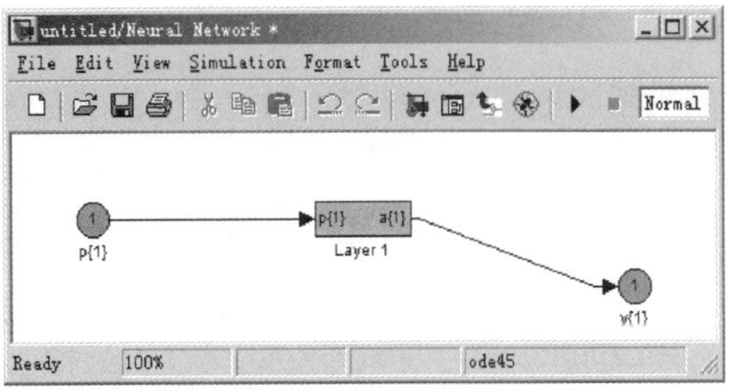

图 2-117　Neural Network 模块的结构

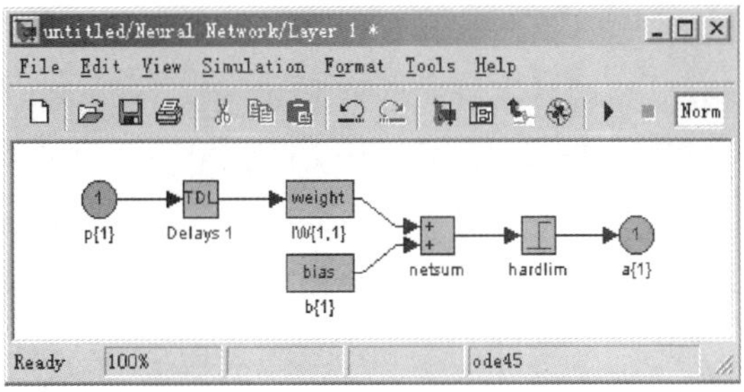

图 2-118　Layer1 模块的详细结构

在图 2-116 所示的窗口中双击 p{1}模块，打开其属性设置窗口，如图 2-119 所示。该模块实际上是一个标准的常量模块。在窗口中将 Constant value 区域的值改为[1;0]，然后单击【OK】按钮，再回到图 2-116 所示的窗口中，启动仿真，便可在示波器中观察到网络的输出信号，如图 2-120 所示。

从图 2-120 中可看出，网络的输出信号为 0，即输入为[1;0]时，输出为 0。

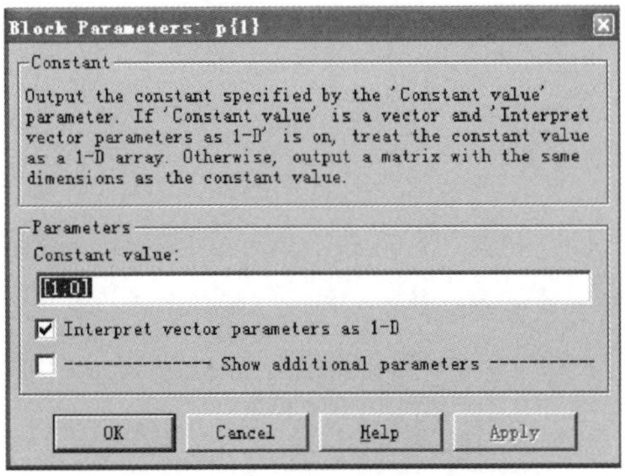

图 2-119　p{1}模块的属性设置窗口

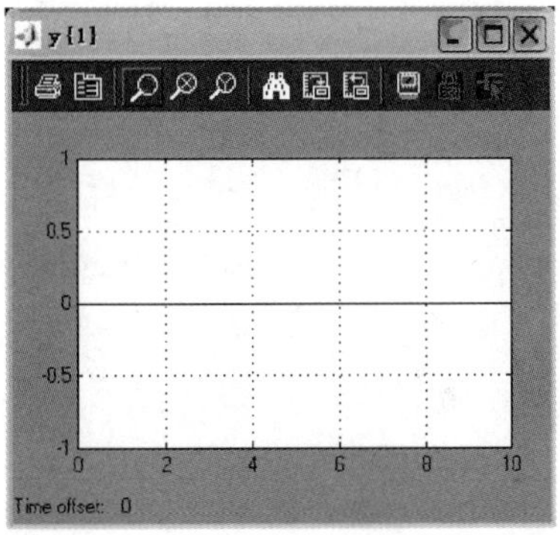

图 2-120　网络的输出信号

2.4　神经网络在系统预测和故障诊断中的应用

2.4.1　系统输入/输出数据的处理

由于系统的实际输入/输出数据常常不在[0,1]之间，而神经网络的输入/输出一般要求位于[0,1]之间。因此利用神经网络对系统进行处理前，需要对获得的系统输入/输出数据进行归一化处理，将数据转换为[0,1]之间的值。归一化方法有很多种形式，这里假设采用如下的公式：

$$y = \frac{x - x_{\min}}{x_{\max} - x_{\min}} \tag{2-1}$$

式中，x 为位于区间[0,1]之外的系统数据；x_{max} 和 x_{min} 分别为系统数据中的最大值和最小值；y 为系统数据 x 归一化后的值。

对于神经网络的输出，需要进行反归一化处理，将网络在[0,1]之间的值转换为系统的实际输出值。与式（2-1）对应的反归一化公式如下：

$$x = y(x_{max} - x_{min}) + x_{min} \tag{2-2}$$

式中，y 为位于区间[0,1]之间的值；x_{max} 和 x_{min} 分别为系统数据中的最大值和最小值；x 为网络输出反归一化后的系统实际数据。

为了进一步方便用户，从 MATLAB R2007a（MATLAB 7.4.0）开始，在 MATLAB 中提供了进行归一化和反归一化的函数 mapminmax( )，其调用格式如下：

[y,ps]=mapminmax(x,ymin,ymax)　和　x=mapminmax('reverse',y,ps)

其中，x 为位于区间[0,1]之外的系统数据；ymax 和 ymin 分别为系统数据归一化后的最大值和最小值，这里分别为 1 和 0；y 为系统数据 x 归一化后的值；返回值 ps 与系统数据 x 有关，如包含 x 的最大值和最小值，以便于反归一化时仍可将数据变换到原数据的实际变化范围。前式用于归一化处理，其 ps 值可缺省；而后式用于反归一化处理，它一般与前式配合使用，此时前式的 ps 值不可缺省。

例如，利用函数 mapminmax( )将矩阵 x 中的数据归一化到[0,1]区间，并再将其反归一化为原数据的 MATLAB 命令如下。

```
>>x=[1 2 3 4 5;1000 300 500 300 100];[y,ps]= mapminmax(x,0,1);y
>>x1= mapminmax('reverse',y,ps)
```

结果显示：

```
y =
         0    0.2500    0.5000    0.7500    1.0000
    1.0000    0.2222    0.4444    0.2222         0
x1 =
       1      2      3      4      5
    1000    300    500    300    100
```

由以上结果可知，函数 mapminmax( )对矩阵中的数据进行归一化和反归一化时，是分别对各行单独进行处理的。

2.4.2　基于神经网络的系统预测

第 26 讲

预测是对尚未发生和目前还不明确的事物进行预先的估计和推测，是以实现对事物将要发生的结果进行探讨的研究。在经济、工程、自然科学和社会科学等领域的实际工作者和研究人员，都不可避免地要和一系列的历史观察、统计数据打交道。预测支持系统中，由于预测对象及环境的复杂多变性，难以建立一个十分准确的数学模型，这使得预测变得非常困难，尤其是对那些较为复杂的预测问题进行预测时，传统的定性和定量的预测方法及它们普通的组合方法都难以得出令人满意的预测结果。

神经网络在非线性系统的建模、辨识和预测方面有着广泛的应用前景。因为传统的非线性系统建模、辨识和预测，在理论研究和实际应用方面，都存在极大的困难。相比之下，神经网络在这方面显示出了明显的优越性。由于神经网络具有通过学习逼近任意非线性映射的能力，将神经网络应用于非线性系统的建模、辨识和预测，可以不受非线性模型的限制，便于给出工程上易于实现的学习算法。

1．交通运输能力的预测

运输系统作为社会经济系统中的一个子系统，在受外界因素影响和作用的同时，对外部经济系统也具有一定的反作用，使得运输需求同时受到来自运输系统内外两方面因素的影响。

例 2-42　某运输系统连续 9 年货运量的有关数据如表 2-10 所示。根据对关于货运量影响因素的分析，这里分别取国内生产总值 GDP、工业总产值、铁路运输线路长度、复线里程比重、公路运输线路长度、等级公路比重、铁路货车数量和民用载货车辆数量等 8 项指标作为影响货运量的因素，以货运总量、铁路货运量和公路货运量作为货运量的输出指标。根据这些资料，可利用神经网络对运输系统进行货运量预测。

表 2-10　运输系统的相关数据

序号	影响因子（输入数据）								输出指标		
	GDP	工业总产值	铁路运输长度	复线比重	公路运输长度	等级公路比重	铁路货车数量	民用载货车辆数量	货运总量	铁路货运量	公路货运量
1	58478	135185	5.46	0.23	16.5	0.21	1005.3	585.44	102569	52365	46251
2	67884	152369	5.46	0.27	18.7	0.26	1105.6	575.03	124587	60821	56245
3	74462	182563	6.01	0.25	21.6	0.28	1204.6	601.23	148792	69253	67362
4	78345	201587	6.12	0.26	25.8	0.29	1316.5	627.89	162568	79856	78165
5	82067	225689	6.21	0.26	30.5	0.31	1423.5	676.95	186592	91658	90548
6	89430	240568	6.37	0.28	34.9	0.33	1536.2	716.32	205862	99635	98758
7	95933	263856	6.38	0.28	39.8	0.36	1632.6	765.24	226598	109862	102564
8	104790	285697	6.65	0.30	42.5	0.39	1753.2	812.22	245636	120566	111257
9	116694	308765	6.65	0.30	46.7	0.41	1865.5	875.26	263595	130378	120356

解：因为 BP 网络具有逼近任意非线性映射的能力，所以本例利用 BP 网络对运输系统进行预测。

① 确定网络样本集

网络的样本集一般包括训练样本集和测试样本集。训练样本集用于对网络进行训练；测试样本集用于监测网络训练的效果和推广能力。一般来说，训练样本集不仅应全面涵盖所有模式类的数据，还应具有一定的代表性，同时还必须保证学习的有效性；测试样本集的选择应满足“交叉检验”的原则。大多数网络的训练样本集和测试样本集一般由输入数据向量和目标输出向量组成。

神经网络输入数据的确定实际上就是特征量（影响因子）的提取，对于特征量的选取，主要考虑它是否与系统输出指标有比较确定的因果关系，如果网络输入数据与输出指标没有任何关系，就不能建立它们之间的联系。

由于 BP 网络采用有教师的训练学习方式，所以它的样本集由输入数据和目标数据组成。这里选取国内生产总值 GDP、工业总产值、铁路运输线路长度、复线里程比重、公路运输线路长度、等级公路比重、铁路货车数量和民用载货车辆数量等 8 项指标，作为网络输入数据的 8 个分量；货运总量、铁路货运量和公路货运量作为网络目标数据的 3 个分量，如表 2-10 所示。由表 2-10 可知，系统的样本对为 9，分别对应于表 2-10 中 9 年货运量的有关数据，利用以下 MATLAB 程序，可产生网络样本集。

```
%ex2_42_1.m
```

```
%给定输入数据和期望输出
x=[58478,135185,5.46,0.23,16.5, 0.21,1005.3,585.44;67884,152369,5.46,0.27,18.7,0.26,1105.6,575.03;
  74462,182563,6.01,0.25,21.6,0.28,1204.6,601.23;78345,201587,6.12,0.26,25.8,0.29,1316.5,627.89;
  82067,225689,6.21,0.26,30.5,0.31,1423.5,676.95;89430,240568,6.37,0.28,34.9,0.33,1536.2,716.32;
  95933,263856,6.38,0.28,39.8,0.36,1632.6,765.24;104790,285697,6.65,0.30,42.5,0.39,1753.2,812.22;
  116694,308765,6.65, 0.30, 46.7, 0.41, 1865.5, 875.26]';
t=[102569, 52365, 46251;124587, 60821, 56245;148792, 69253, 67362;
  162568, 79856, 78165;186592, 91658, 90548;205862, 99635, 98758;
  226598,109862,102564;245636,120566,111257;263595,130378,120356]';
```

② 对网络样本集进行归一化处理

在网络训练前，需要将不在[0,1]之间的影响因子，如 GDP、工业总产值、铁路运输线路长度、公路运输线路长度、铁路货车数量和民用载货车辆数量，利用式（2-1）进行归一化处理。对于已经在[0,1]之间的影响因子，如复线比重和等级公路比重，可以不用进行归一化处理。根据以上给定的输入数据 x 矩阵和期望输出 t 矩阵，编写的 MATLAB 程序如下。

```
%ex2_42_2.m
%归一化处理
a=[1 2 3 5 7 8];X=x;T=t;                    %定义需要归一化影响因子所在行号
%对不同的影响因子分别归一化处理，因同一类影响因子位于 x 矩阵的同一行
for i=1:6;X(a(i),:)= (x(a(i),:)-min(x(a(i),:)))/(max(x(a(i),:))-min(x(a(i),:))),end
%对不同的目标样本分别归一化处理，因同一类目标样本位于 t 矩阵的同一行
for i=1:3;T(i,:)= (t(i,:)-min(t(i,:)))/(max(t(i,:))-min(t(i,:))),end
```

运行结果：

```
X =
        0   0.1616   0.2746   0.3413   0.4052   0.5317   0.6434   0.7955   1.0000
        0   0.0990   0.2729   0.3825   0.5214   0.6071   0.7413   0.8671   1.0000
        0        0   0.4622   0.5546   0.6303   0.7647   0.7731   1.0000   1.0000
   0.2300   0.2700   0.2500   0.2600   0.2600   0.2800   0.2800   0.3000   0.3000
        0   0.0728   0.1689   0.3079   0.4636   0.6093   0.7715   0.8609   1.0000
   0.2100   0.2600   0.2800   0.2900   0.3100   0.3300   0.3600   0.3900   0.4100
        0   0.1166   0.2317   0.3618   0.4862   0.6172   0.7292   0.8694   1.0000
   0.0347        0   0.0873   0.1761   0.3395   0.4706   0.6335   0.7900   1.0000
T =
        0   0.1367   0.2871   0.3726   0.5218   0.6415   0.7702   0.8885   1.0000
        0   0.1084   0.2165   0.3524   0.5037   0.6059   0.7370   0.8742   1.0000
        0   0.1349   0.2849   0.4307   0.5978   0.7085   0.7599   0.8772   1.0000
```

以上运行结果矩阵 X 和 T 中值，则为归一化后的影响因子和目标样本，其中每一行代表一类影响因子。经过归一化后的交通能力样本集如表 2-11 所示。

表 2-11　归一化后的交通能力样本集

序号	影响因子（输入样本 X）								目标样本 T		
	GDP	工业总产值	铁路运输长度	复线比重	公路运输长度	等级公路比重	铁路货车数量	民用载货车辆数量	货运总量	铁路货运量	公路货运量
1	0	0	0	0.2300	0	0.2100	0	0.0347	0	0	0
2	0.1616	0.0990	0	0.2700	0.0728	0.2600	0.1166	0	0.1367	0.1084	0.1349

续表

序号	影响因子（输入样本 X）								目标样本 T		
	GDP	工　业总产值	铁路运输长度	复　线比　重	公路运输长度	等级公路比重	铁路货车数量	民用载货车辆数量	货运总量	铁　路货运量	公　路货运量
3	0.2746	0.2729	0.4622	0.2500	0.1689	0.2800	0.2317	0.0873	0.2871	0.2165	0.2849
4	0.3413	0.3825	0.5546	0.2600	0.3079	0.2900	0.3618	0.1761	0.3726	0.3524	0.4307
5	0.4052	0.5214	0.6303	0.2600	0.4636	0.3100	0.4862	0.3395	0.5218	0.5037	0.5978
6	0.5317	0.6071	0.7647	0.2800	0.6093	0.3300	0.6172	0.4706	0.6415	0.6059	0.7085
7	0.6434	0.7413	0.7731	0.2800	0.7715	0.3600	0.7292	0.6335	0.7702	0.7370	0.7599
8	0.7955	0.8671	1.0000	0.3000	0.8609	0.3900	0.8694	0.7900	0.8885	0.8742	0.8772
9	1.0000	1.0000	1.0000	0.3000	1.0000	0.4100	1.0000	1.0000	1.0000	1.0000	1.0000

③ 网络设计和训练

本例将网络设计为一个二层的 BP 网络。由于输入向量的维数为 8，因此该网络的输入层的神经元数为 8 个；而输出向量的维数为 3，输出层的神经元数为 3 个；因在二层前向网络中，隐含层神经元个数 q 和输入层神经元个数 M 之间一般具有以下近似关系：q=2M+1，故隐含层的神经元数先设为 17 个。隐含层的神经元数并不是固定的，需要根据实际训练的结果来不断调整。本例经过实际训练，通过对训练步数和误差结果分析，最后设定隐含层的神经元数为 17 个。隐含层神经元的传递函数采用 S 型正切函数 tansig，输出层神经元的传递函数采用 S 型对数函数 logsig，这正好满足了网络输出在[0,1]之间的要求。训练函数 trainlm 利用 Levenberg-Marquardt 算法对网络进行训练。

这里利用前 8 年的历史统计数据对网络系统进行训练，也就是将前 8 个样本对作为训练样本，后 1 个样本对作为测试样本，因此网络训练样本对为 8。根据以上归一化后输入样本 X 矩阵和目标样本 T 矩阵中前 8 列的数据，即表 2-11 中前 8 年的数据，编写的 MATLAB 程序如下。

```
%ex2_42_3.m
%训练 BP 网络
X1=X(:,1:8); T1=T(:,1:8);
net=newff(minmax(X1),[17   3],{'tansig','logsig'},'trainlm');
net.trainParam.epochs=1000; net.trainParam.goal=0.0001;LP.lr=0.1;
net=train(net,X1,T1);
y1=sim(net,X1)
```

运行以上程序可得以下结果和如图 2-121 所示的误差变化曲线。

```
y1 =
    0.0039    0.1304    0.2878    0.3784    0.5200    0.6460    0.7693    0.8868
    0.0019    0.1285    0.2127    0.3412    0.5096    0.6141    0.7350    0.8777
    0.0001    0.1191    0.2916    0.4462    0.5891    0.7073    0.7646    0.8761
```

由此可见，网络经过多次训练后，训练后的网络就能进行正确预测了。

④ 网络测试

网络训练成功后，利用表 2-11 最后一组数据，作为网络的外推测试样本，对网络进行测试。根据以上训练好的网络 net 和表 2-11 最后一组测试样本，即最后一年的数据，编写的

MATLAB 命令如下。

```
>>X_test=X(:,9);y_test =sim(net,X_test);
```

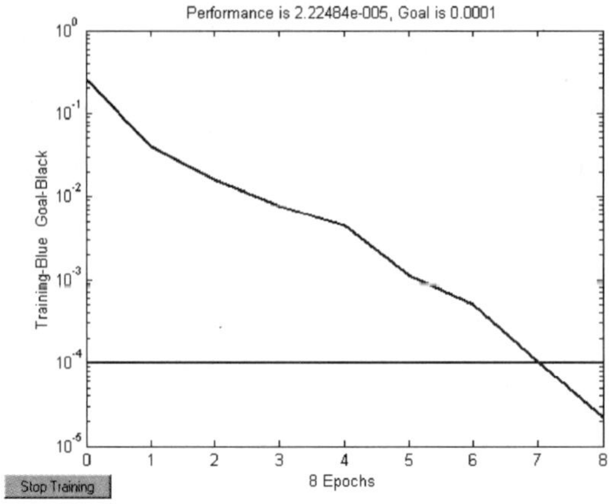

图 2-121 训练误差曲线

⑤ 对网络输出数据进行反归一化处理

对于在[0，1]之间的网络输出值 y_test，还需利用式（2-2）进行反归一化处理，以便将其变换到原实际数据范围内。根据以上网络的输出 y_test 和反归一化处理式（2-2），以及期望输出 t 矩阵所定义的货运总量、铁路货运量和公路货运量的最大/最小值，编写的 MATLAB 命令如下。

```
>>for i=1:3; Y_test (i,:)=y_test (i,:)* (max(t(i,:))-min(t(i,:)))+min(t(i,:));end;Y_test
```

运行结果：

```
Y_test =
        261990
        129560
        117690
```

由此可见，预测结果与最后一年的实际值 263595、130378 和 120356 相比，网络的预测结果基本正确。因为最后一年的数据较前几年的增加幅度较大，而且这些数据同训练数据之间的距离也比较远，外推起来有一定的难度。此外，由于训练样本容量比较小，所以预测精度不是很高。考虑到这些因素，以上的预测结果是可以接受的。

针对例 2-42 所示问题，利用函数 mapminmax( )进行归一化和反归一化的 MATLAB 程序如下。

```
%ex2_42_4.m
%归一化处理
a=[1 2 3 5 7 8];X=x;                    %定义需要归一化影响因子所在 x 矩阵的行号
%对不同的影响因子分别归一化处理，因同一类影响因子位于 x 矩阵的同一行
for i=1:6;X(a(i),:)=mapminmax(x(a(i),:),0,1);end
%对不同的目标样本分别归一化处理，因同一类目标样本位于 t 矩阵的同一行
[T,ps]= mapminmax(t,0,1);X,T
%反归一化处理
Y_test= mapminmax('reverse',y_test,ps)
```

2. 电力系统的负荷预测

电力系统负荷预测是生产部门的重要工作之一，通过准确的负荷预测，可以经济合理地安排机组的启停、减少旋转备用容量、合理安排检修计划、降低发电成本和提高经济效益。负荷预测按预测的时间可以分为长期、中期和短期负荷预测。其中，短期负荷预测中，周负荷预测（未来 1 周）、日负荷预测（未来 24 小时）及提前小时预测对于电力系统的实时运行调度至关重要。负荷预测对电力系统控制、运行和计划都有着重要意义。因为对未来时刻进行预调度要以负荷预测的结果为依据，负荷预测结果的准确性将直接影响调度的结果，从而对电力系统的安全稳定运行和经济性带来重要影响。

例 2-43　电力系统负荷变化受多方面的影响。一方面，存在着由于未知不确定因素引起的随机波动；另一方面，又具有周期变化的规律性，这也使得负荷曲线具有相似性。同时，由于受天气、节假日等特殊情况影响，致使负荷变化出现差异。假设某电力系统在过去 12 天的有功负荷值，以及有关气象特征经归一化后的数据如表 2-12 所示。

表 2-12　电力系统负荷变化样本集

日期	电力负荷												气象特征		
1	0.2452	0.1466	0.1314	0.2243	0.5523	0.6642	0.7015	0.6981	0.6821	0.6945	0.7549	0.8215			
2	0.2217	0.1581	0.1408	0.2304	0.5134	0.5312	0.6819	0.7125	0.7265	0.6847	0.7826	0.8325	0.2415	0.3027	0
3	0.2525	0.1627	0.1507	0.2406	0.5502	0.5636	0.7051	0.7352	0.7459	0.7015	0.8064	0.8156	0.2385	0.3125	0
4	0.2016	0.1105	0.1243	0.1978	0.5021	0.5232	0.6819	0.6952	0.7015	0.6825	0.7825	0.7895	0.2216	0.2701	0
5	0.2115	0.1201	0.1312	0.2019	0.5532	0.5736	0.7029	0.7032	0.7189	0.7019	0.7965	0.8025	0.2352	0.2506	0.5
6	0.2335	0.1322	0.1534	0.2214	0.5623	0.5827	0.7198	0.7276	0.7359	0.7506	0.8092	0.8221	0.2542	0.3125	0
7	0.2368	0.1432	0.1653	0.2205	0.5823	0.5971	0.7136	0.7129	0.7263	0.7153	0.8091	0.8217	0.2601	0.3198	0
8	0.2342	0.1368	0.1602	0.2131	0.5726	0.5822	0.7101	0.7098	0.7127	0.7121	0.7995	0.8126	0.2579	0.3099	0
9	0.2113	0.1212	0.1305	0.1819	0.4952	0.5312	0.6886	0.6898	0.6999	0.7323	0.7721	0.7956	0.2301	0.2867	0.5
10	0.2005	0.1121	0.1207	0.1605	0.4556	0.5022	0.6553	0.6673	0.6798	0.7023	0.7521	0.7756	0.2234	0.2799	1
11	0.2123	0.1257	0.1343	0.2079	0.5579	0.5716	0.7059	0.7145	0.7205	0.7401	0.8019	0.8136	0.2314	0.2977	0
12	0.2119	0.1215	0.1621	0.2161	0.6171	0.6159	0.7155	0.7201	0.7243	0.7298	0.8179	0.8229	0.2317	0.2936	0

在表 2-12 中，由于电力负荷每隔 2 个小时测量 1 次，故一天共有 12 组负荷数据。而气象特征分别为预测日的最高气温、最低气温和天气特征值，其中分别用 0 表示晴、0.5 表示阴天和 1 表示雨天等天气特征。试根据电力系统以前的电力负荷和当日的气象特征预测当日的电力负荷。

解：① 确定训练样本集

由于 BP 网络采用有教师的训练学习方式，所以它的样本集由输入样本和目标样本组成。由于电力负荷值曲线相邻的点之间不会发生变化，因此后一时刻的值必然和前一时刻的值有关，除非发生重大事故等特殊情况。所以这里将预测日前一天的 12 组实际负荷数据和预测日当天的 3 个气象特征值作为网络的输入样本数据，预测日当天的 12 组实际负荷数据作为网络的期望输出数据（目标样本）。根据表 2-12 中的第 1～11 天的 12 组实际负荷数据和第 2～12 天的预测日当天的 3 个气象特征值，可知系统的样本对为 11。这里将前 10 个样本对作为训练样本，后 1 个样本对作为测试样本。

② 网络设计和训练

本例将网络设计为一个二层的 BP 网络。由于输入向量的维数为 15，因此该网络的输入层的神经元数为 15 个；而输出向量的维数为 12，输出层的神经元数为 12 个。本例经过实际训练，通过对误差结果分析，最后设定隐含层的神经元数为 31 个。由于网络的输入向量范围为[0,1]，故隐含层神经元的传递函数采用 S 型正切函数 tansig，输出层神经元的传递函数采用 S 型对数函数 logsig，这正好满足了网络输出在[0,1]之间的要求。训练函数 trainlm 利用 Levenberg-Marquardt 算法对网络进行训练。MATLAB 程序如下。

```
%ex2_43.m
X=[0.2452,0.1466,0.1314,0.2243,0.5523,0.6642,0.7015,0.6981,0.6821,0.6945,0.7549,0.8215,0.2415,
    0.3027 0;0.2217,0.1581,0.1408,0.2304,0.5134,0.5312,0.6819,0.7125,0.7265,0.6847,0.7826,0.8325,
    0.2385,0.3125 0;0.2525,0.1627,0.1507,0.2406,0.5502,0.5636,0.7051,0.7352,0.7459,0.7015,0.8064,
    0.8156,0.2216,0.2701 0;0.2016,0.1105,0.1243,0.1978,0.5021,0.5232,0.6819,0.6952,0.7015,0.6825,
    0.7825,0.7895,0.2352,0.2506 .5;0.2115,0.1201,0.1312,0.2019,0.5532,0.5736,0.7029,0.7032,0.7189,
    0.7019,0.7965,0.8025,0.2542,0.3125 0;0.2335,0.1322,0.1534,0.2214,0.5623,0.5827,0.7198,0.7276,
    0.7359,0.7506,0.8092,0.8221,0.2601,0.3198 0;0.2368,0.1432,0.1653,0.2205,0.5823,0.5971,0.7136,
    0.7129,0.7263,0.7153,0.8091,0.8217,0.2579,0.3099 0;0.2342,0.1368,0.1602,0.2131,0.5726,0.5822,
    0.7101,0.7098,0.7127,0.7121,0.7995,0.8126,0.2301,0.2867 .5;0.2113,0.1212,0.1305,0.1819,0.4952,
    0.5312,0.6886,0.6898,0.6999,0.7323,0.7721,0.7956,0.2234,0.2799 1;0.2005,0.1121,0.1207,0.1605,
    0.4556,0.5022,0.6553,0.6673,0.6798,0.7023,0.7521,0.7756,0.2314,0.2977 0]';
T=[0.2452 0.1466 0.1314 0.2243 0.5523 0.6642 0.7015 0.6981 0.6821 0.6945 0.7549 0.8215;
    0.2217 0.1581 0.1408 0.2304 0.5134 0.5312 0.6819 0.7125 0.7265 0.6847 0.7826 0.8325;
    0.2525 0.1627 0.1507 0.2406 0.5502 0.5636 0.7051 0.7352 0.7459 0.7015 0.8064 0.8156;
    0.2016 0.1105 0.1243 0.1978 0.5021 0.5232 0.6819 0.6952 0.7015 0.6825 0.7825 0.7895;
    0.2115 0.1201 0.1312 0.2019 0.5532 0.5736 0.7029 0.7032 0.7189 0.7019 0.7965 0.8025;
    0.2335 0.1322 0.1534 0.2214 0.5623 0.5827 0.7198 0.7276 0.7359 0.7506 0.8092 0.8221;
    0.2368 0.1432 0.1653 0.2205 0.5823 0.5971 0.7136 0.7129 0.7263 0.7153 0.8091 0.8217;
    0.2342 0.1368 0.1602 0.2131 0.5726 0.5822 0.7101 0.7098 0.7127 0.7121 0.7995 0.8126;
    0.2113 0.1212 0.1305 0.1819 0.4952 0.5312 0.6886 0.6898 0.6999 0.7323 0.7721 0.7956;
    0.2005 0.1121 0.1207 0.1605 0.4556 0.5022 0.6553 0.6673 0.6798 0.7023 0.7521 0.7756]';
net=newff(minmax(X),[31 12],{'tansig','logsig'},'trainlm');
net.trainParam.epochs=1000; net.trainParam. goal= 0.001;LP.lr=0.1;
net=train(net,X,T);y=sim(net,X);
```

运行以上程序可得如图 2-122 所示的误差变化曲线。

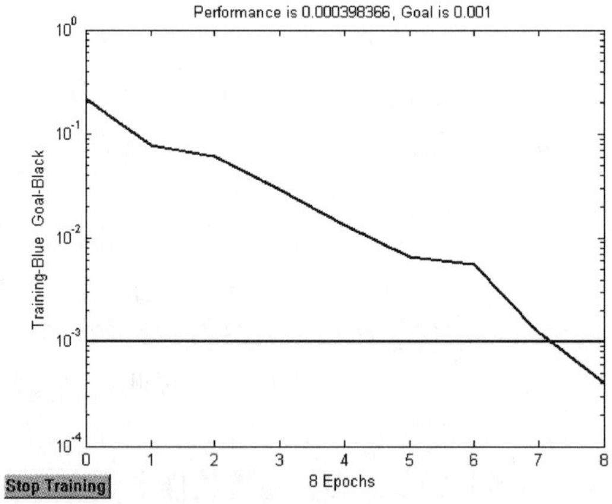

图 2-122 训练误差曲线

由此可见，网络经过 8 次训练后就能进行正确预测了。

③ 网络测试

网络训练成功后，利用测试样本对网络进行测试。测试样本由表 2-12 中的第 11 天的 12 组实际负荷数据和第 12 天的预测日当天的 3 个气象特征值组成，MATLAB 命令如下。

```
>>X_test=[.2123 .1257 .1343 .2079 .5579 .5716 .7059 .7145 .7205 .7401 .8019 .8136 .2317
.2936 0]';
>>y_test =(sim(net,X_test))'
```

运行结果：

```
y_test =
      0.2087 0.1248 0.1403 0.1996 0.5670 0.5740 0.7045 0.7101 0.7226 0.7406 0.8929 0.8075
```

由此可见，预测结果与第 12 天的 12 组实际负荷数据相比，网络的预测结果正确。

3. 地震的预测

地震预测是地理问题研究领域中的一个重要课题，准确的地震预测可以帮助人们及时采取有效措施，降低人员伤亡和经济损失。引发地震的相关性因素很多，在实际地震预测中，前兆及地震学异常的时间和种类多少与未来地震震级大小有一定的关系。

例 2-44　我国西南某地震常发地区在过去 11 年中经归一化后的地震资料如表 2-13 所示。根据这些资料，实现基于神经网络的地震预测。

表 2-13　归一化后的地震预测样本集

序号	地震预测因子（输入样本 X）							目标样本 T
	半年内震级大于 3 的地震累计频度	半年内能量释放积累值	b 值	异常地震群个数	地震条带个数	是否处于活动周期	相关地震区地震震级	实际震级
1	0	0	0.62	0	0	0	0	0
2	0.3915	0.4741	0.77	0.5	0.5	1	0.3158	0.5313
3	0.2835	0.5402	0.68	0	0.5	1	0.3158	0.5938
4	0.6210	1.0000	0.63	1	0.5	1	1.0000	0.9375
5	0.4185	0.4183	0.67	0.5	0	1	0.7368	0.4375
6	0.2160	0.4948	0.71	0	0	1	0.2632	0.5000
7	0.9990	0.0383	0.75	0.5	1	1	0.9474	1.0000
8	0.5805	0.4925	0.71	0	0	0	0.3684	0.3750
9	0.0810	0.0692	0.76	0	0	0	0.0526	0.3125
10	0.3915	0.1230	0.98	0.5	0	0	0.8974	0.6563
11	0.1755	0.3667	0.77	0	0.5	1	0.7368	0.5212

解：（1）利用 BP 网络进行地震预测

因为 BP 网络具有逼近任意非线性映射的能力，所以在系统预测中的应用非常成功。

① 确定训练样本集

由于 BP 网络采用有教师的训练学习方式，所以它的样本集由输入样本和目标样本组成。将表 2-13 中前 7 项的地震预测因子作为网络的输入样本数据，最后 1 项的实际地震震级作为网络的期望输出数据（目标样本），因此网络的输入为一个 7 维的输入向量，输出为一个 1 维的输出向量。由表 2-13 可知，系统的样本对为 11，分别代表过去 11 年中的地震资料。这里将前 10 个样本对作为训练样本，后 1 个样本对作为测试样本。

② 网络设计和训练

本例将网络设计为一个二层的 BP 网络。网络的输入层的神经元数为 7 个；输出层的神经元数为 1 个；设定隐含层的神经元数为 15 个。由于网络的输入向量范围为[0,1]，故隐含层神经元的传递函数采用 S 型正切函数 tansig，输出层神经元的传递函数采用 S 型对数函数 logsig，这正好满足网络输出在[0,1]之间的要求。训练函数 trainlm 利用 Levenberg-Marquardt 算法对网络进行训练。MATLAB 程序如下。

```
%ex2_44_1.m
X=[0 0 0.62 0 0 0 0;0.3915 0.4741 0.77 0.5 0.5 1 0.3158;0.2835 0.5402 0.68 0 0.5 1 0.3158;
0.6210 1.0000 0.63 1 0.5 1 1.0000;0.4185 0.4183 0.67 0.5 0 1 0.7368;0.2160 0.4948 0.71 0 0 1 0.2632;
0.9990 0.0383 0.75 0.5 1 1 0.9474;0.5805 0.4925 0.71 0 0 0 0.3684,0.0810 0.0692 0.76 0 0 0 0.0526;
0.3915 0.1230 0.98 0.5 0 0 0.8974]';
T=[0;0.5313;0.5938;0.9375;0.4375;0.5000;1.0000;0.3750;0.3125;0.6563]';
net=newff(minmax(X),[15   1],{'tansig','logsig'},'trainlm');
net.trainParam.epochs=1000; net.trainParam.goal=0.001;LP.lr=0.1;
net=train(net,X,T);
y=sim(net,X)
```

运行以上程序可得以下结果和如图 2-123 所示的误差变化曲线。

y =

0.0127 0.5263 0.5793 0.9303 0.4463 0.4921 0.9935 0.3805 0.2918 0.6477

由此可见，网络经过 4 次训练后，网络就能进行正确预测了。

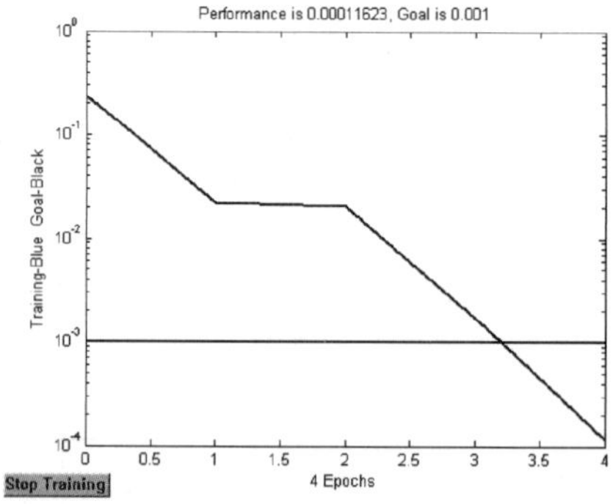

图 2-123 训练误差曲线

③ 网络测试

网络训练成功后，利用表 2-13 最后一组数据作为网络的测试样本，对网络进行测试。MATLAB 命令如下。

```
>>X_test=[0.1755 0.3667 0.77 0 0.5 1 0.7368]';y_test =sim(net,X_test)
```

运行结果：

y_test =

0.5263

由此可见，网络的预测结果是正确的。

（2）利用竞争网络进行地震预测

自组织竞争网络能够识别成组的相似向量，常用于模式分类。

① 确定训练样本集

由于竞争网络是无监督学习的自学习方式，所以它的训练样本集仅由输入样本组成。在训练样本集中，输入向量的维数为 7。测试样本对为 10，分别代表过去前 10 年的地震数据。

② 网络设计和训练

由于地震一般按照震级的大小可分为一般地震、中等地震和严重地震三类，因此这里将网络竞争层的神经元数目设置为 3。为了提高学习速度，将学习速率设为 0.1，MATLAB 程序如下。

```
%ex2_44_2.m
X=[0 0 0.62 0 0 0 0;0.3915 0.4741 0.77 0.5 0.5 1 0.3158;0.2835 0.5402 0.68 0 0.5 1 0.3158;
0.6210 1.0000 0.63 1 0.5 1 1.0000;0.4185 0.4183 0.67 0.5 0 1 0.7368;0.2160 0.4948 0.71 0 0 1 0.2632;
0.9990 0.0383 0.75 0.5 1 1 0.9474;0.5805 0.4925 0.71 0 0 0 0.3684;0.0810 0.0692 0.76 0 0 0 0.0526;
0.3915 0.1230 0.98 0.5 0 0 0.8974]';
net=newc(minmax(X),3,0.1); net=init(net);net=train(net,X);
y=sim(net,X);yc=vec2ind(y)
```

运行结果：

```
yc =
        1   2   2   3   2   2   3   1   1   3
```

由此可见，表 2-13 中的第 1、8、9 行属于一类；2、3、5、6 行属于一类；4、7、10 行属于一类。直接检查表 2-13 中的数据，也会发现属于同一类的数据是比较相似的。

③ 网络测试

网络训练成功后，利用表 2-13 最后一组数据作为网络的测试样本，对网络进行测试。MATLAB 命令如下。

```
>>X_test=[0.1755 0.3667 0.77 0 0.5 1 0.7368]';y_test=sim(net,X_test);yc_test =vec2ind(y_test)
```

运行结果：

```
yc_test =
        2
```

由此可见，网络的分类结果是正确的。

（3）利用学习向量量化（LVQ）网络进行地震预测

LVQ 网络是在监督状态下对竞争层进行训练的一种学习算法。它可以通过学习，将输入向量中与目标向量相近的向量分离出来。

① 确定训练样本集

由于 LVQ 网络是无教师的自学习方式，所以它的训练样本集仅由输入样本组成。在训练样本集中，输入向量的维数为 7。测试样本对为 10，分别代表过去前 10 年的地震数据。

② 网络设计和训练

如果地震根据震级的大小分为弱地震和强地震两类，则可采用 LVQ 网络对其分类。因输入样本中属于第 1 类的数据占 40%，属于第 2 类的数据占 60%，故将 LVQ 网络的建模函数 newlvq( )中的权值所属类别设为[0.4 0.6]，网络竞争层的神经元数目设置为 8，MATLAB 程序如下。

```
%ex2_44_3.m
X=[0 0 0.62 0 0 0 0;0.3915 0.4741 0.77 0.5 0.5 1 0.3158;0.2835 0.5402 0.68 0 0.5 1 0.3158;
0.6210 1.0000 0.63 1 0.5 1 1.0000;0.4185 0.4183 0.67 0.5 0 1 0.7368;0.2160 0.4948 0.71 0 0 1 0.2632;
0.9990 0.0383 0.75 0.5 1 1 0.9474;0.5805 0.4925 0.71 0 0 0 0.3684;0.0810 0.0692 0.76 0 0 0 0.0526;
```

```
0.3915 0.1230 0.98 0.5 0 0 0.8974]';
net=newlvq(minmax(X),8,[0.4 0.6]);tc=[1 2 2 2 1 2 2 1 1 2];T=ind2vec(tc);
net=train(net,X,T);y=sim(net,X);yc=vec2ind(y)
```

运行以上程序可得以下结果和如图 2-124 所示的误差变化曲线。

```
yc =
     1    2    2    2    1    2    2    1    1    2
```

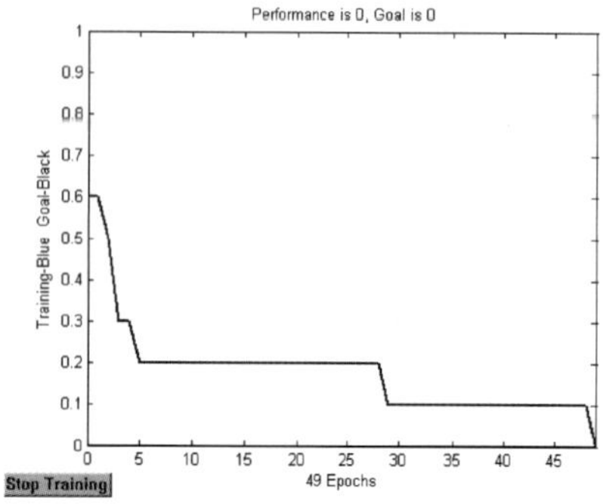

图 2-124　训练误差曲线

由此可见，网络经过 40 多次训练后，训练后的网络就能进行正确预测。其中用 1 表示发生地震的震级在 0.5 以下时的情况，属于弱地震；用 2 表示发生地震的震级在 0.5 及以上时的情况，属于强地震。

③ 网络测试

网络训练成功后，利用表 2-13 最后一组数据，作为网络的测试样本，对网络进行测试。MATLAB 命令如下。

```
>>X_test=[0.1755 0.3667 0.77 0 0.5 1 0.7368]';
>>y_test=sim(net,X_test);yc_test =vec2ind(y_test)
```

运行结果：

```
yc_test =
        2
```

由此可见，此地震属于强地震，网络的分类结果是正确的。

4．股市的预测

自有股票交易以来，对股票价格的预测一直就是学术界和广大投资者最感兴趣的问题之一，它不仅存在着极其诱人的应用价值，也具有重大的理论意义。

例 2-45　假设某公司在过去 10 天经归一化后的股市价格如表 2-14 所示。根据这些资料，实现基于神经网络的股市预测。

表 2-14　归一化后的股票数据

序　号	股 票 价 格	序　号	股 票 价 格
1	0.1254	6	0.6078
2	0.2315	7	0.7119
3	0.3297	8	0.8685
4	0.4376	9	0.9256
5	0.5425	10	1.0000

解： 因为 RBF 网络和 BP 网络一样可以逼近任意的连续非线性函数，故本例利用 RBF 网络预测股市。

① 确定训练样本集

由于股市中数据可以看作一个长度为 L 的时间序列进行处理，所以现在希望用过去的 K（1≤K≤L）个时刻的数据，预测未来 M（1≤M≤L）个时刻的值，即采用序列的前 K 个时刻的数据为滑动窗，并将其映射为后 M 个时刻的值。假设对股市的预测是以日为单位，则可以根据股市过去 K 天的数据，预测出未来 M 天的数据。本例将取 K=3，M=1，即每 3 天作为一个处理周期，利用连续 3 天的数据直接预测其后一天的数据，也就是将预测日前 3 天的股票价格作为网络的输入量，网络的输出量则为预测日当天的股票价格。因此网络的输入为一个 3 维的输入向量，输出为一个 1 维的输出向量。根据表 2-14 可知，L=10，则可得样本对 N=L−(K + M)+1=7。这里将前 6 个样本对作为训练样本，后 1 个样本对作为测试样本。

② 网络设计和训练

RBF 网络主要包括隐含层和输出层，其中隐含层的传递函数为径向基函数 radbas，输出层的传递函数为线性函数 purelin。本例将网络设计为一个单隐层的 RBF 网络。由于输入向量的维数为 3，因此该网络的输入层的神经元数为 3 个；而输出向量的维数为 1，输出层的神经元数为 1 个；因在 RBF 网络中，径向基函数的扩展速度 spread 对网络性能影响很大，本例经过实际训练，最后设定 spread=0.2。MATLAB 程序如下。

```
%ex2_45.m
X=[0.1254 0.2315 0.3297;0.2315 0.3297 0.4376;0.3297 0.4376 0.5425;
   0.4376 0.5425 0.6078;0.5425 0.6078 0.7119;0.6078 0.7119 0.8685]';
T=[0.4376 0.5425 0.6078 0.7119 0.8685 0.9256];
spread=0.2;net=newrbe(X,T,spread);
y=sim(net,X)
```

运行结果：

```
y =
   0.4376   0.5425   0.6078   0.7119   0.8685   0.9256
```

由此可见，网络经过训练后，训练好的网络对训练样本进行了成功的预测。

③ 网络测试

当网络训练好，利用测试样本，对训练后的系统进行测试，MATLAB 命令如下。

```
>>X_test=[0.7119 0.8685 0.9256]';y_test=sim(net,X_test)
```

运行结果：

```
y_test =
        0.9851
```

由此可见，RBF 网络的预测结果基本是正确的。

对于股市预测来说，只考虑历史数据是不够的。针对一个实际的时间序列，它的预测值不仅取决于历史数据，而且受许多其他因素的影响，为此，实际应用时还需加上这些因素以提高精度。另外，上市公司在某一天一般有开盘、收盘、最高和最低 4 个价格，这里出于篇幅的原因，对预测模型简单化，仅给出平均价格，但这不影响股市预测系统的使用。

2.4.3　基于神经网络的故障诊断

第 27 讲

除了系统建模和预测之外，神经网络应用的另一大领域是故障诊断。故障诊断是指系统在一定工作环境下查明导致系统某种功能失调的原因或性质，判断劣化状态发生的部位或部件，以及预测状态劣化的发展趋势等。故障诊断基本思想是建立故障征兆空间到故障空间的映射，实现对故障的识别和诊断。故障诊断的过程有三个主要步骤：第一步是检测设备状态的特征信号；第二步是从所检测到的特征信号中提取征兆；第三步是根据征兆和其他诊断信息来识别设备的状态，从而完成故障诊断。从征兆提取装置输出的征兆即可输入状态识别装置来识别系统的状态，这是整个诊断过程的核心。

随着现代科学技术水平的日益提高，尤其是计算机科学和控制科学的飞速发展，使得系统的规模和复杂程度迅速增加，设备的安全性和可靠性问题越来越突出。在实际需求的要求下，故障诊断技术的应用领域越来越广泛，已经从传统的机械系统和电子系统，渗透到机电一体化、工业自动化系统、计算机系统，以及各种广泛意义上的动态系统，包括目标识别系统、组合导航系统等。

神经网络技术的出现，为故障诊断问题提供了一种新的解决途径。特别是对于在实际中难以建立数学模型的复杂系统，神经网络更显示出其独特的作用。神经网络作为一种自适应的模式识别技术，并不需要预先给出有关模式的经验知识和判别函数，通过自身的学习机制自动形成所要求的决策区域。网络的特性由其拓扑结构、神经元特性、学习和训练规则所决定。它充分利用状态信息，对来自于不同状态的信息逐一进行训练而获得某种映射关系。而且神经网络可以连续学习，如果环境发生变化，这种映射关系还可以自适应地进行调整。

例 2-46　回热系统是火电机组的主要辅助系统之一。回热系统长期处于高温高压的运行状态，加之运行中还受到机组负荷突变、给水泵出现故障、旁路切换等因素的影响，这就造成回热系统的频繁故障。根据回热系统的运行经验及现场条件，利用 9 个运行参数提取故障征兆，归纳得到 12 种主要故障的样本特征模式，归一化处理后的数据见表 2-15。

表 2-15　回热系统故障样本特征模式

序号	故障征兆（输入样本）									目标样本	
	抽气流量	抽气压力	进口压力	进口水温	出口水温	混合水温	出口端差	水位高度	疏水温度	故障现象	对应描述
1	0.50	0.50	0.50	0.50	0.75	0.75	0.25	0.50	0.50	A-运行正常	0001
2	0.25	0.60	0.50	0.50	0.50	0.50	0.75	0.50	0.50	B-排气管不畅	0010
3	0.75	0.40	0.75	0.50	0.50	0.50	0.50	0.50	0.50	C-排气量过大	0011
4	0.25	0.60	0.50	0.50	0.25	0.25	0.75	0.50	0.50	D-管束污染	0100
5	0.25	0.60	0.50	0.50	0.00	0.00	1.00	0.50	0.50	E-水侧短路	0101
6	0.75	0.40	0.75	0.50	0.25	0.25	0.75	1.00	0.25	F-管束泄漏	0110
7	0.25	0.60	0.50	0.50	0.50	0.50	0.75	0.75	0.50	G-疏水不畅	0111
8	0.75	0.40	0.50	0.50	0.75	0.75	0.25	0.00	1.00	H-疏水阀故障	1000
9	0.25	0.60	0.50	0.50	0.75	0.25	0.25	0.50	0.50	I-旁路故障	1001
10	0.25	0.60	0.50	0.50	0.25	0.25	0.75	1.00	0.50	J-加热器满水	1010
11	0.50	0.50	0.50	0.50	1.00	0.75	0.25	1.00	0.50	K-热气带水	1011
12	0.00	0.75	0.75	0.50	0.50	0.75	0.25	1.00	0.50	L-自身沸腾	1100

表 2-15 中根据各个参数的不同特点来表示它们的变化范围和程度。考虑到参数测点的波动，将只能变大或变小的参数的正常值设定为 0.25 和 0.75，而将可能双向变化的参数的正常值设定为 0.5。这样，作为神经网络的训练样本，大多数的参数在归一化后的变化范围加大了，这极大地改善了训练的收敛性。

解：（1）利用 BP 网络进行故障诊断

因为 BP 网络具有逼近任意非线性映射的能力，所以在故障诊断中的应用非常成功。

① 确定训练样本集

由于 BP 网络采用有教师的训练学习方式，所以它的训练样本集由输入样本和目标样本组成。这里选取回热系统的 9 个运行参数所提取的故障征兆，作为网络输入样本的 9 个分量；12 种主要故障分别用 4 位不同的二进制数表示，如表 2-15 所示，作为网络目标样本的 4 个分量。由表 2-15 可知，训练样本对为 12，分别代表 12 种不同的主要故障。

② 网络设计和训练

本例将网络设计为一个二层的 BP 网络。由于输入向量的维数为 9，因此该网络输入层的神经元数为 9 个；而输出向量的维数为 4，则输出层的神经元数为 4 个。本例经过实际训练，通过对误差结果的分析，最后设定隐含层的神经元数为 19 个。由于网络的输入向量范围为[0,1]，故隐含层神经元的传递函数采用 S 型正切函数 tansig，输出层神经元的传递函数采用 S 型对数函数 logsig，这正好满足网络输出在[0,1]之间的要求。训练函数 trainlm 利用 Levenberg-Marquardt 算法对网络进行训练。相应 MATLAB 程序如下。

```
%ex2_46_1.m
X=[0.50 0.50 0.50 0.50 0.75 0.75 0.25 0.50 0.50;0.25 0.60 0.50 0.50 0.50 0.50 0.75 0.50 0.50;
   0.75 0.40 0.75 0.50 0.50 0.50 0.50 0.50 0.50;0.25 0.60 0.50 0.50 0.25 0.25 0.75 0.50 0.50;
   0.25 0.60 0.50 0.50 0.00 0.00 1.00 0.50 0.50;0.75 0.40 0.75 0.50 0.25 0.25 0.75 1.00 0.25;
   0.25 0.60 0.50 0.50 0.50 0.50 0.75 0.75 0.50;0.75 0.40 0.50 0.50 0.75 0.75 0.25 0.00 1.00;
   0.25 0.60 0.50 0.50 0.75 0.25 0.25 0.50 0.50;0.25 0.60 0.50 0.50 0.25 0.25 0.75 1.00 0.50;
   0.50 0.50 0.50 0.50 1.00 0.75 0.25 1.00 0.50;0.00 0.75 0.75 0.50 0.50 0.75 0.25 1.00 0.50]';
T=[0 0 0 1;0 0 1 0;0 0 1 1;0 1 0 0;0 1 0 1;0 1 1 0;0 1 1 1;1 0 0 0;1 0 0 1;1 0 1 0;1 0 1 1;1 1 0 0]';
net=newff(minmax(X),[19   4],{'tansig','logsig'}, 'trainlm');
net.trainParam.epochs=1000; net.trainParam.goal= 0.001;LP.lr=0.1;
net=train(net,X,T);
y=sim(net,X)
```

运行以上程序可得以下结果和如图 2-125 所示的误差变化曲线。

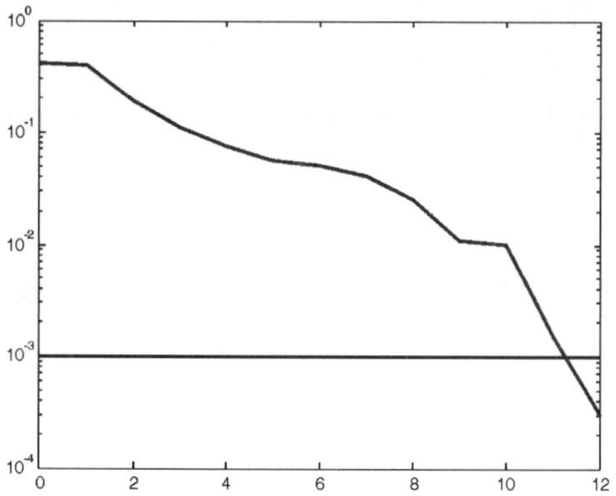

图 2-125 训练误差曲线

y =

```
0.0133 0.0220 0.0028 0.0096 0.0000 0.0032 0.0093 0.9911 0.9993 0.9986 0.9995 0.9999
0.0025 0.0507 0.0130 0.9993 1.0000 0.9993 0.9979 0.0010 0.0012 0.0124 0.0000 0.9997
0.0407 0.9368 0.9984 0.0004 0.0000 1.0000 0.9744 0.0007 0.0011 0.9942 0.9993 0.0017
```

0.9981 0.0018 0.9882 0.0155 0.9912 0.0514 0.9848 0.0005 0.9878 0.0253 0.9994 0.0004

由此可见，网络经过 10 多次训练后，训练好的网络对故障进行了成功的分类，即将 12 种主要故障模式分别用 4 位不同的二进制数表示，它们代表不同的故障类别。

③ 网络测试

网络训练成功后，利用表 2-16 所示的一组测试样本，对网络进行测试。

表 2-16 测试样本

序号	故障征兆								
	抽气流量	抽气压力	进口压力	进口水温	出口水温	混合水温	出口端差	水位高度	疏水温度
1	0.35	0.65	0.50	0.50	0.55	0.50	0.70	0.50	0.55

利用以下 MATLAB 命令，便可根据以上训练好的网络 net 对其进行分类。

```
>>X_test=[0.35 0.65 0.50 0.50 0.55 0.50 0.70 0.50 0.55]';y_test=sim(net,X_test)
```

运行结果：

```
y_test =
        0.0000
        0.0028
        0.9969
        0.0368
```

由此可见，网络的分类结果是正确的。也就是说，网络成功地诊断出了系统此次发生的故障为 B 类故障，即排气管不畅。因此，BP 网络用于故障诊断是有效的。

（2）利用径向基神经网络 RBF 进行故障诊断

RBF 网络和 BP 网络一样可以逼近任意的连续非线性函数。两者的主要不同点是在非线性映射上采用了不同的作用函数。BP 网络中的隐节点使用的是 S 型函数，而 RBF 网络中的隐节点使用的是高斯函数，这使得 RBF 网络在逼近能力、分类能力和学习速度等方面均优于 BP 网络。

① 确定训练样本集

由于 RBF 网络也采用有教师的训练学习方式，所以它的训练样本集也由输入样本和目标样本组成。在训练样本集中，输入向量的维数为 9，由回热系统的 9 个运行参数所提取的故障征兆组成；目标向量的维数为 4，由代表 12 种主要故障的 4 位不同的二进制数表示，如表 2-15 所示。样本对为 12，分别代表 12 种不同的主要故障。

② 网络设计和训练

RBF 网络主要包括隐含层和输出层，其中隐含层的传递函数为径向基函数 radbas，输出层的传递函数为线性函数 purelin。本例将网络设计为一个单隐层的 RBF 网络。由于输入向量的维数为 9，因此该网络输入层的神经元数为 9 个；而输出向量的维数为 4，则输出层的神经元数为 4 个；因在 RBF 网络中，径向基函数的扩展速度 spread 对网络性能影响很大，本例经过实际训练，最后设定 spread=0.4。相应 MATLAB 程序如下。

```
%ex2_46_2.m
X=[0.50 0.50 0.50 0.50 0.75 0.75 0.25 0.50 0.50;0.25 0.60 0.50 0.50 0.50 0.50 0.75 0.50 0.50;
   0.75 0.40 0.75 0.50 0.50 0.50 0.50 0.50 0.50;0.25 0.60 0.50 0.50 0.25 0.25 0.75 0.50 0.50;
   0.25 0.60 0.50 0.50 0.00 0.00 1.00 0.50 0.50;0.75 0.40 0.75 0.50 0.25 0.25 0.75 1.00 0.25;
   0.25 0.60 0.50 0.50 0.50 0.50 0.75 0.75 0.50;0.75 0.40 0.50 0.50 0.75 0.75 0.25 0.00 1.00;
   0.25 0.60 0.50 0.50 0.75 0.25 0.25 0.50 0.50;0.25 0.60 0.50 0.50 0.25 0.25 0.75 1.00 0.50;
```

```
    0.50 0.50 0.50 0.50 1.00 0.75 0.25 1.00 0.50;0.00 0.75 0.75 0.50 0.50 0.75 0.25 1.00 0.50]';
T=[0 0 0 1;0 0 1 0;0 0 1 1;0 1 0 0;0 1 0 1;0 1 1 0;0 1 1 1;1 0 0 0;1 0 0 1;1 0 1 0;1 0 1 1;1 1 0 0]';
spread=0.4;net=newrbe(X,T,spread);
y=sim(net,X)
```

运行结果：

```
y =
    0.0000 0.0000 0.0000 0.0000 0.0000 0.0000 0.0000 1.0000 1.0000 1.0000 1.0000 1.0000
    0.0000 0.0000 0.0000 1.0000 1.0000 1.0000 1.0000 0.0000 0.0000 0.0000 0.0000 1.0000
    0.0000 1.0000 1.0000 0.0000 0.0000 1.0000 1.0000 0.0000 0.0000 1.0000 1.0000 0.0000
    1.0000 0.0000 1.0000 0.0000 1.0000 0.0000 1.0000 0.0000 1.0000 0.0000 1.0000 0.0000
```

由此可见，网络经过训练后，训练好的网络对故障进行了成功的分类，即将 12 种主要故障模式分别用 4 位不同的二进制数表示，它们分别代表不同的故障类别。

③ 网络测试

当网络训练好后，针对表 2-16 的一组测试样本，利用以下 MATLAB 命令，便可根据以上训练好的网络 net 对其进行分类。

```
>>X_test=[0.35 0.65 0.50 0.50 0.55 0.50 0.70 0.50 0.55]';y_test=sim(net,X_test)
```

运行结果：

```
y_test =
        0.0061
        0.0761
        1.0045
        0.1972
```

由此可见，网络的分类结果是正确的。也就是说，网络成功地诊断出了系统此次发生的故障为 B 类故障，即排气管不畅。因此，RBF 网络用于故障诊断是有效的。

（3）利用概率神经网络进行故障诊断

概率径向基网络 PNN 是适用于分类问题的径向基网络，它具有结构简单、训练速度快等特点，应用范围非常广泛，特别适合于模式分类问题的解决。

① 确定训练样本集

由于 PNN 网络也采用有教师的训练学习方式，所以它的训练样本集也由输入样本和目标样本组成。在训练样本集中，输入向量的维数为 9，它由回热系统的 9 个运行参数所提取的故障征兆组成；目标向量的维数为 12，由代表输入向量所属类别的 1～12 来表示，即分别用 1～12 来代表 12 种不同的主要故障 A～L，如表 2-15 所示。样本对为 12，分别代表 12 种不同的主要故障。

② 网络设计和训练

PNN 网络的设计和 RBF 网络的设计非常相似。由于输入向量的维数为 9，因此该网络的输入层的神经元数为 9；因为目标输出向量的维数为 12，因此输出层的神经元数为 12。在 PNN 网络中，spread 对网络性能影响也很大，本例经过实际训练，最后设定 spread=0.1，相应 MATLAB 程序如下。

```
%ex2_46_3.m
X=[0.50 0.50 0.50 0.50 0.75 0.75 0.25 0.50 0.50;0.25 0.60 0.50 0.50 0.50 0.50 0.75 0.50 0.50;
    0.75 0.40 0.75 0.50 0.50 0.50 0.50 0.50 0.50;0.25 0.60 0.50 0.50 0.25 0.25 0.75 0.50 0.50;
```

```
    0.25 0.60 0.50 0.50 0.00 0.00 1.00 0.50 0.50;0.75 0.40 0.75 0.50 0.25 0.25 0.75 1.00 0.25;
    0.25 0.60 0.50 0.50 0.50 0.50 0.75 0.75 0.50;0.75 0.40 0.50 0.50 0.75 0.75 0.25 0.00 1.00;
    0.25 0.60 0.50 0.50 0.75 0.25 0.25 0.50 0.50;0.25 0.60 0.50 0.50 0.25 0.25 0.75 1.00 0.50;
    0.50 0.50 0.50 0.50 1.00 0.75 0.25 1.00 0.50;0.00 0.75 0.75 0.50 0.50 0.75 0.25 1.00 0.50]';
Tc=[1 2 3 4 5 6 7 8 9 10 11 12]; T=ind2vec(Tc);
spread =0.1;net=newpnn(X,T,spread);
y=sim(net,X);yc=vec2ind(y)
```

运行结果：

```
yc =
    1  2  3  4  5  6  7  8  9  10  11  12
```

由此可见，网络经过训练后，训练好的网络对故障进行了成功的分类，即将 12 种主要故障模式分别用 1～12 中不同数字进行了表示，不同的数字分别代表不同的故障类别。

③ 网络测试

当网络训练好后，针对表 2-16 的一组测试样本，利用以下 MATLAB 命令，便可根据以上训练好的网络 net 对其进行分类。

```
>>X_test=[0.35 0.65 0.50 0.50 0.55 0.50 0.70 0.50 0.55]';
>>y_test=sim(net,X_test);yc_test =vec2ind(y_test)
```

运行结果：

```
yc_test =
      2
```

由此可见，网络的分类结果是正确的。也就是说，网络成功地诊断出了系统此次发生的故障为 B 类故障，即排气管不畅。因此，网络用于故障诊断是有效的。

（4）利用自组织特征映射 SOM 网络进行故障诊断

自组织特征映射 SOM 网络采用的是无监督学习的自学习方式，无须在训练或学习过程中预先指明这个训练输入向量的所属类别。当输入某一类别的向量时，神经网络中的一个神经元将会在其输出端产生最大值，而其他的神经元具有最小输出值。所以，该神经网络能够根据最大值的神经元的位置来判断输入向量所代表的故障。

① 确定训练样本集

由于 SOM 网络是无监督学习的自学习方式，所以它的训练样本集仅由输入样本组成。在训练样本集中，输入向量的维数为 9，由回热系统的 9 个运行参数所提取的故障征兆组成。样本对为 12，分别代表 12 种不同的主要故障，可分别用 12 个字母 A，B，C，…，L 来代表。

② 网络设计和训练

为了提高网络映射精度，将 SOM 网络的竞争层设计为一个 4×4 的二维平面，它可以将故障分为 4×4=16 个类别，大于系统实际故障类别数 12。相应 MATLAB 程序如下。

```
%ex2_46_4.m
X=[0.50 0.50 0.50 0.50 0.75 0.75 0.25 0.50 0.50;0.25 0.60 0.50 0.50 0.50 0.50 0.75 0.50 0.50;
    0.75 0.40 0.75 0.50 0.50 0.50 0.50 0.50 0.50;0.25 0.60 0.50 0.50 0.25 0.25 0.75 0.50 0.50;
    0.25 0.60 0.50 0.50 0.00 0.00 1.00 0.50 0.50;0.75 0.40 0.75 0.50 0.25 0.25 0.75 1.00 0.25;
    0.25 0.60 0.50 0.50 0.50 0.50 0.75 0.75 0.50;0.75 0.40 0.50 0.50 0.75 0.75 0.25 0.00 1.00;
    0.25 0.60 0.50 0.50 0.75 0.25 0.25 0.50 0.50;0.25 0.60 0.50 0.50 0.25 0.25 0.75 1.00 0.50;
    0.50 0.50 0.50 0.50 1.00 0.75 0.25 1.00 0.50;0.00 0.75 0.75 0.50 0.50 0.75 0.25 1.00 0.50]';
net=newsom(minmax(X),[4   4]);net=train(net,X);
y=sim(net,X);yc=vec2ind(y)
```

运行结果：

yc =

　　12　6　3　2　1　9　10　8　11　13　16　14

由此可见，网络经过 100 次训练后，训练好的网络对故障进行了成功的分类，即将 12 种主要故障模式分别用 1～16 中不同数字进行了表示，不同的数字分别代表不同的故障类别。上述结果也可以用图 2-126 来表示。

由图 2-126 可见，训练后的网络将 12 种主要故障成功地分布在 4×4 的二维平面的不同区域，不同区域代表不同故障。如位于网络输出 yc 第二个元素的数字 6 代表 4×4 的二维平面的第 2 行第 2 列的区域，由于该数字是网络输出 yc 的第二个元素，故表示故障为 B 类，即排气管不畅。

E	D	C	
	B		H
F	G	I	A
J	L		K

图 2-126　训练后的 SOM 网络输出

③ 网络测试

当网络训练好后，输入一个新的故障模式，网络竞争层的神经元就开始竞争，并激活与之最为接近的神经元，从而实现正确的分类。即一旦故障的类型确定，网络的故障诊断功能也就实现了。

针对表 2-16 的一组测试样本，利用以下 MATLAB 命令，便可根据以上训练好的网络 net 对其进行分类。

```
>>X_test=[0.35 0.65 0.50 0.50 0.55 0.50 0.70 0.50 0.55]';
>>y_test=sim(net,X_test);yc_test =vec2ind(y_test)
```

运行结果：

yc_test =

　　6

由此可见，网络的分类结果是正确的。也就是说，网络成功地诊断出了系统此次发生的故障为 B 类故障，即排气管不畅。因此，网络用于故障诊断是有效的。

④ 网络分析

网络竞争层神经元的个数和排列对于网络性能非常重要，如果神经元个数比较少，可能就无法对输入模式进行正确的分类。针对上例将网络的竞争层设计为一个 4×4 的二维平面时，有时就不一定能将所有的故障模式进行成功分类，如当运行结果出现以下情况时

yc =

　　12　6　15　13　9　1　6　16　7　5　8　4

表明网络将故障模式 B 和 G 分为一类，也就是说故障模式 B 和 G 均位于二维平面的第 2 行第 2 列的区域。为了提高网络映射精度，可以增加网络竞争层的神经元数和排列方式，如 4×5 或 5×5 的二维平面，或更大。

（5）利用 Elman 网络进行故障诊断

尽管 BP 网络有着很强的非线性映射能力，在故障诊断中的应用非常成功，但是由于 BP 网络是一种前向的神经网络，相对于反馈型的网络来说，收敛速度相对较慢，而且有可能收敛到局部极小点，下面利用 Elman 网络对以上实例进行故障诊断。

① 确定训练样本集

由于 Elman 网络也采用有教师的训练学习方式，所以它的训练样本集也由输入样本和目标样本组成。在训练样本集中，输入向量的维数为 9，由回热系统的 9 个运行参数所提取的

故障征兆组成；目标向量的维数为4，由代表12种主要故障的4位不同的二进制数表示，如表2-15所示。样本对为12，分别代表12种不同的主要故障。

② 网络设计和训练

由于单隐层的Elman网络的功能已经非常强大，因此这里采用单隐层的Elman网络。网络的输入层的神经元数为9个；输出层的神经元数为4个。最影响网络性能的是隐含层的神经元数，而这又是比较难以确定的，综合考虑网络的性能和速度，将隐含层的神经元数设定为20个，相应MATLAB程序如下。

```
%ex2_46_5.m
X=[0.50 0.50 0.50 0.50 0.75 0.75 0.25 0.50 0.50;0.25 0.60 0.50 0.50 0.50 0.50 0.75 0.50 0.50;
   0.75 0.40 0.75 0.50 0.50 0.50 0.50 0.50 0.50;0.25 0.60 0.50 0.50 0.25 0.25 0.75 0.50 0.50;
   0.25 0.60 0.50 0.50 0.00 0.00 1.00 0.50 0.50;0.75 0.40 0.75 0.50 0.25 0.25 0.75 1.00 0.25;
   0.25 0.60 0.50 0.50 0.50 0.50 0.75 0.75 0.50;0.75 0.40 0.50 0.50 0.75 0.75 0.25 0.00 1.00;
   0.25 0.60 0.50 0.50 0.75 0.25 0.25 0.50 0.50;0.25 0.60 0.50 0.50 0.25 0.25 0.75 1.00 0.50;
   0.50 0.50 0.50 0.50 1.00 0.75 0.25 1.00 0.50;0.00 0.75 0.75 0.50 0.50 0.75 0.25 1.00 0.50]';
T=[0 0 0 1;0 0 1 0;0 0 1 1;0 1 0 0;0 1 0 1;0 1 1 0;0 1 1 1;1 0 0 0;1 0 0 1;1 0 1 0;1 0 1 1;1 1 0 0]';
net=newelm(minmax(X),[20   4],{'tansig','logsig'});
net.trainParam.epochs=1000;net.trainParam.goal=0.001;
net=train(net,X,T);y=sim(net,X)
```

运行以上程序可得以下结果和如图2-127所示的误差变化曲线。

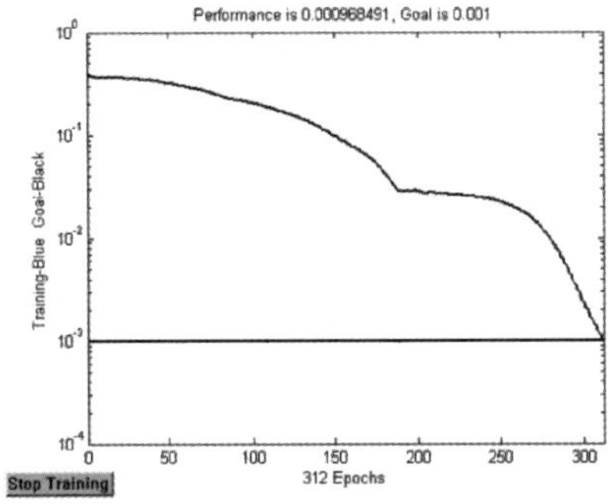

图2-127　训练误差曲线

```
y =
    0.0394 0.0008 0.0022 0.0143 0.0042 0.0183 0.0107 0.9665 0.9899 0.9755 0.9759 0.9988
    0.0011 0.0721 0.0231 0.9470 1.0000 0.9698 0.9295 0.0004 0.0046 0.0572 0.0134 0.9783
    0.0423 0.9483 0.9736 0.0468 0.0029 1.0000 0.9947 0.0000 0.0003 0.9832 0.9824 0.0201
    0.9876 0.0377 0.9698 0.0586 0.9517 0.0292 0.9443 0.0262 0.9725 0.0263 0.9992 0.0179
```

由此可见，网络经过300多次训练后，训练好的网络对故障进行了成功的分类，即将12种主要故障模式分别用4位不同的二进制数表示，它们代表不同的故障类别。

③ 网络测试

网络训练成功后，利用表2-16所示的一组测试样本，对网络进行测试。利用以下MATLAB命令，便可根据以上训练好的网络net对其进行分类。

```
>>X_test=[0.35 0.65 0.50 0.50 0.55 0.50 0.70 0.50 0.55]';y_test=sim(net,X_test)
```

运行结果：

y_test =

0.0036
0.0446
0.8663
0.0455

由此可见，网络的分类结果是正确的。也就是说，网络成功地诊断出了系统此次发生的故障为 B 类故障，即排气管不畅。因此，网络用于故障诊断是有效的。

2.5 MATLAB 深度学习工具箱

为了方便大家学习和使用深度学习网络，从 MATLAB R2016b（MATLAB 9.1）版本开始，就在神经网络工具箱（Neural Network Toolbox）中增加了深度神经网络的相关函数。到 MATLAB R2019b（MATLAB 9.7）版本，又在原有神经网络工具箱功能的基础上新增了深度学习工具箱（Deep Learning Toolbox）。

MATLAB 的深度学习工具箱不仅提供了一些丰富的构建和训练深度学习网络的函数及工具，并且仍在不断扩展和完善，它也为用户提供了一个强大而全面的平台，用于开发、训练和应用深度学习神经网络。它的设计使得用户能够利用高级接口轻松构建复杂的神经网络结构，同时又可以灵活地定制每一层的参数。此外，自动微分和各种优化器的支持使得用户能够方便地定义损失函数并优化模型参数，而 GPU 加速则能显著提高训练和推断的速度。深度学习工具箱还提供了丰富的数据预处理和增强功能，帮助用户增加数据的多样性和模型的鲁棒性。与此同时，用户可以使用该工具箱将训练好的模型轻松扩展到各种平台上，实现深度学习模型的实际应用。

总之，MATLAB 深度学习工具箱为用户提供了一个全方位的开发环境，支持他们在深度学习领域的创新和实践。

2.5.1 MATLAB 深度学习工具箱函数

MATLAB 深度学习工具箱为用户提供了一系列的函数，用于实现深度学习网络的构建、训练和应用等任务。有关这些函数的具体使用方法可以通过 help 命令得到，本章对这些函数的功能、调用格式，以及使用方法做了详细的介绍，欲了解其详细内容介绍可扫右侧二维码。

2.5.1

2.5.2 MATLAB 深度学习工具箱的图形用户界面

前面介绍了深度学习工具箱中有关构造深度学习网络的函数，这些函数都是直接在 MATLAB 命令行窗口执行并显示结果的。为了方便用户，深度学习工具箱也提供了一个图形用户界面（GUI）的深度网络设计器，它提供了一个直观的交互式界面，使用户能够通过可视化的方式来设计、编辑和训练深度学习网络模型。

深度网络设计器允许用户通过拖拽、连接和配置图层等操作，直观地构建和调整深度学习模型的网络结构。用户可以在界面中添加、删除和调整各种类型的网络层，以及设置层之间的连接和参数，从而灵活地定制和优化模型结构。通过深度网络设计器，用户不需要编写大量的代码，就能够快速地探索、实验和调整深度学习模型，从而加速模型的开发和调试过程。因此，它为使用深度学习工具箱的用户提供了一个便捷和直观的全方位开发环境，来构建和管理复杂的深度学习模型，以支持他们在深度学习领域的创新和实践，欲了解其具体使用方法和功能特点请扫右侧二维码。

2.5.2

2.5.3 深度学习在故障诊断中的应用

工业生产过程中的设备故障可能会导致生产中断、损失和安全隐患等问题。因此，及时准确地诊断和预测设备故障对十保持生产的连续性和稳定性至关重要。传统的故障诊断方法通常依赖于专业技术人员的经验和人工分析，但这种方法存在着依赖性强、效率低和难以适应复杂情况的缺点。近年来，深度学习技术的快速发展为工业故障诊断带来了新的机遇。深度学习模型可以通过学习大量的数据，自动提取和学习特征，并在故障诊断任务中取得了很好的效果。与传统方法相比，深度学习技术具有更高的准确性、更快的响应速度和更强的泛化能力，因此受到了工业界的广泛关注和应用，欲了解其详细内容介绍可扫右侧二维码。

2.5.3

小　　结

本章首先详细地介绍了 MATLAB 神经网络工具箱和深度学习工具箱的函数及其使用方法；然后介绍了 MATLAB 神经网络工具箱和深度学习工具箱的图形用户界面，以及基于 Simulink 的神经网络系统模块的使用方法；最后介绍了神经网络在系统预测和故障诊断中的应用，以及深度学习在故障诊断中的应用。

这里需要特别强调的是，随着 MATLAB 版本的提高，MATLAB 神经网络工具箱中针对某一种类型神经网络的函数可能会有所变化，因此书中的示例如涉及这些函数，在有些 MATLAB 高版本中就可能无法运行。但 MATLAB 神经网络工具箱中的通用函数，如训练函数 train( )和仿真函数 sim( )一般是不变的，适用于所有版本。

思考练习题

1．试只用一个神经元构成神经网络来实现以下三个基本逻辑运算，并编写出用 MATLAB 实现的程序。

（1）非（x_1）；（2）OR（x_1，x_2）；（3）AND（x_1，x_2）。这里 x_1，$x_2 \in [0, 1]$

2．试设计一个两层 BP 网络，并用 MATLAB 来实现当前天气的预测。

3．假设某一上市公司一般有开盘、收盘、最高和最低 4 个价格。利用 MATLAB 神经网络工具箱的图形用户界面设计一个两层的 BP 网络，并对当前股市进行预测。

第 3 章　神经网络控制系统

神经网络发展至今已有半个多世纪的历史，概括起来经历了三个阶段：20 世纪 40～60 年代的发展初期；20 世纪 70 年代的研究低潮期；20 世纪 80 年代，神经网络的理论研究取得了突破性进展。神经网络控制是将神经网络在相应的控制系统结构中作为控制器或辨识器。虽然神经网络控制的发展仅有几十年的历史，但已有了多种控制结构。

第 28 讲

3.1　神经网络控制理论

传统的基于模型的控制方式，是根据被控对象的数学模型及对控制系统要求的性能指标来设计控制器，并对控制规律加以数学解析描述的；模糊控制方式则是基于专家经验和领域知识总结出若干条模糊控制规则，以构成描述具有不确定性复杂对象的模糊关系，再通过被控系统输出误差及误差变化和模糊关系的推理合成获得控制量，从而对系统进行控制的。以上两种控制方式都具有显式表达知识的特点，而神经网络不善于显式表达知识，但是它具有很强的逼近非线性函数的能力，即非线性映射能力。把神经网络用于控制正是利用它的这个独特优点。

3.1.1　神经网络控制的基本原理

控制系统的目的在于通过确定适当的控制量输入，使得系统获得期望的输出特性。图 3-1（a）给出了一般反馈控制系统的原理图，其中图 3-1（b）采用神经网络替代图 3-1（a）中的控制器，为了完成同样的控制任务，下面来分析一下神经网络是如何工作的。

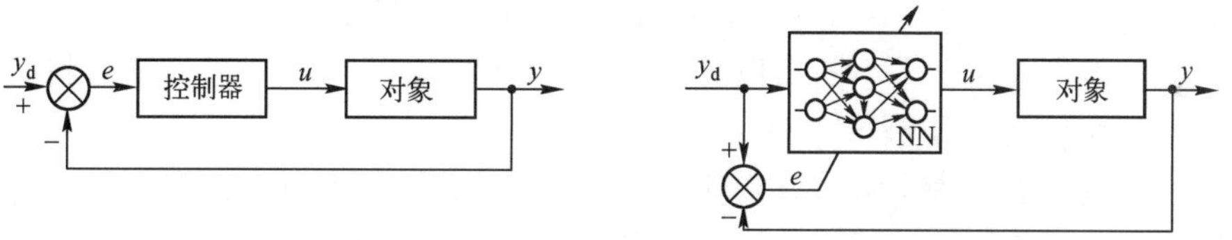

（a）　　　　（b）

图 3-1　反馈控制与神经网络

设被控制对象的输入 u 和系统输出 y 之间满足如下非线性函数关系：

$$y = g(u) \tag{3-1}$$

控制的目的是确定最佳的控制量输入 u，使系统的实际输出 y 等于期望的输出 y_d。在该系统中，可把神经网络的功能看作输入/输出的某种映射，或称函数变换，并设它的函数关系为

$$u = f(y_d) \tag{3-2}$$

为了满足系统输出 y 等于期望的输出 y_d，将式（3-2）代入式（3-1），可得：

$$y = g[f(y_d)] \tag{3-3}$$

显然，当 $f(\cdot)=g^{-1}(\cdot)$时，满足 $y = y_d$ 的要求。

由于要采用神经网络控制的被控对象一般是复杂的且多具有不确定性，因此非线性函数 $g(\cdot)$是难以建立的，可以利用神经网络具有逼近非线性函数的能力来模拟 $g^{-1}(\cdot)$。尽管 $g(\cdot)$的形式未知，但通过系统的实际输出 y 与期望输出 y_d 之间的误差来调整神经网络中的连接权值，即让神经网络学习，直至误差

$$e = y_d - y = 0 \tag{3-4}$$

的过程，就是神经网络模拟 $g^{-1}(\cdot)$的过程。它实际上是对被控对象的一种求逆过程，由神经网络的学习算法实现这一求逆过程，就是神经网络实现直接控制的基本思想。

3.1.2 神经网络在控制中的主要作用

由于神经网络是从微观结构与功能上对人脑神经系统的模拟而建立起来的一类模型，具有模拟人的部分智能的特性，主要是具有非线性、学习能力和自适应性，使神经控制能对变化的环境（包括外加扰动、量测噪声、被控对象的时变特性三个方面）具有自适应性，且成为基本上不依赖于模型的一类控制，所以决定了它在控制系统中应用的多样性和灵活性。

为了研究神经网络控制的多种形式，先来给出神经网络控制的定义。所谓神经网络控制，即基于神经网络的控制或简称神经控制，是指在控制系统中采用神经网络这一工具对难以精确描述的复杂的非线性对象进行建模，或充当控制器，或优化计算，或进行推理，或故障诊断等，以及同时兼有上述某些功能的适应组合，将这样的系统统称为基于神经网络的控制系统，这种控制方式则被称为神经网络控制。

根据上述定义，可以将神经网络在控制中的作用分为以下几种：

（1）在基于精确模型的各种控制结构中充当对象的模型；

（2）在反馈控制系统中直接充当控制器的作用；

（3）在传统控制系统中起优化计算作用；

（4）在与其他智能控制方法和优化算法，如模糊控制、专家控制及遗传算法等融合中，为其提供非参数化对象模型、优化参数、推理模型及故障诊断等。

由于人工智能中的新技术不断出现及其在智能控制中的应用，神经网络必将在和其他新技术的融合中，在智能控制方面发挥更大的作用。

神经网络控制主要是为了解决复杂的非线性、不确定、不确知系统在不确定、不确知环境中的控制问题，使控制系统稳定性好、鲁棒性强，具有满意的动静态特性。为了达到要求的性能指标，处在不确定、不确知环境中的复杂的非线性不确定、不确知系统的设计问题，就成了控制研究领域的核心问题。为了解决这类问题，可以在系统中设置两个神经网络，神经网络控制系统如图 3-2 所示。图中的神经网络 NNI 作为辨识器，由于神经网络的学习能力，辨识器的参数可随着对象、环境的变化而自适应地改变，故它可在线辨识非线性不确定、不确知对象的模型。辨识的目的是根据系统所提供的测量信息，在某种准则意义下估计出对象模型的结构和参数。图中的神经网络 NNC 作为控制器，其性能随着对象、环境的变化而自适应地改变（根据辨识器）。

在图 3-2 所示的系统中，对于神经控制系统的设计，就是对神经辨识器 NNI 和神经控制器 NNC 结构（包括神经网络种类、结构）的选择，以及在一定的准则函数下，它们的权系数经由学习与训练，使之对应于不确定、不确知系统与环境，最后使控制系统达到要求的性能。由于该神经网络控制结构有两个神经网络，它是在高维空间搜索寻优，网络训练时，可调参数多，需调整的权值多，且收敛速度与所选的学习算法、初始权值有关，因此系统设计

有相当难度。除了设计者所掌握的知识和经验外，还必须应用计算机硬件、软件技术作为神经网络控制设计的工具。

3.1.3　神经网络控制系统的分类

神经网络控制的结构和种类划分，根据不同观点可以有不同的形式，目前尚无统一的分类标准。

1991 年 Werbos 将神经网络控制划分为学习控制、直接逆动态控制、神经自适应控制、BTT 控制和自适应决策控制五类。

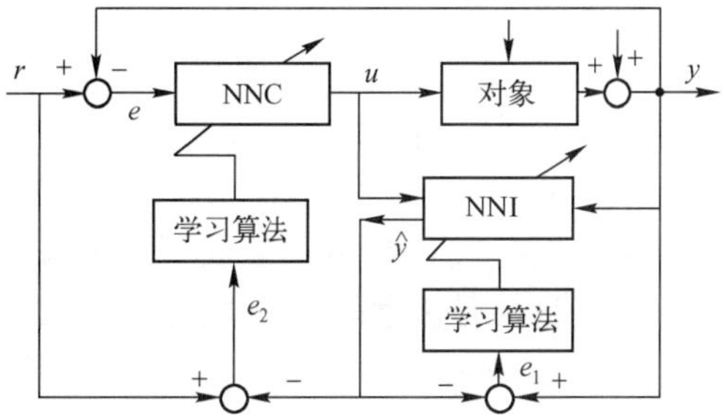

图 3-2　神经网络控制系统

1992 年 Hunt 等人发表长篇综述文章，将神经网络控制结构分为监督控制、直接逆控制、模型参考控制、内模控制、预测控制、系统辨识、最优决策控制、自适应线性控制、增强学习控制、增益排队论及滤波和预报等。

上述两种分类并无本质差别，只是后者划分更细一些，几乎涉及传统控制、系统辨识、滤波和预报等所有方面，这也间接地反映了随着神经网络理论和应用研究的深入，将向控制领域、信息领域等进一步渗透。

为了更能从本质上认识神经网络在实现智能控制中的作用和地位，1998 年李士勇将神经网络控制从它与传统控制和智能控制两大门类的结合上考虑分为两大类：基于传统控制理论的神经控制和基于神经网络的智能控制。

1．基于传统控制理论的神经控制

将神经网络作为传统控制系统中的一个或几个部分，用以充当辨识器，或对象模型，或控制器，或估计器，或优化计算等。这种方式很多，常见的一些方式归纳如下。

1）神经直接逆动态控制

神经直接逆动态控制采用受控对象的一个逆模型，它与受控对象串联，以便使系统在期望响应（网络输入）与受控对象输出间得到一个相同的映射。因此，该网络直接作为前馈控制器，而且受控对象的输出等于期望输出。图 3-3 所示为神经直接逆动态控制的两种结构方案。

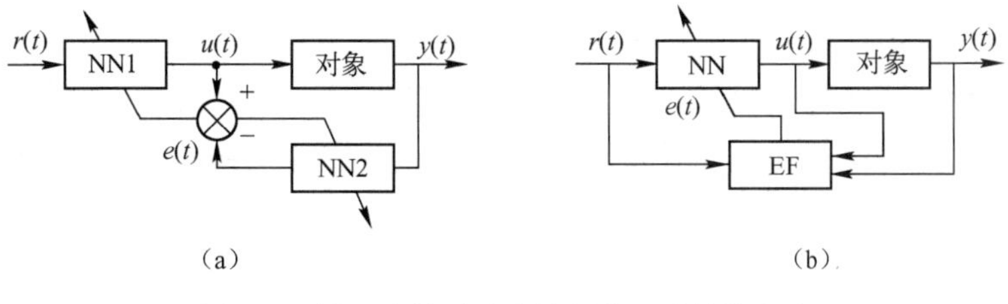

图 3-3　神经直接逆动态控制的两种结构方案

在图 3-3（a）中，有两个结构相同的神经网络 NN1 和 NN2，NN1 是神经网络前馈控制器，其输入是期望输出信号 $r(t)$，而输出控制信号 $u(t)$作用于对象；NN2 是神经网络逆辨识器，接受对象输出 $y(t)$，产生相应的输出。利用 NN1 和 NN2 两个神经网络输出的差值 $e(t)$，来同时调整 NN1 和 NN2 的连接权值，使这个差值 $e(t)$最终趋于零，做到 $y(t) \to r(t)$。神经网络控制器 NN1 和神经网络逆辨识器 NN2 具有相同的逆模型网络结构，而且采用同

样的学习算法。

神经网络控制器 NN1 与被控对象 P 串联，实现被控对象 P 的逆模型 $\hat{P}^{-1}$，且能在线调整。可见，这种控制结构要求对象动态可逆。若 $\hat{P}^{-1}=P^{-1}$，则 $\hat{P}^{-1}P=1$，在理论上可做到 $y(t)=r(t)$。输出 y 跟踪输入 r 的精度，取决于逆模型的精确程度。

下面分两种情况来分析 NN1 和 NN2 的运行情况。

（1）仅考虑 NN1 和对象而不考虑 NN2 的情况。

如果目标是驱动输出 $y(t)$逼近 $r(t)$，则最好的策略是令 NN1 为对象的逆动态近似。对于未知对象的动态，没有一个简便方法确定网络的正确权值，它将由对象逆动态的近似而寻求出。

（2）只考虑 NN2 和对象的情况。

如果 NN2 的动态近似对象的逆动态，则差值 $e(t)$将为零。因此，一个好的控制策略就是用 NN2 去实现对象的逆近似。

对于未知对象，NN1 和 NN2 的参数将同时调整，当满足 $y(t)\to r(t)$时，NN1 和 NN2 将是对象逆动态的一个好的近似。

尽管作为控制器的逆模型参数可通过在线学习调整，以期把受控系统的鲁棒性提高到一定程度，但由于神经直接逆动态控制结构是开环控制，不能有效抑制扰动，因此很少单独作用。图 3-3（b）为神经直接逆控制的另一种结构方案，NN 为被控对象的逆模型，EF 为评价函数。

2）神经自适应控制

神经自适应控制只是采用神经网络辨识对象模型，其余和传统形式自适应控制结构相同。

3）神经自校正控制

自校正控制属于自适应控制，将神经网络同自校正控制相结合，就构成了神经网络自校正控制。基于神经网络的自校正控制有两种结构：直接型与间接型。

（1）神经直接自校正控制

该控制系统由一个常规控制器和一个具有离线辨识能力的神经网络辨识器组成，由于神经网络的非线性函数的映射能力，使得它可以在自校正控制系统中充当未知系统函数逼近器，且具有很高的建模精度。神经直接自校正控制的结构基本上与直接逆动态控制相同。

（2）神经间接自校正控制

间接自校正控制一般称为自校正控制。自校正控制是一种利用辨识器将对象参数进行在线估计，用控制器实现参数的自动整定相结合的自适应控制技术，它可用于结构已知而参数未知但恒定的随机系统，也可用于结构已知而参数缓慢变化的随机系统。神经自校正控制系统如图 3-4 所示，它由一个自校正控制器和一个能够在线辨识的神经网络辨识器组成。自校正控制器与被控对象构成反馈回路，根据神经网络辨识器和控制器设计规则，以得到控制器的参数。可见，辨识器和自校正控制器的在线设计是自校正控制实现的关键。

一般地，为使问题简化，假设被控对象为如下所示的一阶单变量非线性系统，即

$$y(k+1)=g[y(k)]+\varphi[y(k)]u(k) \tag{3-5}$$

式中，$u(k)$和 $y(k)$分别为对象的输入和输出；$g[y(k)]$，$\varphi[y(k)]$为非零函数。

若 $g[y(k)]$，$\varphi[y(k)]$已知，根据确定性等价原则，控制器的控制律为

$$u(k)=\frac{r(k+1)-g[y(k)]}{\varphi[y(k)]} \tag{3-6}$$

此时，控制系统的输出 $y(k)$能精确地跟踪输入 $r(k)$。其中 $r(k)$为系统的期望输出。

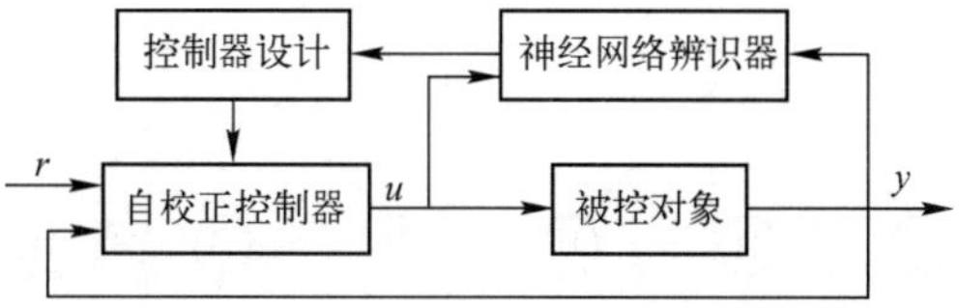

图 3-4　神经自校正控制系统

若 $g[y(k)]$、$\varphi[y(k)]$ 未知，则可通过在线训练神经网络辨识器，使其逐渐逼近被控对象，由辨识器的 $Ng[y(k)]$、$N\varphi[y(k)]$ 代替 $g[y(k)]$、$\varphi[y(k)]$，则控制器的输出为

$$u(k)=\frac{r(k+1)-Ng[y(k)]}{N\varphi[y(k)]} \tag{3-7}$$

式中，$Ng[y(k)]$、$N\varphi[y(k)]$ 为 $g[y(k)]$、$\varphi[y(k)]$ 的估计值，为组成辨识器的非线性动态神经网络。

以上所描述的神经网络自校正控制系统，可进一步表示成神经自校正控制框图，如图 3-5 所示。

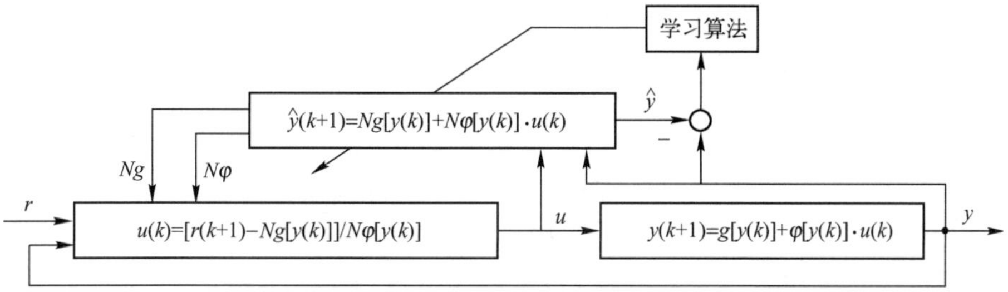

图 3-5　神经自校正控制框图

图 3-5 中神经网络辨识器：

$$\hat{y}(k+1)=Ng[y(k)]+N\varphi[y(k)]u(k) \tag{3-8}$$

可由两个两层的 BP 网络实现，如图 3-6 所示。

图 3-6 中网络的输入为$\{y(k),u(k)\}$，输出为

$$\hat{y}(k+1)=Ng[y(k);\boldsymbol{W}(k)]+N\varphi[y(k);\boldsymbol{V}(k)]u(k) \tag{3-9}$$

式中，$\boldsymbol{W}(k)=[w_0,w_1(k),w_2(k),\cdots,w_q(k)]$，$\boldsymbol{V}(k)=[v_0,v_1(k),v_2(k),\cdots,v_q(k)]$ 分别为两个网络的权系数。q 是隐含层的非线性节点数，且有 $w_0=Ng[0,\boldsymbol{W}]$，$v_0=N\varphi[0,\boldsymbol{V}]$。

图 3-6 中的 L 为线性节点；H 为非线性节点，每一网络各 q 个，所用非线性作用函数为

$$f(x)=\frac{\mathrm{e}^{x}-\mathrm{e}^{-x}}{\mathrm{e}^{x}+\mathrm{e}^{-x}} \tag{3-10}$$

将式（3-7）代入式（3-5），则控制系统的输出为

$$y(k+1)=g[y(k)]+\varphi[y(k)]\frac{r(k+1)-Ng[y(k);\boldsymbol{W}(k)]}{N\varphi[y(k);\boldsymbol{V}(k)]} \tag{3-11}$$

可见，只有当 $Ng[y(k);\boldsymbol{W}(k)]\rightarrow g[y(k)]$，$N\varphi[y(k);\boldsymbol{V}(k)]=\varphi[y(k)]$ 时，才能使 $y(k+1)\rightarrow r(k+1)$。

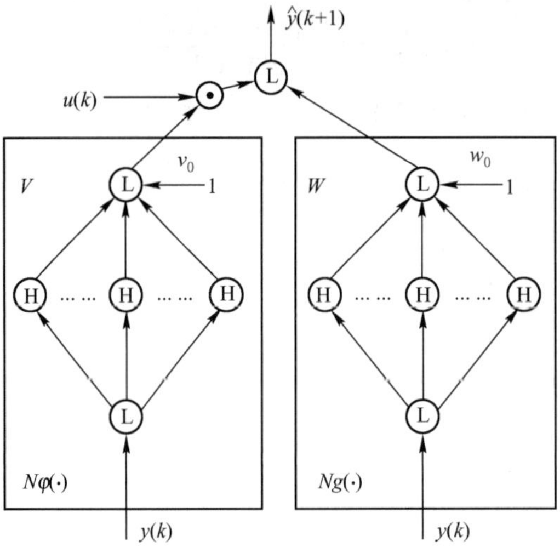

图 3-6　神经网络辨识器

设神经网络学习的准则函数为

$$E(k)=\frac{1}{2}[r(k+1)-y(k+1)]^2=\frac{1}{2}\mathrm{e}^2(k+1) \tag{3-12}$$

神经网络辨识器的训练过程，即权值的调整过程为

$$\boldsymbol{W}(k+1)=\boldsymbol{W}(k)+\Delta\boldsymbol{W}(k),\quad \boldsymbol{V}(k+1)=\boldsymbol{V}(k)+\Delta\boldsymbol{V}(k) \tag{3-13}$$

其中

$$\begin{cases}\Delta w_i(k)=-\eta_w\dfrac{\partial E(k)}{\partial w_i(k)}=-\eta_w\dfrac{\partial E(k)}{\partial y(k)}\dfrac{\partial y(k)}{\partial w_i(k)}\\[2ex]\Delta v_i(k)=-\eta_v\dfrac{\partial E(k)}{\partial v_i(k)}=-\eta_v\dfrac{\partial E(k)}{\partial y(k)}\dfrac{\partial y(k)}{\partial v_i(k)}\end{cases} \tag{3-14}$$

将式（3-12）和式（3-11）代入式（3-14）得：

$$\Delta w_i(k)=-\eta_w\frac{\varphi[y(k)]}{N\varphi[y(k);\boldsymbol{V}(k)]}\left\{\frac{\partial Ng[y(k);\boldsymbol{W}(k)]}{\partial w_i(k)}\right\}\mathrm{e}(k+1) \tag{3-15}$$

$$\Delta v_i(k)=-\eta_v\frac{\varphi[y(k)]}{N\varphi[y(k);\boldsymbol{V}(k)]}\left\{\frac{\partial N\varphi[y(k);\boldsymbol{V}(k)]}{\partial v_i(k)}\right\}\mathrm{e}(k+1)u(k) \tag{3-16}$$

式（3-15）和式（3-16）中的 $\partial Ng[y(k);\boldsymbol{W}(k)]/\partial w_i(k)$ 和 $\partial N\varphi[y(k);\boldsymbol{V}(k)]/\partial v_i(k)$ 可仿照推导 BP 算法过程计算。对于 $\varphi[y(k)]$，由于对象特性未知，不能直接运算，但其符号已知，记为 $\mathrm{sgn}\{\varphi[y(k)]\}$，将其近似代替式（3-15）和式（3-16）中的 $\varphi[y(k)]$，其正负可以确定该项在计算过程中收敛方向所起的作用。近似代替对权值变化所造成的误差，可通过调节 η_w 和 η_v 的大小进行补偿。此时，式（3-15）和式（3-16）可改写为

$$w_i(k+1)=w_i(k)-\eta_w\frac{\mathrm{sgn}\{\varphi[y(k)]\}}{N\varphi[y(k);\boldsymbol{V}(k)]}\left\{\frac{\partial Ng[y(k);\boldsymbol{W}(k)]}{\partial w_i(k)}\right\}\mathrm{e}(k+1) \tag{3-17}$$

$$v_i(k+1)=v_i(k)-\eta_v\frac{\mathrm{sgn}\{\varphi[y(k)]\}}{N\varphi[y(k);\boldsymbol{V}(k)]}\left\{\frac{\partial N\varphi[y(k);\boldsymbol{V}(k)]}{\partial v_i(k)}\right\}\mathrm{e}(k+1)u(k) \tag{3-18}$$

式中，$\eta_w > 0, \eta_v > 0$，它们决定神经网络辨识器收敛于被控对象的速度。

上述修正权值学习算法收敛时，所获得的控制律即为最佳的控制律。

例 3-1　假设 465Q 汽油机的喷油控制系统在某一工况下的系统模型可表示为

$$y(k+1) = 0.2\sin(y(k)) + 3.5(9 - u(k)) \tag{3-19}$$

式中，$u(k)$ 为系统输入信号，代表喷油脉宽；$y(k)$ 为系统输出信号，代表空燃比。

解： 根据式（3-9）可得神经网络自校正喷油控制系统的神经网络辨识器模型为

$$\hat{y}(k+1) = Ng[y(k);\boldsymbol{W}(k)] + 3.5(9 - u(k))$$

由式（3-7）可得该系统控制器的控制律为

$$u(k) = 9 - \frac{y_{\mathrm{r}}(k+1) - Ng[y(k);\boldsymbol{W}(k)]}{3.5} \tag{3-20}$$

为了使收敛速度快些，在加权系数修正公式中增加一个惯性项，使加权系数变化更平稳些。神经网络辨识器的权值调整公式为

$$\boldsymbol{W}(k+1) = \boldsymbol{W}(k) - \eta\frac{\partial E(k)}{\partial \boldsymbol{W}(k)} + \alpha[\boldsymbol{W}(k) - \boldsymbol{W}(k-1)]$$

根据以上可得，输出层的任意神经元的加权系数在 k+1 时刻的增量公式可表示为

$$w_{ki}(k+1) = w_{ki}(k) + \eta \mathrm{e}(k+1) o_i(k) + \alpha[w_{ki}(k) - w_{ki}(k-1)] \tag{3-21}$$

隐含层的任意神经元的加权系数在 k+1 时刻的增量公式可表示为：

$$w_{ij}(k+1) = w_{ij}(k) + \eta \mathrm{e}(k+1) f'[\mathrm{net}_i(k)] w_{ki}(k) y(k) + \alpha[w_{ij}(k) - w_{ij}(k-1)] \tag{3-22}$$

式中，$o_i(k)$ 为神经网络 $Ng[y(k);\boldsymbol{W}(k)]$ 隐含层在 k+1 时刻的输出；$\mathrm{net}_i(k)$ 为神经网络 $Ng[y(k);\boldsymbol{W}(k)]$ 隐含层在 k+1 时刻的输入；α为惯性系数，$0<\alpha<1$。

选择具有一个隐含层的改进神经网络来构造 $Ng[y(k);\boldsymbol{W}(k)]$，由于该网络的输入为 $y(k)$，输出要逼近于 $0.2\sin(y(k))$，故选取网络 $Ng[y(k);\boldsymbol{W}(k)]$ 的输入层和输出层的神经元数均为 1。隐含层的神经元数在训练过程中确定。输入层与隐含层之间的传递函数选为双极性 Sigmoid 函数，见式（3-10）。隐含层与输出层之间的传递函数选为线性函数。当修正权值学习算法式（3-21）和式（3-22）收敛时，所获得的控制律式（3-20）即为最佳的控制规律。

确定了神经网络的类型和结构后，便可根据以上问题编写 MATLAB 程序 ex3_1.m（其具体内容请扫二维码获取）。经过多次反复实验，改进神经网络的训练参数：学习速率和惯性系数分别选为 0.1 和 0.05，隐含层的神经元数最后确定为 5。选择循环次数为 300 后，在 k=120 和 180 时，分别给系统施加一干扰信号，即 $d(120)=3$ 和 $d(180)=1.5$，执行程序 ex3_1.m，便可得到图 3-7 所示的仿真曲线。

ex3_1.m

在图 3-7 中，y 为系统的输出信号，代表实际空燃比；u 为系统输入信号，代表喷油脉宽（ms）；给定值 y_{r} 代表系统的目标空燃比。其中，给定值 y_{r} 在 12.0 和 14.7 之间交替变换，每 50 步变换一次，y_{r}=12.0 表示要求系统按功率空燃比进行喷油，y_{r}=14.7 表示要求系统按理想空燃比进行喷油。由仿真曲线图 3-7 可知，当系统根据当前的工况，要求按目标空燃比运行时，系统的输出可快速跟踪系统的目标值，且无稳态误差。当干扰出现时，经过很短的时间（1～3 步）调整后，系统的输出就快速恢复到其目标值，表明该系统具有很强的抗干扰能力。

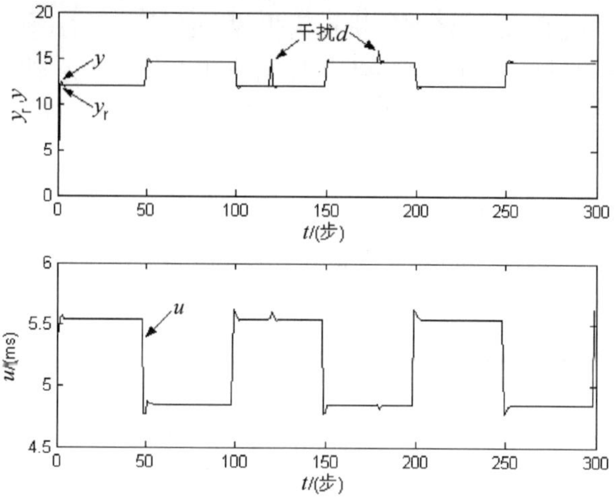

图 3-7　仿真曲线

4）神经模型参考自适应控制

自校正控制和模型参考自适应控制是自适应控制中的两种重要形式，它们之间的差别在于自校正控制根据受控对象的正和（或）逆模型辨识结果直接调整控制器的内部参数，以期能够满足系统的给定性能指标。在模型参考自适应控制中，闭环控制系统的期望性能是由一个稳定的参考模型描述的，而该模型又是由输入/输出对$\{r(t),y_M(t)\}$确定的。它的控制目标在于使受控对象的输出$y(t)$与参考模型的输出$y_M(t)$渐近地匹配，即

$$\lim_{t\to\infty}\left\|y_M(t)-y(t)\right\|\leqslant\varepsilon,\varepsilon>0$$

基于神经网络的模型参考自适应控制也有两种结构：直接型与间接型。

（1）神经直接模型参考自适应控制

神经直接模型参考自适应控制系统如图 3-8 所示，该系统力图维持受控对象输出与参考模型输出间的差$e(t)=y(t)-y_M(t)\to 0$。但由于神经网络控制器反向传播需要已知受控对象的数学模型，当系统模型未知或部分未知时，神经网络控制器的学习与修正就很难进行。故对于不确定、不确知的对象，需采用以下神经间接模型参考自适应控制系统。

（2）神经间接模型参考自适应控制

神经间接模型参考自适应控制系统如图 3-9 所示，间接模型比直接模型多了一个神经网络辨识器 NNI，其余部分完全相同。神经网络辨识器 NNI 首先离线辨识受控对象的前馈模型，然后根据$e_1(t)$进行在线学习与修正。显然，NNI 能提供误差$e_2(t)$或者其变化率的反向传播。

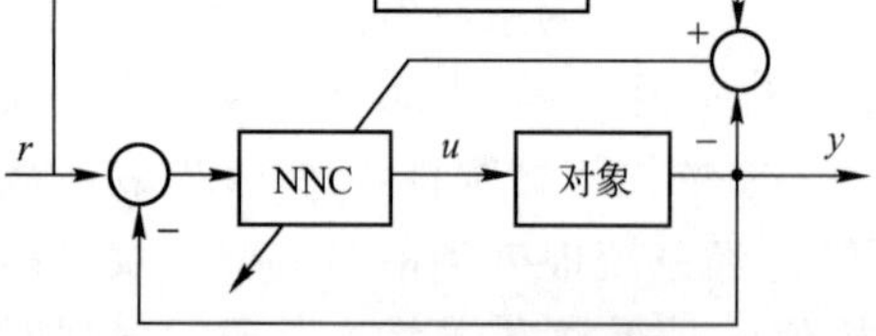

图 3-8　神经直接模型参考自适应控制系统

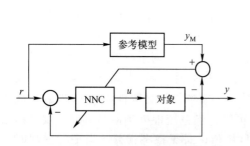

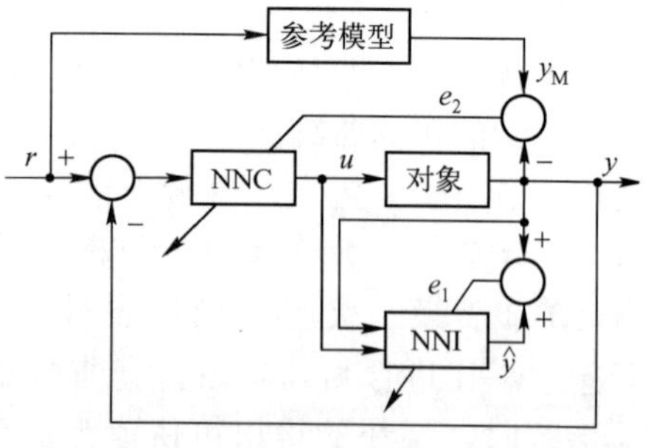

图 3-9　神经间接模型参考自适应控制系统

5）神经自适应 PID 控制

PID 控制是线性控制中的常用形式，这是因为 PID 控制器结构简单、实现简易，且能对相当一些工业对象（或过程）进行有效的控制。但常规 PID 控制的局限性在于被控对象具有复杂的非线性特性时难以建立精确的数学模型，且由于对象和环境的不确定性，使控制参数整定困难，尤其是不能自调整，往往难以达到满意的控制效果。神经自适应 PID 控制是针对上述问题而提出的一种控制策略。采用神经网络调整 PID 控制参数就构成了神经网络自适应 PID 控制的结构，如图 3-10 所示。其中 NN 为系统在线辨识器，系统在由 NN 对被控对象进行在线辨识的基础上，通过实时调整 PID 控制器的参数，使系统具有自适应性，达到有效控制的目的。

6）神经内模控制

内模控制（Internal Model Control，IMC）是由 Carcia 和 Morari 在 1982 年提出的，它具有结构简单、性能良好的优点。1986 年 Economou 等人将其推广到非线性系统，为非线性系统控制提供了有效的方法。IMC 经全面检验表明，其可用于鲁棒性和稳定性分析，而且是一种新的和重要的非线性系统控制方法，这种控制属于模型预测控制（MPC）的一种形式。无论是线性系统还是非线性系统，内模控制的原理是相同的。神经网络、模糊控制等智能控制理论和方法的引入，为非线性内模控制的研究开辟了新的途径。在传统的内模控制结构中，用一个神经网络作为模型状态估计器，另一个神经网络作为控制器（或仍然采用常规控制器），就构成了神经内模控制的结构形式，如图 3-11 所示。

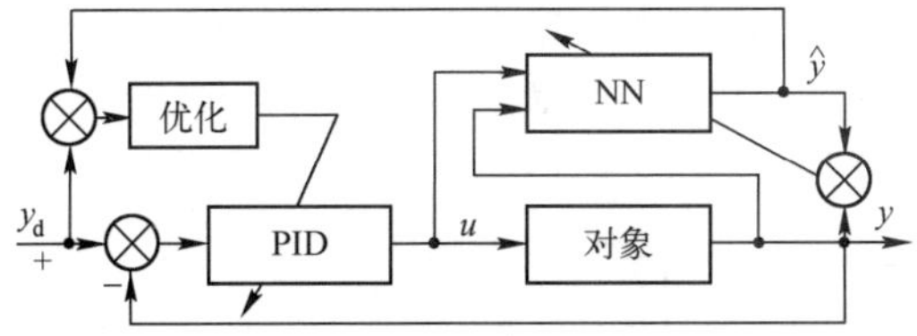

图 3-10　神经网络自适应 PID 控制系统的结构

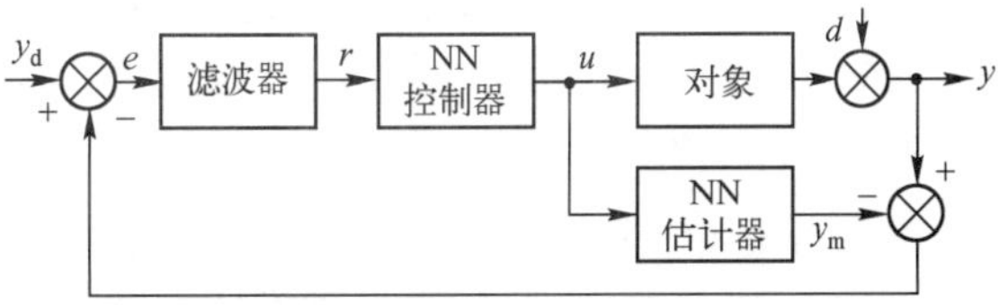

图 3-11　神经网络内模控制系统的结构

在图 3-11 中，神经网络估计器作为被控对象的近似模型与实际对象并行设置，系统输出与神经网络估计器输出间的差值用于反馈作用，同期望的给定值之差经一线性滤波器处理后，送给 NN 控制器（在正向控制通道上一个具有逆模型的神经网络控制器），然后由 NN 控制器经过多次训练，将间接地学习到对象的逆动态特性，此时，系统误差将趋于零。神经网络控制器与对象的逆有关。神经网络估计器也是基于神经网络的，但具有对象的正向模型。NN 估计器用于充分逼近被控对象的动态模型，NN 控制器不是直接学习被控对象的逆动态模型，而是以充当状态估计器的神经网络模型（内部模型）作为训练对象，间接地学习被控对象的逆动态特性。这样就回避了要估计 $\partial y(k+1)/\partial u(k)$ 而造成的困难。图中的滤波器通常为一线性滤波器，而且可被设计成满足必要的鲁棒性和闭环系统跟踪响应。

7）神经预测控制

预测控制是一种基于模型的控制，它是 20 世纪 70 年代发展起来的一种新的控制算法，具有预测模型、滚动优化和反馈校正等特点。已经证明该控制方法对于非线性系统能够产生希望的稳定性。图 3-12 为一种神经网络预测控制系统的结构，其中 NNM 为神经网络对象响应预报器，NNC 为神经网络控制器。NNM 提供的预测数据送入优化程序，使性能目标函数在选择合适的控制信号 u 条件下达到最小值，即

$$J=\sum_{j=1}^{n}[y_{\mathrm{m}}(k+j)-y_{\mathrm{r}}(k+j)]^2+\sum_{j=1}^{m}\lambda[u(k+j-1)-u(k+j-2)]^2$$

其中，n 为预测时域长度；m 为控制时域长度；λ为控制加权因子；$u(k)$为控制信号；y_{r} 为期望响应；y_{m} 为网络模型响应。

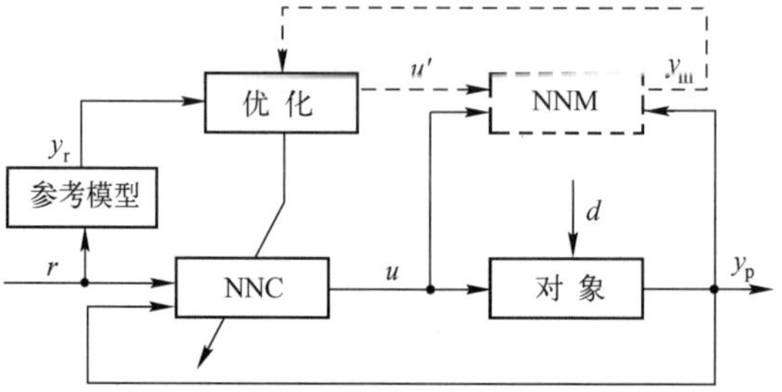

图 3-12　神经网络预测控制系统的结构

8）神经最优决策控制

在最优决策控制系统中，状态空间根据不同控制条件被分成特征空间区域，控制曲面的实现是通过训练过程完成的。由于时间最优曲面通常是非线性的，因此有必要使用一个能够逼近非线性的结构。一种可能的方法是将状态空间量化成基本的超立方体，在这个立方体中控制作用是一个假设的常数。这个过程可由一个 LVQ 结构实现，那么很有必要让另一个网络充当分类器，如果需要连续信号，则可以使用标准的反向传播结构。神经网络内模控制系统的结构如图 3-13 所示。

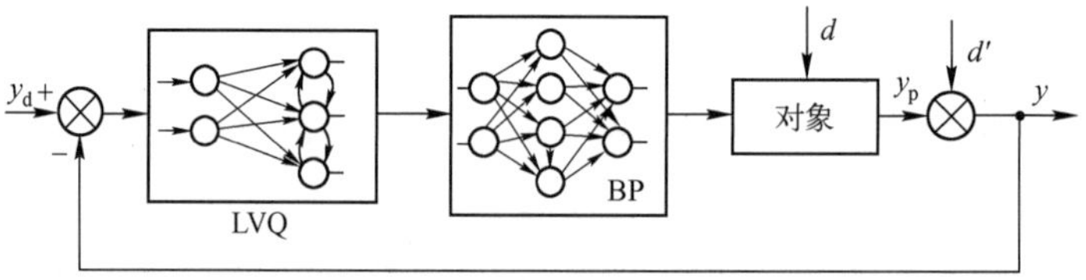

图 3-13　神经网络内模控制系统的结构

转换曲面不是已知先验的，而是经过在状态空间中训练点集来隐含定义的，这个状态空间的最优控制作用是已知的。在训练过程中，学习算法只根据目前指示给它的训练样本向量，在它的权中与所需要的控制条件一起进行调整。训练样本向量按顺序几次提供给控制器，直到在训练集中所有的样本向量都被正确地分类，或者分类误差已经达到某一稳态值。

神经网络与线性控制的结合还有其他的结构形式，如神经网络与常规反馈控制的结合控制系统，如图 3-14 所示。在神经网络的学习阶段采用常规控制，当学习结束后，常规控制不再起作用，由神经网络控制器来控制。

2．基于神经网络的智能控制

基于神经网络的智能控制是只由神经网络单独进行控制或由神经网络同其他智能控制方式相融合的控制的统称，前者称神经控制，后者可称为神经智能控制。属于这一大类的有以下 4 种形式。

1）神经网络直接反馈控制

这种控制方式是神经网络直接作为控制器，利用反馈和使用遗传算法进行自学习控制。这是一种只使用神经网络实现的智能控制方式。

2）神经网络专家系统控制

专家系统善于表达知识和逻辑推理，神经网络擅长非线性映射和直觉推理，将二者相结合发挥各自的优势，就会获得更好的控制效果。

图 3-15 所示的是一种神经网络专家系统的结构方案，这是一种将神经网络和知识基系统相结合用于智能机器人的控制系统结构。EC 是对动态系统 P 进行控制的基于规则的专家控制器，神经网络控制器 NC 将接收小脑模型关联控制器 CMAC 的训练，每当运行条件变化使神经控制器性能下降到某一限度时，运行监控器 EM 将调整系统工作状态，使神经网络处于学习状态，此时 EC 将保证系统的正常运行。该系统运行共有三种状态：EC 单独运行、EC 和 NC 同时运行、NC 单独运行，监控器 EM 负责管理它们之间运行的切换。

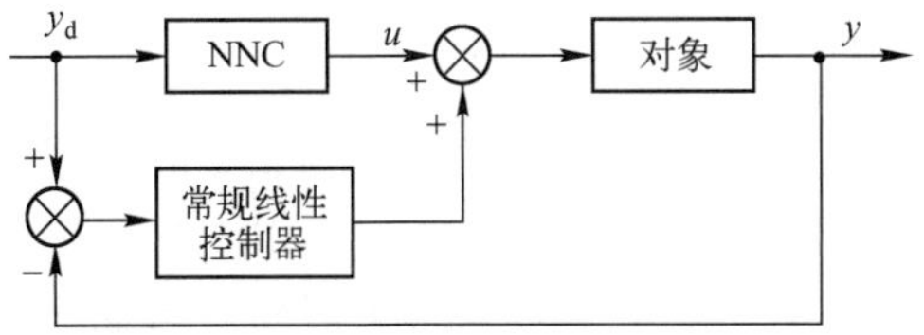

图 3-14　神经网络与常规反馈控制的结合控制系统

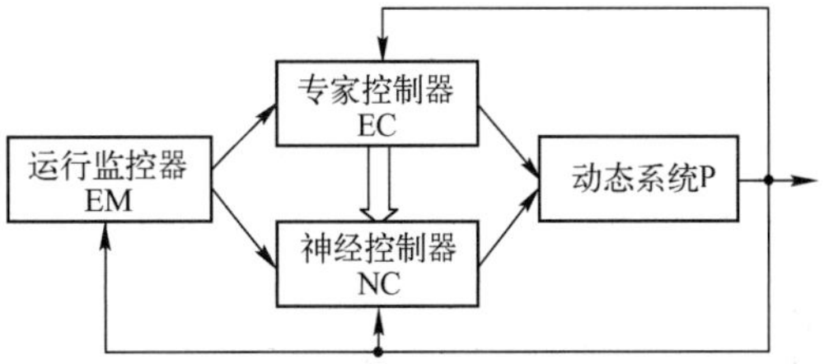

图 3-15　神经网络专家系统的结构

对复杂系统可采用递阶分级控制结构，如图 3-16（a）所示，下层为 NC，上层为 EC，利用 NC 的映射能力和运算能力进行实时控制，EC 则用于知识推理、决策、规划、协调。图 3-16（b）为一种分级结构，EC1 帮助 NC 进行训练等；NC 用于决策、求解问题；EC2 用来解释 NC 的输出结果并驱动执行机构对系统 P 进行控制。图 3-16（c）是利用神经网络控制完成专家系统中最耗费时间的模式匹配工作，以利于加速专家系统的执行。由上面结构不难看出，神经控制和专家系统的结合具有这样的特点：在分层结构中，EC 在上层，NC 在下层；在分级结构中，EC 在前级，NC 在后级。

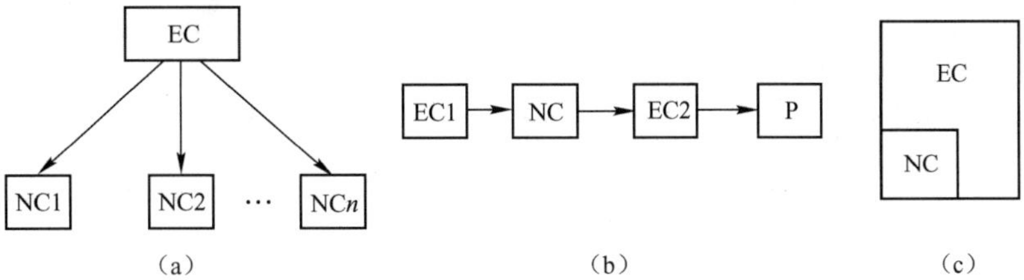

图 3-16　神经网络专家系统的递阶分级结构

3）神经网络模糊逻辑控制

模糊逻辑具有模拟人脑抽象思维的特点，而神经网络具有模拟人脑形象思维的特点，把二者相结合将有助于从抽象思维和形象思维两方面模拟人脑的思维特点，是目前实现智能控制的重要形式。

模糊系统善于直接表示逻辑，适于直接表示知识；神经网络长于学习，通过数据隐含表达知识。前者适于自上而下的表达，后者适于自下而上的学习过程，二者存在一定的互补性、关联性。因此，它们的融合可以取长补短，可以更好地提高控制系统的智能性。

神经网络和模糊逻辑相结合有以下几种方式。

（1）用神经网络驱动模糊推理的模糊控制

这种方法是利用神经网络直接设计多元的隶属函数，把 NN 作为隶属函数生成器组合在模糊控制系统中。

（2）用神经网络记忆模糊规则的控制

通过一组神经元不同程度的兴奋表达一个抽象的概念值，由此将抽象的经验规则转化成多层神经网络的输入/输出样本，通过神经网络如 BP 网络记忆这些样本，控制器以联想记忆方式使用这些经验，在一定意义上与人的联想记忆思维方式接近。

（3）用神经网络优化模糊控制器的参数

在模糊控制系统中，对控制性能有影响的因素，除上述的隶属函数、模糊规则外，还有控制参数，如误差、误差变化的量化因子及输出的比例因子，都可以调整，利用神经网络的优化计算功能可优化这些参数，改善模糊控制系统的性能。

4）神经网络滑模控制

变结构控制从本质上应该看作一种智能控制，将神经网络和滑模控制相结合就构成神经网络滑模控制。这种方法将系统的控制或状态分类，根据系统和环境的变化进行切换和选择，利用神经网络具有的学习能力，在不确定的环境下通过自学习来改进滑模开关曲线，进而改善滑模控制的效果。

3.2　基于 Simulink 的三种典型神经网络控制系统

神经网络在系统辨识和动态系统控制中已经得到了非常成功的使用。由于神经网络具有全局逼近能力，使得其在对非线性系统建模和对一般情况下的非线性控制器的实现等方面应用得比较普遍。本节将介绍三种在神经网络工具箱的控制系统模块（Control Systems）中利用 Simulink 实现得比较普遍的神经网络结构，它们常用于预测和控制，并已在 MATLAB 对应的神经网络工具箱中给出了相应的实现方法。这三种神经网络结构分别是：

第 29 讲

- 神经网络模型预测控制
- 反馈线性化控制
- 模型参考控制

使用神经网络进行控制时，通常有两个步骤：系统辨识和控制设计。

在系统辨识阶段，主要任务是对需要控制的系统建立神经网络模型；在控制设计阶段，主要使用神经网络模型来设计（训练）控制器。在本节将要介绍的三种控制网络结构中，系统辨识阶段是相同的，而控制设计阶段则各不相同。

对于模型预测控制，系统模型用于预测系统未来的行为，并且找到最优的算法，用于选择控制输入，以优化未来的性能。

对于 NARMA-L2（反馈线性化）控制，控制器仅仅是将系统模型进行重整。

对于模型参考控制，控制器是一个神经网络，它被训练以用于控制系统，使得系统跟踪一个参考模型，这个神经网络系统模型在控制器训练中起辅助作用。

3.2.1　神经网络模型预测控制

1．模型预测控制理论

神经网络预测控制器是使用非线性神经网络模型来预测未来模型性能的。控制器计算控制输入，而控制输入在未来一段指定的时间内将最优化模型性能。模型预测第一步是要建立神经网络模型（系统辨识）；第二步是使用控制器来预测未来神经网络性能。

1）系统辨识

模型预测的第一步就是训练神经网络未来表示网络的动态机制。模型输出与神经网络输出之间的预测误差，用来作为神经网络的训练信号，该过程如图 3-17 所示。

神经网络模型利用当前输入和当前输出预测神经网络未来输出值。神经网络模型结构如图 3-18 所示，该网络可以采用批量在线训练。

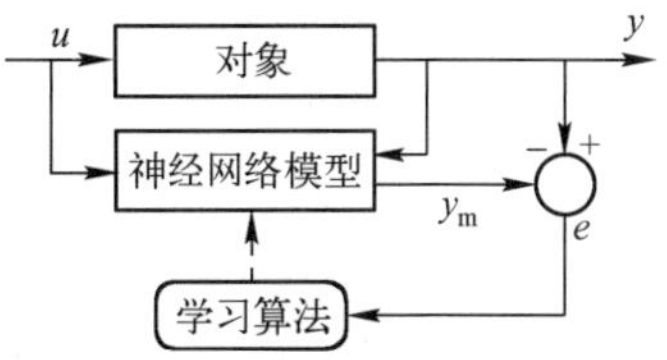

图 3-17　训练神经网络

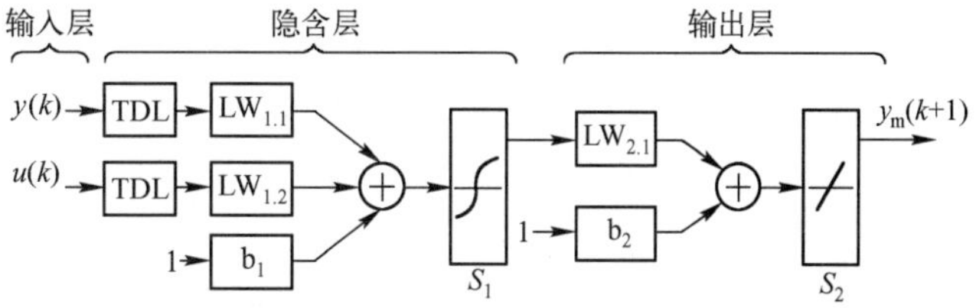

图 3-18　神经网络模型结构

2）模型预测

模型预测方法是基于水平后退的方法，神经网络模型预测在指定时间内预测模型响应。预测使用数字最优化程序来确定控制信号，通过最优化如下的性能准则函数：

$$J=\sum_{j=1}^{N_2}[y_{\mathrm{r}}(k+j)-y_{\mathrm{m}}(k+j)]^2+\rho\sum_{j=1}^{N_{\mathrm{u}}}[u(k+j-1)-u(k+j-2)]^2$$

式中，N_2 为预测时域长度；N_{u} 为控制时域长度；u 为控制信号；y_{r} 为期望响应；y_{m} 为网络模型响应；ρ为控制量加权系数。

图 3-19 描述了模型预测控制的过程。控制器由神经网络模型和最优化方块组成，最优化方块确定 u（通过最小化 J），最优 u 值作为神经网络模型的输入，控制器方块可用 Simulink 实现。

2．模型预测神经网络控制实例分析——搅拌器控制系统

在 MATLAB 神经网络工具箱中实现的神经网络预测控制器使用了一个非线性系统模型，用于预测系统未来的性能。接下来这个控制器将计算控制输入，用于在某个未来的时间区间里优化系统的性能。进行模型预测控制首先要建立系统的模型，然后使用控制器来预测未来的性能。下面将结合 MATLAB 神经网络工具箱中提供的一个演示实例，介绍 Simulink 中的实现过程。

1）问题的描述

要讨论的问题基于一个搅拌器（CSTR），如图 3-20 所示。

对于这个系统，其动力学模型为

$$\frac{\mathrm{d}h(t)}{\mathrm{d}t}=w_1(t)+w_2(t)-0.2\sqrt{h(t)}$$
$$\frac{\mathrm{d}C_b(t)}{\mathrm{d}t}=(C_{b1}-C_b(t))\frac{w_1(t)}{h(t)}+(C_{b2}-C_b(t))\frac{w_2(t)}{h(t)}-\frac{k_1C_b(t)}{(1+k_2C_b(t))^2}$$

式中，$h(t)$为液面高度；$C_b(t)$为产品输出浓度；$w_1(t)$为浓缩液 C_{b1} 的输入流速；$w_2(t)$为稀释液 C_{b2} 的输入流速。输入浓度设定为 C_{b1}=24.9，C_{b2}=0.1。消耗常量设置为 k_1=1，k_2=1。

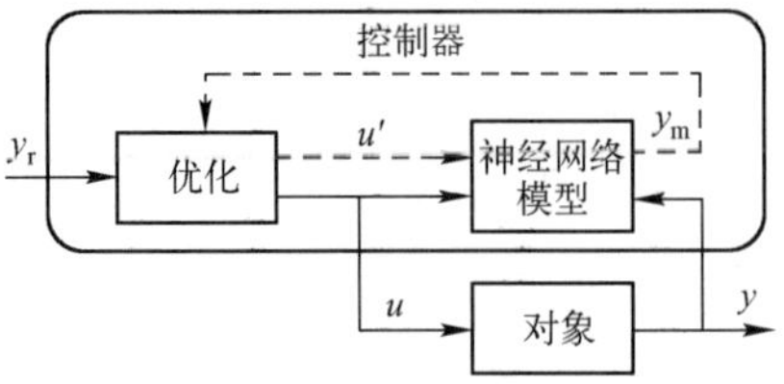

图 3-19　模型预测控制的过程

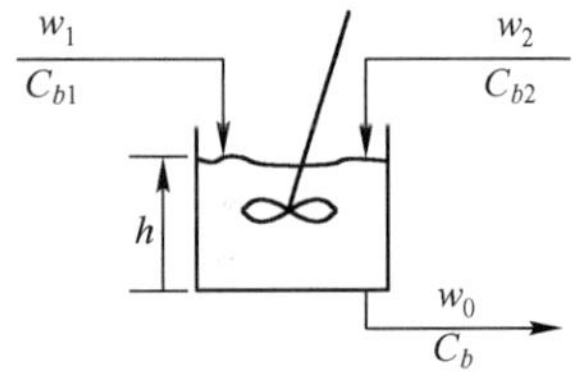

图 3-20　搅拌器

控制的目标是通过调节流速 $w_2(t)$来保持产品浓度。为了简化演示过程，不妨设 $w_1(t)$=0.1。在本例中不考虑液面高度 $h(t)$。

2）建立模型

在 MATLAB 神经网络工具箱中提供了这个演示实例。只需在 MATLAB 命令窗口中输入命令“predcstr”，就会自动调用 Simulink，并且产生如图 3-21 所示的模型窗口。其中，神经网络预测控制模块（NN Predictive Controller）和 X(2Y) Graph 模块由神经网络模块集（Neural Network Blockset）中的控制系统模块库（Control Systems）复制而来。

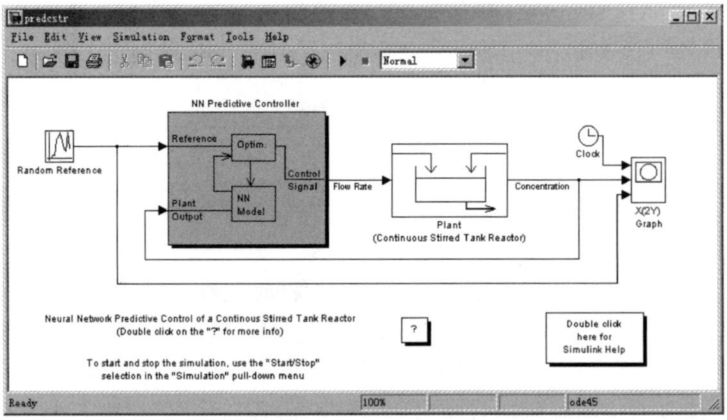

图 3-21　模型窗口

图 3-21 中的 Plant（Continuous Stirred Tank Reactor）模块包含了搅拌器系统的 Simulink 模型。双击这个模块，可以得到具体的 Simulink 实现，此处将不再深入讨论。

NN Predictive Controller 模块的 Control Signal 端连接到搅拌器系统模型的输入端，同时搅拌器系统模型的输出端连接到 NN Predictive Controller 模块的 Plant Output 端，参考信号连接到 NN Predictive Controller 模块的 Reference 端。

双击 NN Predictive Controller 模块，将会产生一个神经网络预测控制器参数设置窗口（Neural Network Predictive Control），如图 3-22 所示。这个窗口用于设计模型预测控制器。

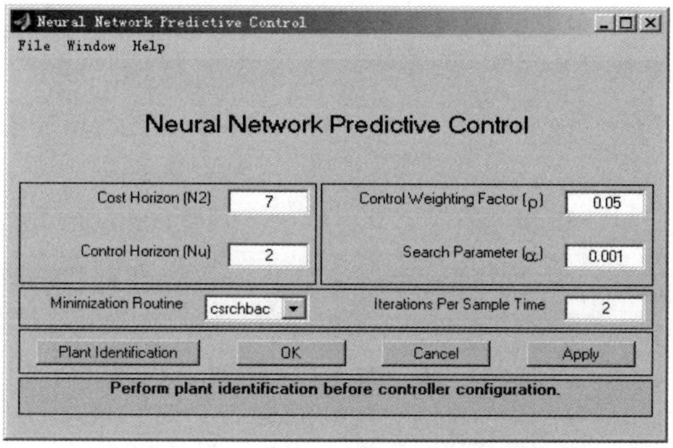

图 3-22　神经网络预测控制器参数设置窗口

在这个窗口中，有多项参数可以调整，用于改变预测控制算法中的有关参数。将鼠标指针移到相应的位置，就会出现对这一参数的说明。现将这些说明分别加以解释。

（1）Cost Horizon（N2）——预测时域长度；

（2）Control Horizon（Nu）——控制时域长度；

（3）Control Weighting Factor（ρ）——控制量加权系数；

（4）Search Parameter（α）——线性搜索参数，决定搜索何时停止；

（5）Minimization Routine——选择一个线性搜索用作最优化算法；

（6）Iterations Per Sample Time——选择在每个采样时间中优化算法迭代的次数。

下面是四个按钮的说明：

（1）Plant Identification——系统辨识。在控制器使用之前，系统必须先进行辨识。

（2）OK、Apply——在控制器参数设定好以后，单击这两个按钮的任一个都可以将这些参数导入 Simulink 模型。

（3）Cancel——取消刚才的设置。

3）系统辨识

在神经网络预测控制器的窗口中，单击【Plant Identification】按钮，将产生一个模型辨识参数设置窗口（Plant Identification），用于设置系统辨识的参数，如图 3-23 所示。

在控制器使用以前，必须首先利用辨识技术建立神经网络模型。这个模型预测系统未来的输出值。优化算法使用这些预测值来决定控制输入，以优化未来的性能。系统的神经网络模型有一个隐含层。这个隐含层的大小、输入和输出的时延，以及训练函数都在如图 3-23 所示的窗口中设置。可以选择 BP 网络中的任意训练函数来训练网络模型。

在窗口菜单中有一项 File，其包含的子项中有两项用于导入和导出系统模型对应的网络。

与图 3-22 类似，在如图 3-23 所示的窗口中，有很多参数需要设置。将鼠标指针移到相应的位置，也会出现对这些参数的说明。现将这些参数分别加以解释。

（1）Size of Hidden Layer——设置在系统模型网络隐含层中的神经元数；

（2）Sampling Interval（sec）——指定程序从 Simulink 模型中采集数据的间隔；

（3）No．Delayed Plant Inputs——指定了加到系统网络模型的输入延迟；

（4）No．Delayed Plant Outputs——指定了加到系统网络模型的输出延迟；

（5）Normalize Training Data——指定是否使用 premnmx 函数来将数据标准化；

（6）Training Samples——指定了为训练而产生的数据点的数目；

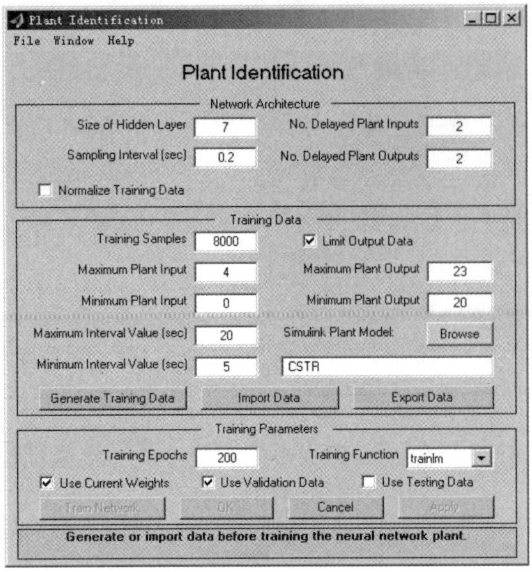

图 3-23 模型辨识参数设置窗口

（7）Maximum Plant Input——指定了随机输入的最大值；

（8）Minimum Plant Input——指定了随机输入的最小值；

（9）Maximum Interval Value（sec）——指定一个最大的间隔，在这个间隔中，随机输入将保持不变；

（10）Minimum Interval Value（sec）——指定一个最小的间隔，在这个间隔中，随机输入将保持不变；

（11）Limit Output Data——用于选择系统输出是否为有界值；

（12）Maximum Plant Output——指定了输出的最大值；

（13）Minimum Plant Output——指定了输出的最小值；

（14）Simulink Plant Model——指定用于产生训练数据的模型（.mdl 文件）；

（15）Training Epochs——指定训练迭代的次数；

（16）Training Function——指定训练函数；

（17）Use Current Weights——指定是否选择当前的权值用于连续训练；

（18）Use Validation Data——指定是否选择合法数据停止训练；

（19）Use Testing Data——指定在训练过程中测试数据是否被追踪。

下面是关于按钮的说明：

（1）Generate Training Data——产生用于网络训练的数据；

（2）Import Data——从工作空间或者一个文件中导入数据；

（3）Export Data——将训练数据导出到工作空间或者一个文件中；

（4）Train Network——开始网络模型的训练，在训练前必须已经产生或者导入了数据；

（5）OK、Apply——在网络模型经过训练后，单击这两个按钮中的任一个都可以将网络导入 Simulink 模型；

（6）Cancel——取消刚才的设置。

系统辨识分为两步：第一步为产生训练数据，第二步为训练网络模型。

在模型辨识窗口图 3-23 中首先单击【Generate Training Data】按钮，程序就会通过对 Simulink 网络模型提供一系列随机阶跃信号，来产生训练数据，图 3-24 显示了这些训练数据。

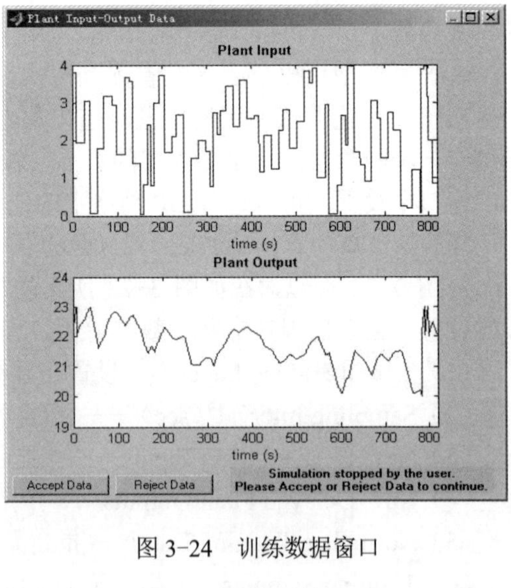

图 3-24 训练数据窗口

在图 3-24 中，有两个按钮，一个为【Accept

Data】按钮，如果单击这个按钮，那么就接受了这些训练数据。另一个为【Reject Data】按钮，如果单击这个按钮，将会放弃这些训练数据并返回到系统辨识窗口，并且可以重新开始。

在图 3-24 的训练数据窗口中，单击【Accept Data】按钮，然后再在模型辨识窗口图 3-23 中单击【Train Network】按钮，网络模型开始训练。训练与选择的训练算法有关（在此处使用的是 trainlm）。

在训练结束后，相应的结果被显示出来，如图 3-25 和图 3-26 所示。

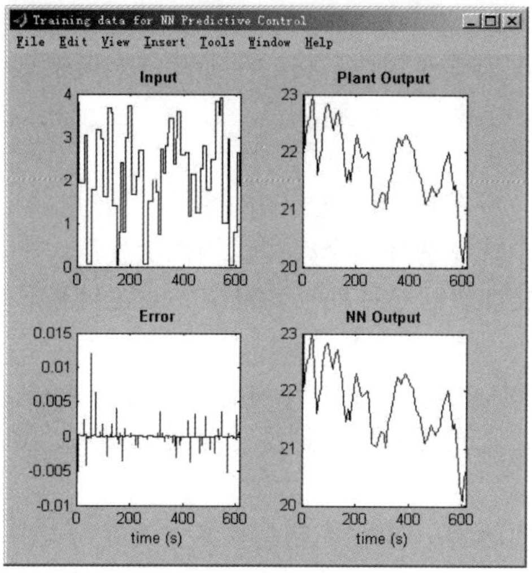

图 3-25　训练数据结果

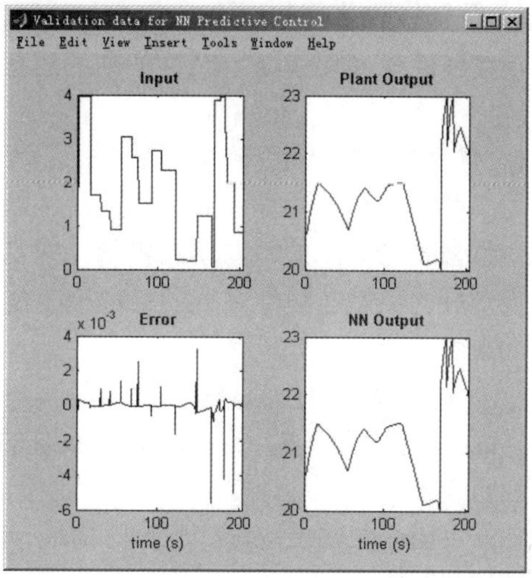

图 3-26　合法数据结果

图 3-25 显示的是训练数据，图 3-26 显示的是合法数据。在这两个图中，左上角的图显示了随机输入信号的阶跃高度和宽度；右上角的图显示了被控对象的输出；左下角的图显示了误差，即系统输出与网络模型输出的差别；右下角的图显示了神经网络模型输出。

网络模型训练后，可以在图 3-23 中单击【Train Network】按钮继续再次使用同样的数据进行训练。在系统辨识窗口图 3-23 中单击【OK】按钮，便可返回到神经网络预测控制窗口图 3-22 中。

如果接受当前的模型，则在神经网络预测控制窗口图 3-22 中单击【OK】按钮，将训练好的神经网络模型导入到 Simulink 模型窗口中的 NN Predictive Controller 模块，准备对闭环系统进行仿真。

4）系统仿真

在 Simulink 模型窗口图 3-21 中，首先选择【Simulation】菜单中的【Parameter】命令设置相应的仿真参数，然后从【Simulation】菜单中单击【Start】命令开始仿真。仿真的过程需要一段时间。当仿真结束时，将会显示出系统的输出和参考信号，如图 3-27 所示。

5）数据保存

在图 3-23 中利用【Import Data】和【Export Data】命令，可以将设计好的网络和训练数据保存到工作空间中或保存到磁盘文件中。

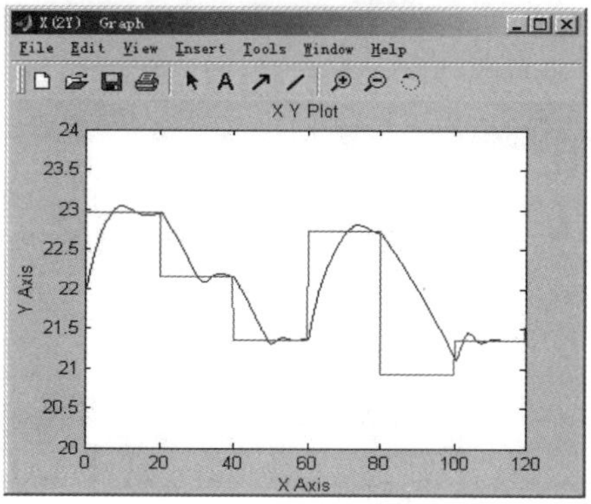

图 3-27　输出和参考信号

神经网络预测控制是使用神经网络系统模型来预测系统未来的行为。优化算法用于确定控制输入，这个控制输入优化了系统在一个有限时间段里的性能。系统训练仅针对静态网络的成批训练算法，训练速度非常快。由于控制器不要在线的优化算法，因此需要比其他控制器更多的计算。

3.2.2　反馈线性化控制

1．反馈线性化控制理论

反馈线性化（NARMA-L2）的中心思想是通过去掉非线性，将一个非线性系统变换成线性系统。

1）辨识 NARMA-L2 模型

与模型预测控制一样，反馈线性化控制的第一步就是辨识被控制的系统。通过训练一个神经网络来表示系统的前向动态机制，在第一步中首先选择一个模型结构以供使用。一个用来代表一般的离散非线性系统的标准模型是：非线性自回归移动平均模型（NARMA），它可用下式来表示：

$$y(k+d)=N[y(k),y(k-1),\cdots,y(k-n+1),u(k),u(k-1),\cdots,u(k-n+1)]$$

式中，$u(k)$表示系统的输入；$y(k)$表示系统的输出。在辨识阶段，训练神经网络使其近似等于非线性函数 N。

如果希望系统输出跟踪一些参考曲线 $y(k+d)=y_{\mathrm{r}}(k+d)$，下一步就是建立一个有如下形式的非线性控制器：

$$u(k)=G[y(k),y(k-1),\cdots,y(k-n+1),y_{\mathrm{r}}(k+d),u(k-1),\cdots,u(k-n+1)]$$

使用该类控制器的问题是，如果想训练一个神经网络用来产生函数 G（最小化均方差），则必须使用动态反馈，且该过程相当慢。由 Narendra 和 Mukhopadhyay 提出的一个解决办法是，使用近似模型来代表系统。在这里使用的控制器模型是基于 NARMA-L2 的近似模型。

$$\begin{aligned}\hat{y}(k+d)=&f[y(k),y(k-1),\cdots,y(k-n+1),u(k-1),\cdots,u(k-n+1)]+\\&g[y(k),y(k-1),\cdots,y(k-n+1),u(k-1),\cdots,u(k-n+1)]\cdot u(k)\end{aligned}$$

该模型是并联形式，控制器输入 $u(k)$没有包含在非线性系统里。这种形式的优点是，能解决控制器输入，使系统输出跟踪参考曲线 $y(k+d)=y_{\mathrm{r}}(k+d)$。最终的控制器形式如下：

$$u(k)=\frac{y_{\mathrm{r}}(k+d)-f[y(k),y(k-1),\cdots,y(k-n+1),u(k-1),\cdots,u(k-n+1)]}{g[y(k),y(k-1),\cdots,y(k-n+1),u(k-1),\cdots,u(k-n+1)]}$$

直接使用该等式会引起实现问题，因为基于输出 $y(k)$的同时必须同时得到 $u(k)$，所以采用下述模型：

$$\begin{aligned}y(k+d)=&f[y(k),y(k-1),\cdots,y(k-n+1),u(k),\cdots,u(k-n+1)]+\\&g[y(k),y(k-1),\cdots,y(k-n+1),u(k),\cdots,u(k-n+1)]\cdot u(k+1)\end{aligned}$$

式中，$d\geqslant 2$。

2）NARMA-L2 控制器

利用 NARMA-L2 模型，可得到如下的控制器：

$$u(k+1)=\frac{y_{\mathrm{r}}(k+d)-f[y(k),y(k-1),\cdots,y(k-n+1),u(k),u(k-1),\cdots,u(k-n+1)]}{g[y(k),y(k-1),\cdots,y(k-n+1),u(k),u(k-1),\cdots,u(k-n+1)]}$$

式中，$d\geqslant 2$。

2. NARMA-L2（反馈线性化）控制实例分析——磁悬浮控制系统

1）问题的描述

如图 3-28 所示，有一块磁铁，被约束在垂直方向上运动。在其下方有一块电磁铁，通电以后，电磁铁就会对其上的磁铁产生小电磁力作用。目标就是通过控制电磁铁，使得其上的磁铁保持悬浮在空中，不会掉下来。

建立这个实际问题的动力学方程为

$$\frac{d^2 y(t)}{dt^2} = -g + \frac{\alpha i^2(t)}{My(t)} - \frac{\beta}{M}\frac{d y(t)}{dt}$$

式中，$y(t)$表示磁铁离电磁铁的距离；$i(t)$代表电磁铁中的电流；M代表磁铁的质量；g代表重力加速度；β代表黏性摩擦系数，它由磁铁所在的容器的材料决定；α代表场强常数，它由电磁铁上所绕的线圈圈数及磁铁的强度所决定。

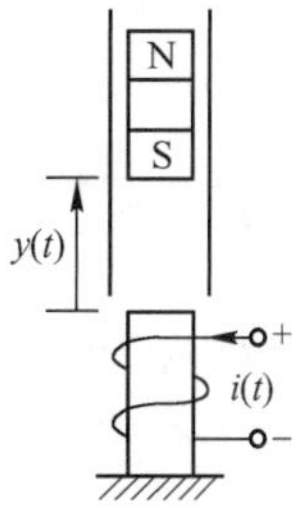

图 3-28 悬浮磁铁控制系统

2）建立模型

MATLAB 的神经网络工具箱中提供了这个演示实例。只需在 MATLAB 命令窗口中输入“narmamaglev”，就会自动地调用 Simulink，并且产生如图 3-29 所示的模型窗口。NARMA-L2 控制模块已经被放置在这个模型中。Plant（Magnet Levitation）模块包含了磁悬浮系统的 Simulink 模型。

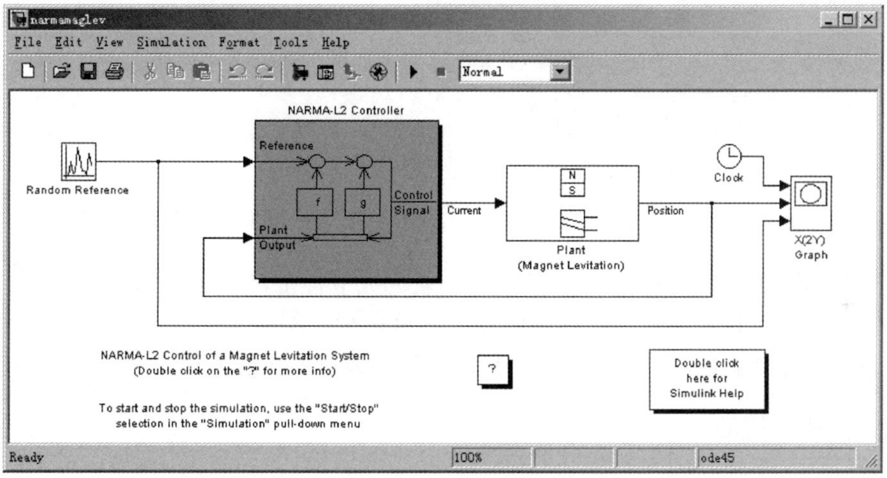

图 3-29 模型窗口

在窗口图 3-29 中有一个 NARMA-L2 Controller 模块，这个模块是在神经网络工具箱中生成并复制过来的。这个模块的 Control Signal 端连接到悬浮系统模型的 Current 输入端，此系统模型的 Position 输出端连接到 NARMA-L2 Controller 模块的 Plant Output 端，参考信号连接到该模块的 Reference 端。

3）系统辨识

双击图 3-29 中的 NARMA-L2 Controller 模块，将会产生一个新的窗口，如图 3-30 所示。这个窗口用于训练 NARMA-L2 模型。这里没有单独的控制器窗口，原因是控制器是直接由模型得到的，在这一点上与模型预测控制不同。

与模型预测控制类似，在使用神经网络控制之前，必须先对系统进行辨识。在如图 3-30

所示的系统辨识参数设置窗口中有很多参数需要设置。系统辨识与前面介绍过的一样分为两步：第一步为产生训练数据；第二步为训练网络模型。操作过程同前，在此不再赘述。

4）系统仿真

系统辨识过程结束后，在 Simulink 模型窗口图 3-29 中，首先选择【Simulation】菜单中的【Parameter】命令设置相应的仿真参数，然后从【Simulation】菜单中单击【Start】命令开始仿真。仿真的过程需要一段时间。当仿真结束时，将会显示出系统的输出和参考信号，如图 3-31 所示。

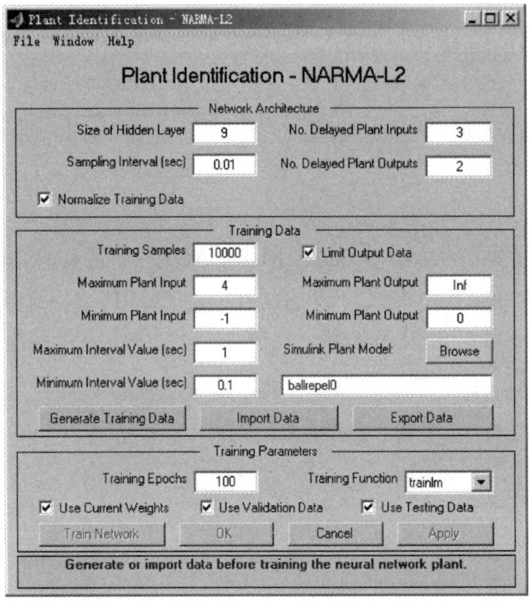

图 3-30 系统辨识参数设置窗口

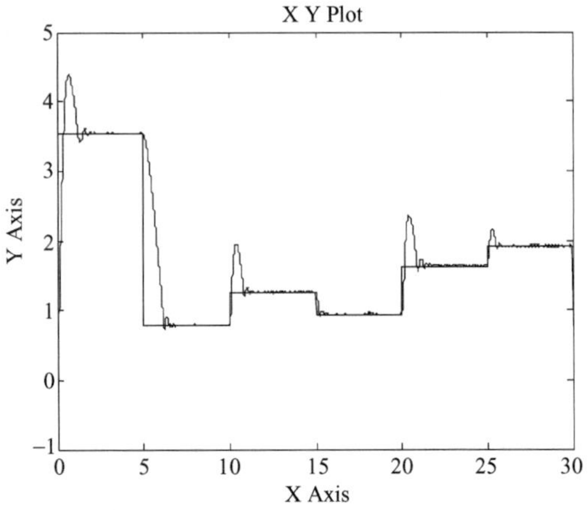

图 3-31 输出和参考信号

对于 NARMA-L2（反馈线性化）控制，系统的近似模型转换成标准模型。计算出的下一个控制输入被用于迫使系统输出跟踪参考信号。这种神经网络系统模型使用静态反传算法，因此速度很快。控制器是对系统模型的重整，它需要最小的在线计算。

3.2.3 模型参考控制

1. 模型参考控制理论

神经模型参考控制采用两个神经网络：一个控制器网络和一个实验模型网络，如图 3-32 所示。首先辨识出实验模型，然后训练控制器，使得实验输出跟随参考模型输出。

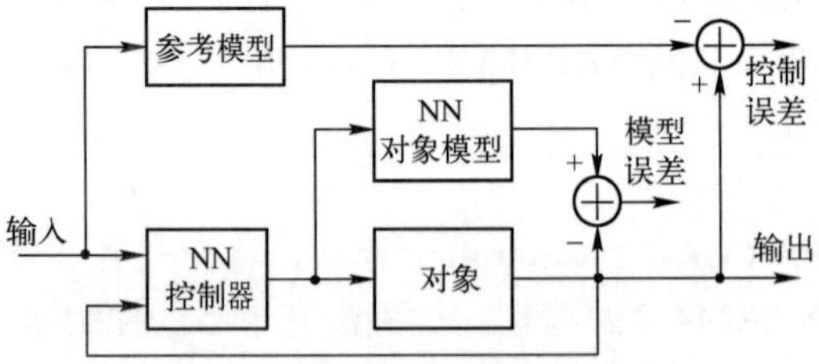

图 3-32 神经模型参考控制系统

2. 模型参考神经网络控制实例分析——机械臂控制系统

图 3-33 显示了神经网络模型的详细情况，每个网络由两层组成，并且可以选择隐含层的神经元数目。有三组控制器输入：延迟的参考输入、延迟的控制输出和延迟的系统输出。对于每种输入，可以选择延迟值。通常，随着系统阶次的增加，延迟的数目也增加。对于神经网络系统模型，有两组输入：延迟的控制器输出和延迟的系统输出。

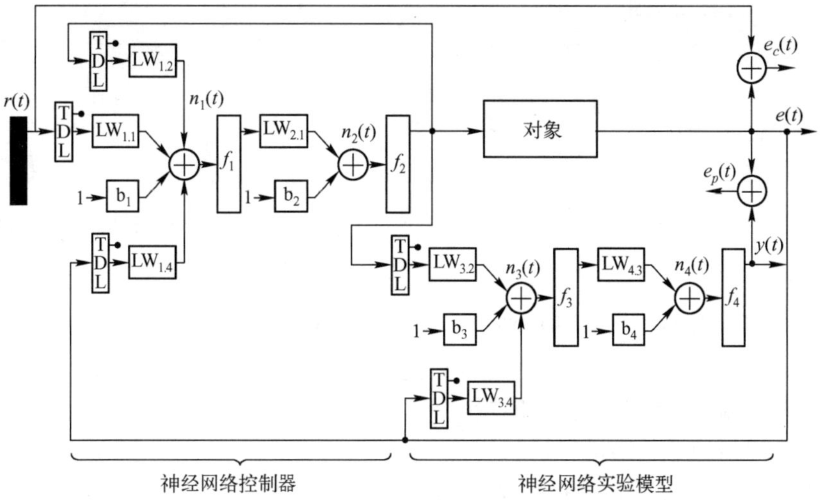

图 3-33　神经网络模型

下面结合 MATLAB 神经网络工具箱中提供的一个实例，来介绍神经网络控制器的训练过程。

1）问题的描述

图 3-34 中显示了一个简单的单连接机械臂，目的是控制它的运动。

首先，建立它的运动方程式，如下所示：

$$\frac{\mathrm{d}^2\Phi}{\mathrm{d}t^2} = -10\sin\Phi - 2\frac{\mathrm{d}\Phi}{\mathrm{d}t} + u$$

式中，Φ 代表机械臂的角度；u 代表 DC（直流）电动机的转矩。目标是训练控制器，使得机械臂能够跟踪参考模型。

$$\frac{\mathrm{d}^2 y_{\mathrm{r}}}{\mathrm{d}t^2} = -9y_{\mathrm{r}} - 6\frac{\mathrm{d}y_{\mathrm{r}}}{\mathrm{d}t} + 9r$$

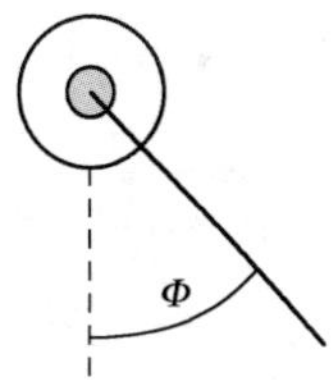

图 3-34　简单的单连接机械臂

式中，y_{r} 代表参考模型的输出；r 代表参考信号。

2）模型的建立

MATLAB 的神经网络工具箱中提供了这个演示实例。控制器的输入包含了两个延迟参考输入、两个延迟系统输出和一个延迟控制器输出，采样间隔为 0.05s。

只需在 MATLAB 命令行窗口中输入“mrefrobotarm”，就会自动地调用 Simulink，并且产生如图 3-35 所示的模型窗口。模型参考控制模块（Model Reference Controller）和机械臂系统的模块已被放置在这个模型中。模型参考控制模块是在神经网络工具箱复制过来的。这个模块的 Control Signal 端连接到机械臂系统模块的 Torque 输入端，系统模型的 Angle 输出端连接到模块的 Plant Output 端，参考信号连接到模块的 Reference 端。机械臂系统模型窗口如图 3-36 所示。

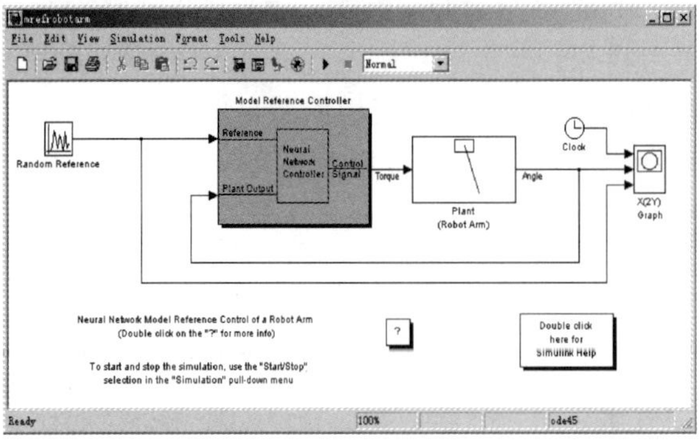

图 3-35　模型窗口

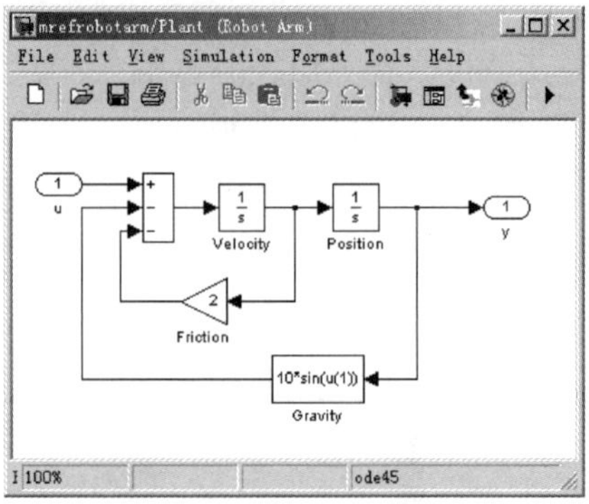

图 3-36　机械臂系统模型窗口

3）系统辨识

神经网络模型参考控制体系结构使用了两个神经网络：一个控制器神经网络和一个系统模型神经网络。首先，对系统模型神经网络进行辨识，然后，对控制器神经网络进行辨识（训练），使得系统输出跟踪参考模型的输出。

（1）对系统模型神经网络进行辨识

在图 3-35 中，双击模型参考控制模块，将会产生一个模型参考控制参数（Model Reference Control）设置窗口，如图 3-37 所示。这个窗口用于训练模型参考神经网络。窗口中各参数的设置说明参照前面的解释。

在如图 3-37 所示的模型参考控制参数设置窗口中单击【Plant Identification】按钮，将会弹出一个如图 3-38 所示的系统辨识参数设置窗口。系统辨识过程的操作同前，当系统辨识结束后，单击图 3-38 中的【OK】按钮，返回到模型参考控制参数设置窗口图 3-37。

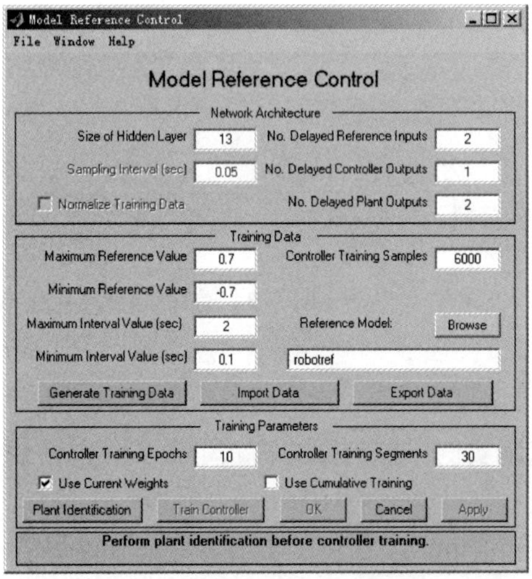

图 3-37　模型参考控制参数设置窗口

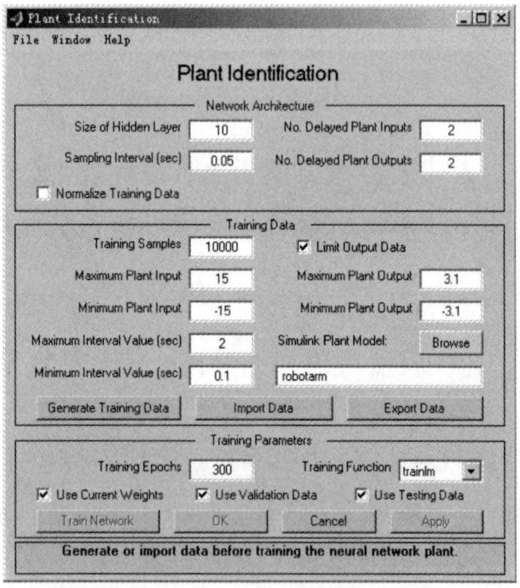

图 3-38　系统辨识参数设置窗口

（2）对控制器神经网络进行辨识（训练）

当系统模型神经网络辨识完成后，首先在如图 3-37 所示的模型参考控制参数设置窗口中单击【Generate Training Data】按钮，程序就会提供一系列随机阶跃信号，来对控制器产生训练数据。当接受这些数据后，就可以利用图 3-37 中的【Train Controller】按钮对控制器进行训练。控制器训练需要的时间比系统模型训练需要的时间多得多。这是因为控制器必须使用动态反馈算法。

训练过程误差曲线如图 3-39 所示。训练结束后，返回到模型参考控制参数设置窗口中，如果控制器的性能不准确，则可以再次单击【Train Controller】按钮，这样就会继续使用同样的数据对控制器进行训练。如果需要使用新的数据继续训练，可以在单击【Train Controller】按钮之前再次单击【Generate Training Data】按钮或者【Import Data】按钮（注意，要确认 Use Current Weights 被选中）。另外，如果系统模型不够准确，也会影响控制器的训练。

在模型参考控制参数设置窗口图 3-37 中单击【OK】按钮，将训练好的神经网络控制器权值导入 Simulink 模型窗口，并返回到 Simulink 模型窗口图 3-35。

4）系统仿真

在 Simulink 模型窗口图 3-35 中，首先选择【Simulation】菜单中的【Parameter】命令设置相应的仿真参数，然后从【Simulation】菜单中单击【Start】命令开始仿真。仿真的过程需要一段时间。当仿真结束时，将会显示出系统的输出和参考信号，如图 3-40 所示。

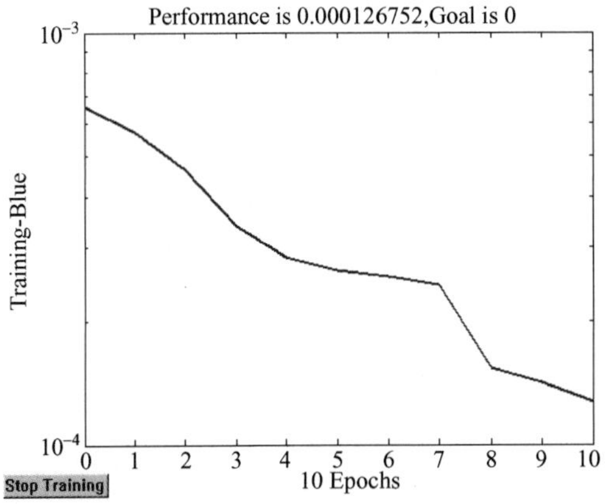

图 3-39　训练过程误差曲线

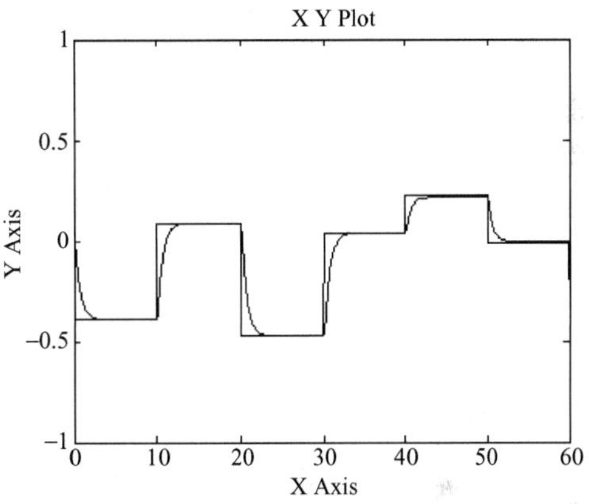

图 3-40　系统的输出和参考信号

对于模型参考控制，首先建立一个神经网络系统模型。接着，使用这个系统模型来训练一个神经网络控制器，迫使系统输出跟踪参考模型的输出。这种控制结构需要使用动态反传算法来训练控制器。在通常情况下，它比使用标准的反传算法训练静态网络花费的时间要多。然而，这种方法比 NARMA-L2（反馈线性化）控制结构更能适应一般的情况。这种控制器需要的在线计算时间最少。

小　结

本章首先详细地介绍了神经网络控制的基本原理、神经网络在控制中的主要作用和神经网络控制系统的分类；然后介绍了神经自校正控制在汽油机喷油控制系统中的应用；最后介绍了基于 Simulink 的神经网络模型预测控制系统、反馈线性化控制系统和模型参考控制系统三种典型神经网络控制系统。

思考练习题

1．为什么说神经网络控制属于智能控制？

2．什么是自校正控制的确定性等价原则？在神经自校正控制中如何应用？

3．神经网络控制主要解决什么难题？多种神经网络控制结构的共同特点是什么？

4．神经 PID 控制与常规 PID 控制有何区别？

5．若单输入单输出系统的差分方程为：

$$y(k)=g[y(k-1),u(k-1)]$$

试设计神经自校正控制算法的准则函数，并画出控制系统结构图。

第二篇　模糊逻辑控制及其 MATLAB 实现

第 4 章　模糊逻辑控制理论

控制论的创始人维纳教授在谈到人胜过最完善的机器时说："人具有运用模糊概念的能力"。这清楚地指明了人脑与计算机之间有着本质区别，人脑具有善于判断和处理模糊现象的能力。"模糊"是与"精确"相对的概念。模糊性普遍存在于人类思维和语言交流中，是一种不确定性的表现。随机性则是客观存在的另一类不确定性，两者虽然都是不确定性，但存在本质的区别。模糊性主要是人对概念外延的主观理解上的不确定性。随机性则主要反映客观上的自然的不确定性，即对事件或行为的发生与否的不确定性。

模糊逻辑和模糊数学虽然只有短短的几十余年历史，但其理论和应用的研究已取得了丰硕的成果。尤其是随着模糊逻辑在自动控制领域的成功应用，模糊控制理论和方法的研究引起了学术界和工业界的广泛关注。在模糊理论研究方面，1965 年，美国控制理论专家 L. A. Zadeh 发表论文"Fuzzy Set"，首次提出模糊集合的概念，自此之后以 Zadeh 提出的分解定理和扩张原则为基础的模糊数学理论有大量的成果问世。1984 年成立了国际模糊系统协会（IFSA），FUZZY SETS AND SYSTEMS（模糊集与系统）杂志与 IEEE（美国电气与电子工程师协会）"模糊系统"杂志也先后创刊。在模糊逻辑的应用方面，自从 1974 年英国的 Mamdani 首次将模糊逻辑用于蒸汽机的控制后，模糊控制在工业过程控制、机器人、交通运输等方面得到了广泛而卓有成效的应用。与传统控制方法如 PID 控制相比，模糊控制利用人类专家控制经验，对于非线性、复杂对象的控制显示了鲁棒性好、控制性能高的优点。模糊逻辑的其他应用领域包括聚类分析、故障诊断、专家系统和图像识别等。

第 30 讲

4.1　模糊逻辑理论的基本概念

4.1.1　模糊集合及其运算

集合一般指具有某种属性的、确定的、彼此间可以区别的事物的全体。将组成集合的事物称为集合的元素或元。通常用大写字母 $\boldsymbol{A}, \boldsymbol{B}, \boldsymbol{C}, \cdots, \boldsymbol{X}, \boldsymbol{Y}, \boldsymbol{Z}$ 表示集合，而用小写字母 $a,b,c,\cdots,x,y,z$ 表示集合内元素。被考虑对象的所有元素的全体称为论域，一般用大写字母 $\boldsymbol{U}$ 表示。

在康托创立的经典集合论中，一事物要么属于某集合，要么不属于某集合，二者必居其一，没有模棱两可的情况，即经典集合所表达的概念的内涵和外延都必须是明确的。

在人们的思维中，有许多没有明确外延的概念，即模糊概念。在语言方面也有许多模糊概念的词，如以人的年龄为论域，那么"年轻""中年""年老"都没有明确的外延。再如以某炉温为论域，那么"高温""中温""低温"等也都没有明确的外延。诸如此类的概念都是模糊概念。模糊概念不能用经典集合加以描述，因为它不能绝对地用"属于"或"不属于"某集合来表示，也就是说，论域上的元素符合概念的程度不是绝对的 0 或 1，而是介于 0 和 1

之间的一个实数。

1. 模糊集合的定义及表示方法

Zadeh 在 1965 年对模糊集合的定义为：给定论域 **U**，**U** 到[0，1]闭区间的任一映射 μ_A

$$\mu_A\text{：}\ \boldsymbol{U}\to[0,1]$$

都确定 **U** 的一个模糊集合 **A**，μ_A 称为模糊集合 **A** 的隶属函数，它反映了模糊集合中的元素属于该集合的程度。若 **A** 中的元素用 x 表示，则 $\mu_A(x)$称为 x 属于 **A** 的隶属度。$\mu_A(x)$的取值范围为闭区间[0，1]。若 $\mu_A(x)$接近 1，则表示 x 属于 **A** 的程度高；若 $\mu_A(x)$接近 0，则表示 x 属于 **A** 的程度低。可见，模糊集合完全由隶属函数所描述。

模糊集合有很多表示方法，最常用的有以下几种。

（1）当论域 **U** 为有限集$\{x_1, x_2,\cdots, x_n\}$时，通常有以下三种方式。

① Zadeh 表示法。

用论域中的元素 x_i 与其隶属度 $\mu_A(x_i)$表示 **A**，则

$$\boldsymbol{A}=\frac{\mu_A(x_1)}{x_1}+\frac{\mu_A(x_2)}{x_2}+\cdots+\frac{\mu_A(x_n)}{x_n}$$

式中，$\mu_A(x_i)/x_i$ 并不表示“分数”，而是表示论域中的元素 x_i 与其隶属度 $\mu_A(x_i)$之间的对应关系。“+”也不表示“求和”，而是表示模糊集合在论域 **U** 上的整体。在 Zadeh 表示法中，隶属度为零的项可不写入。

② 序偶表示法。

用论域中的元素 x_i 与其隶属度 $\mu_A(x_i)$构成序偶来表示 **A**，则

$$\boldsymbol{A}=\{(x_1,\mu_A(x_1)),(x_2,\mu_A(x_2)),\cdots,(x_n,\mu_A(x_n))\mid x\in\boldsymbol{U}\}$$

在序偶表示法中，隶属度为零的项可省略。

③ 向量表示法。

用论域中元素 x_i 的隶属度 $\mu_A(x_i)$构成向量来表示 **A**，则

$$\boldsymbol{A}=[\mu_A(x_1)\quad \mu_A(x_2)\quad \cdots\quad \mu_A(x_n)]$$

在向量表示法中，隶属度为零的项不能省略。

若 **A** 为以实数 **R** 为论域的模糊集合，其隶属函数为 $\mu_A(x)$，如果对任意实数 $a<x<b$，都有

$$\mu_A(x)\geqslant\min\{\mu_A(a),\mu_A(b)\}$$

则称 **A** 为凸模糊集。凸模糊集实质上就是隶属函数具有单峰值特性。今后所用的模糊集合一般均指凸模糊集。

例 4-1 在整数 1,2,⋯,10 组成的论域中，即论域 **U**={1,2,⋯,10}，用 **A** 表示模糊集合“几个”。并设各元素的隶属函数 μ_A 依次为{0,0,0.3,0.7,1,1,0.7,0.3,0,0}。

解： 模糊集合 **A** 可表示为

$$\boldsymbol{A}=\frac{0}{1}+\frac{0}{2}+\frac{0.3}{3}+\frac{0.7}{4}+\frac{1}{5}+\frac{1}{6}+\frac{0.7}{7}+\frac{0.3}{8}+\frac{0}{9}+\frac{0}{10}=\frac{0.3}{3}+\frac{0.7}{4}+\frac{1}{5}+\frac{1}{6}+\frac{0.7}{7}+\frac{0.3}{8}$$

$$\boldsymbol{A}=\{(1,0),(2,0),(3,0.3),(4,0.7),(5,1),(6,1),(7,0.7),(8,0.3),(9,0),(10,0)\}$$
$$=\{(3,0.3),(4,0.7),(5,1),(6,1),(7,0.7),(8,0.3)\}$$

$$\boldsymbol{A}=[0\quad 0\quad 0.3\quad 0.7\quad 1\quad 1\quad 0.7\quad 0.3\quad 0\quad 0]$$

（2）当论域 **U** 为有限连续域时，Zadeh 表示法为

$$A=\int_U \frac{\mu_A(x)}{x}$$

式中，$\mu_A(x)/x$ 也不表示“分数”，而是表示论域中的元素 x 与其隶属度$\mu_A(x)$之间的对应关系。“∫”也不表示“积分”，而是表示模糊集合在论域 $\boldsymbol{U}$ 上的元素 x 与其隶属度$\mu_A(x)$对应关系的一个整体。同样，在有限连续域表示法中，隶属度为零的部分可不写入。

例 4-2　若以年龄为论域，并设 $\boldsymbol{U}$=[0，200]，设 $\boldsymbol{Y}$ 表示模糊集合“年轻”，$\boldsymbol{O}$ 表示模糊集合“年老”。已知“年轻”和“年老”的隶属函数分别为

$$\mu_Y(x)=\begin{cases}1, & 0\leqslant x\leqslant 25\\ \dfrac{1}{1+\left(\dfrac{x-25}{5}\right)^2}, & 25<x\leqslant 200\end{cases},\quad \mu_O(x)=\begin{cases}0, & 0\leqslant x\leqslant 50\\ \dfrac{1}{1+\left(\dfrac{5}{x-50}\right)^2}, & 50<x\leqslant 200\end{cases}$$

解：因为论域是连续的，因而“年轻”和“年老”的模糊集合 $\boldsymbol{Y}$ 和 $\boldsymbol{O}$ 分别为

$$\boldsymbol{Y}=\{(x,1)\,|\,0\leqslant x\leqslant 25\}+\left\{\left(x,\left[1+\left(\frac{x-25}{5}\right)^2\right]^{-1}\right)\middle|\,25<x\leqslant 200\right\}$$

$$\boldsymbol{O}=\{(x,0)\,|\,0\leqslant x\leqslant 50\}+\left\{\left(x,\left[1+\left(\frac{5}{x-50}\right)^2\right]^{-1}\right)\middle|\,50<x\leqslant 200\right\}$$

或

$$\boldsymbol{Y}=\int_{0\leqslant x\leqslant 25}\frac{1}{x}+\int_{25<x\leqslant 200}\frac{\left[1+\left(\dfrac{x-25}{5}\right)^2\right]^{-1}}{x}$$

$$\boldsymbol{O}=\int_{0\leqslant x\leqslant 50}\frac{0}{x}+\int_{50<x\leqslant 200}\frac{\left[1+\left(\dfrac{5}{x-50}\right)^2\right]^{-1}}{x}$$

其隶属函数曲线如图 4-1 所示。

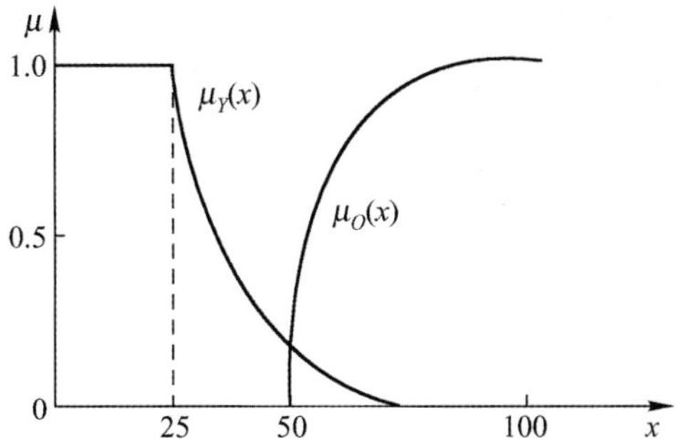

图 4-1　“年轻”和“年老”的隶属函数曲线

2. 隶属函数

隶属函数是对模糊概念的定量描述，正确地确定隶属函数，是运用模糊集合理论解决实际问题的基础。隶属函数的确定过程，本质上说应该是客观的，但每个人对于同一个模糊概

念的认识理解又有差异，因此，隶属函数的确定又带有主观性。它一般是根据经验或统计进行确定的，也可由专家、权威人士给出。

以实数域 **R** 为论域时，称隶属函数为模糊分布。常见的模糊分布有以下四种。

1）正态型

正态型是最主要也是最常见的一种分布，表示为

$$\mu(x)=\mathrm{e}^{-\left(\frac{x-a}{b}\right)^2},b>0$$

其分布曲线如图 4-2 所示。

2）Γ型

$$\mu(x)=\begin{cases}0, & x<0\\ \left(\dfrac{x}{\lambda\nu}\right)^{\nu}\cdot \mathrm{e}^{\nu-\frac{x}{\lambda}}, & x\geqslant 0\end{cases}$$

式中，$\lambda>0$，$\nu>0$。当 $x=\lambda\nu$ 时，隶属度函数为 1。其分布曲线如图 4-3 所示。

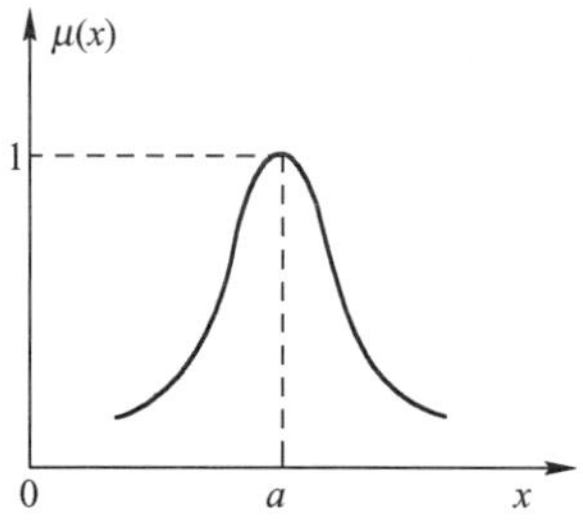

图 4-2　正态型分布曲线

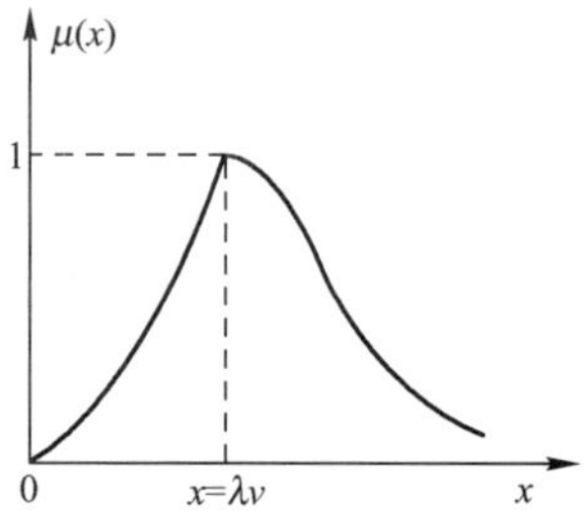

图 4-3　Γ型分布曲线

3）戒上型

$$\mu(x)=\begin{cases}\dfrac{1}{1+[a(x-c)]^b}, & x>c\\ 1, & x\leqslant c\end{cases}$$

式中，$a>0$，$b>0$。其分布曲线如图 4-4 所示。

当 $a=0.2$，$b=2$，$c=25$ 时，即为“年轻”的隶属函数。

4）戒下型

$$\mu(x)=\begin{cases}0, & x<c\\ \dfrac{1}{1+[a(x-c)]^b}, & x\geqslant c\end{cases}$$

式中，$a>0$，$b<0$。其分布曲线如图 4-5 所示。

当 $a=0.2$，$b=-2$，$c=50$ 时，即为“年老”的隶属函数。

3．模糊集合的有关术语

1）台集合

定义 $$\boldsymbol{A}_s=\{x|\mu_A(x)>0\}$$

为 $\boldsymbol{A}$ 的台集合。其意义为论域 $\boldsymbol{U}$ 中所有使 $\mu_A(x)>0$ 的 x 的全体。例 4-1 中，模糊集合 $\boldsymbol{A}$ 的台集合为

$$A_s=\{3,4,5,6,7,8\}$$

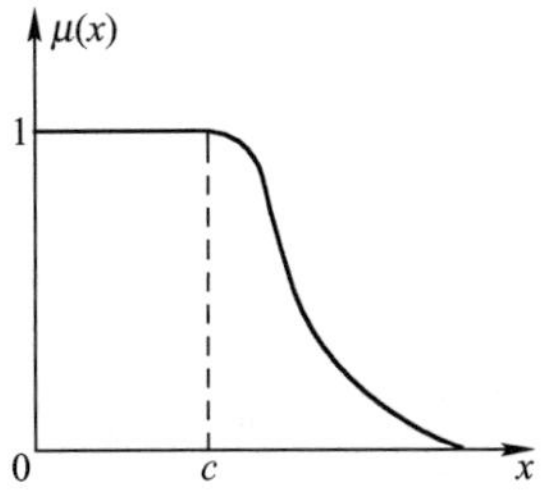

图 4-4　戒上型分布曲线

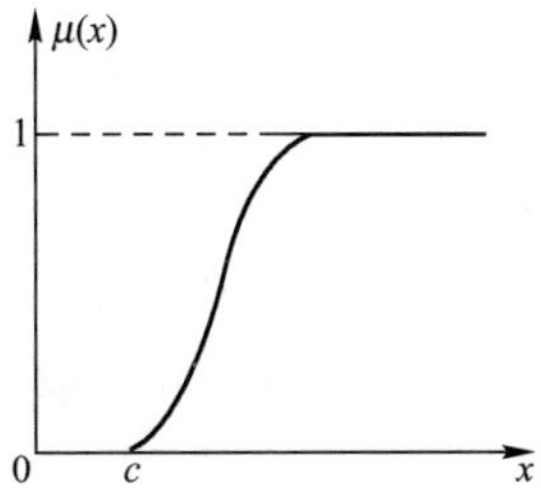

图 4-5　戒下型分布曲线

显然，台集合为普通集合，即

$$\mu_{A_s}(x)=\begin{cases}1, x\in \boldsymbol{A}_s\\0, x\notin \boldsymbol{A}_s\end{cases}$$

模糊集合可只在它的台集合上加以表示。

2）α截集

定义　$$\boldsymbol{A}_\alpha=\{x\mid \mu_A(x)>\alpha\}, \alpha\in[0,1); \boldsymbol{A}_{\overline{\alpha}}=\{x\mid \mu_A(x)\geqslant\alpha\}, \alpha\in(0,1]$$

分别称为模糊集合 $\boldsymbol{A}$ 的强α截集和弱α截集。显然，α 截集也为普通集合，且 $\boldsymbol{A}_s=\boldsymbol{A}_\alpha|_{\alpha=0}$

3）正则模糊集合

如果　$$\max_{x\in \boldsymbol{X}}\mu_A(x)=1$$

则称 $\boldsymbol{A}$ 为正则模糊集合。

4）凸模糊集合

如果　$$\mu_A(\lambda x_1+(1-\lambda)x_2)\geqslant \min(\mu_A(x_1),\mu_A(x_2)), x_1,x_2\in \boldsymbol{U}, \lambda\in[0,1]$$

则称 $\boldsymbol{A}$ 为凸模糊集合。

5）分界点

使得$\mu_A(x)=0.5$ 的点 x 称为模糊集合 $\boldsymbol{A}$ 的分界点。

6）单点模糊集合

在论域中，若模糊集合的台集合仅为一个点，且该点的隶属度函数$\mu_A(x)=1$，则称 $\boldsymbol{A}$ 为单点模糊集合。

4．分解定理和扩张原则

1）分解定理

设 $\boldsymbol{A}$ 为论域 $\boldsymbol{U}$ 上的一个模糊集合，$\boldsymbol{A}_\alpha$是 $\boldsymbol{A}$ 的α截集，$\alpha\in[0，1]$，则有如下分解定理成立，即

$$\boldsymbol{A}=\bigcup_{\alpha\in[0,1]}\alpha \boldsymbol{A}_\alpha$$

式中，$\alpha\boldsymbol{A}_\alpha$表示语言变量 x 的一个模糊集合，称为α与 $\boldsymbol{A}_\alpha$的“乘积”。其隶属度函数定义为

$$\mu_{\alpha A_\alpha}(x)=\begin{cases}\alpha, x\in \boldsymbol{A}_\alpha\\0, x\notin \boldsymbol{A}_\alpha\end{cases}$$

例 4-3　求模糊集合

$$A=\frac{0.5}{u_1}+\frac{0.6}{u_2}+\frac{1}{u_3}+\frac{0.7}{u_4}+\frac{0.3}{u_5}$$

的α截集，$\alpha\in[0,1]$。

解：取α分别为 1,0.7,0.6,0.5,0.3，于是有

$$A_1=\{u_3\},\ A_{0.7}=\{u_3,u_4\},\ A_{0.6}=\{u_2,u_3,u_4\}$$
$$A_{0.5}=\{u_1,u_2,u_3,u_4\},\ A_{0.3}=\{u_1,u_2,u_3,u_4,u_5\}$$

将α截集写成模糊集合的形式：

$$A_1=\frac{1}{u_3},\ A_{0.7}=\frac{1}{u_3}+\frac{1}{u_4},\ A_{0.6}=\frac{1}{u_2}+\frac{1}{u_3}+\frac{1}{u_4}$$
$$A_{0.5}=\frac{1}{u_1}+\frac{1}{u_2}+\frac{1}{u_3}+\frac{1}{u_4},\ A_{0.3}=\frac{1}{u_1}+\frac{1}{u_2}+\frac{1}{u_3}+\frac{1}{u_4}+\frac{1}{u_5}$$

则有

$$1A_1=\frac{1}{u_3},\qquad 0.7A_{0.7}=\frac{0.7}{u_3}+\frac{0.7}{u_4},\qquad 0.6A_{0.6}=\frac{0.6}{u_2}+\frac{0.6}{u_3}+\frac{0.6}{u_4}$$
$$0.5A_{0.5}=\frac{0.5}{u_1}+\frac{0.5}{u_2}+\frac{0.5}{u_3}+\frac{0.5}{u_4},\qquad 0.3A_{0.3}=\frac{0.3}{u_1}+\frac{0.3}{u_2}+\frac{0.3}{u_3}+\frac{0.3}{u_4}+\frac{0.3}{u_5}$$

由分解定理，又可构成原来的模糊集合：

$$\begin{aligned}\bigcup_{\alpha\in[0,1]}\alpha A_\alpha&=1A_1+0.7A_{0.7}+0.6A_{0.6}+0.5A_{0.5}+0.3A_{0.3}\\&=\frac{1}{u_3}\cup\left(\frac{0.7}{u_3}+\frac{0.7}{u_4}\right)\cup\left(\frac{0.6}{u_2}+\frac{0.6}{u_3}+\frac{0.6}{u_4}\right)\cup\left(\frac{0.5}{u_1}+\frac{0.5}{u_2}+\frac{0.5}{u_3}+\frac{0.5}{u_4}\right)\\&\qquad\cup\left(\frac{0.3}{u_1}+\frac{0.3}{u_2}+\frac{0.3}{u_3}+\frac{0.3}{u_4}+\frac{0.3}{u_5}\right)\\&=\frac{0.3\vee0.5}{u_1}+\frac{0.3\vee0.5\vee0.6}{u_2}+\frac{0.3\vee0.5\vee0.6\vee0.7\vee1}{u_3}+\frac{0.3\vee0.5\vee0.6\vee0.7}{u_4}+\frac{0.3}{u_5}\\&=\frac{0.5}{u_1}+\frac{0.6}{u_2}+\frac{1}{u_3}+\frac{0.7}{u_4}+\frac{0.3}{u_5}=A\end{aligned}$$

2）扩张原则

设 U 和 V 是两个论域，f 是 U 到 V 的一个映射，对 U 上的模糊集合 A，可以扩张成为

$$\tilde{f}:A=\tilde{f}(A)$$

这里，$\tilde{f}$ 叫作 f 的扩张。A 通过映射 $\tilde{f}$ 映射成 $\tilde{f}(A)$ 时，规定它的隶属函数的值保持不变。在不会误解的情况下，$\tilde{f}$ 可以记作 f。

分解定理和扩张原则是模糊数学的理论支柱。分解定理是联系模糊数学和普通数学的纽带，而扩张原则是把普通的数学扩展到模糊数学的有力工具。

5．模糊集合的运算

1）模糊集合的相等

若有两个模糊集合 A 和 B，对于所有的 $x\in U$，均有$\mu_A(x)=\mu_B(x)$，则称模糊集合 A 等于模

糊集合 $\boldsymbol{B}$，记作 $\boldsymbol{A}=\boldsymbol{B}$。

2）模糊集合的包含关系

若有两个模糊集合 $\boldsymbol{A}$ 和 $\boldsymbol{B}$，对于所有的 $x\in \boldsymbol{U}$，均有$\mu_A(x)\leqslant\mu_B(x)$，则称模糊集合 $\boldsymbol{A}$ 包含于模糊集合 $\boldsymbol{B}$，或 $\boldsymbol{A}$ 是 $\boldsymbol{B}$ 的子集，记作 $\boldsymbol{A}\subseteq\boldsymbol{B}$。

3）模糊空集

若对于所有的 $x\in \boldsymbol{U}$，均有$\mu_A(x)=0$，则称模糊集合 $\boldsymbol{A}$ 为空集，记作 $\boldsymbol{A}=\boldsymbol{\Phi}$。

4）模糊集合的并集

若有三个模糊集合 $\boldsymbol{A}$、$\boldsymbol{B}$ 和 $\boldsymbol{C}$，对于所有的 $x\in \boldsymbol{U}$，均有

$$\mu_C(x)=\mu_A(x)\vee\mu_B(x)=\max[\mu_A(x),\mu_B(x)]$$

则称模糊集合 $\boldsymbol{C}$ 为 $\boldsymbol{A}$ 与 $\boldsymbol{B}$ 的并集，记作 $\boldsymbol{C}=\boldsymbol{A}\cup\boldsymbol{B}$。

5）模糊集合的交集

若有三个模糊集合 $\boldsymbol{A}$、$\boldsymbol{B}$ 和 $\boldsymbol{C}$，对于所有的 $x\in \boldsymbol{U}$，均有

$$\mu_C(x)=\mu_A(x)\wedge\mu_B(x)=\min[\mu_A(x),\mu_B(x)]$$

则称模糊集合 $\boldsymbol{C}$ 为 $\boldsymbol{A}$ 与 $\boldsymbol{B}$ 的交集，记作 $\boldsymbol{C}=\boldsymbol{A}\cap\boldsymbol{B}$。

6）模糊集合的补集

若有两个模糊集合 $\boldsymbol{A}$ 和 $\boldsymbol{B}$，对于所有的 $x\in \boldsymbol{U}$，均有

$$\mu_B(x)=1-\mu_A(x)$$

则称 $\boldsymbol{B}$ 为 $\boldsymbol{A}$ 的补集，记作 $\boldsymbol{B}=\boldsymbol{A}^{\mathrm{c}}$。

7）模糊集合的直积

若有两个模糊集合 $\boldsymbol{A}$ 和 $\boldsymbol{B}$，其论域分别为 $\boldsymbol{X}$ 和 $\boldsymbol{Y}$，则定义在积空间 $\boldsymbol{X}\times\boldsymbol{Y}$ 上的模糊集合 $\boldsymbol{A}\times\boldsymbol{B}$ 称为模糊集合 $\boldsymbol{A}$ 和 $\boldsymbol{B}$ 的直积，即

$$\boldsymbol{A}\times\boldsymbol{B}=\{(a,b)|a\in\boldsymbol{A},b\in\boldsymbol{B}\}$$

上述定义表明，在集合 $\boldsymbol{A}$ 中取一元素 a，又在集合 $\boldsymbol{B}$ 中取一元素 b，就构成了(a,b)“序偶”，所有的(a,b)又构成一个集合，该集合即为 $\boldsymbol{A}\times\boldsymbol{B}$。其隶属函数为

$$\mu_{A\times B}(x,y)=\min[\mu_A(x),\mu_B(y)]$$

或者

$$\mu_{A\times B}(x,y)=\mu_A(x)\mu_B(y)$$

直积又称为笛卡儿积或叉积。两个模糊集合直积的概念可以很容易推广到多个集合。

若 $\boldsymbol{R}$ 是实数集，即 $\boldsymbol{R}=\{x|-\infty<x<+\infty\}$，则 $\boldsymbol{R}\times\boldsymbol{R}=\{(x,y)|-\infty<x<+\infty,-\infty<y<+\infty\}$，用 $\boldsymbol{R}^2$ 表示，$\boldsymbol{R}^2=\boldsymbol{R}\times\boldsymbol{R}$ 即为整个平面，这就是二维欧氏空间。同理 $\boldsymbol{R}\times\boldsymbol{R}\times\cdots\times\boldsymbol{R}=\boldsymbol{R}^n$ 称为 n 维欧氏空间。

6．模糊集合运算的基本性质

（1）幂等律：$\boldsymbol{A}\cup\boldsymbol{A}=\boldsymbol{A}$，$\boldsymbol{A}\cap\boldsymbol{A}=\boldsymbol{A}$

（2）交换律：$\boldsymbol{A}\cup\boldsymbol{B}=\boldsymbol{B}\cup\boldsymbol{A}$，$\boldsymbol{A}\cap\boldsymbol{B}=\boldsymbol{B}\cap\boldsymbol{A}$

（3）结合律：$(\boldsymbol{A}\cap\boldsymbol{B})\cap\boldsymbol{C}=\boldsymbol{A}\cap(\boldsymbol{B}\cap\boldsymbol{C})$，$(\boldsymbol{A}\cup\boldsymbol{B})\cup\boldsymbol{C}=\boldsymbol{A}\cup(\boldsymbol{B}\cup\boldsymbol{C})$

（4）分配律：$\boldsymbol{A}\cap(\boldsymbol{B}\cup\boldsymbol{C})=(\boldsymbol{A}\cap\boldsymbol{B})\cup(\boldsymbol{A}\cap\boldsymbol{C})$，$\boldsymbol{A}\cup(\boldsymbol{B}\cap\boldsymbol{C})=(\boldsymbol{A}\cup\boldsymbol{B})\cap(\boldsymbol{A}\cup\boldsymbol{C})$

（5）吸收律：$(\boldsymbol{A}\cap\boldsymbol{B})\cup\boldsymbol{A}=\boldsymbol{A}$，$(\boldsymbol{A}\cup\boldsymbol{B})\cap\boldsymbol{A}=\boldsymbol{A}$

（6）同一律：$\boldsymbol{A}\cup\boldsymbol{\Omega}=\boldsymbol{\Omega}$，$\boldsymbol{A}\cap\boldsymbol{\Omega}=\boldsymbol{A}$，$\boldsymbol{A}\cup\boldsymbol{\Phi}=\boldsymbol{A}$，$\boldsymbol{A}\cap\boldsymbol{\Phi}=\boldsymbol{\Phi}$，其中，$\boldsymbol{\Omega}$表示全集；$\boldsymbol{\Phi}$表示空集。

（7）复原律：$(\boldsymbol{A}^{\mathrm{c}})^{\mathrm{c}}=\boldsymbol{A}$

（8）对偶律：$(\boldsymbol{A}\cup\boldsymbol{B})^{c}=\boldsymbol{A}^{c}\cap\boldsymbol{B}^{c}$，$(\boldsymbol{A}\cap\boldsymbol{B})^{c}=\boldsymbol{A}^{c}\cup\boldsymbol{B}^{c}$

7．模糊集合的其他类型运算

（1）代数和：$\boldsymbol{A}\hat{+}\boldsymbol{B}\leftrightarrow\mu_{A\hat{+}B}(x)=\mu_A(x)+\mu_B(x)-\mu_A(x)\mu_B(x)$

（2）代数积：$\boldsymbol{A}\bullet\boldsymbol{B}\leftrightarrow\mu_{A\bullet B}(x)=\mu_A(x)\mu_B(x)$

（3）有界和：$\boldsymbol{A}\oplus\boldsymbol{B}\leftrightarrow\mu_{A\oplus B}(x)=\min\{1,\mu_A(x)+\mu_B(x)\}$

（4）有界差：$\boldsymbol{A}\ominus\boldsymbol{B}\leftrightarrow\mu_{A\ominus B}(x)=\max\{0,\mu_A(x)-\mu_B(x)\}$

（5）有界积：$\boldsymbol{A}\odot\boldsymbol{B}\leftrightarrow\mu_{A\odot B}(x)=\max\{0,\mu_A(x)+\mu_B(x)-1\}$

（6）强制和（drastic sum）：

$$\boldsymbol{A}\,\dot{\cup}\,\boldsymbol{B}\leftrightarrow\mu_{A\dot{\cup}B}(x)=\begin{cases}\mu_A(x),\mu_B(x)=0\\\mu_B(x),\mu_A(x)=0\\1,\mu_A(x),\mu_B(x)>0\end{cases}$$

（7）强制积（drastic product）：

$$\boldsymbol{A}\,\dot{\cap}\,\boldsymbol{B}\leftrightarrow\mu_{A\dot{\cap}B}(x)=\begin{cases}\mu_A(x),\mu_B(x)=1\\\mu_B(x),\mu_A(x)=1\\0,\mu_A(x),\mu_B(x)<1\end{cases}$$

4.1.2　模糊关系及其合成

在日常生活中经常听到诸如"$\boldsymbol{A}$ 与 $\boldsymbol{B}$ 很相似""$\boldsymbol{X}$ 比 $\boldsymbol{Y}$ 大得多"等描述模糊关系的语句。模糊关系在模糊集合论中占有重要的地位，而当论域为有限时，可以用模糊矩阵来表示模糊关系。

1．模糊关系

设 $\boldsymbol{X}$、$\boldsymbol{Y}$ 是两个非空集合，则在直积

$$\boldsymbol{X}\times\boldsymbol{Y}=\{(x,y)|x\in\boldsymbol{X},y\in\boldsymbol{Y}\}$$

中一个模糊集合 $\boldsymbol{R}$ 称为从 $\boldsymbol{X}$ 到 $\boldsymbol{Y}$ 的一个模糊关系，记为 $\boldsymbol{R}_{x\times y}$。

模糊关系 $\boldsymbol{R}_{x\times y}$ 由其隶属函数$\mu_R(x,y)$完全刻画，$\mu_R(x,y)$表示了 $\boldsymbol{X}$ 中的元素 x 与 $\boldsymbol{Y}$ 中的元素 y 具有关系 $\boldsymbol{R}_{x\times y}$ 的程度。

以上定义的模糊关系又称二元模糊关系，当 $\boldsymbol{X}=\boldsymbol{Y}$ 时，称为 $\boldsymbol{X}$ 上的模糊关系。

当论域为 n 个集合的直积

$$\boldsymbol{X}_1\times\boldsymbol{X}_2\times\cdots\times\boldsymbol{X}_n=\{(x_1,x_2,\cdots,x_n)|x_i\in\boldsymbol{X}_i,i=1,2,\cdots,n\}$$

时，它所对应的为 n 元模糊关系 $\boldsymbol{R}_{x_1\times x_2\times\cdots\times x_n}$。

当论域 $\boldsymbol{X}=\{x_1,x_2,\cdots,x_n\}$，$\boldsymbol{Y}=\{y_1,y_2,\cdots,y_m\}$是有限集合时，定义在 $\boldsymbol{X}\times\boldsymbol{Y}$ 上的模糊关系 $\boldsymbol{R}_{x\times y}$ 可用如下的 $n\times m$ 阶矩阵来表示，即

$$\boldsymbol{R}=\begin{pmatrix}\mu_R(x_1,y_1)&\mu_R(x_1,y_2)&\cdots&\mu_R(x_1,y_m)\\\mu_R(x_2,y_1)&\mu_R(x_2,y_2)&\cdots&\mu_R(x_2,y_m)\\\vdots&\vdots&&\vdots\\\mu_R(x_n,y_1)&\mu_R(x_n,y_2)&\cdots&\mu_R(x_n,y_m)\end{pmatrix}$$

这样的矩阵称为模糊矩阵。模糊矩阵 $\boldsymbol{R}$ 中元素 $r_{ij}=\mu_R(x_i,y_j)$表示论域 $\boldsymbol{X}$ 中第 i 个元素 x_i 与论域 $\boldsymbol{Y}$ 中的第 j 个元素 y_j 对于模糊关系 $\boldsymbol{R}_{x\times y}$ 的隶属程度，因此它们均在[0，1]中取值。

由于模糊关系是定义在直积空间上的模糊集合，所以它也遵循一般模糊集合的运算规则。

例 4-4　设 $\boldsymbol{X}$ 为家庭中的儿子和女儿，$\boldsymbol{Y}$ 为家庭中的父亲和母亲，对于“子女与父母长得相似”的模糊关系 $\boldsymbol{R}$，可以用以下模糊矩阵 $\boldsymbol{R}$ 表示。

$$\begin{array}{cc} & \begin{array}{cc}\text{父} & \text{母}\end{array} \\ \boldsymbol{R}=\begin{array}{c}\text{子}\\\text{女}\end{array} & \begin{pmatrix}0.8 & 0.3\\0.3 & 0.6\end{pmatrix}\end{array}$$

2. 模糊关系的合成

设 $\boldsymbol{X}$、$\boldsymbol{Y}$、$\boldsymbol{Z}$ 是论域，$\boldsymbol{R}_{x\times y}$ 是 $\boldsymbol{X}$ 到 $\boldsymbol{Y}$ 的一个模糊关系，$\boldsymbol{S}_{y\times z}$ 是 $\boldsymbol{Y}$ 到 $\boldsymbol{Z}$ 的一个模糊关系，则 $\boldsymbol{R}_{x\times y}$ 到 $\boldsymbol{S}_{y\times z}$ 的合成 $\boldsymbol{T}_{x\times z}$ 也是一个模糊关系，记为

$$\boldsymbol{T}_{x\times z}=\boldsymbol{R}_{x\times y}\circ\boldsymbol{S}_{y\times z}$$

它具有隶属度

$$\mu_{R\circ S}(x,z)=\underset{y\in Y}{\vee}(\mu_R(x,y)*\mu_S(y,z))$$

其中，“∨”是并的符号，它表示对所有 y 取极大值或上界值，“*”是二项积的符号，因此上面的合成称为最大—星合成（max-star composition）。

二项积算子“$x*y$”可以定义为以下几种运算，其中 $x,y\in[0,1]$。

（1）交：$x*y=x\wedge y=\min\{x,y\}$

（2）代数积：$x*y=x\bullet y=xy$

（3）有界积：$x*y=x\odot y=\max\{0,x+y-1\}$

当二项积算子“*”采用前两种运算时，它们分别称为最大—最小合成和最大—积合成，即

$$\mu_{R\circ S}(x,z)=\underset{y\in Y}{\vee}(\mu_R(x,y)\wedge\mu_S(y,z))$$

或

$$\mu_{R\circ S}(x,z)=\underset{y\in Y}{\vee}(\mu_R(x,y)\mu_S(y,z))$$

其中，最大—最小合成最为常用。以后如无特别说明，均指此合成。

当论域 $\boldsymbol{X}$、$\boldsymbol{Y}$、$\boldsymbol{Z}$ 为有限时，模糊关系的合成可用模糊矩阵来表示。设 $\boldsymbol{R}_{x\times y}$、$\boldsymbol{S}_{y\times z}$、$\boldsymbol{T}_{x\times z}$ 三个模糊关系对应的模糊矩阵分别为

$$\boldsymbol{R}=(r_{ij})_{n\times m},\boldsymbol{S}=(s_{jk})_{m\times l},\boldsymbol{T}=(t_{ik})_{n\times l}$$

则

$$t_{ik}=\overset{m}{\underset{j=1}{\vee}}(r_{ij}\wedge s_{jk})\ \text{或}\ t_{ik}=\overset{m}{\underset{j=1}{\vee}}(r_{ij}\cdot s_{jk})\quad(i=1,2,\cdots,n;k=1,2,\cdots,l)$$

即用模糊矩阵的合成 $\boldsymbol{T}=\boldsymbol{R}\circ\boldsymbol{S}$ 来表示模糊关系的合成 $\boldsymbol{T}_{x\times z}=\boldsymbol{R}_{x\times y}\circ\boldsymbol{S}_{y\times z}$。

例 4-5　已知子女与父母相似关系的模糊矩阵 $\boldsymbol{R}$ 和父母与祖父母相似关系的模糊矩阵 $\boldsymbol{S}$ 分别如下所示，求子女与祖父母的相似关系模糊矩阵。

$$\begin{array}{cc} & \begin{array}{cc}\text{父} & \text{母}\end{array} \\ \boldsymbol{R}=\begin{array}{c}\text{子}\\\text{女}\end{array} & \begin{pmatrix}0.8 & 0.3\\0.3 & 0.6\end{pmatrix}\end{array},\quad \begin{array}{cc} & \begin{array}{cc}\text{祖父} & \text{祖母}\end{array} \\ \boldsymbol{S}=\begin{array}{c}\text{父}\\\text{母}\end{array} & \begin{pmatrix}0.7 & 0.5\\0.1 & 0.1\end{pmatrix}\end{array}$$

解：这是一个典型的模糊关系合成的问题。按最大—最小合成规则有

$$T=R\circ S=\begin{pmatrix}0.8 & 0.3\\ 0.3 & 0.6\end{pmatrix}\circ\begin{pmatrix}0.7 & 0.5\\ 0.1 & 0.1\end{pmatrix}=\begin{pmatrix}(0.8\wedge 0.7)\vee(0.3\wedge 0.1) & (0.8\wedge 0.5)\vee(0.3\wedge 0.1)\\ (0.3\wedge 0.7)\vee(0.6\wedge 0.1) & (0.3\wedge 0.5)\vee(0.6\wedge 0.1)\end{pmatrix}$$

$$=\begin{pmatrix}0.7\vee 0.1 & 0.5\vee 0.1\\ 0.3\vee 0.1 & 0.3\vee 0.1\end{pmatrix}=\begin{matrix} \\ 子\\ 女\end{matrix}\begin{matrix}祖父 & 祖母\\ \begin{pmatrix}0.7 & 0.5\\ 0.3 & 0.3\end{pmatrix}\end{matrix}$$

利用 MATLAB 求解例 4-5 过程的程序如下：

```
%ex4_5.m
R=[0.8 0.3;0.3 0.6];S=[0.7 0.5;0.1 0.1];T=zeros(size(R,1),size(S,2));
for i=1:size(R,1)
    for j=1:size(T,2)
        T(i,j)=max(min(R(i,:),S(:,j)'));
    end
end
T
```

结果显示

```
T =
    0.7000    0.5000
    0.3000    0.3000
```

4.1.3　模糊向量及其运算

1. 模糊向量

如果对任意的 i（i=1,2,⋯,n），都有 $a_i\in[0，1]$，则称向量

$$A=[a_1\ \ a_2\ \ \cdots\ \ a_n]$$

为模糊向量。

2. 模糊向量的笛卡儿乘积

设有 $1\times n$ 维模糊向量 $\boldsymbol{x}$ 和 $1\times m$ 维模糊向量 $\boldsymbol{y}$，则定义

$$\boldsymbol{x}\times\boldsymbol{y}\equiv\boldsymbol{x}^{\mathrm{T}}\circ\boldsymbol{y}$$

为模糊向量 $\boldsymbol{x}$ 和 $\boldsymbol{y}$ 的笛卡儿乘积。模糊向量 $\boldsymbol{x}$ 和 $\boldsymbol{y}$ 的笛卡儿乘积表示它们所在论域 $\boldsymbol{X}$ 与 $\boldsymbol{Y}$ 之间的转换关系，这种转换关系也是模糊关系，而上式右端正是模糊关系的合成运算。

例 4-6　已知两个模糊向量分别如下所示，求它们的笛卡儿乘积。

$$x=[0.8\ 0.6\ 0.2],\quad y=[0.2\ 0.4\ 0.7\ 1]$$

解：笛卡儿乘积为

$$\boldsymbol{x}\times\boldsymbol{y}=\boldsymbol{x}^{\mathrm{T}}\circ\boldsymbol{y}=\begin{pmatrix}0.8\\ 0.6\\ 0.2\end{pmatrix}\circ[0.2\quad 0.4\quad 0.7\quad 1]$$

$$=\begin{pmatrix}0.8\wedge 0.2 & 0.8\wedge 0.4 & 0.8\wedge 0.7 & 0.8\wedge 1\\ 0.6\wedge 0.2 & 0.6\wedge 0.4 & 0.6\wedge 0.7 & 0.6\wedge 1\\ 0.2\wedge 0.2 & 0.2\wedge 0.4 & 0.2\wedge 0.7 & 0.2\wedge 1\end{pmatrix}=\begin{pmatrix}0.2 & 0.4 & 0.7 & 0.8\\ 0.2 & 0.4 & 0.6 & 0.6\\ 0.2 & 0.2 & 0.2 & 0.2\end{pmatrix}$$

利用 MATLAB 也可求解例 4-6，其程序 ex4_6.m 和执行结果请扫二维码获取。

ex4_6.m

3．模糊向量的内积与外积

设有 1×n 维模糊向量 $\boldsymbol{x}$ 和 1×n 维模糊向量 $\boldsymbol{y}$，则定义

$$\boldsymbol{x}\bullet\boldsymbol{y}\equiv\boldsymbol{x}\circ\boldsymbol{y}^{\mathrm{T}}=\bigvee_{i=1}^{n}(x_i\wedge y_i)$$

为模糊向量 $\boldsymbol{x}$ 和 $\boldsymbol{y}$ 的内积。内积的对偶运算称为外积。

4.1.4　模糊逻辑规则

1．模糊语言变量

语言是人们进行思维和信息交流的重要工具。语言可分为两种：自然语言和形式语言。人们日常所用的语言属自然语言，它的特点是语义丰富、灵活。通常的计算机语言是形式语言，它只是在形式上起记号作用。自然语言和形式语言最重要的区别在于，自然语言具有模糊性，而形式语言不具有模糊性，它完全具有二值逻辑的特点。

模糊语言变量是自然语言中的词或句，它的取值不是通常的数，而是用模糊语言表示的模糊集合。在不引起混淆的情况下，以下将模糊语言变量简称为语言变量。

一个语言变量可由以下的五元体来表征：

$$(x,\boldsymbol{T}(x),\boldsymbol{U},\boldsymbol{G},\boldsymbol{M})$$

式中，x 是语言变量的名称；$\boldsymbol{T}(x)$是语言变量值的集合；$\boldsymbol{U}$ 是 x 的论域；$\boldsymbol{G}$ 是语法规则，用于产生语言变量 x 的名称；$\boldsymbol{M}$ 是语义规则，用于产生模糊集合的隶属函数。

例如，以控制系统的“误差”为语言变量 x，论域取 $\boldsymbol{U}$=[−6,+6]。“误差”语言变量的原子单词有“大、中、小、零”，对这些原子单词施加以适当的语气算子，就可以构成多个语言值名称，如“很大”等，再考虑误差有正负的情况，$\boldsymbol{T}(x)$可表示为

$\boldsymbol{T}(x)$=$\boldsymbol{T}$(误差)={负很大，负大，负中，负小，零，正小，正中，正大，正很大}

图 4-6 所示的是误差语言变量的五元体示意图。

如上所述，每个模糊语言相当于一个模糊集合，在模糊语言前面加上“极”“非常”“相当”“比较”“略”“稍微”“非”等语气算子后，将改变了该模糊语言的含义，相应的隶属函数也要改变。例如，设原来的模糊语言为 $\boldsymbol{A}$，其隶属函数为μ_A，则通常有

$$\mu_{极A}=\mu_A^{4},\ \mu_{非常A}=\mu_A^{2},\ \mu_{相当A}=\mu_A^{1.25},\ \mu_{比较A}=\mu_A^{0.75},\ \mu_{略A}=\mu_A^{0.5},\ \mu_{稍微A}=\mu_A^{0.25},\ \mu_{非A}=1-\mu_A$$

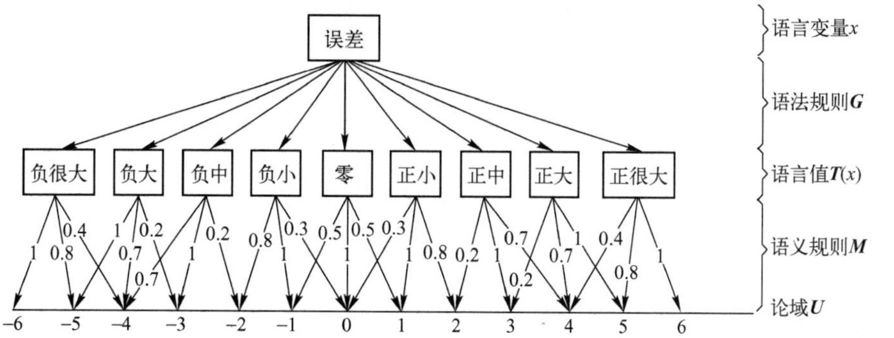

图 4-6　误差语言变量的五元体示意图

2．模糊蕴涵关系

在模糊逻辑中，模糊逻辑规则实质上是模糊蕴涵关系。在模糊逻辑推理中有很多定义模

糊蕴涵的方法，最常用的一类模糊蕴涵关系是广义的肯定式推理方式，即

输入：如果 x 是 $\boldsymbol{A}'$

前提：如果 x 是 $\boldsymbol{A}$，则 y 是 $\boldsymbol{B}$

结论：y 是 $\boldsymbol{B}'$

其中，$\boldsymbol{A}, \boldsymbol{A}', \boldsymbol{B}, \boldsymbol{B}'$ 均为模糊语言。横线上方是输入和前提条件，横线下方是结论。

对于模糊前提"如果 x 是 $\boldsymbol{A}$，则 y 是 $\boldsymbol{B}$"，它表示了模糊语言 $\boldsymbol{A}$ 与 $\boldsymbol{B}$ 之间的模糊蕴涵关系，记为

$$\boldsymbol{A} \to \boldsymbol{B}$$

在普通的形式逻辑中，$\boldsymbol{A} \to \boldsymbol{B}$ 有严格的定义。但在模糊逻辑中，$\boldsymbol{A} \to \boldsymbol{B}$ 不是普通逻辑的简单推广，有许多定义的方法。在模糊逻辑控制中，常用的模糊蕴涵关系的运算方法有以下几种，其中前两种最常用。

1）模糊蕴涵最小运算（Mamdani）

$$\boldsymbol{R}_{\mathrm{c}} = \boldsymbol{A} \to \boldsymbol{B} = \boldsymbol{A} \times \boldsymbol{B} = \int_{X \times Y} \mu_A(x) \wedge \mu_B(y)/(x,y)$$

2）模糊蕴涵积运算（Larsen）

$$\boldsymbol{R}_{\mathrm{p}} = \boldsymbol{A} \to \boldsymbol{B} = \boldsymbol{A} \times \boldsymbol{B} = \int_{X \times Y} \mu_A(x)\mu_B(y)/(x,y)$$

3）模糊蕴涵算术运算（Zadeh）

$$\boldsymbol{R}_{\mathrm{a}} = \boldsymbol{A} \to \boldsymbol{B} = (\boldsymbol{A}^{\mathrm{c}} \times \boldsymbol{Y}) \oplus (\boldsymbol{X} \times \boldsymbol{B}) = \int_{X \times Y} 1 \wedge (1 - \mu_A(x) + \mu_B(y))/(x,y)$$

4）模糊蕴涵的最大最小运算（Zadeh）

$$\boldsymbol{R}_{\mathrm{m}} = \boldsymbol{A} \to \boldsymbol{B} = (\boldsymbol{A} \times \boldsymbol{B}) \cup (\boldsymbol{A}^{\mathrm{c}} \times \boldsymbol{Y}) = \int_{X \times Y} (\mu_A(x) \wedge \mu_B(y)) \vee (1 - \mu_A(x))/(x,y)$$

5）模糊蕴涵的布尔运算

$$\boldsymbol{R}_{\mathrm{b}} = \boldsymbol{A} \to \boldsymbol{B} = (\boldsymbol{A}^{\mathrm{c}} \times \boldsymbol{Y}) \cup (\boldsymbol{X} \times \boldsymbol{B}) = \int_{X \times Y} (1 - \mu_A(x)) \vee \mu_B(y)/(x,y)$$

6）模糊蕴涵的标准法运算（1）

$$\boldsymbol{R}_{\mathrm{s}} = \boldsymbol{A} \to \boldsymbol{B} = \boldsymbol{A} \times \boldsymbol{Y} \to \boldsymbol{X} \times \boldsymbol{B} = \int_{X \times Y} (\mu_A(x) > \mu_B(y))/(x,y)$$

其中，

$$\mu_A(x) > \mu_B(y) = \begin{cases} 1, \mu_A(x) \leqslant \mu_B(y) \\ 0, \mu_A(x) > \mu_B(y) \end{cases}$$

7）模糊蕴涵的标准法运算（2）

$$\boldsymbol{R}_{\Delta} = \boldsymbol{A} \to \boldsymbol{B} = \boldsymbol{A} \times \boldsymbol{Y} \to \boldsymbol{X} \times \boldsymbol{B} = \int_{X \times Y} (\mu_A(x) >> \mu_B(y))/(x,y)$$

式中，

$$\mu_A(x) \gg \mu_B(y) = \begin{cases} 1, \mu_A(x) \leqslant \mu_B(y) \\ \dfrac{\mu_B(y)}{\mu_A(x)}, \mu_A(x) > \mu_B(y) \end{cases}$$

4.1.5　模糊逻辑推理

1．简单模糊条件语句

对于上面介绍的广义肯定式推理，结论 $\boldsymbol{B}'$ 是根据模糊集合 $\boldsymbol{A}'$ 和模糊蕴涵关系 $\boldsymbol{A} \to \boldsymbol{B}$ 的合

成推出来的，因此可得如下的模糊推理关系：

$$\boldsymbol{B}' = \boldsymbol{A}' \circ (\boldsymbol{A} \to \boldsymbol{B}) = \boldsymbol{A}' \circ \boldsymbol{R}$$

式中，$\boldsymbol{R}$ 为模糊蕴涵关系；“。”是合成运算符。它们可采用以上所列举的任何一种运算方法。

例 4-7　若人工调节炉温，有如下的经验规则：“如果炉温低，则应施加高电压”。试问当炉温为“非常低”时，应施加怎样的电压。

解：设 x 和 y 分别表示模糊语言变量“炉温”和“电压”，并设 x 和 y 的论域为

$$X = Y = \{1,2,3,4,5\}$$

$\boldsymbol{A}$ 表示炉温低的模糊集合：

$$\boldsymbol{A} = \text{“炉温低”} = \frac{1}{1} + \frac{0.8}{2} + \frac{0.6}{3} + \frac{0.4}{4} + \frac{0.2}{5}$$

$\boldsymbol{B}$ 表示高电压的模糊集合：

$$\boldsymbol{B} = \text{“高电压”} = \frac{0.2}{1} + \frac{0.4}{2} + \frac{0.6}{3} + \frac{0.8}{4} + \frac{1}{5}$$

从而模糊规则可表述为：“如果 x 是 $\boldsymbol{A}$，则 y 是 $\boldsymbol{B}$”。设 $\boldsymbol{A}'$ 为非常 $\boldsymbol{A}$，则上述问题变为“如果 x 是 $\boldsymbol{A}'$，则 $\boldsymbol{B}'$ 应是什么”。为了便于计算，将模糊集合 $\boldsymbol{A}$ 和 $\boldsymbol{B}$ 写成向量形式：

$$\boldsymbol{A} = [1\ 0.8\ 0.6\ 0.4\ 0.2]，\boldsymbol{B} = [0.2\ 0.4\ 0.6\ 0.8\ 1]$$

由于该例中 x 和 y 的论域均是离散的，因而模糊蕴涵 $\boldsymbol{R}_\text{c}$ 可用如下模糊矩阵来表示：

$$\boldsymbol{R}_\text{c} = \boldsymbol{A} \to \boldsymbol{B} = \boldsymbol{A} \times \boldsymbol{B} = \boldsymbol{A}^\text{T} \circ \boldsymbol{B} = \begin{bmatrix} 1 & 0.8 & 0.6 & 0.4 & 0.2 \end{bmatrix}^\text{T} \cdot \begin{bmatrix} 0.2 & 0.4 & 0.6 & 0.8 & 1 \end{bmatrix}$$

$$= \begin{pmatrix} 1 \wedge 0.2 & 1 \wedge 0.4 & 1 \wedge 0.6 & 1 \wedge 0.8 & 1 \wedge 1 \\ 0.8 \wedge 0.2 & 0.8 \wedge 0.4 & 0.8 \wedge 0.6 & 0.8 \wedge 0.8 & 0.8 \wedge 1 \\ 0.6 \wedge 0.2 & 0.6 \wedge 0.4 & 0.6 \wedge 0.6 & 0.6 \wedge 0.8 & 0.6 \wedge 1 \\ 0.4 \wedge 0.2 & 0.4 \wedge 0.4 & 0.4 \wedge 0.6 & 0.4 \wedge 0.8 & 0.4 \wedge 1 \\ 0.2 \wedge 0.2 & 0.2 \wedge 0.4 & 0.2 \wedge 0.6 & 0.2 \wedge 0.8 & 0.2 \wedge 1 \end{pmatrix} = \begin{pmatrix} 0.2 & 0.4 & 0.6 & 0.8 & 1 \\ 0.2 & 0.4 & 0.6 & 0.8 & 0.8 \\ 0.2 & 0.4 & 0.6 & 0.6 & 0.6 \\ 0.2 & 0.4 & 0.4 & 0.4 & 0.4 \\ 0.2 & 0.2 & 0.2 & 0.2 & 0.2 \end{pmatrix}$$

当 $\boldsymbol{A}' =$ “炉温非常低” $= \boldsymbol{A}^2 = [1\ 0.64\ 0.36\ 0.16\ 0.04]$时，

$$\boldsymbol{B}' = \boldsymbol{A}' \circ \boldsymbol{R}_\text{c} = \begin{bmatrix} 1 & 0.64 & 0.36 & 0.16 & 0.04 \end{bmatrix} \circ \begin{pmatrix} 0.2 & 0.4 & 0.6 & 0.8 & 1 \\ 0.2 & 0.4 & 0.6 & 0.8 & 0.8 \\ 0.2 & 0.4 & 0.6 & 0.6 & 0.6 \\ 0.2 & 0.4 & 0.4 & 0.4 & 0.4 \\ 0.2 & 0.2 & 0.2 & 0.2 & 0.2 \end{pmatrix}$$

$$= \begin{bmatrix} 0.2 & 0.4 & 0.6 & 0.8 & 1 \end{bmatrix}$$

其中，$\boldsymbol{B}'$ 中的每项元素是根据模糊矩阵的合成规则求出的，如第 1 行第 1 列的元素为

$$\begin{aligned} 0.2 &= (1 \wedge 0.2) \vee (0.64 \wedge 0.2) \vee (0.36 \wedge 0.2) \vee (0.16 \wedge 0.2) \vee (0.04 \wedge 0.2) \\ &= 0.2 \vee 0.2 \vee 0.2 \vee 0.16 \vee 0.04 \end{aligned}$$

这时，推论结果 $\boldsymbol{B}'$ 仍为“高电压”。

利用 MATLAB 也可求解例 4-7，其程序 ex4_7.m 和执行结果请扫二维码获取。

ex4_7.m

2．多重模糊条件语句

1）使用“and”连接的模糊条件语句

在模糊逻辑控制中，常常使用如下的广义肯定式推理方式。

输入：如果 x 是 $\boldsymbol{A}'$ and y 是 $\boldsymbol{B}'$

前提：如果 x 是 $\boldsymbol{A}$ and y 是 $\boldsymbol{B}$，则 z 是 $\boldsymbol{C}$

结论：z 是 $\boldsymbol{C}'$

与前面不同的是，这里的模糊条件的输入和前提部分是将模糊命题用“and”连接起来的。一般情况下可以有多个“and”将多个模糊命题连接在一起。

模糊前提“x 是 $\boldsymbol{A}$，则 y 是 $\boldsymbol{B}$”可以看成直积空间 $\boldsymbol{X}\times\boldsymbol{Y}$ 上的模糊集合，并记为 $\boldsymbol{A}\times\boldsymbol{B}$，其隶属函数为

$$\mu_{A\times B}(x,y)=\min\{\mu_A(x),\mu_B(y)\}$$

或

$$\mu_{A\times B}(x,y)=\mu_A(x)\mu_B(y)$$

这时的模糊蕴涵关系可记为 $\boldsymbol{A}\times\boldsymbol{B}\to\boldsymbol{C}$，其具体运算方法一般采用以下关系：

$$\boldsymbol{R}=\boldsymbol{A}\times\boldsymbol{B}\to\boldsymbol{C}=\boldsymbol{A}\times\boldsymbol{B}\times\boldsymbol{C}=\int_{X\times Y\times Z}\mu_A(x)\wedge\mu_B(y)\wedge\mu_C(z)/(x,y,z)$$

结论 z 是 $\boldsymbol{C}'$ 可根据如下的模糊推理关系得到：

$$\boldsymbol{C}'=(\boldsymbol{A}'\times\boldsymbol{B}')\circ(\boldsymbol{A}\times\boldsymbol{B}\to\boldsymbol{C})=(\boldsymbol{A}'\times\boldsymbol{B}')\circ\boldsymbol{R}$$

其中，$\boldsymbol{R}$ 为模糊蕴涵关系，“$\circ$”是合成运算符。它们可采用以上列举的任何一种运算方法。

2）使用“also”连接的模糊条件语句

在模糊逻辑控制中，也常常给出如下一系列的模糊控制规则。

输入：如果 x 是 $\boldsymbol{A}'$ and y 是 $\boldsymbol{B}'$

前提 1：如果 x 是 $\boldsymbol{A}_1$ and y 是 $\boldsymbol{B}_1$，则 z 是 $\boldsymbol{C}_1$

also 前提 2：如果 x 是 $\boldsymbol{A}_2$ and y 是 $\boldsymbol{B}_2$，则 z 是 $\boldsymbol{C}_2$

…

also 前提 n：如果 x 是 $\boldsymbol{A}_n$ and y 是 $\boldsymbol{B}_n$，则 z 是 $\boldsymbol{C}_n$

输出：z 是 $\boldsymbol{C}'$

这些规则之间无先后次序之分。连接这些子规则的连接词用“also”表示。这就要求对于“also”的运算具有能够任意交换和任意结合的性质。而求并和求交运算均能满足这样的要求。根据 Mizumoto 的研究结果，当模糊蕴涵运算采用 $\boldsymbol{R}_{\mathrm{c}}$ 或 $\boldsymbol{R}_{\mathrm{p}}$，“also”采用求并运算时，可得最好的控制结果。

假设第 i 条规则“如果 x 是 $\boldsymbol{A}_i$ and y 是 $\boldsymbol{B}_i$，则 z 是 $\boldsymbol{C}_i$”的模糊蕴涵关系 $\boldsymbol{R}_i$ 定义为

$$\boldsymbol{R}_i=(\boldsymbol{A}_i\ \text{and}\ \boldsymbol{B}_i)\to\boldsymbol{C}_i$$

式中，“$\boldsymbol{A}_i$ and $\boldsymbol{B}_i$”是定义在 $\boldsymbol{X}\times\boldsymbol{Y}$ 上的模糊集合 $\boldsymbol{A}_i\times\boldsymbol{B}_i$，$\boldsymbol{R}_i=$（$\boldsymbol{A}_i$ and $\boldsymbol{B}_i$）$\to\boldsymbol{C}_i$ 是定义在 $\boldsymbol{X}\times\boldsymbol{Y}\times\boldsymbol{Z}$ 上的模糊蕴涵关系。

则所有 n 条模糊控制规则的总模糊蕴涵关系为（取连接词“also”为求并运算）

$$\boldsymbol{R}=\bigcup_{i=1}^{n}\boldsymbol{R}_i$$

输出模糊量 z（用模糊集合 $\boldsymbol{C}'$ 表示）为

$$\boldsymbol{C}'=(\boldsymbol{A}'\times\boldsymbol{B}')\circ\boldsymbol{R}$$

式中，$\mu_{(A'\times B')}(x,y)=\mu_{A'}(x)\wedge\mu_{B'}(y)$ 或 $\mu_{(A'\times B')}(x,y)=\mu_{A'}(x)\mu_{B'}(y)$

3．模糊推理的性质

性质 1：若合成运算“∘”采用最大—最小法或最大—积法，连接词“also”采用求并法，则“∘”和“also”的运算次序可以交换，即

$$(\boldsymbol{A}' \text{ and } \boldsymbol{B}') \circ \bigcup_{i=1}^{n} \boldsymbol{R}_i = \bigcup_{i=1}^{n} (\boldsymbol{A}' \text{ and } \boldsymbol{B}') \circ \boldsymbol{R}_i$$

性质 2：若模糊蕴涵关系采用 $\boldsymbol{R}_{\mathrm{c}}$ 和 $\boldsymbol{R}_{\mathrm{p}}$ 时，则有

$$\boldsymbol{C}_i' = (\boldsymbol{A}' \text{ and } \boldsymbol{B}') \circ (\boldsymbol{A}_i \text{ and } \boldsymbol{B}_i \to \boldsymbol{C}_i) = [\boldsymbol{A}' \circ (\boldsymbol{A}_i \to \boldsymbol{C}_i)] \cap [\boldsymbol{B}' \circ (\boldsymbol{B}_i \to \boldsymbol{C}_i)]$$

例 4-8　已知一个双输入单输出的模糊系统，其输入量为 x 和 y，输出量为 z，其输入/输出关系可用如下两条模糊规则描述。

$\boldsymbol{R}_1$：如果 x 是 $\boldsymbol{A}_1$ and y 是 $\boldsymbol{B}_1$，则 z 是 $\boldsymbol{C}_1$

$\boldsymbol{R}_2$：如果 x 是 $\boldsymbol{A}_2$ and y 是 $\boldsymbol{B}_2$，则 z 是 $\boldsymbol{C}_2$

现已知输入为“x 是 $\boldsymbol{A}'$ and y 是 $\boldsymbol{B}'$”，试求输出量 z。这里 x,y,z 均为模糊语言变量，且已知

$$\boldsymbol{A}_1 = \frac{1}{a_1} + \frac{0.5}{a_2} + \frac{0}{a_3}; \boldsymbol{B}_1 = \frac{1}{b_1} + \frac{0.6}{b_2} + \frac{0.2}{b_3}; \boldsymbol{C}_1 = \frac{1}{c_1} + \frac{0.4}{c_2} + \frac{0}{c_3};$$

$$\boldsymbol{A}_2 = \frac{0}{a_1} + \frac{0.5}{a_2} + \frac{1}{a_3}; \boldsymbol{B}_2 = \frac{0.2}{b_1} + \frac{0.6}{b_2} + \frac{1}{b_3}; \boldsymbol{C}_2 = \frac{0}{c_1} + \frac{0.4}{c_2} + \frac{1}{c_3};$$

$$\boldsymbol{A}' = \frac{0.5}{a_1} + \frac{1}{a_2} + \frac{0.5}{a_3}; \boldsymbol{B}' = \frac{0.6}{b_1} + \frac{1}{b_2} + \frac{0.6}{b_3}$$

解：由于这里所有模糊集合的元素均为离散量，所以模糊集合可用模糊向量来描述，模糊关系可用模糊矩阵来描述。

（1）求每条规则的模糊蕴涵关系 $\boldsymbol{R}_i = (\boldsymbol{A}_i \text{ and } \boldsymbol{B}_i) \to \boldsymbol{C}_i$　(i=1,2)。

若此处 $\boldsymbol{A}_i$ and $\boldsymbol{B}_i$ 采用求交运算，蕴涵关系采用最小运算 $\boldsymbol{R}_{\mathrm{c}}$，则。

$$\boldsymbol{A}_1 \text{ and } \boldsymbol{B}_1 = \boldsymbol{A}_1 \times \boldsymbol{B}_1 = \boldsymbol{A}_1^{\mathrm{T}} \circ \boldsymbol{B}_1 = [1 \quad 0.5 \quad 0]^{\mathrm{T}} \cdot [1 \quad 0.6 \quad 0.2]$$

$$= \begin{pmatrix} 1 \wedge 1 & 1 \wedge 0.6 & 1 \wedge 0.2 \\ 0.5 \wedge 1 & 0.5 \wedge 0.6 & 0.5 \wedge 0.2 \\ 0 \wedge 1 & 0 \wedge 0.6 & 0 \wedge 0.2 \end{pmatrix} = \begin{pmatrix} 1 & 0.6 & 0.2 \\ 0.5 & 0.5 & 0.2 \\ 0 & 0 & 0 \end{pmatrix}$$

为便于下面进一步的计算，可将 $\boldsymbol{A}_1 \times \boldsymbol{B}_1$ 的模糊矩阵表示成如下的向量：

$$\overline{\boldsymbol{R}}_{A_1 \times B_1} = [1 \quad 0.6 \quad 0.2 \quad 0.5 \quad 0.5 \quad 0.2 \quad 0 \quad 0 \quad 0]$$

则

$$\boldsymbol{R}_1 = (\boldsymbol{A}_i \text{ and } \boldsymbol{B}_i) \to \boldsymbol{C}_i = \overline{\boldsymbol{R}}_{A_1 \times B_1}^{\mathrm{T}} \wedge \boldsymbol{C}_1 = \begin{pmatrix} 1 \\ 0.6 \\ 0.2 \\ 0.5 \\ 0.5 \\ 0.2 \\ 0 \\ 0 \\ 0 \end{pmatrix} \wedge [1 \quad 0.4 \quad 0] = \begin{pmatrix} 1 & 0.4 & 0 \\ 0.6 & 0.4 & 0 \\ 0.2 & 0.2 & 0 \\ 0.5 & 0.4 & 0 \\ 0.5 & 0.4 & 0 \\ 0.2 & 0.2 & 0 \\ 0 & 0 & 0 \\ 0 & 0 & 0 \\ 0 & 0 & 0 \end{pmatrix}$$

同理可得

$$\boldsymbol{R}_2=(\boldsymbol{A}_2 \quad \text{and} \quad \boldsymbol{B}_2)\rightarrow \boldsymbol{C}_2=\overline{\boldsymbol{R}}_{A_2\times B_2}^{\mathrm{T}}\wedge \boldsymbol{C}_2=\begin{pmatrix} 0 & 0 & 0\\ 0 & 0 & 0\\ 0 & 0 & 0\\ 0 & 0.2 & 0.2\\ 0 & 0.4 & 0.5\\ 0 & 0.4 & 0.5\\ 0 & 0.2 & 0.2\\ 0 & 0.4 & 0.6\\ 0 & 0.4 & 1 \end{pmatrix}$$

（2）求总的模糊缊涵关系 $\boldsymbol{R}$。

$$\boldsymbol{R}=\boldsymbol{R}_1\cup\boldsymbol{R}_2=\begin{pmatrix} 1 & 0.4 & 0\\ 0.6 & 0.4 & 0\\ 0.2 & 0.2 & 0\\ 0.5 & 0.4 & 0.2\\ 0.5 & 0.4 & 0.5\\ 0.2 & 0.4 & 0.5\\ 0 & 0.2 & 0.2\\ 0 & 0.4 & 0.6\\ 0 & 0.4 & 1 \end{pmatrix}$$

（3）计算输入量的模糊集合。

$$\boldsymbol{A}' \quad \text{and} \quad \boldsymbol{B}'=\boldsymbol{A}'\times\boldsymbol{B}'=\boldsymbol{A}'^{\mathrm{T}}\circ\boldsymbol{B}'=\begin{pmatrix}0.5\\ 1\\ 0.5\end{pmatrix}\wedge\begin{bmatrix}0.6 & 1 & 0.6\end{bmatrix}=\begin{pmatrix}0.5 & 0.5 & 0.5\\ 0.6 & 1 & 0.6\\ 0.5 & 0.5 & 0.5\end{pmatrix}$$

$$\overline{\boldsymbol{R}}_{A'\times B'}=\begin{bmatrix}0.5 & 0.5 & 0.5 & 0.6 & 1 & 0.6 & 0.5 & 0.5 & 0.5\end{bmatrix}$$

（4）计算输出量的模糊集合。

$$\boldsymbol{C}'=(\boldsymbol{A}' \quad \text{and} \quad \boldsymbol{B}')\circ\boldsymbol{R}=\overline{\boldsymbol{R}}_{A'\times B'}\circ\boldsymbol{R}$$

$$=\begin{bmatrix}0.5 & 0.5 & 0.5 & 0.6 & 1 & 0.6 & 0.5 & 0.5 & 0.5\end{bmatrix}\circ\begin{pmatrix} 1 & 0.4 & 0\\ 0.6 & 0.4 & 0\\ 0.2 & 0.2 & 0\\ 0.5 & 0.4 & 0.2\\ 0.5 & 0.4 & 0.5\\ 0.2 & 0.4 & 0.5\\ 0 & 0.2 & 0.2\\ 0 & 0.4 & 0.6\\ 0 & 0.4 & 1 \end{pmatrix}=\begin{bmatrix}0.5 & 0.4 & 0.5\end{bmatrix}$$

最后求得输出量 z 的模糊集合为

$$\boldsymbol{C}'=\frac{0.5}{c_1}+\frac{0.4}{c_2}+\frac{0.5}{c_3}$$

利用 MATLAB 也可求解例 4-8，其程序 ex4_8.m 和执行结果扫二维码获取。

ex4_8.m

4.2 模糊逻辑控制系统的基本结构

第 31 讲

模糊控制作为结合传统的基于规则的专家系统、模糊集理论和控制理论的成果而诞生，使其与基于被控过程数学模型的传统控制理论有很大的区别。在模糊控制中，并不是像传统控制那样需要对被控过程进行定量的数学建模，而是试图通过从能成功控制被控过程的领域专家那里获取知识，即专家行为和经验。当被控过程十分复杂甚至“病态”时，建立被控过程的数学模型或者不可能，或者需要高昂的代价，此时模糊控制就显得具有吸引力和实用性。由于人类专家的行为是实现模糊控制的基础，因此，必须用一种容易且有效的方式来表达人类专家的知识。IF-THEN 规则格式是这种专家控制知识最合适的表示方式之一，即 IF“条件”THEN“结果”，这种表示方式有两个显著的特征：它们是定性的而不是定量的；它们是一种局部知识，这种知识将局部的“条件”与局部的“结果”联系起来。前者可用模糊子集表示，而后者需要模糊蕴涵或模糊关系来表示。然而，当用计算机实现时，这种规则最终需具有数值形式，隶属函数和近似推理为数值表示集合模糊蕴涵提供了一种有效工具。

一个实际的模糊控制系统实现时需要解决三个问题：知识表示、推理策略和知识获取。知识表示是指如何将语言规则用数值方式表示出来；推理策略是指如何根据当前输入“条件”产生一个合理的“结果”；知识的获取解决如何获得一组恰当的规则。由于领域专家提供的知识常常是定性的，包含某种不确定性，因此，知识的表示和推理必须是模糊的或近似的，近似推理理论正是为满足这种需要而提出的。近似推理可看作根据一些不精确的条件推导出一个精确结论的过程，许多学者对模糊表示、近似推理进行了大量的研究，在近似推理算法中，最广泛使用的是关系矩阵模型，它基于 L. A. Zadeh 的合成推理规则，首次由 Mamdani 采用。由于规则可被解释成逻辑意义上的蕴涵关系，因此，大量的蕴涵算子已被提出并应用于实际中。

由此可见，模糊控制是以模糊集合论、模糊语言变量及模糊逻辑推理为基础的一种计算机控制。从线性控制与非线性控制的角度分类，模糊控制是一种非线性控制。从控制器智能性看，模糊控制属于智能控制的范畴，而且它已成为目前实现智能控制的一种重要而又有效的形式。尤其是模糊控制和神经网络、预测控制、遗传算法和混沌理论等新学科的结合，正在显示出其巨大的应用潜力。

4.2.1 模糊控制系统的组成

模糊控制系统由模糊控制器和控制对象组成，如图 4-7 所示。

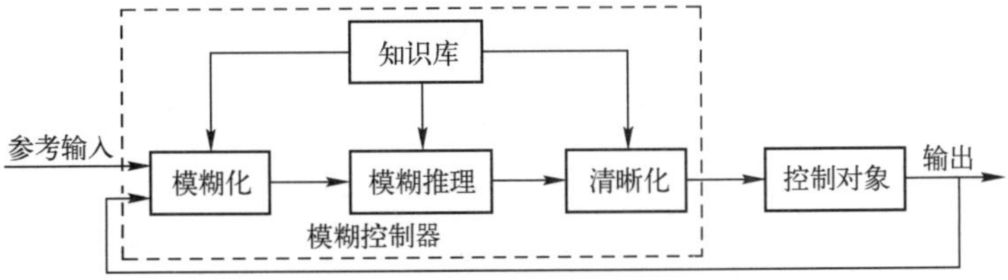

图 4-7　模糊控制系统的组成

4.2.2 模糊控制器的基本结构

模糊控制器的基本结构，如图 4-7 虚线框中所示，它主要包括以下四部分。

1．模糊化

模糊化的作用是将输入的精确量转换成模糊化量。其中输入量包括外界的参考输入、系统的输出或状态等，它们均为精确量，而模糊控制器处理的是模糊量。因此，首先要对它们进行模糊化处理。模糊化处理的具体过程如下。

（1）首先对这些输入量进行处理，以变成模糊控制器要求的输入量。例如，常见的情况是计算 $e=r-y$ 和 $\dot{e}=\mathrm{d}e/\mathrm{d}t$，其中 r 表示参考输入，y 表示系统输出，e 表示误差。有时为了减小噪声的影响，常常对 $\dot{e}$ 进行滤波后再使用，如可取 $\dot{e}=[s/(Ts+1)]e$。

（2）将上述已经处理过的输入量进行尺度变换，使其变换到各自的论域范围。

（3）将已经变换到论域范围的输入量进行模糊处理，使原先精确的输入量变成模糊量，并用相应的模糊集合来表示。

2．知识库

知识库中包含了具体应用领域中的知识和要求的控制目标。它通常由数据库和模糊控制规则库两部分组成。

（1）数据库主要包括各语言变量的隶属函数，尺度变换因子以及模糊空间的分级数等。

（2）规则库包括了用模糊语言变量表示的一系列控制规则。它们反映了控制专家的经验和知识。

3．模糊推理

模糊推理是模糊控制器的核心，它具有模拟人的基于模糊概念的推理能力。该推理过程是基于模糊逻辑中的蕴涵关系及推理规则来进行的。

4．清晰化

清晰化的作用是将模糊推理得到的控制量（模糊量）变换为实际用于控制的清晰量。它包含以下两部分内容。

（1）将模糊的控制量经清晰化变换，变成表示在论域范围的清晰量。

（2）将表示在论域范围的清晰量经尺度变换，变成实际的控制量。

4.2.3 模糊控制器的维数

通常，将模糊控制器输入变量的个数称为模糊控制器的维数。下面以单输入单输出控制系统为例，给出几种结构形式的模糊控制器，如图 4-8 所示。

一般情况下，一维模糊控制器用于一阶被控对象，由于这种控制器输入变量只选一个误差，它的动态控制性能不佳。所以，目前被广泛采用的均为二维模糊控制器，这种模糊控制器以误差和误差的变化为输入量，以控制量的变化为输出变量。从理论上讲，模糊控制器的维数越高，控制越精细。但是维数过高，模糊控制规则变得过于复杂，控制算法的实现相当困难。

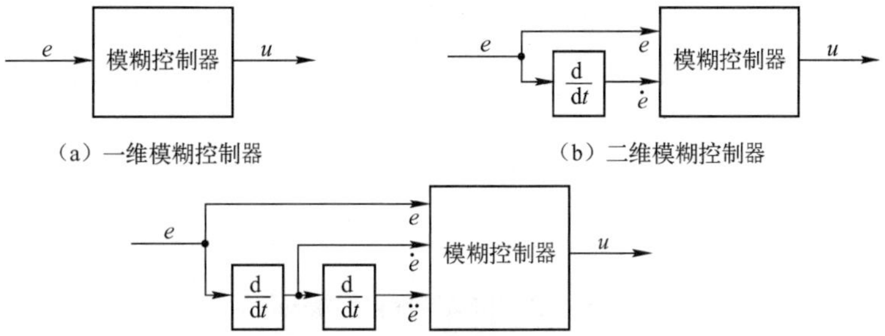

（a）一维模糊控制器　（b）二维模糊控制器　（c）三维模糊控制器

图 4-8　模糊控制器的结构

第 32 讲

4.3　模糊逻辑控制系统的基本原理

4.3.1　模糊化运算

在模糊控制中，观测到的数据常常是清晰量。模糊化运算是将输入空间的精确观测量映射为输入论域上的模糊集合。模糊化在处理不确定信息方面具有重要的作用。由于模糊控制器对数据进行处理是基于模糊集合的方法。因此对输入数据进行模糊化是必不可少的一步。在进行模糊化运算之前，首先需要对输入量进行尺度变换，使其变换到相应的论域范围。

1．论域的确定

对于图 4-8 中的二维模糊控制器，其输入量 e、$\dot{e}$ 和输出量 u 均称为系统的语言变量，它们的实际取值范围被称为模糊系统的基本论域。基本论域中的量为连续取值的模拟量。为了便于建立模糊集合，将各语言变量的基本论域划分为离散取值的有限集，称为各语言变量的模糊论域。模糊论域可表示为连续的形式$[-n, n]$或离散的形式$[-n, -n+1,\cdots, 1,0,1,\cdots, n-1, n]$，其中，$n$ 是自然数。例如，将语言变量 e、$\dot{e}$ 和 u 的模糊论域均确定为离散的形式[−6, −5, −4, −3, −2, −1, 0, 1, 2, 3, 4, 5, 6]。

2．输入量变换

对于实际输入量，第一步首先需要进行尺度变换，将其变换到要求的论域范围。变换的方法可以是线性的，也可以是非线性的。

例如，实际输入量 x_0^* 的实际变化范围为$[x_{\min}^*, x_{\max}^*]$，即基本论域为$[x_{\min}^*, x_{\max}^*]$，若要求输入量 x_0^* 的模糊论域为$[x_{\min}, x_{\max}]$，采用线性变换，则

$$x_0 = \frac{x_{\min} + x_{\max}}{2} + k\left(x_0^* - \frac{x_{\max}^* + x_{\min}^*}{2}\right)$$

其中，$k = \dfrac{x_{\max} - x_{\min}}{x_{\max}^* - x_{\min}^*}$ 称为模糊量化因子。

论域可以是连续的也可以是离散的。如果要求离散的论域，则需要将连续的论域离散化或量化。量化可以是均匀的，也可以是非均匀的。表 4-1 和表 4-2 中分别表示均匀量化和非均匀量化的情况。

表 4-1　均匀量化的情况

量化等级	−6	−5	−4	−3	−2	−1	0	1	2	3	4	5	6
变化范围	≤−5.5	(−5.5 −4.5]	(−4.5 −3.5]	(−3.5 −2.5]	(−2.5 −1.5]	(−1.5 −0.5]	(−0.5 0.5]	(0.5 1.5]	(1.5 2.5]	(2.5 3.5]	(3.5 4.5]	(4.5 5.5]	>5.5

表 4-2　非均匀量化的情况

量化等级	−6	−5	−4	−3	−2	−1	0	1	2	3	4	5	6
变化范围	≤−3.2	(−3.2 −1.6]	(−1.6 −0.8]	(−0.8 −0.4]	(−0.4 −0.2]	(−0.2 −0.1]	(−0.1 0.1]	(0.1 0.2]	(0.2 0.4]	(0.4 0.8]	(0.8 1.6]	(1.6 3.2]	>3.2

4.3.2　数据库

如前所述，模糊控制器中的知识库由两部分组成：数据库和模糊控制规则库。数据库中包含了模糊数据处理有关的各种参数，其中包括尺度变换参数、模糊集合的确定和隶属度函数的选择等。

1．模糊集合的确定

在模糊论域的基础上，语言变量可用模糊语言值划分若干个模糊集合。模糊语言值构成了对输入和输出空间的模糊分割，模糊分割的个数即模糊语言值的个数决定了模糊集合的数目，模糊分割数也决定了模糊规则的个数，模糊分割数越多，模糊控制规则数也越多。

模糊控制规则中输入的语言变量构成模糊输入空间，结论的语言变量构成模糊输出空间。每个语言变量的取值为一组模糊语言值，它们构成了语言变量的集合。每个模糊语言值相对应一个模糊集合。对于每个语言变量，其取值的模糊集合具有相同的论域。模糊分割是要确定对于每个语言变量取值的模糊语言值的个数，模糊分割的个数决定了模糊控制精细化的程度。这些模糊语言值通常均具有一定的含义。如 NB：负大（Negative Big）；NM：负中（Negative Medium）；NS：负小（Negative Small）；ZE：零（Zero）；PS：正小（Positive Small）；PM：正中（Positive Medium）；PB：正大（Positive Big）。

例如，若将语言变量 e、$\dot{e}$ 和 u，在模糊论域[−6, −5, −4, −3, −2, −1, 0, 1, 2, 3, 4, 5, 6]上均用 NB（负大）；NM（负中）；NS（负小）；ZE（零）；PS（正小）；PM（正中）；PB（正大）七个模糊语言值表示。则语言变量 e、$\dot{e}$ 和 u 的模糊语言值集合均可表示为：

$$T(e)=T(\dot{e})=T(u)=\{\text{NB, NM, NS, ZE, PS, PM, PB}\}$$

2．模糊集合隶属度函数的选择

语言变量具有多个模糊语言值，每个模糊语言值对应一个模糊集合。模糊集合主要由隶属度函数来描述。

根据论域为离散和连续的不同情况，模糊集合隶属度函数的描述也有如下两种方法。

1）数值描述方法

对于论域为离散，且元素个数有限的情况，模糊集合的隶属度函数可以用向量或者表格的形式来表示。表 4-3 给出了用表格表示的一个例子。

表 4-3　数值描述方法的隶属度

元素 隶属度 模糊集合	−6	−5	−4	−3	−2	−1	0	1	2	3	4	5	6
NB	1.0	0.7	0.3	0.0	0.0	0.0	0.0	0.0	0.0	0.0	0.0	0.0	0.0
NM	0.3	0.7	1.0	0.7	0.3	0.0	0.0	0.0	0.0	0.0	0.0	0.0	0.0
NS	0.0	0.0	0.3	0.7	1.0	0.7	0.3	0.0	0.0	0.0	0.0	0.0	0.0
ZE	0.0	0.0	0.0	0.0	0.3	0.7	1.0	0.7	0.3	0.0	0.0	0.0	0.0
PS	0.0	0.0	0.0	0.0	0.0	0.0	0.3	0.7	1.0	0.7	0.3	0.0	0.0
PM	0.0	0.0	0.0	0.0	0.0	0.0	0.0	0.0	0.3	0.7	1.0	0.7	0.3
PB	0.0	0.0	0.0	0.0	0.0	0.0	0.0	0.0	0.0	0.0	0.3	0.7	1.0

表 4-3 是一种表示离散论域的模糊集合及其隶属度函数的简洁形式，在表 4-3 中，每一行表示一个模糊集合的隶属度函数。例如模糊集合 NS 和 ZE 分别为

$$\text{NS}=\frac{0.3}{-4}+\frac{0.7}{-3}+\frac{1.0}{-2}+\frac{0.7}{-1}+\frac{0.3}{0};\quad \text{ZE}=\frac{0.3}{-2}+\frac{0.7}{-1}+\frac{1.0}{0}+\frac{0.7}{1}+\frac{0.3}{2}$$

2）函数描述方法

对于论域为连续的情况，隶属度常常用函数的形式来描述，最常见的有三角形函数、铃形函数和梯形函数等。

如果输入量数据存在随机测量噪声，这时模糊化运算相当于将随机量变换为模糊量。对于这种情况，可以取模糊量的隶属度函数为等腰三角形，如图 4-9 所示。三角形的顶点相对应于该随机数据的均值，底边的长度等于 2σ，σ表示该随机数据的标准差。隶属度函数取为三角形主要是考虑其表示方便，计算简单。例如，根据图 4-9 就可以很方便地将隶属度函数用向量或者表格的形式表示出来。

另一种常用的方法是取隶属度函数为铃形函数，即

$$\mu_A(x)=\mathrm{e}^{-\frac{(x-x_0)^2}{2\sigma^2}}$$

其中，x_0 是隶属度函数的中心值；σ^2 是方差。

图 4-10 表示了铃形隶属度函数的分布图。

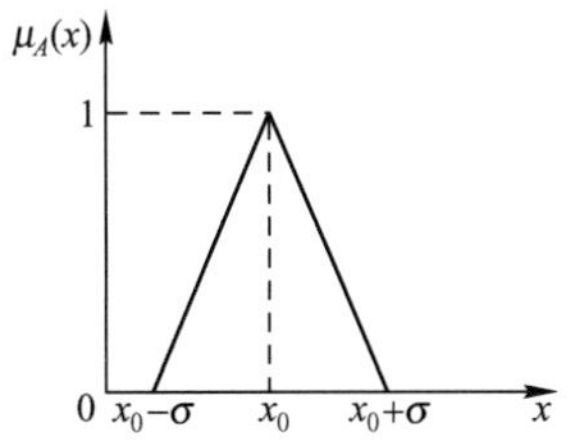

图 4-9　三角形分布的隶属度函数

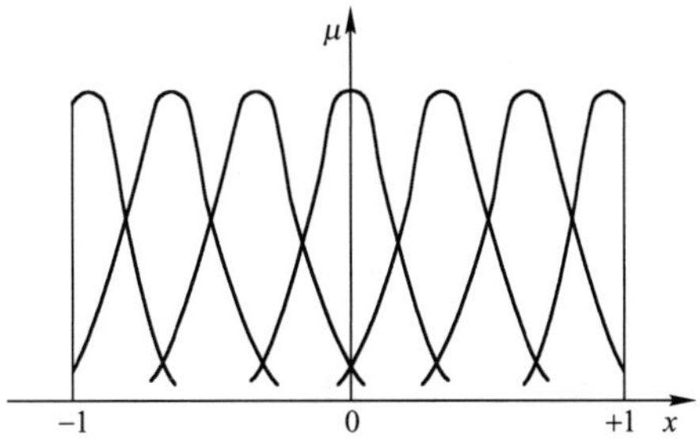

图 4-10　正态分布的隶属度函数

隶属度函数的形状对模糊控制器的性能有很大影响。当隶属度函数图形比较“窄瘦”时，控制较灵敏，反之，控制较粗略和平稳。通常当误差较小时，隶属度函数图形较为“窄

瘦”，误差较大时，隶属度函数图形可以“宽胖”些。

如果输入量数据 x_0 是准确的，则通常将其模糊化为单点模糊集合。设该模糊集合用 $\boldsymbol{A}$ 表示，则有

$$\mu_A(x)=\begin{cases}1 & (x=x_0)\\ 0 & (x\neq x_0)\end{cases}$$

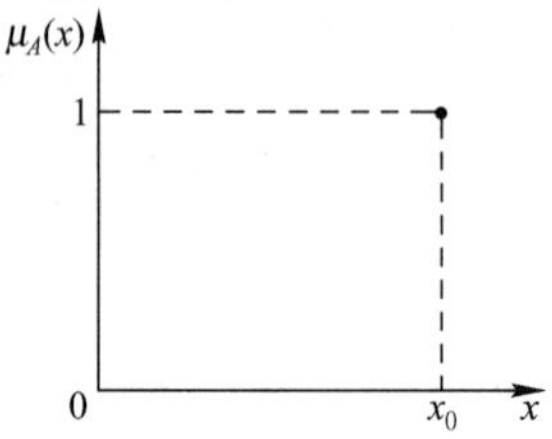

图 4-11　单点模糊集合的隶属度函数

其隶属度函数如图 4-11 所示。这种模糊化方法只是形式上将清晰量转变成了模糊量，而实质上它表示的仍是准确量。在模糊控制中，当测量数据准确时，采用这样的模糊化方法是十分自然和合理的。

模糊语言值的个数以及模糊语言值对应的隶属函数决定了模糊分割的细化程度。因此，在设计模糊推理时，应在模糊分割的精细程度与控制规则的复杂性之间综合考虑。

图 4-12 所示为两个模糊分割的例子，论域均为[−6, +6]，隶属度函数的形状为三角形或梯形。图 4-12（a）所示为模糊分割较粗的情况，图 4-12（b）所示为模糊分割较细的情况。图中所示的论域为正则化（Normalization）的情况，即 $x\in[-6, +6]$，且模糊分割是完全对称的。这里假设尺度变换时已经进行了预处理而变换成这样的标准情况。一般情况，模糊语言名称也可为非对称和非均匀地分布。

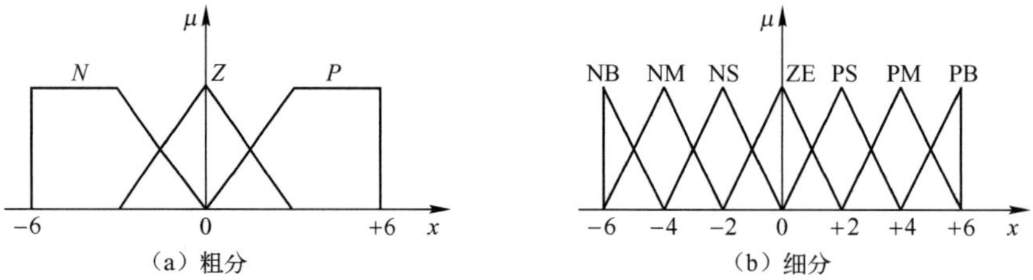

图 4-12　模糊分割的图形表示

模糊分割的个数也决定了最大可能的模糊规则的个数。如对于两输入单输出的模糊系统。若输入 x 和 y 的模糊分割数分别为 3 和 7，则最大可能的规则数为 $3\times7=21$。可见，模糊分割数越多，控制规则数也越多，所以模糊分割不可太细，否则需要确定太多的控制规则，这也是很困难的一件事。当然，模糊分割数太小将导致控制太粗略，难以对控制性能进行精心调整。目前尚没有一个确定模糊分割数的指导性的方法和步骤，它仍主要依靠经验和试凑。

例如，对以上定义的语言变量 e、$\dot{e}$ 和 u 的 7 个模糊集合隶属度函数的确定，可按以下两步进行。

（1）分别定义 7 个模糊集合的中心点

让模糊论域[−6, −5, −4, −3, −2, −1, 0, 1, 2, 3, 4, 5, 6]中的元素−6、−4、−2、0、2、4、6 分别对应 NB、NM、NS、ZE、PS、PM、PB 7 个模糊集合的中心点，各个元素在相应集合中的隶属度为 1。例如，NS(−2)=1，PM(4)=1。

（2）确定模糊集合隶属度函数的形式

按照思维习惯，模糊集合 NB、NM、NS、ZE、PS、PM 和 PB 的隶属度函数一般取为单点分布、三角形分布和正态分布 3 种形式。例如，如果将隶属度函数选为图 4-12（b）所示的三角形分布，则模糊集合 NS 和 PM 可分别表示为

$$\mathrm{NS}=\frac{0.5}{-3}+\frac{1.0}{-2}+\frac{0.5}{-1};\quad \mathrm{PM}=\frac{0.5}{3}+\frac{1.0}{4}+\frac{0.5}{5}$$

如果将隶属度函数选为单点分布，则模糊集合 NS 和 PM 可分别表示为

$$\mathrm{NS}=\frac{1.0}{-2};\quad \mathrm{PM}=\frac{1.0}{4}$$

3．完备性

对于任意输入，模糊控制器均应给出合适的控制输出，这个性质称为完备性。模糊控制的完备性取决于数据库或规则库。

1）数据库方面

对于任意输入，若能找到一个模糊集合，使该输入对于该模糊集合的隶属度函数不小于 ε，则称该模糊控制器满足 ε 完备性。图 4-11 所示为 $\varepsilon=0.5$ 的情况，它也是最常见的选择。

2）规则库方面

模糊控制的完备性对于规则库的要求是，对于任意输入应确保至少有一个可适用的规则，而且规则的适用度应大于某个数，譬如 0.5。根据完备性的要求，控制规则数不可太少。

4.3.3　规则库

模糊控制规则库是由一系列“IF-THEN”型的模糊条件句所构成。条件句的前件为输入和状态，后件为控制变量。

1．模糊控制规则的前件和后件变量的选择

模糊控制规则的前件和后件变量是指模糊控制器的输入和输出的语言变量。输出量即为控制量，它一般比较容易确定。输入量选什么以及选几个则需要根据要求来确定。输入量比较常见的是误差 e 和它的导数 $\dot{e}$，有时还可以包括它的积分等。输入和输出语言变量的选择以及它们隶属函数的确定，对于模糊控制器的性能有着十分关键的作用。它们的选择和确定主要依靠经验和工程知识。

2．模糊控制规则的建立

模糊控制规则是模糊控制的核心。因此，如何建立模糊控制规则也就成为一个十分关键的问题。下面将讨论 4 种建立模糊控制规则的方法。它们之间并不是互相排斥的，相反，若能结合这几种方法则可以更好地帮助建立模糊规则库。

1）基于专家的经验和控制工程知识

模糊控制规则具有模糊条件句的形式，它建立了前件中的状态变量与后件中的控制变量之间的联系。在日常生活中，用于决策的大部分信息主要是基于语义的方式而非数值的方式。因此，模糊控制规则是对人类行为和决策分析过程的最自然的描述方式。这也就是它为什么采用 IF-THEN 形式的模糊条件句的主要原因。

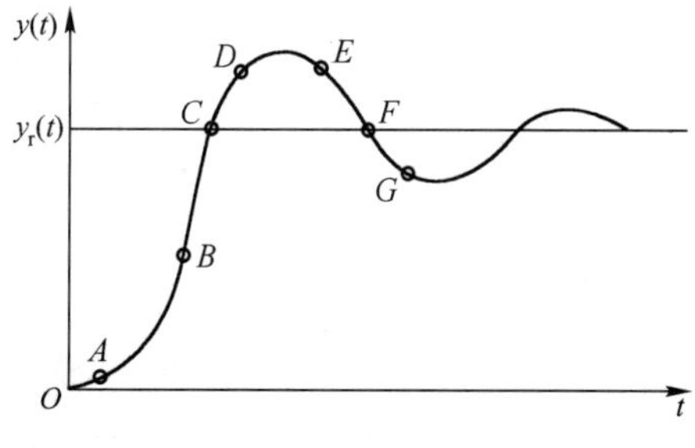

图 4-13　电加热炉系统单位阶跃响应曲线

例如，电加热炉系统在阶跃输入 $y_r(t)$ 作用下，其输出 $y(t)$ 的过渡过程曲线如图 4-13 所示。若借助专家对恒温控制的经验知识，则被调量 $y(t)$ 的调节过程大致如下：当 $y(t)$ 远小于 $y_r(t)$ 时，则大大增

加控制量 $u(t)$；当 $y(t)$远大于 $y_r(t)$时，则大大减小控制量 $u(t)$；当 $y(t)$和 $y_r(t)$正负偏差不太大时，则根据 $y(t)$的变化趋势来确定控制量的大小。即若 $y(t)<y_r(t)$，被调量远离给定值（AB 段）时，增加控制量；若 $y(t)<y_r(t)$，被调量的变化有减小偏差的好趋势（BC 段）时，则综合考虑偏差大小和偏差变化率情况确定是稍增加、保持或减小控制量；若 $y(t)> y_r(t)$，被调量的变化有增加偏差的坏趋势（CD 段）时，则较多减少控制量；若 $y(t)>y_r(t)$，被调量变化平稳（DE 段）时，则减小控制量；若 $y(t)>y_r(t)$，被调量有减小偏差的好趋势（EF 段）时，则应综合考虑偏差大小和偏差变化率情况确定是减少、保持或稍增加控制量；若 $y(t)<y_r(t)$，被调量的变化有增加偏差的坏趋势（FG 段）时，则较大增加控制量。

基于上面的讨论，通过总结人类专家的经验，并用适当的语言来加以表述，最终可表示成模糊控制规则的形式。另一种方式是通过向有经验的专家和操作人员咨询，从而获得特定应用领域模糊控制规则的原型。在此基础上，再经一定的试凑和调整，可获得具有更好性能的控制规则。

2）基于操作人员的实际控制过程

在许多人工控制的工业系统中，很难建立控制对象的模型，因此用常规的控制方法来对其进行设计和仿真比较困难。而熟练的操作人员却能成功地控制这样的系统。事实上，操作人员有意或无意地使用了一组 IF-THEN 模糊规则来进行控制。但是他们往往并不能用语言明确地将它们表达出来，因此可以通过记录操作人员实际控制过程时的输入/输出数据，并从中总结出模糊控制规则。

3）基于过程的模糊模型

控制对象的动态特性通常可用微分方程、传递函数、状态方程等数学方法来加以描述，这样的模型称为定量模型或清晰化模型。控制对象的动态特性也可以用语言的方法来描述，这样的模型称为定性模型或模糊模型。基于模糊模型，也能建立起相应的模糊控制规律。这样设计的系统是纯粹的模糊系统，即控制器和控制对象均是用模糊的方法来加以描述的，因而它比较适合于采用理论的方法来进行分析和控制。

4）基于学习

许多模糊控制主要是用来模仿人的决策行为，但很少具有类似于人的学习功能，即根据经验和知识产生模糊控制规则并对它们进行修改的能力。Mamdani 于 1979 年首先提出了模糊自组织控制，它便是一种具有学习功能的模糊控制。该自组织控制具有分层递阶的结构，它包含有两个规则库。第一个规则库是一般的模糊控制的规则库，第二个规则库由宏规则组成，它能够根据对系统的整体性能要求来产生并修改一般的模糊控制规则，从而显示了类似人的学习能力。自 Mamdani 的工作之后，近来又有不少人在这方面做了大量的研究工作。最典型的例子是 Sugeno 的模糊小车，它是具有学习功能的模糊控制车，经过训练后它能够自动地停靠在要求的位置。

3．模糊控制规则的类型

在模糊控制中，目前主要应用如下两种形式的模糊控制规则。

1）状态评估模糊控制规则

它具有如下的形式。

$$\boldsymbol{R}_1\text{：如果 } x \text{ 是 } \boldsymbol{A}_1 \text{ and } y \text{ 是 } \boldsymbol{B}_1\text{，则 } z \text{ 是 } \boldsymbol{C}_1$$
$$\text{also } \boldsymbol{R}_2\text{：如果 } x \text{ 是 } \boldsymbol{A}_2 \text{ and } y \text{ 是 } \boldsymbol{B}_2\text{，则 } z \text{ 是 } \boldsymbol{C}_2$$

…

also $\boldsymbol{R}_n$：如果 x 是 $\boldsymbol{A}_n$ and y 是 $\boldsymbol{B}_n$，则 z 是 $\boldsymbol{C}_n$。

在现有的模糊控制系统中，大多数情况均采用这种形式。前面所讨论的也都是这种情形。

对于更一般的情形，模糊控制规则的后件可以是过程状态变量的函数，即

$\boldsymbol{R}_i$：如果 x 是 $\boldsymbol{A}_i$ … and　y 是 $\boldsymbol{B}_i$，则 $z=f_i(x, \cdots, y)$

它根据对系统状态的评估，按照一定的函数关系计算出控制作用 z。

2）目标评估模糊控制规则

典型的形式如下所示。

$\boldsymbol{R}_i$：如果[u 是 $\boldsymbol{C}_i$→(x 是 $\boldsymbol{A}_i$ and y 是 $\boldsymbol{B}_i$)]，则 u 是 $\boldsymbol{C}_i$

其中，u 是系统的控制量；x 和 y 表示要求的状态和目标或者是对系统性能的评估，因而 x 和 y 的取值常常是“好”“差”等模糊语言。对于每个控制命令 C_i，通过预测相应的结果 (x, y)，从中选用最适合的控制规则。

上面的规则可进一步解释为：当控制命令选 $\boldsymbol{C}_i$ 时，如果性能指标 x 是 $\boldsymbol{A}_i$，y 是 $\boldsymbol{B}_i$，那么选用该条规则且将 $\boldsymbol{C}_i$ 取为控制器的输出。例如，在日本仙台的地铁模糊自动火车运行系统中，就采用了这种类型的模糊控制规则。列出其中典型的一条，如“如果控制标志不改变则火车停在预定的容许区域，那么控制标志不改变”。

采用目标评估模糊控制规则，对控制的结果加以预测，并根据预测的结果来确定采取的控制行动。因此，它本质上是一种模糊预测控制。

4. 模糊控制规则的其他性能要求

1）模糊控制规则数

若模糊控制器的输入有 m 个，每个输入的模糊分级数分别为 n_1，n_2，…，n_m，则最大可能的模糊规则数为 $N_{\max}=n_1n_2\cdots n_m$，实际的模糊控制数应该取多少取决于很多因素，目前尚无普遍适用的一般步骤。总的原则是，在满足完备性的条件下，尽量取较少的规则数，以简化模糊控制器的设计和实现。

2）模糊控制规则的一致性

模糊控制规则主要基于操作人员的经验，它取决于对多种性能的要求，而不同的性能指标要求往往互相制约，甚至是互相矛盾的。这就要求按这些指标要求确定的模糊控制不能出现互相矛盾的情况。

4.3.4　模糊推理

模糊控制中的规则通常来源于专家的知识，在模糊控制中，通过用一组语言描述的规则来表示专家的知识，通常具有如下的形式：

IF（满足一组条件）THEN（可以推出一组结论）

在 IF-THEN 规则中的输入和前提条件及结论均是模糊的概念。如“若温度偏高，则加入较多的冷却水”，其中“偏高”和“较多”均为模糊量。常常称这样的 IF-THEN 规则为模糊条件句。因此，在模糊控制中，模糊控制规则也就是模糊条件句。其中前提条件为具体应用领域中的条件，结论为要采取的控制行动。IF-THEN 的模糊控制规则为表示控制领域的专家知识提供了方便的工具。对于多输入多输出（MIMO）模糊系统，则有多个输入和前提条件以及多个结论。

对于多输入多输出（MIMO）模糊控制器，其规则库具有如下形式：

$$\boldsymbol{R}=\{\boldsymbol{R}_{\text{MIMO}}{}^{1}, \boldsymbol{R}_{\text{MIMO}}{}^{2}, \cdots, \boldsymbol{R}_{\text{MIMO}}{}^{n}\}$$

式中，$\boldsymbol{R}_{\text{MIMO}}{}^{i}$ 表示如果（x 是 $\boldsymbol{A}_i$ and ⋯ and y 是 $\boldsymbol{B}_i$），则（z_1 是 $\boldsymbol{C}_{i1}$，⋯, z_q 是 $\boldsymbol{C}_{iq}$）。

$\boldsymbol{R}_{\text{MIMO}}{}^{i}$ 的前件（输入和前提条件）是直积空间 $\boldsymbol{X}\times\cdots\times\boldsymbol{Y}$ 上的模糊集合，后件（结论）是 q 个控制作用的并，它们之间是互相独立的。因此，第 i 条规则 $\boldsymbol{R}_{\text{MIMO}}{}^{i}$ 可以表示为如下的模糊蕴涵关系：

$$\boldsymbol{R}_{\text{MIMO}}{}^{i}\text{：}(\boldsymbol{A}_i\times\cdots\times\boldsymbol{B}_i)\to(\boldsymbol{C}_{i1}+\cdots+\boldsymbol{C}_{iq})$$

于是规则 $\boldsymbol{R}_{\text{MIMO}}{}^{i}$ 可以表示为

$$\begin{aligned}\boldsymbol{R}_{\text{MIMO}}{}^{i}&=\{(\boldsymbol{A}_i\times\cdots\times\boldsymbol{B}_i)\to(\boldsymbol{C}_{i1}+\cdots+\boldsymbol{C}_{iq})\}\\&=\{[(\boldsymbol{A}_i\times\cdots\times\boldsymbol{B}_i)\to\boldsymbol{C}_{i1}],\cdots,[(\boldsymbol{A}_i\times\cdots\times\boldsymbol{B}_i)\to\boldsymbol{C}_{iq}]\}=\{\boldsymbol{R}_{\text{MISO}}{}^{i1},\boldsymbol{R}_{\text{MISO}}{}^{i2},\cdots,\boldsymbol{R}_{\text{MISO}}{}^{iq}\}\end{aligned}$$

规则库 $\boldsymbol{R}$ 可以表示为

$$\begin{aligned}\boldsymbol{R}&=\left\{\bigcup_{i=1}^{n}\boldsymbol{R}_{\text{MIMO}}{}^{i}\right\}=\left\{\bigcup_{i=1}^{n}[(\boldsymbol{A}_i\times\cdots\times\boldsymbol{B}_i)\to(\boldsymbol{C}_{i1}+\cdots+\boldsymbol{C}_{iq})]\right\}\\&=\left\{\bigcup_{i=1}^{n}[(\boldsymbol{A}_i\times\cdots\times\boldsymbol{B}_i)\to\boldsymbol{C}_{i1}],\cdots,\bigcup_{i=1}^{n}[(\boldsymbol{A}_i\times\cdots\times\boldsymbol{B}_i)\to\boldsymbol{C}_{iq}]\right\}=\{\boldsymbol{R}_{\text{MISO}}{}^{1},\boldsymbol{R}_{\text{MISO}}{}^{2},\cdots,\boldsymbol{R}_{\text{MISO}}{}^{q}\}\end{aligned}$$

可见，规则库 $\boldsymbol{R}$ 可看成由 q 个子规则库所组成，每一个子规则库由 n 个多输入单输出（MISO）的规则所组成。由于各个子规则是互相独立的，因此下面只考虑 MIMO 中一个子规则库的模糊推理问题，即只需考虑 MISO 子系统的模糊推理问题。其中第 i 条规则 $\text{R}_{\text{MIMO}}{}^{i}$ 是由 q 个独立的 MISO 规则组成的，即

$$\boldsymbol{R}_{\text{MIMO}}{}^{i}=\{\boldsymbol{R}_{\text{MISO}}{}^{i1}, \boldsymbol{R}_{\text{MISO}}{}^{i2}, \cdots, \boldsymbol{R}_{\text{MISO}}{}^{iq}\}$$

式中，$\boldsymbol{R}_{\text{MISO}}{}^{ij}$ 表示如果（x 是 $\boldsymbol{A}_i$ and ⋯ and y 是 $\boldsymbol{B}_i$），则（z_j 是 $\boldsymbol{C}_{ij}$）。

不失一般性，考虑两个输入一个输出的模糊控制器。设已建立的模糊控制规则库如下。

$\boldsymbol{R}_1$：如果 x 是 $\boldsymbol{A}_1$ and y 是 $\boldsymbol{B}_1$，则 z 是 $\boldsymbol{C}_1$

also $\boldsymbol{R}_2$：如果 x 是 $\boldsymbol{A}_2$ and y 是 $\boldsymbol{B}_2$，则 z 是 $\boldsymbol{C}_2$

⋯

also $\boldsymbol{R}_n$：如果 x 是 $\boldsymbol{A}_n$ and y 是 $\boldsymbol{B}_n$，则 z 是 $\boldsymbol{C}_n$。

其中，x, y 和 z 是代表系统状态和控制量的语言变量，x 和 y 为输入量，z 为控制量。$\boldsymbol{A}_i$, $\boldsymbol{B}_i$ 和 $\boldsymbol{C}_i$（i=1,2,⋯,n）分别是语言变量 x,y,z 在其论域 $\boldsymbol{X,Y,Z}$ 上的语言变量值，所有规则组合在一起构成了规则库。

对于第 i 条规则"如果 x 是 $\boldsymbol{A}_i$ and y 是 $\boldsymbol{B}_i$，则 z 是 $\boldsymbol{C}_i$"的模糊蕴涵关系 $\boldsymbol{R}_i$ 定义为

$$\boldsymbol{R}_i=(\boldsymbol{A}_i \text{ and } \boldsymbol{B}_i)\to\boldsymbol{C}_i$$

即

$$\mu_{R_i}=\mu_{(A_i\ \text{and}\ B_i)\to C_i}(x,y,z)=[\mu_{A_i}(x)\ \ \text{and}\ \ \mu_{B_i}(y)]\to\mu_{C_i}(z)$$

式中，"$\boldsymbol{A}_i$ and $\boldsymbol{B}_i$"是定义在 $\boldsymbol{X}\times\boldsymbol{Y}$ 上的模糊集合 $\boldsymbol{A}_i\times\boldsymbol{B}_i$，$\boldsymbol{R}_i=(\boldsymbol{A}_i \text{ and } \boldsymbol{B}_i)\to\boldsymbol{C}_i$ 是定义在 $\boldsymbol{X}\times\boldsymbol{Y}\times\boldsymbol{Z}$ 上的模糊蕴涵关系。

所有 n 条模糊控制规则的总模糊蕴涵关系为（取连接词"also"为求并运算）

$$\boldsymbol{R}=\bigcup_{i=1}^{n}\boldsymbol{R}_i$$

设已知模糊控制器的输入模糊量为：x 是 $\boldsymbol{A}'$ and y 是 $\boldsymbol{B}'$，则根据模糊控制规则进行模糊推理，可以得出输出模糊量 z（用模糊集合 $\boldsymbol{C}'$ 表示）为

$$\boldsymbol{C}' = (\boldsymbol{A}' \text{ and } \boldsymbol{B}') \circ \boldsymbol{R}$$

式中，$\mu_{(A' \text{ and } B')}(x,y) = \mu_{A'}(x) \wedge \mu_{B'}(y)$ 或 $\mu_{(A' \text{ and } B')}(x,y) = \mu_{A'}(x) \cdot \mu_{B'}(y)$。

以上运算包括了三种主要的模糊逻辑运算：and 运算，合成运算"∘"，蕴涵运算"→"。在模糊控制中，通常 and 运算采用求交（取小）或求积（代数积）的方法；合成运算"∘"采用最大-最小或最大-积（代数积）的方法；蕴涵运算"→"采用求交（$\boldsymbol{R}_c$）或求积（$\boldsymbol{R}_p$）的方法。

4.3.5 去模糊化

以上通过模糊推理得到的是模糊量，而对于实际的模糊控制系统要求最终给执行机构的是一个精确量，因此需要将模糊量转换成精确量。另外，去模糊化后的变量是清晰值，其取值范围由模糊推理得到的模糊集合确定，该模糊集合的论域可能和执行机构要求的数值范围不一致，因此还需要进行论域变换。

1．清晰化计算

模糊量转换成精确量通常有以下几种方法。

1）最大隶属度法

如果输出量 z 模糊集合 $\boldsymbol{C}'$的隶属度函数只有一个最大值，则在模糊集合中选取隶属度函数为最大的论域元素作为输出量的清晰值，即

$$\mu_{C'}(z_0) \geqslant \mu_{C'}(z) \qquad z \in Z$$

其中，z_0 表示清晰值。

如果输出量 z 模糊集合 $\boldsymbol{C}'$的隶属度函数有多个最大值，则通常采用以下三种方法来获得输出量的清晰值。

（1）平均值法（mom）

若输出量模糊集合隶属度函数的最大值对应多个论域元素，则取它们的平均值作为输出量的清晰值。

（2）最大值法（som）

若输出量模糊集合隶属度函数的最大值对应多个论域元素，则取绝对值最大的作为输出量的清晰值。

（3）最小值法（lom）

若输出量模糊集合隶属度函数的最大值对应多个论域元素，则取绝对值最小的作为输出量的清晰值。

例 4-9　已知输出量 z_1 和 z_2 的模糊集合分别为

$$\mathbf{C}_1' = \frac{0.1}{2} + \frac{0.4}{3} + \frac{0.7}{4} + \frac{1.0}{5} + \frac{0.7}{6} + \frac{0.3}{7}$$

$$\mathbf{C}_2' = \frac{0.3}{-4} + \frac{0.8}{-3} + \frac{1.0}{-2} + \frac{1.0}{-1} + \frac{0.8}{0} + \frac{0.3}{1} + \frac{0.1}{2}$$

求相应的清晰量 z_{10} 和 z_{20}。

解：① 根据最大隶属度平均值法，求得输出量的清晰值分别为

$$z_{10}=\mathrm{d}f(z_1)=5；\ z_{20}=\mathrm{d}f(z_2)=(-2-1)/2=-1.5$$

② 根据最大隶属度最大值法，求得输出量的清晰值分别为

$$z_{10}=\mathrm{d}f(z_1)=5;\ z_{20}=\mathrm{d}f(z_2)=-2$$

③ 根据最大隶属度最小值法，求得输出量的清晰值分别为

$$z_{10}=\mathrm{d}f(z_1)=5;\ z_{20}=\mathrm{d}f(z_2)=-1$$

2）中位数法（面积平分法 bisector）

中位数法是取 $\mu_{C'}(z)$ 的中位数作为 z 的清晰量，即 $z_0=\mathrm{d}f(z)=\mu_{C'}(z)$ 的中位数，它满足

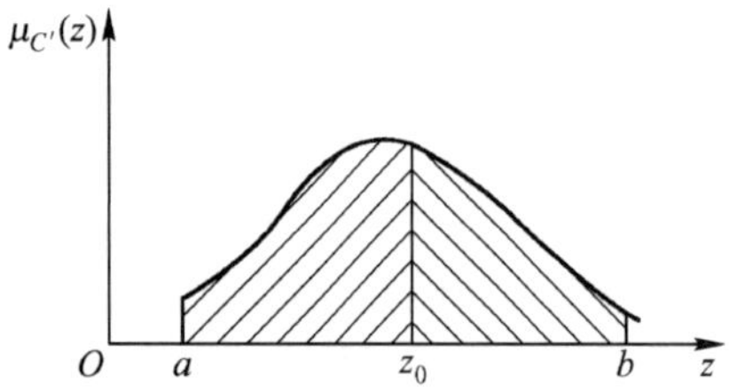

图 4-14 清晰化计算的中位数法

$$\int_a^{z_0}\mu_{C'}(z)\,\mathrm{d}z=\int_{z_0}^{b}\mu_{C'}(z)\,\mathrm{d}z$$

也就是说，以 a 为下界，b 为上界，$\mu_{C'}(z)$ 与 z 轴之间面积以 z_0 为分界两边相等。如图 4-14 所示。

3）加权平均法(面积重心法 centroid)

这种方法取 $\mu_{C'}(z)$ 的加权平均值为 z 的清晰值，即

$$z_0=\mathrm{d}f(z)=\frac{\int_a^b z\mu_{C'}(z)\,\mathrm{d}z}{\int_a^b \mu_{C'}(z)\,\mathrm{d}z}$$

它类似于重心的计算，所以也称重心法。对于论域为离散的情况则有

$$z_0=\mathrm{d}f=\frac{\sum_{i=1}^{n}z_i\mu_{C'}(z_i)}{\sum_{i=1}^{n}\mu_{C'}(z_i)}$$

例 4-10 题设条件同例 4-9，用加权平均法计算清晰值 z_{10} 和 z_{20}。

解： $$z_{10}=\frac{0.1\times2+0.4\times3+0.7\times4+1\times5+0.7\times6+0.3\times7}{0.1+0.4+0.7+1+0.7+0.3}=4.84$$

$$z_{20}=\frac{0.3\times(-4)+0.8\times(-3)+1\times(-2)+1\times(-1)+0.8\times0+0.3\times1+0.1\times2}{0.3+0.8+1+1+0.8+0.3+0.1}=-1.42$$

在以上各种清晰化方法中，加权平均法的应用最为普遍。

2．论域变换

在求得清晰值 z_0 后，还需要经尺度变换变为实际的控制量。变换的方法可以是线性的，也可以是非线性的。若 z_0 的变换范围为［$z_{\min}, z_{\max}$］，实际控制量的变换范围为［$u_{\min}, u_{\max}$］，若采用线性变换，则

$$u=\frac{u_{\max}+u_{\min}}{2}+k\left(z_0-\frac{z_{\max}+z_{\min}}{2}\right)$$

其中，$k=\dfrac{u_{\max}-u_{\min}}{z_{\max}-z_{\min}}$ 称为量化因子。

第 33 讲

4.4　离散论域的模糊控制系统的设计

当论域为离散时，经过量化后的输入量的个数是有限的。因此，可以针对输入情况的不同组合离线计算出相应的控制量，从而组成一张控制表，实际控制时只要直接查这张控制表即可，在线的运算量是很少的。这种离线计算、在线查表的模糊控制方法比较容易满足实时控制的要求。图 4-15 所示为论域为离散时的模糊控制系统结构，图中假设采用误差 e 和误差导数 $\dot{e}$ 作为模糊控制器的输入量，这是最常使用的情况。

图 4-15 中，k_1、k_2 和 k_3 为尺度变换的比例因子。设语言变量 e，$\dot{e}$ 和 u 的实际变化范围（基本论域）分别为 $[-e_m,e_m]$，$[-\dot{e}_m,\dot{e}_m]$ 和 $[-u_m,u_m]$，模糊论域分别为

$$\{-n_i,\cdots,-1,0,1,\cdots,n_i\}\quad (i=1,2,3)$$

则

$$k_1=n_1/e_m;\ k_2=n_2/\dot{e}_m;\ k_3=u_3/n_3 \tag{4-1}$$

图 4-15 中，量化的功能是将比例变换后的连续值经四舍五入变为整数量。

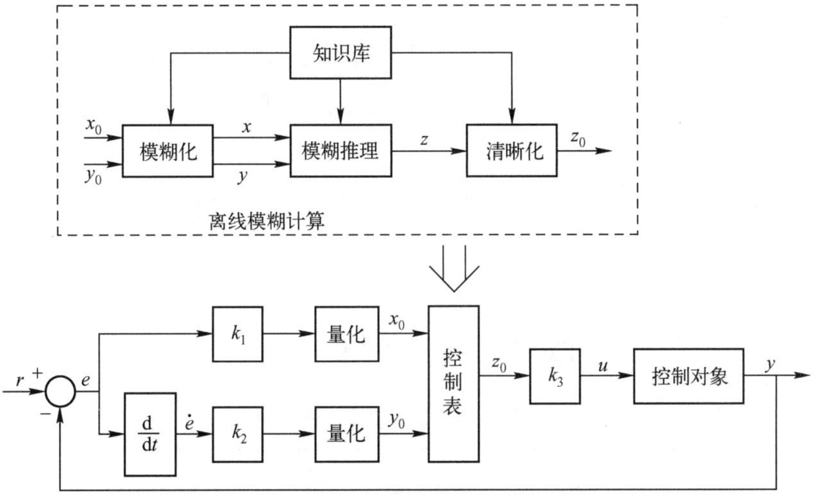

图 4-15　论域为离散时的模糊控制系统结构

从 x_0、y_0 到 z_0 的模糊推理计算过程采用前面已经讨论过的方法进行。由于 x_0、y_0 的个数是有限的，因此可以将它们的所有可能的组合情况先计算出来（即图中的离线模糊计算部分），将计算的结果列成一张控制表。实际控制时只需查询该控制表即可由 x_0、y_0 求得 z_0。求得 z_0 后再经比例变换，变成实际的控制量。

在该例中，控制器的输入量为 e 和 $\dot{e}$，因此它相当于是非线性的 PD 控制，k_1、k_2 分别是比例项和导数项前面的比例系数，它们对系统性能有很大影响，要仔细地加以选择。k_3 串联于系统的回路中，它直接影响整个回路的增益，因此 k_3 也对系统的性能有很大影响，一般说来，k_3 选得大，系统反应快，但过大有可能使系统不稳定。

下面通过一个具体例子来说明离线模糊计算的过程。

例 4-11　设某系统的误差 x、误差变化率 y 和控制量 z 的模糊论域均为

$$\boldsymbol{X},\boldsymbol{Y},\boldsymbol{Z}\in\{-6,-5,-4,-3,-2,-1,0,1,2,3,4,5,6\}$$

语言变量 x、y 和 z 的模糊集合分别为

$$\boldsymbol{T}(x)=\{\text{NB(负大), NM(负中), NS(负小), NZ(负零), PZ(正零), PS(正小), PM(正中), PB(正大)}\}$$

$$\boldsymbol{T}(y)=\boldsymbol{T}(z)=\{\text{NB, NM, NS, ZE(零), PS, PM, PB}\}$$

语言变量 x 的隶属度函数如表 4-4 所示。语言变量 y 和 z 的隶属度同表 4-3。

表 4-4 语言变量 x 的隶属度

模糊集合 \ 隶属度 \ x	−6	−5	−4	−3	−2	−1	0	1	2	3	4	5	6
NB	1.0	0.8	0.7	0.4	0.1	0.0	0.0	0.0	0.0	0.0	0.0	0.0	0.0
NM	0.2	0.7	1.0	0.7	0.3	0.0	0.0	0.0	0.0	0.0	0.0	0.0	0.0
NS	0.0	0.1	0.3	0.7	1.0	0.7	0.2	0.0	0.0	0.0	0.0	0.0	0.0
NZ	0.0	0.0	0.0	0.0	0.1	0.6	1.0	0.0	0.0	0.0	0.0	0.0	0.0
PZ	0.0	0.0	0.0	0.0	0.0	0.0	1.0	0.6	0.1	0.0	0.0	0.0	0.0
PS	0.0	0.0	0.0	0.0	0.0	0.0	0.2	0.7	1.0	0.7	0.3	0.1	0.0
PM	0.0	0.0	0.0	0.0	0.0	0.0	0.0	0.0	0.2	0.7	1.0	0.7	0.3
PB	0.0	0.0	0.0	0.0	0.0	0.0	0.0	0.0	0.1	0.4	0.7	0.8	1.0

表 4-4 是一种表示离散论域的模糊集合及其隶属度的简洁形式。例如，表 4-4 中的模糊集合分别为

$$\text{NB}=\frac{1.0}{-6}+\frac{0.8}{-5}+\frac{0.7}{-4}+\frac{0.4}{-3}+\frac{0.1}{-2},\ \text{NM}=\frac{0.2}{-6}+\frac{0.7}{-5}+\frac{1.0}{-4}+\frac{0.7}{-3}+\frac{0.3}{-2},\cdots,$$

$$\text{PB}=\frac{0.1}{2}+\frac{0.4}{3}+\frac{0.7}{4}+\frac{0.8}{5}+\frac{1.0}{6}$$

该系统的模糊控制器所采用的模糊控制规则如表 4-5 所示。

表 4-5 模糊控制规则

x \ z \ y	NB	NM	NS	ZE	PS	PM	PB
NB	NB	NB	NB	NB	NM	ZE	ZE
NM	NB	NB	NB	NB	NM	ZE	ZE
NS	NM	NM	NM	NM	ZE	PS	PS
NZ	NM	NM	NS	ZE	PS	PM	PM
PZ	NM	NM	NS	ZE	PS	PM	PM
PS	NS	NS	ZE	PM	PM	PM	PM
PM	ZE	ZE	PM	PB	PB	PB	PB
PB	ZE	ZE	PM	PB	PB	PB	PB

试求其总控制表。

解：表 4-5 是表示模糊控制规则的简洁形式。该表中共包含 56 条规则，由于 x 的模糊分割数为 8，y 的模糊分割数为 7，所以该表包含了最大可能的规则数。一般情况下，规则数可

以少于 56，这时表中相应栏内可以为空。表 4-5 中所表示的 56 条规则依次为

$\boldsymbol{R}_1$：如果 x 是 NB and y 是 NB，则 z 是 NB

$\boldsymbol{R}_2$：如果 x 是 NB and y 是 NM，则 z 是 NB

…

$\boldsymbol{R}_{56}$：如果 x 是 PB and y 是 PB，则 z 是 PB

设已知输入为 x_0 和 y_0，模糊化运算采用单点模糊集合，则相应的输入量模糊集合 $\boldsymbol{A}'$ 和 $\boldsymbol{B}'$ 分别为

$$\mu_{A'}(x)=\begin{cases}1 & (x=x_0)\\0 & (x\neq x_0)\end{cases},\mu_{B'}(y)=\begin{cases}1 & (y=y_0)\\0 & (y\neq y_0)\end{cases}$$

根据前面介绍的模糊推理方法及性质，可求得输出量的模糊集合 $\boldsymbol{C}'$ 为（假设 and 用求交法，also 用求并法，合成用最大-最小法，模糊蕴涵用求交法）

$$\boldsymbol{C}'=(\boldsymbol{A}'\times\boldsymbol{B}')\circ\boldsymbol{R}=(\boldsymbol{A}'\times\boldsymbol{B}')\circ\bigcup_{i=1}^{56}\boldsymbol{R}_i=\bigcup_{i=1}^{56}(\boldsymbol{A}'\times\boldsymbol{B}')\circ[(\boldsymbol{A}_i\times\boldsymbol{B}_i)\to\boldsymbol{C}_i]$$

$$=\bigcup_{i=1}^{56}[\boldsymbol{A}'\circ(\boldsymbol{A}_i\to\boldsymbol{C}_i)]\bigcap[\boldsymbol{B}'\circ(\boldsymbol{B}_i\to\boldsymbol{C}_i)]=\bigcup_{i=1}^{56}\boldsymbol{C}'_{iA}\bigcap\boldsymbol{C}'_{iB}=\bigcup_{i=1}^{56}\boldsymbol{C}'_i$$

下面以 $x_0=-6$，$y_0=-6$ 为例说明计算过程。此时有

$$\boldsymbol{A}'=[1\quad 0\quad\cdots\quad 0]_{1\times13},\boldsymbol{B}'=[1\quad 0\quad\cdots\quad 0]_{1\times13}$$

（1）对于表 4-5 第 1 行第 1 列的规则：如果 x 为 NB and y 为 NB，则 z 为 NB。

根据表 4-4 和表 4-3 可得

$$\boldsymbol{A}_{\text{NB}}=[1\quad 0.8\quad 0.7\quad 0.4\quad 0.1\quad 0\quad\cdots\quad 0]_{1\times13},\boldsymbol{B}_{\text{NB}}=[1\quad 0.7\quad 0.3\quad 0\quad\cdots\quad 0]_{1\times13}$$

$$\boldsymbol{C}_{\text{NB}}=[1\quad 0.7\quad 0.3\quad 0\quad\cdots\quad 0]_{1\times13},$$

$$\boldsymbol{R}_{1A}=\boldsymbol{A}_1\to\boldsymbol{C}_1=\boldsymbol{A}_{\text{NB}}\to\boldsymbol{C}_{\text{NB}}=\begin{pmatrix}1\\0.8\\0.7\\0.4\\0.1\\0\\\vdots\\0\end{pmatrix}\wedge[1\quad 0.7\quad 0.3\quad 0\quad\cdots\quad 0]=\begin{pmatrix}1 & 0.7 & 0.3 & \\0.8 & 0.7 & 0.3 & \\0.7 & 0.7 & 0.3 & \mathbf{0}\\0.4 & 0.4 & 0.3 & \\0.1 & 0.1 & 0.1 & \\ & \mathbf{0} & & \mathbf{0}\end{pmatrix}_{13\times13}$$

$$\boldsymbol{C}'_{1A}=\boldsymbol{A}'\circ(\boldsymbol{A}_1\to\boldsymbol{C}_1)=[1\quad 0\quad\cdots\quad 0]_{1\times13}\circ\boldsymbol{R}_{1A}=[1\quad 0.7\quad 0.3\quad 0\quad\cdots\quad 0]_{1\times13}$$

$$\boldsymbol{R}_{1B}=\boldsymbol{B}_1\to\boldsymbol{C}_1=\boldsymbol{B}_{\text{NB}}\to\boldsymbol{C}_{\text{NB}}=\begin{pmatrix}1\\0.7\\0.3\\0\\\vdots\\0\end{pmatrix}\wedge[1\quad 0.7\quad 0.3\quad 0\quad\cdots\quad 0]=\begin{pmatrix}1 & 0.7 & 0.3 & \\0.7 & 0.7 & 0.3 & \\0.3 & 0.3 & 0.3 & \mathbf{0}\\0 & 0 & 0 & \\0 & 0 & 0 & \\ & \mathbf{0} & & \mathbf{0}\end{pmatrix}_{13\times13}$$

$$\boldsymbol{C}'_{1B}=\boldsymbol{B}'\circ(\boldsymbol{B}_1\to\boldsymbol{C}_1)=[1\quad 0\quad\cdots\quad 0]_{1\times13}\circ\boldsymbol{R}_{1B}=[1\quad 0.7\quad 0.3\quad 0\quad\cdots\quad 0]_{1\times13}$$

$$\boldsymbol{C}_1' = \boldsymbol{C}_{1A}' \cap \boldsymbol{C}_{1B}' = [1\quad 0.7\quad 0.3\quad 0\quad \cdots\quad 0]_{1\times13}$$

（2）对于表 4-5 第 1 行第 2 列的规则：如果 x 为 NB and y 为 NM，则 z 为 NB。

根据表 4-4 和表 4-3 可得

$$\boldsymbol{A}_{\mathrm{NB}} = [1\quad 0.8\quad 0.7\quad 0.4\quad 0.1\quad 0\quad \cdots\quad 0]_{1\times13}$$

$$\boldsymbol{B}_{\mathrm{NM}} = [0.3\quad 0.7\quad 1\quad 0.7\quad 0.3\quad 0\quad \cdots\quad 0]_{1\times13}$$

$$\boldsymbol{C}_{\mathrm{NB}} = [1\quad 0.7\quad 0.3\quad 0\quad \cdots\quad 0]_{1\times13}$$

$$\boldsymbol{R}_{2A} = \boldsymbol{A}_2 \to \boldsymbol{C}_2 = \boldsymbol{A}_{\mathrm{NB}} \to \boldsymbol{C}_{\mathrm{NB}} = \boldsymbol{R}_{1A}$$

$$\boldsymbol{C}_{2A}' = \boldsymbol{A}' \circ (\boldsymbol{A}_2 \to \boldsymbol{C}_2) = \boldsymbol{A}' \circ (\boldsymbol{A}_{\mathrm{NB}} \to \boldsymbol{C}_{\mathrm{NB}}) = \boldsymbol{C}_{1A}' = [1\quad 0.7\quad 0.3\quad 0\quad \cdots\quad 0]_{1\times13}$$

$$\boldsymbol{R}_{2B} = \boldsymbol{B}_2 \to \boldsymbol{C}_2 = \boldsymbol{B}_{\mathrm{NM}} \to \boldsymbol{C}_{\mathrm{NB}} = \begin{pmatrix} 0.3 \\ 0.7 \\ 1 \\ 0.7 \\ 0.3 \\ 0 \\ \vdots \\ 0 \end{pmatrix} \wedge [1\quad 0.7\quad 0.3\quad 0\quad \cdots\quad 0] = \begin{pmatrix} 0.3 & 0.3 & 0.3 & \\ 0.7 & 0.7 & 0.3 & \\ 1 & 0.7 & 0.3 & \boldsymbol{0} \\ 0.7 & 0.7 & 0.3 & \\ 0.3 & 0.3 & 0.3 & \\ & \boldsymbol{0} & & \boldsymbol{0} \end{pmatrix}_{13\times13}$$

$$\boldsymbol{C}_{2B}' = \boldsymbol{B}' \circ (\boldsymbol{B}_2 \to \boldsymbol{C}_2) = [1\quad 0\quad \cdots\quad 0]_{1\times13} \circ \boldsymbol{R}_{2B} = [0.3\quad 0.3\quad 0.3\quad 0\quad \cdots\quad 0]_{1\times13}$$

$$\boldsymbol{C}_2' = \boldsymbol{C}_{2A}' \cap \boldsymbol{C}_{2B}' = [0.3\quad 0.3\quad 0.3\quad 0\quad \cdots\quad 0]_{1\times13}$$

按同样的方法依次求出 $\boldsymbol{C}_3', \boldsymbol{C}_4', \cdots, \boldsymbol{C}_{56}'$，最终求得

$$\boldsymbol{C}' = \bigcup_{i=1}^{56} \boldsymbol{C}_i' = [1\quad 0.7\quad 0.3\quad 0\quad \cdots\quad 0]_{1\times13}$$

对所求得的输出量模糊集合进行清晰化计算（用加权平均法）得

$$z_0' = \mathrm{d}\,f(z) = \frac{1\times(-6) + 0.7\times(-5) + 0.3\times(-4)}{1 + 0.7 + 0.3} = -5.35$$

按照同样的步骤，可以计算出当 x_0，y_0 为其他组合时的输出量 z_0。最后可列出如表 4-6 所示的实际查询的总控制表。

表 4-6　总控制表

x_0 \ z_0 \ y_0	−6	−5	−4	−3	−2	−1	0	1	2	3	4	5	6
−6	−5.35	−5.24	−5.35	−5.24	−5.35	−5.24	−4.69	−4.26	−2.71	−2.00	−1.29	0.00	0.00
−5	−5.00	−4.95	−5.00	−4.95	−5.00	−4.95	−3.86	−3.71	−2.36	−1.79	−1.12	0.24	0.23
−4	−4.69	−4.52	−4.69	−4.52	−4.69	−4.52	−3.05	−2.93	−1.94	−1.42	−0.69	0.64	0.58
−3	−4.26	−4.26	−4.26	−4.26	−4.26	−4.26	−2.93	−2.29	−1.42	−0.94	−0.25	1.00	1.00
−2	−4.00	−4.00	−3.78	−3.76	−3.47	−3.42	−2.43	−1.79	−0.44	−0.04	0.16	1.60	1.63
−1	−4.00	−4.00	−3.36	−3.08	−2.47	−2.12	−1.50	−1.05	0.26	1.91	2.33	2.92	2.92
0	−3.59	−3.55	−2.93	−2.60	−0.96	−0.51	0.00	0.51	0.96	2.60	2.93	3.55	3.59

续表

y_0 / z_0 / x_0	−6	−5	−4	−3	−2	−1	0	1	2	3	4	5	6
1	−2.92	−2.92	−2.33	−1.91	−0.26	1.05	1.50	2.12	2.47	3.08	3.36	4.00	4.00
2	−1.81	−1.79	−0.57	−0.31	0.44	1.79	2.43	3.42	3.47	3.76	3.78	4.00	4.00
3	−1.00	−1.00	0.25	0.94	1.42	2.29	2.93	4.26	4.26	4.26	4.26	4.26	4.26
4	−0.58	−0.64	0.69	1.42	1.94	2.93	3.05	4.52	4.69	4.52	4.69	4.52	4.69
5	−0.23	−0.24	1.12	1.79	2.36	3.71	3.86	4.95	5.00	4.95	5.00	4.95	5.00
6	0.00	0.00	1.29	2.00	2.71	4.26	4.69	5.24	5.35	5.24	5.35	5.24	5.35

由表 4-6 可知，当输出量模糊集合的清晰化计算采用加权平均法时，所得到的控制量是区间[−6, 6]内的非整数值；如果输出量模糊集合的清晰化计算采用最大隶属度法，则所得到的控制量可能就是区间[−6, 6]内的整数值。

以上问题也可利用 MATLAB 求解，其程序 ex4_11.m 和 ex4_11fun.m 扫描二维码获取。

ex4_11.m 和 ex4_11fun.m

对于如图 4-15 所示的模糊控制系统，可以利用 Simulink 对其进行仿真，仿真框图如图 4-16 所示。

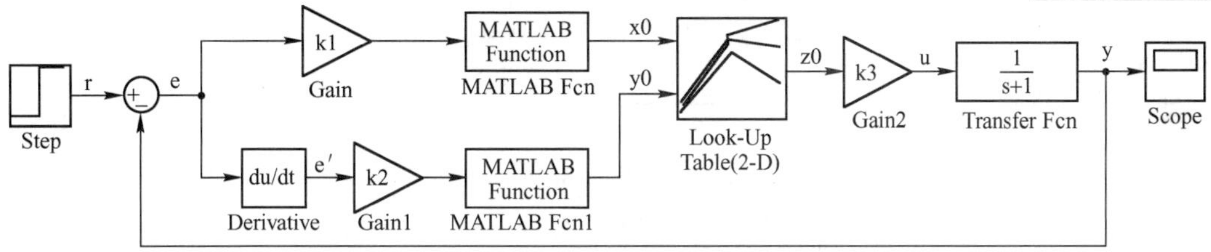

图 4-16　Simulink 系统仿真框图

将图 4-16 中两个 MATLAB Function 模块的 MATLAB Function 对话框中均改为四舍五入 round 函数；二维表格 Look-Up Table(2−D)中的值根据表 4-6 的内容来填写；传递函数（Transfer Fcn）根据被控系统的模型进行设置；放大器的参数 k_1,k_2,k_3 的值根据式（4-1）的计算结果进行设置。

量化因子 k_1,k_2 的大小对控制系统的动态性能影响很大。k_1 选得较大时，系统的超调较大，过渡过程较长。这一点也不难理解，因为从理论上讲，k_1 增大，相当于缩小了误差的基本论域，增大了误差变量的控制作用，因此导致上升时间变短，但由于出现超调，使得系统的过渡过程变长。k_2 选择较大时，超调量减小，k_2 选择越大，超调量越小，但系统的响应速度变慢。k_2 对超调的遏制作用十分明显。

量化因子 k_1,k_2 的大小意味着对输入变量误差和误差变化的不同加权程度，k_1,k_2 二者之间也相互影响，在选择量化因子 k_1,k_2 时要充分考虑到这一点。

输出比例因子 k_3 的大小也影响着模糊控制系统的特性。k_3 选择过小会使系统动态响应过程变长，而 k_3 选择过大会导致系统振荡。输出比例因子 k_3 作为模糊控制器的总的增益，它的大小影响着控制器的输出，通过调整 k_3 可以改变对被控对象输入的大小。

应该指出，量化因子和比例因子的选择并不是唯一的，可能有几组不同的值，都能使系统获得较好的响应特性。对于比较复杂的被控过程，有时采用一组固定的量化因子和比例因子难以收到预期的控制效果，可以在控制过程中采用改变量化因子和比例因子的方法，来调整整个控制过程中的不同阶段上的控制特性，以使对复杂过程控制得到满意的控制效果。这种形式的控制器称为自调整比例因子模糊控制器。

4.5 具有 PID 功能的模糊控制器

在常规控制中，PID 控制是最简单实用的一种控制方法，它既可以依靠数学模型通过解析的方法进行设计，也可不依赖模型而凭借经验和试凑来确定。前面讨论的模糊控制，一般均假设用误差 e 和误差导数 $\dot{e}$ 作为模糊控制的输入量，因而它本质上相当于一种非线性 PD 控制。为了消除稳态误差，需要加入积分作用，图 4-17 给出了两种典型的具有 PID 功能的模糊控制器的结构图，简称为模糊 PID 控制器，其中图 4-17（a）为常规模糊 PID 控制，图 4-17（b）为增量模糊 PID 控制。

在如图 4-17 所示典型结构中，模糊控制器有三个输入。若每个输入量分为 7 个等级，则最多可能需要 7^3=343 条模糊规则；而当输入量为两个时，最多只需要 7^2=49 条模糊规则。可见，增加了一个输入量，大大增加了模糊控制器设计和计算的复杂性。为此，可以考虑采用如图 4-18 所示的变形结构，它同样可以实现模糊 PID 控制的功能。

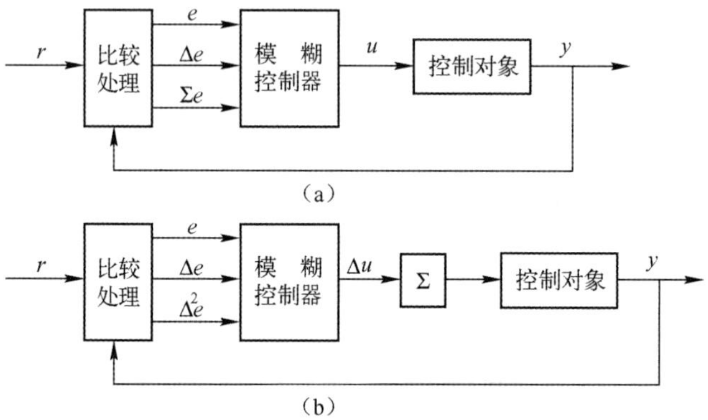

图 4-17　具有 PID 功能的模糊控制器的结构图

在如图 4-18 所示的变形结构中，采用两个模糊控制器，其中一个是最常见的具有 PD 功能的模糊控制器，简称为模糊 PD 控制器，它有两个输入，最多需 49 条规则（仍假设每个变量分 7 个等级）。另外一个是具有 P 功能的模糊控制器，简称为模糊 P 控制器，它只有一个输入，最多需 7 条规则。因此总共最多只需 49+7=56 条规则。可见这种变形结构比通常的模糊 PD 控制器并未增加太大的复杂性，同时也实现了模糊 PID 控制器的功能。

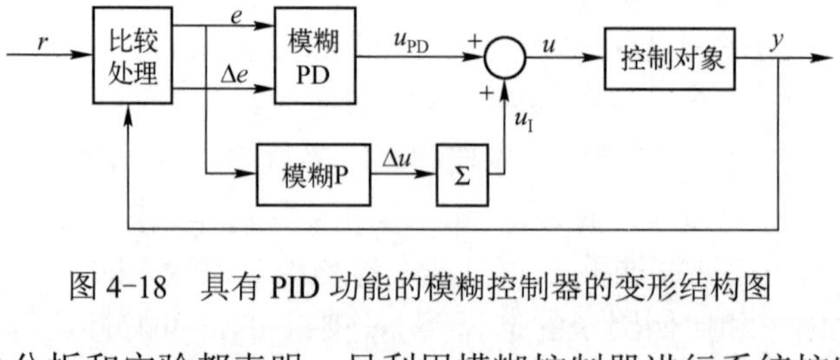

图 4-18　具有 PID 功能的模糊控制器的变形结构图

最后指出，理论分析和实验都表明，只利用模糊控制器进行系统控制，往往不能满足控制对象的所有指标，所以一个完整的模糊控制系统还需要某种传统的控制器作为补充，一般采用的就是 PID 控制方法。通常，系统的控制器是由模糊控制器和常规 PID 控制器串联组成的。也就是说，PID 控制器的输入就是模糊控制器的输出，PID 控制器的输出就是整个控制器的输出。

小　结

本章首先详细地介绍了模糊控制理论的基本原理，包括模糊逻辑理论的基本概念、模糊逻辑控制系统的基本结构和基本原理；最后重点介绍了离散论域的模糊控制系统的设计方法和具有 PID 功能的模糊控制器。

思考练习题

1. 什么是模糊性？它的对立含义是什么？试举例说明。
2. 模糊控制的理论基础是什么？什么是模糊逻辑？它与二值逻辑有何关系？
3. 什么是模糊集合和隶属函数？模糊集合有哪些基本运算？满足哪些规律？
4. 什么是模糊推理？它有哪些推理方法？
5. 模糊控制器由哪些部分组成？各部分的作用是什么？有哪些设计方法？
6. 模糊控制器控制规则的形式如何？试举例建立模糊规则。

第 5 章　MATLAB 模糊逻辑工具箱

针对模糊逻辑尤其是模糊控制的迅速推广应用，MathWorks 公司在其 MATLAB 版中添加了 Fuzzy Logic 工具箱。该工具箱由长期从事模糊逻辑和模糊控制研究与开发工作的有关专家和技术人员编制。MATLAB Fuzzy Logic 工具箱以其功能强大和方便易用的特点得到了用户的广泛欢迎。模糊逻辑的创始人 Zadeh 教授称赞该工具箱“在各方面都给人以深刻的印象，使模糊逻辑成为智能系统的概念与设计的有效工具”。

注：本章内容中 MATLAB 代码及软件界面描述较多，为方便读者查阅，避免混淆，本章外文均与 MATLAB 代码及软件界面中一致。

第 34 讲

5.1　MATLAB 模糊逻辑工具箱简介

5.1.1　模糊逻辑工具箱的功能特点

1. 易于使用

模糊逻辑工具箱提供了建立和测试模糊逻辑系统的一整套功能函数，包括定义语言变量及其隶属函数、输入模糊推理规则、整个模糊推理系统的管理以及交互式地观察模糊推理的过程和输出结果。

2. 提供图形化的系统设计界面

在模糊逻辑工具箱中包含五个图形化的系统设计工具，这五个设计工具是：

① 模糊推理系统编辑器。该编辑器用于建立模糊逻辑系统的整体框架，包括输入与输出数目、去模糊化方法等。

② 隶属函数编辑器。用于通过可视化手段建立语言变量的隶属函数。

③ 模糊推理规则编辑器。

④ 系统输入输出特性曲面浏览器。

⑤ 模糊推理过程浏览器。

3. 支持模糊逻辑中的高级技术

① 自适应神经模糊推理系统（Adaptive Neural Fuzzy Inference System，ANFIS）。

② 用于模式识别的模糊聚类技术。

③ 模糊推理方法的选择，用户可在广泛采用的 Mamdani 型推理方法和 Takagi-Sugeno 型推理方法两者之间选择。

4. 集成的仿真和代码生成功能

模糊逻辑工具箱不但能够实现 Simulink 的无缝连接，而且通过 Real-Time Workshop 能够生成 ANSI C 源代码，从而易于实现模糊系统的实时应用。

5. 独立运行的模糊推理机

在用户完成模糊逻辑系统的设计后，可以将设计结果以 ASCII 码文件保存。利用模糊逻辑工具箱提供的模糊推理机，可以实现模糊逻辑系统的独立运行或者作为其他应用的一部分运行。

5.1.2　模糊推理系统的基本类型

在模糊推理系统中，模糊模型的表示主要有两类：一类模糊规则的后件是输出量的某一模糊集合，如 NB、PB 等，由于这种表示比较常用且首次由 Mamdani 采用，因而称它为模糊系统的标准模型或 Mamdani 模型表示；另一类模糊规则的后件是输入语言变量的函数，典型的情况是输入变量的线性组合。由于该方法是日本学者高木（Takagi）和关野（Sugeno）首先提出来的，因此通常称它为模糊系统的高木—关野（Takagi-Sugeno）模型表示或简称为 Sugeno 模型表示。

1．基于标准（Mamdani）模型的模糊逻辑系统

在标准模型模糊逻辑系统中，模糊规则的前件和后件均为模糊语言值，即具有如下形式：

$$\text{IF } x_1 \text{ is } \boldsymbol{A}_1 \text{ and } x_2 \text{ is } \boldsymbol{A}_2 \text{ and } \cdots \text{ and } x_n \text{ is } \boldsymbol{A}_n \text{ THEN } y \text{ is } \boldsymbol{B}$$

式中，$\boldsymbol{A}_i(i=1,2,\cdots,n)$是输入模糊语言值；$\boldsymbol{B}$ 是输出模糊语言值。

基于标准模型的模糊逻辑系统的原理图如图 5-1 所示。图中的模糊规则库由若干“IF-THEN”规则构成。模糊推理在模糊推理系统中起着核心作用，它将输入模糊集合按照模糊规则映射成输出模糊集合。它提供了一种量化专家语言信息和在模糊逻辑原则下系统地利用这类语言信息的一般化模式。

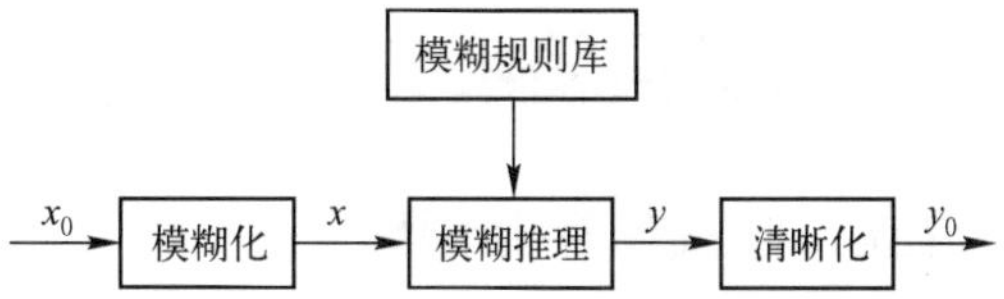

图 5-1　基于标准模型的模糊逻辑系统的原理图

2．基于高木—关野（Takagi-Sugeno）模型的模糊逻辑系统

高木—关野模糊逻辑系统是一类较为特殊的模糊逻辑系统，其模糊规则不同于一般的模糊规则形式。在高木—关野模糊逻辑系统中，采用如下形式的模糊规则：

$$\text{IF } x_1 \text{ is } \boldsymbol{A}_1 \text{ and } x_2 \text{ is } \boldsymbol{A}_2 \text{ and } \cdots \text{ and } x_n \text{ is } \boldsymbol{A}_n \text{ THEN } y=\sum_{i=1}^{n} c_i x_i$$

式中，$\boldsymbol{A}_i(i=1,2,\cdots,n)$是输入模糊语言值；$c_i(i=1,2,\cdots,n)$是真值参数。

对于高木—关野模糊推理系统，推理规则后项结论中的输出变量的隶属函数只能是关于输入的线性或常值函数。当输出变量的隶属函数为线性函数时，称该系统为 1 阶 Sugeno 型系统；当输出变量的隶属函数为常值函数时（如 $y=k$），称该系统为 0 阶系统。

可以看出，高木—关野模糊逻辑系统的输出量是精确值。这类模糊逻辑系统的优点是输出量可用输入值的线性组合来表示，因而能够利用参数估计方法来确定系统的参数 $c_i(i=1,2,\cdots,n)$；同时，可以应用线性控制系统的分析方法来近似分析和设计模糊逻辑系统。其缺点是规则的输出部分不具有模糊语言值的形式，因此不能充分利用专家的控制知识，模糊逻辑的各种不同原则在这种模糊逻辑系统中应用的自由度也受到限制。

5.1.3　模糊逻辑系统的构成

前面讨论了模糊逻辑系统的基本类型，其中标准模型模糊逻辑系统的应用最为广泛。在 MATLAB 模糊逻辑工具箱中，主要针对这一类型的模糊逻辑系统提供了分析和设计手段，但

同时对高木–关野模糊逻辑系统也提供了一些相关函数。下面将以标准模型模糊逻辑系统作为主要讨论对象。

构造一个模糊逻辑系统，首先必须明确其主要组成部分。一个典型的模糊逻辑系统主要由如下几个部分组成：

① 输入与输出语言变量，包括语言值及其隶属函数；

② 模糊规则；

③ 输入量的模糊化方法和输出变量的去模糊化方法；

④ 模糊推理算法。

针对模糊逻辑系统的以上主要构成，在 MATLAB 模糊逻辑工具箱中构造一个模糊推理系统有如下步骤：

① 模糊推理系统对应的数据文件，其后缀为.fis，用于对该模糊系统进行存储、修改和管理；

② 确定输入/输出语言变量及其语言值；

③ 确定各语言值的隶属函数，包括隶属函数的类型与参数；

④ 确定模糊规则；

⑤ 确定各种模糊运算方法，包括模糊推理方法、模糊化方法、去模糊化方法等。

5.2 MATLAB 模糊逻辑工具箱函数

5.2.1 模糊推理系统的建立、修改与存储管理

第 35 讲

前面讨论了模糊推理系统的主要构成部分，即一个模糊推理系统由输入/输出语言变量及其隶属函数，模糊规则，模糊推理机和去模糊化方法等各部分组成，在 MATLAB 模糊逻辑工具箱中，把模糊推理系统的各部分作为一个整体，并以文件形式对模糊推理系统进行建立、修改和存储等管理功能。表 5-1 所示为该工具箱提供的有关模糊推理系统管理的函数及其功能。

表 5-1 模糊推理系统的管理函数及其功能

函 数 名	功 能
newfis( )	创建新的模糊推理系统
readfis( )	从磁盘读出存储的模糊推理系统
getfis( )	获得模糊推理系统的特性数据
writefis( )	保存模糊推理系统
showfis( )	显示添加注释的模糊推理系统
setfis( )	设置模糊推理系统的特性
plotfis( )	图形显示模糊推理系统的输入/输出特性
mam2sug( )	将 Mamdani 型模糊推理系统转换成 Sugeno 型模糊推理系统

1. 创建新的模糊推理系统函数 newfis( )

函数 newfis( )可用于创建一个新的模糊推理系统，模糊推理系统的特性可由函数的参数指定，其参数个数可达 7 个。该函数的调用格式为

fisMat=newfis('fisName','fisType',andMethod,orMethod,impMethod,aggMethod,defuzzMethod)

式中，fisName 为模糊推理系统名称；fisType 为模糊推理系统类型（Mamdani 型或 Sugeno 型）；andMethod 为与运算操作符；orMethod 为或运算操作符；impMethod 为模糊蕴涵方法；aggMethod 为各条规则推理结果的综合方法；defuzzMethod 为去模糊化方法；返回值 fisMat

为模糊推理系统对应的矩阵名称，因为模糊推理系统在 MATLAB 内存中的数据是以矩阵形式存储的。例如：

```
>>fisMat=newfis('mysys');
```

2．从磁盘中加载模糊推理系统函数 readfis( )

该函数的调用格式为

```
fisMat=readfis('filename')
```

式中，filename 为指定打开的模糊推理系统的数据文件名(.fis)，并将其加载到当前的工作空间（Workspace）中，当未指定文件名时，MATLAB 将会打开一个文件对话窗口，提示用户指定某一.fis 文件；返回值 fisMat 为模糊推理系统对应的矩阵名称。例如，利用以下命令可加载一个 MATLAB 自带的关于“小费”问题的模糊推理系统 tipper.fis。

```
>>fisMat=readfis('tipper');getfis(fisMat);
```

结果显示：

```
Name        = tipper
Type        = mamdani
NumInputs = 2
InLabels   =
            service
            food
NumOutputs = 1
OutLabels =
              tip
NumRules = 3
AndMethod = min
OrMethod = max
ImpMethod = min
AggMethod = max
DefuzzMethod = centroid
```

3．获得模糊推理系统的属性函数 getfis( )

利用函数 getfis( )可获取模糊推理系统的部分或全部特性。其调用格式为

```
getfis(fisMat)
getfis(fisMat,'fisPropname')
getfis(fisMat,'varType',varIndex,'varPropname');
getfis(fisMat,'varType',varIndex,'mf',mfIndex)
getfis(fisMat,'varType',varIndex,'mf',mfIndex,'mfPropname');
```

式中，fisMat 为模糊推理系统对应的矩阵名称；fisPropname 为要设置的 FIS 特性的字符串，可取 name,type,andMethod,orMethod,impMethod,aggMethod 和 defuzzMethod；varType 指定语言变量的类型（即输入语言变量为 input 或输出语言变量为 output）；varIndex 指定语言变量的编号；varPropname 为要设置的变量域名的字符串，可取 name 或 range；mf 为隶属函数的名称；mfIndex 为隶属函数的编号；mfPropname 为要设置的隶属函数域名的字符串，可取

name,type 或 params。例如：

```
>>fisMat=readfis('tipper')
```

或

```
>>fisMat=readfis('tipper'); getfis(fisMat,'type')
>>fisMat=readfis('tipper'); getfis(fisMat,'input',1);
>>fisMat=readfis('tipper'); getfis(fisMat,'input',1,'name')
>>fisMat=readfis('tipper'); getfis(fisMat,'input',1,'mf',2);
>>fisMat=readfis('tipper'); getfis(fisMat,'input',1,'mf',2,'name')
```

4．将模糊推理系统以矩阵形式保存在内存中的数据写入磁盘文件函数 writefis( )

模糊推理系统在内存中的数据是以矩阵形式存储的，其对应的矩阵名为 fisMat。当需要将模糊推理系统的数据写入磁盘文件时，就可利用 writefis( )函数。其调用格式为

writefis(fisMat) 或 writefis(fisMat,'filename') 或 writefis(fisMat,'filename','dialog')

式中，fisMat 为模糊推理系统对应的矩阵名称。在只有一个参数，即 writefis(fisMat)的情况下，MATLAB 将打开一个文件对话窗口，提示用户选择某一磁盘文件或输入一个新的文件名；用户也可直接在函数的第 2 个参数 filename 中指定某一磁盘文件名；writefis（fisMat,'filename','dialog'）则打开一个以 filename 为默认文件名的对话窗口，用户仍可重新输入文件名。文件名的后缀默认为.fis。例如：

```
>>fisMat=newfis('tipper');writefis(fisMat,'my_ file')
```

5. 以分行的形式显示模糊推理系统矩阵的所有属性函数 showfis( )

该函数的调用格式为

showfis(fisMat)

式中，fisMat 为模糊推理系统对应的矩阵名称。例如：

```
>>fisMat=readfis('tipper');showfis(fisMat)
```

6. 设置模糊推理系统的属性函数 setfis( )

该函数的调用格式为

fisMat=setfis(fisMat,'fisPropname','newfisProp')

fisMat=setfis(fisMat,'varType',varIndex,'varPropname','newvarProp')

fisMat=setfis(fisMat,'varType',varIndex,'mf',mfIndex,'mfPropname','newmfProp');

式中，fisMat 为模糊推理系统对应的矩阵名称；fisPropname 为要设置的 FIS 特性的字符串，可取 name,type,andMethod,orMethod,impMethod,aggMethod 和 defuzzMethod；newfisProp 为要设置的 FIS 特性或方法的字符串；varType 为语言变量的类型（即 input 或 output）；varIndex 为语言变量的编号；varPropname 为要设置的变量域名的字符串，可取 name 或 range；newvarProp 当变量域名为 name 时，这一部分为要设置的变量名的字符串，当变量域名为 range 时，这一部分为该变量范围的阵列；mf 为隶属函数的名称；mfIndex 为隶属函数的编号；mfPropname 为要设置的隶属函数域名的字符串，可取 name,type 或 params；newmfProp，当函数域名为 name 或 type 时，这一部分为要设置的隶属函数域名或类型，当隶属函数域名为 params 时，这一部分为参数范围的阵列。该函数可以有 3 个、5 个或 7 个输入参数，例如：

```
>>fisMat=readfis('tipper');fisMat=setfis(fisMat,'name','eating')
```

或

```
>>fisMat=readfis('tipper');fisMat=setfis(fisMat,'input',1,'name','help')
>>fisMat=readfis('tipper');fisMat=setfis(fisMat,'input',1,'mf',2,'name','wretched')
```

7. 绘图表示模糊推理系统的函数 plotfis( )

该函数的调用格式为

plotfis(fisMat)

式中，fisMat 为模糊推理系统对应的矩阵名称，例如：

```
>>fisMat=readfis('tipper'); plotfis(fisMat)
```

8. 将 Mamdani 型模糊推理系统转换成 Sugeno 型模糊推理系统的函数 mam2sug( )

函数 mam2sug( )可将 Mamdani 型模糊推理系统转换成零阶的 Sugeno 型模糊推理系统。得到的 Sugeno 型模糊推理系统具有常数隶属函数，其常数值由原来 Mamdani 型系统得到的隶属函数的质心确定，并且其前件不变。该函数的调用格式为

sug_fisMat=mam2sug(mam_fisMat)

式中，mam_fisMat 为 Mamdani 型模糊推理系统对应的矩阵名称；sug_fisMat 为变换后 Sugeno 型模糊推理系统对应的矩阵名称，例如：

```
>>mam_fisMat=readfis('tipper'); sug_fisMat=mam2sug(mam_fisMat)
```

5.2.2　模糊语言变量及其语言值

在模糊推理系统中，专家的控制知识以模糊规则形式表示。为直接反映人类自然语言的模糊性特点，模糊规则的前件和后件中引入语言变量和语言值的概念。语言变量分为输入语言变量和输出语言变量：输入语言变量是对模糊推理系统输入变量的模糊化描述，通常位于模糊规则的前件中；输出语言变量是对模糊推理系统输出变量的模糊化描述，通常位于模糊规则的后件中。语言变量具有多个语言值，每个语言值对应一个隶属函数。语言变量的语言值构成了对输入和输出空间的模糊分割，模糊分割的个数即语言值的个数以及语言值对应的隶属函数决定了模糊分割的精细化程度。模糊分割的个数也决定了模糊规则的个数，模糊分割数越多，控制规则数也越多。因此，在设计模糊推理系统时，应在模糊分割的精细程度与控制规则的复杂性之间取得折中。

在 MATLAB 模糊逻辑工具箱中，提供了向模糊推理系统添加或删除模糊语言变量及其语言值的函数，如表 5-2 所示。

表 5-2　添加或删除模糊语言变量函数

函 数 名	功　能
addvar( )	添加模糊语言变量
rmvar( )	删除模糊语言变量

1. 向模糊推理系统添加语言变量函数 addvar( )

该函数的调用格式为

fisMat2=addvar(fisMat1,'varType','varName',varBounds)

式中，fisMati 为模糊推理系统的对应矩阵名称；varType 用于指定语言变量的类型（即 input 或 output）；varName 用于指定语言变量的名称；varBounds 用于指定语言变量的论域范围。对于添加到同一个模糊推理系统的语言变量，将按照添加的先后顺序分别赋予一个编号，输入与输出的不同语言变量则分别独立进行编号，编号均从 1 开始，逐渐递增，例如：

```
>>fisMat=newfis('mysys');fisMat=addvar(fisMat,'input','service',[0 10])
```

2．从模糊推理系统中删除语言变量 rmvar( )

该函数的调用格式为

fisMat2=rmvar(fisMat1,'varType',varIndex)

式中，fisMati 为模糊推理系统的对应矩阵名称；varType 用于指定语言变量的类型；varIndex 为语言变量的编号。

当一个模糊语言变量正在被当前的模糊规则集使用时，则不能删除该变量。在一个模糊语言变量被删除后，MATLAB 模糊逻辑工具箱将会自动地对模糊规则集进行修改，以保证一致性，例如：

```
>>fisMat=newfis('mysys');fisMat=addvar(fisMat,'input','temperature',[0 100]);
>>fisMat1=rmvar(fisMat,'input',1)
```

5.2.3 模糊语言变量的隶属函数

每个模糊语言变量具有多个模糊语言值。模糊语言值的名称通常具有一定的含义，如 NB（负大）、NM（负中）、NS（负小）、ZE（零）、PS（正小）、PM（正中）、PB（正大）等。每个语言值都对应一个隶属函数。隶属函数可有两种描述方式，即数值描述方式和函数描述方式。数值描述方式适用于语言变量的论域为离散的情形，此时隶属函数可用向量或表格的形式来表示；对于论域为连续的情况，隶属函数则采用函数描述方式。

在 MATLAB 模糊逻辑工具箱中支持的隶属函数类型有如下几种：高斯型、三角型、梯型、钟型、Sigmoid 型、π型和 Z 型。利用工具箱中提供的函数可以建立和计算上述各种类型的隶属函数。

隶属函数曲线的形状决定了对输入/输出空间的模糊分割，对模糊推理系统的性能有重要的影响。在 MATLAB 模糊逻辑工具箱中提供了丰富的隶属函数类型的支持，利用工具箱的有关函数可以方便地对各类隶属函数进行建立、修改和删除等操作。语言变量的隶属函数如表 5-3 所示。

表 5-3　语言变量的隶属函数

函 数 名	功　能
plotmf( )	绘制隶属函数曲线
addmf( )	添加模糊语言变量的隶属函数
rmmf( )	删除隶属函数
gaussmf( )	建立高斯型隶属函数
gauss2mf( )	建立双边高斯型隶属函数
gbellmf( )	建立一般的钟型隶属函数
pimf( )	建立π型隶属函数
sigmf( )	建立 Sigmiod 型隶属函数
trapmf( )	建立梯型隶属函数
trimf( )	建立三角型隶属函数
zmf( )	建立 Z 型隶属函数
psigmf( )	计算两个 Sigmiod 型隶属函数之积
dsigmf( )	计算两个 Sigmiod 型隶属函数之和
mf2mf( )	隶属函数间的参数转换
fuzarith( )	隶属函数的计算
evalmf( )	计算隶属函数的值

1．绘制语言变量的隶属函数曲线 plotmf( )

该函数的调用格式为

[x,mf]=plotmf(fisMat,'varType',varIndex)

式中，x 为变量的论域范围；mf 为隶属函数的值；fisMat 为模糊推理系统的对应矩阵名称；varType 为语言变量的类型（即 input 或 output）；varIndex 为语言变量的编号。

2．向模糊推理系统的语言变量添加隶属函数 addmf( )

函数 addmf( )只能给模糊推理系统中存在的某一语言变量添加隶属函数，而不能添加到一个不存在的语言变量中。某个语言变量的隶属函数（即语言值）按照添加的顺序加以编号，第一个添加的隶属函数被编为 1 号，此后依次递增。该函数调用格式为

```
fisMat2=addmf(fisMat1,'varType',varIndex,'mfName','mfType',mfParams)
```

式中，fisMati 为模糊推理系统的对应矩阵名称；varType 为语言变量的类型（即 input 或 output）；varIndex 为语言变量的编号；mfName 指定隶属函数的名称；mfType 和 mfParams 分别指定隶属函数的类型和参数向量。

例如，利用以下命令，可得如图 5-2 所示的隶属函数曲线。

```
>>fisMat=newfis('mysys ');
>>fisMat=addvar(fisMat,'input','service',[0    10]);
>>fisMat=addmf(fisMat,'input',1,'poor','gaussmf',[1.5    0 ]);
>>fisMat=addmf(fisMat,'input',1,'good','gaussmf',[1.5    5]);
>>fisMat=addmf(fisMat,'input',1,'excellent','gaussmf',[1.5 10]);
>>plotmf(fisMat,'input',1)
```

3. 从模糊推理系统中删除一个语言变量的某一隶属函数 rmmf( )

当一个隶属函数正在被当前模糊推理规则使用时，则不能删除。该函数的调用格式为

```
fisMat2=rmmf(fisMat1,'varType',varIndex,'mf',mfIndex)
```

式中，fisMati 为模糊推理系统的对应矩阵名称；varType 为语言变量的类型；varIndex 为语言变量的编号；mf 为隶属函数的名称；mfIndex 为隶属函数的编号。

4. 建立高斯型隶属函数 gaussmf( )

该函数的调用格式为

```
y=gaussmf(x,params)    或    y=gaussmf(x,[sig    c])
```

式中，c 决定了函数的中心点；sig 决定了函数曲线的宽度σ。高斯型函数的形状由 sig 和 c 两个参数决定，高斯函数的表达式如下

$$y = e^{-\frac{(x-c)^2}{\sigma^2}}$$

参数 x 用于指定变量的论域。

例如，利用以下命令，可建立如图 5-3 所示的高斯型隶属函数曲线。

```
>>x=0:0.1:10;y=gaussmf(x,[2    5]); plot(x,y);xlabel('gaussmf, p=[2    5]')
```

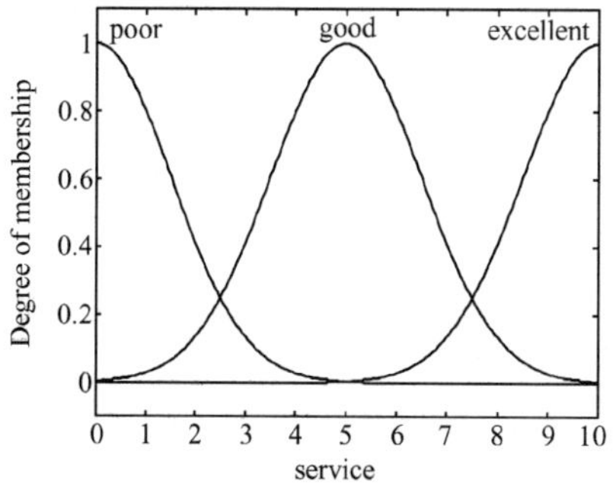

图 5-2 隶属函数曲线

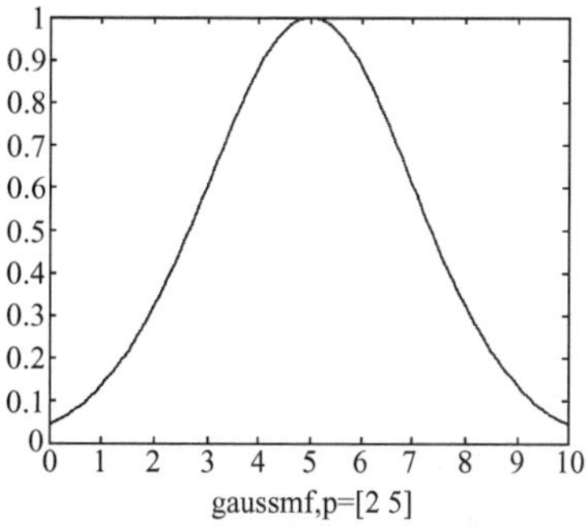

图 5-3 高斯型隶属函数曲线

5. 建立双边高斯型隶属函数 gauss2mf( )

该函数的调用格式为

y=gauss2mf(x,params)　或　y=gauss2mf(x,[sig1 c1 sig2 c2])

双边高斯型函数的曲线由两个中心点不相同的高斯型函数的左、右半边曲线组合而成，其表达式如下式所示。参数 sigl,c1,sig2,c2 分别对应左、右半边高斯函数的宽度与中心点，c2>c1。

$$y=\begin{cases} e^{-\frac{(x-c_1)^2}{\sigma_1^2}}, & x<c_1 \\ e^{-\frac{(x-c_2)^2}{\sigma_2^2}}, & x\geqslant c_2 \end{cases}$$

例如，利用以下命令，可建立如图 5-4 所示的双边高斯型隶属函数曲线。

```
>>x=0:0.1:10;y=gauss2mf(x, [1   3    3   4]);
>>plot(x,y);xlabel('gauss2mf, p=[1   3   3   4]')
```

6. 建立一般的钟型隶属函数 gbellmf( )

该函数的调用格式为

y=gbellmf(x,params)　或　y=gbellmf(x,[a b c])

式中，参数 x 指定变量的论域范围；[a b c]指定钟型函数的形状，钟型函数的表达式如下。

$$y=\frac{1}{1+\left|\frac{x-c}{a}\right|^{2b}}$$

例如，利用以下命令，可建立如图 5-5 所示的钟型隶属函数曲线。

```
>>x=0:0.1:10;y=gbellmf(x, [2   4   6]); plot(x,y);xlabel('gbellmf, p=[2   4   6]')
```

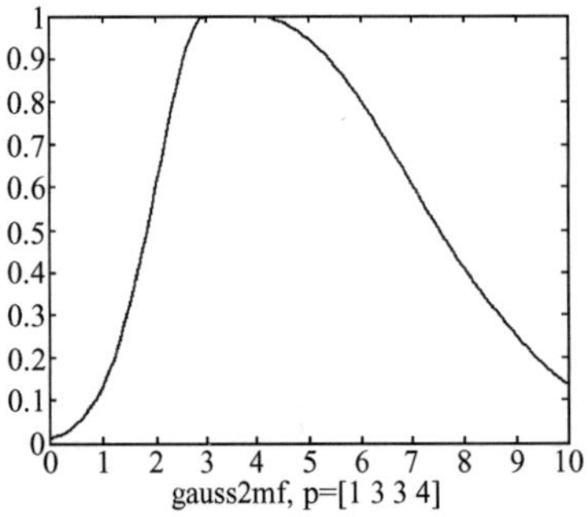

图 5-4　双边高斯型隶属函数曲线

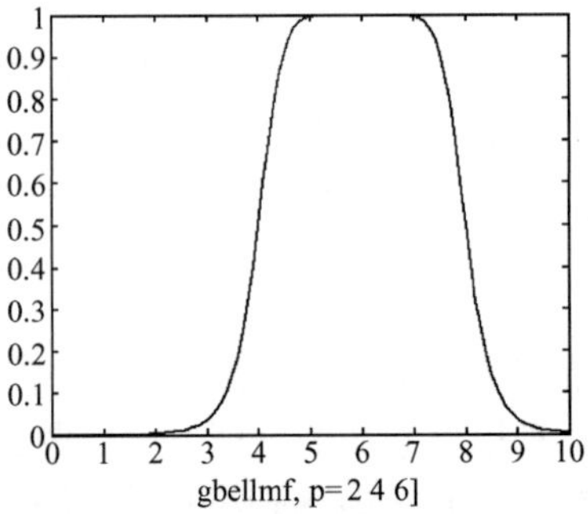

图 5-5　钟型隶属函数曲线

7. 建立π型隶属函数 pimf( )

π型函数是一种基于样条的函数，由于其形状类似字母π而得名。该函数的调用格式为

y=pimf(x,params)　或　y=pimf(x,[a b c d])

式中，参数 x 指定函数的自变量范围；[a b c d] 决定函数的形状，a 和 d 分别对应曲线下部的左右两个拐点，b 和 c 分别对应曲线上部的左右两个拐点。

例如，利用以下命令，可建立如图 5-6 所示的π型隶属函数曲线。

```
>>x=0:0.1:10;y=pimf(x, [1 4 5 10 ]); plot(x,y),xlabel('pimf,p=[1 4 5 10]')
```

8. 建立 Sigmoid 型隶属函数 sigmf( )

该函数的调用格式为

y=sigmf(x,params)　或　y=sigmf(x,[a c])

式中，参数 x 用于指定变量的论域范围；[a　c]决定了 Sigmoid 型函数的形状，其表达式如下。

$$y=\frac{1}{1+e^{-a(x-c)}}$$

Sigmoid 型函数曲线具有半开的形状，因而适于作为“极大”“极小”等语言值的隶属函数。

例如，利用以下命令，可建立如图 5-7 所示的 Sigmoid 型隶属度函数曲线。

```
>>x=0:0.1:10;y=sigmf(x, [2　4 ]); plot(x,y),xlabel('sigmf, p=[2　4 ]')
```

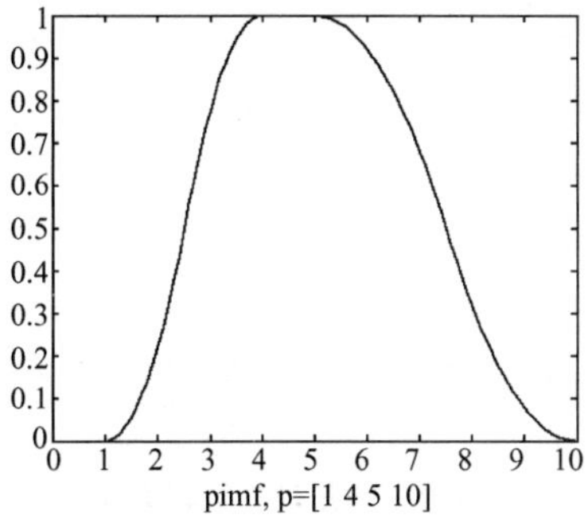

图 5-6　π型隶属函数曲线

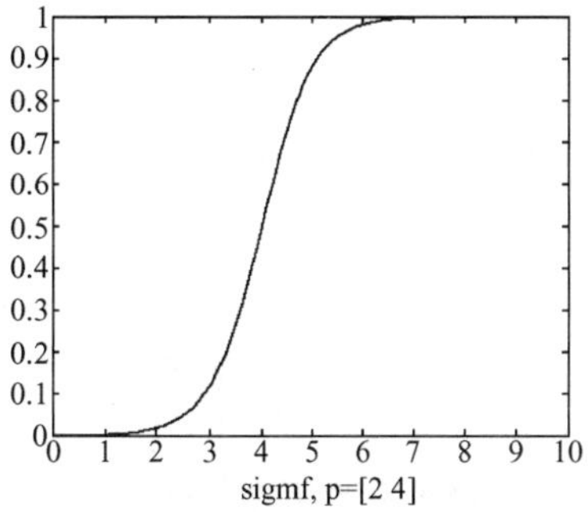

图 5-7　Sigmoid 型隶属函数曲线

9. 建立梯型隶属函数 trapmf( )

该函数的调用格式为

y=trapmf(x,params)　或　y=trapmf(x,[a,b,c,d])

式中，参数 x 指定变量的论域范围；参数 a、b、c 和 d 指定梯型隶属函数的形状，其对应的表达式如下。

$$f(x,a,b,c,d)=\begin{cases}0, & x<a\\ \dfrac{x-a}{b-a} & a\leqslant x\leqslant b\\ 1 & b<x<c\\ \dfrac{d-x}{d-c} & c\leqslant x\leqslant d\\ 0, & d<x\end{cases}$$

例如，利用以下命令，可建立如图 5-8 所示的梯型隶属函数曲线。

```
>>x=0:0.1:10;y=trapmf(x,[1　5　7　8]); plot(x,y),xlabel('trapmf,p=[1　5　7　8]')
```

10. 建立三角型隶属函数 trimf( )

该函数的调用格式为

y=trimf(x,params)　或　y=trimf(x,[a,b,c])

式中，参数 x 指定变量的论域范围；参数 a、b 和 c 指定三角型函数的形状，其表达式如下。

$$f(x,a,b,c)=\begin{cases}0, & x<a\\ \dfrac{x-a}{b-a} & a\leqslant x\leqslant b\\ \dfrac{c-x}{c-b} & b<x\leqslant c\\ 0, & c<x\end{cases}$$

例如，利用以下命令，可建立如图 5-9 所示的三角型隶属函数曲线。

>>x=0:0.1:10;y=trimf(x,[3　6　8]); plot(x,y),xlabel('trimf,p=[3　6　8]')

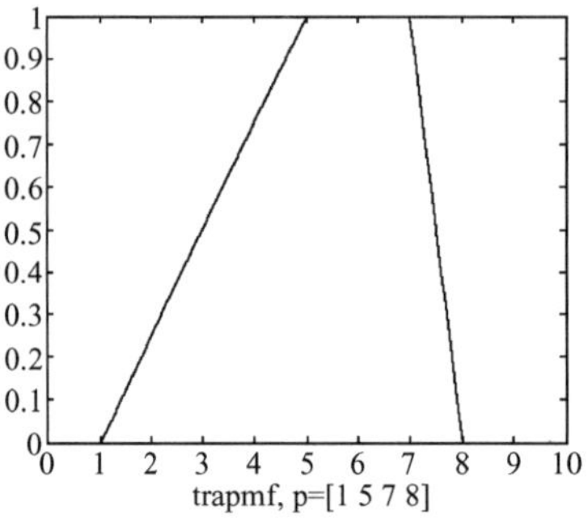

图 5-8　梯型隶属函数曲线

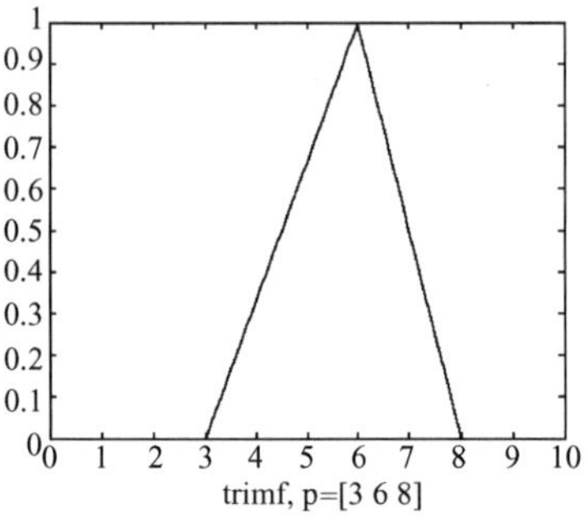

图 5-9　三角型隶属函数曲线

11．建立 Z 型隶属函数 zmf( )

该函数的调用格式为

y=zmf(x,params)　或　y=zmf(x,[a,b])

Z 型函数是一种基于样条插值的函数，两个参数 a 和 b 分别定义样条插值的起点和终点；参数 x 指定变量的论域范围。

例如，利用以下命令，可建立如图 5-10 所示的 Z 型隶属函数曲线。

>>x=0:0.1:10;y= zmf(x,[3 6 8]); plot(x,y),xlabel('trimf,p=[3 6 8]')

12. 通过两个 Sigmoid 型函数的乘积来构造新的隶属函数 psigmf( )

为了得到更符合人们习惯的隶属函数形状，可以利用两个 Sigmoid 型函数之和或乘积来构造新的隶属函数类型，模糊逻辑工具箱中提供了相应的函数。该函数的调用格式为

y=psigmf(x,params)　或　y=psigmf(x,[a1 c1 a2 c2])

式中，参数 al、c1 和 a2、c2 分别用于指定两个 Sigmoid 型函数的形状；参数 x 指定变量的使用范围。新的函数表达式如下：

$$y=\frac{1}{(1+e^{-a_1(x-c_1)})(1+e^{-a_2(x-c_2)})}$$

例如，利用以下命令，绘制两个 Sigmoid 型函数乘积的隶属函数曲线，如图 5-11 所示。

>>x=0:0.1:10;y=psigmf(x,[2　3　–5　8]);

>>plot(x,y); xlabel('psigmf,p=[2　3　-5　8]')

13．通过计算两个 Sigmoid 型函数之和来构造新的隶属函数 dsigmf( )

该函数的调用格式为

y=dsigmf(x,params)　或　y=dsigmf(x,[a1,c1,a2,c2])

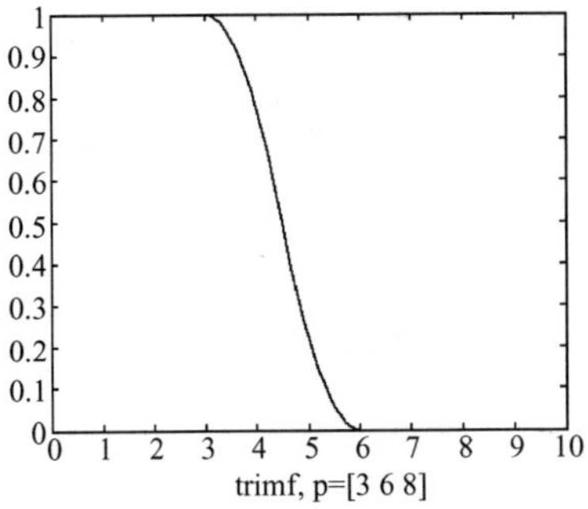

图 5-10　Z 型隶属函数曲线

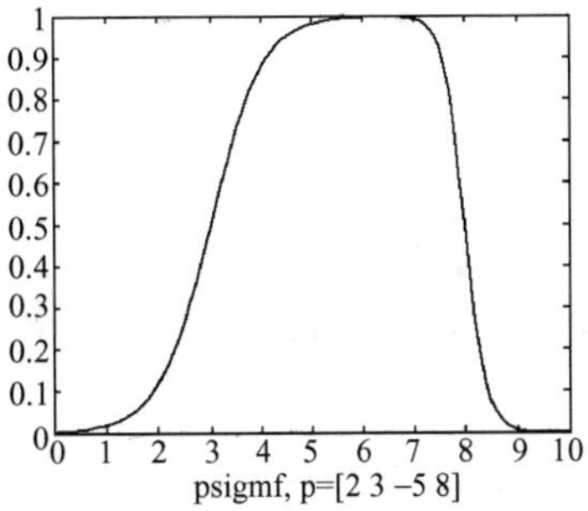

图 5-11　两个 Sigmoid 型函数的乘积

本函数的用法与函数 psigmf( )类似，参数 a1、c1 和 a2、c2 分别用于指定两个 Sigmoid 型函数的形状，构造得到的新的隶属函数表达式如下：

$$y=\frac{1}{1+e^{-a_1(x-c_1)}}+\frac{1}{1+e^{-a_2(x-c_2)}}$$

例如，利用以下命令，绘制两个 Sigmoid 型函数之和的隶属函数曲线，如图 5-12 所示。

```
>>x=0:0.1:10;y=dsigmf(x,[5  2  5  7]);
>>plot(x,y);xlabel('dsigmf,p=[5  2  5  7]')
```

14. 进行不同类型隶属函数之间的参数转换函数 mf2mf( )

该函数的调用格式为

outParams=mf2mf(inParams,inType,outType)

式中，inParams 为转换前的隶属函数的参数；outParams 为转换后的隶属函数的参数；inType 为转换前的隶属函数的类型；outType 为转换后的隶属函数的类型。

该函数将尽量保持两种类型的隶属函数曲线在形状上的近似，特别是保持隶属度等于 0.5 处的点的重合，但不可避免地会丢失一些信息。所以当再次使用该函数进行反向转换时，将无法得到与原来函数相同的参数。该函数只能转换 MATLAB 模糊系统内置的隶属函数，而不能处理用户自定义的函数。

例如，利用以下命令，实现钟型隶属函数向三角型隶属函数的转换，如图 5-13 所示。

```
>>x=0:0.1:5;mfp1=[1 2 3]; mfp2=mf2mf(mfp1,'gbellmf','trimf');
>>plot(x,gbellmf(x,mfp1),x,trimf(x,mfp2))
```

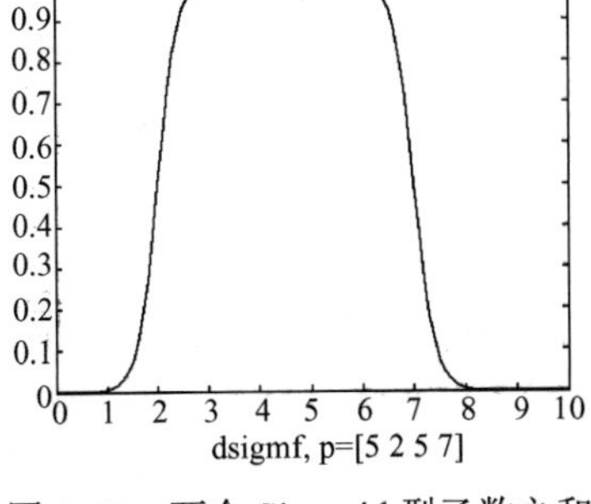

图 5-12　两个 Sigmoid 型函数之和

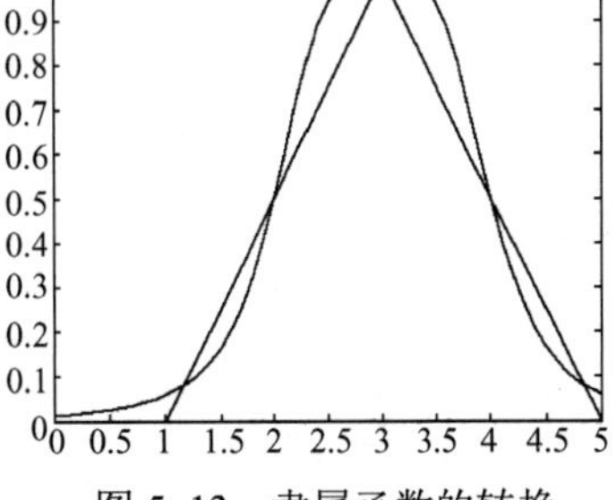

图 5-13　隶属函数的转换

15．隶属函数的计算函数 fuzarith( )

该函数的调用格式为

C=fuzarith (x, A,B,'operator')

式中，x 为要计算的隶属函数的论域；A,B 为隶属函数的值；operator 为模糊运算符，可以是 sum（加）、sub（减）、prod（乘）和 div（除）四种运算中的任一种；C 为 A,B 模糊运算后的隶属函数值，例如：

```
>>x=0:0.1:10;A=trapmf(x,[1   3   6   8]);B=trimf(x,[4   7   9]);
>>C=fuzarith(x,A,B,'sum');plot(x,A,'--', x,B,'-',x,C,'x')
```

16．计算隶属函数的值 evalmf( )

该函数的调用格式为

y=evalmf(x, myParams, 'myType')

式中，x 为要计算的隶属函数的论域；myParams 为隶属函数的参数值；myType 为隶属函数的类型；y 为隶属函数的值。

例如，利用以下命令，可得钟型隶属函数的计算结果曲线，如图 5-14 所示。

```
>>x=0:0.1:10;myParams=[2 4 6]; y=evalmf(x,myParams,'gbellmf');
>>plot(x,y);xlabel('gbellmf,x=[2 4 6]')
```

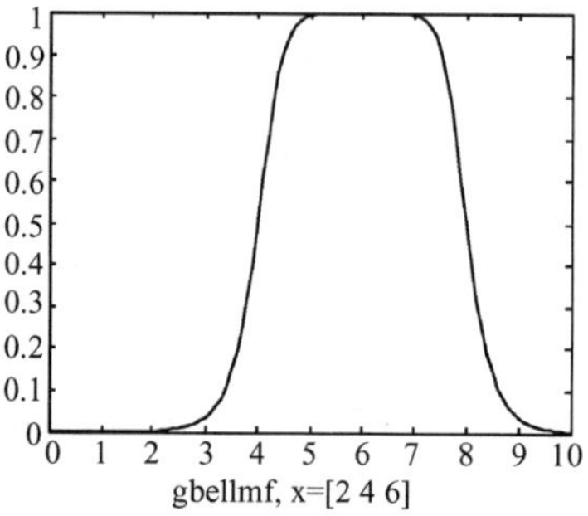

图 5-14　钟型隶属函数的计算结果曲线

5.2.4　模糊规则的建立与修改

在模糊推理系统中，模糊规则以模糊语言的形式描述人类的经验和知识，规则是否正确地反映人类专家的经验和知识，是否反映对象的特性，直接决定模糊推理系统的性能。通常，模糊规则的形式是“IF 前件 THEN 后件”，前件由对模糊语言变量的语言值描述构成，如“温度较高，压力较低”。在一般的模糊推理系统中，后件由对输出模糊语言变量的语言值描述构成，但在高木—关野模糊推理系统中，后件将输出变量表示成输入量的精确值的组合。模糊规则的这种形式化表示是符合人们通过自然语言对许多知识的描述和记忆习惯的。

模糊规则的建立是构造模糊推理系统的关键。在实际应用中，初步建立的模糊规则往往难以达到良好的效果，必须不断加以修正和试凑。在模糊规则的建立修正和试凑过程中，应尽量保证模糊规则的完备性和相容性。一般模糊规则可以由如下两种途径获得：请教专家或采用基于测量数据的学习算法。在 MATLAB 模糊逻辑工具箱中，提供了有关对模糊规则建立和操作的函数，如表 5-4 所示。

表 5-4　模糊规则建立和修改的函数

函 数 名	功　能
addrule( )	向模糊推理系统添加模糊规则函数
parsrule( )	解析模糊规则函数
showrule( )	显示模糊规则函数

1. 向模糊推理系统添加模糊规则函数 addrule( )

该函数的调用格式为

fisMat2=addrule(fisMat1,rulelist)

式中，参数 fisMat1/2 为添加规则前后模糊推理系统对应的矩阵名称；rulelist 以向量的形式给出需要添加的模糊规则，该向量的格式有严格的要求，如果模糊推理系统有 m 个输入语言变量和 n 个输出语言变量，则向量 rulelist 的列数必须为 m+n+2，而行数任意。在 rulelist 的每一行中，前 m 个数字表示输入变量对应的隶属函数的编号，其后的 n 个数字表示输出变量对应的隶属函数的编号，第 m+n+1 个数字是该规则适用的权重，权重的值在 0 到 1 之间，一般设定为 1；第 m+n+2 个数字为 0 或 1 两个值之一，如果为 1 则表示模糊规则前件的各语言变量之间是“与”的关系，如果是 0 则表示是“或”的关系。

例如，系统 fisMat 有两个输入和一个输出，其中两条模糊规则分别为：

IF x is $\mathbf{X}_1$ and y is $\mathbf{Y}_1$ THEN z is $\mathbf{Z}_1$

IF x is $\mathbf{X}_2$ and y is $\mathbf{Y}_2$ THEN z is $\mathbf{Z}_2$

则可采用如下的 MATLAB 命令来实现以上两条模糊规则。

```
>>rulelist=[1 1 1 1 1;2 2 2 1 1]; fisMat=addrule(fisMat,rulelist)
```

例 5-1　假设一单输入单输出系统，输入为表征饭店侍者服务好坏的值（0～10），输出为客人付给的小费（0～30）。其中规则有如下三条：

IF 服务 差　THEN 小费 低

IF 服务 好　THEN 小费 中等

IF 服务 很好 THEN 小费 高

适当选择服务和小费的隶属函数后，设计一个基于 Mamdani 模型的模糊推理系统，并绘制输入/输出曲线。

解： 利用以下程序，可得如图 5-15 所示的隶属函数的设定与输入/输出曲线。

```
%ex5_1.m
fisMat=newfis('ex5_1');
fisMat=addvar(fisMat,'input','服务',[0  10]);
fisMat=addvar(fisMat,'output','小费',[0  30]);
fisMat=addmf(fisMat,'input',1,'差','gaussmf',[1.8  0]);
fisMat=addmf(fisMat,'input',1,'好','gaussmf',[1.8  5]);
fisMat=addmf(fisMat,'input',1,'很好','gaussmf',[1.8  10]);
fisMat=addmf(fisMat,'output',1,'低','trapmf',[0 0 5 15]);
fisMat=addmf(fisMat,'output',1,'中等','trimf',[5 15 25]);
fisMat=addmf(fisMat,'output',1,'高','trapmf',[15 25 30 30]);
rulelist=[1 1 1 1;2 2 1 1;3 3 1 1];fisMat=addrule(fisMat,rulelist);
subplot(3,1,1);plotmf(fisMat,'input',1);xlabel('服务');ylabel('输入隶属度');
subplot(3,1,2);plotmf(fisMat,'output',1);xlabel('小费');ylabel('输出隶属度')
```

```
subplot(3,1,3);gensurf(fisMat);
```

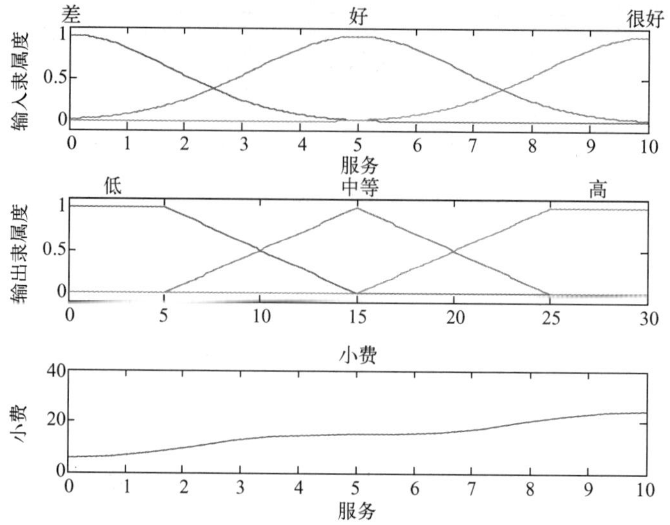

图 5-15　隶属函数的设定与输入/输出曲线

由图 5-15 可见，由于隶属函数的合适选择，模糊系统的输出是输入的严格递增函数，也就是说，付给侍者的小费是随着服务质量的提高而增加的。当隶属函数的选取不能保证相邻模糊量的交点大于 0.5 时（如将以上程序中服务隶属函数的参数 1.8 修改为 1.0），输出将不是输入的严格递增函数，这时小费可能会随着服务质量的提高而减少。

例 5-2　假设一单输入单输出系统，输入 $x\in[0，15]$模糊化成三级，小、中和大；输出 $y\in[0，15]$由下列三条规则确定：

IF x is 小 THEN　$y=x$

IF x is 中 THEN　$y=-0.5x+9$

IF x is 大 THEN　$y=2x-18.5$

设计一基于 Sugeno 模型的模糊推理系统，并绘制输入/输出曲线。

解：在利用 MATLAB 设计 Sugeno 模糊系统时，其步骤仍然与建立 Mamdani 模糊系统相似，只是输出变量值的隶属度的概念被模糊规则中的线性函数或常数取代了，因此推理的过程就省略了蕴涵运算以及不同模糊规则之间结果的合成运算，以致在后面介绍的基本模糊推理系统编辑器（fuzzy）环境里的“Implication”和“Aggregation”算法选择项都不能使用。但是这里对于输出仍然会用到“隶属函数”的提法，只是对于 Sugeno 型系统输出变量的“隶属函数”不是通常模糊逻辑意义中的隶属函数，而是输出变量取值关于输入变量的线性或常值函数（姑且将它们看作单点模糊集，因此也可将系统的输出看作模糊量，其隶属函数分别采用 constant 和 linear）。这样也就使得输出变量的范围无法直接确定（论域不能事先确定），因而在 MATLAB 中对于 Sugeno 型系统输出变量的范围（Range）指定是没有作用的。利用以下 MATLAB 程序，可得如图 5-16 所示的隶属函数的设定与输入/输出曲线。

```
%ex5_2.m
fisMat=newfis('ex5_2','sugeno');
fisMat=addvar(fisMat,'input','x',[0   15]);
fisMat=addvar(fisMat,'output','y',[0   15]);
```

```
fisMat=addmf(fisMat,'input',1,'小','gaussmf',[3.4  0]);
fisMat=addmf(fisMat,'input',1,'中','gaussmf',[3.4  8]);
fisMat=addmf(fisMat,'input',1,'大','gaussmf',[3.4  15]);
fisMat=addmf(fisMat,'output',1,'第1区','linear',[1 0]);
fisMat=addmf(fisMat,'output',1,'第2区','linear',[-0.5 9]);
fisMat=addmf(fisMat,'output',1,'第3区','linear',[2 -18.5]);
rulelist=[1 1 1 1;2 2 1 1;3 3 1 1];
fisMat=addrule(fisMat,rulelist);
subplot(2,1,1);plotmf(fisMat,'input',1);subplot(2,1,2);gensurf(fisMat);
getfis(fisMat,'output',1,'mf',1); getfis(fisMat,'output',1,'mf',2);
getfis(fisMat,'output',1,'mf',3);
```

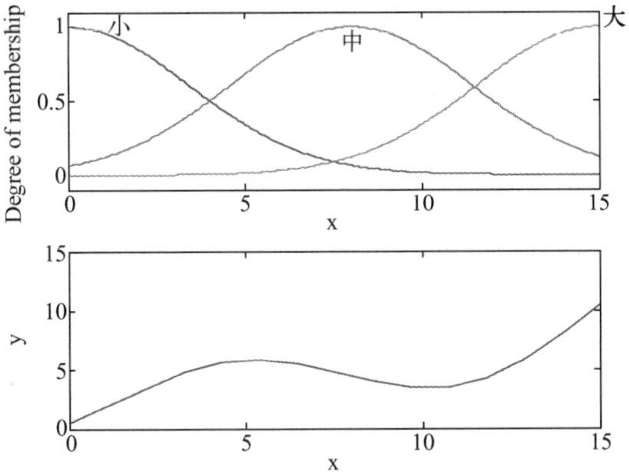

图 5-16　隶属函数的设定与输入/输出曲线

由图 5-16 可见，由于隶属函数的合适选择，模糊系统的输出曲线是光滑的。从以上的输入/输出关系图中可以清楚地看到，经过 Sugeno 方法运算后，输入/输出的关系由原来给定的三个线性函数内插为一条光滑的输入/输出曲线，这也说明了 Sugeno 系统是一种将线性方法用于非线性系统的简单有效的手段。这一点正是它被广泛使用在诸如系统控制、系统建模等领域的一个重要原因。

2．解析模糊规则函数 parsrule( )

函数 parsrule( )对给定的模糊语言规则进行解析并添加到模糊推理系统矩阵中。其调用格式为

fisMat2=parsrule(fisMat1,txtRuleList,ruleFormat,lang)

式中，fisMati 为模糊推理系统矩阵；txtRuleList 为模糊语言规则；ruleFormat 为规则的格式，包括语言型（'verbose'）、符号型（'symbolic'）和索引型（'indexed'）；lang 为规则使用的语言，可以是“English”“Francais”和“Deusch”。lang 的默认值为 English，此时关键词为 if、then、is、and、or 和 not，ruleFormat 参数会自动设为语言型（'verbose'）。例如：

```
>>fisMat1=readfis('tipper');ruleTxt='if service is poor then tip is generous';
>>fisMat2=parsrule(fisMat1,ruleTxt,'verbose');showrule(fisMat2)
```

3．显示模糊规则函数 showrule( )

该函数的调用格式为

showrule(fisMat,indexList,format,lang)

式中，fisMat 为模糊推理系统矩阵；indexList 为规则编号；format 为规则的格式，同函数 parsrule( )中的 ruleFormat 参数定义；lang 为规则使用的语言，同函数 parsrule( )中的 lang 定义。

本函数用于显示指定的模糊推理系统的模糊规则，模糊规则可以按三种方式显示，即：语言方式（verbose）、符号方式（symbolic）和隶属函数编号方式（membership function index referencing）。第一个参数是模糊推理系统矩阵的名称，第二个参数是规则编号，第三个参数是规则显示方式。规则编号可以以向量形式指定多个规则，例如：

```
>>fisMat=readfis('tipper'); showrule(fisMat,1)
>>fisMat=readfis('tipper');showrule(fisMat,2)
>>fisMat=readfis('tipper');showrule(fisMat,[3 1],'symbolic')
>>fisMat=readfis('tipper');showrule(fisMat,1:3,'indexed')
```

5.2.5 模糊推理计算与去模糊化

在建立好模糊语言变量及其隶属度的值并构造完成模糊规则之后，就可执行模糊推理计算了。模糊推理的执行结果与模糊蕴涵操作的定义、推理合成规则、模糊规则前件部分的连接词“and”的操作定义等有关，因而有多种不同的算法。

目前常用的模糊推理合成规则是“极大—极小”合成规则，设 **R** 表示规则“x 为 **A**→y 为 **B**”表达的模糊关系，则当 x 为 **A**′时，按照“极大—极小”规则进行模糊推理的结论 **B**′计算如下：

$$\mathbf{B}' = \mathbf{A}' \circ \mathbf{R} = \int_{Y} \bigvee_{x \in X} (\mu_{A'}(x) \wedge \mu_R(x, y)) / y$$

基于模糊蕴涵操作的不同定义，人们提出了多种模糊推理算法，其中较为常用的是 Mamdani 模糊推理算法和 Larsen 模糊推理算法。另外，对于输出为精确量的一类特殊模糊逻辑系统——Takagi-Sugeno 型模糊推理系统，采用了将模糊推理与去模糊化结合的运算操作。与其他类型的模糊推理方法不同，Takagi-Sugeno 型模糊推理将去模糊化也结合到模糊推理中，其输出为精确量。这是由 Takagi-Sugeno 型模糊规则的形式所决定的，在 Takagi-Sugeno 型模糊规则的后件部分将输出量表示为输入量的线性组合。零阶 Takagi-Sugeno 型模糊规则具有如下形式：

IF　x 为 **A** 且 y 为 **B**　THEN　z=k

式中，k 为常数。而一阶 Takagi-Sugeno 型模糊规则的形式如下：

IF　x 为 **A** 且 y 为 **B**　THEN　z=p*x+q*y+r

式中，p、q、r 均为常数。

对于一个由 n 条规则组成的 Takagi-Sugeno 型模糊推理系统，设每条规则具有下面的形式：

$\mathbf{R}_i$：IF x 为 $\mathbf{A}_i$ 且 y 为 $\mathbf{B}_i$　THEN　$z=z_i$　　$(i=1,2,\cdots,n)$

则系统总的输出用下式计算：

$$y = \frac{\sum_{i=1}^{n} \mu_{A_i}(x)\mu_{B_i}(y) z_i}{\sum_{i=1}^{n} \mu_{A_i}(x)\mu_{B_i}(y)}$$

在 MATLAB 模糊逻辑工具箱中提供了有关对模糊推理计算与去模糊化的函数，如表 5-5 所示。

表 5-5　模糊推理计算与去模糊化的函数

函 数 名	功　能
evalfis( )	执行模糊推理计算函数
defuzz( )	执行输出去模糊化函数
gensurf( )	生成模糊推理系统的输出曲面并显示函数

1. 执行模糊推理计算函数 evalfis( )

该函数用于计算已知模糊系统在给定输入变量时的输出值。其调用格式为

output=evalfis(input,fisMat)

式中，input 为输入向量，它的每一行对应一组输入变量值；output 为输出向量，它的每一行对应一组输出变量值；fisMat 为模糊推理系统的对应矩阵名称。输入向量是 M×N 矩阵，其中 N 是输入语言变量个数；输出向量是 M×L 矩阵，其中 L 是输出语言变量个数。evalfis( )有两种文件格式，即 M-文件和 MEX-文件，考虑到运算的速度，通常调用 MEX-文件执行模糊推理计算。

例 5-3　某一工业过程要根据测量的温度和压力来确定阀门开启的角度。假设输入温度∈[0，30]模糊化成两级：冷和热。压力∈[0，3]模糊化成两级：高和正常。输出阀门开启角度的增量∈[-10，10]模糊化成三级：正、负和零。模糊控制规则为

IF 温度 is 冷 and 压力 is 高　THEN 阀门角度增量 is 正
IF 温度 is 热 and 压力 is 高　THEN 阀门角度增量 is 负
IF 　　　　　　　压力 is 正常 THEN 阀门角度增量 is 零

适当选择隶属函数后，设计一基于 Mamdani 模型的模糊推理系统，计算当温度和压力分别为 5 和 1.5 以及 11 和 2 时阀门开启的角度增量，并绘制输入/输出曲面图。

解：利用以下 MATLAB 程序，可得如下结果和如图 5-17 所示的系统输入/输出特性曲面图。

```
%ex5_3.m
fisMat=newfis('ex5_3');
fisMat=addvar(fisMat,'input','温度',[0   30]);
fisMat=addvar(fisMat,'input','压力',[0   3]);
fisMat=addvar(fisMat,'output','阀增量',[-10   10]);
fisMat=addmf(fisMat,'input',1,'冷','trapmf',[0 0 10 20]);
fisMat=addmf(fisMat,'input',1,'热','trapmf',[10 20 30 30]);
fisMat=addmf(fisMat,'input',2,'正常','trimf',[0 1 2]);
fisMat=addmf(fisMat,'input',2,'高','trapmf',[1 2 3 3]);
fisMat=addmf(fisMat,'output',1,'负','trimf',[-10 -5 0]);
fisMat=addmf(fisMat,'output',1,'零','trimf',[-5 0 5]);
fisMat=addmf(fisMat,'output',1,'正','trimf',[0 5 10]);
rulelist=[1 2 3 1 1;2 2 1 1 1;0 1 2 1 0];fisMat=addrule(fisMat,rulelist);
gensurf(fisMat);in=[5 1.5;11 2];out=evalfis(in,fisMat)
```

执行结果：

out =

　　2.5000

　　3.3921

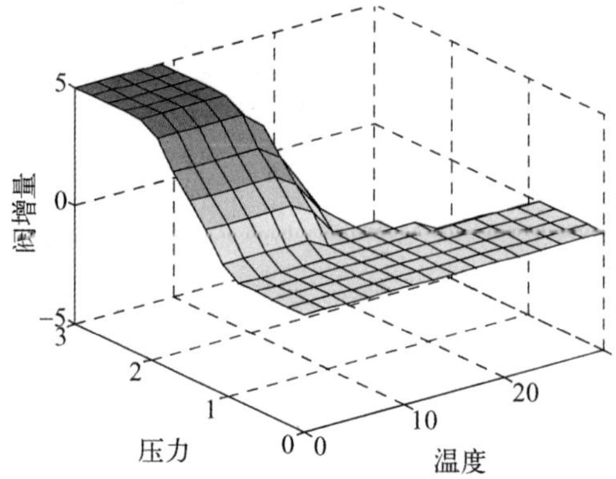

图 5-17　系统输入/输出特性曲面图

由以上结果可知，当温度和压力分别为 5 和 1.5 时，阀门开启角度的增量为 2.5；温度和压力分别为 11 和 2 时，阀门开启角度的增量为 3.3921。

2. 执行输出去模糊化函数 defuzz( )

该函数的调用格式为

out=defuzz(x,mf,type)

式中，参数 x 是变量的论域范围；mf 为待去模糊化的模糊集合；type 是去模糊化的方法，去模糊化的方法包括 5 种，即 centroid（面积中心法）、bisector（面积平分法）、mom（平均最大隶属度方法）、som（最大隶属度中的取最小值方法）、lom（最大隶属度中的取最大值方法）。例如：

```
>>x=-10:0.1:10;mf=trapmf(x,[-10 -8 -4 7]);xx=defuzz(x,mf,'centroid')
```

输出结果：

xx =

　　−3.2857

3. 生成模糊推理系统的输出曲面并显示函数 gensurf( )

该函数的调用格式为

gensurf(fisMat)

gensurf(fisMat,inputs,outputs)

gensurf(fisMat,inputs,outputs,grids,refinput)

式中，参数 fisMat 为模糊推理系统对应的矩阵；inputs 为模糊推理系统的一个或两个输入语言变量的编号；output 为模糊推理系统的输出语言变量的编号；参数 grids 用于指定 x 和 y 坐标方向的网络数目；当系统输入变量多于两个时，参数 refinput 用于指定保持不变的输入变量。由于 gensurf( )函数只能绘制二维平面图或三维曲面图，当系统的输入参数多于两个时，函数 gensurf(fisMat)（仅有一个参数 fisMat）生成由模糊推理系统的前两个输入和第一个输出构成的三维曲面，否则应指明绘制哪两个输入和哪一个输出的三维曲面。

例如，针对两输入单输出的模糊推理系统 tipper，函数 gensurf( )有以下几种使用方法：

>>fisMat=readfis('tipper');gensurf(fisMat)

或 >>fisMat=readfis('tipper');gensurf(fisMat,[1 2],1)

>>fisMat=readfis('tipper');gensurf(fisMat,1,1)

>>fisMat=readfis('tipper');gensurf(fisMat,2,1)

第 36 讲

5.3 MATLAB 模糊逻辑工具箱的图形用户界面

前面介绍了模糊逻辑工具箱中有关构造模糊推理系统的函数，这些函数都是直接在 MATLAB 命令行窗口执行并显示结果的。为了进一步方便用户，模糊逻辑工具箱提供了一套用于构造模糊推理系统的图形用户界面，它具有以下五大功能。

5.3.1 模糊推理系统编辑器

模糊推理系统编辑器（Fuzzy）提供了利用图形界面（GUI）对模糊系统的高层属性的编辑、修改功能，这些属性包括输入/输出语言变量的个数和去模糊化方法等。用户在基本模糊编辑器中，可以通过菜单选择激活其他几个图形界面编辑器，如隶属函数编辑器（Mfedit）、模糊规则编辑器（Ruleedit）、模糊规则浏览器（Ruleview）和模糊推理输入输出曲面浏览器（Surfview）。

在 MATLAB 命令窗口中，可以用以下两种方法启动模糊推理系统编辑器 FIS Editor：

① 在 MATLAB 的命令窗口中直接输入 fuzzy 命令；

② 首先利用 MATLAB 左下角的“Start”→“Toolboxes”→“Fuzzy Logic”命令，打开模糊逻辑系统工具箱菜单窗口。然后利用鼠标双击模糊逻辑系统（Fuzzy Logic）中的 FIS Editor Viewer 项。

在以上两种方式启动下，模糊推理系统编辑器的图形界面如图 5-18 所示。

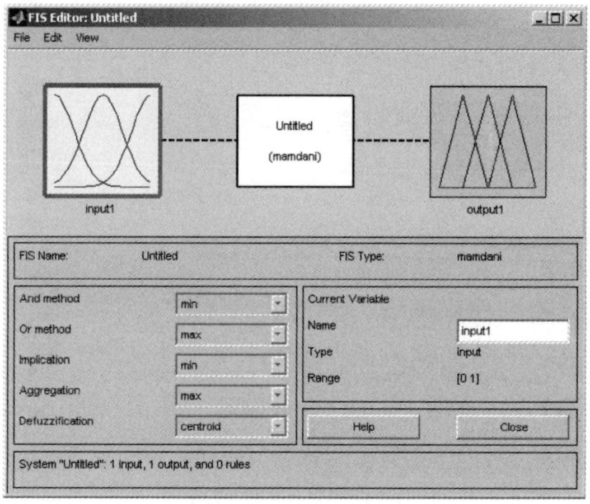

图 5-18 模糊推理系统编辑器的图形界面

从图 5-18 中可以看到，在窗口上半部分以图形框的形式列出了模糊推理系统的基本组成部分，即输入模糊变量（input1）、模糊规则（Mamdani 型或 Sugeno 型）和输出模糊变量（output1）。通过鼠标双击上述图形框，能够激活隶属函数编辑器和模糊规则编辑器等相应的编辑窗口。在窗口下半部分的右侧，列出了当前选定的模糊语言变量（Current Variable）的名称、类型及其论域范围。窗口的中部给出了模糊推理系统的名称（FIS Name）及其类型（FIS Type）。窗口的下半部分的左侧列出了模糊推理系统的一些基本属性，包括“与”运算（And method）、“或”运算（Or method）、蕴涵运算（Implication）、模糊规则的综合运算（Aggregation）以及去模糊化（Defuzzification）等。用户只需用鼠标即可设定相应的属性。其中“与”运算（And method）可为其选择min（最小）、prod（乘积）或custom（自定义）运算；“或”运算（Or method）可为其选择max（最大）、probor（概率方法）或custom运算；蕴涵运算（Implication）可为其选择min、prod或custom运算，但不适用于Sugeno型的模糊推理；模糊规则的综合运算（Aggregation）可为其选择max、sum（求和）、probor或custom运算，但不适用于Sugeno型的模糊推理；去模糊化（Defuzzification）对于Mamdani型模糊推理系统，可为其选择centroid（区域重心法）、bisector（区域等分法）、mom（极大平均法）、som（极大最小法）、lom（极大最大法）或custom，对于Sugeno型模糊推理系统，可为其选择wtaver（加权平均）或wtsum（加权求和）。窗口的最下面给出了当前系统的输入/输出数和模糊控制规则数。

在图5-18中，模糊推理系统的基本属性默认设定为：“与”运算采用极小运算（min），“或”运算采用极大运算（max），蕴涵运算采用极小运算（min），模糊规则的综合运算采用极大运算（max），去模糊化采用重心法（centroid）。

在模糊推理系统编辑器FIS Editor的菜单部分中主要提供了以下功能。

1．文件（File）菜单

文件菜单的主要功能包括：

- New Mamdani FIS——新建Mamdani型模糊推理系统；
- New Sugeno FIS——新建Sugeno型模糊推理系统；
- Import From Workspace——从工作空间加载一个模糊推理系统；
- Import From File——从磁盘文件加载一个模糊推理系统；
- Export to Workspace——将当前的模糊推理系统保存到工作空间；
- Export to File——将当前的模糊推理系统保存到磁盘文件；
- Print——打印模糊推理系统的信息；
- Close Window——关闭窗口。

2．编辑（Edit）菜单

编辑菜单的功能包括：

- Undot——撤销最近的操作；
- Add Variable... Input——添加输入语言变量；
- Add Variable... Output——添加输出语言变量；
- Remove Selected Variable——删除所选语言变量；
- Add MFs——在当前变量中添加系统所提供的隶属函数；
- Add Custom MF——在当前变量中添加用户自定义的隶属函数（.m文件）；
- Remove Selected MF——删除所选隶属函数；
- Remove All MFs——删除当前变量的所有隶属函数；
- Membership Functions——打开隶属函数编辑器（Mfedit）；

- Rules——打开模糊规则编辑器（Ruleedit）；
- FIS Properties——打开模糊推理系统编辑器（Fuzzy）。

3．视图（View）菜单

视图菜单的功能包括：

- Rules——打开模糊规则浏览器（Ruleview）；
- Surface——打开模糊推理输入输出曲面浏览器（Surfview）。

5.3.2　隶属函数编辑器

在 MATLAB 命令窗口输入“mfedit”，或在模糊推理系统编辑器中选择编辑隶属函数菜单（Edit/Membership Functions），都可激活隶属函数编辑器。在该编辑器中，提供了对输入/输出语言变量各语言值的隶属函数类型、参数，进行编辑、修改的图形界面工具，其界面如图 5-19 所示。

在该图形界面中，窗口上半部分为隶属函数的图形显示，下半部分为隶属函数的参数设定界面，包括语言变量的名称、论域和隶属函数的名称、类型和参数。

在菜单部分，文件菜单和视图菜单的功能与模糊推理系统编辑器的文件功能类似。编辑菜单的功能包括添加隶属函数、添加定制的隶属函数以及删除隶属函数等。

5.3.3　模糊规则编辑器

在 MATLAB 命令窗口输入“ruleedit”，或在模糊推理系统编辑器中选择编辑模糊规则菜单（Edit/Rules），均可激活模糊规则编辑器。在模糊规则编辑器中，提供了添加、修改和删除模糊规则的图形界面，其空白界面如图 5-20 所示。

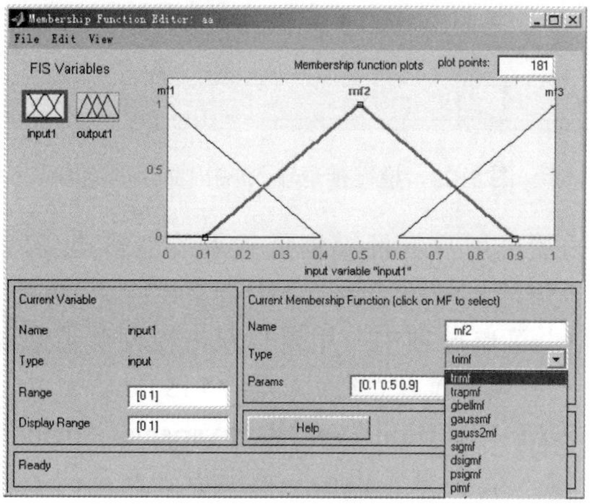

图 5-19　隶属函数编辑器

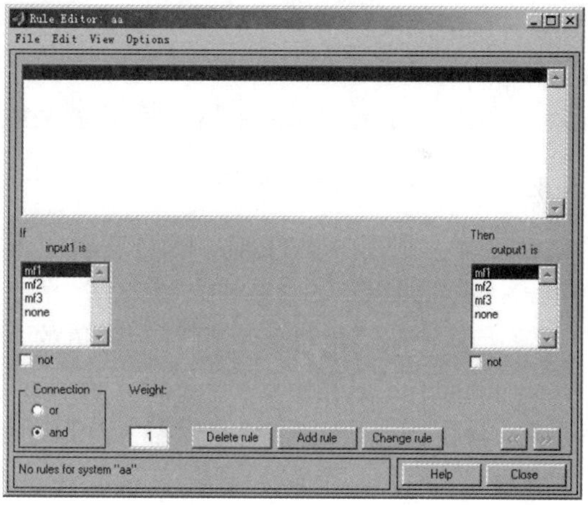

图 5-20　模糊规则编辑器

在模糊规则编辑器中提供了一个文本编辑窗口，用于规则的输入和修改。模糊规则的形式可有三种，即语言型（Verbose）、符号型（Simbolic）以及索引型（Indexed）。在窗口的下部有一个下拉列表框，供用户选择某一规则类型。

为利用规则编辑器建立规则，首先应定义该编辑器使用的所有输入和输出变量（系统自动地将在该编辑器中定义的输入/输出变量显示在窗口的左下部），然后在窗口上选择相应的输入/输出变量（以及是否加否定词 not）和不同输入变量之间的连接关系（or 或 and）以及权重 weight 的值

(默认值为 1)，最后单击【Add rule】按钮，便可将此规则显示在编辑器的显示区域中。

模糊规则编辑器的菜单功能与前两种编辑器基本类似，在其视图菜单中能够激活其他的编辑器或窗口。

5.3.4　模糊规则浏览器

在 MATLAB 命令窗口输入“ruleview”，或在上述三种编辑器中选择相应菜单（View/Rules），都可激活模糊规则浏览器。在模糊规则浏览器中，以图形形式描述了模糊推理系统的推理过程，其空白界面如图 5-21 所示。

5.3.5　模糊推理输入/输出曲面浏览器

在 MATLAB 命令窗口输入“surfview”，或在各个编辑器窗口选择相应菜单（View/Surface），即可打开模糊推理输入输出曲面浏览器。该窗口以图形的形式显示模糊推理系统的输入/输出特性曲面，其空白界面如图 5-22 所示。

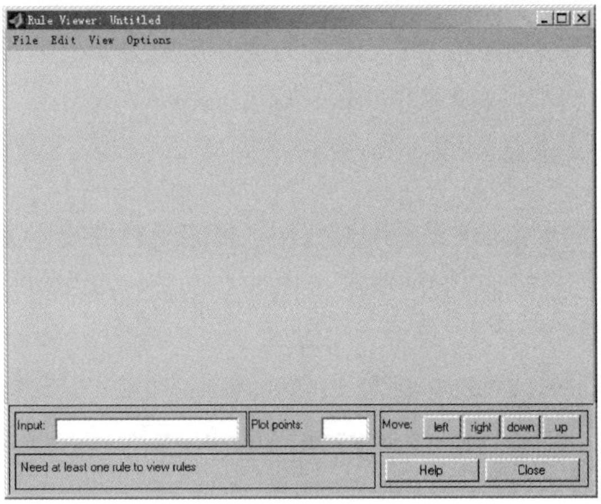

图 5-21　模糊规则浏览器

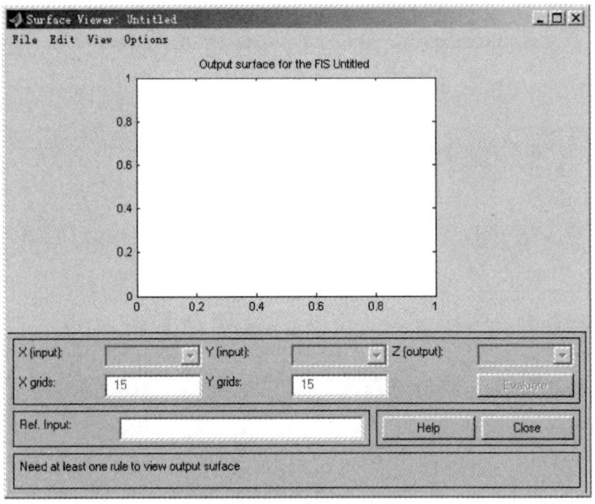

图 5-22　模糊推理输入/输出曲面浏览器

例 5-4　利用 MATLAB 模糊逻辑工具箱的图形用户界面模糊推理系统编辑器（FIS Editor），重新求解例 5-3 中的问题。

解：（1）在 MATLAB 窗口左下角的“Start”菜单选项中，用鼠标双击模糊逻辑系统（Fuzzy Logic）工具箱中的 FIS Editor Viewer 项，打开模糊推理系统编辑器（FIS Editor）。

（2）利用模糊推理系统编辑器（FIS Editor）窗口中的“Edit”→“Add Variable... Input”菜单命令，添加一个输入语言变量，并将两个输入语言变量和一个输出语言变量的名称（Name）分别定义为：温度、压力和阀增量，如图 5-23 所示。

（3）利用编辑器窗口中的“Edit”→“Membership Functions”菜单命令，打开隶属函数编辑器（Membership Functions Editor），将输入语言变量“温度”的取值范围（Range）和显示范围（Display Range）均设置为[0，30]；所包含的两条隶属函数曲线的类型（Type）均设置为梯型函数（trapmf），其名称（Name）和参数（Params）分别设置为：冷、[0 0 10 20]，热、[10 20 30 30]。

将输入语言变量“压力”取值范围（Range）和显示范围（Display Range）均设置为[0，

3]；所包含的两条隶属函数曲线的类型（Type）分别设置为三角型函数（trimf）和梯型函数（trapmf），其名称（Name）和参数（Params）分别设置为：正常、[0 1 2]，高、[1 2 3 3]。

将输出语言变量“阀增量”的取值范围（Range）和显示范围（Display Range）均设置为[-10，10]；所包含的三条隶属函数曲线的类型（Type）均设置为三角型函数（trimf），其名称（Name）和参数（Params）分别设置为：负、[-10 -5 0]，零、[-5 0 5]，正、[0 5 10]。其中，输出语言变量“阀增量”的隶属函数编辑器窗口如图 5-24 所示。

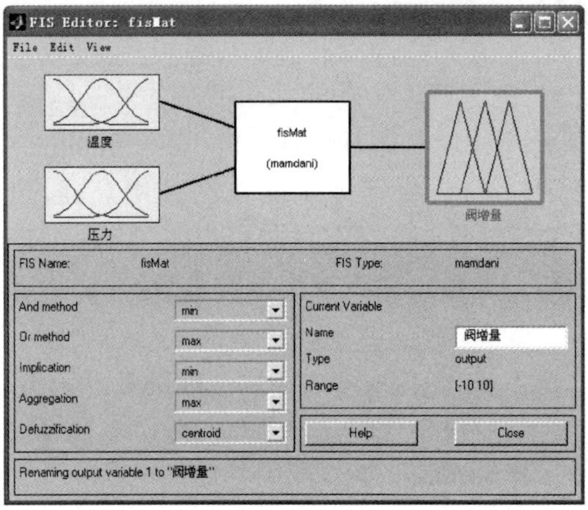

图 5-23 模糊推理系统编辑器窗口

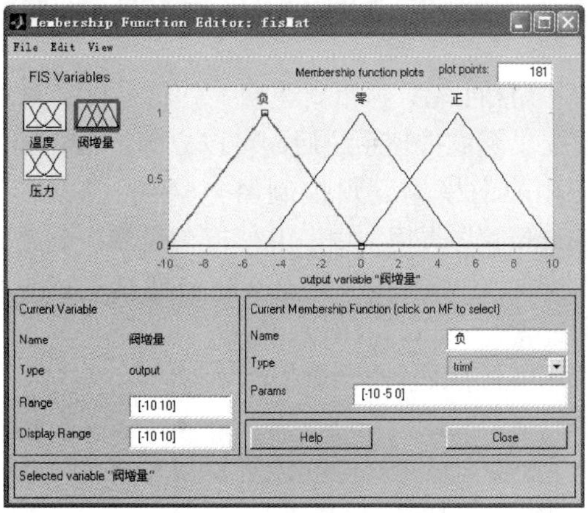

图 5-24 隶属函数编辑器窗口

（4）利用编辑器窗口中的“Edit”→“Rules”菜单命令，打开模糊规则编辑器（Rule Editor），根据题给的 3 条模糊控制规则进行设置，所有规则权重 Weight 均取默认值 1，如图 5-25 所示。

（5）利用编辑器窗口中的“View”→“Surface”菜单命令，可得输入/输出特性曲面，其中该模糊推理系统的输入/输出特性曲线见图 5-17。

（6）利用编辑器窗口中“View”→“Rules”菜单命令，可得该模糊推理系统的模糊规则浏览器，如图 5-26 所示。在图 5-26 所示的模糊规则浏览器窗口左下角的输入框（Input）中，分别输入[5 1.5]和[11 2]时，可得对应的模糊推理系统的输出结果分别为：阀增量=2.5 和阀增量=3.39。

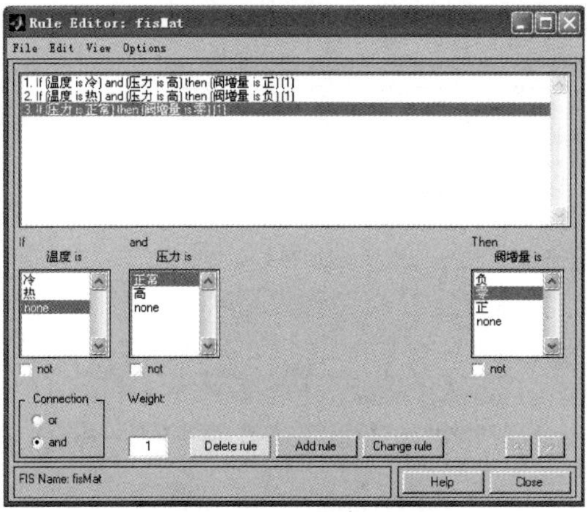

图 5-25 模糊规则编辑器窗口

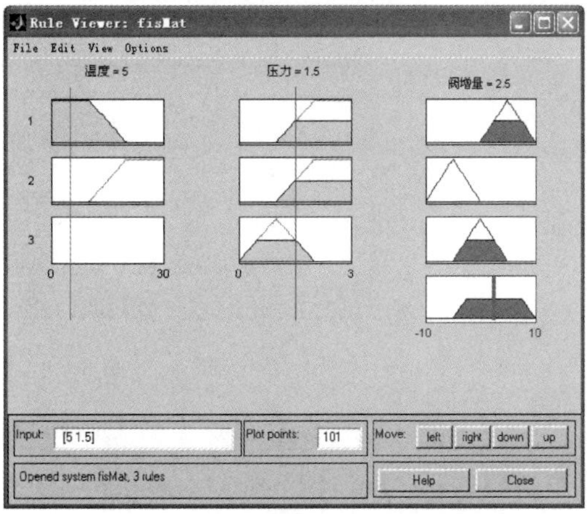

图 5-26 模糊规则浏览器窗口

（7）利用编辑器窗口中的“File”→“Export to Workspace”菜单命令，将当前的模糊推理系统以名字 fisMat（系统自动将其扩展名设置为.fis）保存到 MATLAB 工作空间的 fisMat.fis 模糊推理矩阵中。此时，在 MATLAB 命令窗口利用以下 MATLAB 命令，也可得到与例 5-3 相同的结果。

```
>>in=[5 1.5;11 2];out=evalfis(in,fisMat)
```

第 37 讲

5.4 基于 Simulink 的模糊逻辑的系统模块

MATLAB 的模糊逻辑工具箱提供了与 Simulink 的无缝连接功能。在模糊逻辑工具箱中建立了模糊推理系统后，可以立即在 Simulink 仿真环境中对其进行仿真分析。在 Simulink 中有相应的模糊逻辑控制器方块图（Fuzzy Logic Block），将该方块图复制到用户建立的 Simulink 仿真模型中，并使模糊逻辑控制器方块图的模糊推理矩阵名称与用户在 MATLAB 工作空间（Workspace）建立的模糊推理系统名称相同，即可完成将模糊推理系统与 Simulink 的连接。

Simulink 的模糊逻辑控制器方块图是一个建立在 S 函数 sffis.mex 基础上的屏蔽方块图。该函数的推理算法与模糊逻辑工具箱的 evalfis( )函数相同，但进行了针对 Simulink 仿真应用的优化。

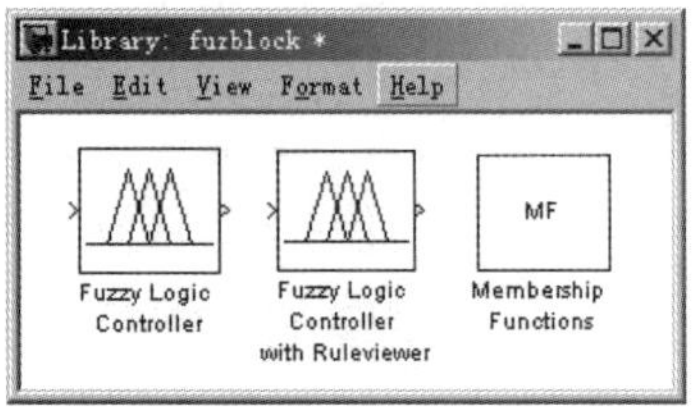

图 5-27 Fuzzy Logic Toolbox 模块库

在 Simulink 库浏览窗口的 Fuzzy Logic Toolbox 节点上，通过单击鼠标右键，便可打开如图 5-27 所示的 Fuzzy Logic Toolbox 窗口。

在 Fuzzy Logic Toolbox 模块库中包含了以下三种模块。

① 模糊逻辑控制器（Fuzzy Logic Controller）；

② 带有规则浏览器的模糊逻辑控制器（Fuzzy Logic Controller with Ruleviewer）；

③ 隶属函数模块库（Membership Functions）。

用鼠标双击隶属函数模块库（Membership Functions）的图标便可打开如图5-28 所示的隶属函数模块库，它包含了多种隶属函数模块。

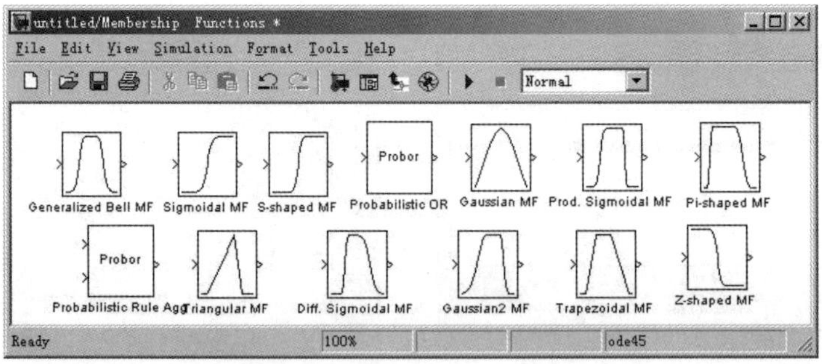

图 5-28 隶属函数模块库

下面仅以 MATLAB 模糊工具箱中提供的一个水位模糊控制系统仿真的实例，来说明模糊逻辑控制器（Fuzzy Logic Controller）的使用。

例 5-5 一个水位控制系统的 Simulink 仿真模型如图 5-29 所示。

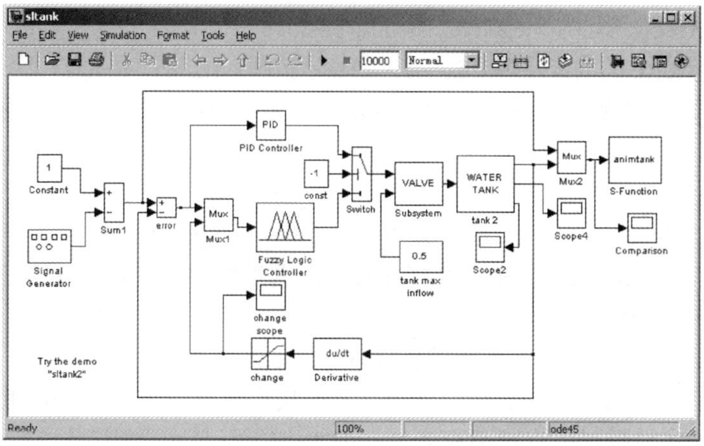

图 5-29　水位控制系统的 Simulink 仿真模型

采用如下的简单模糊控制规则：

① IF（水位误差小）THEN（阀门大小不变）

② IF（水位低）THEN（阀门迅速打开）

③ IF（水位高）THEN（阀门迅速关闭）

④ IF（水位误差小且变化率为正）THEN（阀门缓慢关闭）

⑤ IF（水位误差小且变化率为负）THEN（阀门缓慢打开）

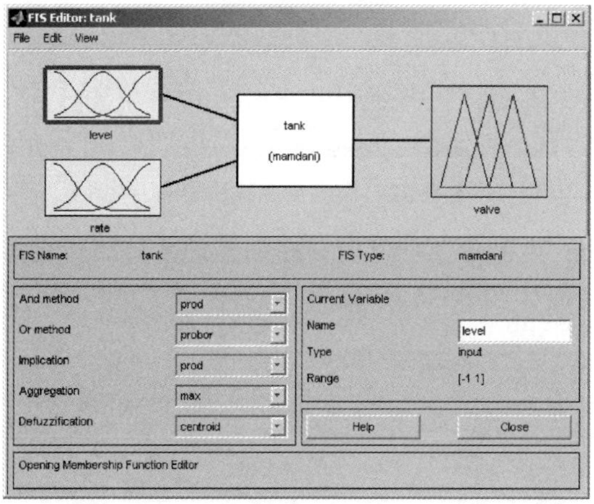

图 5-30　模糊推理系统 tank 编辑器图形界面

解：① 在 MATLAB 命令窗口中输入“sltank”，便可打开如图 5-29 所示的模型窗口。

② 在 MATLAB 窗口左下角的“Start”菜单选项中，用鼠标双击模糊逻辑系统（Fuzzy Logic）工具箱中的 FIS Editor Viewer 项，打开模糊推理系统编辑器（FIS Editor）。

③ 利用 FIS Editor 编辑器的 Edit/Add input 菜单，添加一条输入语言变量，并将两个输入语言变量和一个输出语言变量的名称分别定义为：level;rate;valve。其中，level 代表水位；rate 代表水位变化率；valve 代表阀门。模糊推理系统 tank 编辑器图形界面如图 5-30 所示。

④ 利用 FIS Editor 编辑器的 Edit|Membership Functions 菜单命令，打开隶属函数编辑器（Membership Functions Editor），将输入语言变量 level 的取值范围（Range）和显示范围（Display Range）均设置为[-1，1]，隶属函数的类型（Type）设置为高斯型函数（gaussmf），而所包含的三条曲线的名称（Name）和参数（Params）（[宽度 中心点]）分别设置为：high、[0.3 –1]；okay、[0.3 0]；low、[0.3 1]。其中，high、okay、low 分别代表水位高、刚好（误差小）和低。

将输入语言变量 rate 取值范围（Range）和显示范围（Display Range）均设置为[-0.1，0.1]，隶属函数的类型（Type）设置为高斯型函数（gaussmf），而所包含的三条曲线的名称（Name）和参数（Params）（[宽度 中心点]）分别设置为：negative、[0.03 –0.1]；none、[0.03

0]；positive、[0.03 0.1]。其中，negative、none、positive 分别代表水位变化率为负、不变和正。

输出语言变量 valve 的取值范围（Range）和显示范围（Display Range）均设置为[−1，1]，隶属函数的类型（Type）设置为三角型函数（trimf），而所包含的五条曲线的名称（Name）和参数（Params）（[a b c]）分别设置为：close_fast、[−1 −0.9 −0.8]；close_slow、[−0.6 −0.5 −0.4]；no_change、[−0.1 0 0.1]；open_slow、[0.2 0.3 0.4]；open_fast、[0.8 0.9 1]。其中，close_fast 表示迅速关闭阀门；close_slow 表示缓慢关闭阀门；no_change 表示阀门大小不变；open_slow 表示缓慢打开阀门；open_fast 表示迅速打开阀门。这里参数 a、b 和 c 指定三角型函数的形状，第二位值代表函数的中心点，第一、三位值决定了函数曲线的起始和终止点。输出语言变量 valve 的取值范围和隶属函数的设置如图 5-31 所示。

⑤ 利用编辑器的 Edit/ Rules 菜单命令，打开模糊规则编辑器（Rule Editor），根据题给的模糊控制规则进行设置，所有规则权重 Weight 均取默认值 1，如图 5-32 所示。

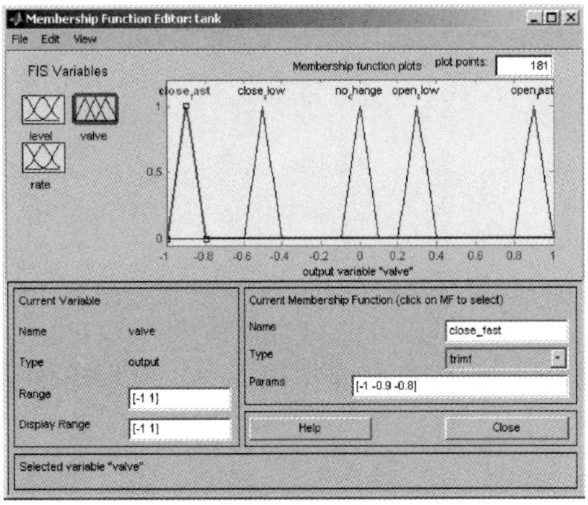

图 5-31　隶属函数编辑器

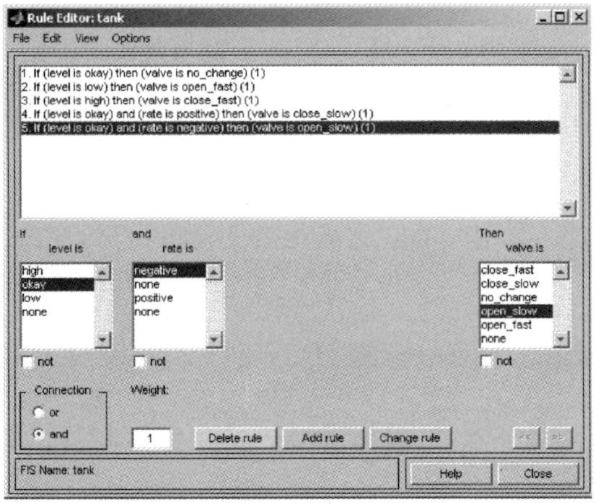

图 5-32　模糊规则编辑器

⑥ 利用编辑器的 View/Rules 和 View/Surface 菜单命令，可得该模糊推理系统的模糊规则浏览器如图 5-33 所示，系统的输入/输出特性曲面如图 5-34 所示。

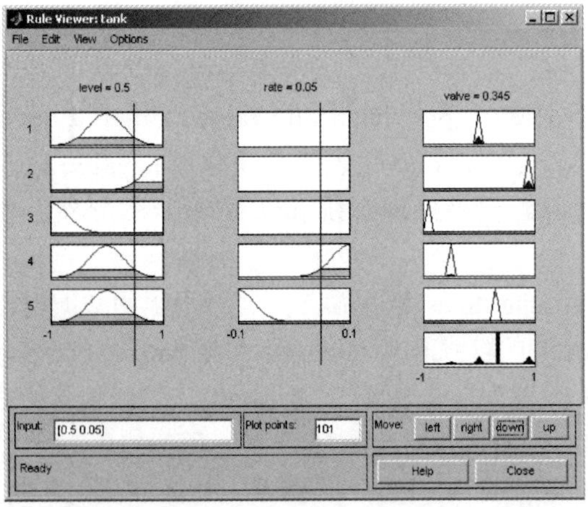

图 5-33　模糊规则浏览器

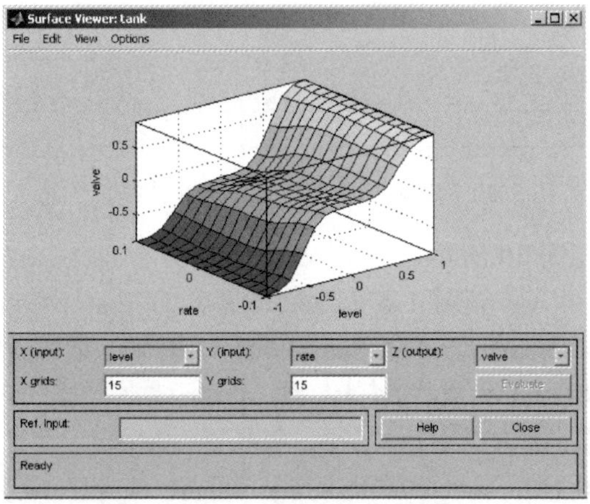

图 5-34　系统的输入/输出特性曲面

在图 5-33 中，显示了当输入语言变量分别为 level=0.5、rate=0.05 时，模糊系统的输出结果（valve=0.345）。

⑦ 利用编辑器的 File/Export to Workspace 菜单命令，将当前的模糊推理系统，以名字 tank 保存到 MATLAB 工作空间的 tank.fis 模糊推理矩阵中。

⑧ 在图 5-29 所示 Simulink 仿真系统中，打开 Fuzzy Logic Controller 模糊逻辑控制器，在 FIS File or Structure 框中，输入“tank”，如图 5-35 所示。

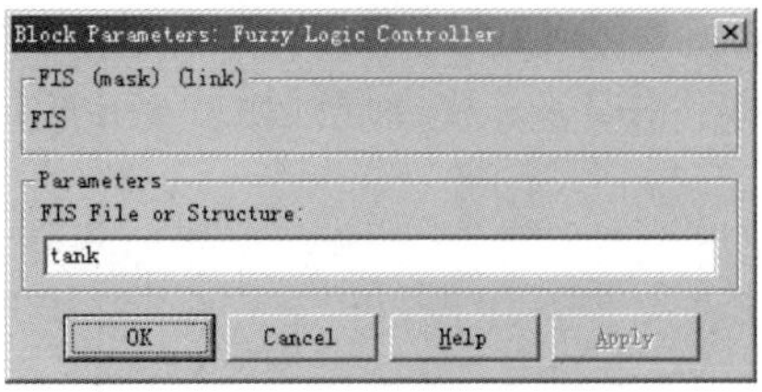

图 5-35　模糊逻辑控制器

⑨ 对如图 5-29 所示的 Simulink 系统，打开如图 5-36 所示的参数仿真设置窗口，正确设置仿真参数后，启动仿真。便可看到如图 5-37 所示的系统输出变化曲线。

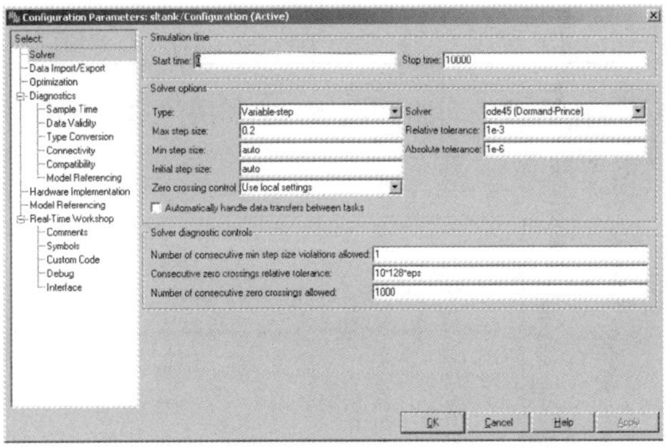

图 5-36　仿真参数设置窗口

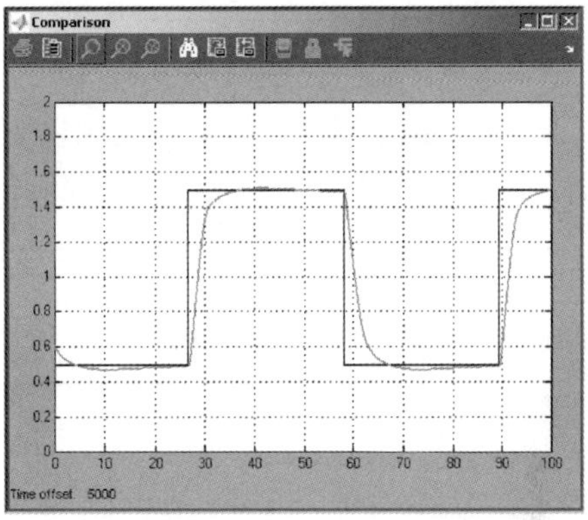

图 5-37　系统输出变化曲线

5.5　模糊推理系统在控制系统中的应用

第 38 讲

例 5-6　假设某一工业过程可等效成以下二阶系统加上一些典型的非线性环节，即

$$G(s)=\frac{20e^{-0.02s}}{1.6s^2+4.4s+1}$$

控制执行机构具有 0.07 的死区和 0.7 的饱和区。采样时间 T=0.01；系统输入 r(t)=1.5。

（1）试设计一模糊控制器，使系统输出尽快跟随系统输入；

（2）将模糊控制与 PID 控制的性能进行比较；

（3）将系统有纯延迟与无纯延迟的性能进行比较。

解： 在 PID 控制 $u(t)=K_pe+K_d\frac{de}{dt}+K_i\int edt$ 中，经过系统整定，取参数 $K_p=5;K_d=0.1;$ $K_i=0.001$。

在模糊控制中，将系统输出误差 e、误差导数 $\frac{de}{dt}$ 和误差积分 $\int edt$ 作为模糊控制器的输入；模糊控制器的输出为

$$u(t)=K_u\,\text{Fuzzy}\left(K_ee,K_d\frac{de}{dt}\right)-K_i\int edt$$

式中，模糊控制器的输入信号误差 e∈[−6，6]，误差导数 de/dt∈[−6，6]和输出信号 u∈[−3，3]

均模糊化成五级：负大 NB、负小 NS、零 ZR、正小 PS 和正大 PB；积分项用于消除控制系统的稳态误差。模糊规则如表 5-6 所示。

表 5-6 模糊规则

u　e de/dt	NB	NS	ZR	PS	PB
NB	PB	PB	PS	PS	ZR
NS	PB	PS	PS	ZR	ZR
ZR	PS	PS	ZR	ZR	NS
PS	PS	ZR	ZR	NS	NS
PB	ZR	ZR	NS	NS	NB

适当选择隶属度函数后，利用以下 MATLAB 程序，可得如图 5-38 和图 5-39 所示的系统有/无纯延迟时模糊控制与 PID 控制的阶跃响应曲线。

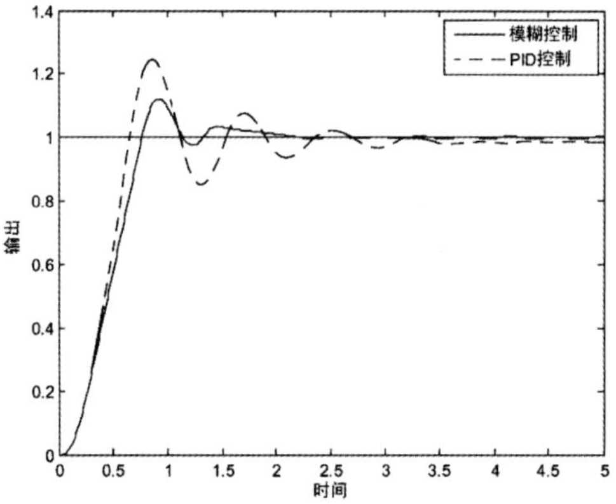

图 5-38 系统有纯延迟时模糊控制与 PID 控制的阶跃响应曲线

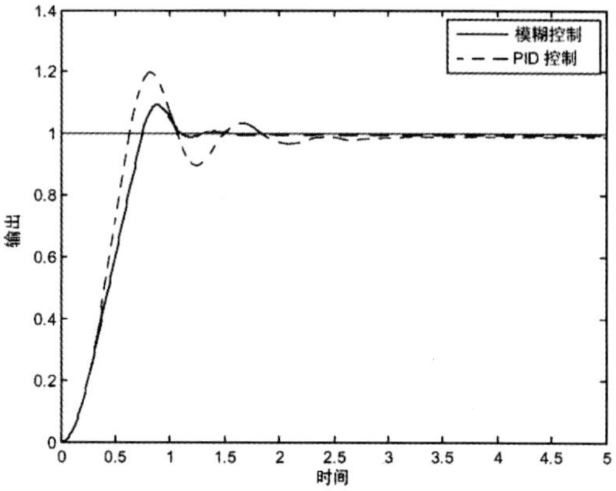

图 5-39 系统无纯延迟时模糊控制与 PID 控制的阶跃响应曲线

```
%ex5_6.m
%被控系统建模
num=20;den=[1.6 4.4 1];[A,b,c,d]=tf2ss(num,den);
%系统参数
T=0.01;h=T;tao=0.02;Nd=tao/T;              %tao=0时表示系统无纯延迟
Umin=0.07;Umax=0.7;N=500;R=1.0*ones(1,N);
%------------
%模糊控制
%------------
%定义输入/输出变量及其隶属度函数
fisMat=newfis('ex5_6');
fisMat=addvar(fisMat,'input','e',[-6  6]);
fisMat=addvar(fisMat,'input','de',[-6  6]);
fisMat=addvar(fisMat,'output','u',[-3  3]);
fisMat=addmf(fisMat,'input',1,'NB','trapmf',[-6 -6 -5 -3]);
fisMat=addmf(fisMat,'input',1,'NS','trapmf',[-5 -3 -2 0]);
fisMat=addmf(fisMat,'input',1,'ZR','trimf',[-2 0 2]);
```

```
fisMat=addmf(fisMat,'input',1,'PS','trapmf',[0 2 3 5]);
fisMat=addmf(fisMat,'input',1,'PB','trapmf',[3 5 6 6]);
fisMat=addmf(fisMat,'input',2,'NB','trapmf',[-6 -6 -5 -3]);
fisMat=addmf(fisMat,'input',2,'NS','trapmf',[-5 -3 -2 0]);
fisMat=addmf(fisMat,'input',2,'ZR','trimf',[-2 0 2]);
fisMat=addmf(fisMat,'input',2,'PS','trapmf',[0 2 3 5]);
fisMat=addmf(fisMat,'input',2,'PB','trapmf',[3 5 6 6]);
fisMat=addmf(fisMat,'output',1,'NB','trapmf',[-3 -3 -2 -1]);
fisMat=addmf(fisMat,'output',1,'NS','trimf',[-2 -1 0]);
fisMat=addmf(fisMat,'output',1,'ZR','trimf',[-1 0 1]);
fisMat=addmf(fisMat,'output',1,'PS','trimf',[0 1 2]);
fisMat=addmf(fisMat,'output',1,'PB','trapmf',[1 2 3 3]);
%模糊规则矩阵
rr=[5 5 4 4 3;5 4 4 3 3;4 4 3 3 2;4 3 3 2 2;3 3 2 2 1];     %根据表5-6及对应的编号
r1=zeros(prod(size(rr)),3);k=1;   %产生1个25行(rr的行列乘积)，3列的零矩阵
for i=1:size(rr,1)
   for j=1:size(rr,2)
      r1(k,:)=[i,j,rr(i,j)];k=k+1;     %形成模糊矩阵的前3列元素
   end
end
[r,s]=size(r1);r2=ones(r,2);rulelist=[r1 r2];
fisMat=addrule(fisMat,rulelist);
%模糊控制系统仿真
Ke=60;Kd=2.5;Ki=0.01;Ku=0.8;x=[0;0];e=0;de=0;ie=0;
for k=1:N
      e1=Ke*e;de1=Kd*de;
      %将模糊控制器的输入变量变换至论域
      if e1>=6; e1=6: elseif e1<=-6; e1=-6; end
      if de1>=6; de1=6; elseif de1<=-6; de1=-6; end
      %计算模糊控制器的输出
      in=[e1 de1]; uu(1,k)=Ku*evalfis(in, fisMat)-Ki*ie;
      %延迟环节
      if k<=Nd; u=0; else u=uu(1, k-Nd); end
      %死区和饱和环节
      if abs(u)<=Umin; u=0; elseif abs(u)>Umax; u=sign(u)*Umax; end
      %利用四阶龙格-库塔法计算系统输出
      K1=A*x+b*u;K2=A*(x+h*K1/2)+b*u;
      K3=A*(x+h*K2/2)+b*u;K4=A*(x+h*K3)+b*u;
      x=x+(K1+2*K2+2*K3+K4)*h/6;y=c*x+d*u;yy1(1,k)=y;
      %计算误差、误差微分和误差积分
      e1=e;e=y-R(1,k);de=(e-e1)/T;ie=e*T+ie;
end
%------------
%PID控制
%------------
Kp=5;Kd=0.001;Ki=0.1;x=[0;0];e=0;de=0;ie=0;
for k=1:N
      %计算PID控制器的输出
```

```
        uu(1,k)=-(Kp*e+Ki*de+Kd*ie);
        %延迟环节
        if k<=Nd;u=0;else u=uu(1,k-Nd);end
        %死区和饱和环节
        if abs(u)<=Umin;u=0;elseif abs(u)>Umax;u=sign(u)*Umax;end
        %利用四阶龙格-库塔法计算系统输出
        K1=A*x+b*u;K2=A*(x+h*K1/2)+b*u;
        K3=A*(x+h*K2/2)+b*u;K4=A*(x+h*K3)+b*u;
        x=x+(K1+2*K2+2*K3+K4)*h/6; y=c*x+d*u;yy2(1,k)=y;
        %计算误差、误差微分和误差积分
        e1=e;e=y-R(1,k);de=(e-e1)/T;ie=e*T+ie;
end
%绘制结果曲线
kk=[1:N]*T;plot(kk,yy1,'k',kk,yy2,'--b',kk,R,'r');xlabel('时间');ylabel('输出');
legend（'模糊控制', 'PID控制'）
```

例 5-7　假设某一工业过程可等效成以下二阶系统

$$G(s)=\frac{20}{8s^2+6s+1}$$

设计一模糊控制器，使其能自动建立模糊规则库，保证系统输出尽快跟随系统输入。采样时间 T=0.01；系统输入 $r(t)$=1.0。

解： 当模糊控制器的输入输出取相同的论域时，模糊控制规则如表 5-6 所示，这种规则可表示为

$$\mathrm{U}=\mathrm{fix}\left(\frac{\mathrm{E}+\mathrm{DE}}{2}\right)=\mathrm{fix}(\alpha\cdot\mathrm{E}+(1-\alpha)\mathrm{DE})$$

式中：fix 为取整函数；E 为误差的模糊集；DE 为误差导数的模糊集；α为常数。

这样表示的模糊控制系统可通过改变α值方便地修改如表 5-6 所示的模糊控制规则，从而自动建立系统的模糊规则库。

适当选择α后，利用以下 MATLAB 程序，可得如图 5-40 所示的系统阶跃响应与α的关系曲线。

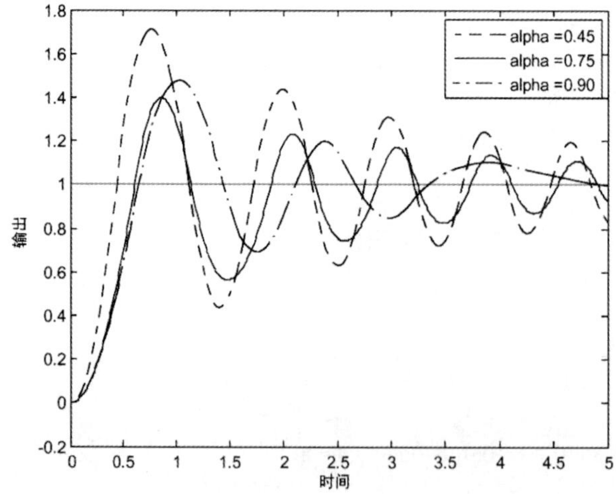

图 5-40　系统阶跃响应与α的关系曲线

```
%ex5_7.m
%被控系统建模
num=20;den=[8 6 1];[A,b,c,d]=tf2ss(num,den);
%系统参数
T=0.01;h=T;N=500;R=1.0*ones(1,N);uu=zeros(1,N);yy=zeros(3,N);ka=1;
for alpha=[0.45 0.75 0.90];
    %定义输入/输出变量及其隶属度函数
    fisMat=newfis('ex5_7');
    fisMat=addvar(fisMat,'input','e',[-6   6]);
    fisMat=addvar(fisMat,'input','de',[-6   6]);
    fisMat=addvar(fisMat,'output','u',[-6   6]);
    fisMat=addmf(fisMat,'input',1,'NB','trapmf',[-6 -6 -5 -3]);
    fisMat=addmf(fisMat,'input',1,'NS','trapmf',[-5 -3 -2 0]);
    fisMat=addmf(fisMat,'input',1,'ZR','trimf',[-2 0 2]);
    fisMat=addmf(fisMat,'input',1,'PS','trapmf',[0 2 3 5]);
    fisMat=addmf(fisMat,'input',1,'PB','trapmf',[3 5 6 6]);
    fisMat=addmf(fisMat,'input',2,'NB','trapmf',[-6 -6 -5 -3]);
    fisMat=addmf(fisMat,'input',2,'NS','trapmf',[-5 -3 -2 0]);
    fisMat=addmf(fisMat,'input',2,'ZR','trimf',[-2 0 2]);
    fisMat=addmf(fisMat,'input',2,'PS','trapmf',[0 2 3 5]);
    fisMat=addmf(fisMat,'input',2,'PB','trapmf',[3 5 6 6]);
    fisMat=addmf(fisMat,'output',1,'NB','trapmf',[-6 -6 -5 -3]);
    fisMat=addmf(fisMat,'output',1,'NS','trapmf',[-5 -3 -2 0]);
    fisMat=addmf(fisMat,'output',1,'ZR','trimf',[-2 0 2]);
    fisMat=addmf(fisMat,'output',1,'PS','trapmf',[0 2 3 5]);
    fisMat=addmf(fisMat,'output',1,'PB','trapmf',[3 5 6 6]);
    %模糊规则矩阵
    for i=1:5
       for j=1:5;
          rr(i,j)=round(alpha*i+(1-alpha)*j);
       end
    end
    rr=6-rr;r1=zeros(prod(size(rr)),3);k=1;
    for i=1:size(rr,1)
       for j=1:size(rr,2)
          r1(k,:)=[i,j,rr(i,j)];k=k+1;
       end
    end
    [r,s]=size(r1);r2=ones(r,2);rulelist=[r1 r2];
    fisMat=addrule(fisMat,rulelist);
    %模糊控制系统仿真
    Ke=30;Kd=0.2;Ku=1.0;x=[0;0];e=0;de=0;
    for k=1:N
          e1=Ke*e;de1=Kd*de;
          %将模糊控制器的输入变量变换至论域
          if e1>=6;e1=6;elseif e1<=-6;e1=-6;end
```

```
            if de1>=6;de1=6;elseif de1<=-6;de1=-6;end
            %计算模糊控制器的输出
            in=[e1 de1];uu(1,k)=Ku*evalfis(in,fisMat);u=uu(1,k);
            %利用四阶龙格-库塔法计算系统输出
            K1=A*x+b*u;K2=A*(x+h*K1/2)+b*u;
            K3=A*(x+h*K2/2)+b*u;K4=A*(x+h*K3)+b*u;
            x=x+(K1+2*K2+2*K3+K4)*h/6;y=c*x+d*u;yy(ka,k)=y;
            %计算误差和误差微分
            e1=e;e=y-R(1,k);de=(e-e1)/T;
        end
        ka=ka+1;
    end
    %绘制结果曲线
    kk=[1:N]*T;plot(kk,yy(1,:),'--k', kk, yy(2,:),'k',kk,yy(3,:),'-.b',kk,R,'r');
    xlabel('时间');ylabel('输出');legend('alpha=0.45','alpha=0.75','alpha=0.90')
```

小　　结

本章首先详细地介绍了 MATLAB 模糊逻辑工具箱的函数及其使用方法；然后介绍了 MATLAB 模糊逻辑工具箱的图形用户界面的使用方法和基于 Simulink 的模糊逻辑系统模块的使用方法；最后介绍了模糊推理系统在控制系统中的应用。

思考练习题

1．假设一双输入单输出系统，输入为表征饭店侍者服务好坏的值（0～10）和饭店菜肴的质量（0～10），输出为客人付给的小费（0～30）。其中规则有如下三条：

IF 服务 is 差　or 菜肴 is 差 THEN 小费 is 低
IF 服务 is 好　　　　　　　THEN 小费 is 中等
IF 服务 is 很好 or 菜肴 is 好 THEN 小费 is 高

适当选择服务、菜肴和小费的隶属函数后，设计一个基于 Mamdani 型的模糊推理系统，并绘制输入/输出曲线。

2．假设一双输入单输出系统，输入 $X\in[-5, 5]$，$Y\in[-10, 10]$模糊化成三级：负、零和正。输出 $Z\in[-5, 5]$模糊化成五级：负大、负小、零、正小和正大。模糊规则如表 5-7 所示。适当选择隶属函数后，设计一基于 Mamdani 型的模糊推理系统，并绘制输入/输出曲线。

表 5-7　模糊规则

X \ Y (Z)	负	零	正
负	正大	正小	零
零	正小	零	负小
正	零	负小	负大

3．试利用 MATLAB 模糊逻辑工具箱设计一模糊控制器，并将该模糊控制与 PID 控制的性能进行比较。假设被控对象的传递函数为

$$G(s) = \frac{e^{-0.5s}}{(s+1)^2}$$

4．试举例利用 MATLAB 模糊逻辑工具箱的图形用户界面设计一模糊推理系统。

第 6 章　模糊神经和模糊聚类及其 MATLAB 实现

目前，神经网络和模糊系统在控制领域里已经成为研究热点，其原因在于二者之间的互补性。神经网络和模糊系统均属于无模型的估计器和非线性动力学系统，也是一种处理不确定性、非线性和其他不确定问题（ill-posed problem）的有力工具。但二者之间的特性却存在很大的差异。模糊系统中知识的抽取和表达比较方便，它比较适合表达那些模糊或定性的知识，其推理方式类似于人的思维模式。但一般来说，模糊系统缺乏自学习和自适应能力，要设计和实现模糊系统的自适应控制是比较困难的。而神经网络则可直接从样本中进行有效的学习，它具有并行计算、分布式信息存储、容错能力强以及具备自适应学习功能等一系列优点。正是由于这些优点，神经网络的研究受到广泛的关注，并引起了许多研究工作者的浓厚兴趣。神经网络不适合表达基于规则的知识，因此在对神经网络进行训练时，由于不能很好地利用已有的经验知识，常常只能将初始权值取为零或随机数，从而增加了网络的训练时间或者陷入非要求的局部极值。总的来说，神经网络适合于处理非结构化信息，而模糊系统对处理结构化的知识更为有效。

基于上述讨论可以想见，若能将模糊系统与神经网络适当地结合起来，吸取二者的长处，则可组成比单独的神经网络系统或单独的模糊系统性能更好的系统。

在 MATLAB 模糊逻辑工具箱中，提供了有关模糊逻辑推理的高级应用，包括自适应、模糊聚类、给定数据的模糊建模。下面首先介绍用神经网络来实现模糊系统的两种结构。

第 39 讲

6.1　基于 Mamdani 模型的模糊神经网络

由前面已知，在模糊系统中，模糊模型的表示方法主要有两种：一种是模糊规则的后件，是输出量的某一模糊集合，称它为模糊系统的标准模型或 Mamdani 模型；另一种是模糊规则的后件，是输入语言变量的函数，典型的情况是输入变量的线性组合，称它为模糊系统的 Takagi-Sugeno 模型。下面首先讨论基于 Mamdani 模型的模糊神经网络。

6.1.1　模糊系统的 Mamdani 模型

在前面已经介绍过，多输入/多输出（MIMO）的模糊规则可以分解为多个多输入单输出（MISO）的模糊规则。因此，不失一般性，下面只讨论 MISO 模糊系统。

图 6-1 为基于 Mamdani 模型的 MISO 模糊系统的原理结构图。其中，$x \in \boldsymbol{R}^n$，$y \in \boldsymbol{R}$。如果该模糊系统的输出作用于一个控制对象，那么它的作用便是一个模糊逻辑控制器。否则，它可用于模糊逻辑决策系统、模糊逻辑诊断系统等其他方面。

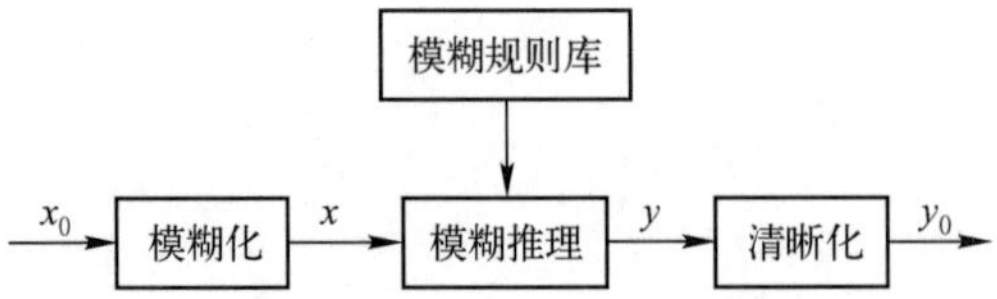

图 6-1　基于 Mamdani 模型的 MISO 模糊系统的原理结构图

设输入向量 $\boldsymbol{x}=[x_1,x_2,\cdots,x_n]^{\mathrm{T}}$，每个分量 x_i 均为模糊语言变量，并设

$$\boldsymbol{T}(x_i)=\{\boldsymbol{A}_i^1,\boldsymbol{A}_i^2,\cdots,\boldsymbol{A}_i^{m_i}\}\quad(i=1,2,\cdots,n)$$

式中，$\boldsymbol{A}_i^j$ $(j=1,2,\cdots,m_i)$是 x_i 的第 j 个语言变量值，它是定义在论域 $\boldsymbol{U}_i$ 上的一个模糊集合。相应的隶属函数为 $\mu_{A_i^j}(x_i)(i=1,2,\cdots,n;\ j=1,2,\cdots,m_i)$。

输出量 y 也为模糊语言变量，且 $\boldsymbol{T}(y)=\{\boldsymbol{B}^1,\boldsymbol{B}^2,\cdots,\boldsymbol{B}^{m_y}\}$。其中，$\boldsymbol{B}^j(j=1,2,\cdots,m_y)$是 y 的第 j 个语言变量值，它是定义在论域 $\boldsymbol{U}_y$ 上的模糊集合。相应的隶属函数为 $\mu_{B_j}(y)$。

设描述输入/输出关系的模糊规则为：

$\boldsymbol{R}_i$：如果 x_1 是 $\boldsymbol{A}_1^i$ and x_2 是 $\boldsymbol{A}_2^i$ $\cdots$ and $\boldsymbol{x}_n$ 是 $\boldsymbol{A}_n^i$，则 y 是 $\boldsymbol{B}_i$

其中，$i=1,2,\cdots,m$，m 表示规则总数，$m\leqslant m_1m_2\cdots m_n$。

若输入量采用单点模糊集合的模糊化方法，则对于给定的输入 $\boldsymbol{x}$，可以求得对于每条规则的适用度为

$$\alpha_i=\mu_{A_1^i}(x_1)\wedge\mu_{A_2^i}(x_2)\cdots\wedge\mu_{A_n^i}(x_n)\quad\text{或}\quad\alpha_i=\mu_{A_1^i}(x_1)\mu_{A_2^i}(x_2)\cdots\mu_{A_n^i}(x_n)$$

通过模糊推理可得，对于每一条模糊规则的输出量模糊集合 $\boldsymbol{B}_i$ 的隶属函数为

$$\mu_{B_i}(y)=\alpha_i\wedge\mu_{B_i}(y)\quad\text{或}\quad\mu_{B_i}(y)=\alpha_i\mu_{B_i}(y)$$

从而输出量总的模糊集合为

$$\boldsymbol{B}=\bigcup_{i=1}^{m}\boldsymbol{B}_i$$

$$\mu_B(y)=\bigvee_{i=1}^{m}\mu_{B_i}(y)$$

若采用加权平均的清晰化方法，则可求得输出的清晰化量为

$$y_0=\frac{\int_{\boldsymbol{U}_y}y\mu_B(y)\,\mathrm{d}y}{\int_{\boldsymbol{U}_y}\mu_B(y)\,\mathrm{d}y}$$

由于计算上式的积分很麻烦，实际计算时通常用下面的近似公式

$$y_0=\frac{\sum_{i=1}^{m}y_{c_i}\mu_{B_i}(y_{c_i})}{\sum_{i=1}^{m}\mu_{B_i}(y_{c_i})}$$

式中，y_{c_i} 是 $\mu_{B_i}(y)$ 取最大值的点，它一般也就是隶属函数的中心点。显然

$$\mu_{B_i}(y_{c_i})=\max_{y}\mu_{B_i}(y)=\alpha_i$$

从而输出的清晰化量表达式可变为

$$y_0=\sum_{i=1}^{m}y_{c_i}\overline{\alpha}_i$$

式中，$\overline{\alpha}_i=\alpha_i\Big/\sum_{i=1}^{m}\alpha_i$。

6.1.2　系统结构

根据上面给出的模糊系统的模糊模型，可设计出如图 6-2 所示的基于 Mamdani 模型的模糊神经网络结构。图 6-2 为 MIMO 系统，它是上面讨论的 MISO 情况的简单推广。

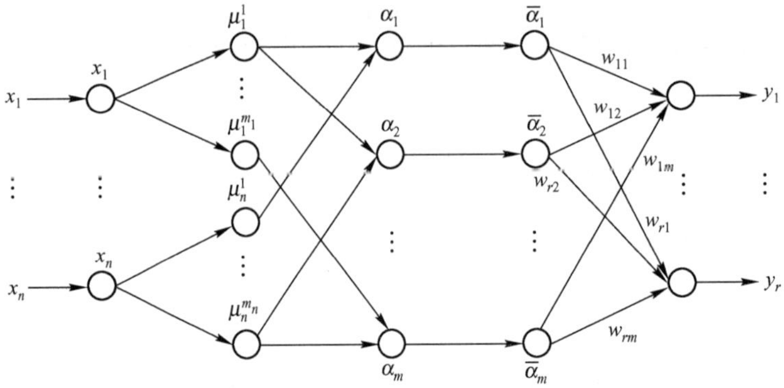

图 6-2　基于 Mamdani 模型的模糊神经网络结构图

图 6-2 中第一层为输入层。该层的各个节点直接与输入向量的各分量 x_i 连接，它起着将输入值 $\boldsymbol{x}=[x_1, x_2,\cdots, x_n]^{\mathrm{T}}$ 传送到下一层的作用。该层的节点数 $N_1=n$。

第二层每个节点代表一个语言变量值，如 NB、PS 等。它的作用是计算各输入分量属于各语言变量值模糊集合的隶属函数 μ_i^j，且

$$\mu_i^j \equiv \mu_{A_i^j}(x_i)$$

式中，$i=1,2,\cdots,n$；$j=1,2,\cdots,m_i$。n 是输入量的维数，m_i 是 x_i 的模糊分割数。例如，若隶属函数采用高斯函数表示的铃型函数，则

$$\mu_i^j = \mathrm{e}^{-\frac{(x_i-c_{ij})^2}{\sigma_{ij}^2}}$$

式中，c_{ij} 和 σ_{ij} 分别表示隶属函数的中心和宽度。

该层的节点总数 $N_2=\sum\limits_{i=1}^{n} m_i$。

第三层的每个节点代表一条模糊规则，它的作用是匹配模糊规则的前件，计算出每条规则的适用度，即

$$\alpha_j = \min\{\mu_1^{i_1}, \mu_2^{i_2}, \cdots, \mu_n^{i_n}\}$$

或

$$\alpha_j = \mu_1^{i_1}\mu_2^{i_2}\cdots\mu_n^{i_n}$$

式中，$i_1\in\{1,2,\cdots,m_1\}, i_2\in\{1,2,\cdots,m_2\},\cdots, i_n\in\{1,2,\cdots,m_n\}, j=1,2,\cdots,m, m=\prod\limits_{i=1}^{n} m_i$。

该层的节点总数 $N_3=m$。对于给定的输入，只有在输入点附近的那些语言变量值才有较大的隶属度值，远离输入点的语言变量值的隶属度或者很小（高斯隶属函数）或者为 0（三角型隶属函数）。当隶属函数很小（如小于 0.05）时，输出近似取为 0。因此，在 α_j 中只有少量节

点输出非 0，而多数节点的输出为 0，这一点与前面介绍的局部逼近网络是类似的。

第四层的节点数与第三层相同，即 $N_4=N_3=m$，它所实现的是归一化计算，即

$$\bar{\alpha}_j = \alpha_j / \sum_{i=1}^{m} \alpha_i \qquad (j=1,2,\cdots,m)$$

第五层是输出层，它所实现的是清晰化计算，即

$$y_i = \sum_{j=1}^{m} w_{ij}\bar{\alpha}_j \quad (i=1,2,\cdots,r)$$

与前面所给出的标准模糊模型的清晰化计算相比较，这里的 w_{ij} 相当于 y_i 的第 j 个语言值隶属函数的中心值，上式写成向量形式则为

$$\boldsymbol{y} = \boldsymbol{w}\bar{\boldsymbol{\alpha}}$$

式中

$$\boldsymbol{y} = \begin{pmatrix} y_1 \\ y_2 \\ \vdots \\ y_r \end{pmatrix}, \boldsymbol{w} = \begin{pmatrix} w_{11} & w_{12} & \cdots & w_{1m} \\ w_{21} & w_{22} & \cdots & w_{2m} \\ \vdots & \vdots & \ddots & \vdots \\ w_{r1} & w_{r2} & \cdots & w_{rm} \end{pmatrix}, \bar{\boldsymbol{\alpha}} = \begin{pmatrix} \bar{\alpha}_1 \\ \bar{\alpha}_2 \\ \vdots \\ \bar{\alpha}_m \end{pmatrix}$$

6.1.3　学习算法

假设各输入分量的模糊分割数是预先确定的，那么需要学习的参数主要是最后一层的连接权 $w_{ij}(i=1,2,\cdots,r; j=1,2,\cdots,m)$，以及第二层的隶属函数的中心值 c_{ij} 和宽度 $\sigma_{ij}(i=1,2,\cdots,n; j=1,2,\cdots,m_i)$。

上面所给出的模糊神经网络本质上也是一种多层前馈网络，所以可以仿照 BP 网络用误差反传的方法来设计调整参数的学习算法。为了导出误差反传的迭代算法，需要对每个神经元的输入/输出关系加以形式化的描述。

设图 6-3 所示为模糊神经网络中第 q 层第 j 个节点。其中，

节点的纯输入 $= f^{(q)}(x_1^{(q-1)}, x_2^{(q-1)}, \cdots, x_{n_{q-1}}^{(q-1)}; w_{j1}^{(q)}, w_{j2}^{(q)}, \cdots, w_{jn_{q-1}}^{(q)})$

节点的输出 $= x_j^{(q)} = g^{(q)}(f^{(q)})$。

对于一般的神经元节点，通常有

$$f^{(q)} = \sum_{i=1}^{n_{q-1}} w_{ji}^{(q)} x_i^{(q-1)}$$

$$x_j^{(q)} = g^{(q)}(f^{(q)}) = \frac{1}{1+\mathrm{e}^{-\mu f^{(q)}}}$$

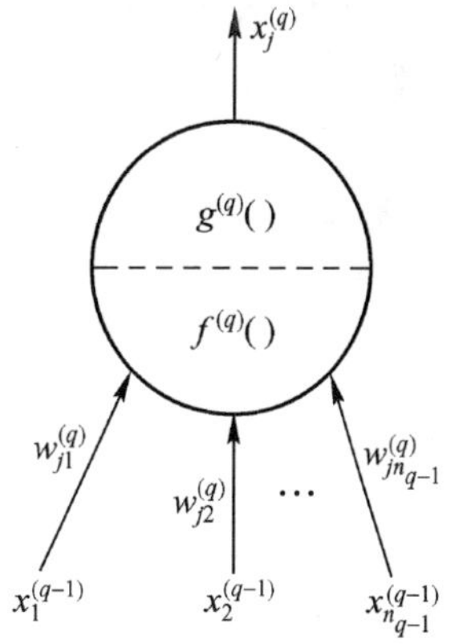

图 6-3　单个神经元节点的基本结构图

而对于如图 6-2 所示的模糊神经网络，其神经元节点的输入/输出函数则具有较为特殊的形式，下面具体给出它的每一层节点函数。

第一层：$f_i^{(1)} = x_i^{(0)} = x_i \;, x_i^{(1)} = g_i^{(1)} = f_i^{(1)} \qquad (i=1,2,\cdots,n)$

第二层：$f_{ij}^{(2)} = -\dfrac{(x_i^{(1)} - c_{ij})^2}{\sigma_{ij}^2}$

$$x_{ij}^{(2)} = \mu_i^j = g_{ij}^{(2)} = \mathrm{e}^{f_{ij}^{(2)}} = \mathrm{e}^{-\frac{(x_i - c_{ij})^2}{\sigma_{ij}^2}} \quad (i=1,2,\cdots,n; j=1,2,\cdots,m_i)$$

第三层：

$$f_j^{(3)} = \min\{x_{1i_1}^{(2)}, x_{2i_2}^{(2)}, \cdots, x_{ni_n}^{(2)}\} = \min\{\mu_1^{i_1}, \mu_2^{i_2}, \cdots, \mu_n^{i_n}\}$$

或者

$$f_j^{(3)} = x_{1i_1}^{(2)} x_{2i_2}^{(2)} \cdots x_{ni_n}^{(2)} = \mu_1^{i_1} \mu_2^{i_2} \cdots \mu_n^{i_n}$$

$$x_j^{(3)} = \alpha_j = g_j^{(3)} = f_j^{(3)} \qquad (j=1,2,\cdots,m\text{；} \ m = \prod_{i=1}^{n} m_i)$$

第四层：

$$f_j^{(4)} = x_j^{(3)} \Big/ \sum_{i=1}^{m} x_i^{(3)} = \alpha_j \Big/ \sum_{i=1}^{m} \alpha_i$$

$$x_j^{(4)} = \bar{\alpha}_j = g_j^{(4)} = f_j^{(4)} \qquad (j=1,2,\cdots,m)$$

第五层：

$$f_i^{(5)} = \sum_{j=1}^{m} w_{ij} x_j^{(4)} = \sum_{j=1}^{m} w_{ij} \bar{\alpha}_j \text{，} \quad x_i^{(5)} = y_i = g_i^{(5)} = f_i^{(5)} \quad (i=1,2,\cdots,r)$$

设取误差代价函数为

$$E = \frac{1}{2} \sum_{i=1}^{r} (t_i - y_i)^2$$

式中，t_i 和 y_i 分别表示期望输出和实际输出。下面给出误差反传算法来计算 $\frac{\partial E}{\partial w_{ij}}, \frac{\partial E}{\partial c_{ij}}$ 和 $\frac{\partial E}{\partial \sigma_{ij}}$，然后利用一阶梯度寻优算法来调节 w_{ij}, c_{ij} 和 σ_{ij}。

首先计算

$$\delta_i^{(5)} \equiv -\frac{\partial E}{\partial f_i^{(5)}} = -\frac{\partial E}{\partial y_i} = t_i - y_i$$

进而求得

$$\frac{\partial E}{\partial w_{ij}} = \frac{\partial E}{\partial f_i^{(5)}} \frac{\partial f_i^{(5)}}{\partial w_{ij}} = -\delta_i^{(5)} x_j^{(4)} = -(t_i - y_i)\bar{\alpha}_i$$

再计算

$$\delta_j^{(4)} \equiv -\frac{\partial E}{\partial f_j^{(4)}} = -\sum_{i=1}^{r} \frac{\partial E}{\partial f_i^{(5)}} \frac{\partial f_i^{(5)}}{\partial g_j^{(4)}} \frac{\partial g_j^{(4)}}{\partial f_j^{(4)}} = \sum_{i=1}^{r} \delta_i^{(5)} w_{ij}$$

$$\delta_j^{(3)} \equiv -\frac{\partial E}{\partial f_j^{(3)}} = -\sum_{i=1}^{r} \frac{\partial E}{\partial f_j^{(4)}} \frac{\partial f_j^{(4)}}{\partial g_j^{(3)}} \frac{\partial g_j^{(3)}}{\partial f_j^{(3)}} = \delta_j^{(4)} \sum_{\substack{i=1 \\ i\neq j}}^{m} x_i^{(3)} \Big/ \left(\sum_{i=1}^{m} x_i^{(3)}\right)^2 = \delta_j^{(4)} \sum_{\substack{i=1 \\ i\neq j}}^{m} \alpha_i \Big/ \left(\sum_{i=1}^{m} \alpha_i\right)^2$$

$$\delta_{ij}^{(2)} \equiv -\frac{\partial E}{\partial f_{ij}^{(2)}} = -\sum_{k=1}^{m} \frac{\partial E}{\partial f_k^{(3)}} \frac{\partial f_k^{(3)}}{\partial g_{ij}^{(2)}} \frac{\partial g_{ij}^{(2)}}{\partial f_{ij}^{(2)}} = \sum_{k=1}^{m} \delta_k^{(3)} s_{ij} \mathrm{e}^{f_{ij}^{(2)}} = \sum_{k=1}^{m} \delta_k^{(3)} s_{ij} \mathrm{e}^{-\frac{(x_i-c_{ij})^2}{\sigma_{ij}^2}}$$

当 $f^{(3)}$ 采用取小运算时，且 $g_{ij}^{(2)} = \mu_i^j$ 是第 k 个规则节点输入的最小值时，有

$$s_{ij} = \frac{\partial f_k^{(3)}}{\partial g_{ij}^{(2)}} = \frac{\partial f_k^{(3)}}{\partial \mu_i^j} = 1$$

否则

$$s_{ij} = \frac{\partial f_k^{(3)}}{\partial g_{ij}^{(2)}} = \frac{\partial f_k^{(3)}}{\partial \mu_i^j} = 0$$

当 $f^{(3)}$ 采用相乘运算，且 $g_{ij}^{(2)} = \mu_i^j$ 是第 k 个规则节点的一个输入时，有

$$s_{ij} = \frac{\partial f_k^{(3)}}{\partial g_{ij}^{(2)}} = \frac{\partial f_k^{(3)}}{\partial \mu_i^j} = \prod_{\substack{j=1 \\ j \neq i}}^{n} \mu_j^{i_j}$$

否则

$$s_{ij} = \frac{\partial f_k^{(3)}}{\partial g_{ij}^{(2)}} = \frac{\partial f_k^{(3)}}{\partial \mu_i^j} = 0$$

从而可得所求一阶梯度为

$$\frac{\partial E}{\partial c_{ij}} = \frac{\partial E}{\partial f_{ij}^{(2)}} \frac{\partial f_{ij}^{(2)}}{\partial c_{ij}} = -\delta_{ij}^{(2)} \frac{2(x_i - c_{ij})}{\sigma_{ij}^2}$$

$$\frac{\partial E}{\partial \sigma_{ij}} = \frac{\partial E}{\partial f_{ij}^{(2)}} \frac{\partial f_{ij}^{(2)}}{\partial \sigma_{ij}} = -\delta_{ij}^{(2)} \frac{2(x_i - c_{ij})^2}{\sigma_{ij}^3}$$

在求得所需的一阶梯度后，最后可给出参数调整的学习算法为

$$w_{ij}(k+1) = w_{ij}(k) - \beta \frac{\partial E}{\partial w_{ij}} \quad (i=1,2,\cdots,r;\ j=1,2,\cdots,m)$$

$$c_{ij}(k+1) = c_{ij}(k) - \beta \frac{\partial E}{\partial c_{ij}} \quad (i=1,2,\cdots,n;\ j=1,2,\cdots,m_i)$$

$$\sigma_{ij}(k+1) = \sigma_{ij}(k) - \beta \frac{\partial E}{\partial \sigma_{ij}} \quad (i=1,2,\cdots,n;\ j=1,2,\cdots,m_i)$$

其中，$\beta>0$ 为学习速率。

该模糊神经网络也和 BP 网络及 RBF 网络等一样，本质上也是实现从输入到输出的非线性映射。它和 BP 网络一样，结构上都是多层前馈网，学习算法都是误差反传播的方法；它和 RBF 网络等一样，都属于局部逼近网络。

第 40 讲

6.2　基于 Takagi-Sugeno 模型的模糊神经网络

在前面对模糊推理的讨论中，分别介绍了 Mamdani 型模糊推理和 Takagi-Sugeno 型模糊推理。MATLAB 模糊逻辑工具箱同时提供对这两种模糊推理方法的支持。其中对 Takagi-Sugeno 型模糊推理支持一阶规则或零阶规则，即规则的输出为输入变量

的线性组合或常量。

Mamdani 型模糊推理和 Takagi-Sugeno 型模糊推理各有优缺点。对于 Mamdani 型模糊推理，由于其规则的形式符合人们思维和语言表达的习惯，因而能够方便地表达人类的知识，但存在计算复杂、不利于数学分析的缺点。而 Takagi-Sugeno 型模糊推理则具有计算简单，利于数学分析的优点，且易于和 PID 控制方法以及优化、自适应方法结合，从而实现具有优化与自适应能力的控制器或模糊建模工具。

根据 Takagi-Sugeno 型模糊推理的特点，有关学者将其与神经网络结合，用于构造具有自适应学习能力的神经模糊系统。模糊逻辑与神经网络的结合，是近年来计算智能学科的一个重要研究方向。两者结合形成的模糊神经网络，同时具有模糊逻辑易于表达人类知识和神经网络的分布式信息存储以及学习能力的优点，为复杂系统的建模和控制提供了有效的工具。

6.2.1 模糊系统的 Takagi-Sugeno 模型

由于 MIMO 的模糊规则可分解为多个 MISO 模糊规则，因此下面也只讨论 MISO 模糊系统的模型。

设输入向量 $\boldsymbol{x}=[x_1,x_2,\cdots,x_n]^{\mathrm{T}}$，每个分量 x_i 均为模糊语言变量。并设

$$\boldsymbol{T}(x_i)=\{\boldsymbol{A}_i^1,\boldsymbol{A}_i^2,\cdots,\boldsymbol{A}_i^{m_i}\}\quad(i=1,2,\cdots,n)$$

式中，$\boldsymbol{A}_i^j$ $(j=1,2,\cdots,m_i)$是 x_i 的第 j 个语言变量值，它是定义在论域 $\boldsymbol{U}_i$ 上的一个模糊集合。相应的隶属函数为 $\mu_{A_i^j}(x_i)$ $(i=1,2,\cdots,n;j=1,2,\cdots,m_i)$。

Takagi-Sugeno 所提出的模糊规则后件是输入变量的线性组合，即

$\boldsymbol{R}_j$：如果 x_1 是 $\boldsymbol{A}_1^j$ and x_2 是 $\boldsymbol{A}_2^j$ and $\cdots$ and x_n 是 $\boldsymbol{A}_n^j$，则 $y_j=p_{j0}+p_{j1}x_1+\cdots+p_{jn}x_n$

式中，$j=1,2,\cdots,m,m\leqslant\prod_{i=1}^{n}m_i$。

若输入量采用单点模糊集合的模糊化方法，则对于给定的输入 $\boldsymbol{x}$，可以求得对于每条规则的适应度为

$$\alpha_j=\mu_{A_1^j}(x_1)\wedge\mu_{A_2^j}(x_2)\cdots\wedge\mu_{A_n^j}(x_n)$$

或

$$\alpha_j=\mu_{A_1^j}(x_1)\mu_{A_2^j}(x_2)\cdots\mu_{A_n^j}(x_n)$$

模糊系统的输出量为每条规则的输出量的加权平均，即

$$y=\frac{\sum_{j=1}^{m}\alpha_j y_j}{\sum_{j=1}^{m}\alpha_j}=\sum_{j=1}^{m}\bar{\alpha}_j y_j$$

式中，$\bar{\alpha}_j=\alpha_j/\sum_{i=1}^{m}\alpha_i$。

6.2.2 系统结构

根据上面给出的模糊模型，可以设计出如图 6-4 所示的基于 Takagi-Sugeno 模型的模糊神

经网络结构。图中所示为 MIMO 系统，它是上面讨论的 MISO 系统的简单推广。

由图 6-4 可见，该网络由前件网络和后件网络两部分组成，前件网络用来匹配模糊规则的前件，后件网络用来产生模糊规则的后件。

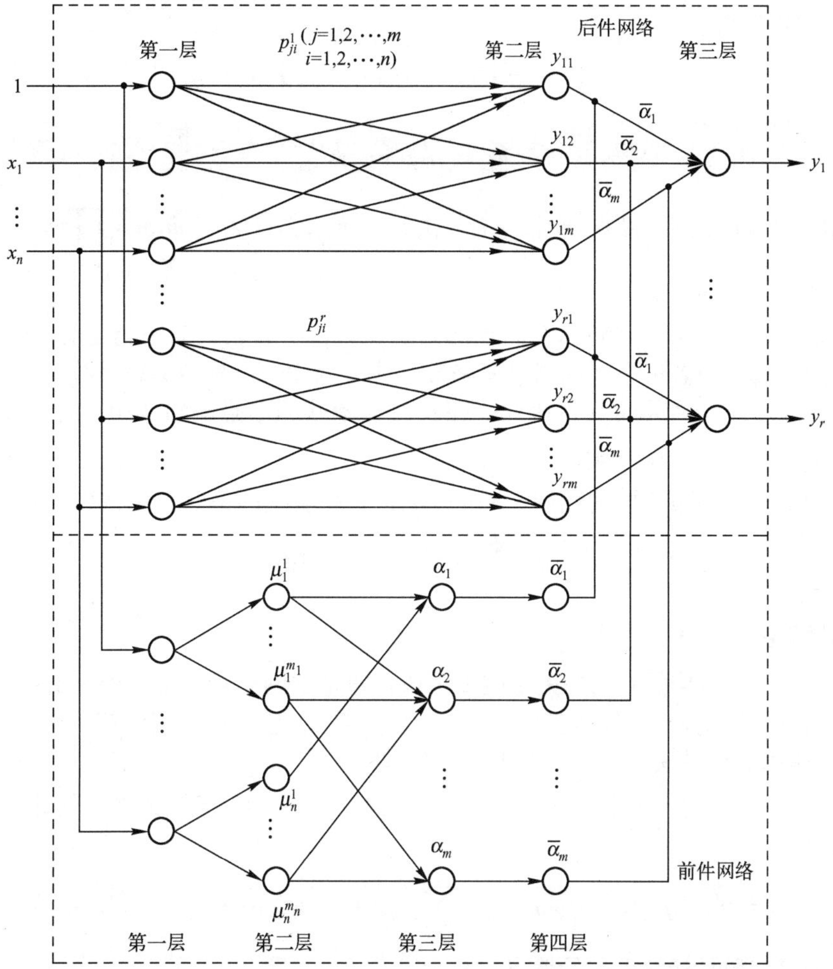

图 6-4　基于 Takagi-Sugeno 模型的模糊神经网络结构图

1．前件网络

前件网络由 4 层组成。第一层为输入层。它的每个节点直接与输入向量的各分量 x_i 连接，它起着将输入值 $\boldsymbol{x}=[x_1,x_2,\cdots,x_n]^{\mathrm{T}}$ 传送到下一层的作用。该层的节点数 $N_1=n$。

第二层每个节点代表一个语言变量值，如 NM、PS 等。它的作用是计算各输入分量属于各语言变量值模糊集合的隶属函数 μ_i^j，即

$$\mu_i^j \equiv \mu_{A_i^j}(x_i)$$

式中，$i=1,2,\cdots,n, j=1,2,\cdots,m_i$。$n$ 是输入量的维数，m_i 是 x_i 的模糊分割数。

例如，若隶属函数采用高斯函数表示的铃型函数，则

$$\mu_i^j = \mathrm{e}^{-\frac{(x_i-c_{ij})^2}{\sigma_{ij}^2}}$$

式中，c_{ij} 和 σ_{ij} 分别表示隶属函数的中心和宽度。

该层的节点总数 $N_2=\sum_{i=1}^{n}m_i$。

第三层的每个节点代表一条模糊规则，它的作用是用来匹配模糊规则的前件，计算出每条规则的适应度，即

$$\alpha_j=\min\{\mu_1^{i_1},\mu_2^{i_2},\cdots,\mu_n^{i_n}\}$$

或

$$\alpha_j=\mu_1^{i_1}\mu_2^{i_2}\cdots\mu_n^{i_n}$$

式中，$i_1\subset\{1,2,\cdots,m_1\},i_2\subset\{1,2,\cdots,m_2\},\cdots,i_n\subset\{1,2,\cdots,m_n\},j=1,2,\cdots,m,m=\prod_{i=1}^{n}m_i$。

该层的节点总数 $N_3=m$。

对于给定的输入，只有在输入点附近的语言变量值才有较大的隶属度值，远离输入点的语言变量值的隶属度或者很小（高斯隶属函数）或者为 0（三角型隶属函数）。当隶属函数很小（如小于 0.05）时近似取为 0。因此，在 α_j 中只有少量节点输出非 0，而多数节点的输出为 0，这一点类似于局部逼近网络。

第四层的节点数与第三层的相同，$N_4=N_3=m$，它所实现的是归一化计算，即

$$\bar{\alpha}_j=\alpha_j/\sum_{i=1}^{m}\alpha_i\qquad(j=1,2,\cdots,m)$$

2．后件网络

后件网络由 r 个结构相同的并列子网络组成，每个子网络均产生一个输出量。

子网络的第一层是输入层，它将输入变量传送到第二层。输入层中第 0 个节点的输入值 $x_0=1$，它的作用是提供模糊规则后件中的常数项。

子网络的第二层共有 m 个节点，每个节点代表一条规则，该层的作用是计算每一条规则的后件，即

$$y_{ij}=p_{j0}^{i}+p_{j1}^{i}x_1+\cdots+p_{jn}^{i}x_n=\sum_{l=0}^{n}p_{jl}^{i}x_l\ (j=1,2,\cdots,m;\quad i=1,2,\cdots,r)$$

子网络的第三层是计算系统的输出，即

$$y_i=\sum_{j=1}^{m}\bar{\alpha}_j y_{ij}\qquad(i=1,2,\cdots,r)$$

可见，y_i 是各规则后件的加权和，加权系数为各模糊规则的经归一化的使用度，即前件网络的输出作为后件网络第三层的连接权值。

至此，如图 6-4 所示的神经网络完全实现了 Takagi-Sugeno 的模糊系统模型。

6.2.3　学习算法

假设各输入分量的模糊分割数是预先确定的，那么需要学习的参数主要是后件网络的连接权 $p_{ji}^{l}\ (j=1,2,\cdots,m;i=1,2,\cdots,n;l=1,2,\cdots,r)$，以及前件网络第二层各节点隶属函数的中心值 c_{ij} 及宽度 $\sigma_{ij}(i=1,2,\cdots,m;j=1,2,\cdots,m_i)$。

设取误差代价函数为

$$E=\frac{1}{2}\sum_{i=1}^{r}(t_i-y_i)^2$$

式中，t_i 和 y_i 分别表示期望输出和实际输出。

下面首先给出参数 p_{ji}^l 的学习算法。

$$\frac{\partial E}{\partial p_{ji}^l}=\frac{\partial E}{\partial y_l}\frac{\partial y_l}{\partial y_{lj}}\frac{\partial y_{lj}}{\partial p_{ji}^l}=-(t_l-y_l)\bar{\alpha}_j x_i$$

$$p_{ji}^l(k+1)=p_{ji}^l(k)-\beta\frac{\partial E}{\partial p_{ji}^l}=p_{ji}^l(k)+\beta(t_l-y_l)\bar{\alpha}_j x_i$$

式中，$j=1,2,\cdots,m;i=1,2,\cdots,n;l=1,2,\cdots,r$。

再讨论 c_{ij} 及 σ_{ij} 的学习问题，这时可将参数 p_{ji}^l 固定，从而将图 6-4 简化，如图 6-5 所示。这时每条规则的后件在简化结构中变成了最后一层的连接权。

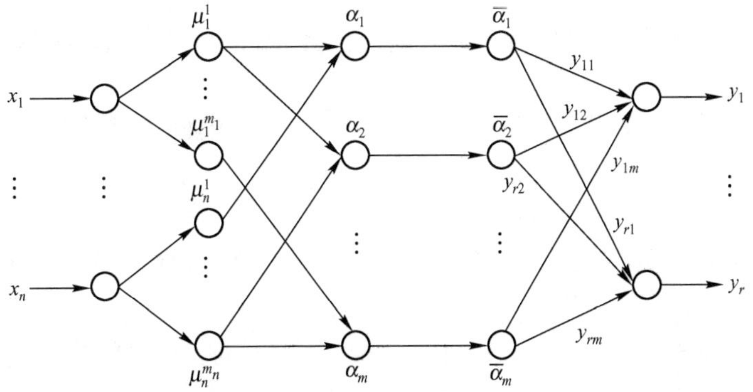

图 6-5　基于 Takagi-Sugeno 模型的模糊神经网络简化结构图

比较图 6-5 与图 6-2 可以发现，该简化结构与基于 Mamdani 模型的模糊神经网络具有完全相同的结构，这时只需令最后一层的连接权 $y_{ij}=w_{ij}$，则完全可以借用前面已得的结果，即

$$\delta_i^{(5)}=t_i-y_i \qquad (i=1,2,\cdots,n)$$

$$\delta_j^{(4)}=\sum_{i=1}^{r}\delta_i^{(5)}y_{ij} \qquad (j=1,2,\cdots,m)$$

$$\delta_j^{(3)}=\delta_j^{(4)}\sum_{\substack{i=1\\i\neq j}}^{m}\alpha_i\Bigg/\left(\sum_{i=1}^{m}\alpha_i\right)^2 \qquad (j=1,2,\cdots,m)$$

$$\delta_{ij}^{(2)}=\sum_{k=1}^{m}\delta_k^{(3)}s_{ij}\mathrm{e}^{-\frac{(x_i-c_{ij})^2}{\sigma_{ij}^2}} \qquad (i=1,2,\cdots,n;j=1,2,\cdots,m_i)$$

当 and 采用取小运算时，则当 μ_i^j 是第 k 个规则节点输入的最小值时，有

$$s_{ij}=1$$

否则

$$s_{ij}=0$$

当 and 采用相乘运算时，则当 μ_i^j 是第 k 个规则节点的一个输入时，有

$$s_{ij}=\prod_{\substack{j=1\\j\neq i}}^{n}\mu_j^{i_j}$$

否则

$$s_{ij}=0$$

最后求得

$$\frac{\partial E}{\partial c_{ij}}=-\delta_{ij}^{(2)}\frac{2(x_i-c_{ij})}{\sigma_{ij}};\frac{\partial E}{\partial \sigma_{ij}}=-\delta_{ij}^{(2)}\frac{2(x_i-c_{ij})^2}{\sigma_{ij}^3}$$

$$c_{ij}(k+1)=c_{ij}(k)-\beta\frac{\partial E}{\partial c_{ij}};\sigma_{ij}(k+1)=\sigma_{ij}(k)-\beta\frac{\partial E}{\partial \sigma_{ij}}$$

式中，$\beta>0$ 为学习速率，$i=1,2,\cdots,n;j=1,2,\cdots,m_i$。

对于上面介绍的两种模糊神经网络，当给定一个输入时，网络（或前件网络）第三层的 $\boldsymbol{\alpha}=[\alpha_1,\alpha_2,\cdots,\alpha_m]^{\mathrm{T}}$ 中只有少量元素非 0，其余大部分元素均为 0。因此，从 $\boldsymbol{x}$ 到 $\boldsymbol{\alpha}$ 的映射与 RBF 神经网络的非线性映射非常类似。该模糊神经网络也是局部逼近网络。其中第二层的隶属函数类似于基函数。

虽然模糊神经网络也是局部逼近网络，但是它是按照模糊系统模型建立的，网络中的各个节点及所有参数均有明显的物理意义，因此这些参数的初值可以根据系统的模糊或定性的知识来确定，然后利用上述的学习算法可以很快收敛到要求的输入/输出关系，这是模糊神经网络比前面单纯的神经网络的优点所在。同时，由于它具有神经网络的结构，因此参数的学习和调整比较容易，这是它与单纯的模糊逻辑系统相比的优点所在。

可以从另一角度来认识基于 Takagi-Sugeno 模型的模糊神经网络的输入/输出映射关系，若各输入分量的分割是精确的，即相当于隶属函数为互相拼接的超矩形函数，则网络的输出相当于原光滑函数的分段线性近似，即相当于用许多块超平面来拟合一个光滑曲面。网络中的 p_{ji}^l 参数便是这些超平面方程的参数，只有当分割越精细时，拟合才能越准确。而实际上这里的模糊分割互相之间是有重叠的，因此即使模糊分割数不多，也能获得光滑和准确的曲面拟合。基于上面的理解，可以帮助选取网络参数的初值。例如，若根据样本数据或根据其他先验知识已知输出曲面的大致形状时，可根据这些形状来进行模糊分割。若某些部分曲面较平缓，则相应部分的模糊分割可粗些；反之，若某些部分曲面变化剧烈，则相应部分的模糊分割需要精细些。在各分量的模糊分割确定后，可根据各分割子区域所对应的曲面形状用一个超平面来近似，这些超平面方程的参数即作为 p_{ji}^l 的初值。由于网络还要根据给定样本数据进行学习和训练，因而初值参数的选择并不要求很精确。但是根据上述的先验知识所做的初步选择却是非常重要的，它可避免陷入不希望的局部极值并大大提高收敛的速度，这一点对于实时控制是尤为重要的。

6.3 自适应神经模糊系统及其 MATLAB 实现

第 41 讲

尽管模糊推理系统的设计（隶属函数及模糊规则的建立）不主要依靠对象的模型，但是它却相当依靠专家或操作人员的经验和知识。若缺乏这样的经验，则很难获得满意的控制效果。神经网络系统的一大特点就是它的自学习功能，将这种自学习的方法应用于对模型特征的分析与建模上，产生了自适应的神经网络技术。这种自适应的神经网络技术对于模糊系统的模型建立（模糊规则库的建立）是非常有效的工具。而自适应神经模糊推理系统就是基于数据的建模方法，该系统中的模糊隶属函数及模糊规则是通过对大量已知数据进行学习得到的，而不是基于经验或直觉任意给定的，这对于那些特性还不被人们所完全了解或者特性非常复杂的系统尤为重要。

在 MATLAB 模糊逻辑工具箱中，提供了有关对自适应神经模糊推理系统的初始化函数和建模函数，如表 6-1 所示。

表 6-1　自适应神经模糊推理系统的初始化函数和建模函数

函 数 名	功　能
genfis1( )	采用网格分割方式生成模糊推理系统函数
anfis( )	自适应神经模糊推理系统的建模函数

6.3.1　采用网格分割方式生成模糊推理系统函数

函数 genfis1( )可为训练自适应神经模糊推理系统（Adaptive Neuro-Fuzzy Inference System，ANFIS）产生 Takagi-Sugeno 型模糊推理系统（Fuzzy Inference System，FIS）结构的初值（隶属函数参数的初值），它采用网格分割的方式根据给定数据集生成一个模糊推理系统，一般与函数 anfis( )配合使用。由 genfisl( )生成的模糊推理系统的输入和隶属函数的类型和数目可以在使用时指定，也可以采用默认值。该函数的调用格式为

fisMat=genfisl(data)

fisMat=genfisl(data,numMFs,inMFType,outMFType)

式中，data 为给定的输入/输出数据集合，除了最后一列为输出数据，其余列均表示输入数据；numMFs 为一向量，其各个分量用于指定每个输入语言变量的隶属函数的数量，如果每个输入的隶属函数的数量相同，则只需输入标量值；inMFType 为一字符串阵列，其每一列指定一个输入变量的隶属类型，如果类型相同，则该参数将变成一个一维的字符串；outMFType 用于指定输出隶属类型的字符串，由于只能采用 Takagi-Sugeno 型系统，因此系统只能有一个输出，其类型仅取 linear 或 constant；fisMat 为生成的模糊推理系统矩阵。当仅使用一个输入参数而不指定隶属函数个数和类型时，将使用默认值，即输入隶属函数个数为 2，输入隶属函数类型为钟型曲线，输出隶属函数类型为线性曲线。

例 6-1　利用函数 genfis1( )产生一个两输入单输出的模糊推理系统。其中要求输入隶属函数分别为π型和三角型，分割数分别为 3 和 7。

解： 根据以下 MATLAB 程序，可得由函数 genfis1( )生成的 ANFIS 系统训练前的初始隶属函数曲线，如图 6-6 所示。

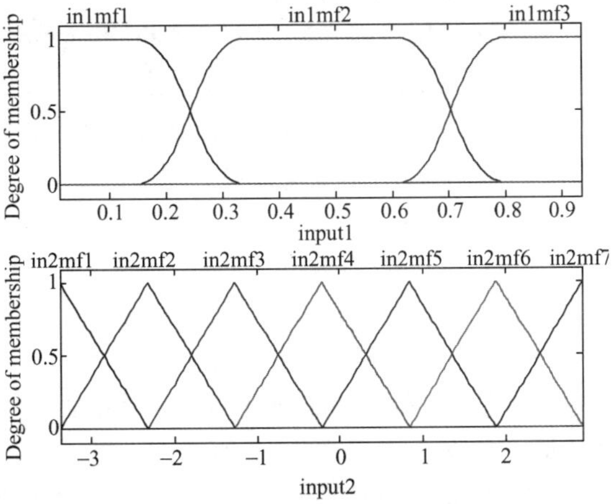

图 6-6　由函数 genfis1( )生成的隶属函数曲线

```
%ex6_1.m
data=[rand(10,1) 10*rand(10,1)-5 rand(10,1)];     %随机给定系统的输入/输出数据
numMFs=[3   7];                          %指定每个输入语言变量的隶属函数的数量
mfType=str2mat('pimf','trimf');      %指定每个输入语言变量的隶属函数类型
fisMat=genfis1(data,numMFs,mfType);              %生成模糊推理系统
subplot(2,1,1);plotmf(fisMat,'input',1);
subplot(2,1,2);plotmf(fisMat,'input',2);
```

由图 6-6 可见，根据函数 genfis1( )生成的模糊推理系统的输入/输出隶属函数的曲线在确保覆盖整个输入/输出空间的基础上对其进行均匀分割。

6.3.2 自适应神经模糊系统的建模函数

神经模糊建模是指利用神经模糊系统逼近未知的非线性动态，从而逼近整个系统。神经网络在未知非线性的建模方面已显示出良好的性能，同样以模糊逻辑系统为基础的模糊模型也可用于非线性动态的建模。在建模方面，将两者结合起来则能显示出优良的性能。

在 MATLAB 模糊逻辑工具箱中，提供了对基于 Takagi-Sugeno 模型的自适应神经模糊推理系统 ANFIS 的建模方法，该模糊推理系统利用 BP 反向传播算法和最小二乘算法来完成对输入/输出数据对的建模。该系统为模糊建模的过程，提供了一种能够从数据集中提取相应信息（模糊规则）的学习方法。这种学习方法与神经网络的学习方法非常相似，通过学习能够有效地计算出隶属函数的最佳参数，使得设计出来的 Takagi-Sugeno 型模糊推理系统能够更好地模拟出希望的或是实际的输入/输出关系。相应的函数为 anfis( )，该函数的输出为一个三维或五维向量。当未指定检验数据时，输出向量为三维。anfis( )支持采用输出加权平均的一阶或零阶 Takagi-Sugeno 型模糊推理。该函数的调用格式为

[Fis,error,stepsize]=anfis (trnData)

[Fis,error,stepsize]=anfis (trnData,initFis)

[Fis,error,stepsize]=anfis(trnData,initFis,trnOpt,dispOpt)

[Fis,error,stepsize,chkFis,chkEr]=anfis(trnData,initFis,trnOpt,dispOpt,chkData)

[Fis,error,stepsize,chkFis,chkEr]=anfis(trnData,initFis,trnOpt,dispOpt,chkData,optMethod)

式中，trnData 为训练学习的输入/输出数据矩阵，该矩阵的每一行都对应一组输入/输出数据，其最后一列为输出数据（该函数仅支持单输出的 Takagi-Sugeno 型模糊系统）。initFis 是指定初始的模糊推理系统参数（包括隶属函数类型和参数）的矩阵，该矩阵可以使用函数 fuzzy( )通过模糊推理系统编辑器生成，也可使用函数 genfis1( )由训练数据直接生成，函数 genfis1( )的功能是采用网格分割法生成模糊推理系统，其使用方法参见下文的说明。如果没有指明该参数，函数 anfis( )会自动调用 genfis1( )来按照输入/输出数据生成一个默认初始 FIS 推理系统参数，这里使用函数 genfis1( )的作用是先根据一定的专家经验给出一个初始模糊系统的合适结构，在使用函数 anfis( )的训练过程中，已经给定的初始模糊系统的结构（隶属函数的个数，模糊规则数目）不会改变，只是对相应的结构参数进行调整和优化。trnOpt 和 dispOpt 分别用于指定训练的有关选项和在训练执行过程中 MATLAB 命令窗口的显示选项，参数 trnOpt 为一个五维向量，其各个分量的定义如下：trnOpt(l)为训练的次数，默认值为 10；trnOpt(2)为期望误差，默认值为 0；trnOpt(3)为初始步长，默认值为 0.01；trnOpt(4)为步

长递减速率，默认值为 0.9；trnOpt(5)为步长递增速率，默认值为 1.1。如果 trnOpt 的任意一个分量为 NaN（非数值，IEEE 的标准缩写）或被省略，则训练采用默认参数。学习训练的过程在训练参数得到指定值或训练误差得到期望误差时停止。调整训练过程中的步长采用如下的策略：当误差连续四次减小时，增加步长；当误差变化连续两次出现振荡，即一次增加和一次减少交替发生时，减小步长。trnOpt 的第四个和第五个参数分别按照上述策略控制训练步长的调整。参数 dispOpt 用于控制训练过程中 MATLAB 命令窗口的显示内容，共有四个参数，分别定义如下：dispOpt(1)为显示 ANFIS 的信息，如输入/输出隶属函数的次数，默认值为 1；dispOpt(2)为显示误差测量，默认值为 1；dispOpt(3)为显示训练步长，默认值为 1；dispOpt(4)为显示最终结果，默认值为 1。当 dispOpt 的一个分量为 0 时，不显示相应内容；如果为 1 或 NaN 或省略，则显示相应内容。chkData 参数为一个与训练数据矩阵有相同列数的矩阵，用于提供检验数据，当提供检验数据时，anfis( )返回对检验数据具有最小均方根误差的模糊推理系统 chkFis。optMethod 为隶属函数参数训练中的可选最优化方法，其中 1 表示混合方法（BP 算法和最小二乘算法的组合），0 表示 BP 方法，默认值为 1。返回参数 Fis 为学习完成后得到的对应训练数据具有最小均方根误差的模糊推理系统矩阵。error 为训练数据对应的最小均方根误差向量。stepsize 为训练步长向量。当指定检验数据后，输出向量为五维参数向量。参数 chkFis 为对检验数据具有最小均方根误差的模糊推理系统。chkEr 为检验数据对应的最小均方根误差。

利用 anfis( )函数进行自适应神经模糊系统建模，除了给定系统期望的输入/输出数据，还必须提供一个初始模糊推理系统（包括隶属函数类型和参数），否则函数 anfis( )会自动调用 genfis1( )来按照输入/输出数据生成一个默认的系统。

例 6-2　建立一个自适应神经模糊推理系统对下列非线性函数进行逼近。

$$f(x)=\sin(2x)\mathrm{e}^{-\frac{x}{5}}$$

解：根据以下 MATLAB 程序，可得如图 6-7 所示的函数实际输出和模糊推理系统输出的曲线。

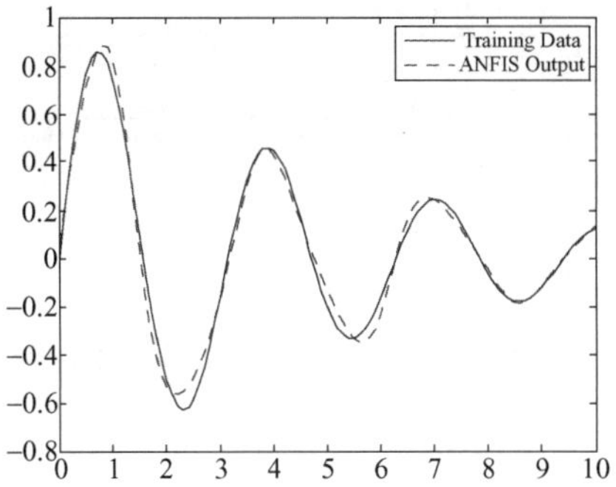

图 6-7　实际输出和 ANFIS 输出的曲线

```
%ex6_2.m
x=0:0.1:10;y=sin(2*x)./exp(x/5); trnData=[x' y'];      %训练学习的输入/输出数据
numMFs=5;mfType='gbellmf';                               %输入隶属函数的数/类型
initFis=genfis1(trnData,numMFs,mfType);                  %初始模糊推理系统
epoch_n=20;                                              %训练的次数
fisMat=anfis(trnData,initFis,epoch_n);                   %根据给定数据训练初始系统
```

```
plot(x,y,'-',x,evalfis(x,fisMat),':');
legend('Training Data','ANFIS Output')
```

从如图 6-7 所示的结果曲线可以看出，经过训练以后的模糊系统基本能够模拟原函数。如果将隶属函数曲线改为 3 条，这时由于系统的结构不足以反映数据的复杂特性，因此结果要差些。利用模糊推理编辑器（Fuzzy）或第 5 章介绍的一些命令，可查看训练后的模糊系统 fisMat 的组成。例如，在 MATLAB 工作窗口中利用命令“fuzzy(fisMat)”，便可发现该系统输入的隶属函数是 5 条高斯函数，输出的是 5 条线性函数。

6.3.3 自适应神经模糊推理系统的图形用户界面编辑器

为了进一步方便用户，在模糊逻辑工具箱中提供了建立自适应神经模糊推理系统的图形界面编辑器（Anfis Editor），该编辑器以交互式图形界面的形式集成了建立、训练和测试神经模糊推理系统等各种功能。要启动该编辑器，只需在 MATLAB 命令窗口中输入命令“anfisedit”，便可得到如图 6-8 所示的图形窗口界面。

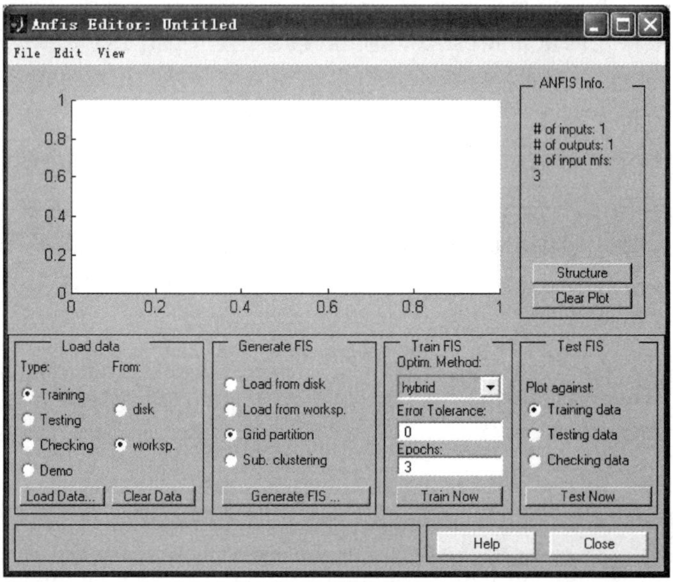

图 6-8　Anfis Editor 窗口界面

自适应神经模糊推理系统图形界面编辑器中菜单项 File、Edit 和 View 的功能与模糊推理系统图形界面中的菜单项相同。另外，在该图形窗口界面中包括以下几种主要功能。

1. 加载数据（Load data）

在进行自适应神经模糊推理系统的训练前，必须加载用于训练学习或测试检验的各种输入/输出数据矩阵，这些矩阵的每一行均对应一组输入/输出数据，其中最后一列为输出数据，因为自适应神经模糊推理系统仅支持单输出的 Takagi-Sugeno 型模糊系统。

通过窗口界面上的数据加载区（Load data）可以选择加载数据的类型，如训练数据（Training）、测试数据（Testing）、检验数据（Checking）和演示数据（Demo），以及加载方式，如磁盘数据文件（disk）和工作空间的数据矩阵（worksp.）。然后单击【Load Data...】按钮，则相应的数据就会显示在绘图区。

为了便于介绍，这里选择加载 MATLAB 在其 fuzdemos 子目录下提供的一组数据文件，如以 fuzex1chkData.dat（检验数据 1）、fuzex1trnData.dat（训练数据 1）为例来介绍该工具的使用。这些数据文件均为两列，每一行对应一组输入/输出数据，其中，第一列为输入数据，最后一列为输出数据。

在加载以上数据时，首先在 MATLAB 工作窗口中，利用以下命令将该组训练数据 fuzex1trnData.dat 和检验数据 fuzex1chkData.dat 装载到 MATLAB 工作空间的 fuzex1trnData 和 fuzex1chkData 矩阵中。

>>load fuzex1chkData.dat;load fuzex1trnData.dat;

然后在如图 6-8 所示的图形窗口界面中的数据加载区（Load data），选中加载数据的类型为训练数据（Training）、加载方式为工作空间的数据矩阵（worksp.），单击【Load Data...】按钮打开如图 6-9 所示的“输入数据”对话框，在该对话框中输入 fuzex1trnData 后，单击【OK】按钮便可将训练数据显示在绘图区，如图 6-10（a）所示。

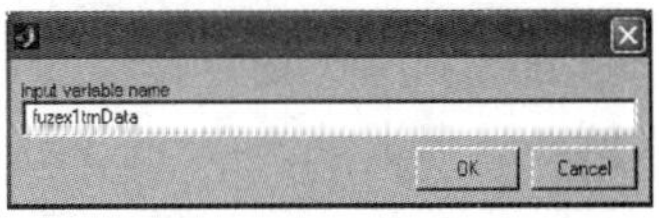

图 6-9 “输入数据”对话框

利用同样的步骤，选中加载数据的类型为检验数据（Checking）、加载方式为工作空间的数据矩阵（worksp.），单击【Load Data...】按钮可将检验数据 fuzex1chkData 显示在绘图区，此时训练数据和检验数据将同时显示在绘图区，如图 6-10（b）所示。其中的“o”表示训练数据，“+”表示检验数据。

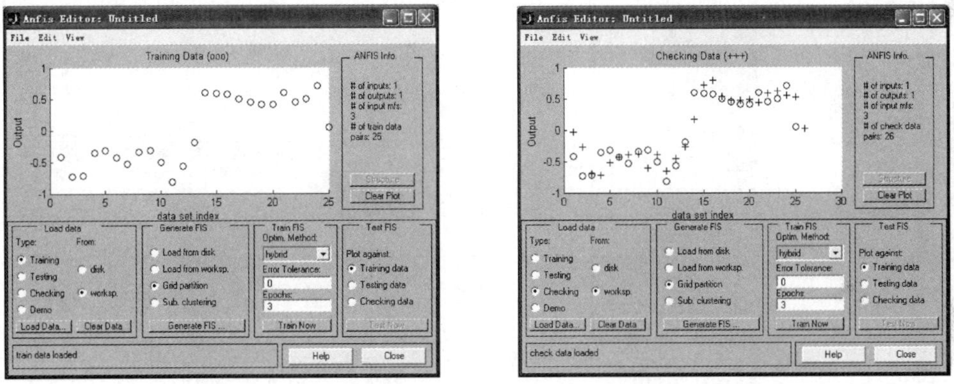

（a）　　　　　　　　（b）

图 6-10　加载训练数据和检验数据的系统图形窗口界面

另外，利用以下 MATLAB 命令，可将 MATLAB 工作空间的 fuzex1trnData 和 fuzex1chkData 矩阵中的数据以 ASCII 码形式保存到 MATLAB 当前工作目录的磁盘文件 trnData1.dat 和 chkData1.dat 中，以便于数据以磁盘文件（disk）的方式加载。

>>save chkData1.dat fuzex1chkData -ascii;save trnData1.dat fuzex1trnData -ascii;

2. 生成模糊推理系统（Generate FIS）

在训练自适应神经模糊推理系统前，必须先在系统生成区（Generate FIS）指定初始模糊推理系统。初始自适应神经模糊推理系统的生成，可以直接调用（Load...）磁盘中的.fis 格式文件（Load from disk），或是调用（Load...）工作空间的.fis 格式文件（Load from worksp.）。还可以通过网格分割法（Grid partition）或减法聚类（Sub. clustering）的方法自动生成（Generate FIS）。

当单击生成系统的功能按钮【Generate FIS...】时，系统会弹出一个对话框，要求指定系统的有关信息。当采用网格分割法（Grid partition）来产生初始系统时，将弹出一个如图 6-11 所示的对话框。如图 6-11 所示的对话框中，要求输入的信息包括输入语言变量隶属函数的数目（INPUT：Number of MFs）、类型（INPUT：MF Type）和输出隶属函数的类型（OUTPUT：MF Type）等。本例设定 INPUT：Number of MFs 为 4（如果为多输入系统，采用向量表示，如[4 3 5]）；INPUT：MF Type 为 gbellmf（钟型）；OUTPUT：MF Type 为 linear（线性），如图 6-11 所示，单击【OK】按钮后自动生成一个网络结构。

3. 训练自适应神经模糊推理系统（Train FIS）

在进行神经模糊推理系统的训练前，可以指定优化的方法以及有关的优化控制参数，如选择训练算法（混合算法或 BP 算法）及误差精度（Error Tolerance）和训练次数（Epochs）。本例在选择训练次数（Epochs）为 40，其余参数默认的情况下，单击【Train Now】按钮进行系统的训练后，窗口的上部显示了优化过程中误差的变化情况，左下角显示了实际训练次数和误差大小，如图 6-12 所示。从图 6-12 中可以看到，当检验数据误差减小到某一程度（训练到第 20 步左右）时开始增加，这表明到此时系统的结构参数与训练数据已经不匹配了，算法此时开始采用最小检验数据误差准则来调整训练参数。对于这种情况，检验数据就十分重要了。

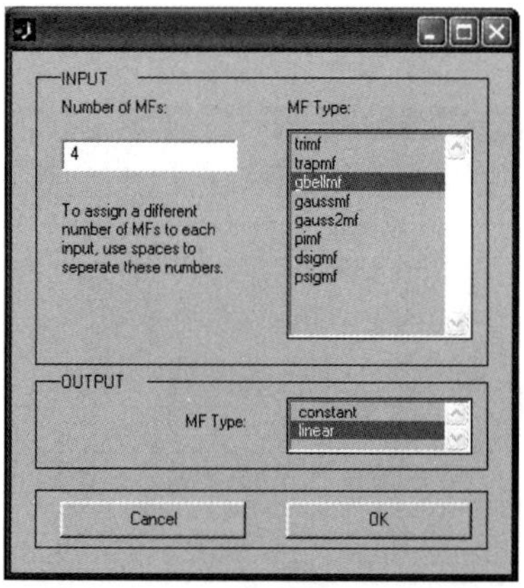

图 6-11　模糊推理系统的对话框

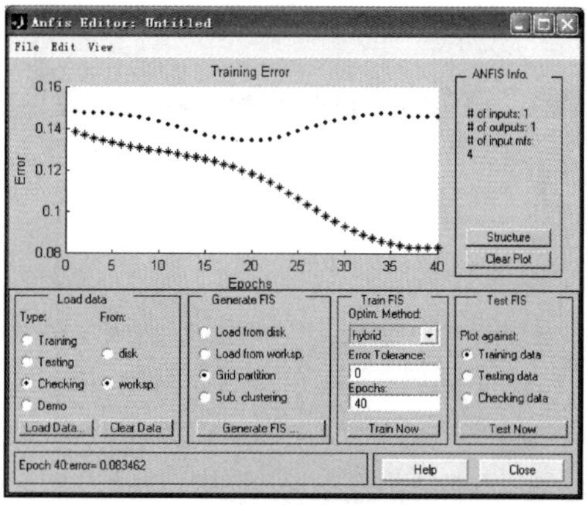

图 6-12　系统训练后的误差曲线

4. 测试模糊推理系统（Test FIS）

在完成对该系统的训练后，可以进一步对其进行测试，在对训练后的网络进行测试时，可选择网络的输出数据与训练数据（Training data）进行比较，也可选择将其与另外提供的测试数据（Testing data）或检验数据（Checking data）进行比较。测试完成后将在图形界面的上部显示测试的结果，即系统输出数据与所选择的数据比较，在左下角显示了它们的平均测试误差大小。这里选择网络的输出数据与检验数据（Checking data）进行比较，比较结果如图 6-13 所示，平均测试误差大小为 0.1461。

在完成对系统的训练和测试后，可以依次单击图形界面窗口中的 File|Export|To Workspace...（或 To Disk...）命令，将该系统保存到 MATLAB 工作空间或磁盘文件（.fis）中。

5. 查看自适应神经模糊推理系统的模型结构（Structure）

当自适应神经模糊推理系统生成后，图 6-10 右上角的【Structure】按钮变为可用，此时单击【Structure】按钮可以方便地查看该系统的模型结构，如图 6-14 所示，系统的模型结构不随训练而变化，变化的只是一些结构参数。

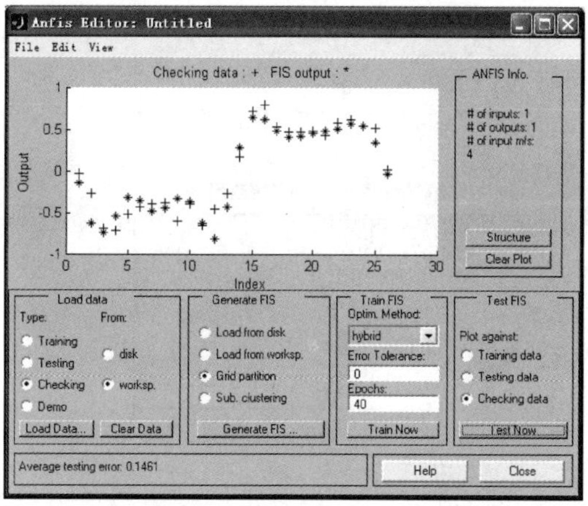

图 6-13　输出数据与检验数据比较

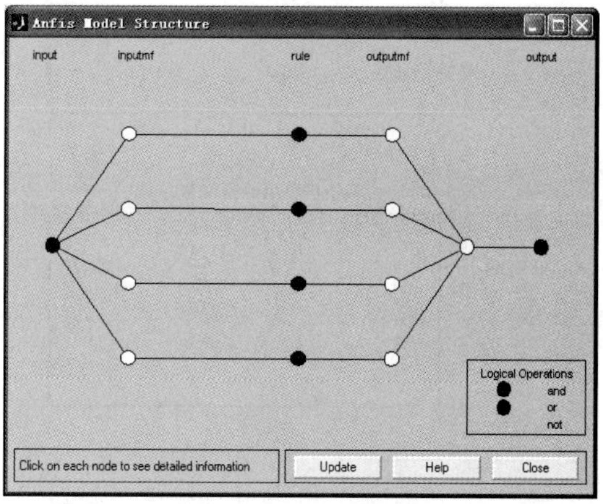

图 6-14　系统的神经网络结构

6. 编辑/查看自适应神经模糊推理系统的模糊推理特性

当自适应神经模糊推理系统建立后，可以利用自适应神经模糊推理系统的图形窗口界面中菜单项 Edit 或 View 的功能，分别进入模糊推理系统编辑器（Fuzzy）、隶属函数编辑器（Mfedit）、模糊规则编辑器（Ruleedit）和模糊规则浏览器（Ruleview）等图形界面，在这些界面中可分别对模糊推理系统的特性、隶属函数和模糊规则等进行修改或查看。

为了简单说明问题，选择加载演示数据（Demo），也可进行以上操作过程。

另外，在 MATLAB 的 fuzdemos 子目录下还提供了另外一组数据文件 fuzex2chkData.dat（检验数据）和 fuzex2trnData.dat（训练数据）供用户选择使用。由于该组数据中的训练数据与检验数据的差异比较大，故按照前面同样的步骤和相同的参数，利用该组数据得到的模糊推理系统，不能很好地模拟出训练数据或检验数据，这说明了选择合适的数据以及相匹配的模型结构是非常重要的。在使用 ANFIS 方法进行神经模糊系统建模时，用户对建模的对象以及使用的数据有充分的了解是非常重要的。如果由于条件的限制使得用户并不清楚对象系统以及这些数据，则有时也可以通过使用检验数据帮助得到一些有用的结论。在这组数据中，检验数据的误差相对是非常大的，因此可以认为选择的训练数据与模型（隶属函数个数以及类型）是不匹配的，应当增加训练数据或改变模型的结构以得到更好的效果。当然，如果认为训练数据是可以完全体现模型特性的，而检验数据可能含有过量的噪声，也可以不用检验数据而直接利用训练数据进行建模。

6.3.4　自适应神经模糊推理系统在建模中的应用

模糊建模是指利用模糊系统逼近未知的非线性动态，从而逼近于整个系统。神经网络在未知非线性的建模方面已显示出良好的性能，同样以模糊逻辑系统为基础的模糊模型也可用于非线性动态的建模。在建模方面，将两者结合起来更能显示出优良的性能。

例 6-3　利用模糊推理系统对下列非线性函数进行逼近。

$$f(x)=0.5\sin(\pi x)+0.3\sin(3\pi x)+0.1\sin(5\pi x)$$

解： 利用以下 MATLAB 程序，可得如下均方根误差和如图 6-15 所示的曲线。

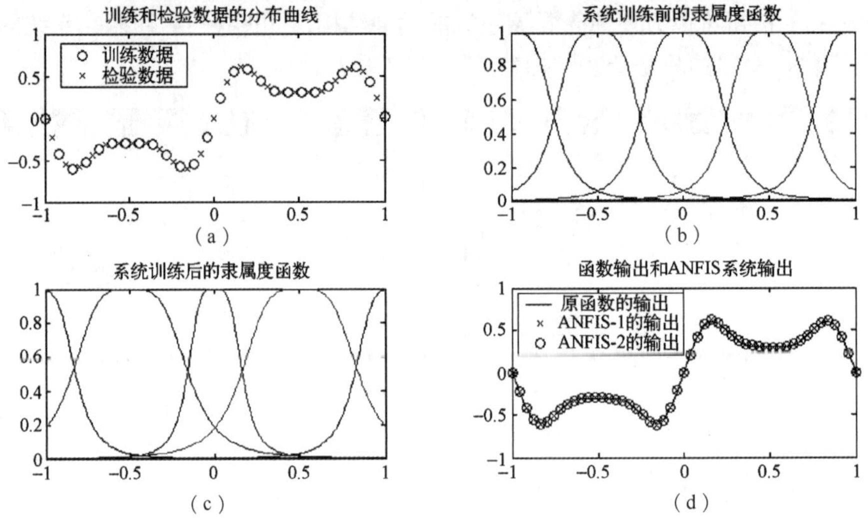

图 6-15　信号逼近的 ANFIS 训练结果

```
%ex6_3.m
%产生输入/输出数据
numPts=51;                                              %数据点个数为51
x=linspace(-1,1,numPts);                                %输入数据
y=0.5*sin(pi*x)+0.3*sin(3*pi*x)+0.1*sin(5*pi*x);        %输出数据
data=[x' y'];                                           %整个数据集
trnData=data(1:2:numPts,:);                             %训练数据集
chkData=data(2:2:numPts,:);                             %检验数据集
%绘制训练和检验数据的分布曲线
subplot(2,2,1);plot(trnData(:,1),trnData(:,2),'o',chkData(:,1),chkData(:,2),'x');
legend（'训练数据','检验数据'）;title（'训练和检验数据的分布曲线'）;xlabel('(1)');
%采用genfisl( )函数直接由训练数据生成Takagi-Sugeno型模糊推理系统
numMFs=5; mfType='gbellmf';                             %输入隶属度函数个数/类型
fisMat=genfis1(trnData,numMFs,mfType);                  %初始模糊推理系统
%绘制由函数genfisl( )生成的模糊推理系统的初始输入变量的隶属度函数曲线
subplot(2,2,2);[x1,mf]=plotmf(fisMat,'input',1);
plot(x1,mf); title（'系统训练前的隶属度函数′ ）;xlabel('(2)');
%根据给定的训练数据利用函数anfis( )训练自适应神经模糊系统
epochs=40;                                              %训练次数为40
trnOpt=[epochs NaN NaN NaN NaN];dispOpt=[ ];
[Fis,error,stepsize,chkFis,chkEr]=anfis(trnData,fisMat,trnOpt,dispOpt,chkData)
%绘制模糊推理系统由函数anfis( )训练后的输入变量的隶属度函数曲线
subplot(2,2,3);[x1,mf]=plotmf(Fis,'input',1);
plot(x1,mf); title（'系统训练后的隶属度函数'）;xlabel('(3)');
%计算训练后神经模糊系统的输出与训练数据的均方根误差trnRMSE
trnOut1=evalfis(trnData(:,1),Fis);                      %训练后神经模糊系统的输出
trnOut2=evalfis(trnData(:,1),chkFis);
trnRMSE1=norm(trnOut1-trnData(:,2))/sqrt(length(trnOut1))
trnRMSE2=norm(trnOut2-trnData(:,2))/sqrt(length(trnOut2))
%计算和绘制神经模糊推理系统的输出曲线
```

```
anfis_y1=evalfis(x,Fis);anfis_y2=evalfis(x,chkFis);
subplot(2,2,4);plot(x,y,'-',x,anfis_y1,'x',x,anfis_y2,'o');
title（'函数输出和ANFIS系统输出'）; xlabel('(4)');
legend（'原函数的输出','ANFIS-1的输出','ANFIS-2的输出'）
writefis(Fis,'ex6_3');                          %以磁盘文件ex6_3.fis保存系统矩阵Fis
```

计算结果：

```
trnRMSE1 =
        0.0100
trnRMSE2 =
        0.0100
```

在这个例子中，不但提供了训练数据，而且提供了检验数据，两种数据在输入空间均匀采样，如图 6-15（a）所示。图 6-15（b）显示了由函数 genfisl( )根据训练数据生成的模糊推理系统的初始隶属度函数曲线。从曲线可以看出，函数 genfisl( )按照均匀覆盖输入空间的原则，构造了训练前模糊推理系统的初始输入变量的隶属度函数。系统训练后模糊推理系统的输入变量的隶属度函数曲线，如图 6-15（c）所示。从图中可以看出，经过学习后的模糊推理系统提取了训练数据的局部特征。图 6-15（d）显示了原函数的输出与神经模糊推理系统的输出曲线。神经模糊推理系统训练数据和检验数据的均方根误差均为 0.01，这是由于这两种数据在整个输入空间均匀分布的必然结果。另外，如果在 MATLAB 工作窗口中再次利用以下命令，便可得到训练数据和检验数据的误差变化过程曲线，可以看出它们非常接近，几乎重合。

```
>>figure;plot(error);hold on;plot(chkEr,'r')
```

例 6-4　非线性系统为

$$y(k+1)=0.3y(k)+0.6y(k-1)+f(u(k))$$

式中，$f(\cdot)$ 为未知非线性函数。利用模糊推理系统对非线性函数 $f(\cdot)$ 进行逼近。假设非线性函数 $f(\cdot)$ 为例 6-3 所述的下列函数

$$f(u)=0.5\sin(\pi u)+0.3\sin(3\pi u)+0.1\sin(5\pi u)$$

解： 非线性函数 $f(\cdot)$ 的模糊建模可利用例 6-3 所建的系统文件 ex6_3.fis，在此基础上对整个系统进行仿真的 MATLAB 程序如下，函数和系统的实际输出与逼近输出曲线如图 6-16 所示。

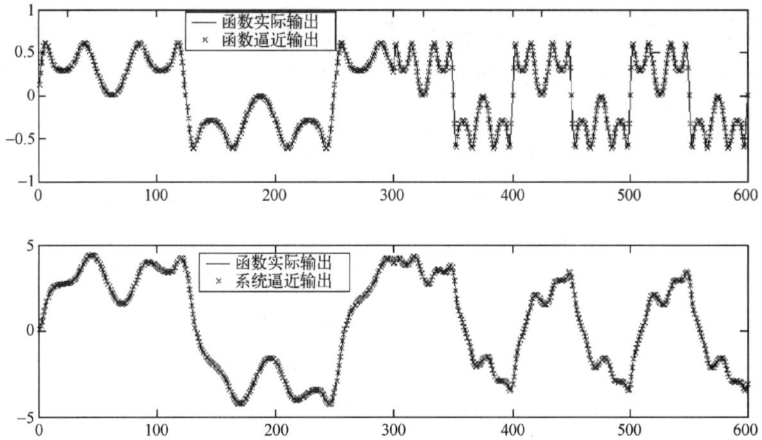

图 6-16　函数和系统的实际输出与逼近输出曲线

```
%ex6_4.m
clear,close all
fisMat=readfis('ex6_3');     %将系统从磁盘文件ex6_3.fis加载到矩阵fisMat中
%产生输入/输出数据
u1=sin(2*pi*[1:300]/250);u2=sin(pi*[301:600]/50); uu=[u1 u2];N=length(uu);
%系统仿真
y=0;y1=0;yc=0;yc1=0;out=zeros(N,4);
for k=1:N
    u=uu(k);
    %模糊模型逼近未知函数时的系统输出
    fc=evalfis(u,fisMat);yc2=yc1;yc1=yc;yc=0.3*yc1+0.6*yc2+fc;
    %未知函数采用实际输出时的系统输出
    f=0.5*sin(pi*u)+0.3*sin(3*pi*u)+0.1*sin(5*pi*u);
    y2=y1;y1=y;y=0.3*y1+0.6*y2+f;
    %保存未知函数和系统的实际与逼近输出
    out(k,:)=[f fc y yc];
 end
%绘制系统的输出曲线
k=1:N;
subplot(2,1,1);plot(k,out(:,1),'-',k,out(:,2),'x');legend（'函数实际输出','函数逼近输出'）
subplot(2,1,2);plot(k,out(:,3),'-',k,out(:,4),'x');legend（'系统实际输出','系统逼近输出'）
```

从如图 6-16 所示的函数和系统的实际输出与逼近输出曲线可以看出，模型输出非常逼近于实际输出。

例 6-5 利用自适应神经模糊推理系统的图形界面编辑器（Anfis Editor），对例 6-3 所述的下列非线性函数进行逼近。

$$f(x)=0.5\sin(\pi x)+0.3\sin(3\pi x)+0.1\sin(5\pi x)$$

解：① 首先利用以下 MATLAB 程序，产生训练数据和检验数据。

```
%ex6_5.m
numPts=51; x=linspace(-1,1,numPts);y=0.5*sin(pi*x)+0.3*sin(3*pi*x)+0.1*sin(5*pi*x);
data=[x' y']; trnData=data(1:2:numPts,:);chkData=data(2:2:numPts,:);
```

② 启动自适应神经模糊推理系统的图形界面编辑器，并加载数据。

在 MATLAB 工作空间，利用 anfisedit 命令启动自适应神经模糊推理系统编辑器，并分别加入训练数据 trnData 和检验数据 chkData，如图 6-17 所示。

③ 生成模糊推理系统。

首先选择模糊推理系统采用网格分割法（Grid partition），然后单击【Generate FIS…】按钮弹出设置模糊推理系统的对话框，并设置输入语言变量隶属函数的数目（INPUT：Number of MFs）为 5、输入语言变量隶属函数的类型（INPUT：MF Type）为 gbellmf（钟型）和输出隶属函数的类型（OUTPUT：MF Type）为 linear（线性），如图 6-18 所示。

当自适应神经模糊推理系统生成后，可以利用系统的图形窗口界面（见图 6-17）中的菜单项 Edit|Membership Function…，进入隶属函数编辑器（Mfedit），查看系统训练前的输入变量的隶属函数分布，如图 6-19 所示，它与图 6-15（b）完全一致。

④ 训练模糊推理系统。

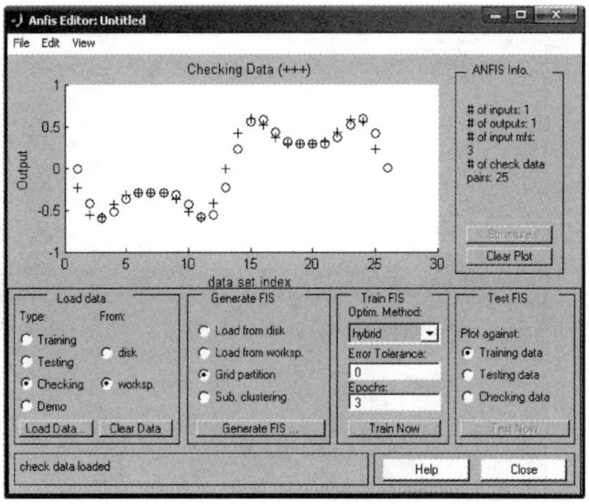

图 6-17　加入训练数据和检验数据

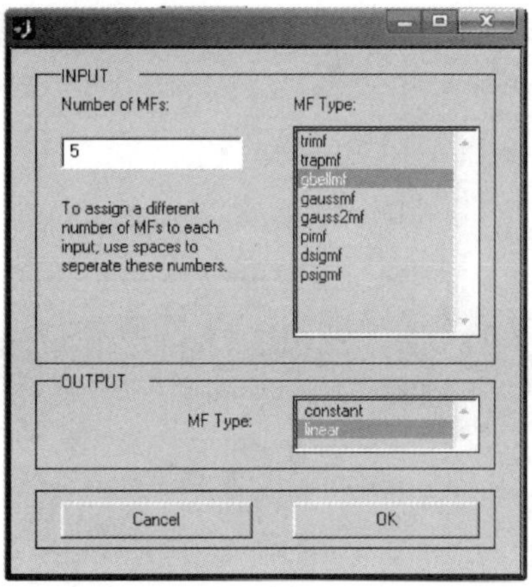

图 6-18　模糊推理系统的对话框

神经模糊推理系统生成后，设置训练次数（Epochs）为 40，其余参数默认的情况下，单击【Train Now】按钮进行系统的训练后，窗口的上部显示了优化过程中误差的变化情况，左下角显示了实际训练次数和误差大小，如图 6-20 所示，误差为 0.010753。

当自适应神经模糊推理系统训练后，也可以再次利用自适应神经模糊推理系统的图形窗口界面的 Edit|Membership Function...功能，进入隶属函数编辑器，查看系统训练后的输入隶属函数分布，如图 6-21 所示，它与图 6-15（c）也完全一致。从图 6-21 中可以看出，经过学习后的模糊推理系统提取了训练数据的局部特征，调整了隶属函数的分布。

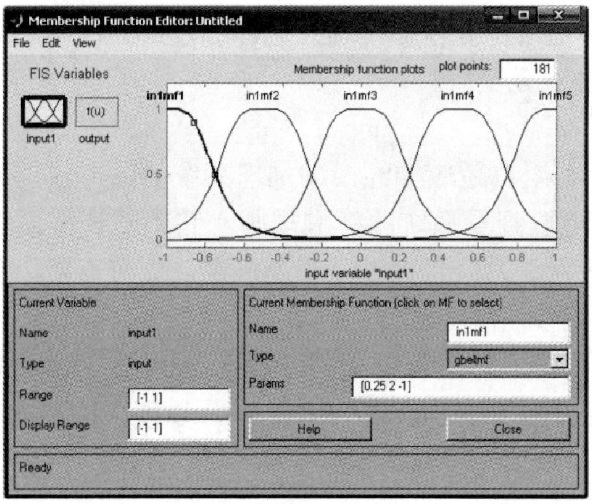

图 6-19　系统训练前的输入隶属函数

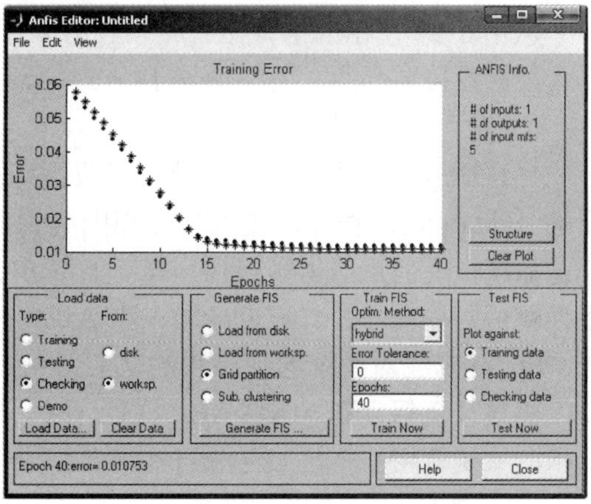

图 6-20　系统训练后的误差曲线

⑤ 测试模糊推理系统。

在完成对该系统的训练后，选择网络的输出数据与检验数据进行比较，比较结果如图 6-22 所示，平均测试误差大小为 0.011619。

⑥ 在完成对系统的训练和测试后，可以利用图形界面窗口中的 File|Export|To Workspace...命令，将该系统保存到 MATLAB 工作空间的 fisMat.fis 模糊推理矩阵中，如图 6-23 所示。

⑦ 在 MATLAB 工作空间利用以下命令可得如图 6-24 所示的函数实际输出和模糊推理系统输出的曲线。

```
>>y1=evalfis(x,fisMat);plot(x,y,'-',x,y1,'o');legend('Training Data','ANFIS Output')
```

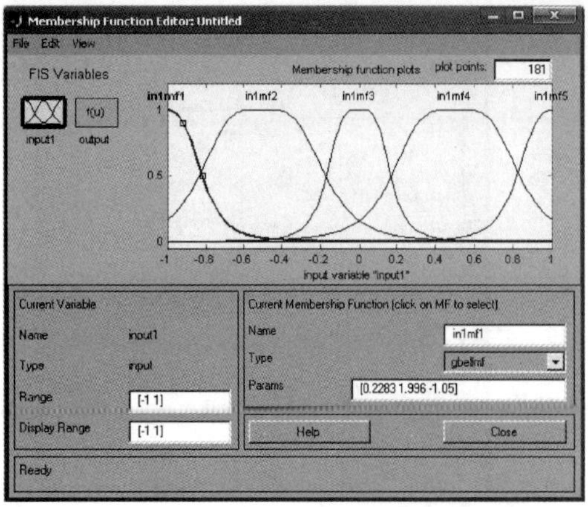

图 6-21　系统训练后的输入隶属函数

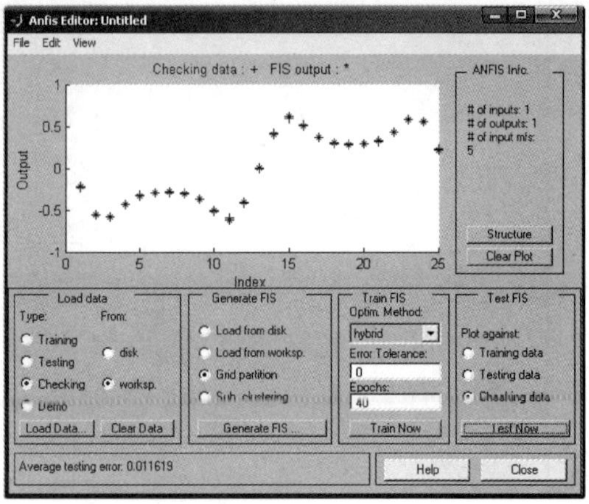

图 6-22　输出数据与检验数据比较

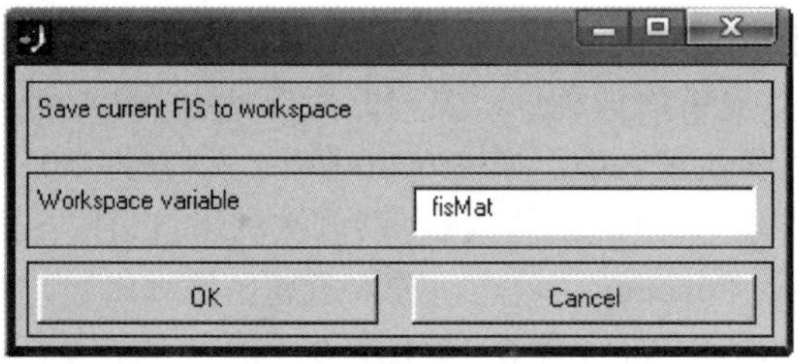

图 6-23　保存系统

从图 6-24 所示的结果曲线可以看出，经过自适应神经模糊推理系统训练以后的模糊系统基本能够模拟原函数。它与图 6-15（d）所示的曲线完全一致。

⑧ 查看系统的模糊规则。

当自适应神经模糊推理系统生成或训练后，利用自适应神经模糊推理系统的图形窗口界面的 Edit|Rules…功能，进入模糊规则编辑器，可以查看系统的模糊规则。它不随训练而变化，系统训练前后的模糊规则一样，如图 6-25 所示，系统包含 5 条模糊规则。如有需要，利用模糊规则编辑器窗口可以增加、删除或修改系统模糊规则。

⑨ 在完成对系统的训练和测试后，可以利用图形界面窗口中的 File|Export|To Disk...命令，将该系统保存到 MATLAB 当前工作目录的磁盘文件（如 ex6_3.fis）中，以便于如例 6-5 所示的系统调用。

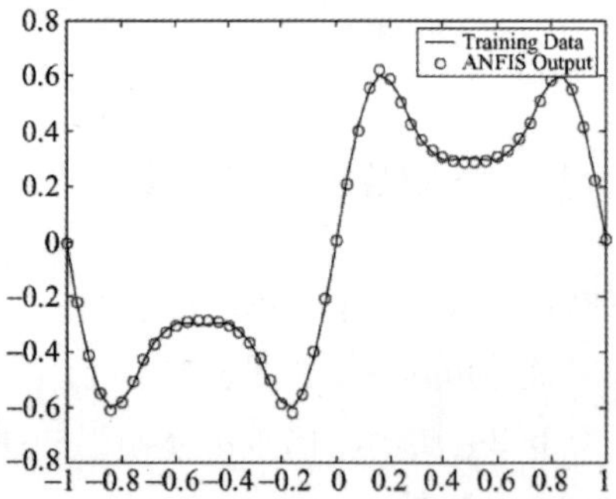

图 6-24　实际输出和 ANFIS 输出的曲线

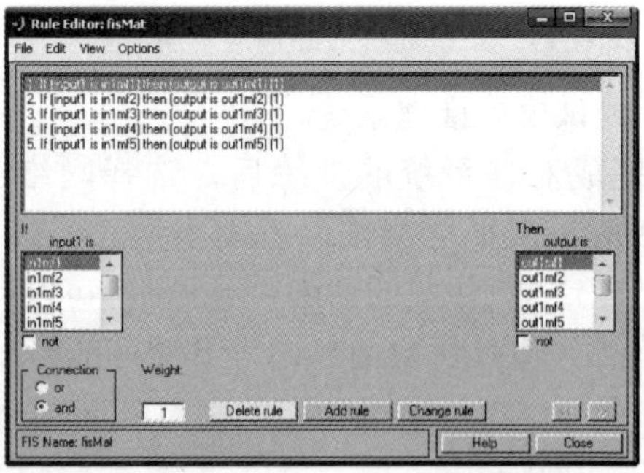

图 6-25　系统的模糊规则

6.4　模糊聚类及其 MATLAB 实现

第 42 讲

对给定的数据，聚类分析是许多分类和系统建模问题的基础。聚类的目的是从大量的数据中抽取固有的特征，从而获得系统行为的简洁表示。常见的聚类方法有均值聚类、分层聚类和减法聚类方法等。

在 MATLAB 模糊逻辑工具箱中提供了对两种聚类方法的支持，一种是模糊 C-均值聚类方法，另一种是模糊减法聚类方法，有关函数如表 6-2 所示。

表 6-2　模糊聚类函数

函 数 名	功　能
fcm( )	模糊 C-均值聚类函数
subclust( )	模糊减法聚类函数
genfis2( )	基于减法聚类的模糊推理系统建模函数

6.4.1　模糊 C-均值聚类函数

在模糊 C-均值聚类函数中，每一个数据点按照一定的模糊隶属度隶属于某一聚类中心。这一聚类技术作为对传统聚类技术的改进，是 Jim Bezdek 于 1981 年提出的。该方法首先随机选取若干聚类中心，所有数据点都被赋予对聚类中心一定的模糊隶属度，然后通过迭代方法不断修正聚类中心，迭代过程以极小化所有数据点到各个聚类中心的距离与隶属度值的加权和为优化目标。

模糊 C-均值聚类的输出不是一个模糊推理系统，而是聚类中心的列表以及每个数据点对各个聚类中心的隶属度值。该输出能够被进一步用来建立模糊推理系统。对应模糊 C-均值聚类方法的函数为 fcm( )。该函数的调用格式为

[center,U,obj_fcn]=fcm(data,cluster_n)

[center,U,obj_fcn]=fcm(data,cluster_n,options)

式中，输入参数 data 为给定的数据集，矩阵 data 的每一行为一个数据点向量。参数 cluster_n 为聚类中心的个数。输入参数向量中的 options 为若干控制参数，这些参数的定义如下：options(1)为分割矩阵的指数（默认值为 2）；options(2)为最大迭代次数（默认值为 100）；options(3)为迭代停止的误差准则（默认值为 1e-5）；options(4)为迭代过程中的信息显示（默认值为 1）。center 为迭代后得到的聚类中心。U 为所有数据点对聚类中心的隶属函数矩阵。obj_fcn 为目标函数值在迭代过程中的变化值。聚类过程在达到最大次数或满足停止误差准则时结束。

尽管函数 fcm( )的输出不是一个模糊推理系统，而是聚类中心的列表以及每个数据点对各个聚类中心的隶属度值，但该函数的输出能够进一步用来建立模糊推理系统。

例 6-6　利用模糊 C-均值聚类函数将一组随机给定的二维数据分为三类。

解：利用以下 MATLAB 程序，可产生如图 6-26 所示的一组随机给定的二维数据，其模糊聚类结果，如图 6-27 所示。

```
%ex6_6.m
data=rand(100,2); plot(data(:,1),data(:,2),'o');
[center,U,obj_fcn]=fcm(data,3);
```

```
maxU=max(U);index1=find(U(1,:)==maxU);
index2=find(U(2,:)==maxU);index3=find(U(3,:)==maxU);
figure;line(data(index1,1),data(index1,2) ,'linestyle','*','color','k');
line(data(index2,1),data(index2,2) ,'linestyle','o','color','r');
line(data(index3,1),data(index3,2) ,'linestyle','x','color','b');
hold on; title('模糊C-均值聚类');
plot(center(1,1),center(1,2),'ko','markersize',10,'LineWidth',1.5);
plot(center(2,1),center(2,2),'ksquare','markersize',10,'LineWidth',1.5);
plot(center(3,1),center(3,2),'kd','markersize',10,'LineWidth',1.5);
```

在图 6-27 所示的模糊 C-均值聚类结果中，三个模糊聚类中心分别用圆圈、正方形和菱形表示。

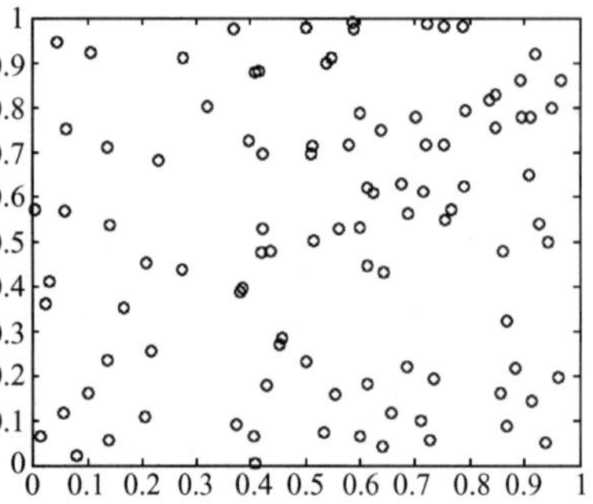

图 6-26 随机给定的二维数据

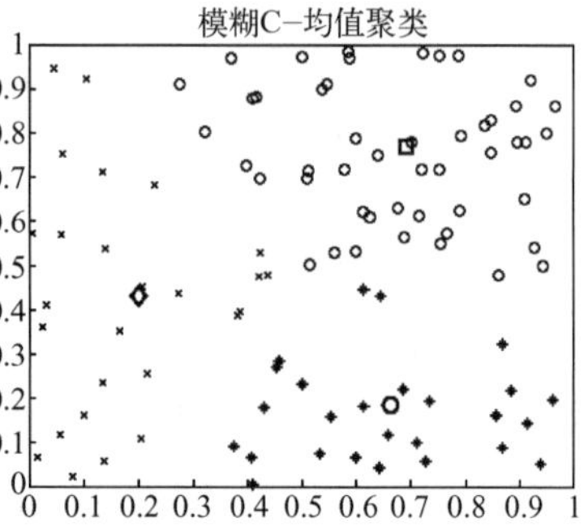

图 6-27 模糊 C-均值聚类结果

6.4.2 模糊减法聚类函数

减法聚类算法是一种用来估计一组数据中的聚类个数以及聚类中心位置的快速的单次算法。由减法聚类算法得到的聚类估计可以用于初始化那些基于重复优化过程的模糊聚类以及模型辨识方法，例如，自适应神经模糊系统的算法函数 anfis( )。

利用模糊减法聚类函数将每个数据点作为可能的聚类中心，并根据各个数据点周围的数据点密度来计算该点作为聚类中心的可能性。被选为聚类中心的数据点周围具有最高的数据点密度，同时该数据点附近的数据点被排除作为聚类中心的可能性；在选出第一个聚类中心后，从剩余的可能作为聚类中心的数据点中，继续采用类似的方法选择下一个聚类中心。这一过程一直持续到所有剩余的数据点作为聚类中心的可能性低于某一阈值时。在 MATLAB 模糊逻辑工具箱中，提供了函数 subclust( )来完成减法聚类的功能。该函数的调用格式为

[C,S]=subclust(X,radii,XBounds,options)

式中，输入矩阵 X 包含了用于聚类的数据，X 的每一行为一个数据点向量。向量 radii 用于在假定数据点位于一个单位超立方体的条件下，指定数据向量的每一维的聚类中心的影响范围，即 radii 每一维的数值大小均在 0～1 之间，通常的取值范围为 0.2～0.5，如果数据点的维数为 2，则 radii=[0.5 0.25]指定了第一维数据的聚类中心的影响范围为数据空间宽度的一半，而第二维数据的聚类中心的影响范围为数据空间宽度的四分之一。XBounds 为一个 2×N 的矩阵，其中 N 为数据的维数。该矩阵用于指定如何将 X 中的数据映射到一个单位超立方体中，其第一行和第二行分别包括了每一维数据被映射到单位超立方体的最小取值和最大取值。例如，XBounds = [−10 −5;10 5]指定了第一维数据在区间［−10 10］内的取值将被映射到

[0 1] 区间中；而第二维数据相应的区间范围为 [-5 5]。如果 Xbounds 为空或者没有指定 Xbounds，则默认的映射范围为所有数据点的最小取值和最大取值构成的区间。参数向量 options 用于指定聚类算法的有关参数，其定义如下：options(1)=squshFactor 为 squshFactor 用于与聚类中心的影响范围 radii 相乘来决定某一聚类中心邻近的哪些数据点被排除作为聚类中心的可能性，默认值为 1.25；options(2)=acceptRatio 为 acceptRatio 用于指定在选出第一个聚类中心后，只有某个数据点作为聚类中心的可能性值高于第一个聚类中心可能性值的一定比例（由 acceptRatio 的大小决定），才能被作为新的聚类中心，默认值为 0.5；options(3)=reject Ratio 为 rejectRatio 用于指定在选出第一个聚类中心后，只有某个数据点作为聚类中心的可能性值低于第一个聚类中心可能性值的一定比例（由 rejectRatio 的大小决定），才能被排除作为聚类中心的可能性，其默认值为 0.15；options(4)=verbose 为如果 verbose 为非零值，则聚类过程的有关信息将显示到窗口中，其默认值为 0。函数的返回值 C 为聚类中心向量，向量 S 包含了数据点每一维聚类中心的影响范围。例如，MATLAB 命令如下：

```
>>[C,S] =subclust(X, 0.5)
```

或

```
>>[C,S] = subclust(X, [0.5   0.25   0.3], [ ], [2.0   0.8   0.7   0] )
```

前一条命令表明坐标上聚类中心的影响范围都是数据空间宽度的 0.5，其余都采用默认值。后一条命令表明在三个坐标上（假设 X 是 3 维的坐标数据）聚类中心的影响范围分别为 0.5、0.25 和 0.3，采用默认的尺度变换，options 参数分别为 2.0、0.8、0.7 和 0。

例 6-7　利用模糊减法聚类方法将一组随机给定的二维数据分为两类。

解： 利用以下 MATLAB 程序，可得如图 6-28 所示的模糊聚类结果。

```
%ex6_7.m
X=rand(100,2); plot(X(:,1),X(:,2),'+');radii=0.3;[C,S]=subclust(X,radii);
N=length(C);hold on;
for i=1:N;plot(C(i,1),C(i,2),'ko','markersize',10,'LineWidth',1.5);end
title('模糊减法聚类(radii=0.3)');
```

在图 6-28 所示的模糊减法聚类结果中，模糊聚类的中心用圆圈表示。当 radii=0.3 时，产生了 12 个模糊聚类中心，如图 6-28（a）所示；当 radii=0.5 时，仅产生了 6 个模糊聚类中心，如图 6-28（b）所示。由于数据是随机给定的，故每次所求聚类中心的数量及位置不一定相同。

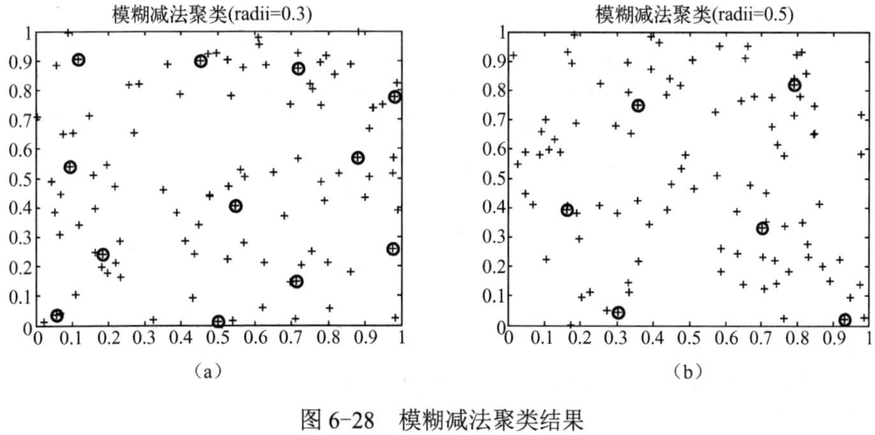

（a）　（b）

图 6-28　模糊减法聚类结果

6.4.3　基于减法聚类的模糊推理系统建模函数

在减法聚类的基础上可以进行模糊推理系统的建模，模糊逻辑工具箱提供的函数 genfis2( ) 能够实现这一功能。函数 genfis2( )是一种快速的单次算法，不同于那些基于迭代过程的算法，它并不进行那些反复的优化过程。该函数的调用格式为

fisMat=genfis2(Xin,Xout,radii,Xbounds,options)

式中，Xin 和 Xout 为给定的输入数据和输出数据；参数 radii、Xbounds 和 options 分别为减法聚类的参数，详细说明参见减法聚类函数 subclust( )；输出参数 fisMat 为 Takagi-Sugeno 型模糊推理系统的矩阵。该函数首先调用减法聚类函数 subclust( )对输入/输出数据进行减法聚类，以决定输出和输入语言变量的隶属函数个数和规则个数，并采用最小方差估计得到 Takagi-Sugeno 型推理规则结论部分的参数。例如，MATLAB 命令如下：

```
>>fisMat = genfis2(Xin, Xout, 0.5)
```
或
```
>>fisMat = genfis2(Xin, Xout,[0.5   0.25   0.3] )
>>fisMat = genfis2(Xin, Xout, 0.5,[-10   -5   0; 10   5   20] )
```

例 6-8　利用 MATLAB 模糊逻辑工具箱中提供的一个程序文件 tripdata.m，对一个地区的汽车流量和当地的人口状况关系采用模糊减法聚类的方法，进行模糊系统的建模。

解：程序 tripdata.m 中用来分析和建模的数据来源于 New Castle County 和 Delaware 的 100 个选择地区的交通分析。数据考虑了五个人口统计学上的因素：人口数、住户数、总共拥有的车辆数、家庭的平均收入以及总共的就业职位数。由于各个数据之间的量级不同，而且对交通流量影响的程度不同，为了减小计算时截断误差带来的影响，将各种初始的统计数据进行了一定比例的变换处理。该程序可以产生 100 个数据点的一组输入/输出数据，其中 75 个数据作为训练数据（输入数据和输出数据分别存储在矩阵 datin 和 datout 中），另外的 25 个数据作为检验数据（输入数据和输出数据分别存储在矩阵 chkdatin 和 chkdatout 中），它与训练数据一起来确认模型的有效性。MATLAB 程序如下：

```
%ex6_8.m
%产生输入/输出数据
tripdata
%采用genfis2( )函数直接由训练数据生成初始的Sugeno型模糊推理系统
fisMat=genfis2(datin,datout,0.5);
%计算神经模糊推理系统训练前的输出
trnOut=evalfis(datin,fisMat);chkOut=evalfis(chkdatin,fisMat);
%根据给定输入/输出数据并同时考虑检验数据影响时利用anfis( )训练系统
trnin=[datin datout];chkin=[chkdatin chkdatout];
[Fis,error,stepsize,chkFis,chkEr]=anfis(trnin,fisMat, [150 0 0.1],[ ],chkin);
%计算神经模糊推理系统训练后的输出
trnOut1=evalfis(datin,Fis);chkOut1=evalfis(chkdatin,Fis);
%计算训练前后神经模糊系统的输出与训练数据的均方根误差trnRMSE
trnRMSE=norm(trnOut-datout)/sqrt(length(trnOut))
trnRMSE1=norm(trnOut1-datout)/sqrt(length(trnOut1))
chkRMSE=norm(chkOut-chkdatout)/sqrt(length(chkOut))
chkRMSE1=norm(chkOut1-chkdatout)/sqrt(length(chkOut1))
```

```
%绘制输入数据和实际输出与模型输出数据的分布曲线
subplot(2,1,1);plot(datin);title('输入数据分布曲线');
subplot(2,1,2);plot(datout);hold on;plot(trnOut1,'x');legend('实际输出','模型输出')
title('实际输出与模型输出数据分布曲线');
%绘制输入数据和实际输出与模型输出数据的分布曲线
[minChkErr,n]=min(chkEr)
figure;plot(error);hold on;plot(chkEr,'r');legend('训练数据误差','检验数据误差')
```

结果显示：

trnRMSE = 0.5276	trnRMSE1 = 0.3277	chkRMSE = 0.6179	chkRMSE1 = 0.5985
minChkErr = 0.5834		n = 52	

由以上结果可知，训练后的模型对于用来训练的数据，均方根误差为 0.3277，它明显小于神经模糊推理系统在训练前的均方根误差 0.5276。但训练前后的模型对于检验数据的均方根误差变化不大。

以上程序执行后，还可得如图 6-29 所示的模糊聚类产生的模糊模型的结果和如图 6-30 所示的训练数据和检验数据在训练过程中的误差变化曲线。其中，图 6-29 中（a）为输入数据分布曲线；图 6-29（b）为实际输出与模型输出数据分布曲线，由此可见模型输出与实际系统的输出比较逼近。

由图 6-30 所示的误差变化曲线可以看出，在训练到第 50 步左右时，检验数据的误差（0.5834）是最小的。继续训练时，该误差反而增大。而训练数据的误差在第 50 步以后减小的速度也明显变慢，这表明系统在第 50 步训练的结果可能是最符合实际情况的。一般在系统已经与实际比较符合的情况下，继续对系统采用训练数据进行训练优化，就可能出现过训练的情况。这样得到的系统往往失去了应有的一些概括性而单纯追求训练数据的误差减小，这样的系统在使用时效果和性能往往不如那些具有更广泛的适应性但相对部分数据误差稍大的系统。

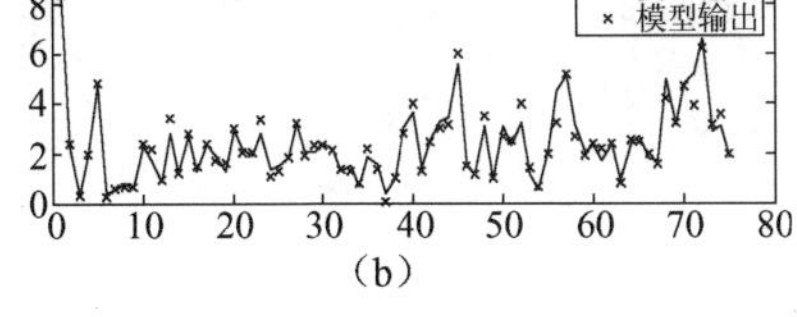

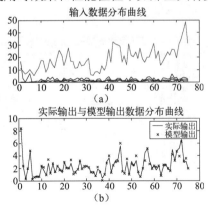

图 6-29　通过模糊聚类产生的模糊模型的结果

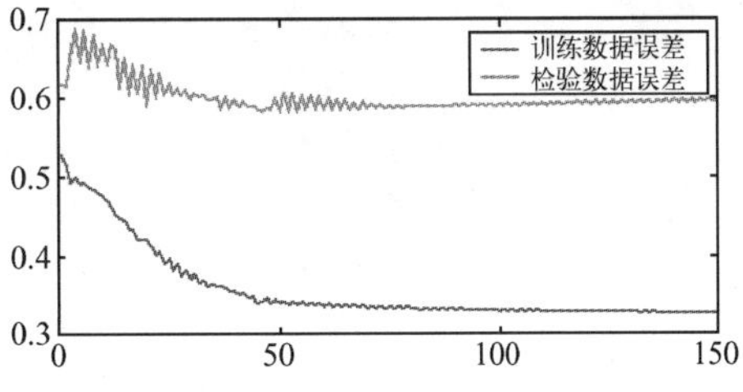

图 6-30　训练数据和检验数据的误差变化曲线

6.4.4　模糊 C-均值和减法聚类的图形用户界面

MATLAB 的模糊工具箱也提供了聚类的图形用户界面工具来实现函数 subclust()和 fcm()以及它们的所有参数选项。在 MATLAB 命令窗口中输入命令“findcluster”，便可打开如

图 6-31 所示的模糊聚类图形窗口界面。

在如图 6-31 所示的窗口中，单击右上方的按钮【Load Data…】可以选择具有.dat 后缀的数据文件进行装载数据操作；单击【Methods】下拉按钮，可以选择使用模糊 C-均值聚类（fcm）或减法聚类（subclustiv）算法；其他选择框的功能随着 Method 算法选择 fcm 或 subclustiv 而发生相应的变化，这些主要是涉及两种算法里的一些具体参数。例如，选择 subclustiv 算法，界面上的参数 Influcncc Range、Squash、Accept Ratio 和 Reject Ratio 分别对应于函数 subclust( ) 的 radii 、squashFactor、acceptRatio 和 rejectRatio；而选择 fcm 算法，界面上的参数 Cluster Num、Max Iteration、Min.Improvation 和 Exponent 分别对应于函数 fcm() 的 options(1) 、options(2)、options(3)和 options(4)。

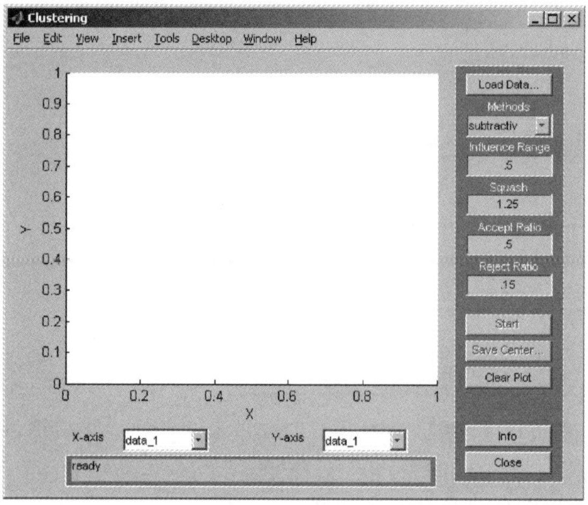

图 6-31　模糊聚类图形窗口界面

单击右下方的【Start】按钮可以开始进行聚类计算，结果显示在 X-Y 二维的绘图区。对于多维的装载数据，可以通过绘图区下方的选择框来分别选择多维数据中的某个或某两个方向作为 X 轴和 Y 轴的数据来显示。按钮【Save Center…】用于保存聚类中心文件；按钮【Clear Plot】用于清除当前显示在绘图区中的图形。

利用以下命令，模糊聚类图形窗口可自动加载 MATLAB 自带的一个数据文件 clusterdemo.dat。

>>findcluster('clusterdemo.dat')

以上命令执行后，便可得到一个加载数据的模糊聚类图形窗口，通过窗口中的按钮【Start】进行聚类计算后，可以很快找到三个聚类中心，如图 6-32 所示。在图 6-32（a）中显示了数据文件 clusterdemo.dat 中数据 data_1 和 data_2 的关系图；图 6-32（b）显示了数据 data_1 和 data_3 的关系图；图 6-32（c）显示了数据 data_2 和 data_3 的关系图。

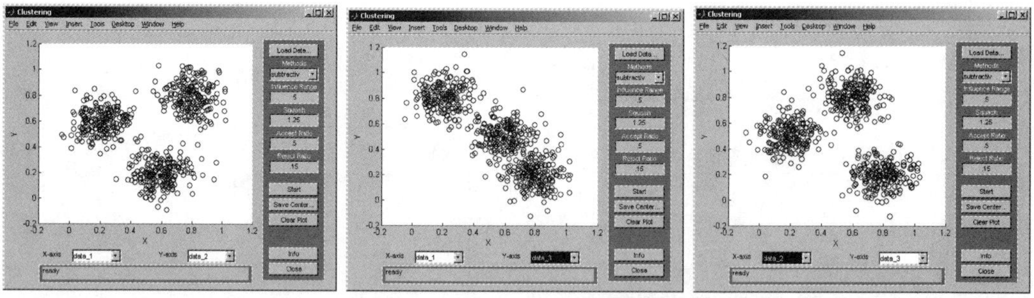

（a）　　（b）　　（c）

图 6-32　模糊聚类图形窗口

例 6-9　利用模糊 C-均值和减法聚类的图形用户工具将一组随机给定的二维数据分为两类。

解：① 建立数据文件。

利用以下 MATLAB 命令，在 MATLAB 工作空间产生一组随机给定的二维数据矩阵 X，并将其以 ASCII 码形式保存到 MATLAB 当前工作目录的磁盘文件 data.dat 中，以便于数据以磁盘文件（disk）的方式加载。

```
>>X=rand(100,2); save data.dat X -ascii
```

② 启动模糊 C-均值和减法聚类的图形窗口界面，并加载数据。

在 MATLAB 命令窗口中输入命令“findcluster”，便可打开如图 6-31 所示的模糊聚类图形窗口界面。在图 6-31 所示的窗口中，单击右上方的【Load Data…】按钮装载以上建立的数据文件 data.dat 中的数据，如图 6-33 所示。

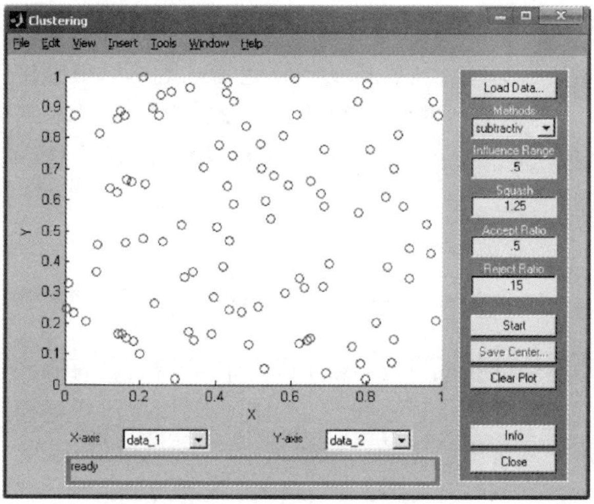

图 6-33　模糊聚类数据窗口

③ 聚类计算。

在 Method 选择框中选择使用减法聚类（subclustiv）算法；参数 Influence Range（对应于函数 subclust( )的 radii 参数）分别取为 0.3 和 0.5；其他选择框的参数取默认值。

单击右下方的【Start】按钮开始进行聚类计算，结果显示在 X-Y 二维的绘图区。对应于当 Influence Range=0.3 和 Influence Range=0.5 时的结果，分别如图 6-34（a）和（b）所示。

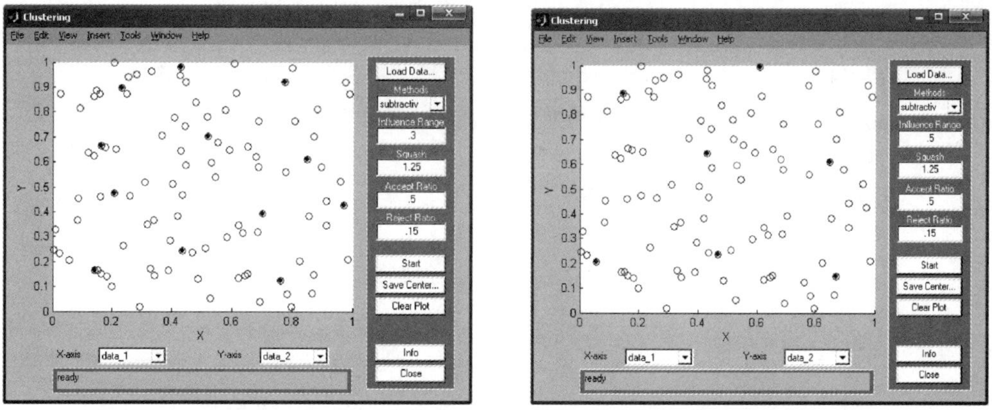

（a）　　　　（b）

图 6-34　模糊聚类结果窗口

在图 6-34 所示的模糊聚类结果中，模糊聚类的中心用实心黑圆表示。当 Influence Range=0.3 时，产生了 12 个模糊聚类中心，如图 6-34（a）所示；当 Influence Range=0.5 时，仅产生了 7 个模糊聚类中心，如图 6-34（b）所示。

小　结

本章首先详细地介绍了基于 Mamdani 模型和基于 Takagi-Sugeno 模型的模糊神经网络的系统结构和学习算法及其 MATLAB 实现；然后重点介绍了自适应神经模糊系统及其 MATLAB 实现和自适应神经模糊推理系统在建模中的应用；最后介绍了模糊聚类及其 MATLAB 实现。模糊聚类自身是一种特殊的模糊逻辑，既可以单独使用模糊聚类来解决一些问题，也可以把模糊聚类与自适应神经模糊推理系统结合起来。本章重点在于介绍这些系统和方法的基本概念以及应用，简化复杂的数学理论，指导读者借助 MATLAB 工具来辅助完成系统的设计以及计算的问题。

思考练习题

1．模糊逻辑与神经网络的集成有何特点？模糊神经控制已有哪些方案？

2．建立一个自适应神经模糊推理系统，对当前天气情况进行建模和模拟。

3．利用模糊减法聚类从一组给定的二维数据中产生初始的 FIS 结构，然后建立模糊模型进行逼近。

第三篇　模型预测控制及其MATLAB实现

第7章　模型预测控制理论

模型预测控制（Model Predictive Control，MPC）是20世纪80年代初开始发展起来的一类新型计算机控制算法。该算法直接产生于工业过程控制的实际应用，并在与工业应用的紧密结合中不断完善和成熟。由于模型预测控制算法采用了多步预测、滚动优化和反馈校正等控制策略，因而具有控制效果好、鲁棒性强、对模型精确性要求不高的优点。实际中大量的工业生产过程都具有非线性、不确定性和时变的特点，要建立精确的解析模型十分困难，所以经典控制方法如 PID 控制以及现代控制理论都难以获得良好的控制效果。而模型预测控制（以下简称预测控制）具有的优点决定了该方法能够有效地用于复杂工业过程的控制，并且已在石油、化工、冶金、机械等工业部门的过程控制系统中得到了成功的应用。

目前提出的预测控制算法主要有基于非参数模型的模型算法控制（MAC）、动态矩阵控制（DMC），以及基于参数模型的广义预测控制（GPC）和广义预测极点配置控制（GPP）等。其中，模型算法控制采用对象的脉冲响应模型，动态矩阵控制采用对象的阶跃响应模型，这两种模型都具有易于获得的优点；广义预测控制和广义预测极点配置控制是预测控制思想与自适应控制的结合，采用 CARIMA 模型（受控自回归积分滑动平均模型），具有参数少并能够在线估计的优点，并且广义预测极点配置控制进一步采用极点配置技术，提高了预测控制系统的闭环稳定性和鲁棒性。

7.1　动态矩阵控制理论

第43讲

动态矩阵控制是一种基于计算机控制的技术。它是一种增量算法，并基于系统的阶跃响应，适用于稳定的线性系统，系统的动态特性中具有的纯滞后或非最小相位特性都不影响该算法的直接使用。由于它直接以对象的阶跃响应离散系数为模型，从而避免了通常的传递函数或状态空间方程模型参数的辨识，又由于采用多步预估技术，从而能有效地解决时延过程问题，并按照使预估输出与给定值偏差最小的二次性能指标实施控制，因此是一种最优控制技术。动态矩阵控制算法的控制结构主要由预测模型、滚动优化、误差校正及闭环控制形式构成。

7.1.1　预测模型

从被控对象的阶跃响应出发，对象动态特性用一系列动态系数 $a_1,a_2,\cdots,a_p$，即单位阶跃响应在采样时刻的值来描述。p 为模型时域长度；a_p 为足够接近稳态值的系数，如图7-1所示。

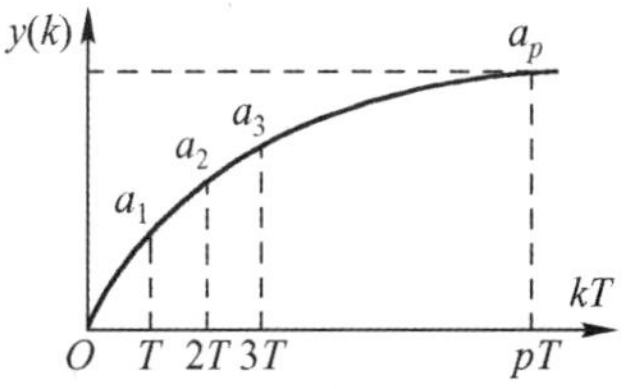

图7-1　单位阶跃响应曲线

根据线性系统的比例和叠加性质（系数不变原理），若在某个 $k-i(k\geqslant i)$ 时刻输入 $u(k-i)$，则 $\Delta u(k-i)$ 对输出 $y(k)$ 的贡献为

$$y(k)=\begin{cases}a_i\Delta u(k-i), & 1\leqslant i<p\\ a_p\Delta u(k-i), & i\geqslant p\end{cases}\tag{7-1}$$

若在所有 $k-i(i=1,2,\cdots,k)$ 时刻同时有输入，则根据叠加原理有

$$y(k)=\sum_{i=1}^{p-1}a_i\Delta u(k-i)+a_p\Delta u(k-p)\tag{7-2}$$

利用上式容易得到 $y(k+j)$ 的 n 步预估$(n<p)$ 为

$$\hat{y}(k+j)=\sum_{i=1}^{p-1}a_i\Delta u(k+j-i)+a_p\Delta u(k+j-p)\quad (j=1,2,\cdots,n)\tag{7-3}$$

由于只有过去的控制输入是已知的，因此在利用动态模型做预估时有必要把过去的输入对未来的输出贡献分离出来，上式可写为

$$\hat{y}(k+j)=\sum_{i=1}^{j}a_i\Delta u(k+j-i)+\sum_{i=j+1}^{p-1}a_i\Delta u(k+j-i)+a_p\Delta u(k+j-p)\quad (j=1,2,\cdots,n)\tag{7-4}$$

上式右端的后两项即为过去输入对输出的 n 步预估，记为

$$y_0(k+j)=\sum_{i=j+1}^{p-1}a_i\Delta u(k+j-i)+a_p\Delta u(k+j-p)\quad (j=1,2,\cdots,n)\tag{7-5}$$

将式（7-4）写成矩阵形式

$$\begin{pmatrix}\hat{y}(k+1)\\ \hat{y}(k+2)\\ \cdots\\ \hat{y}(k+n)\end{pmatrix}=\begin{pmatrix}a_1 & & & \mathbf{0}\\ a_2 & a_1 & & \\ \vdots & \vdots & \ddots & \\ a_n & a_{n-1} & \cdots & a_1\end{pmatrix}\begin{pmatrix}\Delta u(k)\\ \Delta u(k+1)\\ \vdots\\ \Delta u(k+n-1)\end{pmatrix}+\begin{pmatrix}y_0(k+1)\\ y_0(k+2)\\ \vdots\\ y_0(k+n)\end{pmatrix}\tag{7-6}$$

为增加系统的动态稳定性和控制输入的可实现性，以及减少计算量，可将 Δu 组成的向量减少为 m 维$(m<n)$，则式（7-6）变为

$$\begin{pmatrix}\hat{y}(k+1)\\ \hat{y}(k+2)\\ \vdots\\ \hat{y}(k+n)\end{pmatrix}=\begin{pmatrix}a_1 & & & \mathbf{0}\\ a_2 & a_1 & & \\ \vdots & \vdots & \ddots & \\ a_n & a_{n-1} & \cdots & a_{n-m+1}\end{pmatrix}\begin{pmatrix}\Delta u(k)\\ \Delta u(k+1)\\ \vdots\\ \Delta u(k+m-1)\end{pmatrix}+\begin{pmatrix}y_0(k+1)\\ y_0(k+2)\\ \vdots\\ y_0(k+n)\end{pmatrix}\tag{7-7}$$

记　　$\hat{\boldsymbol{Y}}=[\hat{y}(k+1),\hat{y}(k+2),\cdots,\hat{y}(k+n)]^{\mathrm{T}}$；

$\Delta\boldsymbol{U}=[\Delta u(k),\Delta u(k+1),\cdots,\Delta u(k+m-1)]^{\mathrm{T}}$；

$\boldsymbol{Y}_0=[y_0(k+1),y_0(k+2),\cdots,y_0(k+n)]^{\mathrm{T}}$；

$$\boldsymbol{A}=\begin{pmatrix} a_1 & & & \boldsymbol{0} \\ a_2 & a_1 & & \\ \vdots & \vdots & \ddots & \\ a_n & a_{n-1} & \cdots & a_{n-m+1} \end{pmatrix}$$

则式（7-7）可写为

$$\hat{\boldsymbol{Y}}=\boldsymbol{A}\Delta\boldsymbol{U}+\boldsymbol{Y}_0 \tag{7-8}$$

式中，矩阵 $\boldsymbol{A}$ 为 $n\times m$ 维的常数矩阵，由于它完全由系统的阶跃响应参数所决定，反映了对象的动态特性，故称之为动态矩阵。n 和 m 分别称之为最大预测长度和控制长度。

7.1.2　滚动优化

系统的模型预测是根据动态响应系数和控制增量来决定的，该算法的控制增量是通过使最优化准则

$$J=\sum_{j=1}^{n}[y(k+j)-w(k+j)]^2+\sum_{j=1}^{m}\lambda(j)\left[\Delta u(k+j-1)\right]^2 \tag{7-9}$$

的值为最小来确定的，以使系统在未来 $n(p\geqslant n\geqslant m)$个时刻的输出值尽可能接近期望值。为简单起见，取控制加权系数 $\lambda(j)=\lambda$（常数）。

若令
$$\boldsymbol{W}=[w(k+1),w(k+2),\cdots,w(k+n)]^{\mathrm{T}}$$

则式（7-9）可表示为

$$J=(\boldsymbol{Y}-\boldsymbol{W})^{\mathrm{T}}(\boldsymbol{Y}-\boldsymbol{W})+\lambda\Delta\boldsymbol{U}^{\mathrm{T}}\Delta\boldsymbol{U} \tag{7-10}$$

式中，$w(k+j)$称为期望输出序列值，在预测控制这类算法中，要求闭环响应沿着一条指定的、平滑的曲线到达新的稳定值，以提高系统的鲁棒性。

一般取

$$w(k+j)=\alpha^j y(k)+(1-\alpha^j)y_{\mathrm{r}} \qquad (j=1,2,\cdots,n)$$

其中，α 为柔化系数，$0<\alpha<1$；$y(k)$为系统实测输出值；y_{r} 为系统的给定值。

用 $\boldsymbol{Y}$ 的最优预测值 $\hat{\boldsymbol{Y}}$ 代替 $\boldsymbol{Y}$，即将式（7-8）代入式（7-10）中。

并令
$$\frac{\partial J}{\partial \Delta\boldsymbol{U}}=0$$

得
$$\Delta\boldsymbol{U}=(\boldsymbol{A}^{\mathrm{T}}\boldsymbol{A}+\lambda\boldsymbol{I})^{-1}\boldsymbol{A}^{\mathrm{T}}(\boldsymbol{W}-\boldsymbol{Y}_0) \tag{7-11}$$

式（7-11）与实际检测值无关，是 DMC 算法的开环控制形式。由于模型误差，弱非线性特性等影响，开环控制式（7-11）不能紧密跟踪期望值，若等到经过 m 个时刻后，再重复式（7-11），则必然造成较大的偏差，更不能抑制系统受到的扰动，故必须采用闭环控制算式，即仅将计算出来的 m 个控制增量的第一个值付诸实施。现时的控制增量为

$$\Delta u(k)=\boldsymbol{c}^{\mathrm{T}}(\boldsymbol{A}^{\mathrm{T}}\boldsymbol{A}+\lambda\boldsymbol{I})^{-1}\boldsymbol{A}^{\mathrm{T}}(\boldsymbol{W}-\boldsymbol{Y}_0)=\boldsymbol{d}^{\mathrm{T}}(\boldsymbol{W}-\boldsymbol{Y}_0) \tag{7-12}$$

式中，$\boldsymbol{c}^{\mathrm{T}}=\begin{bmatrix}1 & 0 & \cdots & 0\end{bmatrix}$；$\boldsymbol{d}^{\mathrm{T}}=\boldsymbol{c}^{\mathrm{T}}(\boldsymbol{A}^{\mathrm{T}}\boldsymbol{A}+\lambda\boldsymbol{I})^{-1}\boldsymbol{A}^{\mathrm{T}}$。

如果 $\boldsymbol{A}$、λ 都已确定，$\boldsymbol{d}$ 可事先离线解出，则在线计算 $\Delta u(k)$只需完成两个矢量的点积计算即可。

可见，预测控制的控制策略是在实施了 $\Delta u(k)$之后，采集 $k+1$ 时刻的输出数据，进行新的预测、校正、优化，从而避免在等待 m 拍控制输入完毕期间，由干扰等影响造成的失控。因

此，优化过程不是一次离线进行的，而是反复在线进行的，其优化目标也是随时间推移的，即在每一时刻都提出一个立足于该时刻的局部优化目标，而不是采用不变的全局优化目标。

7.1.3 误差校正

由于每次实施控制，只采用了第一个控制增量 $\Delta u(k)$，故对未来时刻的输出可用下式预测。

$$\hat{\boldsymbol{Y}}_p = \boldsymbol{a}\Delta u(k) + \boldsymbol{Y}_{p0} \tag{7-13}$$

式中，$\hat{\boldsymbol{Y}}_p = [\hat{y}(k+1), \hat{y}(k+2), \cdots, \hat{y}(k+p)]^{\mathrm{T}}$ 表示在 $t=kT$ 时刻预测的有 $\Delta u(k)$ 作用时的未来 p 个时刻的系统输出；$\boldsymbol{Y}_{p0} = [y_0(k+1), y_0(k+2), \cdots, y_0(k+p)]^{\mathrm{T}}$ 表示在 $t=kT$ 时刻预测的无 $\Delta u(k)$ 作用时的未来 p 个时刻的系统输出；$\boldsymbol{a} = [a_1, a_2, \cdots, a_p]^{\mathrm{T}}$ 为单位阶跃响应在采样时刻的值。

由于对象及环境的不确定性，在 k 时刻实施控制作用后，在 $k+1$ 时刻的实际输出 $y(k+1)$ 与预测的输出

$$\hat{y}(k+1) = y_0(k+1) + a_1\Delta u(k)$$

未见得相等，这就需要构成预测误差：

$$e(k+1) = y(k+1) - \hat{y}(k+1)$$

并用此误差加权后修正对未来其他时刻的预测。
即

$$\tilde{\boldsymbol{Y}}_p = \hat{\boldsymbol{Y}}_p + \boldsymbol{h}e(k+1) \tag{7-14}$$

式中，$\tilde{\boldsymbol{Y}}_p = [\tilde{y}(k+1), \tilde{y}(k+2), \cdots, \tilde{y}(k+p)]^{\mathrm{T}}$ 为 $t=(k+1)T$ 时刻经误差校正后所预测的 $t=(k+1)T$ 时刻的系统输出；$\boldsymbol{h} = [h_1, h_2, \cdots, h_p]^{\mathrm{T}}$ 为误差校正矢量，$h_1 = 1$。

经校正后的 $\tilde{\boldsymbol{Y}}_p$ 作为下一时刻的预测初值，由于利用在 $t=(k+1)T$ 时刻的预测初值预测 $t=(k+2)T$，…，$(k+p+1)T$ 时刻的输出值，故令

$$y_0(k+i) = \tilde{y}(k+i+1) \qquad (i = 1, 2, \cdots, p-1) \tag{7-15}$$

由式（7-14）和式（7-15）得下一时刻的预测初值为

$$\begin{cases} y_0(k+i) = \hat{y}(k+i+1) + h_{i+1}e(k+i) \\ \qquad\qquad (i = 1, 2, \cdots, p-1) \\ y_0(k+p) = \hat{y}(k+p) + h_p e(k+1) \end{cases} \tag{7-16}$$

这一修正的引入，也使系统成为一个闭环负反馈系统，对提高系统的性能起了很大作用。

由此可见，动态矩阵控制是由预测模型、控制器和校正器三部分组成的，模型的功能在于预测未来的输出值，控制器则决定了系统输出的动态特性，而校正器则只有当预测误差存在时才起作用。

第 44 讲

7.2 广义预测控制理论

十多年来产生了许多自校正器，都成功地用于实际过程，但是对变时延、变阶次与变参数过程，控制效果不好。因此，研制具有鲁棒性的自校正器成为人们关注的问题。

Richalet 等人提出了大范围预测概念，在此基础上，Clarke 等人提出了广义预测自校正器，该算法以 CARIMA 模型为基础，采用了长时段的优化性能指标，结合辨识和自校正机

制，具有较强的鲁棒性和模型要求低等特点，并有广泛的适用范围。这个算法可克服广义最小方差（需要试凑控制量的加权系数）、极点配置（对阶的不确定性十分敏感）等自适应算法中存在的缺点。近年来，它在国内外控制理论界已引起了广泛的重视，GPC 法可看成是迄今所知的最为接近具有鲁棒性的一种自校正控制方法。

广义预测控制是一种新的远程预测控制方法，概括起来具有以下特点：

① 基于 CARIMA 模型；

② 目标函数中对控制增量加权的考虑；

③ 利用输出的远程预报；

④ 控制时域长度概念的引入；

⑤ 丢番图方程的递推求解。

7.2.1 预测模型

在预测控制理论中，需要有一个描述系统动态行为的基础模型，称为预测模型。它应具有预测的功能，即能够根据系统的历史数据和未来的输入，预测系统未来输出值。GPC 将 CARIMA 模型作为预测模型，模型 CARIMA 是“Controlled Auto-Regressive Integrated Moving-Average”的缩写，可以译为“受控自回归积分滑动平均模型”。这个模型可以写成

$$\boldsymbol{A}(z^{-1})y(k)=\boldsymbol{B}(z^{-1})u(k-1)+\boldsymbol{C}(z^{-1})\xi(k)/\Delta \tag{7-17}$$

式中，$\boldsymbol{A}(z^{-1})$、$\boldsymbol{B}(z^{-1})$和 $\boldsymbol{C}(z^{-1})$分别是 n、m 和 n 阶的 z^{-1} 的多项式，$\Delta=1-z^{-1}$；$y(k)$、$u(k)$ 和 $\xi(k)$ 分别表示输出、输入和均值为零的白噪声序列，如果系统时滞大于零，则 $\boldsymbol{B}(z^{-1})$多项式开头的一项或几项系数等于零。Clarke 等人在推导广义预测控制时，为了简单起见，令 $\boldsymbol{C}(z^{-1})=1$。

CARIMA 模型具有下述优点：

① 模型中的积分作用可消除余差；

② 可适用于一类非平稳随机噪声过程；

③ 可以描述能用 ARMAX 模型描述的过程；

④ 在大多数情况下，CARIMA 模型比 ARMAX 模型辨识效果更好；

⑤ 用 CARIMA 模型导出的控制器对未建模动态具有较好的鲁棒性。

7.2.2 滚动优化

1. 目标函数

为增强系统的鲁棒性（Robustness），在目标函数中考虑了现在时刻的控制 $u(k)$对系统未来时刻的影响，采用下列目标函数：

$$J=\sum_{j=1}^{n}[y(k+j)-w(k+j)]^2+\sum_{j=1}^{m}\lambda(j)[\Delta u(k+j-1)]^2 \tag{7-18}$$

式中，n 称为最大预测长度，一般应大于 $\boldsymbol{B}(z^{-1})$的阶数；m 表示控制长度($m\leqslant n$)；$\lambda(j)$是大于零的控制加权系数。为简单起见，取 $\lambda(j)=\lambda$（常数）。

为了进行柔化控制，控制的目的不是使输出直接跟踪设定值，而是跟踪参考轨线，参考轨线由下式产生：

$$w(k+j)=\alpha^j y(k)+(1-\alpha^j)y_{\mathrm{r}} \qquad (j=1,2,\cdots,n) \tag{7-19}$$

式中，y_r、$y(k)$和 $w(k)$分别为设定值、输出和参考轨线；α 为柔化系数，$0<\alpha<1$。

目标函数中后一项的加入，主要用于压制过于剧烈的控制增量，以防止系统超出限制范围或发生剧烈振荡。

广义预测控制问题，可以归结为求 $\Delta u(k),\Delta u(k+1),\cdots,\Delta u(k+m-1)$使得目标函数式（7-18）达到最小值的问题，这是一个优化问题。

2．输出预测

根据预测理论，为了预测超前 j 步输出，引入丢番图 Dioaphantine 方程：

$$1=\boldsymbol{E}_j(z^{-1})\boldsymbol{A}(z^{-1})\Delta+z^{-j}\boldsymbol{F}_j(z^{-1}) \tag{7-20}$$

式中，$\boldsymbol{E}_j(z^{-1})=e_{j0}+e_{j1}z^{-1}+\cdots+e_{j,j-1}z^{-j+1},\qquad e_{j0}=1$

$\boldsymbol{F}_j(z^{-1})=f_{j0}+f_{j1}z^{-1}+\cdots+f_{jn}z^{-n}$

将式（7-17）两边同时左乘以 $\boldsymbol{E}_j(z^{-1})\Delta$ 后与式（7-20）可得时刻 k 后 j 步的预测方程为

$$y(k+j)=\boldsymbol{E}_j(z^{-1})\boldsymbol{B}\ (z^{-1})\Delta u(k+j-1)+\boldsymbol{F}_j(z^{-1})y(k)+\boldsymbol{E}_j(z^{-1})\xi(k+j) \tag{7-21}$$

令
$$\begin{aligned}\boldsymbol{G}_j(z^{-1})&=\boldsymbol{E}_j(z^{-1})\boldsymbol{B}(z^{-1})\\&=g_{j0}+g_{j1}z^{-1}+\cdots+g_{jj-1}z^{-j+1}+g_{jj}z^{-j}+\cdots\end{aligned}$$

注意到，
$$\boldsymbol{G}_j(z^{-1})=\boldsymbol{E}_j(z^{-1})\boldsymbol{B}(z^{-1})=\frac{\boldsymbol{B}(z^{-1})}{\boldsymbol{A}(z^{-1})\Delta}[1-z^{-j}\boldsymbol{F}_j(z^{-1})]$$

可知 $\boldsymbol{G}_j(z^{-1})$ 的前 j 项正是系统单位阶跃响应 $g_0,g_1,\cdots$ 的前 j 项。

故有　$\boldsymbol{G}_j(z^{-1})=g_0+g_1z^{-1}+\cdots+g_{j-1}z^{-j+1}+g_{jj}z^{-j}+\cdots$

为书写方便，将式（7-21）简记为

$$y(k+j)=\boldsymbol{G}_j(z^{-1})\Delta u(k+j-1)+\boldsymbol{F}_j(z^{-1})y(k)+\boldsymbol{E}_j(z^{-1})\xi(k+j) \tag{7-22}$$

对未来输出值的预报，可忽略未来噪声的影响，得到

$$\hat{y}(k+j)=\boldsymbol{G}_j(z^{-1})\Delta u(k+j-1)+\boldsymbol{F}_j(z^{-1})y(k)\ (j=1,2,\cdots,n) \tag{7-23}$$

上式中包括 k 时刻的已知量和未知量两部分，用 $f(k+j)$ 表示已知量，即

$$\begin{cases}f(k+1)=(\boldsymbol{G}_1-g_0)\Delta u(k)+\boldsymbol{F}_1y(k)\\f(k+2)=z(\boldsymbol{G}_2-z^{-1}g_1-g_0)\Delta u(k)+\boldsymbol{F}_2y(k)\\\quad\cdots\\f(k+n)=z^{n-1}(\boldsymbol{G}_n-z^{-n+1}g_{n-1}-\cdots-z^{-1}g_1-g_0)\Delta u(k)+\boldsymbol{F}_ny(k)\end{cases}$$

写成矩阵形式

$$\boldsymbol{f}=\boldsymbol{H}\Delta u(k)+\boldsymbol{F}y(k) \tag{7-24}$$

式中

$$\boldsymbol{H}=\begin{pmatrix}\boldsymbol{G}_1-g_0\\z(\boldsymbol{G}_2-z^{-1}g_1-g_0)\\\vdots\\z^{n-1}(\boldsymbol{G}_n-z^{-n+1}g_{n-1}-\cdots-z^{-1}g_1-g_0)\end{pmatrix}=\begin{pmatrix}g_{11}z^{-1}+g_{12}z^{-2}+\cdots\\g_{22}z^{-1}+g_{23}z^{-2}+\cdots\\\vdots\\g_{nn}z^{-1}+g_{n(n+1)}z^{-2}+\cdots\end{pmatrix}$$

$$\boldsymbol{F}=[\boldsymbol{F}_1,\boldsymbol{F}_2,\cdots,\boldsymbol{F}_n]^{\mathrm{T}}$$

根据式（7-23），可得最优输出预测值为

$$\hat{\boldsymbol{Y}}=\boldsymbol{G}\Delta\boldsymbol{U}+\boldsymbol{f} \tag{7-25}$$

式中，$\hat{\boldsymbol{Y}}=[\hat{y}(k+1),\hat{y}(k+2),\cdots,\hat{y}(k+n)]^{\mathrm{T}}$；

$\Delta\boldsymbol{U}=[\Delta u(k),\Delta u(k+1),\cdots,\Delta u(k+n-1)]^{\mathrm{T}}$；

$\boldsymbol{f}=[f(k+1),f(k+2),\cdots,f(k+n)]^{\mathrm{T}}$；

$$\boldsymbol{G}=\begin{pmatrix} g_0 & & & \boldsymbol{0} \\ g_1 & g_0 & & \\ \vdots & \vdots & \ddots & \\ g_{n-1} & g_{n-2} & \cdots & g_0 \end{pmatrix}$$

3．最优控制律

若令

$$\boldsymbol{W}=[w(k+1),w(k+2),\cdots,w(k+n)]^{\mathrm{T}}$$

则式（7-18）可表示为

$$J=(\boldsymbol{Y}-\boldsymbol{W})^{\mathrm{T}}(\boldsymbol{Y}-\boldsymbol{W})+\lambda\Delta\boldsymbol{U}^{\mathrm{T}}\Delta\boldsymbol{U} \tag{7-26}$$

用 $\boldsymbol{Y}$ 的最优预测值 $\hat{\boldsymbol{Y}}$ 代替 $\boldsymbol{Y}$，即将式（7-25）代入式（7-26）中。

并令

$$\frac{\partial J}{\partial\Delta\boldsymbol{U}}=0$$

可得

$$\Delta\boldsymbol{U}=(\boldsymbol{G}^{\mathrm{T}}\boldsymbol{G}+\lambda\boldsymbol{I})^{-1}\boldsymbol{G}^{\mathrm{T}}(\boldsymbol{W}-\boldsymbol{f}) \tag{7-27}$$

实际控制时，每次仅将第一个分量加入系统，即

$$u(k)=u(k-1)+\boldsymbol{g}^{\mathrm{T}}(\boldsymbol{W}-\boldsymbol{f}) \tag{7-28}$$

式中，$\boldsymbol{g}^{\mathrm{T}}$ 为 $(\boldsymbol{G}^{\mathrm{T}}\boldsymbol{G}+\lambda\boldsymbol{I})^{-1}\boldsymbol{G}^{\mathrm{T}}$ 的第一行。

为了计算简单，通常选 $m<n$，相等于令 $j>m$ 时，$\Delta u(k+j-1)=0$。这时，$\Delta\boldsymbol{u}$ 变成了 $m\times 1$ 矩阵，$(\boldsymbol{G}^{\mathrm{T}}\boldsymbol{G}+\lambda\boldsymbol{I})$则变成 $m\times m$ 方阵，降低了维数，减小了计算量。对于阶数较低的简单系统，取 $m=1$，则整个过程将不包括任何矩阵运算。

与通常的最优控制不同，广义预测控制采用滚动优化，优化目标是随时间推移的，即在每一时刻都提出一个立足于该时刻的局部优化目标，而不是采用不变的全局优化目标。因此，优化过程不是一次离线进行的，而是反复在线进行的，这种滚动优化目标的局部性，使其在理想条件下，只能得到全局的次优解。然而，当模型失配或有时变、非线性及干扰影响时，它却能顾及这种不确定性，及时进行弥补，减小偏差，保持实际上的最优。

7.2.3　反馈校正

在广义预测控制算法推导过程中，虽然没有明显给出反馈或闭环的表示，但它在进行滚动优化时，强调了优化的基点与实际系统一致。这意味着在控制的每一步，都要检测实际输出并与预测值比较，并以此修正预测的不确定性。当实际系统存在非线性、时变、模型失配、干扰等因素时，这种反馈校正就能及时修正预测值，使优化建立在较准确的预测基础上。因此，可降低对基础模型的要求，提高控制的鲁棒性，在实际工业应用中，这点具有十分现实的意义。

7.3 预测控制理论分析

第 45 讲

7.3.1 广义预测控制的性能分析

1. 引言

近年来，广义预测控制无论是在工业应用界还是在控制理论界都得到了广泛的重视，然而由于优化的启发性和算法的复杂性，对于这一算法的理论研究十分困难。本节通过系统的闭环方块图求出闭环传递函数，并在内模控制结构的基础上，分析系统的闭环动态特性、稳定性和鲁棒性。

2. 广义预测控制系统闭环传递函数

1）闭环方块图

为推求系统的闭环方块图，需将 GPC 算法各部分稍加变换并重写成如下形式。

（1）将预测模型式（7-17）重写为

$$y(k)=\frac{z^{-1}\boldsymbol{B}}{\boldsymbol{A}}u(k)+\frac{\boldsymbol{C}}{\boldsymbol{A}\Delta}\xi(k) \tag{7-29}$$

（2）将预测向量 $\boldsymbol{f}$ 式（7-24）重写为

$$\boldsymbol{f}=\boldsymbol{H}\Delta u(k)+\boldsymbol{F}y(k) \tag{7-30}$$

（3）将参考轨迹 $\boldsymbol{W}$ 式（7-19）重写为

$$\boldsymbol{W}=\boldsymbol{Q}y(k)+\boldsymbol{M}y_r \tag{7-31}$$

式中，$\boldsymbol{W}=[w(k+1),w(k+2),\cdots,w(k+n)]^{\mathrm{T}}$；

$\boldsymbol{Q}=[\alpha,\alpha^2,\cdots,\alpha^n]^{\mathrm{T}}$；

$\boldsymbol{M}=[1-\alpha,1-\alpha^2,\cdots,1-\alpha^n]^{\mathrm{T}}$。

（4）控制增量 $\Delta u(k)$ 式（7-28）

$$\Delta u(k)=\boldsymbol{g}^{\mathrm{T}}(\boldsymbol{W}-\boldsymbol{f}) \tag{7-32}$$

由以上 4 式得闭环方块图，如图 7-2 所示。

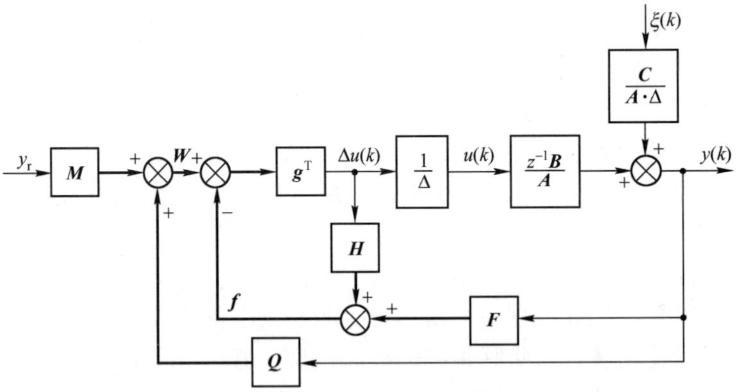

图 7-2 GPC 控制系统闭环方块图

2）控制结构图

根据如图 7-2 所示的闭环方块图，可画出 GPC 的控制结构图，如图 7-3 所示。

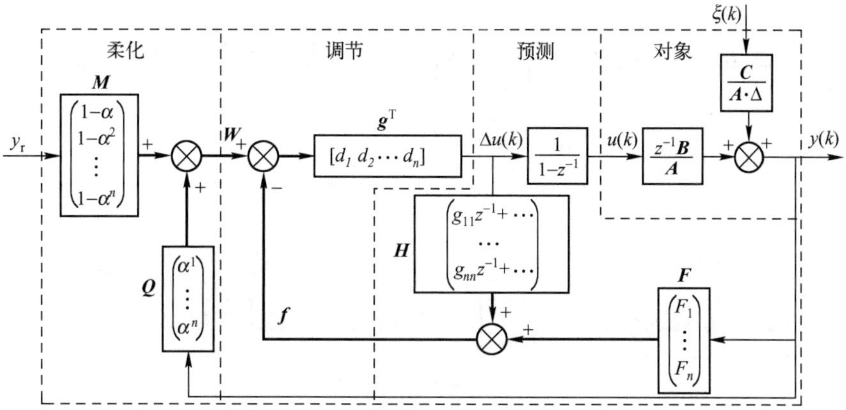

图 7-3　GPC 控制结构图

图 7-3 中粗线表示矢量信号流，细线表示标量信号流。由此可见，GPC 是由柔化、调节和预测三部分构成的。在每一时刻，给定值序列经过柔化作用后得到的期望输出向量，与预测输出相比较构成偏差向量，偏差向量与动态向量 $\boldsymbol{g}^{\mathrm{T}}$ 点积得到该时刻的控制增量 $\Delta u(k)$。控制增量一方面通过数字积分运算求出控制量 $u(k)$ 作用于对象，另一方面又与系统输出一起去预测新的系统输出值 $\boldsymbol{f}$。

3）闭环传递函数

由图 7-2 可求出 GPC 系统的闭环传递函数为

$$\frac{y(k)}{y_{\mathrm{r}}}=\frac{z^{-1}\boldsymbol{B}\boldsymbol{g}^{\mathrm{T}}\boldsymbol{M}}{(1+\boldsymbol{g}^{\mathrm{T}}\boldsymbol{H})\boldsymbol{A}\Delta+z^{-1}\boldsymbol{B}\boldsymbol{g}^{\mathrm{T}}(\boldsymbol{F}-\boldsymbol{Q})} \tag{7-33}$$

闭环系统的输出响应为

$$y(k)=\frac{z^{-1}\boldsymbol{B}\boldsymbol{g}^{\mathrm{T}}\boldsymbol{M}}{(1+\boldsymbol{g}^{\mathrm{T}}\boldsymbol{H})\boldsymbol{A}\Delta+z^{-1}\boldsymbol{B}\boldsymbol{g}^{\mathrm{T}}(\boldsymbol{F}-\boldsymbol{Q})}y_r+\frac{(1+\boldsymbol{g}^{\mathrm{T}}\boldsymbol{H})\boldsymbol{C}}{(1+\boldsymbol{g}^{\mathrm{T}}\boldsymbol{H})\boldsymbol{A}\Delta+z^{-1}\boldsymbol{B}\boldsymbol{g}^{\mathrm{T}}(\boldsymbol{F}-\boldsymbol{Q})}\xi(k) \tag{7-34}$$

由以上可得如下结论：

（1）GPC 不是用控制器的极点去对消对象零点的，因此不存在因对消不精确所带来的不稳定性问题，所以 GPC 可用于非最小相位系统。

（2）闭环传递函数中不包括 $\boldsymbol{C}(z^{-1})$，只要 $\boldsymbol{C}(z^{-1})$ 是稳定的多项式，至于 $\boldsymbol{C}(z^{-1})$ 的精度，它只影响跟踪性能而不影响闭环稳定性和鲁棒性。

（3）当 $k\to\infty(z\to1)$ 时，$\Delta\to0$，而 $E\{\xi(k)\}\to0$，由式（7-20）知 $\boldsymbol{F}_j\to1$，从而 $\boldsymbol{F}\to\boldsymbol{M}+\boldsymbol{Q}$ 代入式（7-34）可得 $y(k)\to y_{\mathrm{r}}$，即系统在稳态时无差跟踪设定值，即使在有阶跃扰动情况下也是无差跟踪，这是由 CARIMA 模型内部积分作用所决定的。

（4）GPC 系统闭环传递函数形式较为复杂（涉及向量 $\boldsymbol{F}$ 和 $\boldsymbol{H}$），不能明显看出 GPC 的设计参数对系统性能的关系，不便进行系统分析。为此，将 GPC 算法结构变为内模结构形式，以便借助于内模原理研究系统的鲁棒性、稳定性和其他特性。

3．广义预测控制的内模控制描述

1）GPC 内模结构的推导过程

由图 7-2 依次变换可得图 7-4（a）、（b）和（c）。

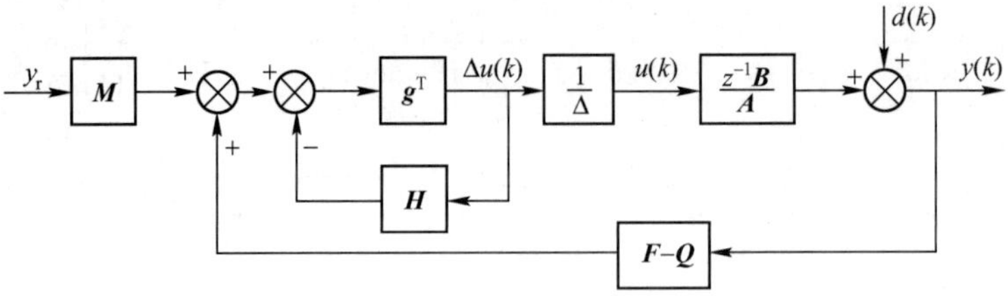

（a）

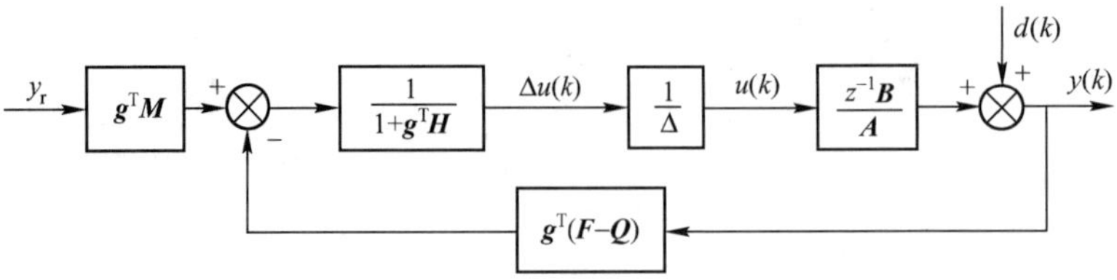

（b）

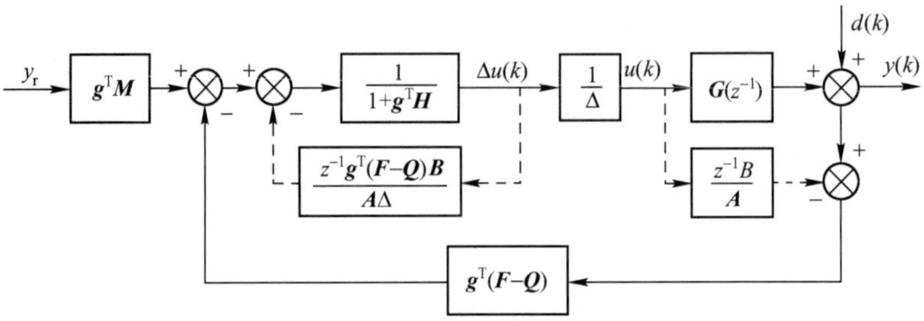

（c）

图 7-4　GPC 系统内模结构的推导过程

最后由图 7-4（c）可得 GPC 系统内模结构图，如图 7-5 所示。

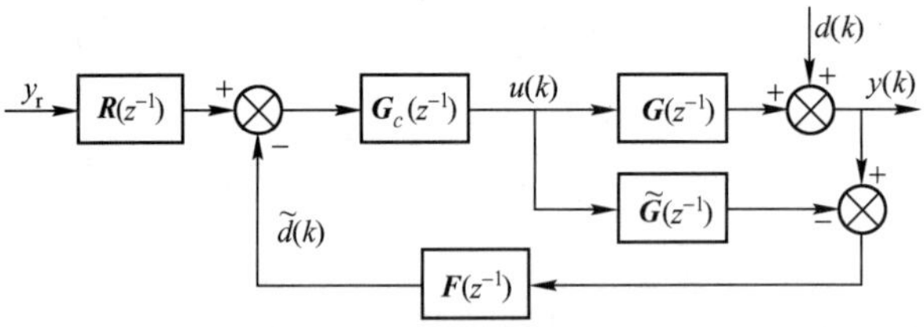

图 7-5　GPC 系统内模结构图

图 7-5 中，$\boldsymbol{G}(z^{-1})$ 为被控过程的实际模型；$\tilde{\boldsymbol{G}}(z^{-1})$ 为被控过程的预测模型；$\boldsymbol{G}_c(z^{-1})$ 为控制器；$\boldsymbol{F}(z^{-1})$ 为滤波器；$d(k)$ 为总的扰动量；$\tilde{d}(k)$ 为模型误差信号。

其中，

$$\tilde{\boldsymbol{G}}(z^{-1})=\frac{z^{-1}\boldsymbol{B}}{\boldsymbol{A}},\boldsymbol{G}_c(z^{-1})=\frac{\boldsymbol{A}}{(1+\boldsymbol{g}^{\mathrm{T}}\boldsymbol{H})\boldsymbol{A}\Delta+z^{-1}\boldsymbol{g}^{\mathrm{T}}(\boldsymbol{F}-\boldsymbol{Q})\boldsymbol{B}}$$

$$\boldsymbol{F}(z^{-1})=\boldsymbol{g}^{\mathrm{T}}(\boldsymbol{F}-\boldsymbol{Q})=\sum_{j=1}^{n}d_j(\boldsymbol{F}_j-\alpha^j) \tag{7-35}$$

$$\boldsymbol{R}(z^{-1})=\boldsymbol{g}^{\mathrm{T}}\boldsymbol{M}=\sum_{j=1}^{n}d_j(1-\alpha^j),\boldsymbol{g}^{\mathrm{T}}=[d_1,d_2,\cdots,d_n]$$

2）GPC 的闭环稳定性

由系统的内模结构图 7-5 可得系统的控制量和输出量分别为

$$u(k)=\frac{\boldsymbol{G}_c(z^{-1})}{1+\boldsymbol{G}_c(z^{-1})\boldsymbol{F}(z^{-1})(\boldsymbol{G}(z^{-1})-\tilde{\boldsymbol{G}}(z^{-1}))}[\boldsymbol{R}(z^{-1})y_{\mathrm{r}}-\boldsymbol{F}(z^{-1})d(k)] \tag{7-36}$$

$$y(k)=\frac{\boldsymbol{G}(z^{-1})\boldsymbol{G}_c(z^{-1})}{1+\boldsymbol{G}_c(z^{-1})\boldsymbol{F}(z^{-1})[\boldsymbol{G}(z^{-1})-\tilde{\boldsymbol{G}}(z^{-1})]}[\boldsymbol{R}(z^{-1})y_{\mathrm{r}}-\boldsymbol{F}(z^{-1})d(k)]+d(k) \tag{7-37}$$

系统稳定的充要条件是闭环特征方程的零点位于单位圆内。

由式（7-36）和式（7-37）得特征方程

$$\frac{1}{\boldsymbol{G}_c(z^{-1})}+\boldsymbol{F}(z^{-1})[\boldsymbol{G}(z^{-1})-\tilde{\boldsymbol{G}}(z^{-1})]=0 \tag{7-38}$$

$$\frac{1}{\boldsymbol{G}(z^{-1})\boldsymbol{G}_c(z^{-1})}+\frac{\boldsymbol{F}(z^{-1})}{\boldsymbol{G}(z^{-1})}[\boldsymbol{G}(z^{-1})-\tilde{\boldsymbol{G}}(z^{-1})]=0 \tag{7-39}$$

当模型匹配$\boldsymbol{G}(z^{-1})=\tilde{\boldsymbol{G}}(z^{-1})$时，由式（7-38）和式（7-39）得

$$\frac{1}{\boldsymbol{G}_c(z^{-1})}=0 \tag{7-40}$$

$$\frac{1}{\boldsymbol{G}(z^{-1})\boldsymbol{G}_c(z^{-1})}=0 \tag{7-41}$$

由此可得结论如下：

（1）若对象稳定，控制器稳定，则闭环系统稳定。

（2）尽管控制器具有非线性特性，但只要保证输入/输出的稳定性，对稳定的受控对象，一定能得到稳定的闭环响应。也就是说，当系统输入$u(k)$受到约束时，不会影响整个系统的稳定性，这一优点深受广大实际工程人员的欢迎。

（3）若对象开环不稳定，除非有准确的极点对消，否则不能得到稳定解。

以上结论（3）说明，如果对消不完全，不稳定因素总会被激励出来。利用 GPC 解决这个问题的措施在于控制时域长度概念的引入，即经过一段时间 m 后，令控制增量为零，这相当在目标函数中对控制增量做无穷大加权，正是这个无穷大加权，才使不稳定对消因子的作用受到抑制。

3）GPC 系统的鲁棒性

这里所谈的鲁棒性是指当模型失配$\boldsymbol{G}(z^{-1})\neq\tilde{\boldsymbol{G}}(z^{-1})$时，系统仍能维持一定的稳定性的程度。

在讨论基于模型 CARIMA 的广义预测控制时，由于采用了下列措施，所以增强了系统的鲁棒性（Robustness）。

（1）参考轨迹的引入

为了使控制过程平稳，不要求系统输出$y(k)$直接跟踪设定值y_{r}，而使对象输出$y(k)$沿着参考轨迹到达给定值y_{r}。

由式（7-19）容易看出，α小，$w(k)$很快趋向y_{r}，这时控制系统跟踪的快速性好，但鲁棒性差；增大α，$w(k)$跟踪y_{r}的过程变长，这时系统跟踪的快速性变差而鲁棒性提高。在实

际应用中，α 值的选择是控制系统的快速性要求与鲁棒性要求的折中。

（2）在目标函数中考虑了现在时刻的控制 $u(k)$ 对系统将来输出的影响

广义预测控制问题，可以归结为求 $\Delta u(k)$，$\Delta u(k+1),\cdots,\Delta u(k+m-1)$ 使得目标函数式（7-18）达到最小值的问题，这是一个最优化问题。下面借助内模原理对这些措施进行分析。

① 由式（7-38）得出的特征方程

$$\frac{1}{\boldsymbol{G}_c(z^{-1})}+\boldsymbol{F}(z^{-1})[\boldsymbol{G}(z^{-1})-\tilde{\boldsymbol{G}}(z^{-1})]=0$$

可见，当 $\boldsymbol{G}(z^{-1})\neq\tilde{\boldsymbol{G}}(z^{-1})$ 时，通过对 $\boldsymbol{F}(z^{-1})$ 中参数的调整，可使特征方程的根位于单位圆内。

② 由图 7-5 得出，在干扰 $d(k)$ 作用下内模控制反馈为

$$\tilde{d}(k)=\frac{\boldsymbol{F}(z^{-1})}{1+\boldsymbol{G}_c(z^{-1})\boldsymbol{F}(z^{-1})[\boldsymbol{G}(z^{-1})-\tilde{\boldsymbol{G}}(z^{-1})]}d(k) \tag{7-42}$$

当 $\boldsymbol{G}(z^{-1})=\tilde{\boldsymbol{G}}(z^{-1})$ 时，式（7-42）变为

$$\tilde{d}(k)=\boldsymbol{F}(z^{-1})d(k) \tag{7-43}$$

由此可知，$\tilde{d}(k)$ 包含着模型失配的信息，改变 $\tilde{d}(k)$ 的特性，就能获得不同的鲁棒性，而改变 $\tilde{d}(k)$ 的特性是由选择不同的 $\boldsymbol{F}(z^{-1})$ 来实现的。

由此可见，滤波器 $\boldsymbol{F}(z^{-1})$ 在这里是一个关键因素，$\boldsymbol{F}(z^{-1})$ 中的参数能直接对系统的鲁棒性进行调整。若有模型失配，则 $\boldsymbol{F}(z^{-1})$ 的作用将使失配的影响减小到最小，而且还能镇定由于模型失配可能带来的不稳定性；若无模型失配，则 $\boldsymbol{F}(z^{-1})$ 又可补偿一类动态干扰，若存在模型失配，由式（7-43）直观地可知，要减小失配的影响，可使 $\boldsymbol{F}(z^{-1})$ 减小；而由式（7-35）知，增大柔化因子可使 $\boldsymbol{F}(z^{-1})$ 减小，故增大柔化作用（增大 α），可提高系统的鲁棒性。

鲁棒性是预测控制突出的优点之一，现有的文献表明，预测控制在工业过程控制中获得成功的应用，首先应归功于预测控制的鲁棒性。

7.3.2　广义预测控制与动态矩阵控制规律的等价性证明

1. GPC 的最优控制律

由 7.2 节可知，系统采用 CARIMA 模型式（7-17），即

$$\boldsymbol{A}(z^{-1})y(k)=\boldsymbol{B}(z^{-1})u(k-1)+\boldsymbol{C}(z^{-1})\xi(k)/\Delta$$

目标函数式（7-18），即

$$J=\sum_{j=1}^{n}[y(k+j)-w(k+j)]^2+\sum_{j=1}^{m}\lambda(j)\left[\Delta u(k+j-1)\right]^2$$

GPC 的最优控制律为式（7-27），即

$$\Delta\boldsymbol{U}=(\boldsymbol{G}^{\mathrm{T}}\boldsymbol{G}+\lambda\boldsymbol{I})^{-1}\boldsymbol{G}^{\mathrm{T}}(\boldsymbol{W}-\boldsymbol{f})$$

式中，$\Delta\boldsymbol{U}=[\Delta u(k),\Delta u(k+1),\cdots,\Delta u(k+n-1)]^{\mathrm{T}}$；

$\boldsymbol{W}=[w(k+1),w(k+2),\cdots,w(k+n)]^{\mathrm{T}}$；

$\boldsymbol{f}=[f(k+1),f(k+2),\cdots,f(k+n)]^{\mathrm{T}}$；

$$G=\begin{pmatrix} g_0 & & & \mathbf{0} \\ g_1 & g_0 & & \\ \vdots & \vdots & \ddots & \\ g_{n-1} & g_{n-2} & \cdots & g_0 \end{pmatrix}$$

矩阵 $\boldsymbol{G}$ 中的元素 $g_0,g_1,\cdots,g_{n-1}$ 为系统单位阶跃响应的前 n 项。

2．DMC 的最优控制律

由 7.1 节可知，若已知对象的单位阶跃响应 $g_0,g_1,\cdots,g_{n-1},\cdots$，则对应式（7-9），即

$$J=\sum_{j=1}^{n}[y(k+j)-w(k+j)]^2+\sum_{j=1}^{m}\lambda(j)\left[\Delta u(k+j-1)\right]^2$$

所表示的目标函数。DMC 的最优控制律为式（7-11），即

$$\Delta\boldsymbol{U}=(\boldsymbol{A}^{\mathrm{T}}\boldsymbol{A}+\lambda\boldsymbol{I})^{-1}\boldsymbol{A}^{\mathrm{T}}(\boldsymbol{W}-\boldsymbol{Y}_0)$$

式中，$\Delta\boldsymbol{U}=[\Delta u(k),\Delta u(k+1),\cdots,\Delta u(k+n-1)]^{\mathrm{T}}$；

$\boldsymbol{W}=[w(k+1),w(k+2),\cdots,w(k+n)]^{\mathrm{T}}$；

$\boldsymbol{Y}_0=[y_0(k+1),y_0(k+2),\cdots,y_0(k+n)]^{\mathrm{T}}$；

$$\boldsymbol{A}=\begin{pmatrix} a_1 & & & \mathbf{0} \\ a_2 & a_1 & & \\ \vdots & \vdots & \ddots & \\ a_n & a_{n-1} & \cdots & a_1 \end{pmatrix}=\begin{pmatrix} g_0 & & & \mathbf{0} \\ g_1 & g_0 & & \\ \vdots & \vdots & \ddots & \\ g_{n-1} & g_{n-2} & \cdots & g_0 \end{pmatrix}$$

矩阵 $\boldsymbol{A}$ 中的元素 $a_1,a_2,\cdots,a_n$ 为系统单位阶跃响应的前 n 项。

3．GPC 与 DMC 的等价性

由上可得如下结论：

（1）GPC 中 $\boldsymbol{G}$ 矩阵和 DMC 中 $\boldsymbol{A}$ 矩阵中的元素同为系统单位阶跃响应的前 n 项，故对同一系统应有 $\boldsymbol{A}=\boldsymbol{G}$。

（2）GPC 中的 $\Delta\boldsymbol{U}$ 与 DMC 中的 $\Delta\boldsymbol{U}$ 完全一样，同为控制量序列。

$$\Delta\boldsymbol{U}=[\Delta u(k),\Delta u(k+1),\cdots,\Delta u(k+n-1)]^{\mathrm{T}}$$

（3）GPC 中的 $\boldsymbol{W}$ 与 DMC 中的 $\boldsymbol{W}$ 一样，同为柔化作用后的输出跟踪序列。

$$\boldsymbol{W}=[w(k+1),w(k+2),\cdots,w(k+n)]^{\mathrm{T}}$$

$$w(k+j)=\alpha^j y(k)+(1-\alpha^j)y_{\mathrm{r}}\qquad (j=1,2,\cdots,n)$$

（4）式（7-27）的导出是基于由式（7-17）表述的 CARIMA 参数模型。而式（7-11）的导出是基于由式（7-17）表述的同一系统的非参数模型。众所周知，对同一线性系统，在同一目标函数下最优控制解具有唯一性。因式（7-18）与式（7-9）相同，知式（7-27）和式（7-11）完全等价。

（5）由 GPC 的控制规律与 DMC 的控制规律完全等价知，GPC 中的 $\boldsymbol{f}$ 向量相当于 DMC 中的 $\boldsymbol{Y}_0$ 向量，而 $\boldsymbol{Y}_0$ 的物理意义是明确的，它是在 k 时刻预测的未来 n 个时刻未加控制增量 $\Delta u(k)$ 的系统输出量。从而可知，$\boldsymbol{f}$ 就表示 k 时刻基于以往数据对未来输出的预测。

7.3.3 广义预测控制与动态矩阵控制的比较

广义预测控制汲取了动态矩阵控制的多步预测和滚动优化策略，同时又保持了自校正控制器的优点。把它与动态矩阵控制做一比较，对于理解其控制机理及优良性能是十分有益的。

1. 预测模型

GPC 采用了 CARIMA 模型，可用来描述包括不稳定系统在内的任意对象，而 DMC 采用有限卷积模型作为预测模型，它只能适用于渐近稳定的对象，若不加以修改，则适用范围是有局限性的。

2. 控制机理

由于优化策略的一致，两者的控制机理是相同的，GPC 系统的动态响应不仅取决于对象参数及优化设计参数，同时也取决于参考轨迹。

3. 反馈校正

在模型失配或存在干扰时，GPC 和 DMC 都可以通过滤波器 $\boldsymbol{F}(z^{-1})$抑制干扰或保持闭环稳定性。DMC 采用了误差校正修正预测值的策略，主要是通过选择误差校正系数，或者增加滤波器的零点抑制干扰，或者增加其极点改善鲁棒性，但因两者的设计用了同一设计参数，往往难以兼顾。而在 GPC 中，通过增加滤波器的零点抑制干扰。而对模型失配，主要是通过模型在线辨识和自校正来纠正的。因此，GPC 采用了不同的反馈机制分别对付干扰和模型失配，综合的控制效果会更好些。

由此可见，广义预测控制汲取了动态矩阵控制的优化策略，而在预测模型、反馈机制方面都保留了自校正控制的优点，它依靠多步预测及滚动优化获取良好的动态性能，利用在线辨识与自校正增强控制系统的鲁棒性，以反馈环节有力地抑制了干扰。

小　　结

本章首先系统地阐明了广义预测控制与动态矩阵控制的原理；然后在内模结构的基础上对广义预测控制进行了理论分析；最后对广义预测控制与动态矩阵控制规律进行了等价性的证明。

思考练习题

1．模型预测控制的主要特点是什么？目前模型预测控制主要分为哪几类？
2．广义预测控制与动态矩阵控制有何异同点？
3．广义预测控制的主要特点是什么？实际应用如何？

第 8 章　MATLAB 预测控制工具箱函数

MATLAB 的模型预测控制工具箱提供了一系列用于模型预测控制的分析、设计和仿真的函数。这些函数的类型主要有：

（1）系统模型辨识函数——主要功能包括通过多变量线性回归方法计算 MISO 脉冲响应模型和阶跃响应模型及对测量数据的尺度化等；

（2）模型建立和转换函数——主要功能包括建立模型预测控制工具箱使用的 MPC 状态空间模型，以及状态空间模型与 MPC 状态空间模型、阶跃响应模型、脉冲响应模型之间的转换；

（3）模型预测控制器设计和仿真工具——主要功能包括面向阶跃响应模型的预测控制器设计与仿真函数和面向 MPC 状态空间模型的设计和仿真函数两类；

（4）系统分析工具——主要功能包括计算模型预测控制系统频率响应、极点和奇异值的有关函数；

（5）其他功能函数——主要功能包括绘图和矩阵计算函数等。

本章将对模型预测控制工具箱的主要函数的原理和使用方法按以上分类进行介绍，并给出若干设计应用例子。

注：本章内容中 MATLAB 代码及软件界面描述较多，为方便读者查阅，避免混淆，本章英文均与 MATLAB 代码及软件界面中一致。

第 46 讲

8.1　系统模型辨识函数

为进行模型预测控制器设计，需要根据系统的输入/输出数据建立开环系统的脉冲响应模型或阶跃响应模型，即进行系统模型的辨识。MATLAB 模型预测控制工具箱提供的模型辨识函数如表 8-1 所示，其详细内容介绍请扫二维码获取。

8.1

表 8-1　系统模型辨识函数

函 数 名	功 能
autosc( )	矩阵或向量的自动归一化
scal( )	根据指定的均值和标准差归一化矩阵
rescal( )	由归一化的数据生成源数据
wrtreg( )	生成用于线性回归计算的数据矩阵
mlr( )	利用多变量线性回归计算 MISO 脉冲响应模型
plsr( )	利用部分最小二乘回归方法计算 MISO 脉冲响应模型
imp2step( )	由 MISO 脉冲响应模型生成 MIMO 阶跃响应模型
validmod( )	利用新的数据检验 MISO 脉冲响应模型

8.2　系统模型建立与转换函数

第 47 讲

前面讨论了利用系统输入/输出数据进行系统模型辨识的有关函数及使用方法，为进行模型预测控制器的设计，需要对系统模型进行进一步的处理和转换。MATLAB 的模型预测控制工具箱中提供了一系列函数，可以完成多种模型转换和复杂系统模型的建立功能。在模型预测控制工具箱中使用了两种专用的系统模型格式，即 MPC 状态空间模型和 MPC 传递函数模型。这两种模型格式分别是状态空间模型和传递函数模型在模型预测控制工具箱中的特殊表达形式。这两种模型格式可以同时支持连续和离散系统模型的表达，在 MPC 传递函数模型中还增加了对纯时延的支持。表 8-2 列出了模型预测控制工具箱的模型建立与转换函数，其详细内容介绍请扫二维码获取。

8.2

表 8-2　模型建立与转换函数

函数名	功能
ss2mod( )	将通用状态空间模型转换为 MPC 状态空间模型
mod2ss( )	将 MPC 状态空间模型转换为通用状态空间模型
poly2tfd( )	将通用传递函数模型转换为 MPC 传递函数模型
tfd2mod( )	将 MPC 传递函数模型转换为 MPC 状态空间模型
mod2step( )	将 MPC 状态空间模型转换为 MPC 阶跃响应模型
tfd2step( )	将 MPC 传递函数模型转换为 MPC 阶跃响应模型
ss2step( )	将通用状态空间模型转换为 MPC 阶跃响应模型
mod2mod( )	改变 MPC 状态空间模型的采样周期
th2mod( )	将 Theta 格式模型转换为 MPC 状态空间模型
addmod( )	将两个开环 MPC 模型连接构成闭环模型，使其中一个模型输出叠加到另一个模型输入
addmd( )	向 MPC 对象添加一个或多个测量扰动
addumd( )	向 MPC 对象添加一个或多个未测量扰动
paramod( )	将两个 MPC 系统模型并联
sermod( )	将两个 MPC 系统模型串联
appmod( )	将两个 MPC 系统模型构成增广系统模型

8.3　基于阶跃响应模型的控制器设计与仿真函数

第 48 讲

基于系统的阶跃响应模型进行模型预测控制器设计的方法称为动态矩阵控制方法。该方法的特点是采用工程上易于获取的对象阶跃响应模型，算法较为简单，计算量较少，鲁棒性较强，适用于纯时延、开环渐近稳定的非最小相位系统，在工业部门的过程控制中得到了成功的应用。

MATLAB 的模型预测控制工具箱提供了对动态矩阵控制方法的支持，有关的函数能够完成基于阶跃响应模型的模型预测控制器设计和仿真，如表 8-3 所示，想了解其详细内容请扫二维码。

8.3

表 8-3　动态矩阵控制设计与仿真函数

函　数　名	功　　能
cmpc( )	输入/输出有约束的模型预测控制器设计与仿真
mpccon( )	输入/输出无约束的模型预测控制器设计
mpcsim( )	模型预测闭环控制系统的仿真（输入/输出不受限）
mpccl( )	计算模型预测控制系统的闭环模型
nlcmpc( )	Simulink 块 nlcmpc 对应的 S 函数
nlmpcsim( )	Simulink 块 nlmpcsim 对应的 S 函数

8.4　基于状态空间模型的预测控制器设计函数

在 MATLAB 模型预测控制工具箱中，除了提供基于阶跃响应模型的预测控制器设计功能外，还提供了基于 MPC 状态空间模型的预测控制器设计功能。有关的函数如表 8-4 所示，其详细内容介绍请扫二维码获取。

第 49 讲

8.4

表 8-4　基于 MPC 状态空间模型的预测控制器设计函数

函　数　名	功　　能
scmpc( )	输入/输出有约束的状态空间模型预测控制器设计
smpccon( )	输入/输出无约束的状态空间模型预测控制器设计
smpccl( )	计算输入/输出无约束的模型预测闭环控制系统模型
smpcsim( )	输入有约束的模型预测闭环控制系统仿真
smpcest( )	状态估计器设计

8.5　系统分析与绘图函数

前面介绍了模型预测控制工具箱的系统设计与仿真功能函数，这些函数提供了进行模型预测控制器设计的有力工具。为进一步完善其功能，模型预测控制工具箱还包括若干系统分析和绘图功能函数，如表 8-5 所示，其详细内容介绍请扫二维码获取。

第 50 讲

8.5

表 8-5　系统分析与绘图函数

函　数　名	功　　能
mod2frsp( )	计算系统（MPC 状态空间模型）的频率响应
plotfrsp( )	绘制系统的频率响应波特图
svdfrsp( )	计算频率响应的奇异值
smpcpole( )	计算系统（MPC 状态空间模型）的极点
smpcgain( )	计算系统（MPC 状态空间模型）的稳态增益矩阵
mpcinfo( )	输出系统表示的矩阵类型和属性
plotall( )	绘制系统仿真的输入/输出曲线（一个图形窗口）
ploteach( )	在多个图形窗口分别绘制系统的输入/输出仿真曲线
plotstep( )	绘制系统阶跃响应模型的曲线

8.6 通用功能函数

模型预测控制工具箱的通用功能函数包括模型转换函数、离散系统分析及仿真函数和分解函数等，如表 8-6 所示，其详细内容介绍请扫二维码获取。

第 51 讲

8.6

表 8-6 模型预测控制工具箱通用功能函数

函 数 名	功 能
abcdchkm( )	检查状态空间矩阵 A,B,C,D 的维数一致性
cp2dp( )	将连续型多项式传递函数转换为离散型多项式传递函数
c2dmp( )	连续系统离散化
d2cmp( )	将离散系统转换为连续函数
mpcaugss( )	增广状态空间模型
mpcparal( )	将两个状态空间模型并联
ss2tf2( )	将状态空间模型转换为传递函数
tf2ssm( )	将传递函数转换为状态空间模型
dantzgmp( )	求解二次规划问题
dareiter( )	求解离散 Riccati 方程
dlqe2( )	计算离散系统的状态估计器增益矩阵
dlsimm( )	离散系统仿真
dimpulsm( )	生成离散系统的脉冲响应
mpcstair( )	生成阶梯型控制变量
parpart( )	分割参数用于 Simulink 仿真

8.7 MATLAB 模型预测控制工具箱的图形用户界面

为了方便用户，从 MATLAB 7.0.1 开始，在 MATLAB 模型预测控制工具箱中增加了一个基于模型预测控制设计工具（Model Predictive Control Design Tool）的图形用户界面（GUI）。模型预测控制设计工具是一种人机交互界面，使用者可根据其菜单提示要求，一步一步地进行，避免了代码的编写过程，可方便地设计出所需要的模型预测控制器。对于所设计好的模型预测控制器，可以利用 Simulink 库浏览窗口中模型预测控制工具箱（Model Predictive Control Toolbox）所提供的模型预测控制器模块 MPC Controller 进行调用，然后在 Simulink 环境下，对复杂的模型预测控制系统进行仿真分析，想了解其具体使用方法和功能特点请扫二维码获取。

第 52 讲

8.7

小　　结

本章详细地介绍了 MATLAB 预测控制工具箱用于模型预测控制的分析、设计和仿真的函数，并给出了若干设计应用例子。

思考练习题

1．在 MATLAB 的模型预测控制工具箱中，用于模型预测控制的函数有哪些类型？

2．试利用面向阶跃响应模型的预测控制器设计与仿真函数设计一系统，并比较该系统与利用面向 MPC 状态空间模型的设计和仿真函数设计的系统有何异同？

3．系统输入/输出有约束条件下的模型预测控制器设计与系统输入/输出无约束条件下的模型预测控制器设计有何区别？试举一例说明之。

第 9 章　隐式广义预测自校正控制及其 MATLAB 实现

广义预测控制作为一种新型的远程预测控制方法，集多种算法的优点于一体，具有较好的性能，受到人们的重视。现有多种修正算法，大体上可分为显式算法和隐式算法两种。显式算法是先辨识对象模型参数，然后利用 Diophantine 方程做中间运算，最后得到控制律参数，由于要做多步预测，就必须多次求解 Diophantine 方程，因要经过烦琐的中间运算，所以计算工作量较大，占线时间太长。隐式算法不辨识对象模型参数，而是根据输入/输出数据直接辨识求取最优控制律中的参数，因而避免了在线求解 Diophantine 方程所带来的大量中间运算，减少了计算工作量，节省了时间。

本章利用 GPC 并列预报器间的特点，直接辨识预报器中最远程输出预报式中的参数，并利用 GPC 与 DMC 控制律的等价性，来推求最优控制律的参数，提出了一种简单的隐式自校正算法。它保留了 GPC 鲁棒性强等特点，可适用于任何稳定的最小相位/非最小相位，已知/未知时延系统。

当被控对象的参数未知或系统具有慢时变时，根据前面导出的控制律，可以得到相应的自校正控制器算法。

9.1　单输入单输出系统的隐式广义预测自校正控制算法

1．并列预测器

第 53 讲

由 GPC 的最优化控制律：

$$\Delta \boldsymbol{U}=(\boldsymbol{G}^{\mathrm{T}}\boldsymbol{G}+\lambda \boldsymbol{I})^{-1}\boldsymbol{G}^{\mathrm{T}}(\boldsymbol{W}-\boldsymbol{f}) \tag{9-1}$$

知，要求$\Delta \boldsymbol{U}$必须知矩阵 $\boldsymbol{G}$ 和开环预测向量 $\boldsymbol{f}$，原因是控制量加权因子λ和经柔化后的设定值向量 $\boldsymbol{W}$ 均属已知量。隐式自校正方法就是利用输入/输出数据，根据预测方程直接辨识 $\boldsymbol{G}$ 和 $\boldsymbol{f}$。

根据式（7-25）可得 n 个并列预测器为

$$\begin{cases} y(k+1)=g_0\Delta u(k)+f(k+1)+\boldsymbol{E}_1\xi(k+1) \\ y(k+2)=g_1\Delta u(k)+g_0\Delta u(k+1)+f(k+2)+\boldsymbol{E}_2\xi(k+2) \\ \qquad \cdots \\ y(k+n)=g_{n-1}\Delta u(k)+\cdots+g_0\Delta u(k+n-1)+f(k+n)+\boldsymbol{E}_n\xi(k+n) \end{cases} \tag{9-2}$$

分析式（9-2）可知，矩阵 $\boldsymbol{G}$ 中所有元素 $g_0,g_1,\cdots,g_{n-1}$ 都在最后一个方程中出现，因此仅对式（9-2）的最后一个方程辨识，即可求得矩阵 $\boldsymbol{G}$。

2．矩阵 *G* 的求取

由式（9-2）最后一个方程得：

$$y(k+n)=g_{n-1}\Delta u(k)+\cdots+g_0\Delta u(k+n-1)+f(k+n)+\boldsymbol{E}_n\xi(k+n) \tag{9-3}$$

令

$$\boldsymbol{X}(k)=[\Delta u(k),\Delta u(k+1),\cdots,\Delta u(k+n-1),1]$$

$$\boldsymbol{\theta}(k)=[g_{n-1},g_{n-2},\cdots,g_0,f(k+n)]^{\mathrm{T}}$$

则式（9−3）可写为

$$y(k+n)=\boldsymbol{X}(k)\boldsymbol{\theta}(k)+\boldsymbol{E}_n\xi(k+n) \tag{9-4}$$

输出预测值为

$$y(k+n/k)=\boldsymbol{X}(k)\boldsymbol{\theta}(k)$$

或

$$y(k/k-n)=\boldsymbol{X}(k-n)\boldsymbol{\theta}(k) \tag{9-5}$$

若在时刻 k，$\boldsymbol{X}(k-n)$元素已知，$\boldsymbol{E}_n\xi(k+n)$为白噪声，就能用普通最小二乘法估计参数向量$\boldsymbol{\theta}(k)$，然而通常 $\boldsymbol{E}_n\xi(k+n)$不是白噪声，因此采用将控制策略与参数估计相结合的方法，即用辅助输出预测的估计值 $\hat{y}(k/k-n)$ 来代替输出预测值 $y(k/k-n)$，且认为 $\hat{y}(k/k-n)$ 与实际值 $y(k)$ 之差为白噪声 $\varepsilon(k)$。

即由

$$\hat{y}(k/k-n)+\varepsilon(k)=y(k/k-n)+\boldsymbol{E}_n\xi(k)$$

$$y(k)-\hat{y}(k/k-n)=\varepsilon(k)$$

得

$$y(k)=\hat{\boldsymbol{X}}(k-n)\boldsymbol{\theta}(k)+\varepsilon(k) \tag{9-6}$$

$\boldsymbol{\theta}(k)$可用以下递推最小二乘公式估计：

$$\begin{aligned}&\hat{\boldsymbol{\theta}}(k)=\hat{\boldsymbol{\theta}}(k-1)+\boldsymbol{K}(k)[y(k)-\hat{\boldsymbol{X}}(k-1)\hat{\boldsymbol{\theta}}(k-1)]\\&\boldsymbol{K}(k)=\boldsymbol{P}(k-1)\hat{\boldsymbol{X}}^{\mathrm{T}}(k-n)[\lambda_1+\hat{\boldsymbol{X}}(k-n)\boldsymbol{P}(k-1)\hat{\boldsymbol{X}}^{\mathrm{T}}(k-n)]^{-1}\\&\boldsymbol{P}(k)=[\boldsymbol{I}-\boldsymbol{K}(k)\hat{\boldsymbol{X}}(k-n)]\boldsymbol{P}(k-1)/\lambda_1\end{aligned} \tag{9-7}$$

式中，λ_1为遗忘因子，$0<\lambda_1<1$。

利用上述递推公式所得 $\boldsymbol{\theta}(k)$的估计值$\hat{\boldsymbol{\theta}}(k)$，即可得到矩阵 $\boldsymbol{G}$ 中的元素 $g_0,g_1,\cdots,g_{n-1}$ 和 $f(k+n)$。

k 时刻 n 步估计值可由下式算出：

$$\hat{y}(k+n/k)=\hat{\boldsymbol{X}}(k)\hat{\boldsymbol{\theta}}(k) \tag{9-8}$$

式中，$\hat{\boldsymbol{X}}(k)=[\Delta u(k),\Delta u(k+1),\cdots,\Delta u(k+n-1),1]$。

这里$\Delta u(k),\Delta u(k+1),\cdots,\Delta u(k+n-1)$用上一步计算得到的相应点上的控制增量代替。

3．预测向量 $\boldsymbol{f}$ 的求取

根据 7.3.2 节中所述的 GPC 与 DMC 控制规律的等价性，GPC 中的 $\boldsymbol{f}$ 向量相等于 DMC 中的 $\boldsymbol{Y}_0$ 向量。

可根据式（7−16）得到下一时刻的 $\boldsymbol{Y}_0$ 向量为

$$\begin{pmatrix}y_0(k+1)\\y_0(k+2)\\\vdots\\y_0(k+p-1)\\y_0(k+p)\end{pmatrix}=\begin{pmatrix}\hat{y}(k+2/k)\\\hat{y}(k+3/k)\\\vdots\\\hat{y}(k+p-1/k)\\\hat{y}(k+p/k)\end{pmatrix}+\begin{pmatrix}h_2\\h_3\\\vdots\\h_{p-1}\\h_p\end{pmatrix}e(k+1) \tag{9-9}$$

式中，p 为模型时域长度($p\geqslant n$)，$h_2,h_3,\cdots,h_p$为误差校正系数。$e(k+1)=y(k+1)-y(k+1/k)$为预测误差，在这里取 $h_2=h_3=\cdots=h_p=1$。

由 $\boldsymbol{f}$ 与 $\boldsymbol{Y}_0$ 的等价性，利用式（9−9），可得到下一时刻的预测向量 $\boldsymbol{f}$ 为

$$f=\begin{pmatrix}f(k+1)\\f(k+2)\\\vdots\\f(k+n)\end{pmatrix}=\begin{pmatrix}\hat{y}(k+2/k)\\\hat{y}(k+3/k)\\\vdots\\\hat{y}(k+n+1/k)\end{pmatrix}+\begin{pmatrix}1\\1\\\vdots\\1\end{pmatrix}e(k+1) \tag{9-10}$$

在 $\boldsymbol{G}$ 和 $\boldsymbol{f}$ 求得后，就可利用式（9-1）计算控制量，在计算的每一步，都能得到此步至以后 n 步各点上的 n 个控制序列，为及时利用反馈信息决定控制量，每次仅将序列中第一个控制量作用于系统，其后的 $n-1$ 个控制量不直接作用于系统，而只用于 $\hat{\boldsymbol{Y}}$ 的计算。

4．控制律的简化

在自校正方案中，可从式（9-1）看出，每次计算必须在线求解一次 $n\times n$ 维逆矩阵 $(\boldsymbol{G}^{\mathrm{T}}\boldsymbol{G}+\lambda\boldsymbol{I})^{-1}$，在这里与基本的 GPC 一样，也引入控制时域长度 m（$m\leqslant n$），当 $j>m$ 时，有 $\Delta u(k+j-i)=0$，从而矩阵 $\boldsymbol{G}$ 变成 $n\times m$ 维，矩阵$(\boldsymbol{G}^{\mathrm{T}}\boldsymbol{G}+\lambda\boldsymbol{I})$则变成了 $m\times m$ 方阵，降低了维数，减少了计算工作量。对阶数较低较易控制的简单系统，可取 $m=1$，这时$(\boldsymbol{G}^{\mathrm{T}}\boldsymbol{G}+\lambda\boldsymbol{I})$将由矩阵变成一个标量数值，而整个运算过程将不会有矩阵运算。

5．GPC 控制算法中主要参数对系统性能的影响

系统的动态过程主要取决于模型精确度和控制参数的设计，对 GPC 来说，影响其性能的参数主要有以下几个。

1）采样周期 T

采样周期 T 直接影响到 $g_0,g_1,\cdots,g_{n-1}$ 和 $\boldsymbol{g}^{\mathrm{T}}$ 矩阵，T 的值大有利于控制稳定，但不利于抑制扰动。采样周期 T 的选择，原则上应使采样频率满足香农定理的要求，即采样频率应大于 2 倍截止频率。如果采样周期太长，将会丢失一些有用的高频信息，无法重构出连续时间信号，且使模型不准，控制质量下降。采样周期也不能太短，否则机器计算不过来，且有可能出现离散非最小相位零点，影响闭环系统的稳定。

2）预测长度 n

预测长度 n 对系统的稳定性有重要的影响。当控制长度 m 很小，控制加权系数$\lambda=0$ 时，即控制增量不受抑制的情况下，增大 n 总可以得到稳定控制；当 m 为任意，通过加大λ，在 $\sum g_i>0$ 时，可得到稳定控制。

n 对系统的动态特性也有影响，当 n 取值较小时，系统的动态性能较差，增加 n，可明显改善系统的动态性能，增强系统的鲁棒性。一般 n 的选择应使最优化时域 $t_p=nT$ 包含对象的主要动态特性，但 n 过大对进一步改善系统的动态性能作用不大，相反要增加计算时间。一般取 $n=5\sim15$。

3）控制长度 m

控制长度 m 对系统的性能影响较大。较小的 m 对控制起到一定的约束作用，使输出变化平缓，有利于控制系统稳定；而偏大的 m，表示有较多步的控制增量变化，增大了系统的灵活性和快速性，但往往产生振荡和超调，引起系统的不稳定，所以 m 的选择应兼顾快速性与稳定性。一般取 $m=1\sim3$，由于 m 的增加，计算时间大大增加，故通常对于阶数较低较易控制的简单系统，取 $m=1$。

4）控制加权系数λ

目标函数中第二项的引入，主要用于压制过于剧烈的控制增量，以防止系统超出限制范围或发生剧烈振荡。增加λ，控制量减少，输出响应速度减慢，有益于增强系统的稳定性；但

过大的λ会使控制量的变化极为缓慢，系统得不到及时的调节，反而会使动态特性变坏，一般取 $0<\lambda<1$。当$\lambda=0$时，对控制量无约束。

5）柔化系数α

柔化系数α对系统的鲁棒性有重要的影响，由式（7-19）知，若α小，则 $w(k)$很快趋向y_r，这时，跟踪的快速性好，鲁棒性差；增加α，系统的快速性变差，而鲁棒性提高。故α的选择必须在动态品质与鲁棒性之间折中考虑，一般取 $0<\alpha<1$。

GPC 是根据输出预报信息来进行控制决策的，因此输出预报的精度直接影响到它的控制效果。

9.2　多输入多输出系统的隐式广义预测自校正控制算法

前面提出的单输入单输出系统隐式广义预测控制，虽然对于多输入多输出系统可直接进行推广，但由于输入/输出之间的耦合作用，实际上实现比较困难。本文通过将目标函数分散化和把输入/输出的交互影响前馈解耦，使多变量系统的综合设计问题转化为单输入单输出系统的设计问题，也就是说，MIMO 系统各回路间耦合的影响可看作前馈输入量。

第 54 讲

下面的讨论假定输入/输出都是二维的，对于大于二维的推导过程类同。

1．系统模型

设 MIMO 的 CARIMA 模型为

$$\begin{pmatrix} \boldsymbol{A}_1(z^{-1}) & 0 \\ 0 & \boldsymbol{A}_2(z^{-1}) \end{pmatrix}\begin{pmatrix} y_1(k) \\ y_2(k) \end{pmatrix}=\begin{pmatrix} \boldsymbol{B}_{11}(z^{-1}) & \boldsymbol{B}_{12}(z^{-1}) \\ \boldsymbol{B}_{21}(z^{-1}) & \boldsymbol{B}_{22}(z^{-1}) \end{pmatrix}\begin{pmatrix} u_1(k) \\ u_2(k) \end{pmatrix}+\begin{pmatrix} \xi_1(k)/\Delta \\ \xi_2(k)/\Delta \end{pmatrix} \tag{9-11}$$

式中，$\boldsymbol{A}_1(z^{-1}),\boldsymbol{A}_2(z^{-1}),\boldsymbol{B}_{11}(z^{-1}),\boldsymbol{B}_{12}(z^{-1}),\boldsymbol{B}_{21}(z^{-1}),\boldsymbol{B}_{22}(z^{-1})$均为 z^{-1} 的多项式；$y_1(k)$和 $y_2(k)$为系统输出；$u_1(k)$和 $u_2(k)$为系统输入；$\xi_1(k)$和 $\xi_2(k)$为白噪声；$\Delta=1-z^{-1}$。

式（9-11）可分解为两个子系统：

$$\boldsymbol{A}_1(z^{-1})y_1(k)=\boldsymbol{B}_{11}(z^{-1})u_1(k-1)+\boldsymbol{B}_{12}(z^{-1})u_2(k)+\xi_1(k)/\Delta \tag{9-12}$$

$$\boldsymbol{A}_2(z^{-1})y_2(k)=\boldsymbol{B}_{21}(z^{-1})u_1(k-1)+\boldsymbol{B}_{22}(z^{-1})u_2(k)+\xi_2(k)/\Delta \tag{9-13}$$

1）子系统 1

由式（9-12）的子系统 1 模型与丢番图方程：

$$1=\boldsymbol{E}_{1j}(z^{-1})\boldsymbol{A}_1(z^{-1})\Delta+z^{-j}\boldsymbol{F}_{1j}(z^{-1}) \tag{9-14}$$

可得预测方程：

$$\begin{aligned} y_1(k+j)=&\boldsymbol{E}_{1j}(z^{-1})\boldsymbol{B}_{11}(z^{-1})\Delta u_1(k+j-1)+\boldsymbol{E}_{1j}(z^{-1})\boldsymbol{B}_{12}(z^{-1})\Delta u_2(k+j-1)+\\ &\boldsymbol{F}_{1j}(z^{-1})y_1(k)+\boldsymbol{E}_{1j}(z^{-1})\xi_1(k+j) \end{aligned}$$

$$(j=1,2,\cdots,n) \tag{9-15}$$

最优输出预测为：

$$\hat{y}_1(k+j)=\boldsymbol{G}_{11j}(z^{-1})\Delta u_1(k+j-1)+\boldsymbol{G}_{12j}(z^{-1})\Delta u_2(k+j-1)+\boldsymbol{F}_{1j}(z^{-1})y_1(k)$$

$$(j=1,2,\cdots,n) \tag{9-16}$$

式中，$\boldsymbol{G}_{11j}=\boldsymbol{E}_{1j}\boldsymbol{B}_{11}=g_{11j0}+g_{11j1}z^{-1}+\cdots+g_{11jj}z^{-j+1}+\cdots$

$$G_{12j}=E_{1j}B_{12}=g_{12j0}+g_{12j1}z^{-1}+\cdots+g_{12jj}z^{-j+1}+\cdots$$

由式（9-14）得：

$$G_{11j}(z^{-1})=E_{1j}(z^{-1})B_{11}(z^{-1})=\frac{B_{11}(z^{-1})}{A_1(z^{-1})\Delta}[1-z^{-j}F_{1j}(z^{-1})]$$

$$G_{12j}(z^{-1})=E_{1j}(z^{-1})B_{12}(z^{-1})=\frac{B_{12}(z^{-1})}{A_1(z^{-1})\Delta}[1-z^{-j}F_{1j}(z^{-1})]$$

由此可见，多项式 $G_{11j}(z^{-1})$ 前 j 项正是 $y_1(k)$ 关于 $u_1(k)$ 的单位阶跃响应 $g_{110},g_{111},\cdots,g_{11j-1},g_{11j},\cdots$ 的前 j 项，而多项式 $G_{12j}(z^{-1})$ 的前 j 项正是 $y_1(k)$ 关于 $u_2(k)$ 的单位阶跃响应 $g_{120},g_{121},\cdots,g_{12j-1},g_{12j},\cdots$ 的前 j 项。则有

$$\begin{aligned}G_{11j}(z^{-1})&=g_{110}+g_{111}z^{-1}+\cdots+g_{11j-1}z^{-j+1}+g_{11jj}z^{-j}+\cdots\\G_{12j}(z^{-1})&=g_{120}+g_{121}z^{-1}+\cdots+g_{12j-1}z^{-j+1}+g_{12jj}z^{-j}+\cdots\end{aligned}\tag{9-17}$$

同单变量采用的方法一样，将式（9-16）的 $\hat{y}_1(k+j)$ 值分解成 k 时刻的已知量和未知量两部分，用 $f_1(k+j)$ 表示已知量。

$$\begin{cases}f_1(k+1)=(G_{111}-g_{110})\Delta u_1(k)+(G_{121}-g_{120})\Delta u_2(k)+F_{11}y_1(k)\\f_1(k+2)=z(G_{112}-z^{-1}g_{111}-g_{110})\Delta u_1(k)+\\\qquad z(G_{122}-z^{-1}g_{121}-g_{120})\Delta u_2(k)+F_{12}y_1(k)\\\qquad\vdots\\f_1(k+n)=z^{n-1}(G_{11n}-z^{-n+1}g_{11n-1}-\cdots-z^{-1}g_{111}+g_{110})\Delta u_1(k)+\\\qquad z^{n-1}(G_{12n}-z^{-n+1}g_{12n-1}-\cdots-z^{-1}g_{121}+g_{120})\Delta u_2(k)+F_{1n}y_1(k)\end{cases}$$

则式（9-16）可写为

$$\begin{aligned}\hat{y}_1(k+1)&=g_{110}\Delta u_1(k)+g_{120}\Delta u_2(k)+f_1(k+1)\\\hat{y}_1(k+2)&=g_{111}\Delta u_1(k)+g_{110}\Delta u_1(k+1)+g_{121}\Delta u_2(k)+g_{120}\Delta u_2(k+1)+f_1(k+2)\\&\vdots\\\hat{y}_1(k+n)&=g_{11n-1}\Delta u_1(k)+g_{11n-2}\Delta u_1(k+1)+\cdots+g_{110}\Delta u_1(k+n-1)+\\&\quad g_{12n-1}\Delta u_2(k)+g_{12n-2}\Delta u_2(k+1)+\cdots+g_{120}\Delta u_2(k+n-1)+f_1(k+n)\end{aligned}$$

将上式写成矩阵形式：

$$\begin{aligned}\begin{pmatrix}\hat{y}_1(k+1)\\\hat{y}_1(k+2)\\\vdots\\\hat{y}_1(k+n)\end{pmatrix}&=\begin{pmatrix}g_{110}&&&\mathbf{0}\\g_{111}&g_{110}&&\\\vdots&\vdots&\ddots&\\g_{11n-1}&g_{11n-2}&\cdots&g_{110}\end{pmatrix}\begin{pmatrix}\Delta u_1(k)\\\Delta u_1(k+1)\\\vdots\\\Delta u_1(k+n-1)\end{pmatrix}+\\&\quad\begin{pmatrix}g_{120}&&&\mathbf{0}\\g_{121}&g_{120}&&\\\vdots&\vdots&\ddots&\\g_{12n-1}&g_{12n-2}&\cdots&g_{120}\end{pmatrix}\begin{pmatrix}\Delta u_2(k)\\\Delta u_2(k+1)\\\vdots\\\Delta u_2(k+n-1)\end{pmatrix}+\begin{pmatrix}f_1(k+1)\\f_1(k+2)\\\vdots\\f_1(k+n)\end{pmatrix}\end{aligned}\tag{9-18}$$

即

$$\hat{Y}_1=G_{11}\Delta U_1+G_{12}\Delta U_2+f_1\tag{9-19}$$

式中，$\hat{Y}_1=[\hat{y}_1(k+1),\hat{y}_1(k+2),\cdots,\hat{y}_1(k+n)]^{\mathrm{T}}$

$\Delta\boldsymbol{U}_1=[\Delta u(k),\Delta u(k+1),\cdots,\Delta u(k+n-1)]^{\mathrm{T}}$

$\Delta\boldsymbol{U}_2=[\Delta u_2(k),\Delta u_2(k+1),\cdots,\Delta u_2(k+n-1)]^{\mathrm{T}}$

$\boldsymbol{f}_1=[f_1(k+1),f_1(k+2),\cdots,f_1(k+n)]^{\mathrm{T}}$

$$\boldsymbol{G}_{11}=\begin{pmatrix} g_{110} & & & \boldsymbol{0} \\ g_{111} & g_{110} & & \\ \vdots & \vdots & \ddots & \\ g_{11n-1} & g_{11n-2} & \cdots & g_{110}\end{pmatrix},\quad \boldsymbol{G}_{12}=\begin{pmatrix} g_{120} & & & \boldsymbol{0} \\ g_{121} & g_{120} & & \\ \vdots & \vdots & \ddots & \\ g_{12n-1} & g_{12n-2} & \cdots & g_{120}\end{pmatrix}$$

2）子系统 2

由式（9-13）的子系统 2 模型与丢番图方程：

$$1=\boldsymbol{E}_{2j}(z^{-1})\boldsymbol{A}_2(z^{-1})\Delta+z^{-j}\boldsymbol{F}_{2j}(z^{-1})$$

同理可得

$$\hat{\boldsymbol{Y}}_2=\boldsymbol{G}_{21}\Delta\boldsymbol{U}_1+\boldsymbol{G}_{22}\Delta\boldsymbol{U}_2+\boldsymbol{f}_2 \tag{9-20}$$

式中，$\hat{\boldsymbol{Y}}_2=[\hat{y}_2(k+1),\hat{y}_2(k+2),\cdots,\hat{y}_2(k+n)]^{\mathrm{T}}$

$\Delta\boldsymbol{U}_1=[\Delta u_1(k),\Delta u_1(k+1),\cdots,\Delta u_1(k+n-1)]^{\mathrm{T}}$

$\Delta\boldsymbol{U}_2=[\Delta u_2(k),\Delta u_2(k+1),\cdots,\Delta u_2(k+n-1)]^{\mathrm{T}}$

$\boldsymbol{f}_2=[f_2(k+1),f_2(k+2),\cdots,f_2(k+n)]^{\mathrm{T}}$

$$\boldsymbol{G}_{21}=\begin{pmatrix} g_{210} & & & \boldsymbol{0} \\ g_{211} & g_{210} & & \\ \vdots & \vdots & \ddots & \\ g_{21n-1} & g_{21n-2} & \cdots & g_{210}\end{pmatrix},\quad \boldsymbol{G}_{22}=\begin{pmatrix} g_{220} & & & \boldsymbol{0} \\ g_{221} & g_{220} & & \\ \vdots & \vdots & \ddots & \\ g_{22n-1} & g_{22n-2} & \cdots & g_{220}\end{pmatrix}$$

2．目标函数和最优控制律

对式（9-11）所表示的 MIMO 模型，采用目标函数：

$$J=\sum_{j=1}^{n}[\boldsymbol{y}(k+j)-\boldsymbol{w}(k+j)]^2+\sum_{j=1}^{m}\lambda(j)[\Delta\boldsymbol{u}(k+j-1)]^2 \tag{9-21}$$

式中，$\boldsymbol{y}(k+j)=\begin{pmatrix} y_1(k+j) \\ y_2(k+j)\end{pmatrix},\Delta\boldsymbol{u}(k+j-1)=\begin{pmatrix}\Delta u_1(k+j-1)\\ \Delta u_2(k+j-1)\end{pmatrix}$

$$\boldsymbol{w}(k+j)=\begin{pmatrix} w_1(k+j) \\ w_2(k+j)\end{pmatrix}=\begin{pmatrix} a^j y_1(k)+(1-a^j)y_{\mathrm{r}1} \\ a^j y_2(k)+(1-a^j)y_{\mathrm{r}2}\end{pmatrix}$$

对给定的 MIMO 系统式（9-11），可以分解为式（9-12）和式（9-13）两个独立的两输入单输出子系统，其相应的输出预测值分别由式（9-19）和式（9-20）求得，下面将 MIMO 的性能指标分解为两个子系统的性能指标。

将式（9-21）写成：

$$J=J_1+J_2 \tag{9-22}$$

式中，$J_1=\sum_{j=1}^{n}[y_1(k+j)-w_1(k+j)]^2+\sum_{j=1}^{m}\lambda(j)[\Delta u_1(k+j-1)]^2$　（9-23）

$$J_2=\sum_{j=1}^{n}[y_2(k+j)-w_2(k+j)]^2+\sum_{j=1}^{m}\lambda(j)\left[\Delta u_2(k+j-1)\right]^2 \tag{9-24}$$

对于子系统式（9-12），相应的子目标函数为式（9-23），输出预测值为式（9-19）。在式（9-19）中，用上一时刻的$\Delta\boldsymbol{U}_2$值代替 k 时刻的$\Delta\boldsymbol{U}_2$值，即把 $\boldsymbol{G}_{12}\Delta\boldsymbol{U}_2$ 看成已知量。

则式（9-19）可写成：

$$\hat{\boldsymbol{Y}}_1=\boldsymbol{G}_{11}\Delta\boldsymbol{U}_1+\bar{\boldsymbol{f}}_1 \qquad (\bar{\boldsymbol{f}}_1=\boldsymbol{G}_{12}\Delta\boldsymbol{U}_2+\boldsymbol{f}_1)$$

同单变量系统一样，令

$$\boldsymbol{W}_1=[w_1(k+1),w_1(k+2),\cdots,w_1(k+n)]^{\mathrm{T}}$$

则式（9-23）可表示为

$$J_1=(\boldsymbol{Y}_1-\boldsymbol{W}_1)^{\mathrm{T}}(\boldsymbol{Y}_1-\boldsymbol{W}_1)+\lambda\Delta\boldsymbol{U}_1{}^{\mathrm{T}}\Delta\boldsymbol{U}_1 \tag{9-25}$$

用 $\boldsymbol{Y}_1$ 的最优预测值 $\hat{\boldsymbol{Y}}_1$ 代替 $\boldsymbol{Y}_1$，把 $\boldsymbol{G}_{12}\Delta\boldsymbol{U}_2+\boldsymbol{f}_1$ 看成 $\bar{\boldsymbol{f}}_1$。

并令

$$\frac{\partial J_1}{\partial\Delta\boldsymbol{U}_1}=0$$

可得

$$\Delta\boldsymbol{U}_1=(\boldsymbol{G}_{11}{}^{\mathrm{T}}\boldsymbol{G}_{11}+\lambda\boldsymbol{I})^{-1}\boldsymbol{G}_{11}{}^{\mathrm{T}}(\boldsymbol{W}_1-\bar{\boldsymbol{f}}_1)$$

即

$$\Delta\boldsymbol{U}_1=(\boldsymbol{G}_{11}{}^{\mathrm{T}}\boldsymbol{G}_{11}+\lambda\boldsymbol{I})^{-1}\boldsymbol{G}_{11}{}^{\mathrm{T}}(\boldsymbol{W}_1-\boldsymbol{G}_{12}\Delta\boldsymbol{U}_2-\boldsymbol{f}_1) \tag{9-26}$$

同理可得

$$\Delta\boldsymbol{U}_2=(\boldsymbol{G}_{22}{}^{\mathrm{T}}\boldsymbol{G}_{22}+\lambda\boldsymbol{I})^{-1}\boldsymbol{G}_{22}{}^{\mathrm{T}}(\boldsymbol{W}_2-\boldsymbol{G}_{21}\Delta\boldsymbol{U}_1-\boldsymbol{f}_2) \tag{9-27}$$

当系统已知时，可事先算出 $\boldsymbol{G}_{11}$，$\boldsymbol{G}_{12}$，$\boldsymbol{G}_{21}$，$\boldsymbol{G}_{22}$，$\boldsymbol{f}_1$，$\boldsymbol{f}_2$，然后根据式（9-26）和式（9-27）可得到 $\boldsymbol{U}_1$ 和 $\boldsymbol{U}_2$。

3．参数的辨识

当系统参数未知或具有慢时变时，同以上介绍的单输入单输出系统一样，将系统辨识与控制策略相结合，构成相应的自校正控制算法。

根据式（9-19），可得 n 个并列预测器：

$$\begin{cases}y_1(k+1)=g_{110}\Delta u_1(k)+g_{120}\Delta u_2(k)+f_1(k+1)+\boldsymbol{E}_{11}\xi_1(k+1)\\ y_1(k+2)=g_{111}\Delta u_1(k)+g_{110}\Delta u_1(k+1)+\\ \qquad g_{121}\Delta u_2(k)+g_{120}\Delta u_2(k+1)+f_1(k+2)+\boldsymbol{E}_{12}\xi_1(k+2)\\ \qquad \vdots\\ y_1(k+n)=g_{11n-1}\Delta u_1(k)+g_{11n-2}\Delta u_1(k+1)+\cdots+g_{110}\Delta u_1(k+n-1)+\\ \qquad g_{12n-1}\Delta u_2(k)+g_{12n-2}\Delta u_2(k+1)+\cdots+g_{120}\Delta u_2(k+n-1)+f_1(k+n)+\\ \qquad \boldsymbol{E}_{1n}\xi_1(k+n)\end{cases}$$

将最后一个方程写成矩阵形式：

$$y_1(k+n)=\boldsymbol{X}_1(k)\boldsymbol{\theta}_1(k)+\boldsymbol{E}_{1n}\xi_1(k+n) \tag{9-28}$$

式中，$\boldsymbol{X}_1(k)=[\Delta u_1(k),\cdots,\Delta u_1(k+n-1),\Delta u_2(k),\cdots,\Delta u_2(k+n-1),1]$

$$\boldsymbol{\theta}_1(k)=[g_{11n-1},g_{11n-2},\cdots,g_{110},g_{12n-1},g_{12n-2},\cdots,g_{120},f_1(k+n)]^{\mathrm{T}}$$

输出预测值为

$$y_1(k+n/k)=\boldsymbol{X}_1(k)\boldsymbol{\theta}_1(k)$$

或

$$y_1(k/k-n)=\boldsymbol{X}_1(k-n)\boldsymbol{\theta}_1(k) \tag{9-29}$$

同单输入单输出系统一样，根据最小二乘法，可辨识出矩阵 $\boldsymbol{G}_{11}$，$\boldsymbol{G}_{12}$ 的参数，同理可得

$\boldsymbol{G}_{21}$，$\boldsymbol{G}_{22}$ 的参数。

第 55 讲

9.3　仿真研究

9.3.1　单输入单输出系统的仿真研究

1．跟踪给定值特性

1）最小相位系统

例 9-1　已知系统模型为

$$y(k)-0.496585y(k-1)=0.5u(k-2)+\xi(k)/\Delta$$

取参数：$p=n=6$，$m=2$，$\lambda=0.8$，$\alpha=0.3$，$\lambda_1=1$。RLS 参数初值：$g_{n-1}=1$，$f(k+n)=1$，$\boldsymbol{P}_0=10^5\boldsymbol{I}$，其余为零。$\xi(k)$为[−0.2,0.2]均匀分布的白噪声，给定值 y_r 每 50 拍变化一次。利用二维码程序 ex9_1.m 可得如图 9-1 所示的跟踪给定值的特性曲线。

ex9_1.m

例 9-2　已知系统模型为

$$y(k)-1.001676y(k-1)+0.241714y(k-2)=0.23589u(k-1)+\xi(k)/\Delta$$

取参数：$p=n=6$，$m=2$，$\lambda=0.5$，$\alpha=0.35$，$\lambda_1=1$。RLS 参数初值：$g_{n-1}=1$，$f(k+n)=1$，$\boldsymbol{P}_0=10^5\boldsymbol{I}$，其余为零。$\xi(k)$为[−0.2,0.2]均匀分布的白噪声，给定值 y_r 每 50 拍变化一次。利用二维码中程序 ex9_2.m 可得如图 9-2 所示的跟踪给定值的特性曲线。

ex9_2.m

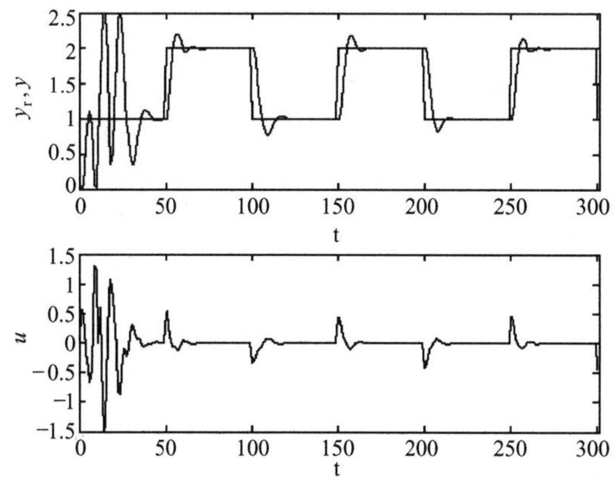

图 9-1　跟踪给定值的特性曲线

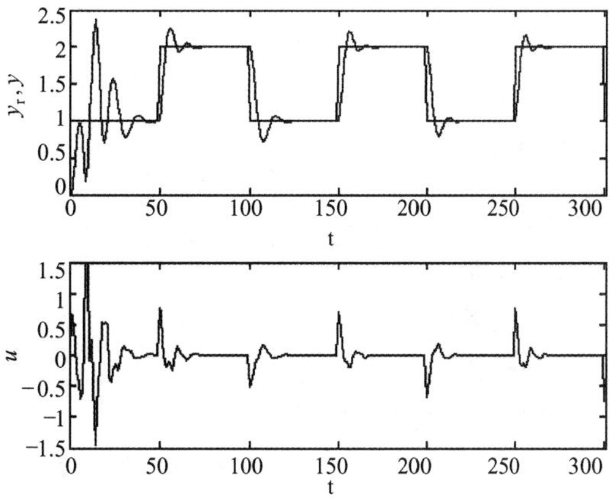

图 9-2　跟踪给定值的特性曲线

2）非最小相位系统

例 9-3　已知系统模型为

$$y(k)-1.5y(k-1)+0.7y(k-2)=u(k-1)+1.5u(k-2)+\xi(k)/\Delta$$

用上述非最小相位系统与非线性环节构成非线性控制系统，如图 9-3 所示。

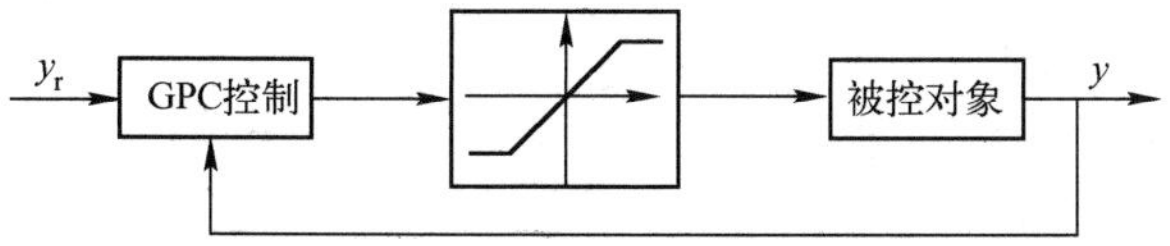

图 9-3　具有非线性特性的非最小相位控制系统

取参数：$p=n=6$，$m=2$，$\lambda=0.8$，$\alpha=0.3$，$\lambda_1=1$。RLS 参数初值：$g_{n-1}=1$，$f(k+n)=1$，$\boldsymbol{P}_0=10^5\boldsymbol{I}$，其余为零。$\xi(k)$为[−0.2,0.2]均匀分布的白噪声。利用二维码中程序 ex9_3.m 可得如图 9-4 所示的跟踪给定值的特性曲线。

ex9_3.m

2．模型变化时的跟踪给定值特性

1）模型时滞变化时的跟踪特性

例 9-4 已知系统模型为

（a）$y(k)-0.496585y(k-1)=0.5u(k-2)+\xi(k)/\Delta$

（b）$y(k)-0.496585y(k-1)=0.5u(k-3)+\xi(k)/\Delta$

（c）$y(k)-0.496585y(k-1)=0.5u(k-1)+\xi(k)/\Delta$

从第 50 步开始，每 100 步变化一次模型。即：50～150 步采用模型(a)；150～250 步采用模型(b)；250～350 步采用模型(c)。

取参数：$p=n=6$，$m=2$，$\lambda=0.8$，$\alpha=0.3$，$\lambda_1=1$。RLS 参数初值：$g_{n-1}=1$，$f(k+n)=1$，$\boldsymbol{P}_0=10^5\boldsymbol{I}$，其余为零。$\xi(k)$为[−0.2,0.2]均匀分布的白噪声，给定值 y_r 每 50 拍变化一次。利用二维码中程序 ex9_4.m 可得如图 9-5 所示的跟踪给定值的特性曲线。

ex9_4.m

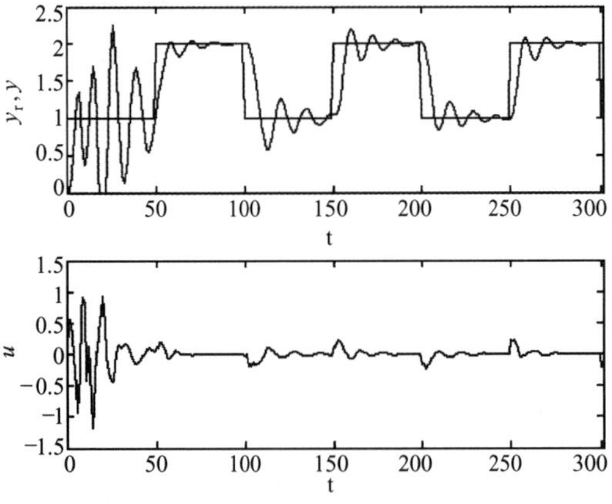

图 9-4 跟踪给定值的特性曲线

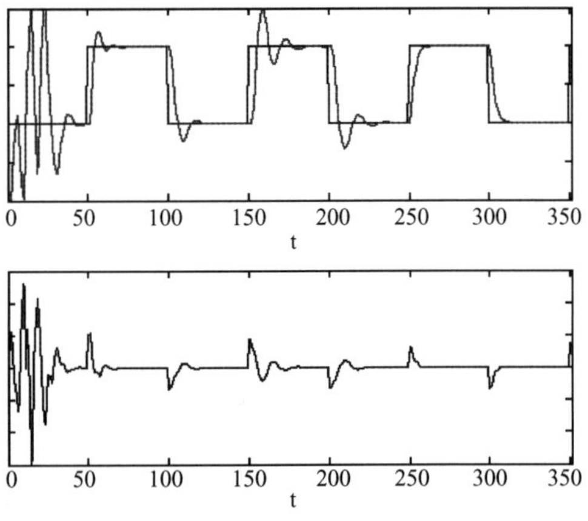

图 9-5 跟踪给定值的特性曲线

2）模型阶次变化时的跟踪特性

例 9-5 已知系统模型为

（a）$y(k)-0.496585y(k-1)=0.5u(k-2)+\xi(k)/\Delta$

（b）$y(k)-1.001676y(k-1)+0.241714y(k-2)=0.23589u(k-1)+\xi(k)/\Delta$

从第 50 步开始，每 100 步变化一次模型。即：50～150 步采用模型（a）；150～250 步采用模型（b）。

取参数：$p=n=6$，$m=2$，$\lambda=0.6$，$\alpha=0.35$，$\lambda_1=1$。RLS 参数初值：$g_{n-1}=1$，$f(k+n)=1$，$\boldsymbol{P}_0=10^5\boldsymbol{I}$，其余为零。$\xi(k)$为[−0.2,0.2]均匀分布的白噪声，给定值 y_r 每 50 拍变化一次。利用二维码中程序 ex9_5.m 可得如图 9-6 所示的跟踪给定值的特性曲线。

ex9_5.m

3）模型阶次和时滞变化时的跟踪特性

例 9-6 已知系统模型为

（a）$y(k)-0.496585y(k-1)=0.5u(k-2)+\xi(k)/\Delta$

（b）$y(k)-1.001676y(k-1)+0.241714y(k-2)=0.23589u(k-1)+\xi(k)/\Delta$

（c）$y(k)-0.496585y(k-1)=0.5u(k-1)+\xi(k)/\Delta$

（d）$y(k)-1.001676y(k-1)+0.24714y(k-2)=0.23589u(k-2)+\xi(k)/\Delta$

从第 50 步开始，每 100 步变化一次模型。即：50～150 步采用模型（a)；150～250 步采用模型（b)；250～350 步采用模型（c)；350～450 步采用模型（d)。

取参数：$p=n=6$，$m=2$，$\lambda=0.6$，$\alpha=0.35$，$\lambda_1=1$。RLS 参数初值：$g_{n-1}=1$，$f(k+n)=1$，$\boldsymbol{P}_0=10^5\boldsymbol{I}$，其余为零。$\xi(k)$为[−0.2,0.2]均匀分布的白噪声，给定值 y_r 每 50 拍变化一次。利用右侧二维码中程序 ex9_6.m 可得如图 9-7 所示的跟踪给定值的特性曲线。

ex9_6.m

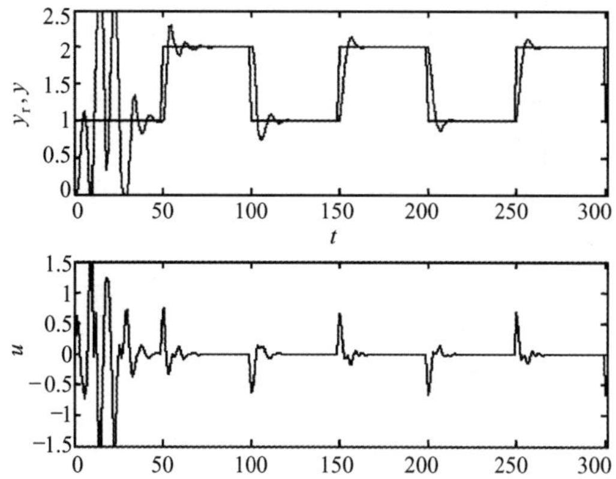

图 9-6　跟踪给定值的特性曲线

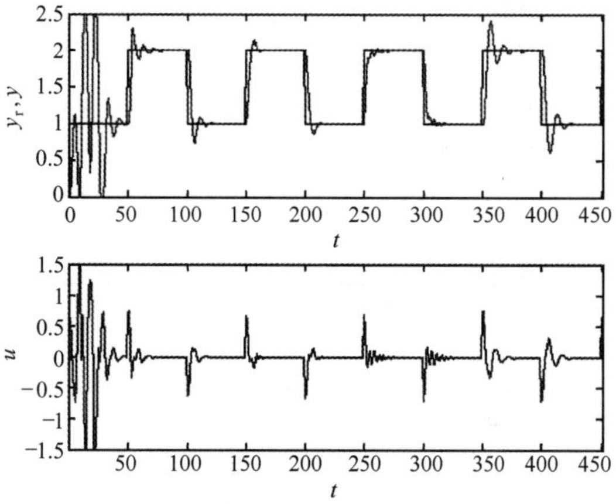

图 9-7　跟踪给定值的特性曲线

3．主要参数的改变对系统性能的影响

例 9-7　对例 9-1 模型，取参数：$p=n=6$，$m=1$，$\lambda=0.8$，$\alpha=0.3$，$\lambda_1=1$。RLS 参数初值：$g_{n-1}=1$，$f(k+n)=1$，$\boldsymbol{P}_0=10^5\boldsymbol{I}$，其余为零。$\xi(k)$为[−0.2,0.2]均匀分布的白噪声，利用二维码中程序 ex9_1.m 可得如图 9-8 所示的跟踪给定值的特性曲线。

取参数：$p=n=6$，$m=2$，$\lambda=0.6$，$\alpha=0.3$，$\lambda_1=1$。RLS 参数初值：$g_{n-1}=1$，$f(k+n)=1$，$\boldsymbol{P}_0=10^5\boldsymbol{I}$，其余为零。$\xi(k)$为[−0.2,0.2]均匀分布的白噪声，利用二维码中程序 ex9_1.m 可得如图 9-9 所示的跟踪给定值的特性曲线。

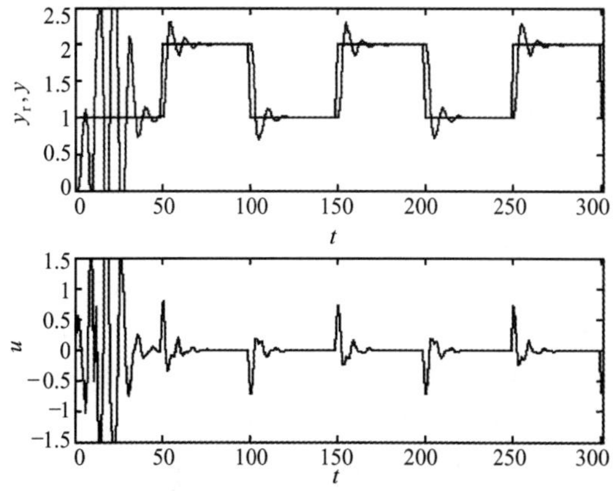

图 9-8　跟踪给定值的特性曲线

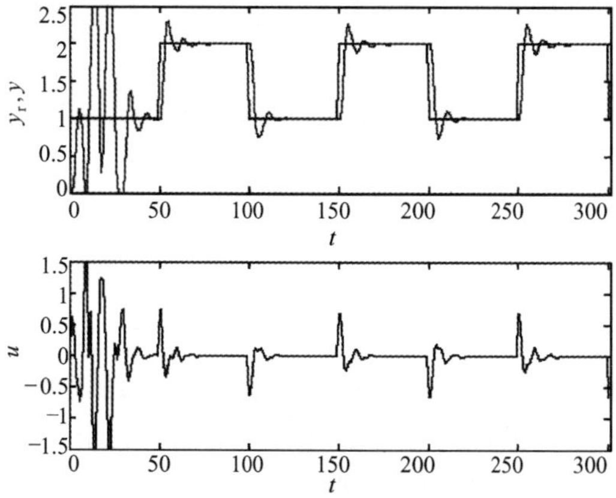

图 9-9　跟踪给定值的特性曲线

例 9-8 对例 9-3 模型，取参数：$p=n=6$，$m=1$，$\lambda=0.8$，$\alpha=0.3$，$\lambda_1=1$。RLS 参数初值：$g_{n-1}=1$，$f(k+n)=1$，$\boldsymbol{P}_{\text{o}}=10^5\boldsymbol{I}$，其余为零。$\xi(k)$为[-0.2,0.2]均匀分布的白噪声，利用二维码中程序 ex9_3.m 可得如图 9-10 所示的跟踪给定值的特性曲线。

取参数：$p=n=6$，$m=2$，$\lambda=0.6$，$\alpha=0.3$，$\lambda_1=1$。RLS 参数初值：$g_{n-1}=1$，$f(k+n)=1$，$\boldsymbol{P}_{\text{o}}=10^5\boldsymbol{I}$，其余为零。$\xi(k)$为[-0.2,0.2]均匀分布的白噪声，利用二维码中程序 ex9_3.m 可得如图 9-11 所示的跟踪给定值的特性曲线。

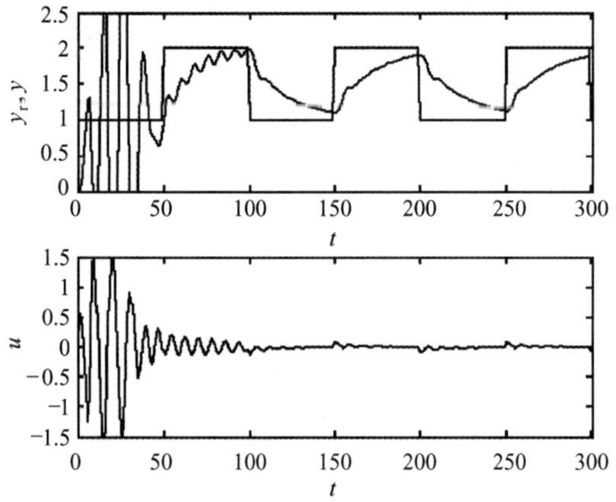

图 9-10 跟踪给定值的特性曲线

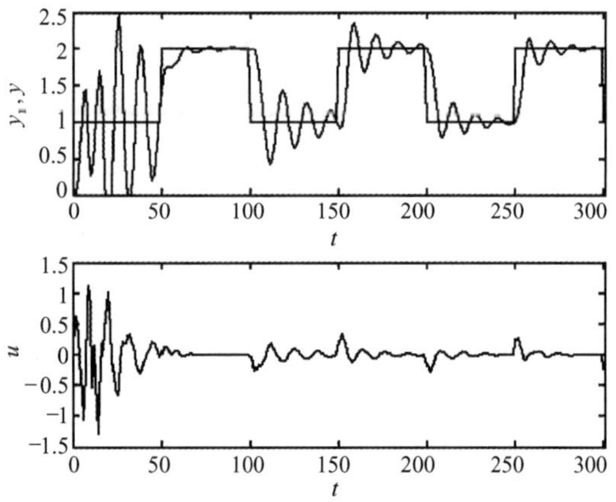

图 9-11 跟踪给定值的特性曲线

1）m 的改变对系统性能的影响

由图 9-1 与图 9-8 比较可知，当 m 由 2 变为 1 时，系统仍能较好地工作，即对较简单的系统，m 取 1 是可行的。

由图 9-10 与图 9-4 比较可知，当 m 由 1 变为 2 时，系统的性能明显变好，即增大了系统的快速性，但产生振荡和超调。

2）λ 的改变对系统性能的影响

由图 9-9 与图 9-1 以及图 9-11 与图 9-4 比较可知，当λ 由 0.6 变为 0.8 时，控制量明显减少，输出响应速度减慢，但稳定性增强了。

9.3.2 多输入多输出系统的仿真研究

例 9-9 已知系统模型为

$$\begin{pmatrix} 1-0.5z^{-1} & 0 \\ 0 & 1-1.0017z^{-1}+0.2417z^{-2} \end{pmatrix}\begin{pmatrix} y_1(k) \\ y_2(k) \end{pmatrix}$$

$$=\begin{pmatrix} 0.3z^{-1} & 0.2z^{-1} \\ 0.13z^{-2} & 0.106z^{-1} \end{pmatrix}\begin{pmatrix} u_1(k) \\ u_2(k) \end{pmatrix}+\begin{pmatrix} \zeta_1(k)/\Delta \\ \zeta_2(k)/\Delta \end{pmatrix}$$

取参数：$p=n=6$，$m=2$，$\lambda=0.8$，$\alpha=0.3$，$\lambda_1=1$。RLS 参数初值：$g_{n-1}=1$，$f(k+n)=1$，$\boldsymbol{P}_{\text{o}}=10^5\boldsymbol{I}$，其余为零。$\xi(k)$为[-0.2,0.2]均匀分布的白噪声，给定值 y_{r} 每 50 拍变化一次。利用二维码中程序 ex9_9.m 可得如图 9-12 所示的跟踪给定值的特性曲线。

在递推估计参数时未利用任何关于对象参数的先验知识，即在设定初值时除取 $g_{n-1}=1$，$f(k+n)=1$，$\boldsymbol{P}_{\text{o}}=10^5\boldsymbol{I}$ 外，其余参数为零，这会使控制动作和输出在启动时过度超限。在实际控制时，为改善启动阶段的估计和控制，可首先测出对象的单位阶跃响应系数，以此作为初始参数。

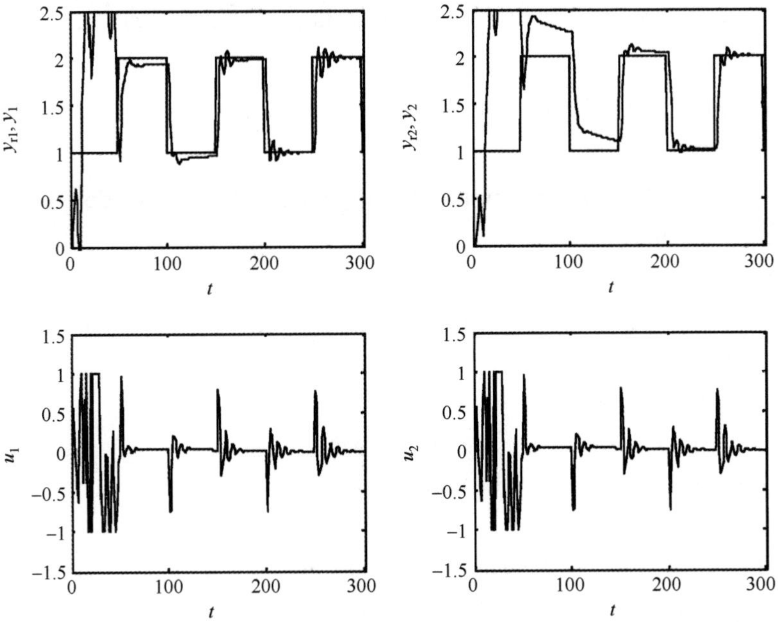

图 9-12　跟踪给定值的特性曲线

由仿真结果可知，在不需要对象任何先验知识，如模型的阶次、延时时间等情况下，改进的隐式广义预测自校正控制器仍具有较强的适应能力和较好的控制性能，对模型的阶次、时滞和参数的变化都有较强的鲁棒性，在非线性系统中也能表现出令人满意的结果。

小　　结

本章首先利用广义预测控制与动态矩阵控制律的等价性，提出了一种改进的隐式广义预测自校正控制算法，并推广到多变量系统；然后将该算法用 MATLAB 语言编程后在计算机上进行了单变量系统与双变量系统的数字仿真，并对广义预测控制的主要参数进行了仿真研究。

思考练习题

1．最小相位系统和非最小相位系统有何区别？

2．试利用二维码中单变量系统的隐式广义预测控制程序 ex9_1.m 和 ex9_2.m，验证例 9-7～例 9-8 的仿真结果。

3．利用二维码中多变量系统的隐式广义预测控制程序 ex9_9.m，验证例 9-9 的仿真结果；并改变仿真参数，观察结果有无变化。

附录 A　MATLAB 函数分类索引

1．神经网络控制工具箱函数

（1）神经网络的通用函数

init( ); initlay( ); initwb( ); initzero( ); train( ); adapt( ); sim( ); dotprod( ); normprod( ); netsum( ); netprod( ); concur( )

（2）感知机神经网络函数

mae( ); hardlim( ); hardlims( ); plotpv( ); plotpc( ); initp( ); trainp( ); trainpn( ); simup( ); learnp( ); learnpn( );newp( )

（3）线性神经网络函数

purelin( ); initlin( ); solvelin( ); simulin( ); maxlinlr( ); learnwh( ); trainwh( ); adaptwh( ); newlind( ); newlin( ); trainwb( ); adaptwb( ); sse( )

（4）BP 神经网络函数

tansig( ); logsig( ); purelin( ); dtansig( ); dlogsig( ); dpurelin( ); deltatan( ); deltalin( ); deltalog( ); learnbp( ); learnbpm( ); learnlm( ); initff( ); trainbp( ); trainbpx( ); trainlm( ); simuff( ); newff( ); newfftd( ); newcf( ); nwlog( ); sumsqr( ); errsurf( ); plotes( ); plotep( ); ploterr( ); barerr( ); mse( )

（5）径向基神经网络函数

dist( ); radbas( ); solverb( ); solverbe( ); simurb( ); newrb( ); newrbe( ); newgrnn( ); newpnn( ); ind2vec( ); vec2ind ( )

（6）竞争学习神经网络函数

compet( ); nngenc( ); nbdist( ); nbgrid( ); nbman( ); plotsm( ); initc( ); trainc( );simuc( ); newc( ); dist( ); nitsm( ); learnk ( ); learnis ( ); learnos ( ); learnh ( ); learnhd( ); learnsom( ); plotsom( ); trainsm( ); simusm( );newsom( ); mandist( ); linkdist( ); boxdist( ); midpoit ( ); negdist( )

（7）LVQ 神经网络函数

initlvq( ); trainlvq( ); simulvq( ); newlvq( ); learnlvq( ); plotvec( )

（8）Elman 神经网络函数

initelm( ); trainelm( ); simuelm( ); newelm( )

（9）Hopfield 神经网络函数

satlin( ); satlins( ); newhop( ); solvehop( ); simuhop( )

（10）生成神经网络的模块化描述函数

gensim( )

（11）启动神经网络编辑器命令

nntool

2．模糊逻辑控制工具箱函数

（1）模糊推理系统的建立、修改与存储管理函数

newfis( ); readfis( ); getfis( ); writefis( ); showfis( ); setfis( ) ; plotfis( ) ; mam2sug( )

（2）模糊语言变量及其语言值函数

addvar( ); rmvar( )

（3）模糊语言变量的隶属函数

plotmf( ); addmf( ); evalmf( ); rmmf( ); gaussmf( ); gauss2mf( ); gbellmf( ); pimf( ); sigmf( ); psigmf( ); dsigmf( ); trapmf( ); trimf( ); zmf( ); mf2mf( ); fuzarith( )

（4）模糊规则的建立与修改函数

addrule( ); parsrule( ); showrule( )

（5）模糊推理计算与去模糊化函数

evalfis( ); defuzz( ); gensurf( )

（6）模糊神经函数

anfis( ); gcnfis1( ); anfiscdit( )

（7）模糊聚类函数

fcm( ); subclust( ); genfis2( )

（8）启动基本模糊推理系统编辑器命令

fuzzy; mfedit; ruleedit; ruleview; surfview

（9）启动自适应神经模糊推理系统和聚类模糊推理系统编辑器命令

anfisedit; findcluster

3. 模型预测控制工具箱函数

（1）系统模型辨识函数

autosc( ); scal( ); rescal( ); wrtreg( ); mlr( ); plsr( ); imp2step( ); validmod( )

（2）模型建立与转换函数

ss2mod( ); mod2ss( ); poly2tfd( ); tfd2mod( ); mod2step( ); tfd2step( ); ss2step( ); mod2mod( ); th2mod( ); addmd( ); addmod( ); addumd( ); paramod( ); sermod( ); appmod( )

（3）动态矩阵控制设计与仿真函数

cmpc( ); mpccon( ); mpccl( ); mpcsim( ); nlcmpc( ); nlmpcsim( )

（4）基于 MPC 状态空间模型的预测控制器设计函数

scmpc( ); smpccl( ); smpccon( ); smpcest( ); smpcsim( )

（5）系统分析与绘图函数

mod2frsp( ); smpcgain( ); smpcpole( ); svdfrsp( ); mpcinfo( ); plotall( ); plotfrsp( ); ploteach( ); plotstep( )

（6）模型预测工具箱通用功能函数

abcdchkm( ); cp2dp( ); c2dmp( ); dantzgmp( ); dareiter( ); dimpulsm( ); dlsimm( ); d2cmp( ); mpcaugss( ); dlqe2( ); mpcparal( ); mpcstair( ); parpart( ); ss2tf2( ); tf2ssm( )

（7）启动模型预测控制设计工具命令

mpctool

函数一览表

欲查看按首字母顺序排列的 MATLAB 函数一览表请扫二维码。

参 考 文 献

[1] 蔡自兴．智能控制．北京：电子工业出版社，2010.

[2] 李国勇．智能预测控制及其 MATLAB 实现（第 2 版）．北京：电子工业出版社，2010.

[3] 谢克明，李国勇．现代控制理论．北京：清华大学出版社，2007.

[4] 徐丽娜．神经网络控制．北京：电子工业出版社，2003.

[5] 李国勇．一种新型的模糊 PID 控制器．系统仿真学报，2003.

[6] 王洪元，史国栋．人工神经网络技术及其应用．北京：中国石化出版社，2003.

[7] 李国勇．智能控制与 MATLAB 在电控发动机中的应用．北京：电子工业出版社，2007.

[8] 葛哲学，孙志强．神经网络理论与 MATLAB R2007 实现．北京：电子工业出版社，2007.

[9] 李国勇，等．最优控制理论及参数优化．北京：国防工业出版社，2006.

[10] 王士同．人工智能教程．北京：电子工业出版社，2001.

[11] 李国勇．计算机仿真技术与 CAD 基于 MATLAB 的控制系统（第 5 版）．北京：电子工业出版社，2022.

[12] 张仰森．人工智能原理与应用．北京：高等教育出版社，2004.

[13] 李国勇，何小刚．过程控制系统（第 3 版）．北京：电子工业出版社，2017.

[14] 王顺晃，舒迪前．智能控制系统及其应用．北京：机械工业出版社，1999.

[15] 李国勇，谢克明．控制系统数字仿真与 CAD．北京：电子工业出版社，2003.

[16] 李士勇．模糊控制神经控制和智能控制论．哈尔滨：哈尔滨工业大学出版社，1998.

[17] 李国勇．最优控制理论与应用．北京：国防工业出版社，2008.

[18] 阎平凡，张长水．人工神经网络与模拟进化计算．北京：清华大学出版社，2000.

[19] 李国勇，卫明社．可编程控制器原理及应用．北京：国防工业出版社，2009.

[20] 孙增圻．智能控制理论与技术．北京：清华大学出版社，1997.

[21] 李国勇，李维民．人工智能及其应用．北京：电子工业出版社，2009.

[22] 谢克明，李国勇，等．现代控制理论基础．北京：北京工业大学出版社，2001.

[23] 李国勇，卫明社．可编程控制器实验教程．北京：电子工业出版社，2008.

[24] 吴晓莉，等．MATLAB 辅助模糊系统设计．西安：西安电子科技大学出版社，2002.

[25] 李国勇．神经模糊控制理论及应用．北京：电子工业出版社，2009.

[26] 席裕庚．预测控制．北京：国防工业出版社，1993.

[27] 李国勇，李虹．自动控制原理（第 4 版）．北京：电子工业出版社，2024.

[28] 李国勇．输入受限的隐式广义预测控制算法的仿真研究．系统仿真学报，2004.

[29] 舒迪前．预测控制系统及其应用．北京：机械工业出版社，1996.

[30] 李国勇．基于预测控制的电厂取水口物模实验的仿真研究．系统仿真学报，2002.

[31] 李国勇，杨庆佛．基于模糊神经网络的车用发动机智能故障诊断系统．系统仿真学报，2007.

[32] 李国勇，谢克明．隐式广义预测自校正控制算法的混合控制研究．系统工程与电子技术，1998.

[33] 李国勇．过程控制实验教程．北京：清华大学出版社，2011.

[34] 李国勇. 计算机仿真技术与 CAD——基于 MATLAB 的信息处理. 北京：电子工业出版社，2017.
[35] 李国勇. 计算机仿真技术与 CAD——基于 MATLAB 的电气工程. 北京：电子工业出版社，2017.
[36] 李国勇. 自动控制原理习题解答及仿真实验. 北京：电子工业出版社，2012.
[37] 李国勇. 现代控制理论习题集. 北京：清华大学出版社，2011.
[38] 杨丽娟，李国勇，阎高伟. 过程控制系统（第 4 版）. 北京：电子工业出版社，2024.
[39] 李鸿儒，尤富强主编. 智能控制理论与应用. 北京：冶金工业出版社，2020.
[40] 丛爽著. 智能控制系统及其应用（第 2 版）. 合肥：中国科学技术大学出版社，2021.
[41] 韦巍，夏杨红，编著. 智能控制技术（第 3 版）. 北京：机械工业出版社，2023.

反侵权盗版声明

举报电话：（010）88254396；（010）88258888
传　　真：（010）88254397
E-mail：dbqq@phei.com.cn
通信地址：北京市海淀区万寿路 173 信箱
　　　　　电子工业出版社总编办公室
邮　　编：100036